21世纪高等院校信息与通信工程规划教材

21st Century University Planned Textbooks of Information and Communication Engineering

无线通信原理与应用

石明卫 莎柯雪 刘原华 编著

Wireless Communications: Principles and Practice

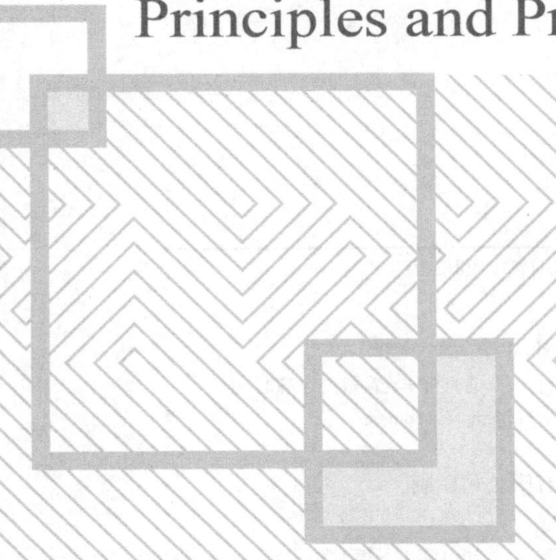

人民邮电出版社

北京

图书在版编目（CIP）数据

无线通信原理与应用 / 石明卫，莎柯雪，刘原华编著. -- 北京 : 人民邮电出版社，2014.1(2025.1重印)
21世纪高等院校信息与通信工程规划教材
ISBN 978-7-115-33390-2

Ⅰ. ①无… Ⅱ. ①石… ②莎… ③刘… Ⅲ. ①无线电通信－高等学校－教材 Ⅳ. ①TN92

中国版本图书馆CIP数据核字(2013)第280616号

内容提要

本书系统地讲解了移动通信的基本原理和典型的（蜂窝）移动通信系统。全书共分 10 章，主干内容由移动通信基本技术和典型的移动通信系统两部分构成。第一部分系统地介绍了移动通信的基本原理和基本技术，包括无线信道的传播特性、数字调制解调、抗衰落和组网技术。这部分内容是构建移动通信系统必备的基础知识。第二部分介绍了典型的移动通信系统，包括 TDMA 系统 GSM 及其演进 GPRS 和 EDGE、窄带 CDMA 系统 IS-95 和宽带 CDMA 系统 WCDMA、TD-SCDMA 及 CDMA2000。由于 GSM 系统在整个移动通信发展中具有奠基性作用，所以对它的介绍比较全面、完整，而对 CDMA 系统，重点关注其无线传输技术。最后介绍了移动通信发展及演进，包括 LTE 及 LTE-A。为了让读者能及时地检验和巩固自己所学的知识，每章后面都附有丰富的习题。

本书既可以作为通信及电子信息专业本科高年级学生使用的教材，也可以有选择地作为大专和高等职业学校的教材，还可以作为通信工程类技术人员的参考书。

◆ 编　　著　石明卫　莎柯雪　刘原华
责任编辑　李海涛
责任印制　彭志环　杨林杰
◆ 人民邮电出版社出版发行　　北京市丰台区成寿寺路 11 号
邮编　100164　　电子邮件　315@ptpress.com.cn
网址　http://www.ptpress.com.cn
北京九州迅驰传媒文化有限公司印刷
◆ 开本：787×1092　1/16
印张：25　　2014 年 1 月第 1 版
字数：613 千字　　2025 年 1 月北京第 9 次印刷

定价：52.00 元

读者服务热线：(010) 81055256　印装质量热线：(010) 81055316
反盗版热线：(010) 81055315
广告经营许可证：京东工商广登字 20170147 号

前言

进入21世纪，移动通信得到了突飞猛进的发展，已成为全球信息高速公路的重要组成部分，它和卫星通信、光纤通信一起被列为三大新兴通信手段，有着辉煌的发展前景。蜂窝移动通信系统经历了从模拟技术到数字技术阶段，从频分多址（FDMA）到时分多址（TDMA）和码分多址（CDMA）的过程。目前，人们在继续关注第二代蜂窝移动通信系统发展的同时，第三代蜂窝移动通信系统已规模商用，4G标准也已发布，目标是更高的数据传输率和更大的系统容量，为用户提供更方便、快捷、智能化的信息传输服务。这些都预示着21世纪蜂窝移动通信将会有更大的发展，并将继续成为在通信行业中发展最活跃、最快的领域之一。

随着移动通信技术的快速发展，为满足通信类及电子信息类专业本科学生和通信工程类专业人员的需要，我们在参考了国内外最新的专著、教材和文献资料基础上，结合多年来为本科生讲授移动通信的讲稿，编写了这本以数字移动通信为主体的教材，力图将当前移动通信的最新理论和应用介绍给读者。

本书较详细地介绍了移动通信的原理和实际的应用系统。主干内容由移动通信基本技术和典型移动通信系统两部分构成。全书共分10章，其中，第1章为概述，简要介绍了移动通信的概念、特点、分类，常见的移动通信系统和移动通信的基本技术。第2章到第5章为主干内容的第一部分，系统介绍了移动通信的基本原理和基本技术，包括移动信道的传播特性、调制解调、抗衰落和组网技术。这部分内容是构建移动通信系统必备的基础知识。第6章到第9章是主干内容的第二部分，介绍了典型的移动通信系统，包括TDMA系统GSM及其演进GPRS和EDGE、窄带CDMA系统IS-95和宽带CDMA系统WCDMA、TD-SCDMA及CDMA2000。由于GSM系统在整个移动通信发展中具有奠基性作用，所以对它的介绍比较全面、完整，而对CDMA系统，重点关注其无线传输技术。为了更好地理解CDMA技术，专门设立了第7章介绍CDMA技术基础。第10章介绍了移动通信发展及演进，包括LTE及LTE-A。

本书的参考学时为64学时，各章的参考学时见下面的学时分配表。

学时分配表

项　目	课程内容	学　时
第1章	概述	4
第2章	移动信道的传播特性	8
第3章	数字调制解调	8

续表

项　目	课 程 内 容	学　时
第 4 章	抗衰落技术	6
第 5 章	组网技术	8
第 6 章	GSM 蜂窝通信系统	8
第 7 章	CDMA 技术基础	8
第 8 章	窄带 CDMA 移动通信系统	6
第 9 章	宽带 CDMA 移动通信系统	6
第 10 章	移动通信未来发展	2
课时总计		64

本书的第 1 章、第 2 章、第 7 章、第 8 章和第 9 章由石明卫编写，第 3 章、第 5 章和第 6 章由莎柯雪编写，第 4 章及第 10 章由刘原华编写。石明卫对全书进行了统稿和审阅。

本书既可以作为通信及电子信息专业本科高年级学生使用的教材，也可以有选择地作为大专和高等职业学校的教材，还可以作为通信工程类技术人员的参考书。

鉴于编者水平有限，加之移动通信发展很快，书中难免会出现一些错误和不妥之处，敬请读者批评指正。

编　者

2013 年 7 月

目　录

第 1 章 概述

信源和信宿间信息的传输和交换构成了通信。通信可分为固定通信和移动通信。随着社会的发展，人们对通信的需求日益迫切，对通信的要求也越来越高。理想的目标为5W：任何人（Whoever）无论何时（Whenever）、无论何地（Wherever），都能和任何人（Whomever）进行任何类型（Whatever）的信息交换。显然，没有移动通信，这种愿望是无法实现的。

所谓移动通信，是指通信双方至少有一方在移动中（或者临时停留在某一非预定的位置上）进行信息传输和交换。这包括移动体（车辆、船舶、飞机和行人）和移动体之间的通信，移动体和固定点（固定无线电台或有线用户）之间的通信，如图 1-1 所示。

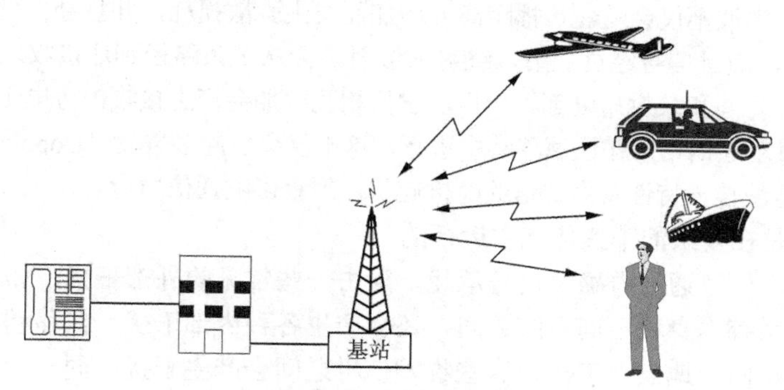

图 1-1　移动通信的范畴

严格说来，移动通信属于无线通信的范畴，无线通信与移动通信虽然都是依靠无线电波进行通信的，但却是两个不同的概念。无线通信包含移动通信，但侧重于无线，而移动通信更注重于移动性。

移动通信是通信领域中最具活力、最有发展前途的一种通信方式。它的发展与普及改变了社会，也改变了人类的生活方式。

1.1　移动通信的主要特点

早在 1897 年，马可尼就在陆地和一只拖船之间，用无线电波进行了消息传输，这是移动通信的开端。至今，移动通信已有 100 多年的历史。近 20 年来，移动通信的发展极为迅速，已广泛应用于国民经济的各个部门和人民生活的各个领域之中。

1.1.1 移动通信与固定通信

固定通信（或有线通信），如目前广泛应用的公用交换电话网（PSTN），其终端位置固定，传输通过中继线路（包括光纤、铜缆、微波及卫星）进行；其网络配置是静态的，信道是封闭的，从而传输特性是恒定、优质的。除非终端用户位置改变（如搬迁）或业务变更，网络需重新配置，否则网络无需改变配置。

移动通信的终端是移动的，网络配置是动态的，无线网络必须每隔很短的时间就为用户重新配置一次，保证用户在移动时能实现漫游和无缝切换。无线网络提供给用户的带宽会受到射频带宽的限制。无线通信是开放的，固有的多径传播和/或终端移动会导致信号衰落现象，同时存在各种干扰和噪声，所有的移动通信技术都是为了克服和消除这些影响，用以解决移动通信中信息传输的有效性、可靠性和安全性问题。

1.1.2 移动通信的主要特点

由于复杂的移动传输环境和通信终端的移动性，移动通信与其他通信方式相比，具有如下明显的特点。

（1）移动通信必须使用无线电波进行信息传播。

移动通信利用无线电波在空间进行开放式传播来实现信息传播，这种传播媒质允许通信中的用户在一定范围内自由活动，其位置不受束缚，不过无线电波的传播特性一般都很差。首先，移动通信的运行环境十分复杂，电波不仅会随着传播距离的增加而发生弥散损耗，并且会受到地形、地物的遮蔽而发生“阴影效应”，而且信号经过反射、绕射或散射，会从多条路径到达接收地点，这些多径信号的幅度、相位、到达时间和入射角度都不一样，它们相互叠加会产生接收信号电平衰落、时延扩展和角度扩展；其次，移动通信常常在快速移动中进行，这不仅会引起多普勒（Doppler）频移，产生随机调频，而且会使得电波传播特性发生快速的随机起伏，严重影响通信质量。

（2）移动通信是在复杂的干扰环境中运行的。

在移动通信中，信息通过电磁波信号承载，除去一些常见的外部干扰，如天电干扰、工业干扰和信道噪声外，系统本身和不同系统之间，还会产生各种内部干扰。在移动通信系统中，基站会有多部收发信机在同一地点上工作，这些收发信机之间会产生干扰；同一地区可能会有多种制式的移动通信网共存，相互之间会产生不同程度的干扰。归纳起来，这些干扰有邻道干扰、互调干扰、共道干扰、多址干扰，以及近地无用强信号压制远地有用弱信号的现象（称为远近效应），等等。因此，在移动通信系统中，如何对抗和消除这些有害干扰的影响是十分重要的。

（3）移动通信可以利用的频谱资源非常有限，而移动通信业务量的需求却与日俱增。

如何提高通信系统的通信容量，始终是移动通信发展中的焦点。为了解决这一矛盾，一方面要开辟和启用新的频段；另一方面要研究各种新技术和新措施，以压缩信号所占的频带宽度和提高频谱利用率。此外，有限频谱的合理分配和有效管理对提高频谱资源的利用率至关重要。认知无线电概念和技术的应用，对传统的频谱管理方式提出了新的挑战。

（4）移动通信系统的网络结构多种多样，网络管理和控制必须高效。

根据通信地区的不同需要，移动通信网络可以组成带状（如铁路公路沿线）、面状（如覆盖一城市或地区）或立体状（如地面通信设施与中、低轨道卫星通信网络的综合系统）等，可以单网运行，也可以多网并行并实现互连互通。为此，移动通信网络必须具备很强的管理和控制功能，诸如用户的登记和定位，通信（呼叫）链路的建立和拆除，信道的分配和管理，通信的计费、鉴权、安全和保密管理以及用户过境切换和漫游的控制等。

（5）移动通信设备（主要是移动台）必须适于在移动环境中使用。

对手机的主要要求是体积小、重量轻、省电、操作简单和携带方便。车载台和机载台除要求操作简单和维修方便外，还应保证在震动、冲击、高低温变化等恶劣环境中正常工作。

1.2 移动通信系统的分类

依据不同的划分标准，移动通信有多种分类方法。

① 按使用对象可分为民用系统和军用系统。两者在技术上和结构上相似或相同，但要求重点不同。民用系统注重高的通信质量、高频谱效率、低价格等，而军用系统更强调高抗毁性和连通度。

② 按使用环境可分为陆地通信、海上通信和空中通信。由于陆地、海上和空中传播环境不同，使得采用的技术、方式和系统结构有所不同。

③ 按多址方式可分为频分多址（FDMA）、时分多址（TDMA）和码分多址（CDMA）等。不同的多址方式会影响到系统容量。

④ 按覆盖范围可分为广域网和局域网。覆盖范围直接影响所采用的技术及相应的系统性能。

⑤ 按业务类型可分为电话网、数据网和多媒体网。1G 主要提供模拟语音业务，为电话网；2G 提供数字语音及电路型低速数据业务，仍为电话网；2.5G 开始提供分组数据业务，3G 为多媒体网。

⑥ 按工作方式可分为同频单工、异频单工、异频双工和半双工。目前的公众网均采用双工方式，一些小型的专用系统仍有采用单工方式。

⑦ 按服务范围可分为专用网和公用网。专用网是根据某个部门或行业的特殊需求而建设的网络，供内部用户进行业务通信。公用通信网是为满足一般公众通信需求而建设的网络，由各运营商经营，公众只要付费就可接入使用。目前公众移动通信网构成了移动通信的主要部分。

⑧ 按信号形式可分为模拟网和数字网。模拟网传输处理的是模拟信号，而数字网传输处理的为数字信号。从第二代开始，蜂窝移动通信网都是数字网。

1.2.1 通信工作方式类别

从传输方式来看，无线通信分为单向传输（广播）和双向传输（应答式）。单向传输只用于无线电寻呼系统。双向传输有单工、双工和半双工三种工作方式。

1. 单工通信

所谓单工通信，是指通信双方电台仅能交替地进行收信和发信。根据收、发频率的异同，又可分为同频单工和异频单工。单工通信常用于点到点通信，如图 1-2 所示。

同频单工是指通信双方（见图 1-2 中的电台甲和电台乙）使用相同的频率（f_1）工作，发送时不接收，接收时不发送。这种工作方式的收发信机是轮流工作的，故天线可以共用，由电子开关控制连接到发射机和接收机上。平常各接收机均处于守候状态，即天线接至接收机等候被呼。当电台甲要发话时，按下其送受话器的按讲开关（PTT），一方面关掉接收机，另一方面将天线接至发射机的输出端，接通发射机开始工作。同样，电台乙向电台甲传输信息也使用同一载频（f_1）。

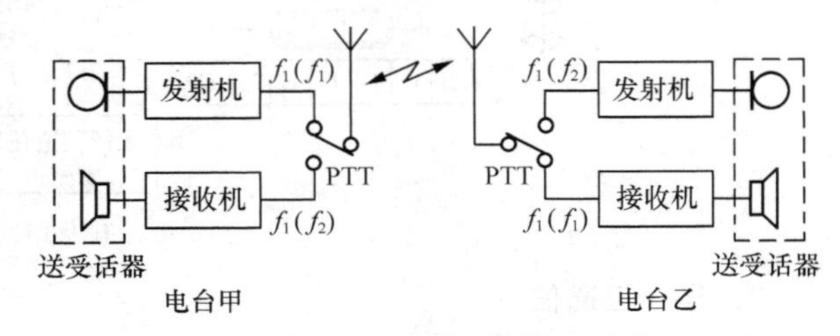

图 1-2 单工通信

同频单工的优点包括电台设备简单、省电等，但其最突出的优点是只占用一个频点（频道）就可实现双向语音传输。缺点是一方发送时另一方只能进行接收，例如，在甲方发送期间，乙方只能接收而无法应答，这时即使乙方启动其发射机也无法通知甲方使其停止发送。此外，任何一方当发话完毕时，必须立即松开其按讲开关，否则将收不到对方发来的信号。显然，这与人们通常的对话习惯不符。目前对讲机和一些特殊的通信系统使用这种方式。

异频单工通信方式是收发信机使用两个不同的频率分别进行发送和接收。例如，电台甲的发射频率及电台乙的接收频率为f_1，电台乙的发射频率及电台甲的接收频率为f_2。不过，同一部电台的发射机与接收机依然是轮换进行工作的，这一点是与同频单工相同的。异频单工与同频单工的差异仅仅是收发频率的异同而已。

2．双工通信

所谓双工通信，是指通信双方可同时进行消息传输的工作方式，有时亦称全双工通信，基本的双工方式有频分双工（Frequency Division Duplex，FDD）和时分双工（Time Division Duplex，TDD）。

FDD中，电台甲到电台乙和电台乙到电台甲的传输分别发生在由双工频率分离的不同频段上，图1-3所示为基于FDD的移动通信系统，图中，基站的发射机和接收机分别使用一副天线，而移动台通过双工器共用一副天线。这种工作方式使用方便，同普通有线电话相似，接收和发射可同时进行。但是，在电台的运行过程中，不管是否发送，发射机总是工作的，故电源消耗较大，这一点对用电池作电源的移动台而言是不利的。为缓解这个问题，在一些简易通信设备中可以采用半双工通信方式。TDD中，电台甲到电台乙和电台乙到电台甲的传输时分复用在同一载波上，轮流发送。此时，时间轴被分割为首尾相连的连续帧，而每一帧分为两部分，前一部分用于电台甲（或移动台）发送，后一部分用于电台乙（或基站）发送，进而实现电台甲和乙（移动台和基站）的双向通信。

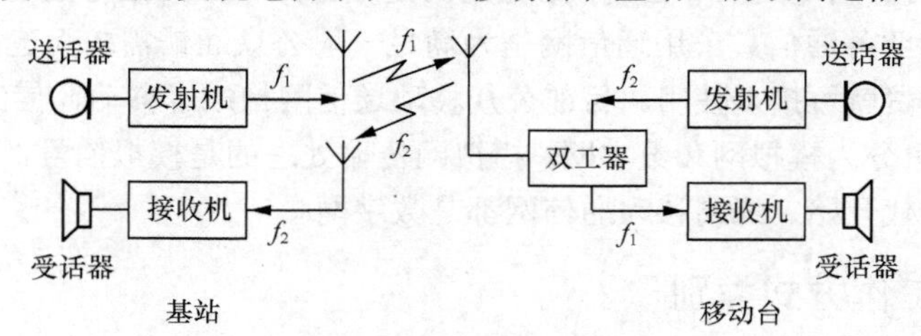

图1-3　双工通信（FDD）

FDD和TDD的比较如图1-4所示，其中，基站向移动台传输的方向称为下行（Downlink），而移动台到基站的传输方向为上行（Uplink）。

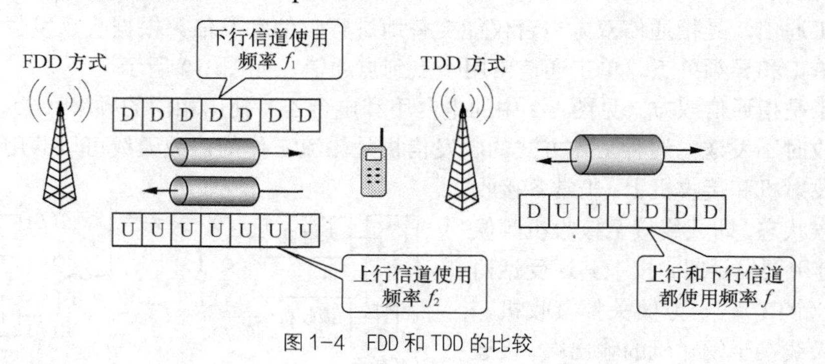

图1-4　FDD和TDD的比较

3．半双工通信

半双工通信的组成与图1-3相似，移动台采用单工的“按讲”方式，即按下按讲开关，发射机才工作，而接收机总是工作的。基站的工作情况与双工方式完全相同。

1.2.2 传输信号模式类别

从信号模式的角度，移动通信系统分为模拟网和数字网。当前，所有的通信系统都在向着数字化方向发展，移动通信也是如此。通常，人们把模拟通信（包括模拟蜂窝网、模拟无绳电话与模拟集群调度系统等）称作第一代通信技术，而把数字通信（包括数字蜂窝网、数字无绳电话、移动数据系统，以及移动卫星通信系统等）称作第二代通信技术。当前的移动通信系统正处于宽带数字化时代，第三代移动通信系统已广泛应用，而第四代移动通信系统也已经步入应用的舞台。

数字通信系统的主要优点可归纳如下。

（1）频谱利用率高，有利于提高系统容量。采用高效的信源编码技术、高频谱效率的数字调制解调技术、先进的信号处理技术和多址方式以及高效动态资源分配技术等，可以在不增加系统带宽的条件下增加系统同时通信的用户数。

（2）能提供多种业务服务，提高通信系统的通用性。数字系统传输的是“1”、“0”形式的数字信号。语音、图像、音乐或数据等数字信息在传输和交换设备中的表现形式都是相同的，信号的处理和控制方法也是相似的，因而用同一设备来传送任何类型的数字信息都是可能的。利用单一通信网络来提供综合业务服务正是未来通信系统的发展方向。

（3）抗噪声、抗干扰和抗多径衰落的能力强。这些优点有利于提高信息传输的可靠性，或者说保证通信质量。采用纠错编码、交织编码、自适应均衡、分集接收以及扩频技术等，可以控制由任何干扰和不良环境产生的损害，使传输差错率低于规定的阈值。

（4）能实现更有效、灵活的网络管理和控制。数字系统可以设置专门的控制信道来传输信令信息，也可以把控制指令插入到业务信道的比特流中，进行控制信息的传输，因而便于实现多种可靠的控制功能。

（5）便于实现通信的安全保密。

（6）可降低设备成本以及减小用户手机的体积和重量。

1.2.3 传输承载业务类别

从承载业务的角度，移动通信系统可分为语音通信和数据通信。移动通信的传统业务是电话通信。近年来，随着计算机及因特网的迅速发展和人们信息交往的日益频繁与多样化，呈现出对数据传输的需求也与日俱增。

在数字通信网络中，无论语音、图像或数据，其信息形式都是二进制数字，但是，不同类型的业务通常有不同的业务质量（QoS）要求。例如，语音业务对传输时延比较敏感，时延超过100ms，收听者就会有不舒服的感觉，但对分组丢失率（或比特差错率）具有宽松的容忍度，达到1%也不会明显地降低业务质量；然而数据业务的要求却大相径庭，虽然也不希望有时延，但一般时延是数据用户可以接受的；但对于不编码的数据传输而言，可允许的差错率为10^{-6}（百万分之一），而数据分组的任何丢失都无法容忍。因而在数据传输时，通常要采用强有力的纠错编码，必要时还要用检错重传技术，以保证数据传输的可靠性。其次，电话通信连续传输且持续时间较长，长度也比较均匀（3～10min），因而几秒钟的通信建立时间对通话者来说并没有明显的影响；与此不同，数据传输呈现明显的突发性质，且每次传输的信息量可能在很大的范围内变化，而平均来看，包含在一次数据通信期间的信息容量比起一次通话期间的数字化语音（可达上兆字节）来说是很小的。数据通信这种平均通信时间甚短和所传信息量不确定的特征，使得数据业务服务不允许存在长的建立时间。

多年来，移动通信基本上是围绕着两种主干网络在发展，这就是基于语音业务的通信网络和基于数据传输的通信网络。根据运行环境和市场需求的不同，前者又分为以蜂窝网为代表的高功率广域网和以无绳电话网为代表的低功率局域网（LAN）；后者又可分为宽带局域网之类的高速局域网和移动数据网之类的低速广域网，图 1-5 所示为移动通信网络分类的示意图。

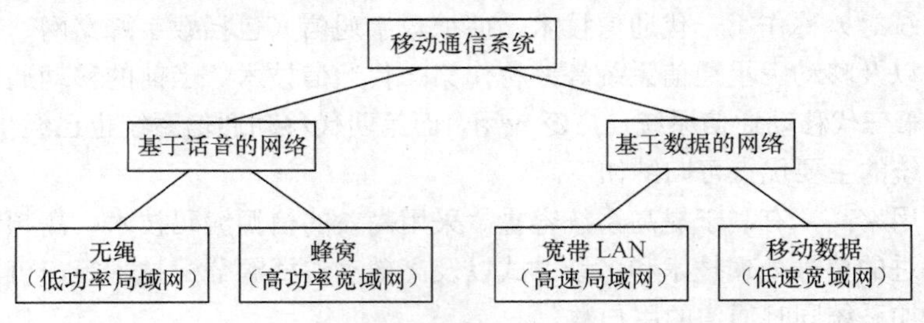

图 1-5　移动通信网络的分类

1.3 常见的移动通信系统

不同的应用场合，移动通信系统的类型不同。常用的移动通信系统包括无线寻呼系统、蜂窝移动通信系统、无绳电话系统、集群移动通信系统、移动卫星通信系统、分组无线网等。下面将分别简述这几种移动通信系统，除作为本书重点的蜂窝移动通信系统外，其他系统限于篇幅，后续章节就不再介绍。

1.3.1 无线电寻呼系统

无线电寻呼系统是一种单向通信系统。无线电寻呼系统的用户设备是袖珍式接收机，称作袖珍铃，由于它的振铃声近似于“B…B…”声音，俗称“BB 机”。

图 1-6 所示为无线电寻呼系统的组成。其中，寻呼控制中心与市话网相连，市话用户要呼叫某一寻呼用户时，可拨寻呼中心的专用号码，寻呼中心的话务员记录所要寻找的用户号码及要代传的消息，并自动地在无线信道上发出呼叫。这时，被呼用户的袖珍接收机会发出呼叫声，并能在液晶屏上显示主呼用户的电话号码及简要消息。如有必要，被呼用户利用邻近市话电话机与主呼用户通话。无线电寻呼系统虽然是单向传输系统，通话双方不能直接利用它对话，但由于袖珍接收机小巧玲珑、价格低廉、携带方便，倍受用户欢迎，开创了基于终端个人通信的基础。目前，无线寻呼业务已被蜂窝短信业务所取代。

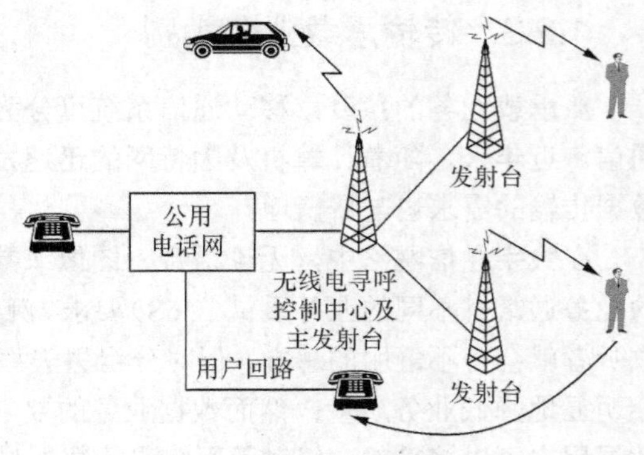

图 1-6　无线电寻呼系统示意图

1.3.2 蜂窝移动通信系统

早期的移动通信系统采用与无线广播和电视相同的方法——大区制进行无线覆盖，即在其覆盖区域中心设置大功率的发射机，采用高架天线把信号发送到整个覆盖地区（半径可达几十千米），这种系统的主要矛盾是它同时能提供给用户使用的信道数极为有限，远远满足不了移动通信业务迅速增长的需要。例如，20 世纪 70 年代的纽约市（一个有近 2 000 万人口，城市面积 2 500 多平方千米的大都市），IMTS（ImprovedMobile TelephoneSystem）系统，如图 1-7（a）所示仅能提供 12 对信道。也就是说，网中只允许 12 对用户同时通话，倘若同时出现第 13 对用户要求通话，就会发生堵塞。

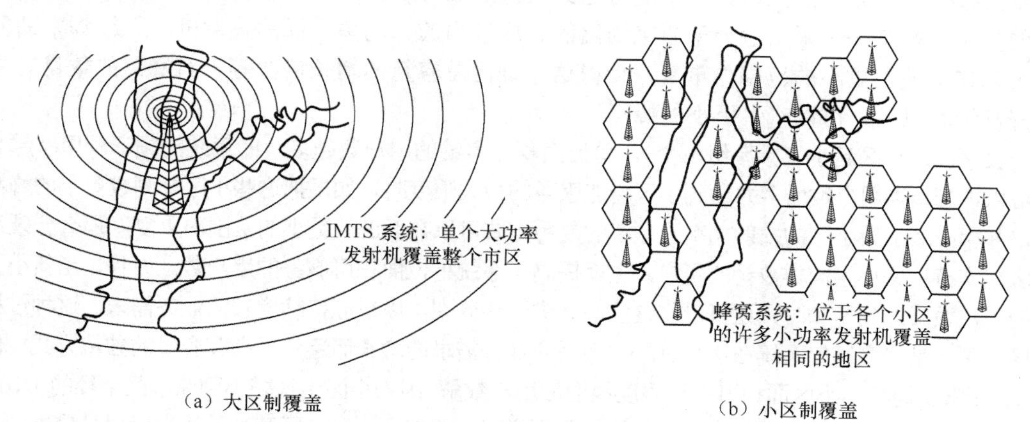

图 1-7 大区制覆盖与小区制覆盖

而现代移动通信系统基于小区制进行无线覆盖，形成蜂窝移动通信系统。蜂窝思想用完全不同的方法解决覆盖问题，它放弃了广播的模式，而是把整个服务区域划分成若干个较小的区域（cell，称为小区），各小区均用小功率的发射机（即基站发射机）进行覆盖，许多小区像蜂窝一样布满任意形状的服务地区，如图 1-7（b）所示。像纽约这样大的城市不再只用一个发射机，而是将城市划分为许多小的覆盖区域——蜂窝。

通常，相邻小区不允许使用相同的频道，否则会发生相互干扰（称同道干扰），但由于各小区在通信时所使用的功率较小，因而任意两个小区只要相互之间的空间距离大于某一数值，即便使用相同的频道，也不会产生明显的同道干扰（保证信干比高于某一门限）。为此，把若干相邻的小区按一定的数目划分成区群（Cluster），并把可供使用的无线频道分成若干个（等于区群中的小区数）频率组，区群内各小区均使用不同的频率组，而任一小区所使用的频率组，在其他区群相应的小区中还可以再用，这就是频率空间再用，如图 1-8 所示。频率空间再用是蜂窝通信网络解决用户增多而被有限频谱制约的重大突破。

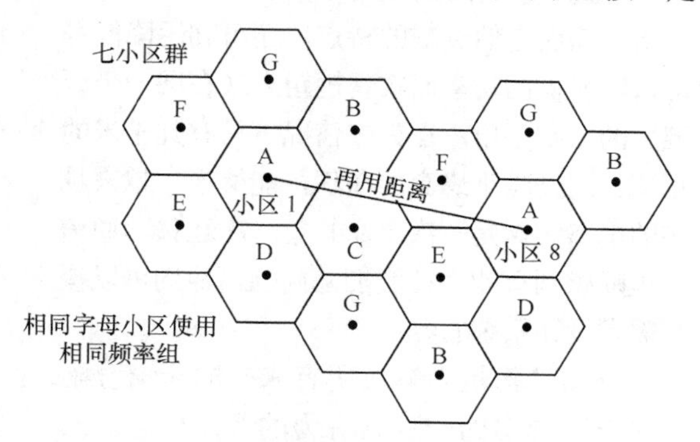

图 1-8 蜂窝系统的频率空间再用

更重要的是—这也是蜂窝思想的真正优势所在——事实表明干扰的强弱并不是与蜂窝之间的绝对距离有关，而是与蜂窝间的距离与蜂窝半径的比值有关。蜂窝的半径决定于发射机的功率，也就是说，它是由系统工程师控制的。他们可以决定通过复用产生多少个电话电路。例如，一组半径为 10km 的蜂窝允许在 30km 以外复用频率，则一组半径为 5km 的蜂窝允许在 15km 以外复用频率，而一组半径为 1km 的蜂窝允许在 3km 以外复用频率。因为蜂窝奇妙的几何形状（蜂窝覆盖面积与πr^2 有关），蜂窝半径每减小 50%就可以使每平方千米内每兆赫的电路数目增长 4 倍。一个半径为 1km 的蜂窝系统所能容纳的电路数目是一个半径为 10km 的蜂窝系统的 100 倍。系统工程师可以设计包含数千个蜂窝和每平方千米上每兆赫可容纳大量电路的系统，以满足大都市几十万甚至上百万用户的需求。

当然，开始的时候建立包含上千个蜂窝的系统是非常昂贵的。但是通过采用一种蜂窝分裂技术，经过一段时间后可以将大半径的蜂窝完美地发展为小半径的蜂窝。当某个蜂窝的用户达到一定数量而致使蜂窝允许的频道数目不能再达到良好的服务质量时，那个蜂窝就可以被分裂为一定数量的更小的蜂窝——采用适合于原来蜂窝的、区域内的、功率更低的发射机。无线频率的复用方式可以在新的、更小的范围内重复，使得这一地区总容量的增长倍数等于新蜂窝的数目。将来当小蜂窝饱和以后，可以产生更小的蜂窝。

一般来说，小区越小（频率组不变），单位面积可容纳的用户数越多，即系统的频率利用率越高。由此可以设想，当用户数增多并达到小区所能服务的最大限度时，如果把这些小区分割成更小的蜂窝状区域，并相应减小新小区的发射功率，频率的复用方式可以在新的、更小的范围内重复，那么分裂后的新小区能支持和原小区同样数量的用户，也就提高了系统单位面积可服务的用户数。而且，当新小区所支持的用户数又达到饱和时，还可以将这些小区进一步分裂，以适应持续增长的业务需求。这种过程称为小区分裂，是蜂窝通信系统在运行过程中为适应业务需求的增长而逐步提高其容量的独特方式。但是不能说，无限制地减小小区面积可以无限度地增加用户数量，因为小区半径减小到原小区半径的 1/10 时，可容纳的用户数能增加 100 倍，而小区数目也需要增多 100 倍，一般小区基站的建设费用是昂贵的，特别在城市区域中，占用房地产的费用十分高，这是不能不考虑的实际问题（另外还有其他限制）。此外，区群中的小区数越少，系统所需划分的频率组数越少，每个频率组所含的频道数越多，因而每小区可使用的频道数增多，可同时服务的用户数也增多，然而频率再用距离是与区群所含小区数有关的，区群所含的小区数越少，频率再用距离越短，相邻区群中使用相同频率的小区之间的同道干扰越强。因为频率再用距离必须足够大，才能保证这种同道干扰低于预定的门限值，这也就限制了区群中所含小区数目不能小于某个值（在模拟蜂窝网中不小于 7，在数字蜂窝网中可小到 4 或 3）。

实际上，频率复用技术在以前就曾用过。例如，由于地理上的距离，波士顿的一个电视台可以同圣地亚哥的一个电视台采用同一频率而不产生相互干扰。但是蜂窝复用不只利用信号经过长距离传输而自然衰减的特点，还可利用降低蜂窝内发射机的功率而实现短距离（在同一个区域）的频率复用，在许多情况下只有几千米的距离。通过减小蜂窝的面积，能够产生越来越多的电路，这是一次革命！第一次让移动通信工程师感到有能力征服拥塞问题，他们可以按照需求设计系统的容量。

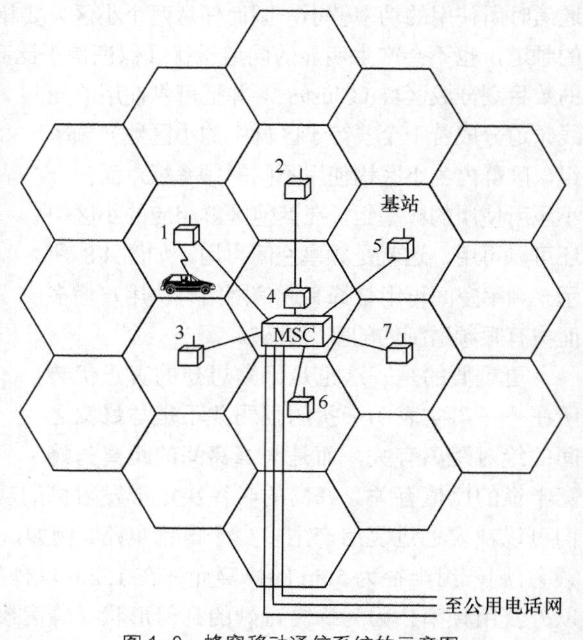

图 1-9　蜂窝移动通信系统的示意图

蜂窝结构是为解决所有未来的频谱分配的匮乏而提出的一种强有力的系统概念。其核心思想是通过频率空间再用来突破频率限制，借助复用和小区分裂，制造无线频谱的一种“反应堆”，允许通过适当的频谱分配产生真正无限的容量（理论上）。

图 1-9 所示为蜂窝移动通信系统的示意图。图中 7 个小区构成一个区群，小区编号

代表不同的频率组。小区与移动交换中心（MSC）相连。MSC在网中起控制和管理作用，对所在地区已注册登记的用户实施频道分配、建立呼叫、频道切换、提供系统维护和性能测试，并存储计费信息等。MSC是移动通信网和公共电话交换网的接口单元，既保证网中移动用户之间的通信，又保证移动用户和有线用户之间的通信。

当移动用户在蜂窝服务区中快速运动时，用户之间的通话常常不会在一个小区中结束。快速行驶的汽车在一次通话的时间内可能跨越多个小区。当移动台从一个小区进入另一相邻的小区时，其工作频率及基站与移动交换中心所用的接续链路必须从它离开的小区转换到正在进入的小区，这一过程称为越区切换。其控制机理如下：当通信中的移动台到达小区边界时，该小区的基站能检测出此移动台的信号正在逐渐变弱，而邻近小区的基站能检测出该移动台的信号正在逐渐变强，系统收集来自这些有关基站的检测信息，进行判决，当需要实施越区切换时，就发出相应的指令，使正在越过边界的移动台将其工作频率和无线链路从离开的小区切换到进入的小区。整个过程自动进行，用户并不知道，也不会中断进行中的通话。越区切换的示意如图1-10所示。

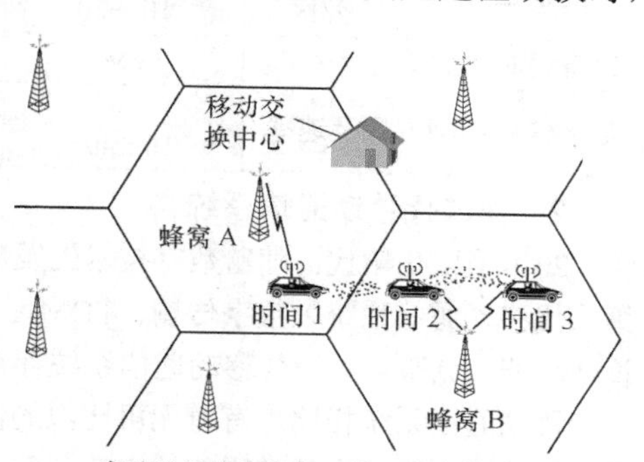

图1-10　越区切换示意图

越区切换必须准确可靠，且不影响通信的业务质量。它是蜂窝移动通信系统中的关键技术，是移动通信系统利用众多小区实现大面积覆盖的必要条件。一般来说，移动台的速度越快和小区半径越小，通信中的越区切换就越频繁。越区切换过于频繁不仅会增加切换控制的难度，也要导致系统附加开销的增大。因此，在蜂窝移动通信系统中，小区半径不宜过小。

蜂窝移动通信系统从20世纪80年代开始商用以来，发展速度超乎寻常，已经发展到了第四代，其发展历程如图1-11所示。

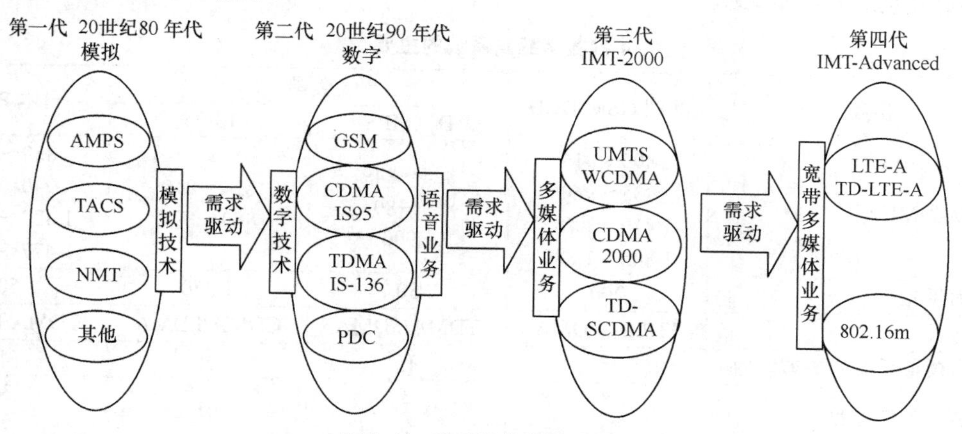

图1-11　移动通信发展历程

1. 第一代移动通信系统

20世纪80年代初，第一代移动通信系统——模拟蜂窝系统问世，基于FDMA，主导业务为语音。典型的系统有北美的AMPS（高级移动电话系统）、欧洲的NMT（北欧移动通信系统）和英国的TACS（全接入通信系统）。期间各国发展自己的系统，仅限于国内使用从而阻挠了规模经济。这些系统在20世纪90年代被第二代蜂窝系统所取代。表1-1是几种模拟蜂窝移动通信系统的性能参数。

表 1-1　　　　几种模拟蜂窝移动通信系统

系统名称		AMPS（美国）	TACS（英国）	NMT（北欧）		C-450（德国）	NTT（日本）
				NMT-450	NMT-900		
无线频段/MHz 收发间隔/MHz 频带宽度/MHz 频率间隙/kHz		900 45 25 × 2 30	900 45 25 × 2 25	450 10 4.5 × 2 25	900 45 25 × 2 12.5	450 10 4.4 × 2 20	800 55 25 × 2 12.5
发射功率/W	基站 车台 手机	40 3 0.6	100 4～10 0.6～1.6	50 15 2	25，6，1.5 6 2	20 15 —	25.5 1 1
小区半径/km	市区 郊区	2～7 10～20	1～4 ＜15	4 20	2 10	＞2 25	2～3 5～10
语音调制方式		FM	FM	FM	FM	FM	FM
数字信令调制方式及速率		FSK 10kbit/s	FSK 8kbit/s	FSK 1.2kbit/s	FSK 1.2kbit/s	FSK 5.28kbit/s	FSK 2.4kbit/s

2. 第二代移动通信系统

20 世纪 90 年代，随着数字技术的发展，通信、信息技术向数字化、综合化、宽带化方向发展。第二代移动通信系统以数字传输、TDMA 和 CDMA 为主体技术，制定了更加完善的呼叫处理和网络管理功能，克服了第一代移动通信系统存在的不足，可与窄带综合业务数字网（ISDN）相兼容，与第一代移动通信系统相比，有着无可比拟的优越性。因而第二代移动通信系统很快就取代了第一代移动通信系统而一跃成为移动通信的主流。而其中 GSM 拥有全球 80%的市场份额。

全球商用的第二代蜂窝标准共有四种，包括基于 TDMA 的欧洲的 GSM（全球移动通信系统）、北美的 D-AMPS、日本的 PDC（个人数字蜂窝系统）以及基于 CDMA 的北美的 IS-95。其主导业务为语音和短信，此外，还可传送中、低速数据业务，如传真和分组数据等。表 1-2 是第二代 4 种数字蜂窝系统的主要参数。

表 1-2　　　　4 种数字蜂窝系统的主要参数

参数	欧洲 GSM/DCD	美国		日本 PDC
		D-AMPS	IS-95	
工作频段/MHz	890～915 935～960 1 710～1 785 1 805～1 880	824～849 869～894 1 900	824～849 869～894	810～826 940～956 1 429～1 453 1 477～1 501
射频间隔/kHz	200	30	1 250	50
接入方式	TDMA/FDMA	TDMA/FDMA	CDMA/FDMA	TDMA/FDMA
与现有模拟系统的兼容能力	无	有	有	有
每频道业务信道数	8 16	3 6	61	3 6

3. 第三代移动通信系统

尽管基于语音业务的移动通信系统已经足以满足人们对语音移动通信的需求，但是随着人们对数据通信业务的需求日益增长，特别是 Internet 的发展大大推动了对数据业务的需求。为此，通用分组无线系统（GPRS）等 2.5G 系统应运而生，开始在移动通信系统中真正支持分组数据业务。然而，由于它们没有从根本上解决无线信道传输速率低的问题，只能是个过渡技术。21 世纪初走向商用的第三代移动通信系统（3G）才真正基本满足人们对快速数据传输的需求。

国际电信联盟（ITU）在 2000 年 5 月召开的全球无线电大会（WRC-2000）上正式批准了第三代移动通信系统 IMT-2000（International Mobile Telecommunication 2000）的无线接口技术规范建议（IMT-RSCP），此规范建议了以下 5 种技术标准。

两种 TDMA 技术：SC-TDMA（美国的 UMC-136）和 MC-TDMA（欧洲的 EP-DECT）。

三种 CDMA 技术：MC-CDMA（即 CDMA2000），DS-CDMA（即 WCDMA）和 CDMA TDD（包括 TD-SCDMA 和 UTRA TDD）。

最终，三种 CDMA 技术成为主流标准：欧洲的 WCDMA、北美的 CDMA2000 和中国的 TD-SCDMA。这三种 CDMA 技术分别受到两个国际标准化组织—3GPP（3rd Generation Partnership Project）和 3GPP2 的支持：3GPP 负责 WCDMA 和 TD-SCDMA 的标准化工作，分别称为 3GPP FDD 和 3GPP TDD；而 3GPP2 负责 CDMA2000 的标准化工作。

三种 3G 主流标准的技术特征如表 1-3 所示。

表 1-3　三种 3G 主流标准的技术特征

各项指标		WCDMA	TD-SCDMA	CDMA2000
扩频及多址类型		单载波直接序列扩频 CDMA	直接序列扩频时分同步 CDMA	多载波和单载波直接序列扩频
最小带宽/MHz		5	1.6	1.25
码片速率/Mchip/s		3.84	1.28	1.2288
帧长/ms		10	10（两 5ms 子帧）	20
语音编码器		AMR	AMR	可变速率声码器
调制方式	上行	HPSK	QPSK	HPSK
	下行	QPSK	QPSK 或 8PSK	QPSK
双工方式		FDD	TDD	FDD
基站同步		异步（不需 GPS）	同步（主从同步）	同步（需 GPS）

4．第四代移动通信系统

在信息支撑技术、市场竞争和需求的共同作用下，移动通信技术的发展呈现出了如下几大趋势：网络业务数据化、分组化，网络技术宽带化、智能化，更高的频段，更有效的利用频率，各种网络趋于融合。

2000 年在确定了 3G 国际标准后，ITU 就启动了制定 4G 标准的相关工作，历经十多年，最终于 2012 年 1 月 18 日，在 2012 年无线电通信全会全体会议上，正式审议通过将 LTE-Advanced 和 WirelessMAN-Advanced（802.16m）技术规范确立为 IMT-Advanced（4G）国际标准。

表 1-4 所示为 IMT-Advanced、LTE R8(3.9G)及 LTE R10(LTE-Advanced)的需求。

表 1-4　IMT-Advanced、LTE R8(3.9G)及 LTE R10(LTE-Advanced)的需求

各项指标		IMT-Advanced	LTE R8	LTE R10
传输带宽/MHz		至少 40	最多 20	最多 100
峰值频谱效率/bit/s/Hz	上行	15	16	16.0(30.0)*
	下行	6.75	4	8.1(16.1)**
延迟/ms	控制平面	低于 100	50	50
	用户平面	低于 10	4.9	4.9

*值是 4 × 4 的天线配置，括号内为 8 × 8 的值

**值是 2 × 2 的天线配置，括号内为 4 × 4 的值

IMT-Advanced 的目标是低速移动时峰值速率达到 1Gbit/s，高速移动时达 100Mbit/s。如图 1-12 所示，真正实现高速率、低延时、高 QoS 保证的全 IP 网络，为用户提供泛在的宽带移动多媒体业务。

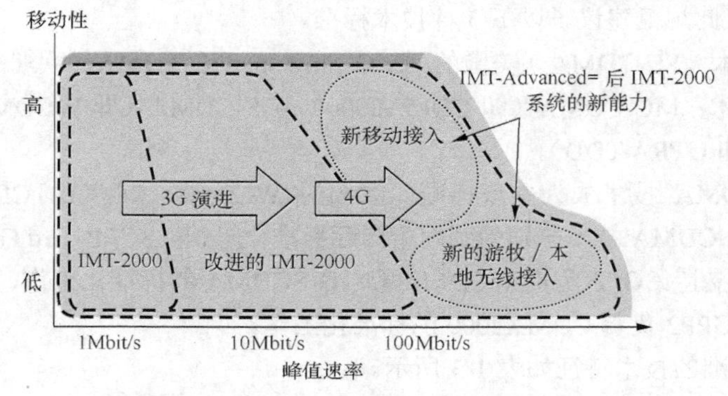

图 1-12　IMT-2000 和 IMT-Advanced 的功能

移动通信标准的演进路线如图 1-13 所示。

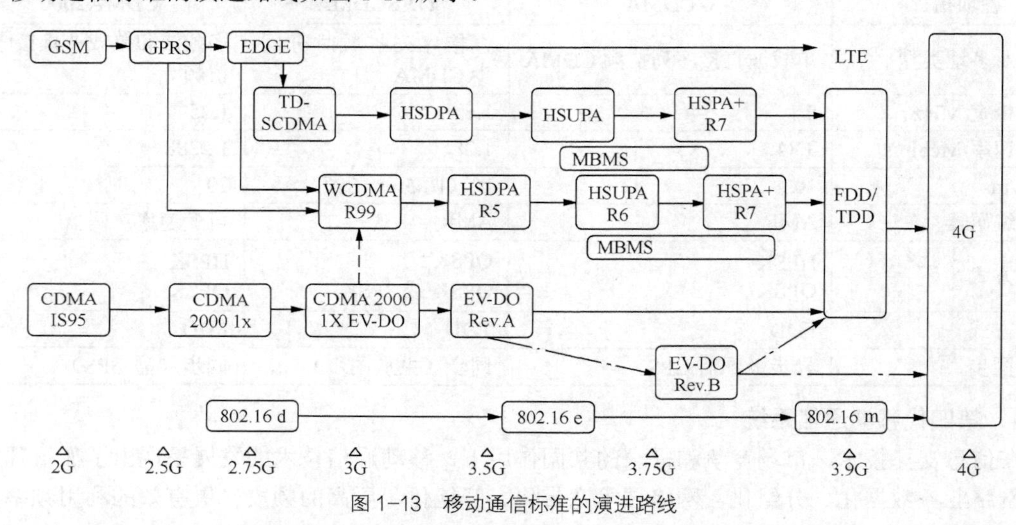

图 1-13　移动通信标准的演进路线

目前，LTE（3GPP 定义的 3.9G 标准）正在全球走向规模商用，截至 2012 年底，全球移动通信市场分布如图 1-14 所示。

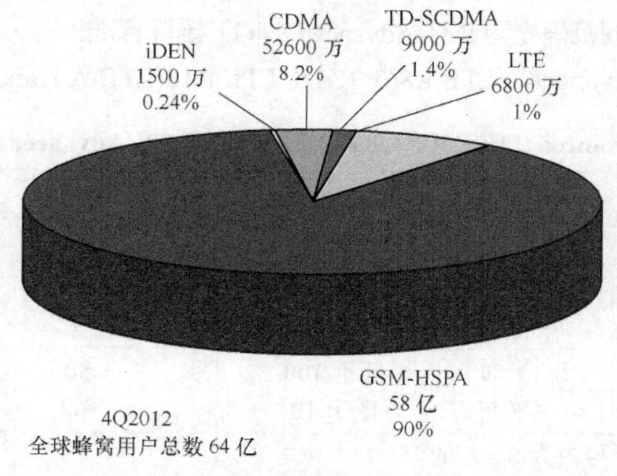

图 1-14　移动通信市场分布（来自 4Gamerican）

1.3.3 无绳电话系统

无绳电话最初是应有线电话用户的需求而诞生的，初期主要应用于家庭。简单的无绳电话机是把普通的电话单机分成座机和手机两部分，座机与有线电话网连接，手机与座机之间用无线电连接，这样允许携带手机的用户在一定范围内自由活动时进行通话，如图1-15所示。因为手机与座机之间不需要用电线连接，故称之为“无绳”电话机。

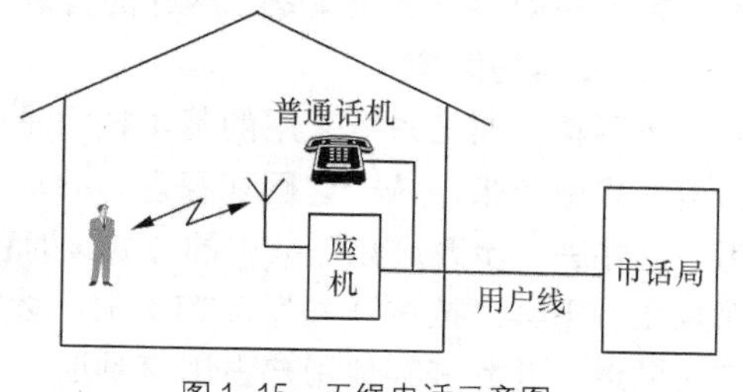

图1-15 无绳电话示意图

但是，无绳电话很快得到商业应用，并由室内走向室外，也朝着网络化的方向发展。在用户比较密集的地区设置电信点（Telepoint），（类似蜂窝系统的基站），此电信点与有线电话网连接，并有若干个频道为用户所共用。用户在电信点的无线覆盖区域内，可选用空闲频道进入有线电话网，对有线网中的固定用户发起呼叫并建立通信链路。

无绳电话的手机、座机与电信点所发射的功率均在 10mW 以下，无线覆盖半径约在 100m。表 1-5 给出了几种模拟无绳电话系统的主要参数。表中给出了日本、美国和欧洲的标准。我国模拟无绳电话系统采用 45MHz/48MHz 频段。

表 1-5　　几种无绳电话的主要参数

性能		日本（邮政省标准）	美国（FCC 标准）	欧洲（CEPT 标准）
频段/MHz	手机发	253.862 5～254.962 5	49.830～49.990	914.012 5～914.987 5
	基站发	380.212 5～381.312 5	46.610～46.970	959.012 5～959.987 5
频道间隔/kHz		12.5	20/40	25
频道数目		88	18/9	40
发社功率/mW		＜10	＜10	＜10
频道共用方式		多频道	单频道	多频道
语音调制方式		FM	FM	FM
控制信号		副载波 FM	单音	副载波 FM

无绳电话自 20 世纪 70 年代发展至今，经历了 CT0、CT1、CT2、CT3 几个阶段。由于无绳电话适合于低速移动、高密度用户区使用，且可提供高质量、低成本的个人通信设备，又具有通信终端体积小、发射功率低、电池寿命长等特点，很适合个人通信的需要，故在此基础上相继开发了 DECT、PHS、PACS 等无绳个人通信系统。

目前公用无绳电话系统的功能完全类似于蜂窝移动通信系统，不仅具有固定电话的功能，而且可以在低速移动环境下具有越区切换功能。以 PHS 技术为基础的“小灵通”系统在 20 世纪 90 年代末开始在我国广泛应用，于 2011 年底退网。

1.3.4 集群移动通信系统

集群移动通信系统属调度性专用通信网。最简单的调度通信网是由若干个使用同一频率的移动电台组成的。其中，一个移动台充当调度台，由它用广播方式向所有其他的移动台发送消息，任一用户都可能听到调度台的呼叫，即所谓的“一呼百应”系统，而移动台之间不能直接通话。20 世纪 70 年代，出现了一种具有选呼功能的调度系统，为每个移动台配置一个“选呼”电路，并赋予每个移动台以不同的地址编码，各移动台在收到调度台发来的信号时，只有信号中的地址编码与自己的地址编码相符合时，其音频电路才打开，从而听到调度台发来的信息。但是，网中的移动台仍然不允许任意呼叫调度台或其他移动台。

由于城市中各部门、各系统都要求建立自己的调度系统，而日益紧张的频率资源是无法支撑的。集群移动通信系统就是在这样的背景下发展起来的。

1．集群的概念

集群移动通信系统采用的基本技术是频率共用技术。该系统把一些由各部门分散建立的专用通信网集中起来，统一建网和管理，并动态地利用分配给它们的有限个频道，以容纳数目更多的用户，并进一步改进频道共用的方式，即移动用户在通信的过程中，不是固定地占用某一个频道，而是在按下其“按讲开关”（PTT）时，才能占用一个频道，一旦松开 PTT，频道将被释放，变成空闲频道，并允许其他用户占用该频道。

传统的集群通信系统采用半双工通信方式，即基站以双工方式工作，移动台以异频单工方式工作。考虑到调度通信具有通话时间短的特点，因此集群通信系统都具有通话限时功能。

集群系统主要以无线用户为主，即以调度台与移动台之间的通话为主。

集群系统与蜂窝通信系统在技术上有很多相似之处，但在主要用途、网络组成和工作方式上有很多差异。集群通信系统属于专用移动通信网，适用于在各个行业（或几个行业合用）中间进行调度和指挥，对网中的不同用户常常赋予不同的优先等级。蜂窝通信系统属于公众移动通信网，适用于各阶层和各行业中个人之间通信，一般不分优先等级；集群通信系统根据调度业务的特征，通常具有一定的限时功能。一次通话的限定时间大约为 15～60s，可根据业务情况调整。蜂窝通信系统对通信时间一般不进行限制。集群通信系统的主要业务是无线用户之间的通信，蜂窝通信系统却有大量的无线用户与有线用户之间的通话业务。在集群通信系统中也允许有一定的无线用户与有线用户之间的通话业务，但一般只允许这种话务量占总业务量的 5%～10%。集群通信系统一般采用半双工（现在已有全双工产品）工作方式，因而，一对移动用户之间进行通信只需占用一对频道。蜂窝通信系统都采用全双工工作方式，因而一对移动用户之间进行通信，必须占用两对频道。在蜂窝通信系统中，可以采用频道再用技术来提高系统的频率利用率；而在集群系统中，主要是以改进频道共用技术来提高系统的频率利用率。

值得指出的是，随着通信技水的发展，上述两种系统的特征都在不断地发生变化，其中，有许多技术可以相互借鉴，但是专用网和公用网各有其不同的服务要求及运行环境，因而各有其不同的发展方向和发展策略，不能认为在某种系统中行之有效的功能，在另一种系统中也一定适用。比如，如果集群系统像蜂窝网一样，大量增加网中无线用户和有线用户之间的通信数量，以至取消其通话限时功能，那么，集群系统势必丧失自己的优势，以致没有存在的必要。

2．集群系统的组成

集群系统均以基本系统为模块，并用这些模块扩展为区域网。根据覆盖的范围及地形条件，基本系统可由单基站或多基站组成。集群系统的控制方式有两种，即专用控制信道的集中控制方式和随路信令的分布控制方式，分别如图 1-16（a）和（b）所示。在集群网络的基本结构中，都包含移动台（车载台和手机）、调度台（或指令台）、基站转发器、系统管理终端以及有关的控制部分。在集中控制方式中，系统控制由系统控制中心承担；在分布控制方式中，系统控制是通过每个转发器上的逻辑控制单元分散处理的。两种基本结构都可扩展而构成区域网。在构成区域网时，两种结构都要增加一个具有交换和控制功能的区域管理器，以进行整个区域的系统管理。

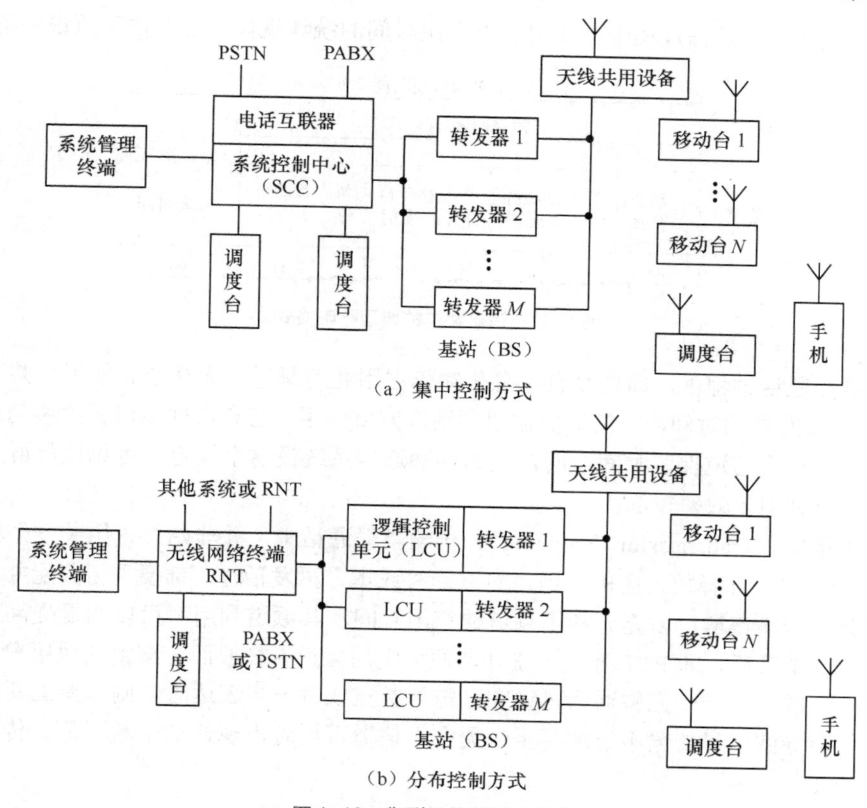

图 1-16　集群网络的基本结构

集群系统的基本设备如下。

① 转发器。它由收发信机和电源组成，每个频道均配一个转发器。对于分布式控制的集群系统，每个转发器均有一个逻辑控制单元。

② 天线共用设备。它包括天线、馈线和共用器（如收发天线共用器、基站的发射合路器和接收耦合器）。

③ 系统控制中心（系统控制器）。分布式控制系统虽无集中控制中心，但在联网时，可通过无线网络控制终端。

④ 调度台。调度台可分为无线调度台和有线调度台。无线调度台由收发信机、控制单元、操作台、天线和电源等组成；有线调度台可以是简单的电话机或带显示的操作台。

⑤ 移动台。移动台有车载台和手机。它们均由收发信机、控制单元、天线和电源等组成。

除上述基本设备外，还可根据系统设计和用户要求，增设系统中心操作台、系统监控设备、中继转发器以及计费和打印设备等。

3. 集群方式

按通信占用频道的方式，集群系统可分为消息集群、传输集群和准传输集群三种方式。

（1）消息集群（Message Trunking）。在消息集群系统中，每一次呼叫通话，始终分配一对固定无线频道，而且在通话完毕后（即松开 PTT 开关后），转发器继续在该频道上保留 6s 左右（即脱离时间约为 6s），才算完成此次接续过程。即若在保留时间内原通话用户再次按下 PTT 开关要继续通话，则双方仍使用原来的频道进行通话；若超过保留时间，则可将该频道分配给其他用户。消息集群的典型呼叫格式如图 1-17 所示。这里所谓的典型呼叫格式，是由大量实测和统计而得到的结果，指的是在一次通信过程中，通信双方占用时间的统计规律，并非通常所说的消息格式。

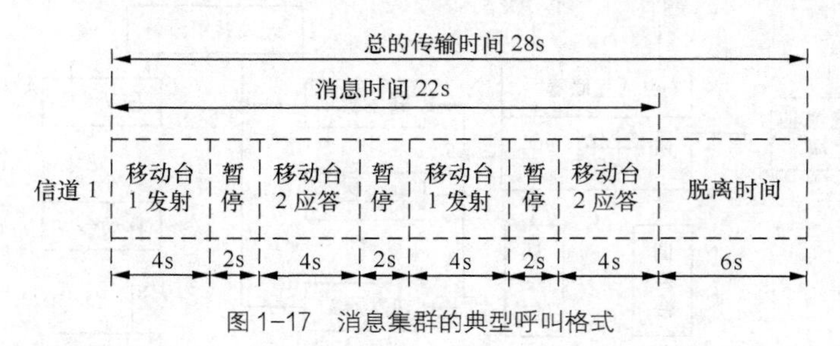

图 1-17　消息集群的典型呼叫格式

消息集群在通话过程中，即使没有消息传输仍占用此对频道，无法让其他用户共享，且在每个消息结束后 6s 左右的时间内，信道仍被原通话双方所占用，它和常规多信道的移动通信系统一样，只是最后有一个信道保留时间，而常规的移动通信系统没这个规定。可见该集群方式中无线信道未得到充分利用，效率较低。

（2）传输集群（Transmission Trunking）。传输集群通话中，并非始终占用某一个频道，当发话一方松开 PTT 时，即释放占用的频道，对方回答或本方再发话时，都要重新分配并占用新的空闲频道。因此，传输集群可以充分利用频道的空闲时间，其频道利用率可以明显提高。但是传输集群在每次通话结束后，即 PTT 开关一松开，原分配的频道就释放而分配给其他用户占用。这样做会带来一个问题，若一个完整通话未讲完，需要补充或进一步表达时，则需要重新占用新的空闲频道，从而会导致消息传输不连续甚至在无空闲信道可用时出现通话中断现象。传输集群的典型呼叫格式如图 1-18 所示。

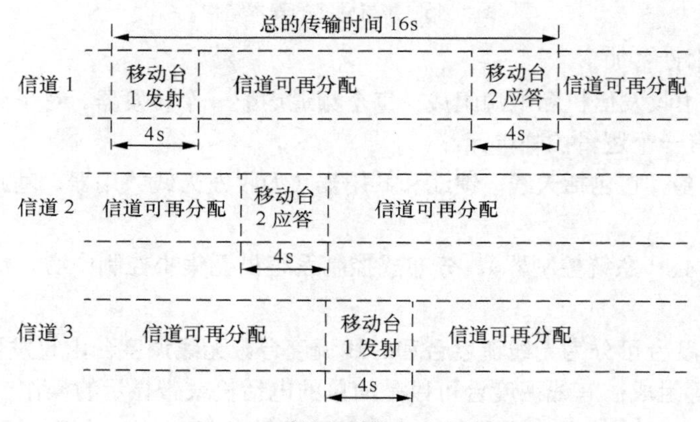

图 1-18　传输集群的典型呼叫格式

（3）准传输集群（Quasi Transmission Trunking）。准传输集群是为了克服传输集群的缺点而改进的一种集群方式，它吸收了传输集群和消息集群各自的优点，将频道脱离时间缩短到 0.5～2s（和传输集群相比），而在每次 PTT 松开之后增加 0.5s 的保持时间（和传输集群相比），然后才释放频道，因而可将它看作是传输集群和消息集群的折中方案。其典型呼叫格式如图 1-19 所示。

准传输集群的工作方式最早由美国摩托罗拉（Motorola）公司使用，后来许多设备生产商也都采用这种技术，说明了它的实用性。大量试验表明，这种方式的频率利用率略低于传输集群，但能防止有害的消息中断现象，同时其频率利用率高于消息集群。

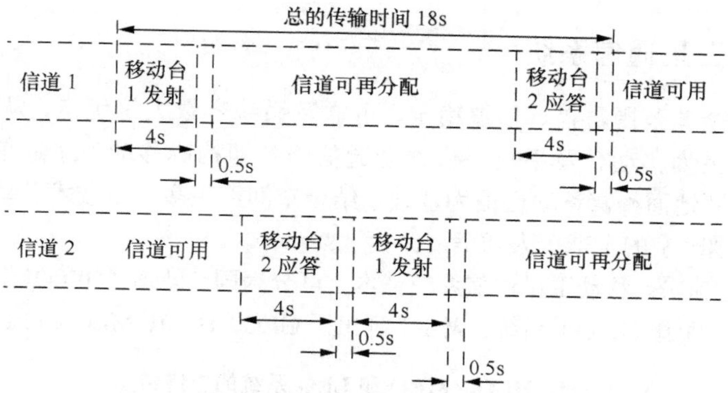

图 1-19 准传输集群的典型呼叫格式

表 1-6 给出了部分集群移动通信系统的主要参数。

表 1-6 部分集群移动通信系统的主要参数

性能	美国 Motorola	美国 E.F.Johson	美国 Uniden	瑞典 Ericssion	荷兰 Philips	新西兰 TAIT
	Smartnet	Multi-Net	F.A.S.T.	GE16 PLUS	TN10/TN106/TN200	TAIT
频段/MHz	800	800，900	800	400，800	66～88 132～225 405～512 890～966	66～88 136～225 400～520
通信方式	半双工	半双工	半双工	半双工	半双工	半双工
基本系统频道数	10～20	10～30	5～20	1～20	3～20	5～24
信道控制方式	专用控制信道集中控制	随路信令分布控制	随路信令分布控制	专用控制信道集中控制	专用控制信道集中控制	专用控制信道集中控制
数字信令速率/（bit/s）	3 600	300	300	9 600	1 200	1 200
有线电话互连	可以	可以	可以	可以	可以	可以

在数字集群通信方面，国外有两个典型的标准：TETRA 和 iDEN。TETRA 是欧洲电信标准组织制定的数字集群通信系统标准，它是基于传统大区制调度通信系统并进行数字化后形成的专用移动通信无线电标准，采用 TDMA 多址方式。iDEN 是美国 Motorola 公司提出的标准，用于集群公网应用，因此 iDEN 除了以指挥调度业务为主外，还兼有完善的双工电话互连、数据和短消息等功能。它将数字调度通信和数字蜂窝通信综合在一套系统内。国内的典型系统有华为公司开发的 GT8000 和中兴公司的 GoTA。GT8000 系统基于 GSM 技术，增加了用户接入管理平台（VPN 客户可直接管理本群用户）、智能业务平台和计费平台，满足了专业用户对数据应用的需求，克服了现有集群技术在数据应用方面的局限性。而 GoTA 系统的空中接口在 CDMA2000 基础上进行了优化和改造，具有快速接入、高信道效率和频谱利用率、高用户私密性、易扩展性和支持多种业务等优点。此外在现有第二代、第三代蜂窝移动通信系统中增加集群通信的功能也是一个重要的发展趋势。

1.3.5 移动卫星通信系统

卫星通信具有全球范围覆盖、信道稳定、可靠及系统容量大等优点，从诞生至今，得到了迅猛发展。通过卫星为移动台及手机提供移动通信服务即构成移动卫星通信系统（MSS）。

MSS 以 VSAT 和地面蜂窝移动通信为基础，结合空间卫星多波束技术及星上处理、计算机等高新技术构成了超越时空的全球个人通信网。

按卫星运行轨道来分，移动卫星通信系统基本上可分为同步轨道（GEO）、高椭圆轨道（HEO）、中轨道（MEO）和低轨道（LEO）系统。表 1-7 列出了 GEO、HEO、MEO 和 LEO 系统的轨道特点。

表 1-7　GEO、HEO、MEO 和 LEO 系统的轨道特点

轨道类型	特点	美国（FCC 标准）典型实例
同步轨道（GEO）	高度：约 36 000km 卫星轨道在赤道上空，轨道运行周期与地球自转周期相同，从地球上看，卫星好像静止在地球上空某处	Intelsat MAST Inmarsat
高椭圆轨道（HEO）	度高：约 40 000km（远地点） 周期：12～24h 利用远地点附近开展业务，有 8～12h 可看到卫星 连续业务至少需要 2～3 颗卫星	Molniya （闪电卫星） Archimedes
中轨道（MEO）	高度：500～2 000km 或 3 000km（多在 15 000km 以下） 周期：约 1h45min（在 1 000km 高度） 连续业务至少需要 15～16 颗卫星	Odyssey ICO （Inmarsatp）
低轨道（LEO）	高度：约 2 000km 或 3 000～20 000km 周期：5～6h（对约 10 000km 而言） 有 12min 可看到卫星（在 1 000km 高度） 连续业务至少需要 20～30 颗卫星	Iridium Globalstar Orbcomm Teledesic

利用卫星中继，在海上、空中和地形复杂而人口稀疏的地区实现移动通信，很早就引起了人们的重视。1976 年，国际海事卫星组织（IMARSAT）首先在太平洋、大西洋和印度洋上空发射了三颗同步卫星，组成了 IMARSAT-A 系统，为在这三个大洋上航行的船只提供通信服务。其后，又先后增加了 IMARSAT-C、IMARSAT-M、IMARSAT-B 和 IMARSAT-机载等系统。与此同时，在 20 世纪 80 年代初，一些幅员广大的国家开始探索把同步卫星用于陆地移动通信的可能性，提出在卫星上设置多波束天线，像蜂窝网中把小区分成区群那样，把波束分成波束群，实现频率再用，以提高系统的通信容量。1993 年，美国休斯公司提出的 Spaceway 计划，是一双星移动通信系统，其目标是为北美地区提供语音、数据和图像服务。

在利用同步卫星进行移动通信方面，国际海事卫星组织已提出在 21 世纪实现使用手机进行卫星移动通信的规划，并把这一系统定名为 IMARSAT-P。美国也提出了 TRITIUM 系统和 CELSAT 系统，以及日本 MPT 的 COMEETS 等计划。

移动卫星通信向全球个人通信的发展主要是以低轨道（LEO）通信卫星为主，这也是在卫星通信系统中更为普及的系统。LEO 系统发展很快，继摩托罗拉公司的“铱”（IRIDIUM）星系统之后，已有许多类似的计划出台，如 GLOBAL-STAR、ELLIPSO、TELEDESIC、ARIES 等，表 1-8 给出了这些系统的部分参数。

表 1-8　　低轨道移动卫星通信系统的部分参数

系统名称		ARIES	TELEDESIC	ELLIPSO BOREALIS	ELLIPSO CONCORDLA	GLOBALSTAR	IRIDIUM
轨道	形状	圆	圆	椭圆	圆	圆	圆
	高度/km	1 018	700	520/7 800	7 800	1 389	780
倾角		90°	98.2°	116.5°	0°	47°　52°	86.4°
周期		105.5'	98.77'	180'	280'	113.53'	100.13'
轨道平面数		4	21	3	1	8　8	6
每平面卫星数		12	40	5	9	3　6	11
总卫星数		48	840	15	9	24　48	66
频率	用户链路	L/S 频段	Ka 频段	L/S/C 频段		上行 L 频段 下行 S 频段	L 频段
	系统控制链路	C 频段	Ka 频段	L/S/C 频段		C 频段	Ka 频段
业务	语音	有	有	有（4.8）		有（2.4/4.8/9.6）	有（2.4/4.8）
	数据/（kbit/s）	2.4	16～2 048	0.3～9.6		9.6	2.4
多址方式		CDMA	上行 FDMA 下行 TDMA	CDMA		CDMA	TDMA
估计成本/美元		<5 亿	90 亿	6 亿		17 亿（48 颗星）	33.7 亿

显然，LEO 卫星不能与地球自转保持同步，从地面上看，卫星总是缓慢移动的，如果要求地面上任一地点的上空在任一时刻都有一颗卫星出现，就必须设置多条卫星轨道，每条轨道上均有多颗卫星有顺序地在地球上空运行。在卫星和卫星之间通过星际链路互相连接，这样就构成了环绕地球上空、不断运动但能覆盖全球的卫星中继网络。一般来说，卫星轨道越高，所需的卫星数目越少；卫星轨道越低，所需的卫星数目越多。

1．“铱”（IRIDIUM）系统

由美国 Motorola 公司提出的“铱”系统开始计划设置 7 条圆形轨道，均匀分布于地球的极地方向。每条轨道上有 11 颗卫星，总共 77 颗卫星在地球上空运行，这和铱原子中有 77 个电子围绕原子核旋转的情况相似，故取名为铱系统。图 1-20 所示是铱系统的轨道示意图。现在该系统改用 66 颗卫星，分 6 条轨道在地球上空运行，但原名未改。

“铱”系统的设计目标是能提供地球上任意两点之间的无线连接。Motorola 公司于 1990 年发布，到 1998 年底，全部 66 颗卫星发射成功，开始提供全球服务，但因其收费过高，加上传统移动电话迅速扩展而无法吸引大量顾客，铱星公司于 1999 年 8 月份申请破产保护后，2000 年底由新的美国铱星公司收购，并于 2001 年 3 月开始商业运行。“铱”系统能够覆盖到全球各个角落，其潜在的客户将主要来自海事、民航、油气钻探、采矿、建筑、林业等部门，以及其他一些组织和个人。目前美国国防部是其最大的用户。

“铱”系统结构如图 1-21 所示，是一空中飞行的网络（包括基站和移动交换中心）。卫星直径为 1m，高 2m，重 341kg，平均工作寿命 5 年，可望维持到 8 年。

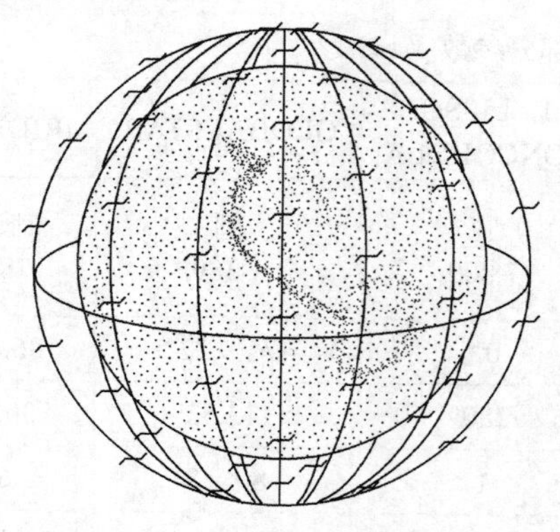

图 1-20 “铱”系统卫星轨道示意图

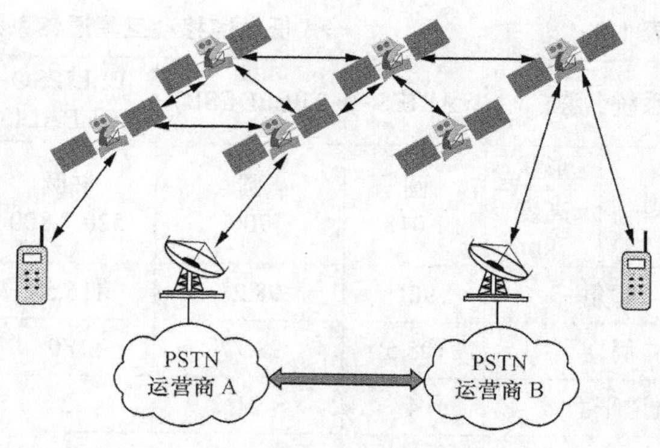

图 1-21 “铱”系统结构

卫星轨道高度 780km，是同步轨道卫星的 1/46，相应的传播损耗可减少 33dB，因而可用手持式终端进行通信。手持式终端在 L 波段工作，功率只需 0.4W。每颗卫星可覆盖地面上直径为 350mile（海里，350mile = 648km）的地区，用 48 个点波束构成区群，以实现频率再用。当卫星飞向高纬度极区时，随着所需覆盖面积的减少，各卫星可自动逐渐关闭边沿上的波束，避免重叠。

同一轨道平面的相邻卫星（相距 4 027km）用双向链路相连。相邻轨道平面的卫星（距离随纬度不同而变化，最大距离（赤道上空）达 4 633km）也用交叉链路相连。这些链路均工作在 Ka 波段，它们把 66 颗卫星在空中连接成一个不断运动的中继网络。此外，在地面还建有若干个汇接站，分布在不同地域，每个汇接站均工作在 Ka 波段，与卫星互连，另外它们还与地面的有关网络接口。

采用 FDMA/TDMA 混合多址和 TDD 双工方式，系统将 10.5MHz 的 L 频段按 FDMA 方式分成 240 条信道，每个信道再利用 TDMA 方式支持 4 个用户连接。提供语音、数据和寻呼服务，语音编码速率为 2.4kbit/s 或 4.8kbit/s，数据速率为 2.4kbit/s。

当卫星系统中的用户呼叫地面网络中的用户时，主呼用户先将呼叫信号发送到卫星，由卫星转发给地面汇接站，再由地面汇接站转送到有关地面网络中的被呼用户，双方即可建立通信链路进行通信。当主呼用户和被呼用户均属卫星系统中的用户时，主呼用户先将其呼叫信号发送到他上空的卫星，该卫星通过星间链路将信号转发到被呼用户上空的卫星，由后一卫星直接向被呼用户发送，双方即可建立通信链路进行通信。在用户通信过程中，正在服务的卫星由于移动（包括卫星移动和用户移动，主要是前者）可能会离开该用户的所在地区，而另外一颗卫星将相继进入该地区，这时通信联络应自动由离开该地区的卫星切换到进入该地区的卫星，如同蜂窝中的过境切换一样。同样，当地面用户由一个波束区落入另一个波束区时，也要自动进行波束切换。此外，用户在地面所处的地区同样要区分归属区和访问区，并进行位置登记，以支持用户在漫游中的通信。

2．“全球星”（Global star）系统

“全球星”是美国洛拉尔/夸而康姆（LQSS-Local Qualcomm）公司于 1991 年 6 月 3 日向美国联邦通信委员会（FCC）提出的低轨道移动卫星通信系统，其系统结构如图 1-22 所示。它采用的结构和技术与“铱”系统不同，它并不是一个自成体系的系统。更确切地说，它是作为地面蜂窝移动通信系统和其他移动通信系统的延伸和补充。其设计思想是将地面

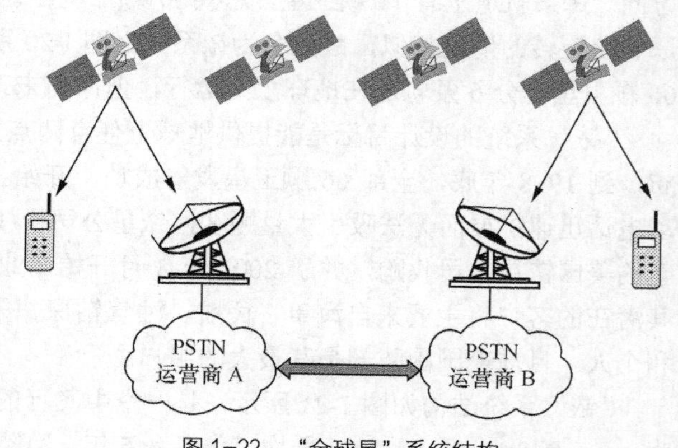

图 1-22 “全球星”系统结构

基站“搬移”到卫星上，与地面系统兼容。也就是说，它与多个独立的网（公用网或专用网）可以同时运行，允许网间互通。其成本比“铱”系统低。该系统采用具有双向功率控制的扩频码分多址技术，没有星间链路和星上处理，技术难度也小一些。

“全球星”系统到1999年11月22日完成了由48颗星组成的卫星星座，2000年2月8日又发射了4颗在轨备份星。2000年1月6日正式在美国开始提供卫星电话业务。如今美国用户可以使用其电话同6大洲的100多个国家的用户通话。2002年7月17日建成了第二代星座。

“全球星”由48颗卫星组成卫星星座，它们分布在8个轨道面上，每个轨道6颗卫星（每个轨道上还有一颗备用星，共7颗星），卫星轨道高度为1 410km，倾角52°，轨道周期为113min，每颗卫星与相邻轨道上最近的卫星有7.5°的相移。每颗卫星的典型重量约400kg，有16个波束，可提供2 800个信道，紧急情况下最大可有2 000个信道集中在一个波束内。卫星的设计寿命为7.5年。该系统对北纬70°至南纬70°之间具有多重的覆盖，那里正是世界人口较密集区域，可提供更多的通信容量。“全球星”系统在每一地区至少有两星覆盖，在某些地方还可能达到3～4颗星覆盖。这种设计既防止了因卫星故障而出现“空洞”现象，又增加了链路的冗余度，用户可随时接入系统。每颗卫星与用户能保持10～12min通信，然后经软切换至另一颗星，使用户感觉不到有间隔，而前一颗星又转而为别的区域内用户服务。

“全球星”系统的基本通信过程：移动用户发出通信申请编码信息，通过卫星转发器送到“全球星”系统的关口站，首先由网控中心（NCC）和星座控制设备进行处理，在完成同步检验、位置数据访问后，NCC 向选择的关口站发送有关使用资源的信息（编码、信道数、同步信息等），然后NCC通过信令信道将分配的信息发给移动用户，移动用户在同步后即可发送需传送的信息，此信息经过卫星转发给关口站，关口站通过地面网送到目标用户。如果目标用户经地面网不能到达，则必须选择离目标用户最近的关口站，通过关口站经卫星发送给目标移动用户。

1.3.6 分组无线网

分组无线网是一种利用无线信道进行分组交换的通信网络，即网络中传送的信息以“分组”或称“信包”（有时简称“包”）为基本单元。分组由携带控制和管理信息的“头”和真正承载业务数据的净荷两部分组成，包头中含有诸如该分组的源地址（起始地址）、宿地址（目的地址）和有关的路由信息等。

分组传输方式是存储转发方式的一种，用户终端必须先把要传送的信息存储、分段，加上包头以构成分组，才能送上无线信道进行传输，这一过程必然要产生额外的时间延迟。因此，早期的分组无线网主要用于实时性要求不严和短消息比较多的数据通信。随着移动通信网络向全IP的演进，QoS保障能力的不断提升，宽带多媒体分组网络正在向我们走来（如3.9G LTE）。

分组传输能适应不同的网络结构。常见的网络结构有星形结构和分布式结构。前者网中设有中心站，因而称为有中心系统，用户通信均由中心控制并由它转接，典型系统如蜂窝系统；后者网中没有中心站，称为无中心系统，所有用户终端均属网络中的节点，可以随机分布在网络覆盖区的任意位置，每个节点均可作为源节点或宿节点来发送或接收信息，也可作为中继节点转发其他用户需要传送的信息，而且可利用分组包头中的控制信息分别为每个分组选择传输路由。其特点是网络无固定结构，健壮性强，通过动态路由机制，即使网络发生故障只剩下一条通信路由，也可以通过迂回转发，保持通信不中断，典型系统如无线自组网络。

最早的分组无线网是1968年由美国夏威夷大学开发的ALOHA系统，其网络属星形结构，如图1-23所示。这是一种计算机数据通信系统，主要目的是供分布在4个岛上7个分校的人员，对设在瓦胡岛上的主计算机中心进行访问，而避免使用费用高又不可靠的电话线路。该系统使用两个频率，从终端到中心站的载波频率为407.35MHz，从中心站到终端的载波频率为413.475MHz；信道宽度为100kHz，最高传输速率为24kbit/s，实际使用100～9 600bit/s。

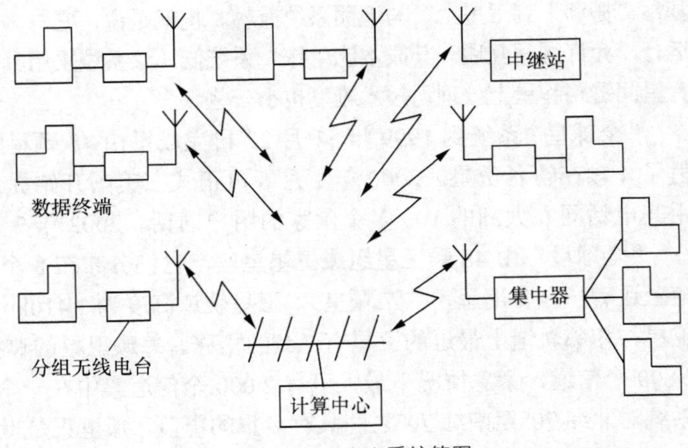

图1-23 ALOHA系统简图

分组无线网中，数据以突发方式进行传输，多个用户采用竞争技术来捕获信道。为提高信道利用率，人们开发了多种随机多址技术。最先出现的随机多址技术即上述系统所采用的称为纯ALOHA的技术，在此基础上发展出了时隙ALOHA（S-ALOHA）、载波侦听多址（CSMA）、分组预约多址（PRMA）等。

随着数据业务的增长，世界各国和地区都在致力于发展移动数据通信网络，其中大都以分组传输技术为基础。例如：

（1）ARDIS系统（先进的无线电数据信息设备），由美国IBM和Motorola公司在1983年提出。

（2）Mobitex系统（全国性互连的集群无线电网络），由Ericsson公司和瑞典电信公司开发，1986年在瑞典首次运行，1991年为美国采用。

（3）CDPD系统（蜂窝数字分组数据），由IBM公司联合9家运营商开发。

（4）TETRA系统（全欧集群无线电），是ESTI为集群无线电和移动数据系统制定的公共标准。

（5）第二代北美数字蜂窝IS-54和IS-95系统，它们均能提供数据业务，其中既有电路交换模式业务，又有分组模式业务。

（6）GPRS，是GSM Phase2.1规范实现的内容之一，能提供比GSM网9.6kbit/s更高的数据速率。GPRS采用与GSM相同的频段、频带宽度、突发结构、无线调制标准、跳频规则及相同的TDMA帧结构，因此在GSM系统基础上构建GPRS系统时，GSM绝大部分部件都不需要做硬件改动，只需做软件升级。

（7）HSPA（高速分组接入），是3GPP制定的3.5G标准，针对分组数据业务进行了优化，在与WCDMA相同的5MHz带宽内，上行可提供高达14.4Mbit/s、下行5.7Mbit/s的峰值速率（WCDMA为384kbit/s），实现宽带移动Internet接入。

（8）LTE，是3GPP制定的3.9G标准，为全IP网络标准（既包括核心网，也包括空中接口），所有业务基于IP传输，是真正的移动宽带多媒体网络。

1.4 移动通信基本技术

现代移动通信系统的发展是以多种先进通信技术为基础的。移动通信的主要基本技术有：移动信道电波传播技术、调制技术、多址技术、抗干扰技术及组网技术。

1.4.1 移动信道中电波传播特性的研究

移动信道的传播特性在移动通信技术的研究、移动通信系统的规划和设计中都起着十分重要的作用。在移动信道中，发送到接收端的信号会受到传播环境中地形、地物的影响而产生绕射、反射或散射，因而形成多径传播。收发信机间的相对运动会使接收信号频率发生偏移。多径传播和移动将使接收端的合成信号在幅度、相位和到达时间上发生随机变化，严重地降低了接收信号的质量，这就是所谓的多径衰落。此外，自由空间传播所引起的扩散损耗以及阴影效应所引起的慢衰落，也会影响所需信号的传输质量。

研究移动信道的传播特性，首先要弄清移动信道的传播规律和各种物理现象的机理以及这些现象对信号传输所产生的不良影响，进而研究消除各种不良影响的对策。为了给通信系统的规划和设计提供依据，人们通常通过理论分析或根据实测数据进行统计分析（或二者结合）来总结和建立有普遍性的数学模型，利用这些模型，可以估算一些传播环境中的传播损耗和其他有关的传播参数。

无论用哪种分析方法得到的结果，在进行信道预测时，其准确程度都与预测环境的具体特征有关。由于移动通信的传播环境十分复杂，有城市、乡村、山区、森林、室外、室内、海上和空中等，因而难以用一种或几种模型来表征各种不同地区的传播特性。通常，每种预测模型都是根据某一特定传播环境总结出来的，都有其局限性，选用时应注意其适用范围。

1.4.2 调制技术

调制是用基带信号以某种方式改变载波的特性。调制方式对传输信号所占带宽、接收信号质量及系统对信道损伤的健壮性起着至关重要的作用。纵观各代移动通信系统，其所采用的调制技术可概括为如图 1-24 所示。

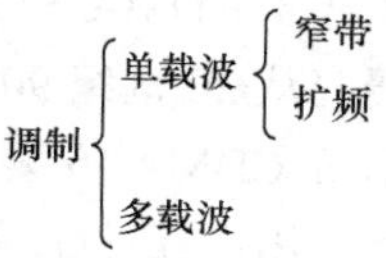

调制
- 单载波
  - 窄带
  - 扩频
- 多载波

图 1-24 移动通信中的调制技术

第一代移动通信属模拟系统，采用（单载波）窄带调频（NFM）；第二代移动通信是数字移动通信，其中的关键技术之一是数字调制技术。对数字调制技术的主要要求是：已调信号的频谱窄和带外衰减快（即所占频带窄，或者说频谱利用率高），易于采用相干或非相干解调；抗噪音和抗干扰的能力强；以及适宜在衰落信道中的传输。第二代移动通信系统中的 TDMA 系统采用（单载波）窄带调制技术；第二代 IS-95 及第三代主流标准的 CDMA 系统还采用了（单载波）扩频调制。而 LTE、Wimax 及 4G 标准均基于多载波调制。

传统上，对移动通信系统调制技术的研究主要集中在单载波窄带调制，而对数字调制的研究集中于如下两类。

（1）线性调制技术。主要包括了 PSK、QPSK、DQPSK、OQPSK、π/4-DQPSK 和 MPSK、MQAM 等。应当注意，此处所谓的线性，是指这类调制技术要求通信设备从频率变换到放大和发射的过程中保持充分的线性。显然，这种要求在制造移动设备中会增大难度和成本，但是这类调制方式可获得较高的频谱利用率。

值得注意的是 MQAM 在现代宽带移动通信中的广泛应用。以往，人们认为高阶 QAM 信号的特征不适于在移动环境中进行传输。近几年，随着研究工作的深入，人们提出了不少改进方案。如根据移动信道特性的好坏自适应地改变 QAM 的阶次，即自适应调制等。

（2）（非线性）指数（恒定包络连续相位）调制技术，主要包括 MSK、GMSK、GFSK 和 TFM 等。这类调制技术的优点是已调信号具有相对窄的功率谱和对放大设备没有线性要求，不足之处是其频谱利用率通常低于线性调制技术。

CDMA 系统的特征决定了它必须要与扩频通信结合来使用，这里主要的研究课题有：为克服码间干扰而将正交频分复用（OFDM）技术用于 CDMA 调制（OFDM-CDMA）；为提高 CDMA 系统的传输速率和自适应性能，根据业务需求提供不同传输速率，从而提出的多码码分多址

（MC-CDMA）和可变扩频增益的码分多址（VSG-CDMA）等。

为减少码间干扰和时延扩展的影响，把将要传输的数据流划分成若干个子数据流（每个子数据流具有低得多的传输速率），并且用这些子数据流去调制若干个载波，从而形成多载波调制是LTE及4G系统所采用的调制方式。

1.4.3 多址方式

多址技术解决如何共享给定频谱资源的问题，是移动通信空中接口的关键技术。多址技术可分为固定多址、随机多址和（两者的）混合多址技术。固定多址方式的基本类型有频分多址（FDMA）、时分多址（TDMA）、码分多址（CDMA）和空分多址（SDMA）。实际中也常用到四种基本多址方式的复合多址方式，比如时分多址/频分多址（TDMA/FDMA）、码分多址/频分多址（CDMA/FDMA）、码分多址/时分多址（CDMA/TDMA）等。此外，随着数据业务需求的日益增长，随机多址方式如ALOHA和载波检测多址（CSMA）等也日益得到广泛应用，其中也包括固定多址和随机多址的综合应用。

选用什么样的多址方式取决于通信系统的应用环境和要求。若干年来，由于移动通信业务的需求量与日激增，移动通信网络的发展重点一直是在频谱资源有限的条件下，努力提高通信系统的容量。因此，未来采用什么样的多址方式更有利于提高通信系统的容量，也成为人们非常关心和有争议的问题。

相比于TDMA和FDMA系统，CDMA系统在通信容量上的优势使得有关CDMA多址方式的应用研究从20世纪90年代以来一直非常活跃，美国TIA于1993年通过了以Qualcomm公司所推出的窄带CDMA方案（系统带宽为1.25MHz）为基础的双模式CDMA标准（IS-95），该标准获得广泛应用。在3G系统中也主要采用CDMA多址技术，称为宽带CDMA，包括WCDMA、CDMA2000、TD-SCDMA，这些系统已在全球广泛部署。而在LTE及4G中，为了进一步提高传输速率，采用了正交频分多址（OFDMA）技术。

1.4.4 抗干扰技术

前已述及，移动通信是在复杂的干扰环境中运行的，所以抗干扰（包括噪声、干扰和衰落）历来是移动通信的重点研究课题。在移动通信网络的设计、开发、生产和运营中，必需预计到网络运行环境中会出现的各种干扰（包括网络外部产生的干扰和网络自身产生的干扰）及其强度，并采取有效措施以保证网络在运行时，干扰电平和有用信号相比不超过预定的门限值（通常用信噪比S/N或载干比C/I来度量），或者保证传输差错率不超过预定的数量级。

移动通信系统中采用的抗干扰措施是多种多样的，主要有以下几种。

① 利用信道编码进行检错和纠错（包括前向纠错（FEC）和自动请求重传（ARQ）以及两者的结合HARQ）是降低通信传输的差错率、保证通信质量和可靠性的有效手段。

② 广泛采用分集技术（包括空间分集、频率分集、时间分集以及基于RAKE接收技术的多径分集等）、自适应均衡技术和选用具有抗码间干扰和时延扩展能力的调制技术（如多电平调制、多载波调制等），克服由多径干扰所引起的多径衰落。

③ 为提高通信系统的综合抗干扰能力而采用扩频（如直接序列扩频和跳频）技术。

④ 为减少蜂窝网络中的共道干扰而采用扇区天线、多波束天线和自适应天线阵列等。

⑤ 在CDMA通信系统中，为了减少多址干扰而使用干扰抵消和多用户信号检测技术。

⑥ 在LTE中，采用小区间干扰协调技术（ICIC）。

1.4.5 组网技术

移动通信组网涉及的技术问题非常多，大致可分为网络结构、网络接口和网络的控制与管理等几个方面。

1. 网络结构

在通信网络的总体规划和设计中必须解决的一个问题是：为了满足运行环境、业务类型、用户数量和覆盖范围等要求，通信网络应该设置哪些基本组成部分（比如，基站和移动台、移动交换中心、网络控制中心、操作维护中心等），以及这些组成部分应该怎样部署，才能构成一种实用的网络结构。

GSM 奠定了蜂窝移动通信系统的基本结构，如图 1-25 所示。GSM 系统由三部分组成：网络子系统（NSS）、基站子系统（BSS）及移动台（MS）。NSS 包含移动交换中心（MSC）、归属位置寄存器/认证中心（HLR/AUC）、拜访位置寄存器（VLR）、设备识别寄存器（EIR）和操作维护中心（OMC），以及（通过移动交换中心）与公共电话网（PSTN）、综合业务数字网（ISDN）和公共数据网（PDN）等相连接的接口；BSS 包括基站控制器（BSC）、基站收发信台（BTS）；移动台（MS）从 GSM 开始实现了机卡分离，即由移动终端（MT）和用户识别模块（SIM）组成。

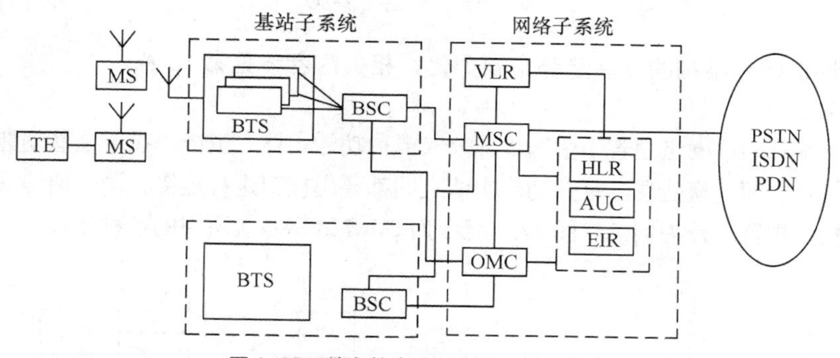

图 1-25 数字蜂窝通信系统的网络结构

就无线覆盖而言，为达到全球无缝覆盖，适应不同环境，既能满足大地域、高速移动用户的需求，又能满足高密度、低速移动用户的需求，同时还能满足室内用户的需求，人们提出了混合蜂窝结构，如图 1-26 所示。用巨蜂窝（Megacells）覆盖用户密度低的地域，覆盖半径可达 500km，满足高速移动终端的需求；用宏蜂窝（Macrocell）对乡村、郊区、城市中等用户密度地区进行覆盖，满足高速移动终端的需求，小区半径从 500m 到几十千米；微蜂窝（Microcell）覆盖室外和室内、郊区、城市中高业务密度区域，满足行人及慢速移动终端的需要，小区半径最大到 500m；微微蜂窝（Picocell）满足室内高业务密度环境；飞蜂窝（femtocell）并非主要从小区大小上区别于微微蜂窝，而主要基于其独有的特质，代表了现有蜂窝层次中新的一类（如通过 Internet 等级的链路回传、低价格、自组织和自管理等），用于解决室内覆盖。这种混合网络结构的确有新意，但是移动用户是移动的，可能在通话过程中，由步行改为乘车，或者由室外进入室内，因而要保证用户通话的连续性和通话质量，就必须能在不同蜂窝层次之间，快速有效地支持通话用户的越区切换。显然这种要求并不是简单易行的。此外，混合蜂窝还必须满足不同通信环境的不同业务需求，一般行人的通信业务是通话或简短的消息传递（如寻呼），车载终端的通信业务通常是通话和低速数据传输（如调度指令），而室内终端的通信业务除通话外，还会有传真、会议电视和高速数据传输（如大型文件交换）。显然，这种混合蜂窝结构如何在不同蜂窝层次之间动态分配和共享有限资源（频率和时间），也是必须解决的难题。

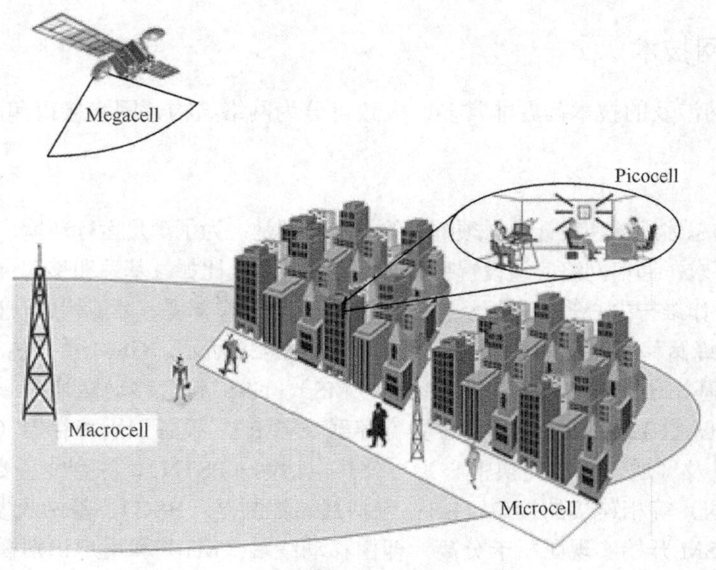

图 1-26 蜂窝层次结构

蜂窝移动通信网络结构的发展趋势是扁平化，相关内容参见第 10 章。

2. 网络接口

如前所述，移动通信网络由若干个基本部分（或称功能实体）组成。在用这些功能实体进行网络部署时，为了相互之间交换信息，有关功能实体之间都要用接口进行连接。同一通信网络的接口，必须符合统一的接口规范。作为例子，图 1-27 所示为 GSM 蜂窝系统所用的各种接口。

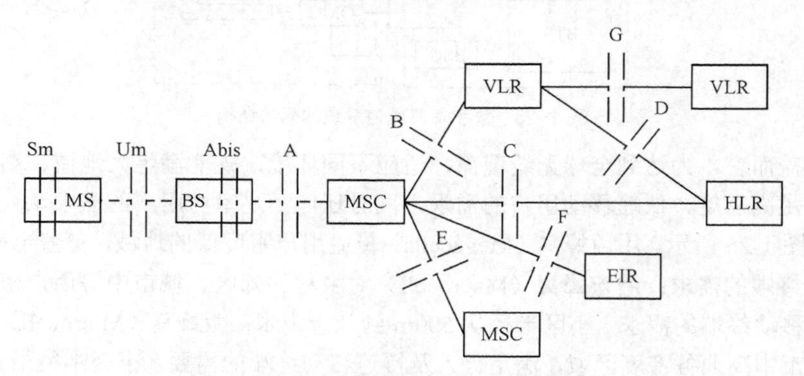

图 1-27 蜂窝系统所用的接口

除此之外，大部分移动通信网络需要与公共电信网络（PSTN、ISDN 等）互连，还有在一个地区或国家中，常常会设置多个移动通信网络，为了使移动用户能在更大的范围内实现漫游，不同网络之间也应实现互连。就 GSM 系统而言，与公共电信网络的互连通常是采用 7 号信令在二者的交换机之间进行的；而不同移动网络间的互连，若两个网络的技术规范相同，则二者可通过 MSC 直接互连；若二者的技术规范不同，则需设立中介接口设备实现互连。

在一个移动通信网络中，上述许多接口的功能和运行程序必须具有明确要求并建立统一的标准，这就是所谓的接口规范。只要遵守接口规范，无论哪一厂家生产的设备都可以用来组网，而不必限制这些设备在开发和生产中采用何种技术。显然，这对厂家的大规模生产与不断进行设备的改进也提供了方便。

在诸多接口当中，“无线接口 Um”（也称 MS-BS 接口）是人们最为关注的接口之一，因为移动通信网是靠此接口来完成移动台和基站之间的无线传输的，它对移动环境中的通信质量和可靠性具有重要的影响。数字移动通信的无线接口，也采用开放系统互连（OSI）参考模型的概念来规定其协议模型。这种模型分为三层，如图 1-28 所示。

第一层（最低层）（L_1）是物理层。它为高层信息传输提供无线信道，能支持在物理媒介上传输信息所需要的全部功能，如频率配置、信道划分、传输定时、比特或时隙同步、功率设定、调制和解调等。

第二层（L_2）是数据链路层。它向第三层提供服务，并接受第一层的服务。其主要功能是为网络层提供必需的数据传输结构，并对数据传输进行控制。

L_3	连接管理（CM）
	移动管理（MM）
	无线资源管理（RRM）
L_2	数据链路层
L_1	物理层

图 1-28 Um 接口协议模型举例

第三层（L_3）是网络层。它的主要功能是管理链路连接、控制呼叫过程、支持附加业务和短消息业务，以及进行移动管理和无线资源管理等。网络层包括连接管理（CM）、移动管理（MM）和无线资源管理（RRM）三个子层。

3. 网络的控制与管理

无论何时，当某一移动用户在接入信道上向另一移动用户或有线用户发起呼叫，或者某一有线用户呼叫移动用户时，移动通信网络就要按照预定的程序开始运转，这一过程会涉及网络的各个功能部件，包括基站、移动台、移动交换中心、各种数据库以及网络的各个接口等。网络要为用户呼叫配置所需的控制信道和业务信道，指定和控制发射机的功率，进行设备和用户的识别和鉴权，完成无线链路和地面线路的连接和交换，最终在主呼用户和被呼用户之间建立起通信链路，提供通信服务。这一过程称为呼叫接续过程，提供移动通信系统的连接控制（或管理）功能。

当移动用户从一个位置区漫游到（即随机地移动到自己注册的服务区以外）另一个位置区时，网络中的有关位置寄存器要随之对移动台的位置信息进行登记、修改或删除。如果移动台在通信过程中越区，网络要在不影响用户通信的情况下，控制该移动台进行越区切换，其中包括判定新的服务基站、指配新的频率或信道以及更换原有地面线路等程序。这种功能是移动通信系统的移动管理功能。

在移动通信网络中，重要的管理功能还有无线资源管理。无线资源管理的目标是在保证通信质量的条件下，尽可能提高通信系统的频谱利用率和通信容量。为了适应传播环境、网络结构和通信路由的变化，有效的办法是是采用动态信道分配（DCA）法，即根据当前用户周围的业务分布和干扰状态，选择最佳的（无冲突或干扰最小）信道，分配给通信用户使用。显然，这一过程既要在用户的常规呼叫时完成，也要在用户越区切换的通信过程中迅速完成。

上述控制和管理功能均由网络系统的整体操作实现，每一过程均涉及到各个功能实体的相互支持和协调配合，为此，网络系统必须为这些功能实体规定明确的操作程序、控制规程和信令格式。

1.5 本书内容安排

移动通信发展异常迅猛，新技术、新系统不断涌现。为了全面掌握蜂窝移动通信基本原理、基本技术及移动通信的典型应用系统，本教材按如下结构组织。

主干内容由移动通信基本技术和典型移动通信系统两部分构成。全书共分 10 章。

第 1 章为概述，简要介绍移动通信的概念、特点、分类，常见的移动通信系统和移动通信的基本技术。

第 2 章～第 5 章为主干内容的第一部分，系统介绍移动通信的基本原理和基本技术，包括移动信道的传播特性、调制解调、抗衰落技术和组网技术。这部分是构建移动通信系统必备的基础知识。

第 6 章～第 9 章是主干内容的第二部分，介绍典型的移动通信系统，包括 TDMA 系统 GSM 及其演进 GPRS 和 EDGE、窄带 CDMA 系统 IS-95 和宽带 CDMA 系统 WCDMA、TD-SCDMA 及 CDMA2000。由于 GSM 系统在整个移动通信发展中具有奠基作用，所以对它的介绍比较全面完整，而对 CDMA 系统重点关注其无线传输技术。为了更好地理解 CDMA 技术，专门设立了第 7 章介绍 CDMA 技术基础。

第 10 章介绍移动通信发展及演进，包括 LTE 及 LTE-A。

小　结

移动通信是指通信双方至少有一方在移动中（或者临时停留在某一非预定的位置上）进行信息传输和交换。移动通信的主要特点为：必须使用无线电波进行信息传播、在复杂的干扰环境中运行、频谱资源匮乏但业务量的需求却与日俱增、系统的网络结构多种多样、网络管理和控制必须高效、移动通信设备（主要是移动台）必须适于在移动环境中使用。

移动通信有多种分类方法。就工作方式而言有单工、双工和半双工三种；从信号模式的角度，分为模拟网和数字网；而从承载业务的上看，可分为语音通信和数据通信，等等。

常见的移动通信系统有 6 种：无线电寻呼系统、蜂窝移动通信系统、无绳电话系统、集群移动通信系统、移动卫星通信系统和分组无线网。小区制覆盖、频率空间再用、小区分裂、越区切换等是蜂窝移动通信的核心技术。蜂窝移动通信系统从 20 世纪 80 年代开始商用以来，发展速度超乎寻常，已经发展到了第四代。

移动通信的基本技术包括：调制技术、多址方式、抗干扰技术和组网技术。

蜂窝移动通信系统的基本结构由三部分组成：网络子系统（NSS）、基站子系统（BSS）及移动台（MS）。在诸多接口当中，空中接口 Um 是人们最为关注的接口之一，它采用开放系统互连（OSI）参考模型的概念来规定其协议模型，分为三层：物理层、数据链路层、网络层。

思考题与习题

1．什么叫移动通信？移动通信有哪些特点？

2．单工通信与双工通信有何区别？各有何优缺点？

3．常用移动通信系统包括哪几种类型？

4．蜂窝移动通信系统采用了哪些技术？为什么说蜂窝技术至少理论上可用有限的频谱提供无限的容量？

5．试分析比较三种集群方式的优缺点？

6．低轨道移动卫星通信的典型系统有哪些？它们的主要区别是什么？

7．什么叫分组无线网？

8．移动通信基本技术包括哪些？

9．画出数字蜂窝通信系统的基本网络结构图，并简述各部分的组成。

10．画出数字蜂窝通信系统无线接口协议模型，并简述各层功能。

第2章 移动信道的传播特性

任何一个通信系统，信道是必不可少的组成部分。信道按传输媒质分为有线信道和无线信道。有线信道包括架空明线、电缆和光纤；无线信道中有中、长波地表面波传播，短波电离层反射传播，超短波和微波直射传播以及各种散射传播。而移动通信必须利用无线信道进行传输（至少空中接口中）。根据信道特性参数随外界各种因素的影响而变化的快慢，通常分为“恒参信道”和“变参信道”。所谓“恒参信道”是指其传输特性的变化量极微且变化速度极慢；或者说，在足够长的时间内，其参数基本不变。“变参信道”与此相反，其传输特性随时间的变化较快。移动信道为典型的“变参信道”。移动信道的特性与传播环境——地形、地物、气候特征、电磁干扰情况、通信体移动速度和使用的频段等密切相关。无线通信系统的通信能力和 QoS（服务质量）、无线通信设备要采用的无线传输技术都与无线移动信道性能的好坏密切相关。因此，要想在有限的频谱资源上尽可能高质量、大容量传输有用的信息，必须很好地掌握移动信道的特性。

对移动信道进行研究的基本方法有 3 种。

理论分析，即用电磁场理论或统计理论分析电波在移动环境中的传播特性，并用各种数学表征来描述移动信道。

现场电波传播实测，即在不同的传输环境中做电波传播实测试验。测试参数包括接收信号幅度、延时及其他反映信道特征的参数。对实测数据进行统计分析，进而得出一些有用的结果。由于移动环境的多样性，现场实测一直是研究移动信道的重要方法。

移动信道的计算机模拟，这是近年来随着计算机技术的发展而出现的研究方法。如前所述，任何理论分析都要假设一些简化条件，而实际移动传播环境是千变万化的，这就限制了理论结果的应用范围。现场实测，较为费时、费力，并且是针对某个特定环境进行的。计算机具有很强的计算能力，能灵活快速地模拟出各种移动环境。因而计算机模拟越来越成为研究移动信道的重要方法。

本章在阐述 VHF 和 UHF 频段电波传播特性的基础上，重点讨论陆地移动信道的特征、传播损耗的计算方法以及几种典型的移动信道模型。

2.1 无线电波传播机制

现代移动通信广泛使用 VHF、UHF 频段，因此必须熟悉它们的传输方式和特点。

2.1.1 电波传播方式

无线电波从发射机天线发出，可以沿着不同的途径和方式到达接收天线，这与电波频率和极化方式有关。$f>30$MHz 时，典型的传播路径如图 2-1 所示。沿路径①从发射天线直接到达接收天线的电波称为直射波，也称为视距传播（Line Of Sight，LOS），它是 VHF 和 UHF 频段的主要传播方式；沿路径②的电波经过地面反射到达接收机，称为地面反射波；路径③的电波沿地球表面传播，称为地表面波。由于地表面波的损耗随频率升高而急剧增大，传播距离迅速减小，因此在 VHF 和 UHF 频段，地表面波的传播可以忽略不计。除此之外，在移动信道中，电波遇到各种障碍物时会发生反射、绕射和散射现象，称为非视距传播（None Line Of Sight，NLOS），它们与直射波发生干涉，导致多径衰落现象。而在非均匀介质中传播时会产生折射现象，折射现象会直接影响视距传播的极限距离。

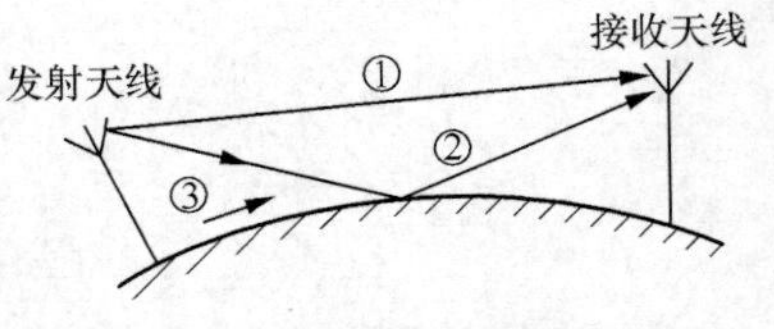

图 2-1　电波传播典型路径

2.1.2　直射

直射波传播可按自由空间传播来考虑。自由空间传播是指天线周围为无限大真空区时的电波传播，它是理想的传播条件。在这种理想空间中，电磁波的能量不会被障碍物所吸收，也不存在电波的反射、折射、绕射、散射和吸收等现象。陆地传播环境中，满足如下条件的电波可视作在自由空间传播：①地面上空的大气层是各向同性的均匀媒质；②媒质的相对介电常数 ε_r 和相对导磁率 μ_r 都等于 1，即介电常数 ε 和导磁率 μ 分别等于真空的介电常数 ε_o 和导磁率 μ_o；③传播路径上没有障碍物阻挡，到达接收天线的地面反射信号场强也可以忽略不计。

即使电波在自由空间里传播，由于辐射能量的扩散，经过一段路径传播之后，能量仍会受到衰减。由电磁场理论可知，若各向同性天线（亦称全向天线或无方向性天线）的辐射功率为 P_T W，则距辐射源 d（单位 m）处的电场有效值 E_o 为

$$E_0=\frac{\sqrt{30P_T}}{d}(\text{V/m}) \tag{2-1}$$

磁场有效值 H_0 为

$$H_0=\frac{\sqrt{30P_T}}{120\pi d}(\text{A/m}) \tag{2-2}$$

单位面积上的电波功率密度 S 为

$$S=\frac{P_T}{4\pi d^2}(\text{W/m}^2) \tag{2-3}$$

若用发射天线增益为 G_T 的方向性天线取代各向同性天线，则上述公式应改写为

$$E_0=\frac{\sqrt{30P_TG_T}}{d}(\text{V/m}) \tag{2-4}$$

$$H_0=\frac{\sqrt{30P_TG_T}}{120\pi d}(\text{A/m}) \tag{2-5}$$

$$S=\frac{P_TG_T}{4\pi d^2}(\text{W/m}^2) \tag{2-6}$$

接收天线获取的电波功率等于该点的电波功率密度乘以接收天线的有效面积，即

$$P_R=SA_R \tag{2-7}$$

式中，A_R 为接收天线的有效面积，它与接收天线增益 G_R 满足下列关系。

$$A_R = \frac{\lambda^2}{4\pi} G_R \tag{2-8}$$

式中，$\lambda^2/4\pi$ 为各向同性天线的有效面积。

由式（2-6）～式（2-8）可得

$$P_R = P_T G_T G_R \left(\frac{\lambda}{4\pi d}\right)^2 \tag{2-9}$$

当收、发天线增益为 0dB，即当 $G_R = G_T = 1$ 时，接收天线上获得的功率为

$$P_R = P_T \left(\frac{\lambda}{4\pi d}\right)^2 \tag{2-10}$$

由上式可见，自由空间传播损耗 L_{fs} 为

$$L_{fs} = \frac{P_T}{P_R} = \left(\frac{4\pi d}{\lambda}\right)^2 \tag{2-11}$$

以 dB 计，得

$$[L_{fs}](\text{dB}) = 10\lg\left(\frac{4\pi d}{\lambda}\right)^2(\text{dB}) = 20\lg\frac{4\pi d}{\lambda}(\text{dB}) \tag{2-12}$$

或

$$[L_{fs}](\text{dB}) = 32.44 + 20\lg d(\text{km}) + 20\lg f(\text{MHz}) \tag{2-13}$$

式中，传播距离 d 的单位为 km，工作频率单位为 MHz。

由上式可见，自由空间中电波传播损耗（亦称衰减）与工作频率 f 和传播距离 d 有关。当 f 或 d 增大一倍时，$[L_{fs}]$将分别增加 6dB。

2.1.3　反射

当电波传播中遇到两种不同介质的光滑界面时，如果界面尺寸比电波波长大得多，就会产生镜面反射。电磁波反射发生在不同物体界面上，如地球表面、建筑物和墙壁表面。反射是产生多径衰落的主要因素。

1．平滑表面的反射

为了简化分析，将电磁波在平坦地面上的传播问题转化为平滑表面上的电磁波传播问题。

假定反射表面是平滑的，即所谓理想介质表面。在考虑地面对电波的反射时，按平面波处理，即电波在反射点的反射角等于入射角，如图 2-2 所示。

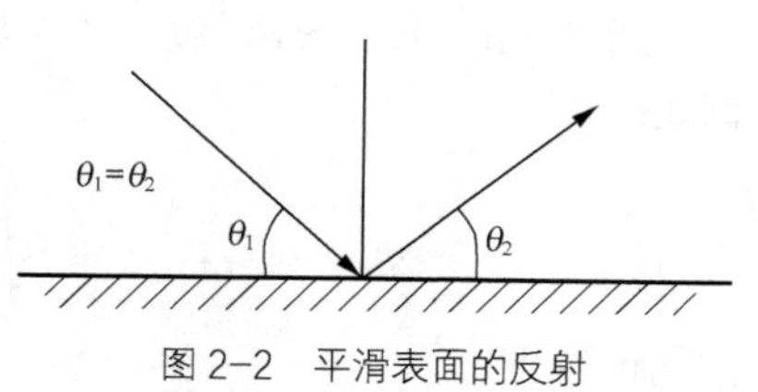

图 2-2　平滑表面的反射

不同界面的反射特性用反射系数 R 表征，它定义为反射场强与入射波场强的比值，R 可表示为

$$R = |R| e^{-j\varphi} \tag{2-14}$$

式中，$|R|$为反射点上反射波场强与入射波场强的振幅比，φ 代表反射波相对于入射波的相移。

水平极化波和垂直极化波的反射系数 R_h 和 R_v 分别由下列公式计算：

$$R_h = |R_h| e^{-j\varphi} = \frac{\sin\theta - (\varepsilon_c - \cos^2\theta)^{1/2}}{\sin\theta + (\varepsilon_c - \cos^2\theta)^{1/2}} \tag{2-15}$$

$$R_v=\frac{\varepsilon_c\sin\theta-(\varepsilon_c-\cos^2\theta)^{1/2}}{\varepsilon_c\sin\theta+(\varepsilon_c-\cos^2\theta)^{1/2}} \tag{2-16}$$

式中，ε_c 是反射介质的等效复介电常数，它与反射介质的相对介电常数ε_r、电导率δ和工作波长 λ 有关，即

$$\varepsilon_c=\varepsilon_r-j60\lambda\delta \tag{2-17}$$

电磁波的极化方式是指电磁波在传播的过程中，其电场矢量的方向和幅度随时间变化的状态。电磁波的极化方式可分为线极化、圆极化和椭圆极化等。线极化由线天线产生，相对于地面而言，线极化存在两种特殊情况：电场方向平行于地面的水平极化和垂直于地面的垂直极化。圆（椭圆）极化由螺旋天线产生，分为右旋圆（椭圆）极化和左旋圆（椭圆）极化。在移动通信系统中经常使用垂直极化天线。要想取得好的通信效果，收发天线的极化必须保持一致。

对于地面反射，当工作频率高于 150MHz（λ<2m），θ_1<10 时，由式（2-15）和式（2-16）可得

$$R_h=R_v=-1 \tag{2-18}$$

即反射场强的幅度等于入射场强的幅度，而相位相差 180°。

2．两径传播模型

实际移动传播环境是十分复杂的，在简化条件下，地面电波两径传播模型如图 2-3 所示。图中，由发射点 T 发出的电波分别经过直射线（TR）与地面反射路径（ToR）到达接收点 R，由于两者的路径不同，从而会产生附加相移。由图 2-3 可知，反射波与直射波的路径差为

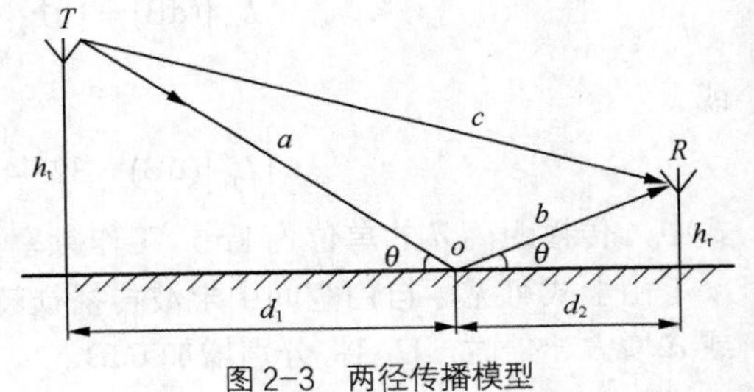

图 2-3　两径传播模型

$$\begin{aligned}\Delta d=a+b-c&=\sqrt{(d_1+d_2)^2+(h_t+h_r)^2}-\sqrt{(d_1+d_2)^2+(h_t-h_r)^2}\\&=d\left[\sqrt{1+\left(\frac{h_t+h_r}{d}\right)^2}-\sqrt{1+\left(\frac{h_t-h_r}{d}\right)^2}\right]\end{aligned} \tag{2-19}$$

式中，$d=d_1+d_2$。

通常（h_t+h_r）≪d，故上式中每个根号均可用二项式定理展开，并且只取展开式中的前两项。例如：

$$\sqrt{1+\left(\frac{h_t+h_r}{d}\right)^2}\approx1+\frac{1}{2}\left(\frac{h_t+h_r}{d}\right)^2 \tag{2-20}$$

由此可得到

$$\Delta d=\frac{2h_th_r}{d} \tag{2-21}$$

由路径差 Δd 引起的附加相移 $\Delta\varphi$ 为

$$\Delta\varphi=\frac{2\pi}{\lambda}\Delta d \tag{2-22}$$

式中，$2\pi/\lambda$ 称为传播相移常数。

这时接收场强 E 可表示为

$$E = E_0(1 + R\mathrm{e}^{-\mathrm{j}\Delta\varphi}) = E_0(1 + |R|\mathrm{e}^{-\mathrm{j}(\varphi+\Delta\varphi)}) \tag{2-23}$$

由上式可见，直射波与地面反射波的合成场强将随反射系数以及路径差的变化而变化，有时会同相相加，有时会反相抵消，这就造成了合成波的衰落现象。$|R|$越接近于 1，衰落就越严重。为此，在固定地址通信中，选择站址时应力求减弱地面反射，或调整天线的位置或高度，使地面反射区离开光滑界面。当然，这种作法在移动通信中是很难实现的。

2.1.4　折射

在均匀大气中假设电波沿直线传播。但在实际移动信道中，电波在低层大气中传播时，大气的温度、湿度和气压均随时间和空间而变化，因此介质并不是均匀的，所以会产生折射及吸收现象，在 VHF、UHF 频段的折射现象尤为突出，将直接影响视线传播的极限距离。

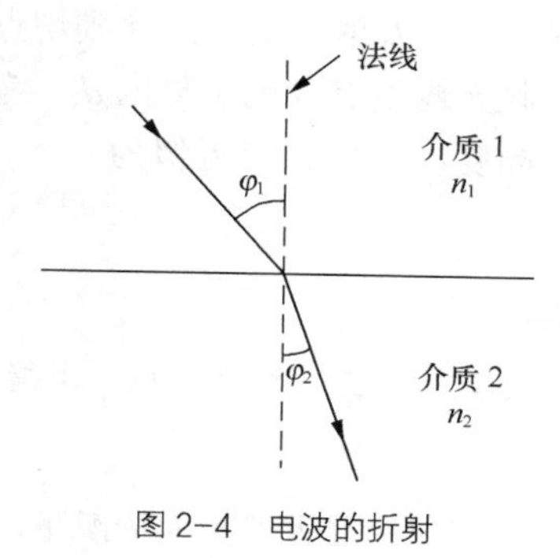

图 2-4　电波的折射

1．折射的基本概念

当电波从一种介质进入到另一种介质时，传播方向会发生变化，这就是折射现象，如图 2-4 所示，图中φ_1是入射波与法线间的夹角，称为入射角；φ_2是折射波与法线间的夹角，称为折射角。

在不考虑传导电流和介质磁化的情况下，介质折射率 n 和相对介电系数ε_r的关系为

$$n = \sqrt{\varepsilon_\mathrm{r}} \tag{2-24}$$

大气的相对介电系数取决于温度、湿度和气压。这些物理量随时间和地点的不同而变化，因而大气折射率也是变化的。

2．大气折射

如上所述，大气高度不同，ε_r也不同，即 $\mathrm{d}n/\mathrm{d}h$ 是不同的。根据折射定律，电波传播速度 v 与大气折射率 n 成反比，即

$$v = \frac{c}{n} \tag{2-25}$$

式中 c 为光速。

当一束电波通过折射率随高度变化的大气层时，由于不同高度上的电波传播速度不同，从而使电波射束发生弯曲，弯曲的方向和程度取决于大气折射率的垂直梯度 $\mathrm{d}n/\mathrm{d}h$。这种由大气折射率引起电波传播方向发生弯曲的现象，称为大气对电波的折射。

大气折射对电波传播的影响，在工程上通常用"地球等效半径"来表征，即认为电波依然按直线方向行进，只是地球的实际半径 $R_\mathrm{o}(6.27 \times 10^6\mathrm{m})$变成了等效半径 R_e，R_e与 R_o之间的关系为

$$k = \frac{R_\mathrm{e}}{R_\mathrm{o}} = \frac{1}{1 + R_\mathrm{o}\dfrac{\mathrm{d}n}{\mathrm{d}h}} \tag{2-26}$$

式中，k 称为地球等效半径系数。

当 $\mathrm{d}n/\mathrm{d}h < 0$ 时，表示大气折射率 n 随着高度升高而减小，因而 $k>1$，$R_\mathrm{e}>R_\mathrm{o}$。在标准大气折射情况下，即当 $\mathrm{d}n/\mathrm{d}h \approx -4 \times 10^{-8}$（1/m）时，等效地球半径系数 $k = 4/3$，等效地球半径 $R_\mathrm{e} = 8$

500km。

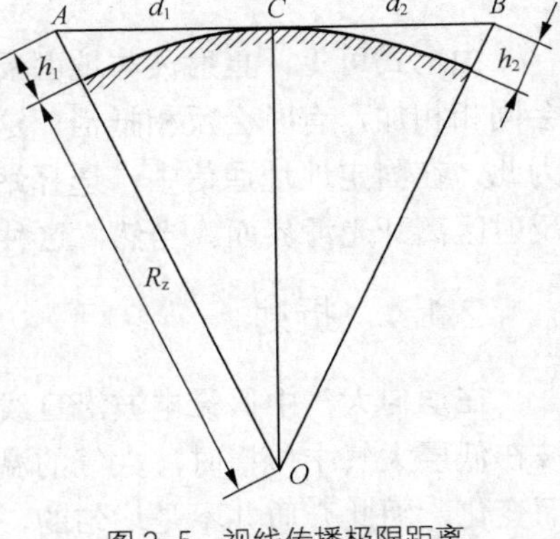

图 2-5　视线传播极限距离

由上可知，大气折射有利于超视距的传播，但在视线距离内，因为由折射现象所产生的折射波会同直射波同时存在，从而也会产生多径衰落。

3．视线传播极限距离

视线传播的极限距离可由图 2-5 计算，假定天线的高度分别为 h_t 和 h_r，两个天线顶点的连线 AB 与地面相切于 C 点。

设发射天线顶点 A 到切点 C 的距离为 d_1，由切点 C 到接收天线顶点 B 的距离为 d_2，考虑到地球等效半径远大于天线高度，d_1 和 d_2 可近似为

$$d_1 \approx \sqrt{2R_e h_t} \tag{2-27}$$

$$d_2 \approx \sqrt{2R_e h_t} \tag{2-28}$$

由式（2-27）和（2-28）可得，视线传播的极限距离 d 为

$$d = d_1 + d_2 \approx \sqrt{2R_e}(\sqrt{h_t} + \sqrt{h_r}) \tag{2-29}$$

在标准大气折射情况下，将 $R_e = 8\ 500\text{km}$ 代入式（2-29）得

$$d \approx 4.12(\sqrt{h_t} + \sqrt{h_r}) \tag{2-30}$$

式中，h_t、h_r 的单位是 m，d 的单位是 km。

2.1.5　绕射

在实际的移动环境中，发射机与接收机之间的传播路径上存在山丘、建筑物、树木等各种障碍物，无线电波被尖利的边缘阻挡时会发生绕射，其所引起的电波传播损耗称为绕射损耗。

1．菲涅尔区的概念

绕射现象可由惠更斯-菲涅尔原理来解释，即波在传播过程中，行进中的波前（面）上的每一点，都可作为产生次级波的点源，这些次级波组合起来形成传播方向上新的波前（面）。绕射由次级波的传播进入阴影区而形成。阴影区绕射波场强为围绕阻挡物所有次级波的矢量和，如图 2-6 所示。

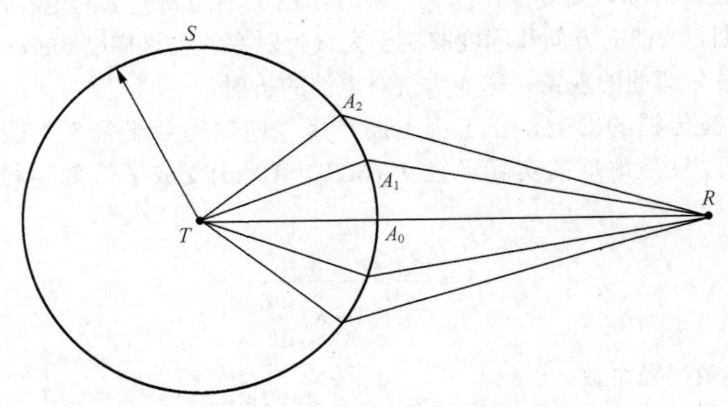

图 2-6　惠更斯-菲涅尔原理

设发射天线 T 为一个点源天线，接收天线为 R。发射电波沿球面传播。TR 连线交球面于 A_0

点。对于处于远区场的 R 点来说，波阵面上的每个点都可以视为次级波的点源。假定在波面上选择 A_1 点，使得

$$A_1R = A_0R + \frac{\lambda}{2} \tag{2-31}$$

将有一部分能量是沿着 TA_1R 传送的。这条路径与直线路径 TR 的路径差为

$$\Delta d = (TA_1 + A_1R) - (TA_0 + A_0R) = \frac{\lambda}{2} \tag{2-32}$$

引起的相位差为

$$\Delta\varphi = \frac{2\pi}{\lambda}\Delta d = \pi \tag{2-33}$$

也就是说，经过 A_1 点的间接路径如果比经由 A_0 的直接路径长$\lambda/2$ 的话，则这两路信号到达 R 后，由于相位相差 180°而相互抵消。如果间接路径长度再增加半个波长，则通过这条间接路径到达 R 点的信号与直接路径信号将同相相加。随着间接路径长度的不断变化，经这条路径的信号在 R 点与直接路径信号将交替抵消和叠加。

同样，如果在球面上选择很多点 A_2，A_2，…，A_n，使得

$$A_nR = A_0R + n\frac{\lambda}{2} \tag{2-34}$$

这些点将在球面上形成一系列圆，如图 2-7（a）所示，并将球面分成许多环形带 N_n，如图 2-7（b）所示，从而引出菲涅尔区的概念。

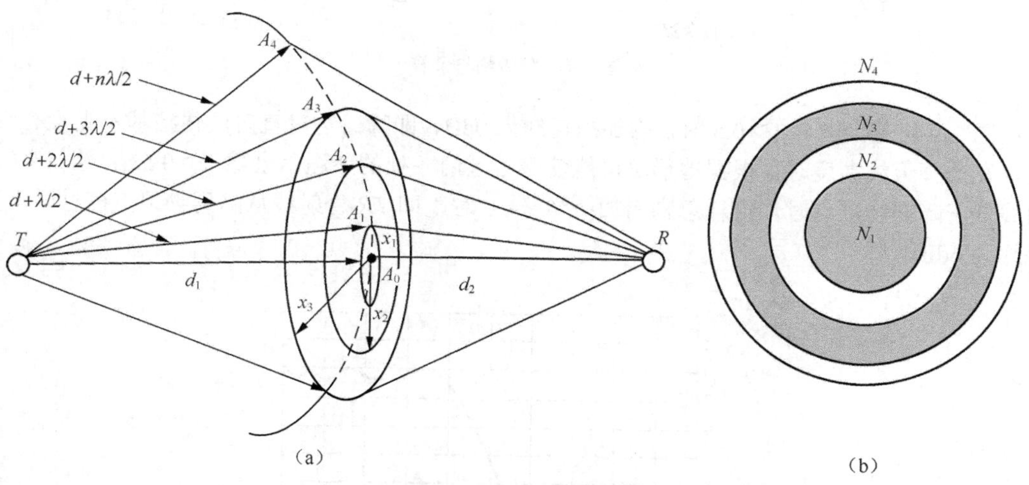

图 2-7　菲涅尔区的概念

当电波传播的波阵面的半径变化时，具有相同相位特性的环形带构成的空间区域就是菲涅尔区。实际上菲涅尔区是以收发天线为焦点的椭圆绕长轴旋转而构成的椭球体所占的空间（对第一菲涅尔区），或相邻椭球体之差所占的空间（对其他菲涅尔区）。所谓第一菲涅尔区就是以上分析中 $n = 1$ 时所构成的菲涅尔区。

第一菲涅尔区分布在收发天线的轴线上，是能量传播的主要空间区域。理论分析表明，通过第一菲涅尔区到达接收天线 R 的电磁波能量约占 R 点接收到的总能量的 1/2。如果在这个区域内有障碍物存在，将会对电波传播产生较大的影响。

经过推导可得出 n 阶菲涅尔区同心半径为

$$x_n = \sqrt{\frac{n\lambda d_1 d_2}{d_1 + d_2}} \tag{2-35}$$

式中，x_1、λ、d_1、d_2 的单位是 m。当 $n = 1$ 时，就得到第一菲涅尔区半径。

在实际中精确计算绕射损耗是不可能的，人们常常利用一些典型的绕射模型估计绕射损耗，如刃形绕射模型和多重刃形绕射模型等。

2．刃形绕射模型

当障碍物是单个物体，且障碍物的宽度与其高度相比很小，称为刃形障碍物。刃形障碍物对电波传播的影响示意图如图 2-8 所示。图中，x 表示障碍物顶点 P 至直射线 TR 的距离，称为菲涅尔余隙。规定阻挡时余隙为负，如图 2-8（a）所示；无阻挡时余隙为正，如图 2-8（b）所示。由障碍物引起的绕射损耗与菲涅尔余隙的关系如图 2-9 所示。图中，纵坐标为绕射引起的附加损耗，即相对于自由空间传播损耗的分贝数。横坐标为 x/x_1，其中 x_1 是第一菲涅尔区在 P 点横截面的半径，由式（2-35）求得。

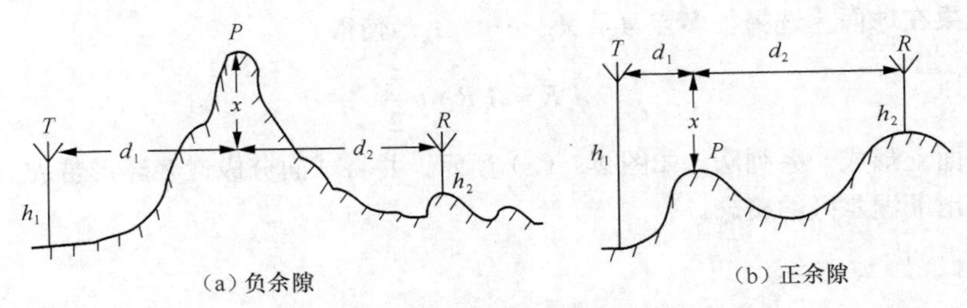

图 2-8　障碍物与余隙

由图 2-9 可见，当 $x/x_1 > 0.5$ 时，附加损耗约为 0dB，即障碍物对直射波传播基本上没有影响。为此，在选择天线高度时，根据地形尽可能使服务区内各处的菲涅尔余隙 $x > 0.5x_1$；当 $x < 0$，即直射线低于障碍物顶点时，损耗急剧增加；当 $x = 0$ 时，即 TR 直射线从障碍物顶点擦过时，附加损耗约为 6dB。

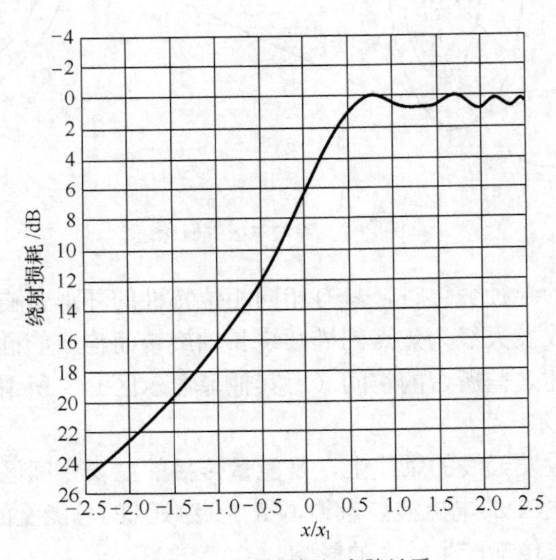

图 2-9　绕射损耗与余隙关系

例 2-1　设图 2-8（a）所示的传播路径中，菲涅尔余隙 $x=-80\text{m}$，$d_1=5\text{km}$，$d_2=10\text{km}$，工作频率为 150MHz。试计算电波传播损耗。

解：计算电波传播损耗的步骤如下。

（1）首先计算出自由空间传播的损耗

由式（2-13）

$$[L_{\text{fs}}]=32.44+20\lg(5+10)+20\lg 150=99.5\text{dB}$$

（2）计算第一菲涅尔区半径

由式（2-35）

$$x_1=\sqrt{\frac{\lambda d_1 d_2}{d_1+d_2}}=\sqrt{\frac{2\times 5\times 10^2\times 10\times 10^2}{15\times 10^2}}=81.7\text{m}$$

（3）求 x/x_1，查图 2-9，得出附加损耗

由图 2-9 查得当 $x/x_1\approx -1$ 时，附加损耗为 16.5dB。

（4）计算总传输损耗

$$[L]=[L_{\text{fs}}]+16.5=116.0\text{dB}$$

2.1.6　散射

当电波穿行的介质中存在小于波长的物体且单位面积内阻挡体的个数非常巨大时，将发生散射。粗糙的表面、树叶、街上各种标志、灯柱等物体，都会引起散射，在所有方向散射能量。

2.2　移动信道的特征

移动信道的电波传播特性与传播环境——地貌、地面建筑、气候特征、电磁干扰情况、移动速度和使用的频段等密切相关。与固定信道不同，移动信道不是固定、可预见的，其传输特性是随时随地而变化的，移动信道是典型的随参信道。

2.2.1　传播路径与信号衰落

在移动信道中，由于无线传播环境的影响，除直射波外，在电波的传播路径上还会产生反射、绕射和散射，这样，当电波传输到移动台的天线时，信号不是从单一路径到达的，而是从许多路径到达的多个信号的叠加，图 2-10 所示是陆地移动信道典型传播路径的示意图。图中，h_b 为基站天线高度；h_m 为移动台天线高度。直射波的传播距离为 d，地面反射波的传播距离为 d_1，散射波的传播距离为 d_2。移动台接收信号的场强由上述三种电波的矢量合成。为分析简便，假设反射系数 $R=-1$（镜面反射），则合成场强 E 为

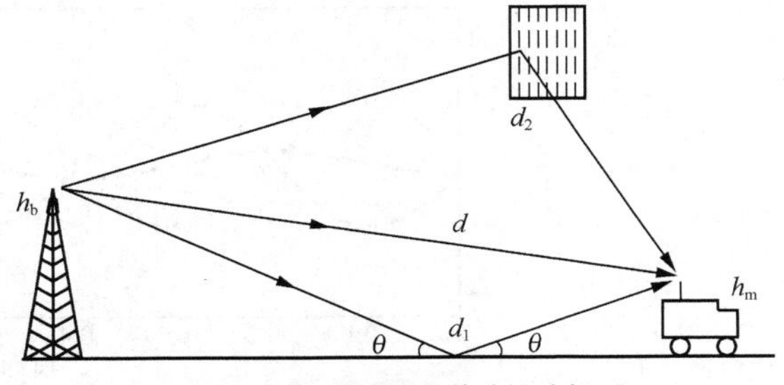

图 2-10　移动信道的传播路径

$$E=E_0(1-\alpha_1 \mathrm{e}^{-\mathrm{j}\frac{2\pi}{\lambda}\Delta d_1}-\alpha_2 \mathrm{e}^{-\mathrm{j}\frac{2\pi}{\lambda}\Delta d_2}) \tag{2-36}$$

式中，E_0 是直射波场强；λ 是工作波长；α_1 和 α_2 分别是地面反射波和散射波相对于直射波的衰减

系数，而

$$\Delta d_1 = d_1 - d$$

$$\Delta d_2 = d_2 - d$$

分别为反射路径和散射路径相对于直达路径的路径差。

陆地移动信道的主要特征是多径传播。由于电波通过各条路径的距离不同，因而到达时的信号强度、时间及载波相位都不同，在接收地点形成干涉场，有时同相叠加而增强（称相长干扰），有时反相叠加而削弱（称相消干扰），使接收信号幅度急剧变化，产生深度且快速的衰落，如图 2-11 所示。图中，横坐标是时间或距离（$d = vt$，v 为车速），纵坐标是相对信号电平（以 dB 计），信号电平的变动范围约为 20～40dB。图中，虚线表示的是信号的局部中值，其含义是在局部时间（或地点）内，信号电平大于或小于它的时间（或地点）各为 50%。

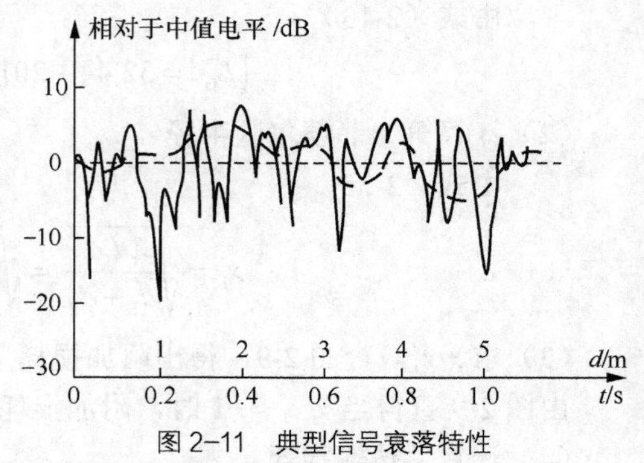

图 2-11　典型信号衰落特性

与路径损耗或阴影效应（见 2.2.2 小节）不同，衰落不是因为传输距离远或遇到障碍而引起的大尺度衰减现象，而是由对经多径传播的同一信号的接收所产生的。根据这些到达信号相位的不同，合成信号相消或者相长，如图 2-12 所示，从而导致即使只经过很短的距离，观测到的接收信号的幅值也会有非常大的不同。换言之，只将发射器或接收器移动非常小的距离，就会对接收幅值产生重大的影响，哪怕此时路径损耗和阴影效应可能几乎完全不变，因此，称其为小尺度衰落。

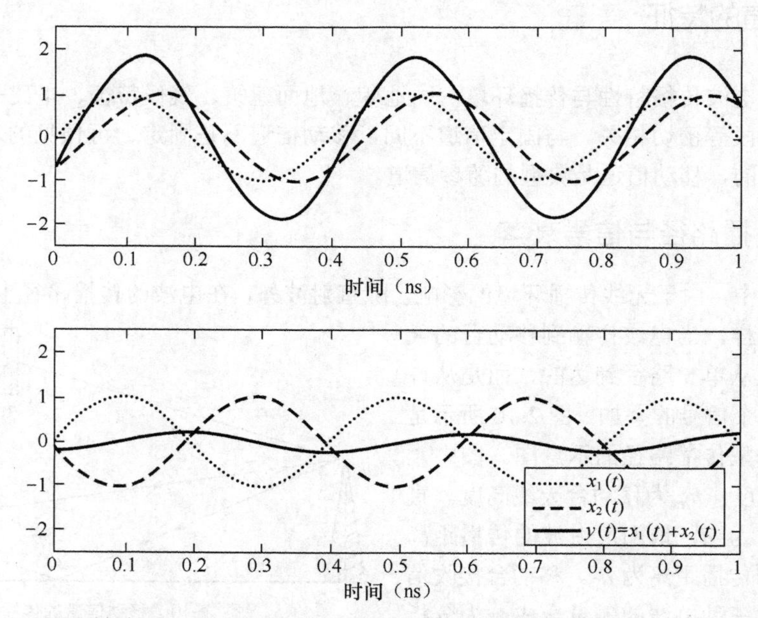

图 2-12　f_c=2.5GHz 时相长干扰（上图）和相消干扰（下图）的相位差变化不到 0.1ns，相应的距离约 3cm

2.2.2　阴影效应

由图 2-11 可见，接收信号除其瞬时电平产生深度且快速的衰落之外，其局部中值也是变化的，这是由于移动无线信道传播环境中的地形起伏、建筑物及其他障碍物对电波传播路径的遮挡而形成的电磁场阴影效应而造成的，称为阴影衰落。由于移动台的不断运动，电波传播路径上的地形、地物是不断变化的，因而这种变化所造成的衰落比多径效应所引起的快衰落要慢得多，所以称作慢衰落。慢衰落的深度取决于信号频率与周围环境。对局部中值在不同传播环境下取平均，可得全局中值。

2.2.3 多普勒效应

由于移动台的高速移动而产生的传播信号频率的扩散，称为多普勒效应，如图 2-13 所示。多普勒效应引起的多普勒频移可表示为

$$f_{\mathrm{d}}=\frac{v}{\lambda}\cos\theta \tag{2-37}$$

式中，v为移动速度；λ为波长；θ为入射波与移动台移动方向之间的夹角。

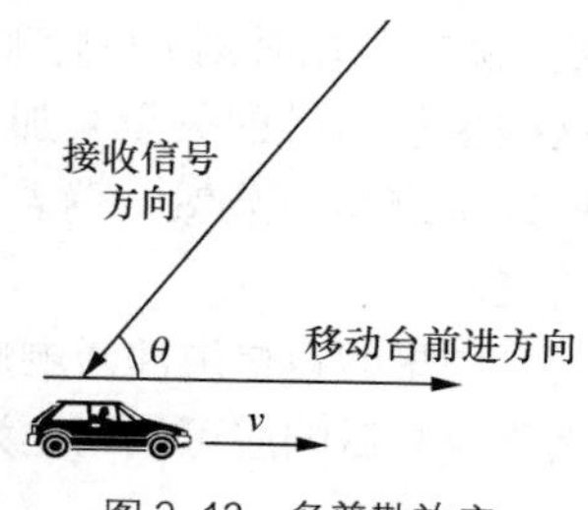

图 2-13 多普勒效应

当移动台运动方向与入射波一致时，多普勒频移达到最大值 $f_{\mathrm{m}}=v/\lambda$。

由式（2-37）可看出，多普勒频移与移动台运动速度、运动方向与电波入射方向的夹角以及工作频率有关。当移动台朝向入射波方向移动，则多普勒频移为正（接收信号频率升高），而当移动台背向入射波方向移动，则多普勒频移为负（接收信号频率降低），经不同方向到达的信号，具有不同的频率偏移，如图 2-14 所示。因而移动信道多径传播将造成接收机信号的多普勒扩散，或随机调频，因而增大了信号带宽。

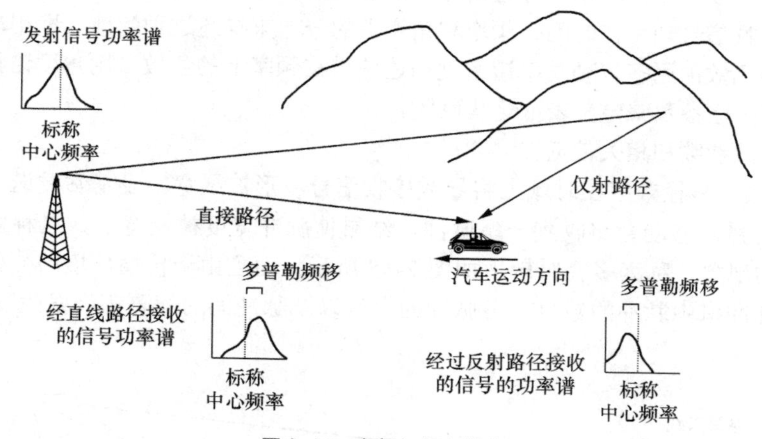

图 2-14 多径与频率偏移

2.2.4 多径效应

移动信道由于多径传播和移动台运动导致小尺度衰落的产生，其主要效应表现为：

① 信号强度随距离（或时间）在短距离内（或短时间间隔内）发生急剧变化；

② 多径信号不同的多普勒频移引起随机频率调制，或频率色散；

③ 多径传播不同时延引起的时间弥散，不同到达角引起角度色散。

1．多径信道的冲激响应模型

移动无线信道可建模为一个具有时变冲激响应特性的线性滤波器，其滤波特性以任一时刻到达的多径波为基础，这些多径波的幅度和时延之和影响信道滤波特性。

假设将多径信道看做一个带宽受限的带通信道，多径信道的接收信号由许多经衰减、延时和移相后的信号叠加而成，其冲激响应模型可表示为

$$h_b(t,\tau)=\sum_{i=1}^{N-1}\alpha_i(t,\tau)\exp\left[j(2\pi f_c\tau_i(t)+\varphi_i(t,\tau))\right]\delta(\tau-\tau_i(t)) \tag{2-38}$$

式中，$h_b(t,\tau)$等效于一个复冲激响应；$\alpha_i(t,\tau)$、$\tau_i(t)$分别为第 i 条多径分量在 t 时刻的幅度衰减系数和附加时延；$2\pi f_c t_i(t)+\varphi_i(t,\tau)$表示第 i 条多径分量在 t 时刻的附加相移；$\delta(\ \cdot)$为单位冲激函数，决定了在时刻 t 与附加时延τ_i有分量存在的多径段数。一个附加时延段可能有多条多径到达，这些多径信号的矢量叠加决定了接收信号的瞬时幅度和相位，导致接收信号的幅度在一个时延段发生衰落。显然，倘若在一个附加时延段只有一条多径信号到达，将不会引起接收信号明显的衰落。

如果假设信道冲激响应具有时不变性，或者至少在一小段时间间隔或距离内具有不变性，那么信道冲激响应可以简化为

$$h(\tau)=\sum_i\alpha_i\exp(-j\varphi_i)\delta(\tau-\tau_i) \tag{2-39}$$

此冲激响应完全描述了信道特性，研究表明相位φ_i服从[0.2π]的均匀分布，多径的条数、每条多径信号的幅度（或功率）以及时延需要进行测试，找出其规律。此冲激响应模型在工程上可用抽头延迟线实现。

2．多径信道的主要参数

移动信道由于多径传播和移动台运动等因素的影响，导致传输信号在时间、频率和角度上的色散。通常用接收信号功率在时间、频率和角度上的分布来描述这种色散，即用功率延迟谱描述信道在时间上的色散；用多普勒功率谱密度描述信道在频率上的色散；用角度谱描述信道在角度上的色散。常用一些参数来定量表征这些色散。

（1）时间色散参数和相关带宽

① 多径时散：多径效应在时域上将导致接收信号波形被展宽。设基站发送一极短的探测脉冲，由于多径传播，移动台将收到一串脉冲，结果使脉冲宽度被展宽了，这种由多径传播造成信号时间扩散的现象，称为多径时散，如图 2-15 所示。而且由于传播环境的变化，不同探测试验，接收到的脉冲串中脉冲的数目、各脉冲的幅度以及脉冲间的间隔都会发生变化，如图 2-16 所示。

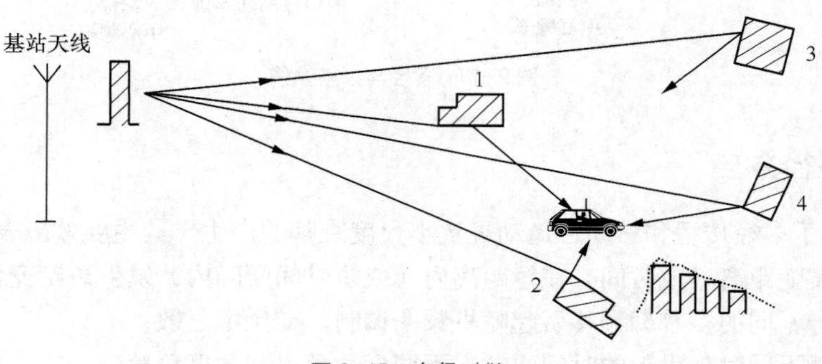

图 2-15　多径时散

通常在多径丰富的情况下，所接收的一串离散脉冲甚至会变成相互交叠的连续信号脉冲。根据统计测试结果，移动信道中接收到的多径时延信号强度大致如图 2-17 所示。图中横轴为附加时

延值，纵轴为不同时延信号强度构成的时延谱，也称为多径散布谱，或功率时延谱，图中$\tau=0$，表示$E(\tau)$的前沿，即最先到达接收端的多径信号的时刻。

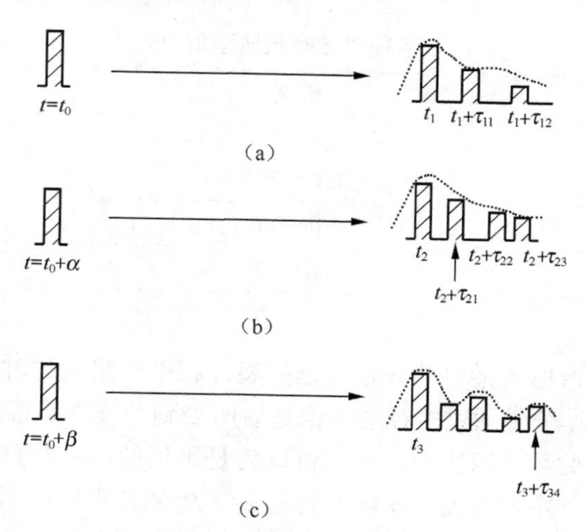

图 2-16　时变多径信道响应示例

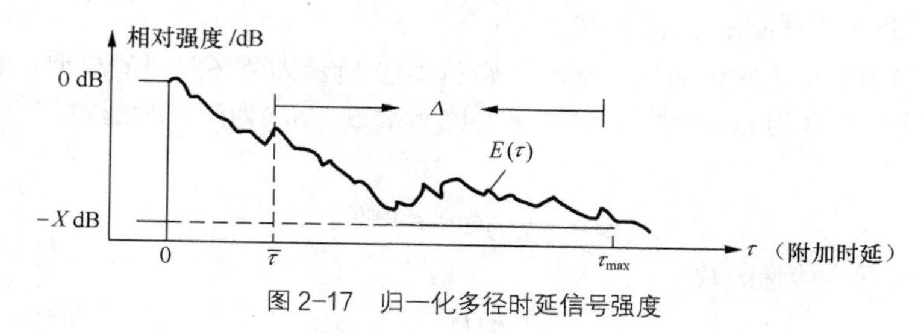

图 2-17　归一化多径时延信号强度

② 时间色散参数

多径信道的时间色散特性用平均附加时延$\bar{\tau}$、时延扩展Δ以及最大附加时延τ_{max}（XdB）来描述。这些参数是由上述多径散布谱$E(\tau)$来定义的。

平均附加时延τ定义为$E(\tau)$的一阶矩。

$$\bar{\tau}=\int_0^{\infty}\tau \mathrm{E}(\tau)\,\mathrm{d}\tau \tag{2-40}$$

时延扩展Δ为$E(\tau)$的均方根

$$\Delta=\sqrt{\int_0^{\infty}(\tau-\bar{\tau})^2E(\tau)\mathrm{d}\tau}=\sqrt{\int_0^{\infty}\tau^2E(\tau)\mathrm{d}\tau-\bar{\tau}^2} \tag{2-41}$$

最大附加时延τ_{max}定义了高于某特定门限（XdB）的多径分量的时延值，即多径强度从初值衰落到比最大能量低XdB 处的附加时延。

在市区环境中，常将功率时延谱近似为指数分布。

$$P(\tau)\frac{1}{T}\mathrm{e}^{-\frac{\tau}{T}} \tag{2-42}$$

式中，T是常数，为多径时延的平均值，如图 2-18 所示。

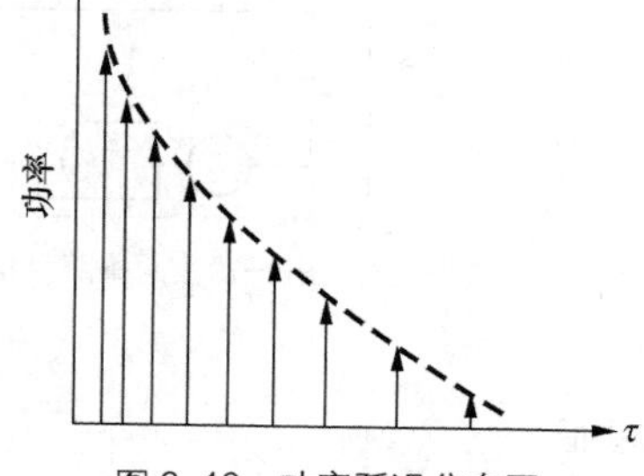

图 2-18　功率延迟分布图

多径时散参数典型值如表 2-1 所示。表 2-1 所列数据是工作频段为 450MHz 测得的典型值，它也适合于 900MHz 频段。时延大小主要取决于地物（如高大建筑物）和地形影响。

一般情况下，市区的时延要比郊区大。也就是说，从多径时散考虑，市区传播条件更为恶劣。为了避免码间干扰，如无扰多径措施，则要求信号的传输速率必须比 $1/\varDelta$ 低很多。

表 2-1　　多径时散参数典型值

参数	市区	郊区
平均附加时延 i /μs 对应路径距离差/m	1.5～2.5 450～750	0.1～2.0 30～600
时延扩展 $\varDelta$ /μs	1.0～3.0	0.2～2.0
最大附加时延 τ_{max} /μs	5.0～12	3.0～12

③ 相关带宽

移动信道中的反射和散射传播自然导致时延扩展，相干带宽是与时延扩展有确定关系的另一个重要概念，描述不同频率分量通过多径衰落信道后所受到的衰落是否相关。相干带宽 B_c 是一频率范围的统计度量值，在此频率范围内，信道可认为是平坦的，即此范围内所有频率分量具有近似相等的增益和线性相位。换句话说，在频率间隔 $\varDelta f < B_c$ 的范围内，两频率分量有很强的幅度相关性，而频率间隔 $\varDelta f > B_c$ 的两频率分量，受信道的影响大不相同或近似独立，因此称 B_c 为“相干”（coherence）或“相关”（correlation）带宽。

下面以两径信道为例，来说明这一概念。如图 2-19 所示为两条路径的模型。第一条路径信号为 $x_i(t)$，第二条路径信号为 $rx_i(t)e^{j\omega\varDelta(t)}$，其中 r 为比例常数，$\varDelta(t)$为两径时延差。

接收信号为

$$r_0(t) = x_i(t)(1 + re^{j\omega\varDelta(t)}) \tag{2-43}$$

两路径信道的等效网络传递函数

$$H_c(j\omega,t)=\frac{r_0(t)}{x_i(t)}=1+re^{j\omega\varDelta(t)} \tag{2-44}$$

信道的幅频特性为

$$A(\omega,t)=\left|1+\cos\omega\varDelta(t)+jr\sin\omega\varDelta(t)\right| \tag{2-45}$$

如图 2-20 所示。可见，当 $\omega\varDelta(t)=2n\pi$（n 为整数），两径信号同相叠加，信号出现峰点；而当 $\omega\varDelta(t)=(2n+1)\pi$ 时，双径信号反相相减，信号出现谷点。相邻两个谷点的相位差

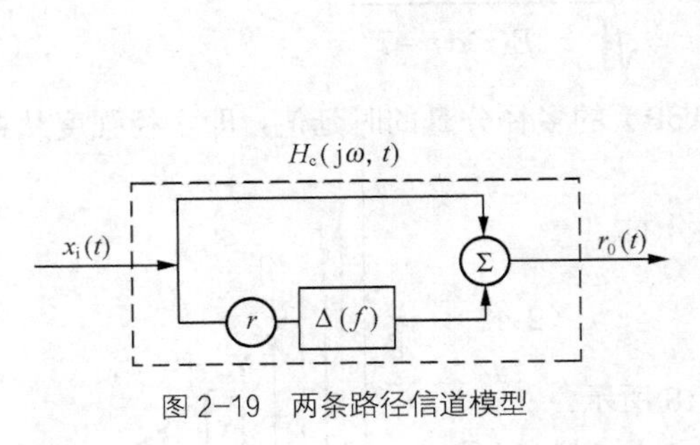

图 2-19　两条路径信道模型

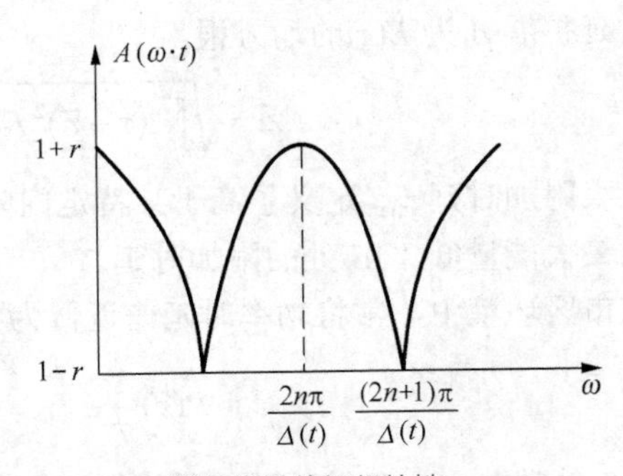

图 2-20　两径信道的幅频特性

$$\varDelta\varphi=\varDelta\omega\times\varDelta(t)=2\pi \tag{2-46}$$

因而

$$\Delta\omega = \frac{2\pi}{\Delta(t)} \tag{2-47}$$

或

$$B_{\mathrm{c}} = \frac{\Delta\omega}{2\pi} = \frac{1}{\Delta(t)} \tag{2-48}$$

两相邻谷点（即场强最小）的频率间隔是与两径时延 $\Delta(t)$成反比的。

实际上，移动信道中的传播路径常多于两条，并且由于移动台处于运动状态，因此当考虑多径时，$\Delta(t)$应换为信道的时延扩展 Δ。由于 Δ 是随时间变化的，所以合成信号振幅的谷点和峰点在频率轴上的位置也随时间变化，使得信道的传递函数变得很复杂，以致难以准确地分析相关带宽的大小。作为一般多径情况时粗略的估计，如果相干带宽定义为频率相关函数大于 0.9 时所对应的带宽，则相干带宽近似为

$$B_{\mathrm{c}} \approx \frac{1}{50\Delta} \tag{2-49}$$

如果将定义放宽到相关函数值大于 0.5，则相关带宽近似为

$$B_{\mathrm{c}} \approx \frac{1}{5\Delta} \tag{2-50}$$

需要注意的是，相关带宽和时延扩展之间的精确关系是具体信道冲激响应和所传信号的函数。通常应用频谱分析和仿真技术来确定时变多径信道对特定发送信号的影响。

有关时散对信号传输的影响参见 2.2.5 小节。

（2）频率色散参数和相干时间

① 频率色散

由于发射机和接收机之间的相对移动或信道内物体的移动会造成传播路径的改变，因而移动信道是典型的时变信道。如果传送的是连续波形信号，这种时变性会使接收信号的幅度和相位发生变化，图 2-21 所示为一单频正弦波经移动信道传输后的接收波形示意图。

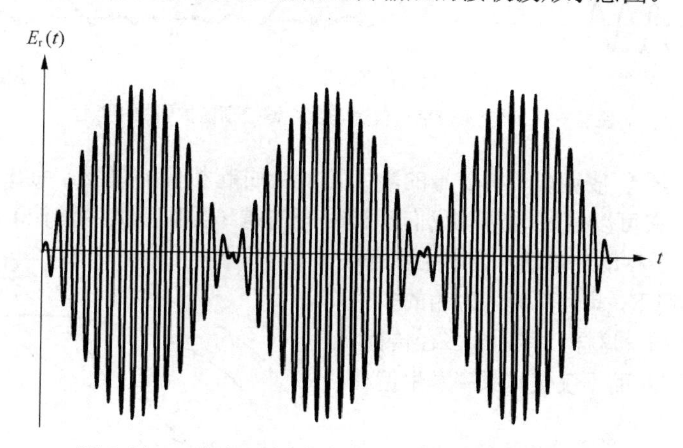

图 2-21　正弦波经时变信道传输后接收端的波形示意图

时变性引起的信号波形幅度和相位的变化将会导致信号频谱被展宽，进一步频谱展宽的程度与移动速度（或信道的衰落速率）紧密相关。

时变信道对所传连续波形的作用可用数字键控调制（如幅移键控）来比拟。信道状态的改变与数字开关信号类似，使信号“断断续续”。图 2-22 应用这种比拟说明时变（衰落）信道导致信

号频谱扩展的原理。这里连续正弦波信号 $\cos2\pi f_c t(-\infty<t<\infty)$ 在频域中为处于 $\pm f_c$ 处的冲激。在时域上，键控的作用可看做图 2-22（b）中理想矩形开关函数与图 2-22（a）中正弦波的乘积，而矩形开关函数的傅里叶变换为 sincft。图 2-22（c）左边给出了键控（即相乘）后持续时间受限（等于开关函数宽度）的信号波形，根据傅里叶变换的卷积定理，其频谱应为图 2-22（a）中的冲激项与图 2-22（b）中 sincft 的卷积，结果如图 2-22（c）的右图所示。显然，键控使信号频谱被展宽了。进一步，如果键控脉冲的持续时间变短，如图 2-22（d）所示，则键控后信号的频谱如图 2-22（e）的右图所示，频谱被扩展得更宽。

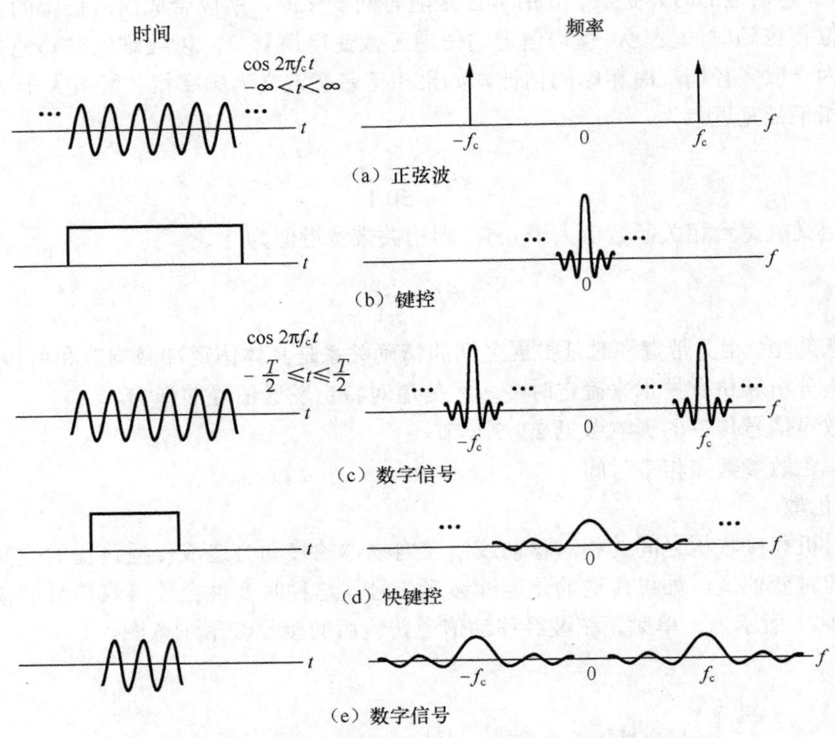

图 2-22 时变（衰落）信道与数字键控频谱扩展的相似性

尽管上述比拟并不非常确切（如信号的断续可能会引起相位的跳变，而在典型的多径环境下，相位是连续的），但它可以很好地帮助我们理解时变信道（类似于数字键控）对所传信号的影响。

从频域来看，由于移动台移动，会产生多普勒频移，而多径传播环境下，具有不同入射角的多径，其多普勒频移互不相同，这样，移动和多径传播将使接收信号频谱被扩展，而不仅仅是频率发生偏移。

② 多普勒扩展

多普勒扩展用来度量移动信道时变（或移动和多径传播）所引起的频谱展宽。下面讨论多普勒频移的功率谱。

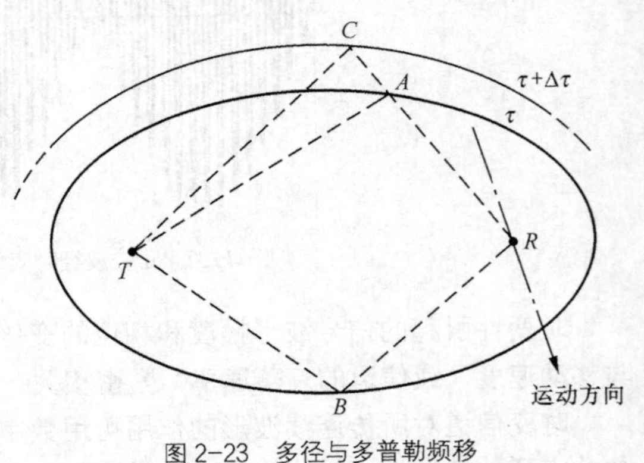

图 2-23 多径与多普勒频移

设 T 点为发射机，R 点为接收机，以 T、R 为焦点构成大小不同的椭球，如图 2-23 所示，在前面讨论菲涅尔区时我们遇到过这些椭球，从 T 发出经同一椭球上不同点反射而到达 R 的波由于附加路径长度相等，因而经历相同的时延，但与移动台移动方向的夹角却各不相同。椭球越大，时延也就越大。设移动台速度恒定，这样图中路径 TAR 和 TBR，时延相同，但多普勒频移不同；而路径 TAR 和 TCR，时延不同，多普勒频移相同。显然对大多数路径而言，时延和多普勒频移都不尽相同，当多径数 N 较大时，多普勒频移就演变为占有一定宽度的多普勒扩展。

设发射载频为 f_c，电波到达接收机的入射角为 θ，则接收信号瞬时频率为

$$f(\theta) = f_c + \frac{v}{\lambda}\cos\theta = f_c + f_m\cos\theta \tag{2-51}$$

式中 f_m 为最大多普勒频移。注意 $f(\theta)$ 是 θ 的偶函数，即来自 θ 和 $-\theta$ 角度的波引起相同的多普勒频移。

多普勒频移是入射角的函数，当入射角由 θ 变为 $\theta+\mathrm{d}\theta$ 时，对应的接收信号频率从 f 变为 $f+\mathrm{d}f$，用 $s(f)$ 表示接收信号的功率谱，$p(\theta)$ 表示接收功率沿入射角的密度函数，$G(\theta)$ 为接收天线增益，P_{av} 表示接收信号的平均功率，则

$$s(f)|\mathrm{d}f| = P_{av}\left|p(\theta)G(\theta) + p(-\theta)G(-\theta)\right|\cdot|\mathrm{d}\theta| \quad 0 \leqslant \theta \leqslant \pi \tag{2-52}$$

从而

$$s(f) = P_{av}\left|p(\theta)G(\theta) + p(-\theta)G(-\theta)\right|\cdot\left|\frac{\mathrm{d}\theta}{\mathrm{d}f}\right| \quad 0 \leqslant \theta \leqslant \pi \tag{2-53}$$

由式（2-51）可得

$$|\mathrm{d}f| = |-f_m\sin\theta\mathrm{d}\theta| = f_m|\sin\theta||\mathrm{d}\theta| \tag{2-54}$$

又

$$\sin\theta = \sqrt{1-\cos^2\theta} = \sqrt{1-\left(\frac{f-f_c}{f_m}\right)^2} \tag{2-55}$$

由式（2-54）和式（2-55）得

$$\left|\frac{\mathrm{d}\theta}{\mathrm{d}f}\right| = \left|\frac{1}{f_m\sin\theta}\right| = \frac{1}{f_m\sqrt{1-\left(\frac{f-f_c}{f_m}\right)^2}} \tag{2-56}$$

将式（2-56）代入式（2-53）得

$$s(f) = \frac{P_{av}\left|p(\theta)G(\theta) + p(-\theta)G(-\theta)\right|}{f_m\sqrt{1-\left(\frac{f-f_c}{f_m}\right)^2}} \quad |f-f_c| < f_m \tag{2-57}$$

对 P_{av} 归一化，并假设 $G(\theta)=1$，$p(\theta)=1/2\pi$，$-\pi \leqslant \theta < \pi$，得到典型的多普勒功率谱为

$$s(f)\frac{1}{\pi\sqrt{f_m^{\ 2}-(f-f_c)^2}} \quad |f-f_c| < f_m \tag{2-58}$$

如图 2-24 所示，可见发射信号为单频载波信号，接收电波的功率谱却扩展到了（f_c−f_m）～（f_c+f_m）范围。出现多普勒功率谱的原因是因为电波从不同方向随机到达接收机，产生互不相同的多普勒频移，这也可以等效视为单频电波在经过多径移动信道时受到随机调频。接收信号功率谱的宽度即为多普勒扩展，用 B_d 表示。

③ 相干时间

正如表征信道的时散特性时，相干带宽 B_c 对应着时域参数时延扩展 Δ 一样，表征信道时变特性，多普勒扩展 B_d 在时域的对应参数为相干时间 T_c。相干时间用来表征信道频率色散对应的时域时变特性。相干时间是信道冲激响应维持不变的时间间隔的统计平均值，换句话说，相干时间是指一段时间间隔，在此间隔内，两个到达信号具有很强的相关性，而大于此时间间隔，两个信号的衰落特性彼此独立。因此相干时间表征了时变信道对信号衰落的节拍，这种衰落是由多普勒效应引起的，并且发生在传输波形的特定时间段上，即信道在时域具有选择性。一般称这种由于多普勒效应引起的在时域产生的选择性衰落为时间选择性衰落。时间选择性衰落对数字信号误码有明显的影响，为了减少这种影响，要求基带信号的符号周期要远小于信道的相干时间。

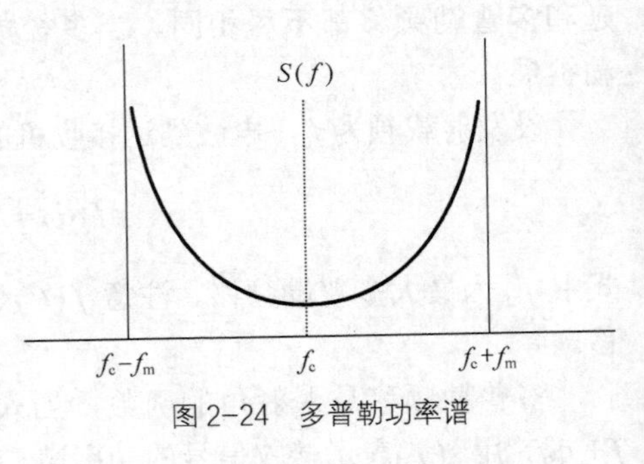

图 2-24 多普勒功率谱

相干时间 T_c 与多普勒扩展 B_d 成倒数关系（它们的乘积为常数），两者的关系可近似为

$$T_c \approx \frac{1}{B_d} \tag{2-59}$$

因此，可将多普勒扩展 B_d 视作信道的典型衰落率。与讨论相关带宽的方法类似，如果将相关时间定义为信号包络相关度为 0.5 时对应的时间间隔，则相干时间近似为

$$T_c \approx \frac{9}{16\pi B_d} \tag{2-60}$$

一种常用的经验法则是将 T_c 定义为式（2-59）和式（2-60）的几何平均，即

$$T_c \approx \sqrt{\frac{9}{16\pi B_d^2}} = \frac{0.423}{B_d} \tag{2-61}$$

由相干时间的定义可知，时间间隔大于 T_c 的两个到达信号受到信道的影响各不相同。例如，移动台的移动速度为 30m/s，信道的载频为 2GHz，则相干时间为 1ms。所以要保证信号经过信道不会在时间轴上产生失真，就必须保证传输的符号速率大于 1kbit/s。

（3）角度色散参数和相关距离

移动通信中，由于基站和移动台周围散射环境不同，从而产生了角度色散，使得位于不同位置的天线经历的衰落不同，即产生了空间选择性衰落。为此，引入角度扩展和相关距离来描述移动信道的空间选择性衰落。

① 角度扩展

角度扩展（Azimuth Spread，AS）α_{rms} 是用来表征空间选择性衰落的重要参数，它与角度功率谱（PAS）$p(\alpha)$有关。

角度功率谱是信号功率谱密度在角度上的分布。研究表明，角度功率谱一般为均匀分布、截短高斯分布和截短拉普拉斯分布。

角度扩展 α_{rms} 等于功率角度谱 $p(\alpha)$的二阶中心矩的平方根，即

$$\alpha_{rms} = \sqrt{\frac{\int_0^{\infty}(\alpha-\bar{\alpha})^2\, p(\alpha)\mathrm{d}\alpha}{\int_0^{\infty} p(\alpha)\mathrm{d}\alpha}} \tag{2-62}$$

式中

$$\bar{\alpha}=\frac{\int_0^{\infty}\alpha p(\alpha)\mathrm{d}\alpha}{\int_0^{\infty}p(\alpha)\mathrm{d}\alpha} \tag{2-63}$$

角度扩展α_{rms}描述了功率谱在空间上的散布程度，是功率到达角度的统计度量。大的 α_{rms} 意味着接收到的信道功率来自许多方向，而小的α_{rms} 则意味着接收到的信道功率方向更集中。当有许多局部散射时，将会产生大的角度扩展，因而在信道内导致更多的统计多样性，而方向更集中的功率到达则导致较少的统计多样性。

② 相关距离

与角度扩展项对应的是相关距离 D_{c}。它是指信道冲激响应保证一定相关度的空间距离。或者说任何相隔 D_{c} 的物理位置有基本不相关的接收信号幅值和相位。在相关距离内，可以认为空间传输函数是平坦的。

随着角度扩展的增加，相关距离减少，反之亦然。估计相关距离的一个经验公式为

$$D_{\mathrm{c}}\approx 2\lambda/\alpha_{\mathrm{rms}} \tag{2-64}$$

从以上的关系可以注意到，相关距离随载波波长 λ 的增加而增加，因此高频系统其相关距离较短。

在多天线系统中，角度扩展和相关距离尤为重要。相关距离给出了天线的空间距离应该是多少才能保证统计独立的经验法则。如果相关距离很小，则能有效使用天线阵列，从而产生丰富的分集。另一方面，如果相关距离大，可能受到空间限制而无法利用空间分集。这种情况下，最好让天线阵列进行协作而使用波束赋形。

3．多径接收信号统计特性

如前所述，移动无线信道接收端的信号是来自不同传播路径信号之和，由于移动信道是典型的随参信道，这样接收信号将不是确定和可预见的，而是具有很强的随机性，属于时变信号。对于这样的信号，需采用统计方法加以分析。分析表明，依据不同的无线环境，接收信号的包络服从瑞利和莱斯分布。

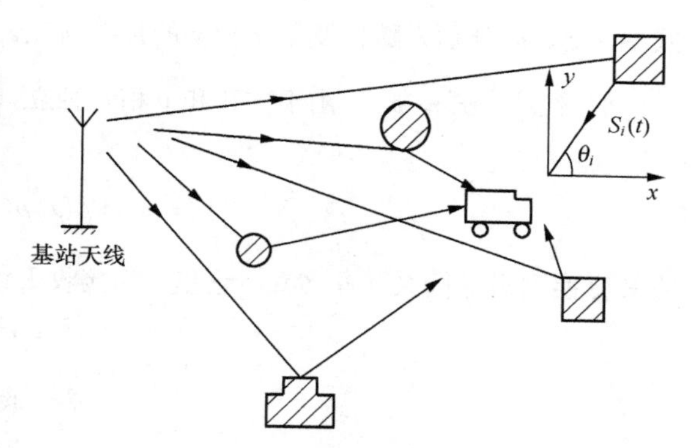

图 2–25　移动台接收 N 条路径信号

① 瑞利分布

设陆地移动通信的传输场景如图 2-25 所示，基站发射的信号为

$$S_0(t)=\alpha_0\exp[\mathrm{j}(2\pi f_0 t+\varphi_0)]$$

式中，f_0 为载波频率，φ_0 为载波初相。经反射（或散射））到达接收天线的第 i 个信号为 $S_i(t)$，其振幅为 α_i，相移为 φ_i。假设 $S_i(t)$与移动台运动方向之间的夹角为 θ_i，则其多普勒频移为

$$f_i=\frac{\upsilon}{\lambda}\cos\theta_i=f_{\mathrm{m}}\cos\theta_i \tag{2-65}$$

式中，υ为车速；λ 为波长；f_{m} 为最大多普勒频移，因此 $S_i(t)$可写成

$$S_i(t)=\alpha_i\exp\left[\mathrm{j}(\varphi_i+\frac{2\pi}{\lambda}\upsilon t\cos\theta_i)\right]\exp[\mathrm{j}(2\pi f_0 t+\varphi_0)] \tag{2-66}$$

假设信号经 N 条路径到达接收端，且各条路径信号的幅值和到达接收天线的方位角是随机的且满足统计独立，则接收信号为

$$S(t)=\sum_{i=1}^{N}S_i(t) \tag{2-67}$$

令

$$\psi_i=\varphi_i+\frac{2\pi}{\lambda}\upsilon t\cos\theta_i \tag{2-68}$$

$$x=\sum_{i=1}^{N}\alpha_i\cos\psi_i=\sum_{i=1}^{N}x_i \tag{2-69}$$

$$y=\sum_{i=1}^{N}\alpha_i\sin\psi_i=\sum_{i=1}^{N}y_i \tag{2-70}$$

则接收信号 $S(t)$可写成

$$S(t)=\left(x+\mathrm{j}y\right)\exp\left[\mathrm{j}(2\pi f_0 t+\varphi_0)\right] \tag{2-71}$$

由于 x 和 y 都是独立随机变量之和，且各分量都不占据主导，因而根据概率论中心极限定理，大量独立随机变量之和的分布趋向正态分布，即有概率密度函数

$$p(x)=\frac{1}{\sqrt{2\pi}\sigma_x}\mathrm{e}^{-\frac{x^2}{2\sigma_x^2}} \tag{2-72}$$

$$p(y)=\frac{1}{\sqrt{2\pi}\sigma_y}\mathrm{e}^{-\frac{y^2}{2\sigma_y^2}} \tag{2-73}$$

式中，σ_x、σ_y 分别为随机变量 x 和 y 的标准偏差。

假设 $\sigma_x^2=\sigma_y^2=\sigma^2$，由于 x 和和 y 相互独立，因而其联合概率密度函数 $p(x,y)$可写为

$$p(x,y)=p(x)p(y)=\frac{1}{2\pi\sigma^2}\mathrm{e}^{\frac{x^2+y^2}{2\sigma^2}} \tag{2-74}$$

将其变换到极坐标系（r，θ），这里 r 为接收天线处的信号振幅，θ 为相位。相应的变换公式为

$$\begin{gathered}r^2=x^2+y^2\\ \theta=\arctan\frac{y}{x}\end{gathered} \tag{2-75}$$

从而 $x=r\cos\theta$，$y=r\sin\theta$，相应的雅克比行列式为

$$J=\frac{\partial\,(x,y)}{\partial\,(r,\theta)}\begin{vmatrix}\cos\theta & -r\sin\theta\\ \sin\theta & \cos\theta\end{vmatrix}=r \tag{2-76}$$

所以

$$p(r,\theta)=p(x,y)\cdot|J|=\frac{r}{2\pi\sigma^2}\mathrm{e}^{-\frac{r^2}{2\sigma^2}} \tag{2-77}$$

对 θ 积分，可求得包络概率密度函数 $p(r)$为

$$p(r)=\frac{1}{2\pi\sigma^2}\int_0^{2\pi}r\mathrm{e}^{-\frac{r^2}{2\sigma^2}}\mathrm{d}\theta=\frac{r}{\sigma^2}\mathrm{e}^{-\frac{r^2}{2\sigma^2}}\qquad r\geqslant 0 \tag{2-78}$$

同理，对 r 积分可求得相位概率密度函数 $p(\theta)$为

$$p(\theta)=\frac{1}{2\pi\sigma^2}\int_0^{\infty} r\mathrm{e}^{-\frac{r^2}{2\sigma^2}}\mathrm{d}r=\frac{1}{2\pi} \qquad 0\leqslant\theta\leqslant 2\pi \tag{2-79}$$

由式（2–78）和式（2-79）可知，多径衰落信号的包络服从瑞利分布，故把这种多径衰落称为瑞利衰落。相位服从 0～2π 间的均匀分布。

瑞利衰落信号有如下一些特征。

均值
$$m=E(r)=\int_0^{\infty} rp(r)\mathrm{d}r=\sqrt{\frac{\pi}{2}}\sigma=1.253\sigma \tag{2-80}$$

均方值
$$E(r^2)=\int_0^{\infty} r^2 p(r)\mathrm{d}r=2\sigma^2 \tag{2-81}$$

瑞利分布的概率密度函数 $p(r)$与 r 的关系如图 2-26 所示。当 $r=\sigma$ 时，$p(r)$为最大值，表示 r 在 σ 值出现的可能性最大。由式（2-78）可得

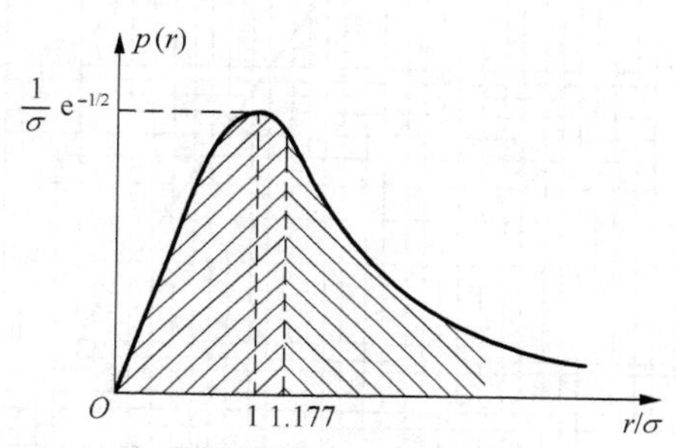

图 2–26 瑞利分布的概率密度

$$p(\sigma)=\frac{1}{\sigma}\exp(-\frac{1}{2}) \tag{2-82}$$

当 $r=\sqrt{2\ln 2}\,\sigma\approx1.177\sigma$ 时，有

$$\int_0^{1.77\sigma} p(r)\mathrm{d}r=\frac{1}{2} \tag{2-83}$$

上式表明，衰落信号的包络有 50% 概率大于 1.177σ。这里的概率即是指任意一个足够长的观察时间内，有 50%时间信号包络大于 1.177σ。因此 1.177σ 即为信号包络 r 的中值，记作 r_{mid}。

信号包络低于 σ 的概率为

$$\int_0^{\sigma} p(r)\mathrm{d}r=1-\mathrm{e}^{-\frac{1}{2}}=0.39 \tag{2-84}$$

同理，信号包络 r 低于某一指定值 $k\sigma$ 的概率为

$$\int_0^{k\sigma} p(r)\mathrm{d}r=1-\mathrm{e}^{-\frac{k^2}{2}} \tag{2-85}$$

据此，可计算出包络 r 小于（或大于）指定电平 r_0 的概率，即包络的累积分布，结果如图 2-27 所示。图中，横坐标是以 r_{mid} 进行归一化，并以分贝表示的电平值，即 $20\lg r_0/r_{\mathrm{mid}}$。

通过上述分析和大量实测表明，多径效应使接收信号包络接近瑞利分布。在典型移动信道中，衰落深度达 20dB 左右，衰落速率（它等于每秒信号包络经过中值电平次数的一半）20～40 次/秒。

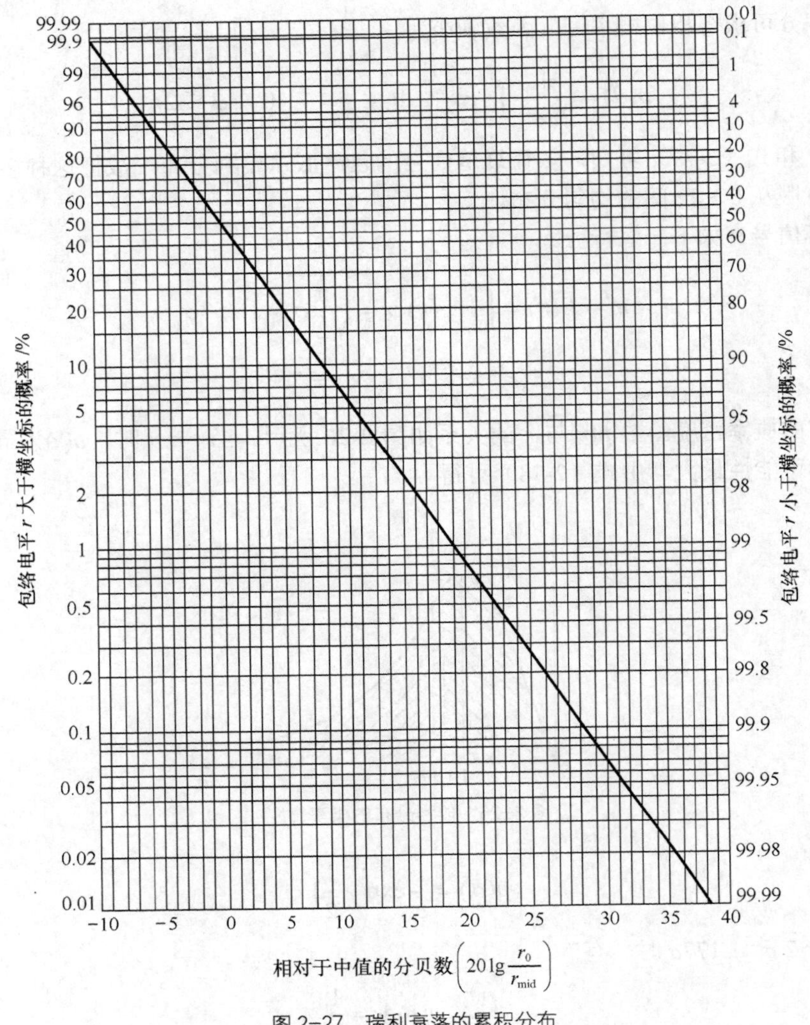

图 2-27　瑞利衰落的累积分布

② 莱斯分布

当接收信号中有主导信号分量时，比如视距传播的信号到达时，视距信号将成为接收信号中的主导分量，而其他不同角度到达的多径分量将叠加在这个主导信号分量上，接收信号将服从莱斯分布。

莱斯分布的概率密度函数为

$$p(r) == \frac{r}{\sigma^2}\mathrm{e}^{-\frac{(r^2+A^2)}{2\sigma}}\mathrm{I}_0\left(\frac{A^2}{\sigma^2}\right)(A \geqslant 0, r \geqslant 0) \tag{2-86}$$

式中，A 是主导信号的峰值，r 是衰落信号的包络，σ^2 为 r 的方差，$\mathrm{I}_0(\cdot)$是 0 阶第一类修正贝塞尔函数。莱斯分布常用参数 K 来描述，$K = \mathrm{A}^2/2\sigma^2$，定义为主信号的功率与多径分量方差之比，用 dB 表示为

$$K(\mathrm{dB}) = 10\lg\frac{A^2}{2\sigma^2} \tag{2-87}$$

数莱斯因子 K，决定了莱斯分布函数。当 $A\to 0$ 时，$K\to -\infty$ dB，莱斯分布变为瑞利分布。很显然，强直达波的存在使得接收信号包络从瑞利分布变为莱斯分布，当直射波进一步增强（K ≫ 1）时，莱斯分布将趋向于高斯分布。图 2-28 所示为莱斯分布的概率密度函数。

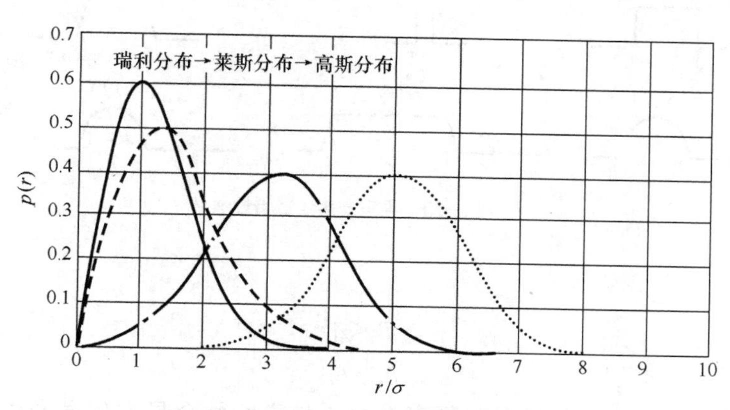

图 2–28　莱斯分布的概率密度函数

注意，莱斯分布适用于一条路径明显强于其他路径的情况，但这并不意味着这条路径就是直射路径。在非直射情形，如果来自某一散射体路径的信号功率特别强，合成信号的包络也服从莱斯分布。

2.2.5　多径衰落信道的分类

由于移动和多径传播，使移动信道呈现时散及时变（频率色散）特性，进而导致信号通过移动信道传播时产生衰落，其衰落类型取决于发送信号和信道的特性。信号参数（如带宽和符号周期）和信道参数（如相关带宽、相干时间）之间的相对关系决定了不同的发送信号将经历的衰落类型。移动无线信道中的时间色散和频率色散可能产生 4 种衰落效应，这是由信号、信道以及发送频率的特性引起的。

信道的时散将导致平坦衰落和频率选择性衰落，而时变会引起快衰落和慢衰落，并且这两种机制彼此独立。根据信号参数与信道时散参数和时变参数的相对关系，我们可相应地将多径信道分为平坦衰落和频率选择性衰落信道，快衰落和慢衰落信道。

1．平坦衰落和频率选择性衰落信道

前已述及，信道的时散特性在时域通过时延扩展 Δ 来描述，在频域用相关带宽 B_c 来描述。若所传信号的参数为：符号间隔 T_s，带宽 $B_s=1/T_s$，则当

$$T_s \gg \Delta \tag{2-88}$$

或

$$B_s \ll B_c \tag{2-89}$$

时，信号经历平坦衰落（Flat Fading），称信道为平坦衰落信道，如图 2-29 所示。

在平坦衰落情况下，信道的多径结构对信号的所有频率分量的作用是相似的，这样发送信号的频谱结构在接收端仍能保持不变，所以平坦衰落也称为频率非选择性衰落。信号经平坦衰落信道传输后，波形不会产生失真，不过由于多径引起信道增益的起伏，信号幅度依然呈现衰落特征，从而引起信噪比的损失。

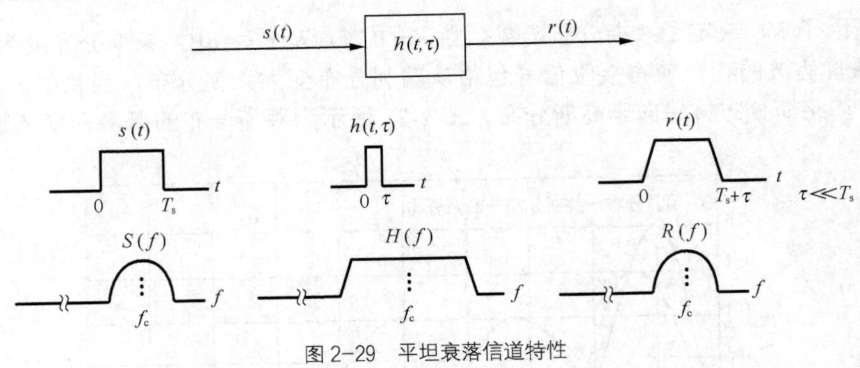

图 2-29　平坦衰落信道特性

而当

$$T_s < \Delta \tag{2-90}$$

或

$$B_s > B_c \tag{2-91}$$

时，信号中各频率分量的衰落情况与频率有关，信道特性会导致信号产生频率选择性衰落（Frequency Selective Fading），称信道为频率选择性信道，如图 2-30 所示。

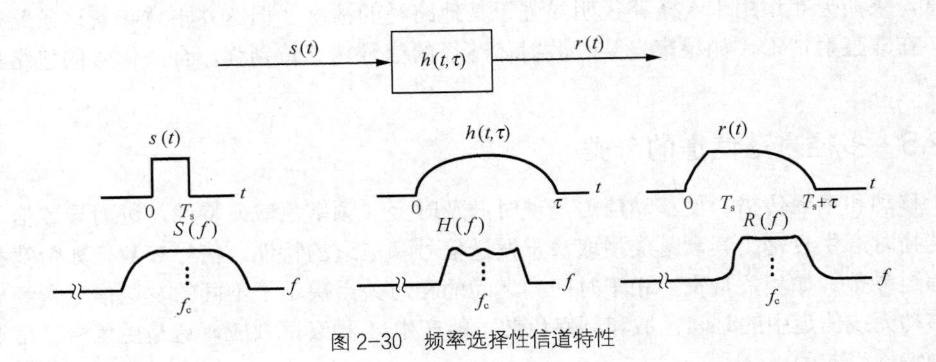

图 2-30　频率选择性信道特性

信号经频率选择性信道传输后，由于信号中不同频率的分量衰落是不一致的，所以衰落信号波形将产生严重失真。从时域来看，信道冲激响应具有多径时延扩展，且其时延扩展值大于发送信号的符号周期，这将引起严重的符号间干扰（ISI）。

2．快衰落和慢衰落信道

根据发送信号与信道变化快慢程度的相对关系，信道可分为快衰落信道和慢衰落信道。我们知道信道的时变性是通过相干时间 T_c 和多普勒扩展 B_d 来表征的。如所传信号的参数为：符号间隔 T_s，带宽 $B_s = 1/T_s$，则当

$$T_s > T_c \tag{2-92}$$

且

$$B_s < B_d \tag{2-93}$$

时，信号经历快衰落（Fast Fading），称信道为快衰落信道，而当

$$T_s \ll T_c \tag{2-94}$$

且

$$B_s \gg B_d \tag{2-95}$$

时，信号经历慢衰落（Slow Fading），称信道为慢衰落信道。

当信号经快衰落信道传输后，由于信道冲激响应在符号周期内变化很快，从而导致信号失真，

产生衰落，这种衰落也称为时间选择性衰落。而对于慢衰落信道，信道冲激响应变化比信号符号周期低很多，可以认为在一个或若干个符号周期内该信道是静态的。

显然，移动台的移动速度（或信道路径中物体的移动速度）、系统的工作频率及基带信号发送速率，决定了信号是经历快衰落还是慢衰落。

另外，当考虑角度扩展时，会有角度色散，即空间选择性衰落。这样可以根据信道是否考虑了空间选择性，把信道分为标量信道和矢量信道。标量信道是指只考虑时间和频率的二维信息信道；而矢量信道指的是考虑了时间、频率和空间的三维信息信道。

2.2.6 衰落储备

综合本章对移动信道的讨论，可以概括出移动信道中接收信号具有如下特征：

① 依赖于收发距离的平均路径损耗决定信号中值；

② 具有阴影效应（又称大尺度衰落）；

③ 具有多径效应（小尺度衰落）。

室外、室内无线信道传播模型均表明平均路径损耗与收发距离的 n 次方成正比，损耗指数 n 取决于频率、天线高度和传输环境。自由空间中 $n=2$（参见式（2-11）），当有障碍物时，n 就比较大。而阴影衰落（或大尺度衰落）近似服从对数正态分布，其衰落周期以秒级计，所以也称作慢衰落或长期衰落。多径衰落（或小尺度衰落）服从瑞利或莱斯分布，其衰落速率约 20～40 次/秒，因而称为快衰落或短期衰落。

可见，移动信道中接收信号为信号中值与叠加在其上的衰落分量所构成，而衰落分量又由大尺度衰落和叠加于其上的小尺度衰落组成，即衰落为其基本特征。为了防止因衰落（包括快衰落和慢衰落）引起的通信中断，在信道设计中，必须使信号的电平留有足够的余量，以使中断率 R 小于规定指标。这种电平余量称为衰落储备。衰落储备的大小决定于地形、地物、工作频率和要求的通信可靠性指标。通信可靠性也称作可通率，用 T 表示，它与中断率的关系是 $T=I-R$。

图 2-31 示出了可通率 T 分别为 90%、95% 和 99%的三组曲线，根据地形、地物、工作频率和可通率要求，由此图可查得必须的衰落储备量。例如：$f=900\text{MHz}$，市区工作，要求 $T=99\%$，则由图可查得此时必须的衰落储备约为 23.5dB。

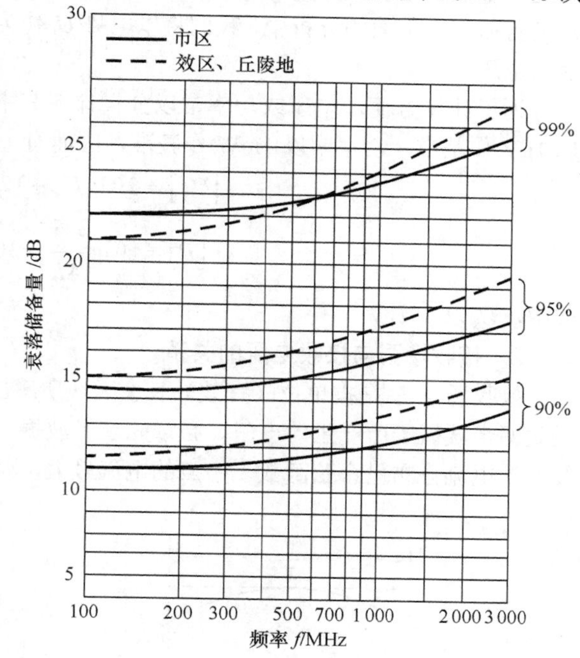

图 2-31　衰落储备量

2.3 陆地移动信道的场强估算

移动通信系统中用户的位置是随机变化的，不同的用户遇到的无线电波传播环境是不一样的，也是随机变化的，因而很难准确地计算接收信号场强或传播损耗。工程实践中大量采用统计模型，只需知道地理环境的统计数据和信息，而后基于大量实验测试数据拟合出经验公式，或经验曲线，给出各种地形地物下的传播损耗与距离、频率、天线高度之间的关系。本节着重讨论陆地移动信道场强中值的估算，即 Okumura 模型，它是先以自由空间传播为基础，再分别考虑各种地形、地物对电波传播的实际影响，并逐一予以必要的修正。

2.3.1 接收机输入电压、功率与场强的关系

在信道分析或设计中，首先要求出接收信号场强与距离的关系，然后由场强求出接收机输入电压或输入功率。

1. 接收机输入电压的定义

参见图 2-32。将电势为 U_s 和内阻为 R_s 的信号源（如天线）连到接收机的输入端，若接收机的输入电阻为 R_i 且 $R_i=R_s$，则接收机输入端的端电压 $U=U_s/2$，相应的输入功率 $P=U_S^2/4R$。由于 $R_i=R_s=R$ 是接收机和信号源满足功率匹配的条件，因此 $U_S^2/4R$ 是接收机输入功率的最大值，常称为额定输入功率。

实际中，采用线天线的接收机常常用天线上感应的信号电势作为接收机的输入电压。显然，这种感应电势，即图 2-32 中的 U_s，并不等于接收机输入端的端电压。由图可知，$U_s=2U$ 因此，在谈到接收机的输入电压时，应分清是指端电压 U 还是电势 U_s。在下面的分析中，我们将以电势 U_s 作为接收机的输入电压。

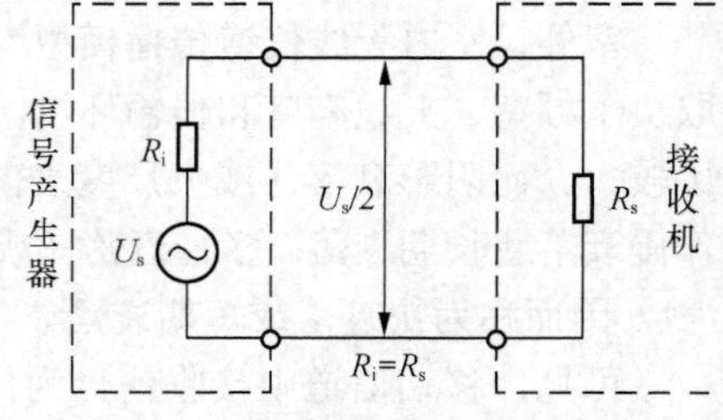

图 2-32 接收机输入电压的定义

为了计算方便，电压或功率常以分贝计。其中，电压常以 1μV 作基准，功率常以 1mW 作基准，因而有

$$[U_s]=20\lg U_s+120 \quad (\text{dB}\mu\text{V}) \tag{2-96}$$

$$[P]=10\lg\frac{U_s^2}{4R}+30 \quad (\text{dBm}) \tag{2-97}$$

式中，U_s 以 V 计。

2. 接收场强与接收电压的关系

接收场强 E 是指单位（有效）长度天线所感应的电压值，常以 μV/m 作单位。为了求出基本天线即半波振子所产生的电压，必须先求半波振子天线的有效长度（参见图 2-33）。半波振子天线上的电流分布呈余弦函数，中点的电流最大，两端电流均为零。

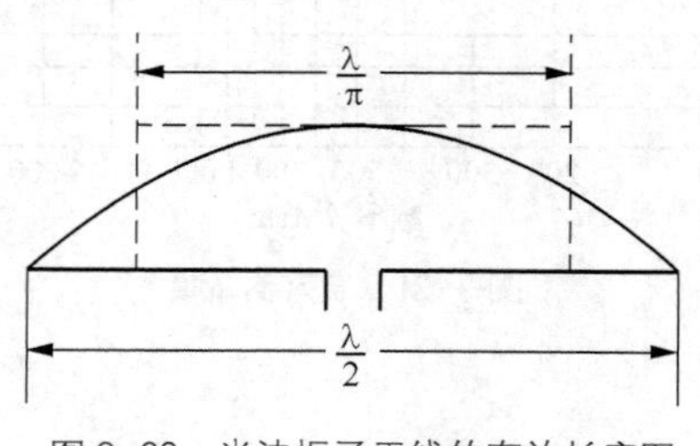

图 2-33 半波振子天线的有效长度图

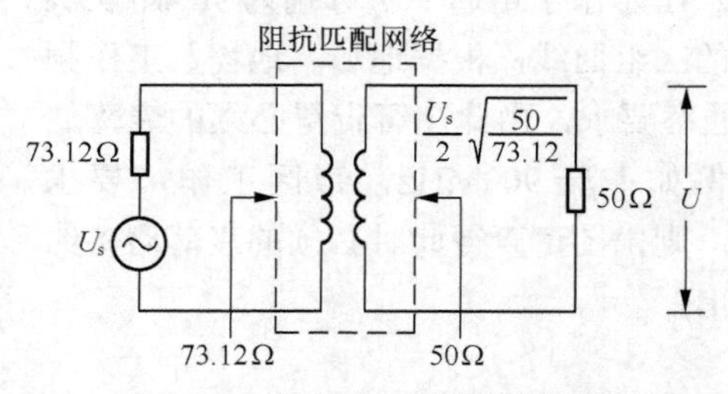

图 2-34 半波振子天线的阻抗匹配电路

如果以中点电流为高度构成一个矩形，如图 2-33 中虚线所示，并假定图中虚线与实线所围面积相等，则矩形的长度即为半波振子的有效长度。经过计算，半波振子天线的有效长度为 λ/π。这样半

波振子天线的感应电压 U_s 为

$$U_s = E \times \frac{\lambda}{\pi} \tag{2-98}$$

式中，E 的单位是 μV/m；λ的单位为 m；U_s 的单位为 μV。若场强用 dBμV/m 计，则

$$[U_s] = [E] + 20\lg\frac{\lambda}{\pi} \quad (\text{dB}\mu\text{V}) \tag{2-99}$$

在实际中，接收机的输入电路与接收天线之间并不一定满足上述的匹配条件（$R_s = R_i = R$）。在这种情况下，为了保持匹配，在接收机的输入端应加入一阻抗匹配网络与天线相连接，如图 2-34 所示。在图中，假定天线阻抗为 72.12Ω，接收机的输入阻抗为 50Ω。接收机输入端的端电压 U 与天线上的感应电势 U_s 有以下关系。

$$U = \frac{1}{2}U_s\sqrt{\frac{R_i}{R_s}} = \frac{1}{2}U_s\sqrt{\frac{50}{73.12}} = 0.41U_s \tag{2-100}$$

2.3.2　地形、地物分类

1．地形的分类与定义

为了计算移动信道中信号电场强度中值（或传播损耗中值），可将地形分为两大类，即中等起伏地形和不规则地形，并以中等起伏地形作传播基准。

地形起伏高度$\triangle h$ 定义为沿传播方向，在传播路径的地形剖面图上，距接收地点 10km 范围内，10%高度线和 90%高度线的高度差，如图 2-35 所示。

所谓中等起伏地形是指地面起伏高度不超过 20m，且起伏缓慢，峰点与谷点之间的水平距离大于起伏高度。而其他地形，如丘陵、孤立山岳、斜坡和水陆混合地形等统称为不规则地形。

由于天线架设在高度不同的地形上，天线的有效高度是不一样的。（例如，把 20m 的天线放在地面上和架设在几十层的高楼顶上，通信效果自然不同。）因此，必须合理规定天线的有效高度。基站天线有效高度 h_b 的定义参见图 2-36。设基站天线顶点的海拔高度为 h_{ts}，从天线设置地点开始，沿着电波传播方向的 3～15km 之内的地面平均海拔高度为 h_{ga}，则

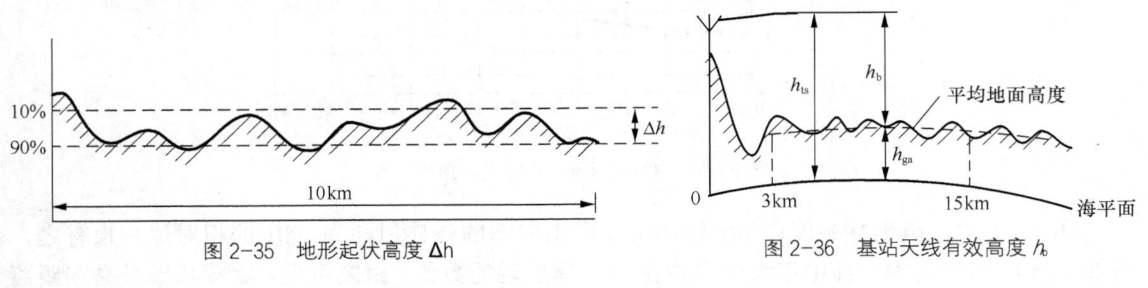

图 2-35　地形起伏高度 Δh　　　图 2-36　基站天线有效高度 h_b

$$h_b = h_{ts} - h_{ga} \tag{2-101}$$

若传播距离不到 15km，则 h_{ga} 是 2km 到实际距离间的平均海拔高度。而移动台天线的有效高度 h_m 总是指天线在当地地面上的高度。

2．地物（或地区）分类

不同地物环境其传播条件不同，按照地物的密集程度不同可分为三类地区。①开阔地。在电波传播的路径上无高大树木、建筑物等障碍物，呈开阔状地面，如农田、荒野、广场、沙漠和戈壁滩等。②郊区。在靠近移动台近处有些障碍物但不稠密，例如，有少量的低层房屋或小树林等。

③市区。有较密集的建筑物和高层楼房。

自然，上述三种地区之间都有过渡区，但在了解以上三类地区的传播情况之后，对过渡区的传播情况就可以大致地作出估计。

2.3.3 中等起伏地形上传播损耗的中值

1. 市区传播损耗的中值

在估算各种地形地物上的传播损耗时，均以中等起伏地面上市区的损耗中值或场强中值作为基准，因而把它称作基准中值或基本中值。

由电波传播理论可知，传播损耗取决于传播距离 d、工作频率 f、基站天线高度 h_b 和移动台天线高度 h_m 等。在大量实验、统计分析的基础上，可作出传播损耗基本中值的预测曲线。图 2-37 给出了典型中等起伏地面上市区的基本中值 $A_m(f, d)$与频率、距离的关系曲线。

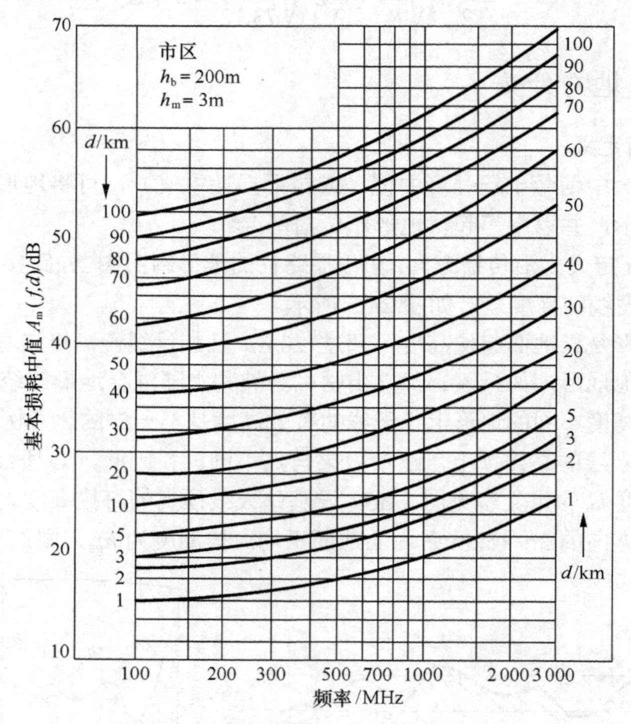

图 2-37 中等起伏地上市区基本损耗中值

图 2-37 中，纵坐标刻度以 dB 计，是以自由空间的传播损耗为 0dB 的相对值。换言之，曲线上读出的是基本损耗中值大于自由空间传播损耗的数值。由图可见，随着频率升高和距离增大，市区传播基本损耗中值都将增加。图中曲线是在基准天线高度情况下测得的，即基站天线高度 h_b = 200m，移动台天线高度 h_m = 3m。

如果基站天线的高度不是 200m，则损耗中值的差异用基站天线高度增益因子 $H_b(h_b, d)$表示。图 2-38（a）给出了不同通信距离 d 时，$H_b(h_b, d)$与 h_b 的关系。显然，当 h_b>200m 时，$H_b(h_b, d)$>0dB；反之，当 h_b<200m 时，$H_b(h_b, d)$<0dB。同理，当移动台天线高度不是 3m 时，需用移动台天线高度增益因子 $H_m(h_m, f)$加以修正，如图 2-38（b）所示，当 h_m>3m 时，$H_m(h_m, f)$>0dB；反之，h_m<3m 时，$H_m(h_m, f)$>0dB。

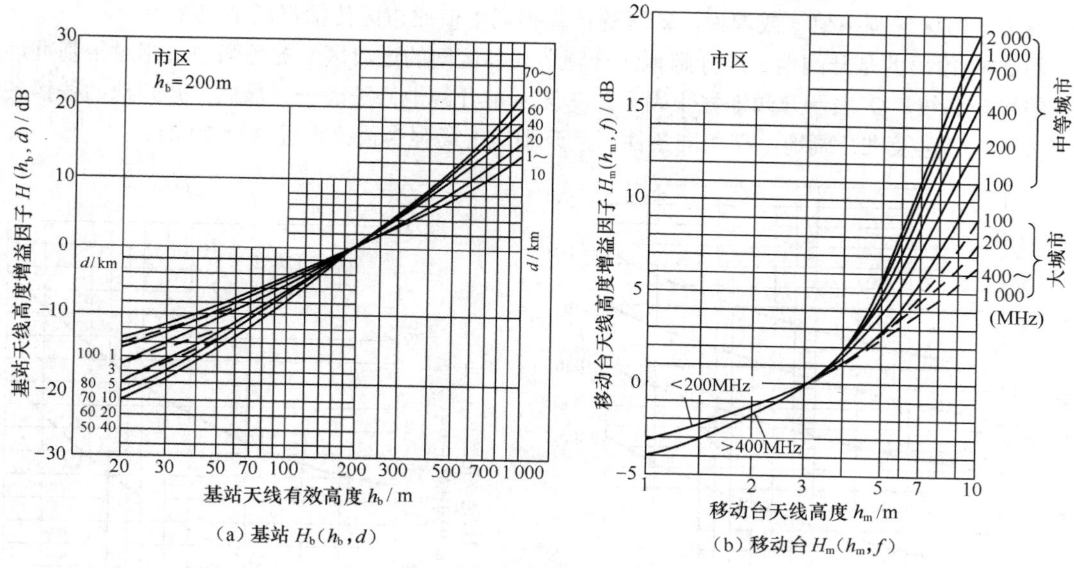

(a) 基站 $H_b(h_b, d)$　　(b) 移动台 $H_m(h_m, f)$

图 2-38　天线高度增益因子

此外，市区的场强中值还与街道走向（相对于电波传播方向）有关。纵向路线（与电波传播方向相平行）的损耗中值明显小于横向路线（与传播方向相垂直）的损耗中值。这是由于沿建筑物形成的沟道有利于无线电波的传播（称沟道效应），使得在纵向路线上的场强中值高于基准场强中值，而在横向路线上的场强中值低于基准场强中值。图 2-39 给出了它们相对于基准场强中值的修正曲线。

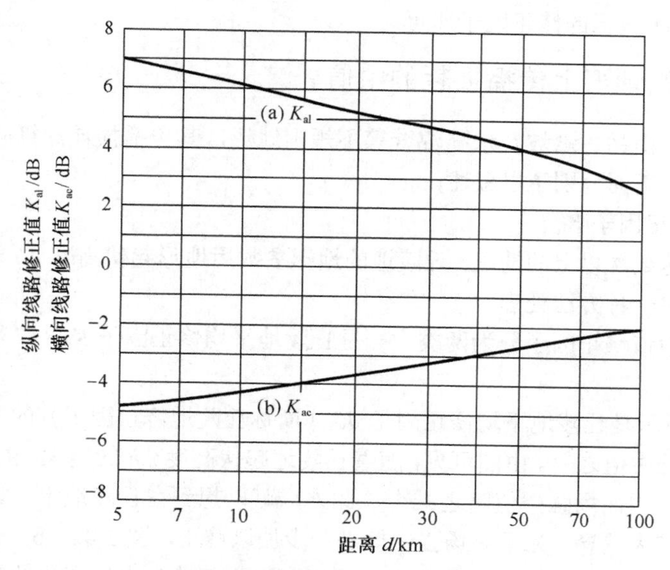

(a) 为纵向路线 K_{al}；(b) 为横向路线 K_{ac}

图 2-39　街道走向修正曲线

2．郊区和开阔地损耗的中值

郊区的建筑物一般是分散、低矮的，故电波传播条件优于市区。郊区场强中值与基准场强中值之差称为郊区修正因子，记作 K_{mr}，它与频率和距离的关系如图 2-40 所示。由图可知，郊区场强中值大于市区场强中值，或者说，郊区的传播损耗中值比市区传播损耗中值要小。

图 2-41 给出的是开阔地、准开阔地（开阔地与郊区间的过渡区）的场强中值相对于基准场强中值的修正曲线。Q_0 表示开阔地修正因子，Q_r 表示准开阔地修正因子。显然，开阔地的传播条件优于市区、郊区及准开阔地，在相同条件下，开阔地上场强中值比市区高近 20dB。

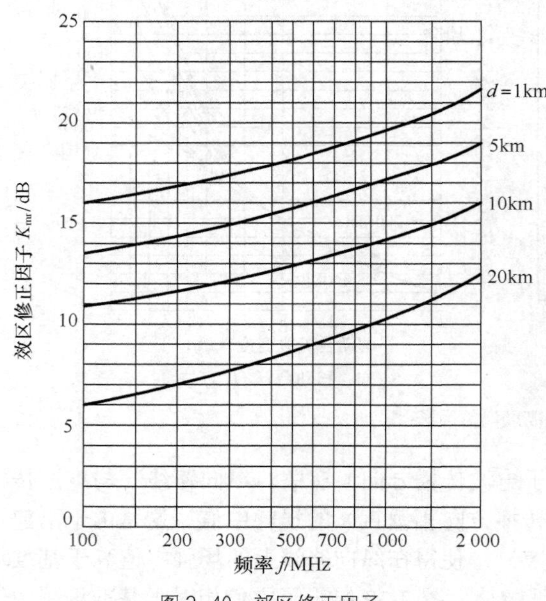

图 2-40　郊区修正因子

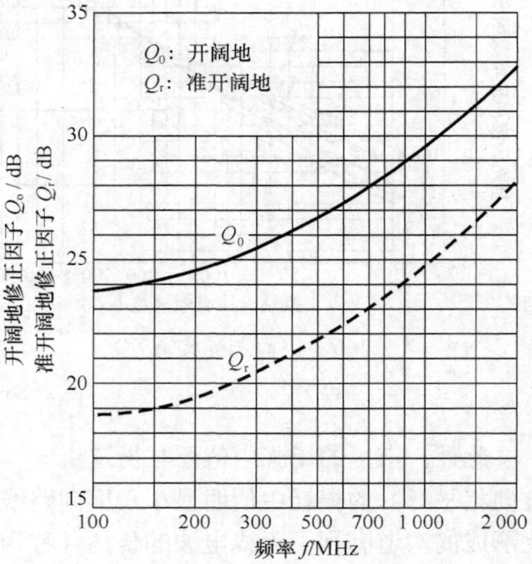

图 2-41　开阔地、准开阔地修正因子

为了求出郊区开阔地及准开阔地的损耗中值，应先求出相应的市区传播损耗中值，然后再减去由图 2-40 和图 2-41 查得的修正因子即可。

2.3.4　不规则地形上传播损耗的中值

对于丘陵、孤立山岳、斜坡及水陆混合等不规则地形，其传播损耗计算同样可以采用基准场强中值修正的办法，下面分别予以叙述。

1．丘陵地的修正因子 K_h

对于地形起伏达数次以上的情况，丘陵地的地形参数用地形起伏高度 Δh 表征。而对于单纯斜坡地形将用后述的另一种方法处理。

丘陵地的场强中值修正因子分为两类：一是丘陵地平均修正因子 K_h；二是丘陵地微小修正因子 K_{hf}。

图 2-42（a）所示是丘陵地平均修正因子 K_h（简称丘陵地修正因子）的曲线，它表示丘陵地场强中值与基准场强中值之差。由图可见，随着丘陵地起伏高度 Δh 的增大，由于屏蔽影响的增大，传播损耗随之增大，因而场强中值随之减小。此外，可以想到在丘陵地中，场强中值在起伏地的顶部与谷部必然有较大差异，为了对场强中值进一步加以修正，图 2-42（b）给出了丘陵地上起伏的顶部与谷部的微小修正值曲线。图中，上方画出了地形起伏与电场变化的对应关系，顶部处修正值 K_{hf}（以 dB 计）为正，谷部处修正值 K_{hf} 为负。

2．孤立山岳修正因子 K_{js}

当电波传播路径上有近似刃形的单独山岳时，若求山背后的电场强度，一般从相应的自由空间场强中减去刃峰绕射损耗即可。但对天线高度较低的陆上移动台来说，还必须考虑障碍物的阴影效应和屏蔽吸收等附加损耗。由于附加损耗不易计算，故仍采用统计方法给出修正因子 K_{js} 曲线。

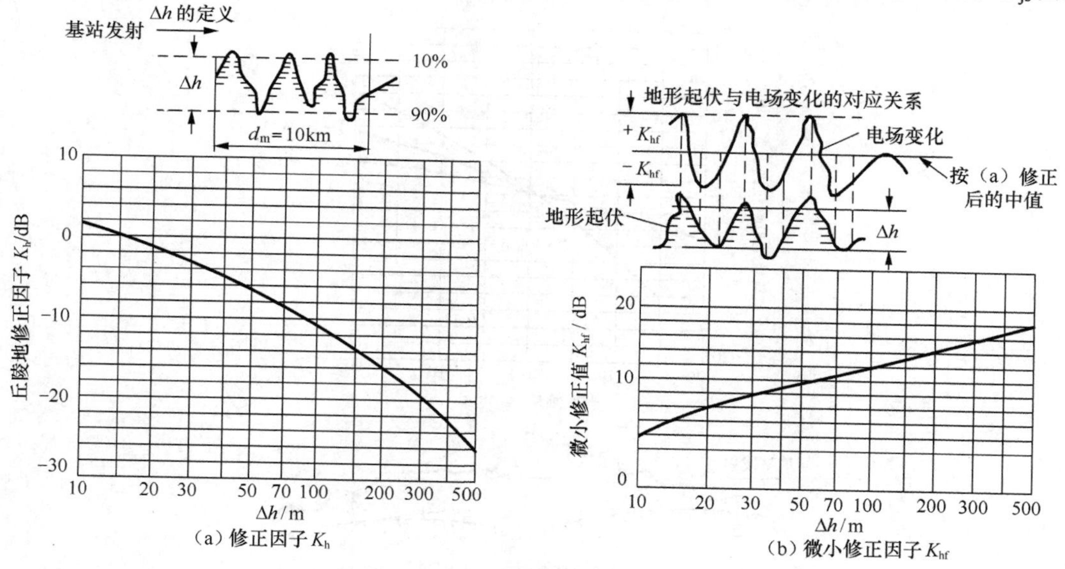

图 2-42　丘陵地场强中值修正因子

图 2-43 给出的是适用于工作频段为 450～900MHz、山岳高度在 110～250m 范围，由实测所得的孤立山岳地形的修正因子 K_{js} 的曲线。其中，d_1 是发射天线至山顶的水平距离，d_2 是山顶至移动台的水平距离。图中 K_{js} 是针对山岳高度 H=200m 所得到的场强中值与基准场强的差值。如果实际的山岳高度不为 200m，则上述求得的修正因子 K_{js} 还需乘以系数 α。计算 α 的经验公式为

$$\alpha = 0.07\sqrt{H} \tag{2-102}$$

式中，H 的单位为 m。

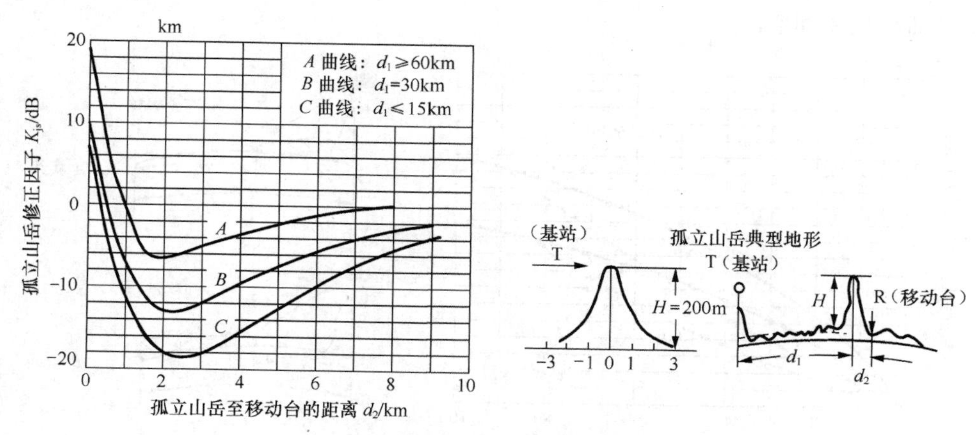

图 2-43　孤立山岳修正因子 K_{js}

3．斜波地形修正因子 K_{sp}

斜坡地形系指在 5～10km 范围内的倾斜地形。若在电波传播方向上，地形逐渐升高，称为正斜坡，倾角为 $+\theta_m$；反之为负斜坡，倾角为 $-\theta_m$，如图 2-44 的下部所示。图 2-44 给出的斜坡地形修正因子 K_{sp} 的曲线是在 450MHz 和 900MHz 频段得到的，横坐标为平均倾角 θ_m，以毫弧度（mrad）为单位。图中给出了三种不同距离的修正值，其他距离的值可用内插法近似求出。此外，如果斜

坡地形处于丘陵地带，则还必须增加由 Δh 引起的修正因子 K_h。

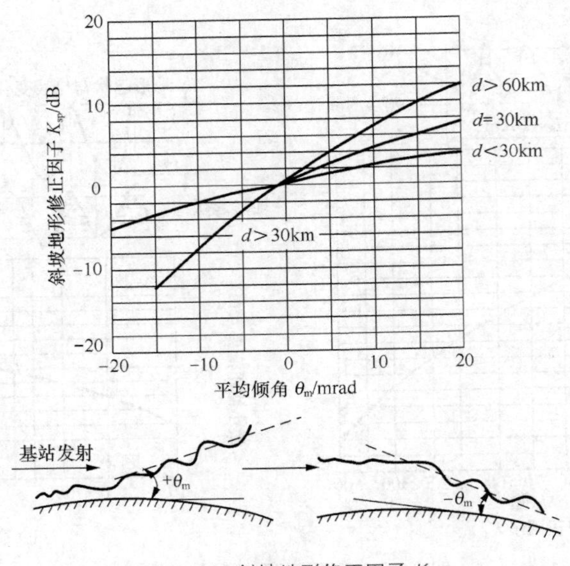

图 2-44 斜坡地形修正因子 K_{sp}

4．水陆混合路径修正因子 K_s

在传播路径中如遇有湖泊或其他水域，接收信号的场强往往比全是陆地时要高。为估算水陆混合路径情况下的场强中值，用水面距离 d_{SR} 与全程距离 d 的比值作为地形参数。此外，水陆混合路径修正因子 K_s 的大小还与水面所处的位置有关。图 2-45 中，曲线 A 表示水面靠近移动台一方时的修正因子，曲线 B（虚线）表示水面靠近基站一方时的修正因子。在同样 d_{SR}/d 情况下，水面位于移动台一方时的修正因子 K_s 较大，即信号场强中值较大。如果水面位于传播路径中间，则应取上述两条曲线的中间值。

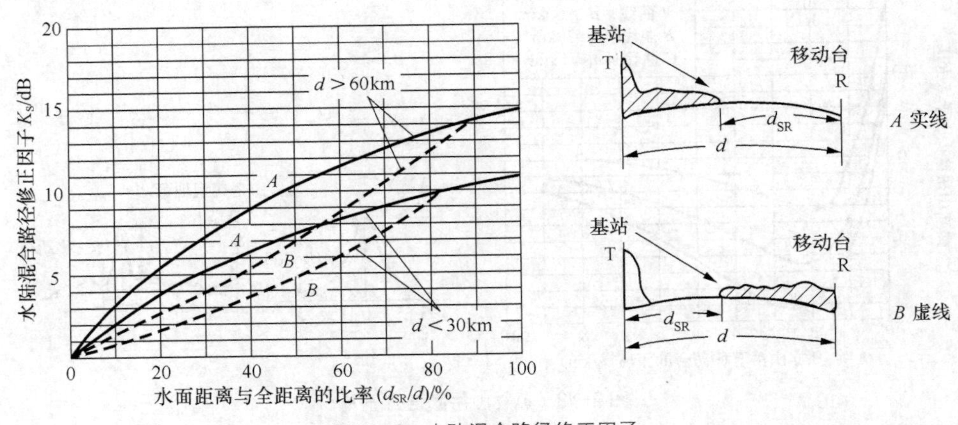

图 2-45 水陆混合路径修正因子

2.3.5 任意地形地区的传播损耗的中值

上面已分别阐述了各种地形地区情况下，信号的传播损耗中值与距离、频率及天线高度等的关系，利用上述各种修正因子就能较准确地估算各种地形地区条件下的传播损耗中值，从而求出信号的功率中值。

1．中等起伏的市区中接收信号的功率中值 P_P

中等起伏的市区接收信号的功率中值 P_P（不考虑街道走向）可由下式确定：

$$[P_p]=[P_0]-A_m(f,d)+H_b(h_b,d)+H_m(h_m,f) \tag{2-103}$$

式中，P_0 为自由空间传播条件下的接收信号的功率，即

$$P_0=P_T\left(\frac{\lambda}{4\pi d}\right)^2 G_b G_m \tag{2-104}$$

式中，P_T 为发射机送至天线的发射功率；λ 为工作波长；d 为收发天线间的距离；G_b 为基站天线增益；G_m 为移动台天线增益；$A_m(f, d)$是中等起伏的市区的基本损耗中值，即假定自由空间损耗为0dB，基站天线高度为 200m，移动台天线高度为 3m 的情况下得到的损耗中值，它可由图 2-37 求出；$H_b(h_b, d)$是基站天线高度增益因子，它是以基站天线高度 200m 为基准得到的相对增益，其值可由图 2-38（a）求出；$H_m(h_m, f)$是移动台天线高度增益因子，它是以移动台天线高度 3m 为基准得到的相对增益，可由图 2-38（b）求得。

若需要考虑街道走向，式（2-103）还应再加上纵向或横向路线的修正值。

2．任意地形地区接收信号的功率中值 P_{pc}

任意地形地区接收信号的功率中值以中等起伏的市区接收信号的功率中值 P_p 为基础，加上地形地物修正因子 K_T，即

$$[P_{pc}]=[P_p]+K_T \tag{2-105}$$

地形地物修正因子 K_T 一般可写成

$$K_T=K_{mr}+Q_0+Q_r+K_h+K_{hf}+K_{js}+K_{sp}+K_s \tag{2-106}$$

式中：

K_{mr} 为郊区修正因子，可由图 2-40 求得；

Q_0、Q_r 为开阔地或准开阔地修正因子，可由图 2-41 求得；

K_h、K_{hf} 为丘陵地修正因子及微小修正因子，可由图 2-42 求得；

K_{js} 为孤立山岳修正因子，可由图 2-43 求得；

K_{sp} 为斜坡地形修正因子，可由图 2-44 求得；

K_s 为水陆混合路径修正因子，可由图 2-45 求得。

根据地形地物的不同情况，确定 K_T 包含的修正因子，例如传播路径是开阔地上斜坡地形，那么 $K_T=Q_0+K_{sp}$，其余各项为零；又如传播路径是郊区和丘陵地，则 $K_T=K_{mr}+K_h+K_{hf}$。其他情况类推。

任意地形地区的传播损耗中值

$$L_A=L_T-K_T \tag{2-107}$$

式中，L_T 为中等起伏的市区传播损耗中值，即

$$L_T=L_{fs}+A_m(f,d)-H_b(h_b,d)-H_m(h_m,d) \tag{2-108}$$

例 2-2　某一移动信道，工作频段为 450MHz，基站天线高度为 50m，天线增益为 6dB，移动台天线高度为 3m，天线增益为 0dB；在市区工作，传播路径为中等起伏地形，通信距离为 10km，试求：

（1）传播路径损耗中值；

（2）基站发射机送至天线的信号功率为 10W，求移动台天线得到的信号功率中值。

解：

（1）根据已知条件，$K_T=0$，$L_A=L_T$，式（2-108）可分别计算如下：

由式（2-13）可得自由空间传播损耗

$$
\begin{aligned}
[L_{fs}] &= 32.44 + 20\lg f + 20\lg d \\
&= 32.44 + 20\lg 450 + 20\lg 10 \\
&= 105.5\text{dB}
\end{aligned}
$$

由图 2-37 查得市区基本损耗中值

$$A_m(f, d) = 27\text{dB}$$

由图 2–38（a）可得基站天线高度增益因子

$$H_b(h_b, d) = -12\text{dB}$$

由图 2–38（b）可得移动台天线高度增益因子

$$H_m(h_m, d) = 0\text{dB}$$

把上述各项代入式（2-108），可得传播路径损耗中值为

$$L_A = L_T = 105.5 + 27 + 12 = 144.5\text{dB}$$

（2）由式（2–103）和式（2–104）可求得中等起伏的市区中接收信号的功率中值

$$
\begin{aligned}
[P_p] &= \left[P_T \left(\frac{\lambda}{4\pi d} \right)^2 G_b G_m \right] - A_m(f, d) + H_b(h_b, d) + H_m(h_m, f) \\
&= [P_T] - [L_{fs}] + [G_b] + [G_m] - A_m(f, d) + H_b(h_b, d) + H_m(h_m, f) \\
&= [P_T] + [G_b] + [G_m] - L_T \\
&= 10\lg 10 + 6 + 0 - 144.5 \\
&= -128.5\text{dBW} = -98.5\text{dBm}
\end{aligned}
$$

例 2-3 若上题改为郊区工作，传播路径是正斜坡，且 $\theta_m = 15\text{mrad}$，其他条件不变，再求传播路径损耗中值及接收信号功率中值。

解：由式（2-107）可知 $L_A = L_T - K_T$，由上例已求得 $L_T = 144.5\text{dB}$。根据已知条件，地形地区修正因子 K_T 只需考虑郊区修正因子 K_{mr} 和斜坡修正因子 K_{sp}，因而

$$K_T = K_{mr} + K_{sp}$$

由图 2-40 查得 K_{mr} 为

$$K_{mr} = 12.5\text{dB}$$

由图 2-44 查得 K_{sp} 为

$$K_{sp} = 3\text{dB}$$

所以传播路径损耗中值为

$$L_A = L_T - K_T = L_T - (K_{mr} + K_{sp}) = 144.5 - 15.5 = 129\text{dB}$$

接收信号功率中值为

$$
\begin{aligned}
[P_{PC}] &= [P_T] + [G_b] + [G_m] - L_A \\
&= 10 + 6 - 129 \\
&= -113\text{dBW} = -83\text{dBm}
\end{aligned}
$$

或

$$[P_{PC}] = [P_P] + K_T = -98.5\text{dBm} + 15.5\text{dB} = -83\text{dBm}$$

2.4 移动信道的传播模型

2.4.1 Hata 模型

Hata 模型是针对 2.3 节讨论的由 Okumura 用图表给出的路径损耗数据的经验公式，其适用的频率范围为 150～1 500MHz。

与 Okumura 处理方法一样，Hata 模型以市区传播损耗为基准，其他地形地物在此基础上进行修正。

市区的中值路径损耗的标准公式为（CCIR 采纳的建议）（单位为 dB）

$$L_{urban} = 69.55 + 26.16\lg f_c - 13.82\lg h_b - a(h_m) + (44.9 - 6.55\lg h_b)\lg d \tag{2-109}$$

式中，f_c 是在 150～1500MHz 内的工作频率；h_b 是基站发射机的有效天线高度（单位为 m，适用范围 20～200m）；h_m 是移动台接收机的有效天线高度（单位为 m，适用范围 1～10m）；d 是收发天线之间的距离（单位为 km，适用范围 1～10km）；$a(h_m)$是移动台接收机的有效天线高度的修正因子，取决于所处传播环境。

$$a(h_m) = \begin{cases} (1.1\lg f_c - 0.7)h_m - (1.56\lg f_c - 0.8)\text{dB} & \text{中小城市} \\ 8.29(\lg 1.54h_m)^2 - 1.1\ \text{dB} & \text{大城市} f_c < 300\text{MHz} \\ 3.2(\lg 11.754h_m)^2 - 4.97\ \text{dB} & \text{大城市} f_c \geqslant 300\text{MHz} \end{cases} \tag{2-110}$$

在 Hata 模型中，郊区修正因子 K_{mr} 的公式为

$$K_{mr} = 2[\lg(f_c/2.8)]^2 + 5.4 \tag{2-111}$$

对式（2-109）修正后，得到以 dB 为单位的郊区路径损耗为

$$L_{suburban} = L_{urban} - K_{mr} \tag{2-112}$$

开阔的农村地带的修正因子 Q_0 的公式为

$$Q_0 = 4.78(\lg f_c)^2 - 18.33\lg f_c + 40.94 \tag{2-113}$$

对式（2-109）修正后，得到以 dB 为单位的开阔的农村地带路径损耗为

$$L_{rural} = L_{urban} - Q_0 \tag{2-114}$$

2.4.2 COST-231/Walfish/Ikegami 模型

欧洲研究委员会 COST-231 在 Walfish 和 Ikegami 分别提出的模型的基础上，对实测数据加以完善而提出了 COST-231/Walfish/Ikegami 模型。这种模型考虑到了自由空间损耗、沿传播路径的绕射损耗以及移动台与周围建筑屋顶之间的损耗。COST-231 适用于微小区的工程设计。

该模型中的主要参数有：

- 建筑物高度 h_{roof}(m)；
- 道路宽度 w(m)；
- 建筑物的间隔 b(m)；
- 相对于直达无线电路径的道路方位 φ。

这些参数的定义如图 2-46 所示。

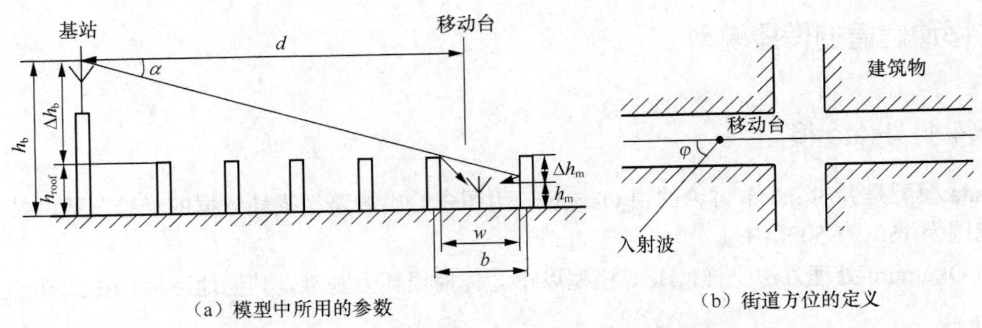

图 2-46 COST-231/Walfish/Ikegami 模型中的参数定义

该模型适用的范围：

- 频率 f：800～2 000MHz；
- 距离 d：0.02～5km；
- 基站天线高度 h_b：4～50m；
- 移动台天线高度 h_m：1～3m。

COST-231/Walfish/Ikegami 模型根据传播路径是视距和非视距分别给出了无线链路的基本传输损耗。

1．视距传播的基本传输损耗

视距传播路的径损耗计算公式为

$$L = 42.6 + 26\lg d + 20\lg f \tag{2-115}$$

式中，损耗 L 以 dB 计，距离 d 以 km 计，频率 f 以 MHz 计。（下面公式中的参量单位与该式相同。）由式（2-115）可以看出，视距传播并不是自由空间传播。但是，当收发距离很短时，该式计算结果接近于自由空间损耗。

2．非视距传播的基本传输损耗

非视距传播的路径损耗的计算公式为

$$L = L_f + L_{msd} + L_{rts} \tag{2-116}$$

第一项 L_f 为自由空间传播损耗

$$L_f = 32.4 + 20\lg d(\text{km}) + 20\lg f(\text{MHz}) \tag{2-117}$$

第二项 L_{msd} 为连排房屋建筑引起的多重屏障的绕射损耗（基于 Walfish 模型），计算公式为

$$L_{msd} = \begin{cases} L_{bsh} + K_a + K_d \lg d + K_f \lg f - 9\lg b \\ 0 & L_{msd} < 0 \end{cases} \tag{2-118}$$

式中，b 为沿传播路径建筑物之间的距离，单位为 m；L_{bsh} 和 K_a 表示由于基站天线高度降低而增加的路径损耗；K_d 和 K_f 为 L_{msd} 与距离 d 和频率 f 相关的修正因子，与传播环境有关。以上参数的值如下

$$L_{bsh} = \begin{cases} -18\lg(1+\Delta h_b) & h_b > h_{roof} \\ 0 & h_b \leqslant h_{roof} \end{cases} \tag{2-119}$$

$$K_a=\begin{cases}54 & h_b \leqslant h_{roof}\\ 54-0.8\Delta h_b & h_b \leqslant h_{roof}\text{且}d \geqslant 0.5\text{km}\\ 54-0.8\Delta h_b d/0.5 & h_b \leqslant h_{roof}\text{且}d<0.5\text{km}\end{cases} \tag{2-120}$$

$$K_d=\begin{cases}18 & h_b>h_{roof}\\ 18-5\Delta & h_b/h_{roof}h_b \leqslant h_{roof}\end{cases} \tag{2-121}$$

$$K_f=\begin{cases}-4+0.7(f/925-1) & \text{中等城市区及具有中等密度数目的郊区中心}\\ -4+1.5(f/925-1) & \text{大城市中心}\end{cases} \tag{2-122}$$

以上式中，h_b 和 h_{roof} 分别为基站天线高度和建筑物屋顶的高度，以 m 为单位，Δh_b 为两者之差。

$$\Delta h_b = h_b - h_{roof} \tag{2-123}$$

第三项 L_{rts} 为从屋顶到街道的绕射和散射损耗（基于 Ikegami 模型），计算公式为

$$L_{rts}=\begin{cases}-16.9-10\lg w+10\lg f+20\lg \Delta h_m+L_{ori} & h_{roof}>h_m\\ 0 & L_{rts}>0\end{cases} \tag{2-124}$$

式中，w 为街道宽度，单位为 m；$\Delta h_m = h_m - h_{roof}$ 为建筑物屋顶的高度 h_{roof} 与移动台天线高度 h_m 之差；L_{ori} 为街道取向因子。

$$L_{ori}=\begin{cases}-10+0.354\varphi & 0 \leqslant \varphi<35^\circ\\ 2.5+0.075(\varphi-35) & 35^\circ \leqslant \varphi<55^\circ\\ 4.0-0.114(\varphi-55) & 55^\circ \leqslant \varphi<90^\circ\end{cases} \tag{2-125}$$

式中，φ是入射电波与街道走向之间的夹角。

一般来说，用 COST-231 模型作微蜂窝覆盖区预测时，需要详细的街道及建筑物的数据，不宜采用统计近似值。但在缺乏周围建筑物详细数据时，COST-231 推荐使用下述默认值：

- b= 20～50m；
- $w = b/2$；
- $h_{roof} = 2\times(\text{楼层数})+\begin{cases}3 & \text{斜顶}\\ 0 & \text{平顶}\end{cases}$；
- $\varphi = 90^\circ$

在 f = 880MHz，h_b = 30m，h_m = 1.5m，h_{roof} = 30m，平顶建筑，$\varphi = 90^\circ$，w = 15m 时，图 2-47 所示为 COST-231/Walfish/Ikegami 模型和 Hata 模型的比较。

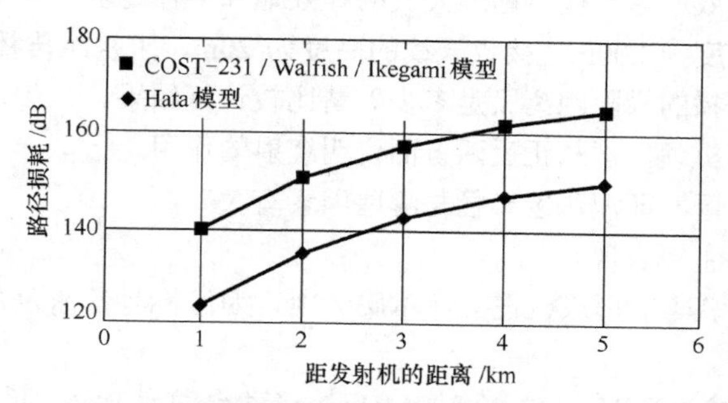

图 2-47　COST-231/Walfish/Ikegami 模型和 Hata 模型的比较

可以看出，Hata 模型给出的路径损耗比 COST-231/Walfish/Ikegami 模型的低 13~16dB。

小　结

移动信道是移动通信系统的基本组成部分。无线电波传播主要有三种方式：直射、反射和地表波传播。随无线传输环境的不同，从发射天线发出的信号可通过直射、反射、折射、绕射及散射到达接收端。

多径传播是移动信道固有的现象，而移动信道的主要特征为信号衰落。无线信号通过无线信道时会遭受不同类型的衰减和/或损伤。依引起衰减和/或损伤的机理不同可分为三种：自由空间损耗、阴影衰落和多径衰落。此外由于相对移动还会产生多普勒频移。

移动信道由于多径传播和移动台运动导致小尺度衰落的产生，其主要效应表现为：

- 信号强度随距离（或时间）在短距离内（或短时间间隔内）发生急剧变化；
- 多径信号不同的多普勒频移引起随机频率调制，或频率色散；
- 多径传播不同时延引起的时间弥散，不同到达角引起角度色散。

常用接收信号功率在时间、频率和角度上的分布来描述这些色散，即用功率延迟谱描述信道在时间上的色散；用多普勒功率谱密度描述信道在频率上的色散；用角度谱描述信道在角度上的色散。常用一些参数来定量表征这些色散。

信号参数（如带宽和符号周期）和信道参数（如相关带宽、相干时间）之间的相对关系决定了不同的发送信号将经历的衰落类型。移动无线信道中的时间色散和频率色散可能产生 4 种衰落效应，这是由信号、信道以及发送频率的特性引起的。

为了防止因衰落（包括快衰落和慢衰落）引起的通信中断，在信道设计中，必须引入衰落储备，以使中断率 R 小于规定指标。

陆地移动信道场强中值的估算，是先以自由空间传播为基础，再分别考虑各种地形、地物对电波传播的实际影响，并逐一予以必要的修正。

Hata 模型和 COST-231/Walfish/Ikegami 模型是广泛应用的两种移动信道传播预测模型。

思考题与习题

1．简述移动信道中电波传播的方式及其特点。

2．以两径传播模型为例，简要说明接收端信号产生衰落的机理。

3．为什么要引入等效地球半径？标准大气的等效地球半径是多少？

4．设发射天线的高度为 200m，接收天线的高度为 20m，求视距传播的极限距离。若发射天线高度为 100m，视距传播的极限距离又是多少？请比较计算结果。

5．简述电波的绕射机理，试从正反两方面说明绕射的作用。

6．何为第一菲涅尔区？菲涅尔区半径与哪些因素有关？

7．多径效应有哪些主要表现？

8．阴影效应和多径衰落的形成机理有何本质区别？为何将前者称为大尺度衰落，而后者称为小尺度衰落？

9．设工作频率为①900MHz、② 2 300MHz，移动台移动速度为① 30km/h；②80km/h③120km/h，求出各情形下最大多普勒频移，并比较这些结果。

10．若一发射机发射载频为 1 850MHz，一辆汽车以每小时 96km 的速度运动，计算在以下情况下接收机载波频率。

（1）汽车沿直线朝向发射机运动；

（2）汽车沿直线背向发射机运动；

（3）运动方向与入射波方向成直角。

11．简述移动信道的时变为什么会导致多普勒扩展？

12．说明时延扩展、相关带宽和多普勒扩展、相干时间的基本概念。移动信道的时延扩展越大，则其相关带宽如何变化？

13．在无直射波时，多径衰落信号的幅度服从什么分布？相位服从什么分布？当多径中存在一个起主导作用的直达波时，接收信号的包络服从什么分布？

14．若移动信道的时延扩展为 $\Delta = 2\mu s$，通过信道所传信号的带宽为 $W=$ 1MHz，则该信道为哪类信道？

15．某一移动信道，传播路径如图 2-8（a）所示，假设 $d_1 = 10$km，$d_2 = 5$km，工作频率为 450MHz，$|x| = 82$m，试求电波传播损耗值。

16．某一移动通信系统，基站天线高度为 100m，天线增益 $G_b = 6$dB，移动台天线高度为 3m，$G_m = 0$dB，市区为中等起伏地形，通信距离为 10km，工作频率为 450MHz，试求：

（1）传播路径上的损耗中值；

（2）基站发射机送至天线的功率为 10W，试计算移动台天线上的信号功率中值。

17．设基站天线高度为 40m，发射频率为 900MHz，移动台天线高度为 2m，通信距离为 15km，应用 Hata 模型分别求出城市、郊区和乡村的路径损耗（忽略地形校正因子）。

18．TD-SCDMA 移动台功率等级见下表，将其转换为毫瓦填入表中。

题 18 表　　TD-SCDMA 移动台功率等级

功率等级	标称最大输出功率（dBm）	标称最大输出功率（mw）
1	+30 dBm	
2	+24 dBm	
3	+21 dBm	
4	+10 dBm	

第3章 数字调制解调

3.1 概述

本节讨论调制的基本概念，包括：调制的定义、数字调制的分类、调制的本质特性、调制的目的、调制的性能指标及调制所涉及的其他问题。

3.1.1 数字调制概念

调制是指用一类信号 $m(t)$去控制另一类信号 $c(t)$的过程。我们把信号 $m(t)$称之为调制信号；信号 $c(t)$称之为被调制信号。当 $m(t)$为数字信号时，它是原始数据信息（$\cdots d_0$，d_1，$d_2\cdots d_i\cdots$）的电信号的承载形式，其幅度的取值是离散且有限的，所以称为数字调制信号；而 $c(t)$称之为被调制信号，当其为模拟载波时，如式（3-1）所示。

$$c(t) = A_c cos(2\pi f_c t + \theta_0) \tag{3-1}$$

式中，A_c为载波的振幅、θ_0为初相位、f_c为载波频率，其值远大于 $m(t)$的最高频率。以上三个参量称为模拟载波信号的三要素。

数字调制的具体过程是以 $m(t)$去控制 $c(t)$的三个参量，形成幅度键控、相位键控、频率键控。数字调制从频域上讲是将数字调制信号 $m(t)$的频谱 $m(\omega)$搬移到载频 f_c 的过程。这类调制方式即是通信领域所说的数字调制，有的书上称其为数字带通调制，或数字载波调制。

数字调制是现代通信的基础，如果把调制放到通信协议系统中来认识，它处于物理层，所以调制（包括解调）是通信这个整体概念体系中最重要的一个环节之一，是通信的基础，其作用是至关重要的。我们应该认识到：无论是从通信发展之初所沿用至今的经典调制方式，还是当前应用及今后发展过程中出现的先进调制方式，其本质都是一样的，即调制是频谱搬移或转换；而不同的是：搬移的形式、搬移后的各项性能指标，如带宽效率及功率效率、复杂度不同。

3.1.2 数字调制分类

数字调制又可以进一步分成下面两种类型。

1．线性调制和指数调制（非线性调制）

依据 $m(t)$与原始数据信息 d_i 所呈现的数学关系，可以分为线性调制和指数调制。当 $m(t)$与原始数据信息 d_i 为线性关系时，称为线性调制。当 $m(t)$与原始数据信息 d_i 呈指数关系时，称为指数调制。指数调制又称为非线性调制或恒包络调制。例如相移键控（PSK）、幅移键控（ASK）等属于线性数字调制；频移键控（FSK）属于指数调制或恒包络调制。

2．功率有效调制和带宽有效调制

依据已调波 $S(t)$所呈现的功率效率的高低，或已调波 $S(t)$所呈现的频谱效率的高低来划分。例如二进制数字键控都属于功率有效的数字调制；而多进制高阶数字调制如 MPSK、MQAM 等属于带宽有效的数字调制。

3.1.3 解调

1．概念

下面我们讨论调制的逆过程——解调。我们知道，通信的目的是要将调制信号无畸变地传送到目的地，从信号的角度来说，这也就意味着在信源和信宿，调制信号必须是一致的，调制过程是将调制信号 $m(t)$的频谱 $m(\omega)$搬移或改变，那么在信宿端就必须进行相反的过程。假设在接收端接收到的信号为 $x(t)$

$$x(t)= k(t)S(t) + n(t) \tag{3-2}$$

其中，$k(t)$和 $n(t)$为干扰信号。那么这个相反的过程就是要将调制信号 $m(t)$从 $x(t)$还原出来，我们称之为解调。从频谱的角度来看，解调也是频谱搬移或变换，即解调是已调波频谱的逆搬移或逆变换的过程。

在通信协议系统中，解调和调制是对等层，同等重要，是一个问题的两个方面。但从信号的无线传输来说，由于传输到接收端的信号受到了信道中噪声、各种干扰和衰落的侵扰和影响，见式（3-2），信号会产生严重失真和畸变，而解调过程要尽量避免、减弱、克服这些作用的影响，以保证解调后的信号与发端的调制信号 $m(t)$接近一致。所以无线通信系统的解调过程更复杂、更困难，因此无线通信系统在解调技术及解调器的设计方面，往往需要考虑更多的问题。

2．分类

解调的方法中可分为：相干解调（coherent demodulation）和非相干解调（noncoherent demodulation）。

（1）相干解调

充分利用了原始载波信号的信息，包括相位和频率，得到最佳或最大似然解调。但其结构较为复杂，尤其是在移动的变参信道中，实现完全的同频、同相较为困难。

（2）非相干解调

没有利用原始载波的绝对频率或相位信息，由于没有充分利用相位和频率信息，因此不是最佳解调；同样，由于不需要获得相位和频率同步信息，从而使解调器结构较为简单，降低了复杂性，在移动通信中更利于使用。非相干解调又可分为：差分相干检测、鉴频、包络检波等。

在有些文献中，常常提到相干检测（noncoherent detection）和非相干检测（noncoherent detection），这两个概念与上面的相干解调和非相干解调是对应的。解调侧重的是对波形的正确恢复，在模拟通信系统的解调中应用较多；而检测侧重的是对码元的判决，在数字通信系统的解调中应用较多。在本书中两者可以混用。

3.1.4 数字调制性能指标

在实际的应用中，分析、评判调制系统性能的优劣，其性能指标是必不可少的依据。本部分讨论数字调制的有效性指标、可靠性指标（包括瀑布曲线），以及揭示有效性和可靠性关系的

Shannon 界的概念。

1．有效性指标

（1）传码率 R：单位时间所传输的码元个数，单位为 B（Baud，波特）。一般情况下，我们约定俗成，单位时间按 1s 记，若系统码元间隔为 Ts，则系统的传码率为

$$R=1/T \tag{3-3}$$

其物理意义为：1s 有 $1/T$ 个码元。例如当 T 为 0.2s，则 $1/T=5$，这就表示 1s 可以传送 5 个长度为 0.2s 的码元，即传码率为 5Baud。该指标表明了系统传输码元的速率。传码率是数字通信系统中的一个基本指标。

（2）传信率 R_b：为了体现数字传输系统对信息的传输能力，定义了传信率，其定义为：单位时间传输的比特数，单位为 bit/s（比特/每秒）。即

$$R_b=\frac{k}{T}=\frac{\log_2 M}{T}=R\log_2 M \tag{3-4}$$

式中，M 代表数字信号的进制数或可取值数或电平数，k 代表 M 进制所含的比特数，也表示一个码元持续时间 T 内有 k 个比特，即 $M=2^k$。这里，如果我们将每比特的持续时间以 T_b 表示，则 $T=kT_b$。

（3）带宽

带宽是通信系统体现有效性最为基本的指标，其量纲为 Hz 或 rad/s。它表明了信号和通信系统对频率资源的占用和分配情况。一般情况下，带宽分为调制信号带宽、已调波信号带宽、系统带宽。

（4）频谱效率（频带利用率）

在数字通信系统中，单纯的传码率（或传信率）或带宽不能全面反映系统的有效性，因此我们将这两类指标结合起来，对系统的有效性进行综合地分析，这个指标就是频谱效率或频谱利用率，依据传码率和传信率，我们定义两种频谱效率，即

$$\eta_R=\frac{R}{W} \tag{3-5}$$

单位为：B/Hz，即单位赫兹上的传码率。式中 W 为系统带宽。

$$\eta=\frac{R_b}{W} \tag{3-6}$$

单位为：(bit/s)Hz。即单位赫兹上的传信率。在实际中 η 采用得较多。

频谱效率更能综合、全面地反映系统的有效性，例如某系统的传码率虽然很高，但占用的频带却也很高，通过 η_R 的计算发现其效率却并不高，就不能认为其有效性高。我们往往也以频谱效率作为调制系统一种分类标准，就像前面所讨论的数字调制分类中的频谱有效的调制。

2．可靠性指标

（1）信噪比（SNR）

在模拟通信系统中，大家都接触过这个指标，即：$SNR=$ 信号的平均功率/噪声平均功率 $=S/N$，在模拟通信系统中，它是描述系统可靠性的首要指标。

（2）数字通信系统中的信噪比 E_b/N_0

E_b/N_0 是 SNR 的归一化形式，是专门用以描述数字系统的可靠性指标之一。我们来分析该指标的含义：E_b 为每比特能量，N_0 是白噪声单边功率谱密度。E_b 等于信号的功率 S 与每比特持续时间 T_b 的乘积；N_0 等于噪声功率 N 与带宽 W 之比。每比特的持续时间 T_b 与比特速率 R_b 互为倒数，即 $R_b=1/T_b$，因此

$$E_b/N_0=ST_b/(N/W)=(S/R_b)/(N/W)=(S/N)/(W/R_b)=\text{瓦·秒/瓦·秒}$$

上述分析说明：E_b/N_0是一个无量纲的量。

为什么模拟通信系统和数字通信系统的信噪比指标会不同呢？其一，在信号分析中，我们将信号从能量的角度分类为能量信号和功率信号。功率信号定义为平均功率有限而能量无穷大的信号；而能量信号定义为平均功率为零而能量有限的信号。这恰好和我们的模拟信号和数字信号相对应。我们可以将模拟信号归结为功率信号，通常模拟信号是时域无限的电信号波形，即持续时间为无限长，不需要进行时间分割或加时间窗，因此对模拟信号而言，不能用能量来描述，只能用功率指标加以描述。其二，模拟信号的带宽决定了其噪声的功率。

反观数字通信系统，其采用时间长度有限的电脉冲波形来发送或接收码元，脉冲的形状可以是任意的，但是每个系统都有其精确定义的脉冲形状，每个码元的平均功率（在整个时间轴上取平均）等于零，所以不能用功率信号加以描述。而数字信号序列是按时钟节拍输入的，数字信号应该采用能在时间窗内度量信号的测度，因此码元的能量是一个更适合于描述其能量特征的参数。

在不同的数字通信系统中，一个码元波形所代表的信息是不同的，可以包括1比特（二进制）、2比特（四进制）、…、k比特（2^k进制）等。这与模拟通信系统的信息源是无限量化的连续波不同。所以数字系统的性能指标的衡量必须是在比特级上进行的，笼统地用S/N无法对数字信号进行描述。例如，若给定差错概率，某二进制数字信号所需的S/N为20dB，因为二进制码元波形包含1比特信息，所以每比特所需的S/N是20dB；若信号是16进制的，其S/N仍为20dB，由于一个码元波形包含4个比特信息，所以每比特所需的S/N为5dB。因而用每比特能量能准确地反映出数字信号的特征。再者，不同的数字通信系统，由于其噪声功率是要依赖于系统带宽W的，所以，比较不同系统的性能，若能独立于带宽，则其可比性就很有说服力了，因此从这个意义上来说，分母用噪声功率谱密度N_0更能准确地比较系统特性。所以在数字通信系统中，用E_b/N_0来取代S/N表述其信噪比的特性是完全合适和有必要的。

（3）误码率（误符号率）P

我们以P表示误码率，其定义为：在统计空间中，接收到的错误码元（符号）数与接收的总码元（符号）数的比值，无量纲。（本书中有的地方也将P表示为P_e。）

（4）误信率P_b(BER)

我们以P_b表示误信率，其定义为：在统计空间中，接收到的错误比特数与接收的总比特数的比值，无量纲。一般P_b也可用BER表示。

在多进制数字通信系统中，$P_b \leqslant P$。

（5）基于E_b/N_0与P_b的瀑布曲线

在数字调制系统中，信噪比和误比特率始终是我们对系统评价的一对关键指标，而在无线信道上，对通信系统传输性能的评价，可以用两者之间的关系曲线来作为依据，这就是著名的“瀑布”曲线，如图3-1所示。从图中可以看出，三条曲线的趋势是相似的，但其差别也是明显的。我们可以看出：随着E_b/N_0的增加，曲线c的P_b趋近于0.5。P_b等于0.5，意味着当我们无论收到什么比特时，有50%的可能是正确的，50%的可能是错误的，曲线c表明E_b/N_0已失去了对P_b的控制能力，说明其传输系统性能是极差的，这样的数字通信系统就完全失去了通信的意义。曲线a随着E_b/N_0的增加，P_b近似于直线下降，说明系统的可控能力极强，系统是好的。曲线b介于二者之间，我们称其为瑞利界限（Rayleigh limit）。从宏观的角度来说，数字通信系统（包括调制和解调）的目标就是要把通信的性能曲线从c变到b，再变到a，即从坏的到较差的再到好的。a曲线是在加性高斯白噪声（AWGN）信道下的产物；而曲线c是处于频率选择性或快衰落信道中得到的；曲线b是处于频率非选择性或瑞利衰落信道中获得的。可以说，在无线通信系统中，曲线

a 是最理想的通信状态。

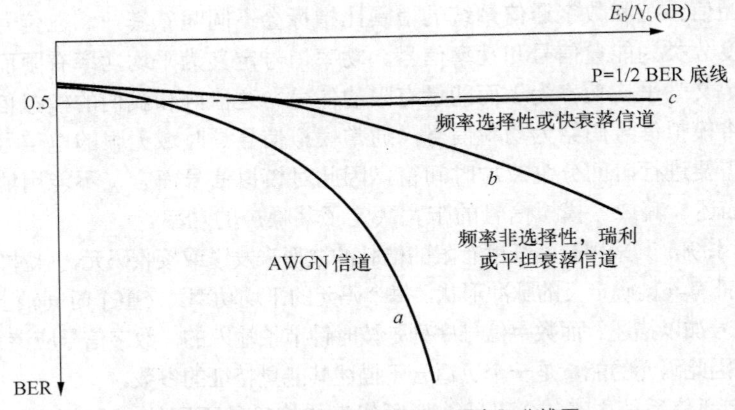

图 3-1　BER 与 Eb/N0 关系的“瀑布”曲线图

3．仙农界

在加性高斯白噪声信道中，系统容量 C、接收信号的功率 S、平均噪声功率 N、带宽 W 的关系依据仙农（Shannon）公式为：$C \leqslant W\log_2(1+S/N)$，我们假定比特率等于信道容量，即 $R_b=C$，将上式整理如下。

$$C \leqslant W\log_2\left(1+\frac{S}{N}\right)=W\log_2\left(1+\frac{E_b C}{N_0 W}\right),$$

则

$$\frac{E_b}{N_0} \geqslant \frac{2^{C/W}-1}{C/W}$$

由于 $\eta = R_b/W = C/W$，则可得到

$$\frac{E_b}{N_0} \geqslant \frac{2^{\eta}-1}{\eta} \tag{3-7}$$

可用图直观地表明上式中 E_b/N_0 和 η 的关系，如图 3-2 所示。式（3-7）和图 3-2 表明了理想通信系统中的频谱效率和所需比特信噪比之间的内在折衷，即，频率效率越高，所需比特信噪比越大。或者也可以理解成对给定的带宽，可以通过增加信号的功率来增加系统的容量；图 3-2 同时也表明了在 AWGN 信道中，在给定的带宽条件下，一个通信系统所需的最小的比特信噪比。任何一个实际系统的频谱效率和比特信噪比将很难达到这个关系，只能尽量靠近这个曲线。从图 3-2 中可以看出有一个极限，我们将式（3-7）求极限，即

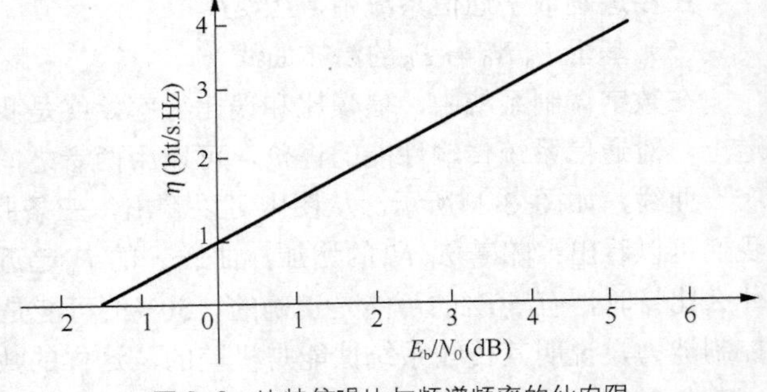

图 3-2　比特信噪比与频谱频率的仙农限

$$\lim_{\eta \to 0}\left(\frac{2^{\eta}-1}{\eta}\right)=\frac{1}{\log_2 e}=\log_e 2=0.693$$

$$\frac{E_b}{N_0} = -1.6\text{dB} \tag{3-8}$$

式（3-8）表明：E_b/N_0存在一个极限值，使得对于任何比特速率（或任何频谱效率）的系统，不可能以低于 0.693 或−1.6dB 的 E_b/N_0进行无差错传输，该值称为“仙农限”。该极限值 $E_b/N_0=0.693$ 也称为任何通信系统的“绝对限”。

3.2 数字调制基础及分析工具

在调制解调的分析中，为了能深入分析每一种调制系统的性能，清晰便捷地求解出指标，我们需要借助于一些相关的通信理论基础知识和数学分析工具，本部分将讨论这方面的内容。这部分包括：基带信号的复数表示及其脉冲叠加模式、已调波信号的复数表示、星座图、噪声的复基带描述、匹配滤波器及相关接收、I/Q 调制解调器等。

3.2.1 基带信号的复数表示

1. 基带信号的复数形式

一般情况下，调制信号的频谱是处在低频段，或者说信号的绝大多数能量集中在零频点附近，所以我们往往将调制信号称为低通信号或基带信号，有时也称其为基带调制信号。若我们以 $m(t)$ 表示基带调制信号，且 $m(t)$在数学分析中可以用复数的形式来描述，即

$$m(t) = m_I(t) + jm_Q(t) = |A(t)|e^{j\theta(t)} \tag{3-9}$$

式中，$m_I(t)$称为同相分量，$m_Q(t)$称为正交分量；$m(t)$的模值为｜$A(t)$｜，$\theta(t)$为相角。

$$|A(t)| = \sqrt{m_I(t) + m_Q(t)}$$

$$\theta(t) = \text{tg}^{-1}\frac{m_Q(t)}{m_I(t)} \tag{3-10}$$

虽然实际的信号是实数的，但将其以复数表示，将会为已调信号（带通信号）的分析带来方便和益处。

2. 复基带信号与数据信息的关系

在实际的数字调制方案中，我们需要对基带信号和数据信息加以区别，即，基带信号的电脉冲形式与其所承载的数据是不同的概念。我们利用复数表示的形式，将二者结合起来，定义了两种表达形式。

（1）基带信号脉冲时间偏移的叠加模式表示的线性关系

我们以 d_i 代表第 i 个数据符号的取值，那么 $m(t)$满足下式：

$$m(t) = \sum_{i=-\infty}^{\infty} d_i g(t - iT) \tag{3-11}$$

基带信号 $m(t)$与原始数据 d_i之间是线性关系。式中 d_i 一般情况下的取值是随机的且为复数。例如对二进制数据，其取值为±1；对四进制数据，其取值为$(\pm1\pm j)/\sqrt{2}$，$g(t)$是基带信号的形成脉冲，或称为脉冲形成函数，通常为实数。在最常用的调制方案中，它是矩形且占空比为 1 的不归零矩形脉冲，T 是脉冲重复周期。

（2）基带信号与数据信息的指数关系

当 $m(t)$满足下式

$$m(t) = A\exp\left[j(d_i\omega_d t + \phi_i)\right] \tag{3-12}$$

我们称基带信号 $m(t)$与原始数据 d_i 之间是指数关系，即：$m(t)$是 d_i 的指数信号。d_i 的取值与式（3-11）相同，ϕ_i 为和原始数据 d_i 有关的相位参数，A 为常数。

3．基带信号的功率谱

结合式（3-11）和（3-12），我们可以求出基带信号的功率谱。根据维纳-辛钦原理，任何随机信号的功率谱可以由其自相关函数的傅立叶变换得到。

$$\begin{aligned}|m(f)|^2 &= F\left\{\int_{-\infty}^{\infty} m(t)m*(t-\tau)\mathrm{d}t\right\} = F\left[R_{\mathrm{dd}}(k) * R_{\mathrm{gg}}(\tau)\right] \\ &= F\left[R_{\mathrm{dd}}(k)\right]\left|G(f)\right|^2\end{aligned} \tag{3-13}$$

上式即为基带信号 $m(t)$的功率谱 $P_{\mathrm{m}}(f)$。式中，R_{dd} 和 R_{gg} 分别表示数据 d_i 和波形形成脉冲 $g(t)$ 的自相关函数，k 和 τ 表示其对应相关函数的时间延迟；F 表示傅立叶变换。对于非编码的数据符号来说，数据信息 d_i 是互不相关的，在二进制双极性信号且先验等概时，自相关函数 $R_{\mathrm{dd}}(k)=\delta(k)$ 即为一原点的冲激，其频谱是常数。所以基带信号的功率谱由基带脉冲形成波形的功率谱决定。

$$P_{\mathrm{m}}(f) = C\left|G(f)\right|^2 \tag{3-14}$$

式中 C 为常数，$G(f)$为基带形成脉冲的频谱函数。

3.2.2 线性调制和非线性调制

1．已调波的时域描述

已调波是频谱搬移的结果，其频谱位于频段高端，我们往往称其为带通信号。任意带通信号 $S(t)$可表示成为复数形式。

$$S(t) = \mathrm{Re}\left\{m(t)\mathrm{e}^{\mathrm{j}\omega_{\mathrm{c}}t}\right\} \tag{3-15}$$

其中，$\mathrm{e}^{\mathrm{j}\omega_{\mathrm{c}}t}$ 为载波的复数形式，而 $m(t)$与 $\mathrm{e}^{\mathrm{j}\omega_{\mathrm{c}}t}$ 的乘积就是调制。依据式（3-9）和欧拉公式将式（3-15）展开，得

$$\begin{aligned}S(t) &= \mathrm{Re}\left\{\left[m_{\mathrm{I}}(t) + \mathrm{j}m_{\mathrm{Q}}(t)\right]\left[\cos\omega_{\mathrm{c}}t + \mathrm{j}\sin\omega_{\mathrm{c}}t\right]\right\} \\ &= m_{\mathrm{I}}(t)\cos\omega_{\mathrm{c}}t - m_{\mathrm{Q}}(t)\sin\omega_{\mathrm{c}}t\end{aligned} \tag{3-16}$$

上式就是一般意义上通过复数表示的调制时域表达式。所有的载波调制都符合该式。已调波还可以被描述成为如下的形式。

$$\begin{aligned}S(t) &= A(t)\cos[\omega_{\mathrm{c}}t + \theta(t)] \\ &= \underbrace{A(t)\cos\theta(t)}_{m_{\mathrm{I}}(t)}\cos\omega_{\mathrm{c}}t - \underbrace{A(t)\sin\theta(t)}_{m_{\mathrm{Q}}(t)}\sin\omega_{\mathrm{c}}t\end{aligned} \tag{3-17}$$

2．线性调制和非线性调制

（1）线性调制

若将式（3-11）的 $m(t)$代入式（3-15），由于原始数据 d_i 与基带信号 $m(t)$之间是线性关系，使之去调制载波，从而使已调波和原始数据 d_i 呈线性关系，故称为线性调制。

（2）非线性调制

若将式（3-12）代入式（3-15），则有

$$\begin{aligned}S\ (t) &= \mathrm{Re}\left[A\exp\mathrm{j}(d_i\omega_{\mathrm{d}}t + \phi_i)\exp(\mathrm{j}\omega_{\mathrm{c}}t)\right] \\ &= ACos(\omega_{\mathrm{c}}t + d_i\omega_{\mathrm{d}}t + \phi_i)\end{aligned} \tag{3-18}$$

从式（3-18）中我们看到：由于原始数据 d_i 与基带信号 $m(t)$之间是指数关系，再以 $m(t)$去调

制载波，从而使已调波 $S(t)$与原始数据 d_i 呈指数关系，故称为非线性调制或指数调制。本章所涉及的线性调制与非线性调制皆与本概念相同。

3. 已调波的频域特性

（1）已调波的频谱

$$S(t)=\mathrm{Re}\left[m(t)\mathrm{e}^{\mathrm{j}\omega_c t}\right]=\frac{1}{2}\left[m(t)\mathrm{e}^{\mathrm{j}\omega_c t}+m^*(t)\mathrm{e}^{-\mathrm{j}\omega_c t}\right] \tag{3-19}$$

$$\begin{aligned}S(f)&=F\left[S(t)\right]\\&=\frac{1}{2}\left[m(f-f_c)+m^*(-f-f_c)\right]\end{aligned} \tag{3-20}$$

从图 3-3 中看出：基带频谱并不一定镜像对称，而频带上下边带也并非镜像对称。这和实基带信号调制时上下边带谱镜像对称是有区别的。

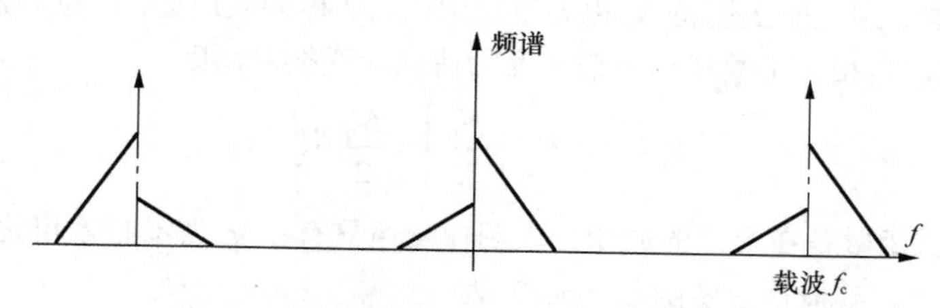

图 3–3　经复基带信号调制后已调信号的双边带谱

（2）已调波的功率谱

根据（3-20）式，可以求出已调波（带通信号）的功率谱密度（psd）为

$$P(f)=\frac{1}{4}\left[P_m(f+f_c)+P_m(f-f_c)\right] \tag{3-21}$$

3.2.3　星座图

在信号的复数表示中，我们可以将信号作为信号空间来考虑，该空间是由信号取值的集合构成的，我们称为信号集。在模拟信号的情景中，信号空间的值是无限的，所以为无限集；而对数字信号而言，其取值是有限的，我们称其为有限集。

在数字调制中，如果总共有 M 种可能的信号状态，那么已调信号可以表示成如下集合。

$$S=\{S_1(t),\ S_2(t),\ S_3(t),\ \cdots\cdots,\ Sm(t)\} \tag{3-22}$$

从几何学的角度，我们可以将这样的空间看作是由矢量空间的点组成的集合，矢量空间的概念，可以应用到任何数字调制方案的分析中。

将这个信号集用二维笛卡尔坐标组成的几何空间来描述，我们称其为 Argand 图或星座图，这样的表示方法可以表示 M 种信号状态中每一种的复包络的幅度和相位特性。如图 3-4 所示，该星座图表示了 QPSK 信号的星座图。星座点与原点的距离表示复包络值的大小；星座点与原点的连线和横轴的夹角 $\theta(t)$表示复包络的相位；星座点与原点的连线在 x 轴和 y 轴的投影分别表示复包络的同相分量和正交分量；星座点的半径大小

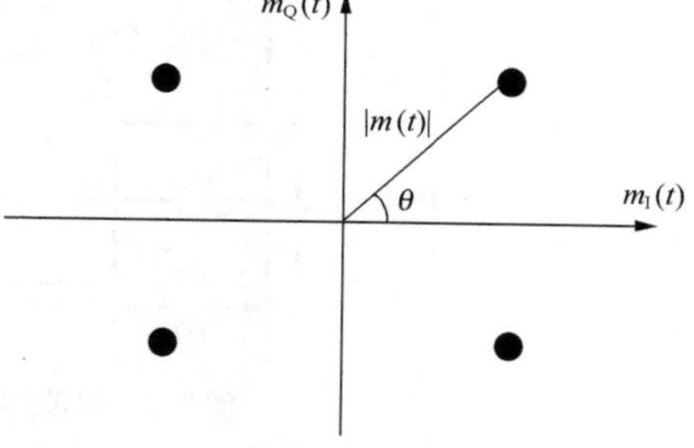

图 3–4　QPSK 信号的星座图

表示了信号受到随机噪声和干扰影响及损伤的程度；两个星座点中心之间的距离表示了信号之间的差异，也是对信号进行差异判决的依据。借助星座图这个数学工具，我们可以直观地了解信号在传输过程中受到的影响及变化情况。

3.2.4 噪声的复基带描述

在通信尤其是无线通信中，噪声和干扰无处不在。分析系统性能就必须涉及噪声，对噪声的分析同样也可以借助于复数工具进行。在通信理论的研究中，最通用和基础的噪声为加性白高斯噪声（AWGN），而对于已调波信号所携带的噪声，从频谱的角度来说，则是由白噪声经过带通滤波后所形成的限带噪声，或称为有色噪声，本部分就是针对这类噪声加以讨论。

1．AWGN

对于 AWGN 的功率谱密度函数（psd），我们通常习惯以常数 N_0 表示，在计算时，如果涉及频谱的单双边的概念，则一般我们将 N_0 称为单边谱；$N_0/2$ 称为双边谱，单位为瓦特/赫兹（W/Hz），根据维纳-欣钦关系，自相关函数和功率谱密度为傅立叶变换对，则

$$R_{\mathrm{n}}(\tau)=F^{-1}\left[\frac{N_0}{2}\right]=\frac{N_0}{2}\delta(\tau) \tag{3-23}$$

白噪声的自相关函数是在原点的冲激，表明白噪声只有在 τ 为零时才相关。高斯噪声的数学期望为 0，方差为σ^2，其概率密度函数（pdf）为

$$p(n)=\frac{1}{\sigma\sqrt{2\pi}}\exp\left(-\frac{n^2}{2\sigma^2}\right) \tag{3-24}$$

AWGN 属于功率型随机信号，其平均功率若以 P_{n} 表示，则

$$P_{\mathrm{n}}=\sigma^2=\overline{n^2} \tag{3-25}$$

注意，上式为在单位电阻 1Ω 的归一化平均功率。

2．限带白噪声

在无线通信中，调制信号和已调波都是限带的，因此在接收端，接收机必须包含带通滤波器，已调波的谱处于以载波为中心的带宽为 W 的范围之内，而白噪声经过滤波器后，其频带带宽及位置与已调波重合，因此噪声变为带通限带噪声或带通有色噪声，其谱如图 3-5 所示。

基带限带白噪声在时域内的表达式和式（3-9）有相似的形式，即

$$n_{\mathrm{b}}(t)=n_{\mathrm{I}}(t)+\mathrm{j}n_{\mathrm{Q}}(t) \tag{3-26}$$

其中，$n_{\mathrm{b}}(t)$表示基带噪声时域分量，$n_{\mathrm{I}}(t)$和 $n_{\mathrm{Q}}(t)$分别为其同相和正交分量，三者都为平稳随机过程。限带白噪声的基带功率谱、频带功率谱的单边谱如图 3-5 所示。

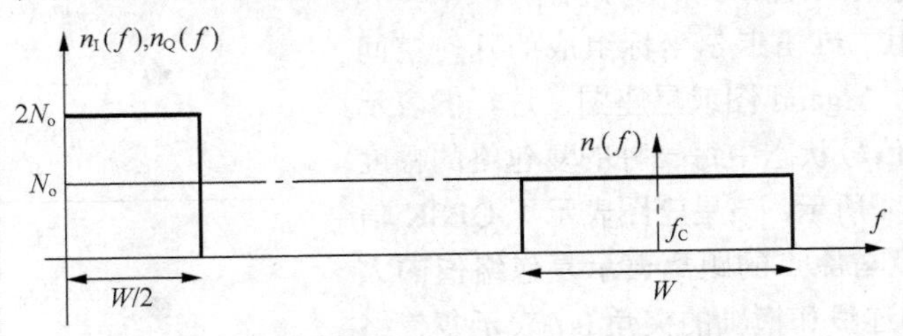

图 3-5 限带白噪声等效基带谱 $n_{\mathrm{I}}(f)$，$n_{\mathrm{Q}}(f)$和带通谱 $n(f)$

从图 3-5 中可看出，$n_{\mathrm{I}}(f)$、$n_{\mathrm{Q}}(f)$为基带有色噪声，其单边带宽为 $W/2$；每一个的单边功率谱密度为 $2N_0$。

3.2.5　匹配滤波器及其相关实现

在数字通信系统中，存在各种类型和用途的滤波器，其基本作用有三点。

其一，滤除接收信号中不需要的频谱分量，同时保持所需的频谱范围内（通带）的信号保真度。这一类就是我们最常遇到的普通滤波器，例如高通、低通、带通滤波器等。

其二，是使信号的波形成形，满足特定要求。满足奈奎斯特准则的滤波就属于这一类滤波器。

其三，是尽量压低或减弱噪声及干扰影响，使所接收的信号畸变最小、信噪比最高等。使滤波后的信号与发送信号之间的均方误差（畸变）最小的属于最佳线性维纳滤波器；在数字通信中，我们更关心的是在噪声背景下能否正确判断信号，从而减少误码，从量化的角度来讲，使滤波后的输出信噪比最大可达到这个要求，这就是我们要讨论的匹配滤波器的概念。

1．匹配滤波器

假设匹配滤波器的传递函数为 $H(f)$，其对应的冲激响应为 $h(t)$，滤波器输入端的信号是由发送端发出经信道传输后的信号 $S(t)$与信道噪声 $n(t)$的叠加，如式（3-2）所示，令 $k(t)=1$，则

$$X(t)=S(t)+n(t) \tag{3-27}$$

【注】这里需特别强调：$n(t)$为白色高斯噪声，单边功率谱密度为 N_0。

假设匹配滤波器的输出为 $Y(t)$，则

$$Y(t)=X(t)*h(t)=\int_n^x x(\tau)h(t-\tau)\mathrm{d}\tau \tag{3-28}$$

在接收数字信号时，我们感兴趣的是在抽样判决时刻信号样值的幅度，假设我们的判决取样在每个码元的结束时刻，即判决时刻 $t_0=T$，通过分析，当匹配滤波器的传输函数 $H(f)$与信号 $S(f)$满足下式关系时

$$H(f)=KS(f)^*\exp(-2\pi fjT) \tag{3-29}$$

其中，K 为常数，$S(f)^*$为 $S(f)$的共轭，则匹配滤波器的输出端在判决时刻 T，可获得最大的输出信噪比，其值为

$$SNR_0=\frac{2E}{N_0} \tag{3-30}$$

式中，E 为匹配滤波器输入信号 $S(t)$在一个码元时间 T 内的能量，这说明匹配滤波器的最大输出信噪比只与输入信号的能量有关，而与其具体波形形状无关。

通过对式（3-29）分析，我们可以求出匹配滤波器的冲激响应为

$$h(t)=F\left[H(f)\right]=KS(T-t) \tag{3-31}$$

分析式（3-29）与式（3-31）可得出：滤波器的冲激响应是根据其输入信号而定的，当滤波器的传输函数或冲激响应与输入信号匹配时，可获得最大输出信噪比，故称为匹配滤波器。

在具体计算 $h(t)$时，可将输入信号 $S(t)$向左时移 T，再以纵轴为中心翻转 180°即成，如图 3-6 所示。一般情况下，我们令 $K=1$。

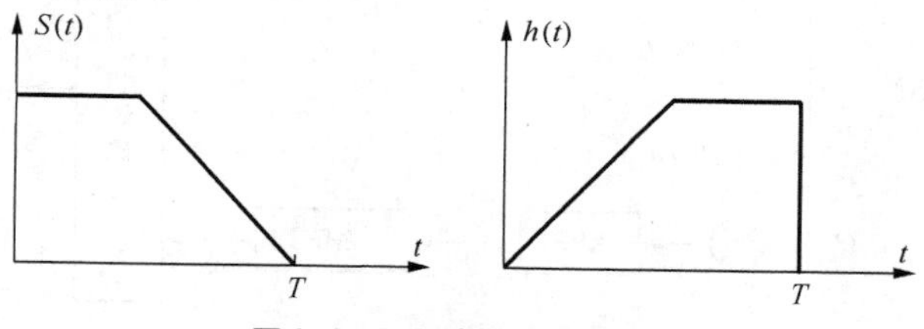

图 3-6　匹配滤波器冲激响应

2．匹配滤波器的相关实现

在数字通信中，发送信号 $S(t)$只在（0，T）内出现，当与 $S(t)$信号对应的匹配滤波器输入端为 $x(t)$时，$x(t)=S(t)+n(t)$，参考式（3-28）有

$$Y(t)=X(t)*h(t)=\int_0^t x(\tau)h(t-\tau)\mathrm{d}\tau$$

将式（2.31）代入上式，并令 $K=1$，则上式变为

$$y(t)=\int_0^t x(\tau)S[T-(t-\tau)]\mathrm{d}\tau=\int_0^t x(\tau)S(T-t+\tau)\mathrm{d}\tau \tag{3-32}$$

在 T 时刻判决，将 $t=T$ 代入上式

$$y(T)=\int_0^T x(\tau)S(\tau)\mathrm{d}\tau \tag{3-33}$$

由上式可画出匹配滤波器的另一种实现形式，如图 3-7 所示。即 $x(t)$和 $S(t)$相乘后在一个码元的时间内积分，完成相关器的功能。所以该图也称为匹配滤波器的相关实现，它在 $t=T$ 时刻的样值，与匹配滤波器在 $t=T$ 时刻的输出值是相等的。因此相关器也称为最佳接收机，在实际中这种形式是最常用的。

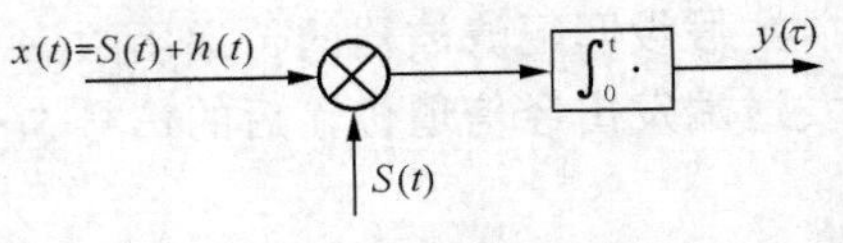

图 3-7　滤波器的相关实现

3.2.6　I/Q 调制器解调器及其特性

1．I/Q 调制器

从式（3-15）中，我们可以看出，线性调制是由基带调制信号与正弦载波信号的相乘得到。而式（3-16）告诉我们，从实现调制的角度而言，调制器是由两部分分量合成来实现的，这两部分分别是：基带信号的同相分量 $m_I(t)$与载波的同相分量 $\cos\omega_c t$ 乘积；基带信号的正交分量 $m_Q(t)$与载波的正交分量 $\sin\omega_c t$ 乘积，如图 3-8 所示。

在这种方式下，通过调整复基带信号的值，可以产生我们所需要的任意相位和幅度的已调信号。我们把这种调制构架称为 I/Q 调制器。该调制器是所有调制方案的通用形式。对应的，在解调时，我们也可以利用 I/Q 架构的概念实现解调。

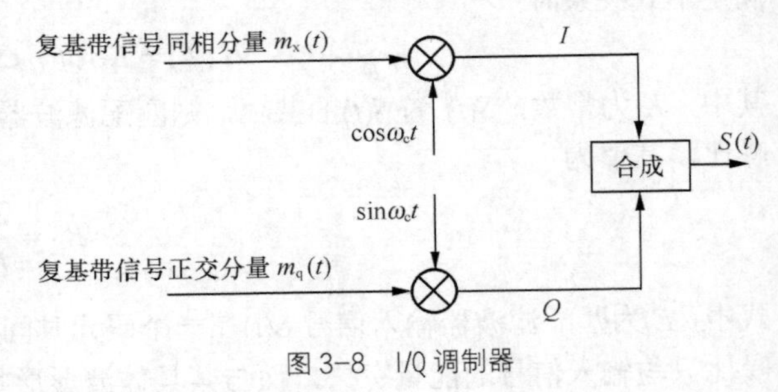

图 3-8　I/Q 调制器

2．I/Q 解调器（相干解调器）的匹配滤波特性

I/Q 解调器之后一般要进行匹配滤波，以保证最佳接收。图 3-9 中 MF 为匹配滤波器。因此该图适用于任何形式的相干解调方案。

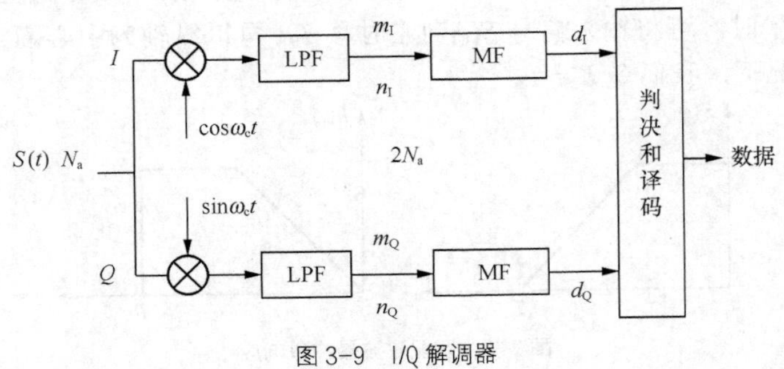

图 3-9　I/Q 解调器

下面对其信噪比进行分析。图 3-9 中的 m_I、m_Q 为由 I/Q 解调器解调后恢复的基带信号，分别被基带噪声分量 n_I、n_Q 污染，根据图 3-5 可知，n_I、n_Q 在 $m_I(f)$、$m_Q(f)$的带宽内功率谱是常数，符合利用匹配滤波器的条件，其值为 $2N_0$；d_i、d_Q 为匹配滤波器 MF 的输出数据，可得匹配滤波器 MF 输出端的信噪比为

$$\frac{d_I^2}{\sigma^2}=\frac{2E_b}{2N_0}=\frac{\overline{m_I^2}T}{N_0} \qquad \frac{d_Q^2}{\sigma^2}=\frac{\overline{m_Q^2}T}{N_0}$$

$$\sigma^2=P_n=W_nN_0=\frac{N_0}{T} \tag{3-34}$$

这里用到了式(3-30)，式中 $\overline{m_I^2}T$ 和 $\overline{m_Q^2}T$ 分别为同相和正交两分量在一个码元时间 T 内的能量。因此，两路合成的信噪比为

$$\frac{d_I^2+d_Q^2}{\sigma^2}=\frac{A^2}{\sigma^2}=\frac{\overline{m_I^2}T+\overline{m_Q^2}T}{N_0}=\frac{2E}{N_0} \tag{3-35}$$

其中，E 是 I/Q 解调器输入端已调波每符号的能量，将上式与式（3-30）比较可以得出结论：图 3-9 的整体结构等效为对已调波的匹配滤波器。

于是我们可以将 I/Q 解调器（等效的匹配滤波器）的输出信号表示成为如图 3-10 所示的星座图的形式。星座点上的每个信号点被扩展为一个以其为中心的圆（疑释区域），其扩展程度近似由σ表征，通过这样的方式，我们可以方便地计算各类调制方案在 I/Q 解调方式下的 BER 性能。注意：每个星座点的扩展是各向同性的，即无方向性。

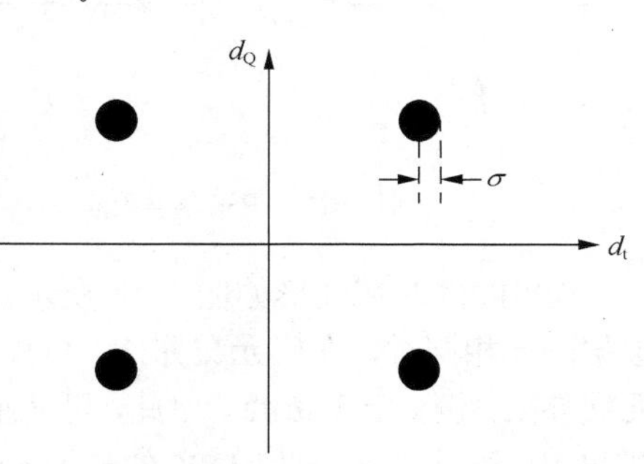

图 3-10　在噪声侵扰下的星座图

3.3　线性调制

本节讨论数字调制中的一大类——线性调制。在线性调制中，二进制相移键控（BPSK）和四进制正交相移键控（QPSK）是属于非编码的功率最有效的调制方案，其带宽效率较低，但其功率效率较高；而多电平的相移键控（MPSK）、多电平和多相位的正交幅移键控（MQAM）则属于非编码的带宽有效的调制方案，但其功率效率较低。本节将讨论这些调制方案，如无特别说明，我们假定未调载波信号的幅度和初始相位分别为 1 和 0；码元符号的周期为 T，比特时长为 T_b。

3.3.1　BPSK

1．原理

二进制相移键控（Binary shift keying，BPSK）是最简单的功率高效的线性调制方案。在 BPSK 中，其载波相位随数字调制信号（数据基带）的改变而改变。基带数据每符号传输一比特，通过调制将载波相位 0～2π 均分为两等份，常用的 BPSK 的星座图如图 3-11 所示。从图中可看出：（a）图的载波相位为 π/2 和−π/2；（b）图载波相位为 0 和 π。当然，还有别的均分 2π 载波相位的方式。下面以我们以（b）图为例来讨论，即 BPSK 信号每符号对应的复数据 d_i 为 1 + j0 和−1 + j0。在本

星座图中，BPSK 正交分量为 0，只有同相分量，故两个星座点在横轴上。【注】：若是（a）图方式，则对应的复数据 d_i 为 0 + j 和 0–j。

借助式（3-9），我们可以将对应（b）图的基带信号表示成为

$$m(t) = m_{\mathrm{I}}(t) + \mathrm{j}m_{\mathrm{Q}}(t) = m_{\mathrm{I}}(t) = \sum_{i=-\infty}^{\infty} d_i g(t - iT)$$

d_i 取 1 + j0、−1 + j0，$g(t)$为形成脉冲波形（实数）。则 BPSK 已调波的表达式为

$$S_{\mathrm{BPSK}}(t) = \mathrm{Re}\left[m(t)\exp\left(\mathrm{j}\omega_{\mathrm{c}}t\right)\right] = \mathrm{Re}\left[\sum_{i=-\infty}^{\infty} d_i g(t - iT_{\mathrm{s}})\exp(\omega_{\mathrm{c}}t)\right]$$

$$= \sum_{i=-\infty}^{\infty} d_i g(t\text{-}iT)\cos(\omega_{\mathrm{c}}t) \qquad d_i \in \{1,-1\} \tag{3-36}$$

一般情况下，$g(t)$是矩形脉冲，即在一个 T 内是常数。式（3-36）的产生框图如图 3-12 所示。

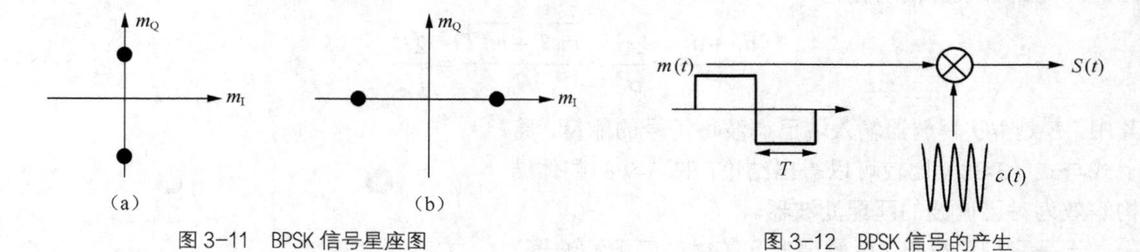

图 3-11　BPSK 信号星座图　　　　图 3-12　BPSK 信号的产生

BPSK 的时域波形如图 3-13 所示。从图中可看出来，BPSK 的相位有两个转移方向：当相邻数据码元相同时，在码元交界处，例如 c 点，BPSK 载波相位变化为 0；当相邻码元相反时，在码元交界处，例如 a 和 b 点。由此，可从星座图上表示出载波相位的状态变化，如图 3-14 所示 BPSK 载波相位变化是 π。即 BPSK 的最大相移为 π。

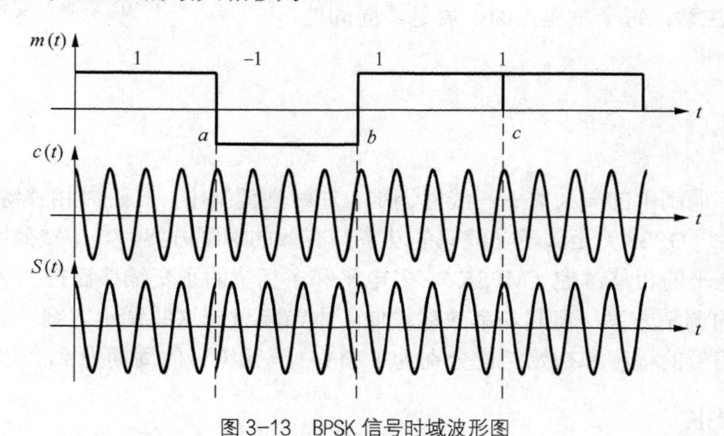

图 3-13　BPSK 信号时域波形图

2．频谱特性

由于基带信号的脉冲形成波形 $g(t)$为矩形，该矩形的占空比为 1，且 $T = T_b$，数据基带信号的功率谱密度（psd）决定于下式。

$$P_{\mathrm{m}}(\omega) = C\left(\frac{\sin\omega T_{\mathrm{b}}/2}{\omega T_{\mathrm{b}}/2}\right)^2 \tag{3-37}$$

其中 C 是与数据的自相关函数及脉冲形成波形的幅度有关的常数。因此，依据式（3-21）可求出 BPSK 的功率谱密度为

$$P_{\mathrm{BPSK}}(f)=\frac{C}{4}\left[\left(\frac{\sin T_{\mathrm{b}}(\omega-\omega_{\mathrm{c}})/2}{T_{\mathrm{b}}(\omega-\omega_{\mathrm{c}})/2}\right)^2+\left(\frac{\sin T_{\mathrm{b}}(-\omega-\omega_{\mathrm{c}})/2}{T_{\mathrm{b}}(-\omega-\omega_{\mathrm{c}})/2}\right)^2\right] \quad (3\text{-}38)$$

BPSK 信号的功率谱如图 3-15 所示。

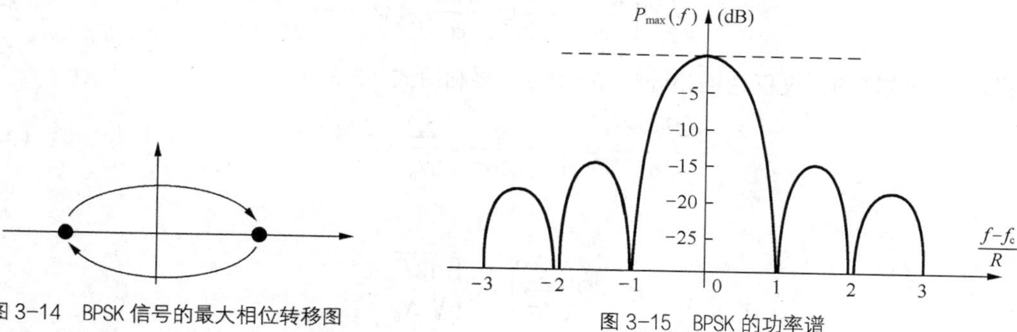

图 3-14　BPSK 信号的最大相位转移图

图 3-15　BPSK 的功率谱

在实际应用中，这样的谱是不能被接受的，其边带分量过于丰富，会造成严重的邻道干扰和码间干扰。一般情况下，为了避免这种情况，必须进行奈奎斯特滤波。加以奈奎斯特滤波后的已调波带宽由下式给出。

$$W=R(1+\beta)=R_{\mathrm{b}}(1+\beta) \quad (3\text{-}39)$$

式中，β 为滚降系数，取值为 0～1 之间；在 BPSK 中 $R=R_{\mathrm{b}}$，即传码率等于传信率。这样，可以求出 BPSK 的谱效率为

$$\eta=\frac{R_b}{W}=\frac{1}{1+\beta}\ \text{（bit/s·Hz）} \quad (3\text{-}40)$$

3．误码性能

我们在加性高斯白噪声的情况下，借助于星座图可以对 BPSK 的误码性能进行分析。如图 3-16 所示，噪声和干扰使得星座点的位置偏移，对 BPSK 而言，当两个星座点之一跨界超过纵轴后，将会被错判。而星座点能否跨界决定于噪声 n_{I} 分量是否大于 $d/2$，而和 n_{Q} 分量无关。

接收信号的同相分量概率密度函数由图 3-17 给出。其中两曲线为数学期望分别是±$d/2$、方差都是 σ^2 的高斯函数。从图中可知，符号判错的概率包含在图中的阴影区域。若符号 0 和 1 先验概率为 P(0)和 P(1)，根据全概率公式，误码率为

$$P_{\mathrm{e}}=P(0)P(1/0)+P(1)P(0/1) \quad (3\text{-}41)$$

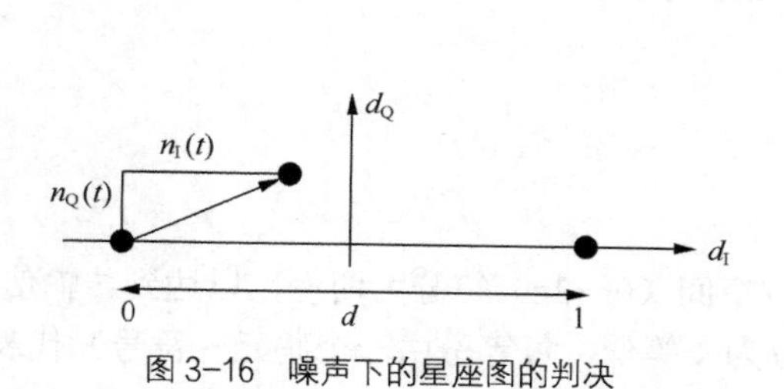

图 3-16　噪声下的星座图的判决

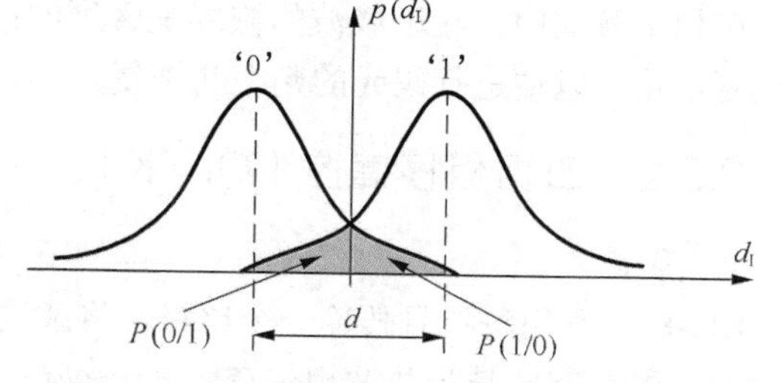

图 3-17　接收信号同相分量 d_{I} 的概率密度函数

式中，$P(1/0)$为发端发 0 而判为 1 的概率，如图中的纵轴右边的阴影区所示；$P(0/1)$为发端发 1 而判为 0 的概率，如图中的纵轴左边的阴影区所示。当先验等概时，再借助于 Q 函数

$$Q(z)=\int_z^{\infty}\frac{1}{\sqrt{2\pi}}\exp\left(-\frac{x^2}{2}\right)\mathrm{d}x=\frac{1}{2}erfc\left(\frac{z}{\sqrt{2}}\right) \tag{3-42}$$

可得

$$P_{\mathrm{e}}=\frac{1}{2}Q\left(\frac{d/2}{\sigma}\right)+\frac{1}{2}Q\left(\frac{d/2}{\sigma}\right)=Q\left(\frac{d/2}{\sigma}\right) \tag{3-43}$$

很明显，判决数据的幅度仅为同相分量 $d_{\mathrm{I}}=\pm d/2$，再利用式（3-35）

$$\frac{d_{\mathrm{I}}^2+d_{\mathrm{Q}}^2}{\sigma^2}=\frac{d_{\mathrm{I}}^2}{\sigma^2}=\frac{d^2}{4\sigma^2}=\frac{2E}{N_0}=\frac{2E_{\mathrm{b}}}{N_0} \tag{3-44}$$

则

$$P_{\mathrm{e}}=Q\left(\frac{d}{2\sigma}\right)=Q\left(\sqrt{\frac{2E_{\mathrm{b}}}{N_0}}\right) \tag{3-45}$$

在 BPSK 中，误码率 P_{e} 等于误比特率（BER）P_{b}。即 $P_{\mathrm{e}}=P_{\mathrm{b}}$。式（3-45）就是著名的“瀑布曲线”，如图 3-18 所示。

4．BPSK 的解调

采用相干解调法，其解调框图如图 3-19 所示，输入的 BPSK 信号分成两路，其中一路进行载波恢复后输出相干载波，与另一路已调波相乘后进行低通滤波，经低通滤波后分成两路，一路进行定时的恢复；另一路进行匹配滤波、再进行抽样判决，他们都要利用到定时恢复的时钟。最后输出原始数据。

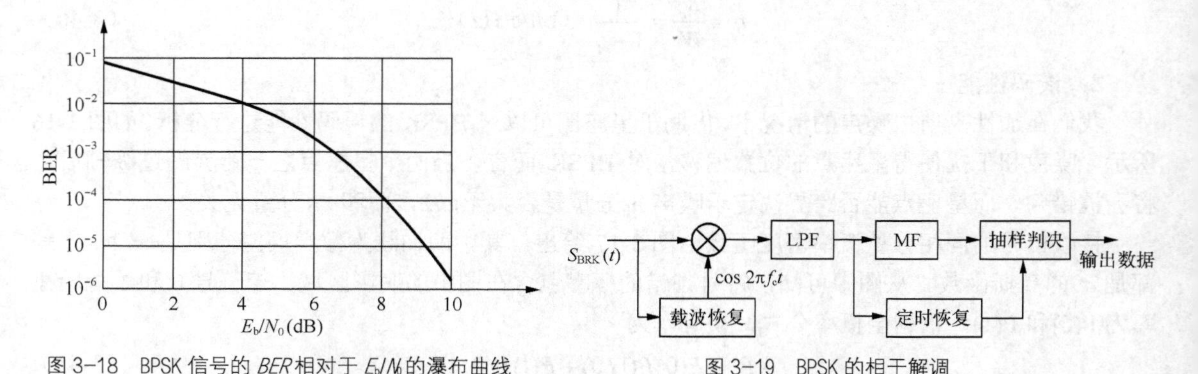

图 3-18　BPSK 信号的 BER 相对于 E_b/N_0 的瀑布曲线

图 3-19　BPSK 的相干解调

在相干解调中，相干载波的恢复是必须的；而无论是相干解调还是非相干解调，都必须有定时恢复电路，以便进行码元的判决和恢复。

3.3.2　四相相移键控（QPSK）

1．原理

BPSK 是利用每符号传输一个比特，将载波相位空间（0～2π）等分为两份，以达到传输信息的目的。而 QPSK 是将载波相位空间（0～2π）均分为 4 等份，每等份由一个码元（符号）代表，

利用每码元传输两个比特。和 BPSK 比较起来，不仅达到传输信息的目的，而且在传码率相同的情况下，使传信率提高了一倍；或者在传信率相同的情况下，传输带宽降低一倍。

从星座图来看，QPSK 通常有两种类型，如图 3-20 示。（a）图的载波相位是：0，π/2，π，3π/2；（b）图的载波相位是：π/4，3π/4，5π/4，7π/4。当然，还有别的均分载波相位的方式。

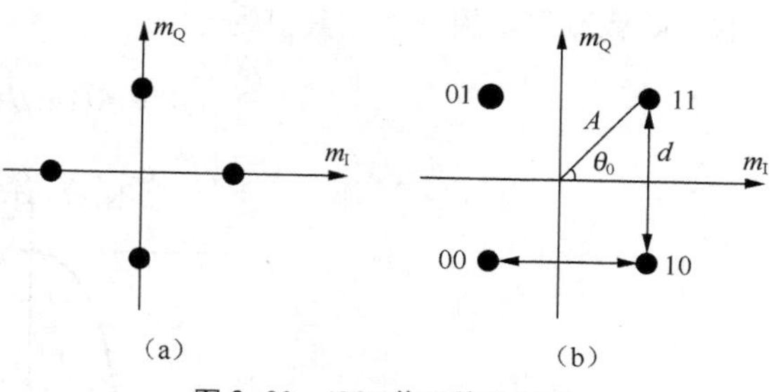

图 3-20 QPSK 信号的星座图

（a）图中对应的复数据可表示为

$$d_i = A\exp(\mathrm{j}\theta_i) \qquad \theta_i \in \frac{2\pi k}{4} \qquad k=0,1,2,3 \tag{3-46}$$

（b）图中对应的复数据可表示为

$$d_i = A\exp(\mathrm{j}\theta_i) \qquad \theta_i \in (\frac{\pi}{4}+\frac{2\pi k}{4}) \qquad k=0,1,2,3 \tag{3-47}$$

【注】：我们以（b）图为准进行分析。

从（b）图中我们可以看出，每个复数据可由两个比特表示，其编码规则服从格雷码，即在星座图上直接相邻码元间只有一个比特不同。

我们借助于式（3-9）和（3-11），QPSK 的基带信号可表达为

$$\begin{aligned} m(t) = m_\mathrm{I}(t) + \mathrm{j}m_\mathrm{Q}(t) = A(t)\exp(\mathrm{j}\theta_i) &= \sum_{i=-\infty}^{\infty} d_i g(t-iT) \\ &= \sum_{i=-\infty}^{\infty} g(t-iT)A\exp(\mathrm{j}\theta_i) \end{aligned} \tag{3-48}$$

θ_i 的取值满足式（3-47）。$g(t)$为形成脉冲波形。则 QPSK 已调波的表达式为

$$\begin{aligned} S_\mathrm{QPSK}(t) &= \mathrm{Re}\left[m(t)\exp(\mathrm{j}\omega_\mathrm{c}t)\right] = \mathrm{Re}\left[\sum_{i=-\infty}^{\infty} g(t-iT)\exp(\mathrm{j}\theta_i)\exp(\omega_\mathrm{c}t)\right] \\ &= \sum_{i=-\infty}^{\infty} g(t-iT)\cos(\omega_\mathrm{c}t+\theta_i) \\ &= \sum_{i=-\infty}^{\infty} g(t-iT)\cos\theta_i\cos\omega_\mathrm{c}t - \sum_{i=-\infty}^{\infty} g(t-iT)\sin\theta_i\sin\omega_\mathrm{c}t \end{aligned} \tag{3-49}$$

QPSK 信号的载波相位转移图或状态转移图参见 3.4.2 小节。

2．频谱特性

参考式（3-36）和式（3-49）可看出，QPSK 的功率谱与 BPSK 功率谱有相同形式，即都可由式（3-38）给出。【注】：其幅度和前者相差一倍。QPSK 信号的功率谱如图 3-21 所示。

$$\begin{aligned} P_\mathrm{QPSK}(\omega) &= \frac{C}{2}\left[\left(\frac{\sin T(\omega-\omega_\mathrm{c})/2}{T(\omega-\omega_\mathrm{c})/2}\right)^2 + \left(\frac{\sin T(-\omega-\omega_\mathrm{c})/2}{T(-\omega-\omega_\mathrm{c})/2}\right)^2\right] \\ &= \frac{C}{2}\left[\left(\frac{\sin(\omega-\omega_\mathrm{c})T_\mathrm{b}}{(\omega-\omega_\mathrm{c})T_\mathrm{b}}\right)^2 + \left(\frac{\sin(-\omega-\omega_\mathrm{c})T_\mathrm{b}}{(-\omega-\omega_\mathrm{c})T_\mathrm{b}}\right)^2\right] \end{aligned} \tag{3-50}$$

从图 3-21 和图 3-15 比较中，可以看出：在比特率相同（T_b 相等）的情况下，QPSK 载波带宽

是 BPSK 载波带宽的一半。其值为

$$W = R(1+\beta) = \frac{R_b}{2}(1+\beta) \tag{3-51}$$

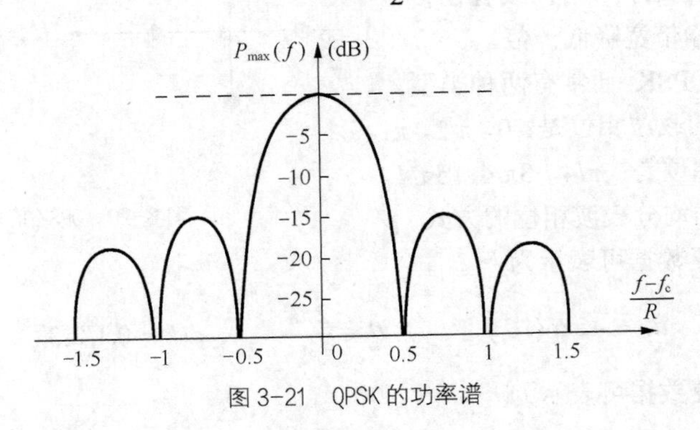

图 3-21 QPSK 的功率谱

式中，由于 QPSK 是一个符号传输两个比特，即 $T = 2T_b$，则 $R = R_b/2$；β 为滚降系数，取值为 0～1 之间。频谱效率为

$$\eta = \frac{R_b}{W} = \frac{2}{1+\beta} \ (\text{bit/(s·Hz)}) \tag{3-52}$$

BPSK 和 QPSK 是非编码调制方案中，功率效率最好的两种，在功率受限的使用场合，二者应用都较为广泛；而两者比较，在比特率相同的情况下，通过比较式（3-40）和式（3-52）可以得出：BPSK 的带宽较 QPSK 的带宽大一倍，但 BPSK 的功率幅度较 QPSK 却小一倍，所以总体上，二者的功率效率相等；QPSK 调制方案使用得更多一些，因为在比特率一样的情况下，其所占用的带宽比 BPSK 调制方案要小一倍，带宽效率更高。

3．误码特性

我们参考和 BPSK 相似的分析方法，在加性高斯白噪声的情况下，借助于星座图对 QPSK 误码性能进行定性分析。噪声和干扰使得星座点的位置偏移，如果噪声和干扰使接收符号偏移乃至穿越星座图坐标轴中的任何一个，将引起符号错误，每个方向偏移的概率相同，因而沿着每个轴的错误概率与 BPSK 相同。以图 3-20（b）“10”点为例：该点最有可能偏移以至于跨界造成误判的点为：11 和 00。也就是说该点跨界最大的可能性是在星座图上直接相连的两个星座点。同 BPSK 相似，偏移到一个方向所造成的错误概率为式（3-45），那么偏移到两个方向的合成概率则为其两倍。我们也可以定量地来分析：接收信号同相分量和正交分量的两者统计独立，我们假定二者的误码率分别为 P_{eI} 和 P_{eQ}，则正确接收信号的概率 P_c 为

$$P_c = (1-P_{eI})(1-P_{eQ}) \tag{3-53}$$

则 QPSK 的误码率 P_e 为

$$\begin{aligned} P_{eQPSK} &= 1-P_c = 1-(1-P_{eI})(1-P_{eQ}) = P_{eI}+P_{eQ}-P_{eI}P_{eQ} \leqslant P_{eI}+P_{eQ} \\ &= 2P_{eI} = 2P_{eQ} \end{aligned} \tag{3-54}$$

根据（3-45）式，得

$$P_{eQPSK} = 2Q\left(\frac{d}{2\sigma}\right) \tag{3-55}$$

借助 3.2.6 小节的式（3-35）分析结果，可得

$$\frac{d_{\mathrm{I}}^2+d_{\mathrm{Q}}^2}{\sigma^2}=\frac{2(d/2)^2}{\sigma^2}=\frac{d^2}{2\sigma^2}=\frac{2E}{N_0}=\frac{4E_{\mathrm{b}}}{N_0} \tag{3-56}$$

因为 QPSK 每符号传输 2 个比特，式中 $E=2E_{\mathrm{b}}$，E_{b}是每比特的能量，所以 $\frac{d}{2\sigma}=\sqrt{\frac{2E_{\mathrm{b}}}{N_0}}$。则

$$P_{\mathrm{eQPSK}}=2Q\left(\sqrt{\frac{2E_{\mathrm{b}}}{N_0}}\right) \tag{3-57}$$

由于 QPSK 是一个符号传输两个比特，即当传输 $2n$ 比特时，则对应有 n 个四进制符号。当一个比特发生错误，就导致其符号错误，而其 P_{b} 为 $1/2n$，对应的误码率 P_{e} 则为 $1/n$，因此

$$P_{\mathrm{b}}=\frac{P_{\mathrm{eQPSK}}}{2}=Q\left(\sqrt{\frac{2E_{\mathrm{b}}}{N_0}}\right) \tag{3-58}$$

所以 QRSK 信号的 BER 特性与 BPSK 信号的相同；功率效率也相等；而带宽效率方面 QRSK 信号是 BPSK 信号的 2 倍。

4．产生与解调

利用 I/Q 调制解调器可得 QPSK 信号的产生及解调框图，如图 3-22 所示。在接收框图中，同 BPSK 的相干解调一样，也包括载波和定时恢复电路。

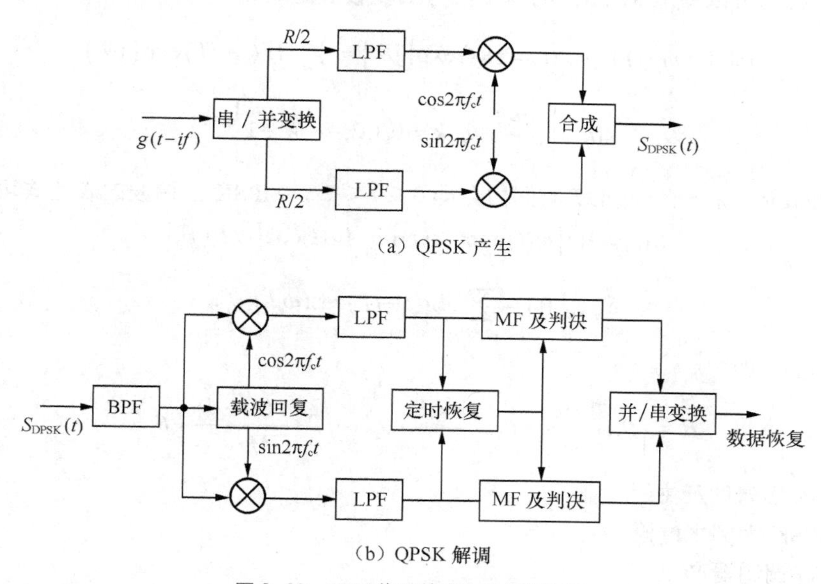

（a）QPSK 产生

（b）QPSK 解调

图 3-22 QPSK 信号的产生及解调框图

输入的 BPSK 信号分成三路，其中一路进行载波恢复后输出两路正交相干载波，分别与另两路已调波相乘后进行低通滤波，经低通滤波后分成两路，一路进行定时的恢复；另一路进行匹配滤波、再进行抽样判决，他们都要利用到定时恢复的时钟，再经过并/串变换，最后输出原始数据。

3.3.3 M-PSK

通过对 BPSK 和 QPSK 在带宽方面的分析，我们发现，在加入了奈奎斯特滤波器的前提下，BPSK 的带宽效率为≤1bit/(s·Hz)，而 QPSK 的带宽效率为 1～2bit/(s·Hz)。这说明：带宽由传码率决定（在

矩形脉冲、全占空比的情况下），码元的间隔 T 定了，带宽就随之确定，即等于 $1/T$。为了达到更高的带宽效率，我们必须增加每码元（符号）比特数，也就是增加每个码元所具有的状态数，当每个码元可能的状态数为 $M=2^k$ 时，则每个码元所传输的比特数为 k，k 越大，其比特速率就越大，带宽效率就越高。在奈奎斯特滤波器前提下，其带宽效率为

$$\eta=\frac{R\log_2(\mathrm{M})}{W}=\frac{kR}{R(1+\beta)}=\frac{k}{(1+\beta)} \tag{3-59}$$

对 BPSK，$k=1$，对 QPSK，$k=2$，所以 QPSK 的带宽效率是 BPSK 的二倍。由此我们可以寻找出更大 M 值的相移键控调制方案，即 M-PSK。

1. M-PSK 原理

M-PSK 可以借助 QPSK 的思路，在星座图上增加星座点的数目 M，使 M 个点将 0～2π 相位空间均分为 M 等份。利用复基带数据，可将 M-PSK 星座图的星座点表达成为

$$d_i=A\exp\left(\left(\frac{2\pi i}{M}+\theta_0\right)\mathrm{j}\right)=A\left[\cos\left(\frac{2\pi i}{M}+\theta_0\right)+\mathrm{j}\sin\left(\frac{2\pi i}{M}+\theta_0\right)\right] \tag{3-60}$$

$$i=0,1,2,\cdots,M-1$$

其中，A 为星座点的幅度，θ_0 为初相位。图 3-23 画出了 $M=8$，$\theta_0=\pi/8$ 的星座图，从图中可看出：M-PSK 的星座图是均匀分布在一个同心圆圆周上的 M 个点，且星座点符合格雷码的编码规则。借助式（3-15），我们可以写出 M-PSK 的基带信号的复数表达式为

$$m(t)=m_{\mathrm{I}}(t)+\mathrm{j}m_{\mathrm{Q}}(t)=A(t)\exp\left[\mathrm{j}\theta_i\right]=\sum_{i=-\infty}^{\infty}Ag(t-iT)\exp\left(\mathrm{j}\theta_i\right) \tag{3-61}$$

$$\theta_i\in\left[\frac{2\pi i}{M}+\theta_0,k=0,1,2,\cdots,M-1\right] \tag{3-62}$$

$g(t)$为形成脉冲波形。在一个码元 T 时间内，即 $0\leqslant t\leqslant T$，MPSK 已调波的表达式可表示成

$$S(t)=\mathrm{Re}\left[m(t)\exp(\mathrm{j}\omega_{\mathrm{c}}t)\right]=Ag(t)\cos\left[\omega_{\mathrm{c}}t+\theta_i\right]$$

$$S_{\text{M-PSK}}(t)=\sum_{i=-\infty}^{\infty}Ag(t-iT)\cos(\omega_{\mathrm{c}}t+\theta_i) \tag{3-63}$$

θ_i 满足式（3-62），即

$$\theta_i\in\left\{\theta_0,\frac{2\pi\times1}{M}+\theta_0,\frac{2\pi\times2}{M}+\theta_0,\cdots,\frac{2\pi\times(M-1)}{M}+\theta_0\right\}$$

2. M-PSK 信号的产生

我们以 8PSK 为例来讨论。

（1）用 I/Q 调制器产生

图 3-24 所示主要处理基带信号方面。输入的二进制数字信号先经串/并变换电路，分成三路并行的二进制序列，每一序列的传输速率为 $1/3T$，假设三个序列为一组，每组以 abc 表示，则这三比特就代表了一个八进制符号。二进制码元 a、b 分别加到两个幅度转换器（即 2/4 电平转换器）上，它受码元 c 控制，完成下列功能：当 c 为“1”时，$|a|>|b|$；当 c 为“0”时，$|a|<|b|$；且当 a 为“1”时，$m_{\mathrm{I}}>0$；且当 a 为“0”时，$m_{\mathrm{I}}<0$；且当 b 为“1”时，$m_{\mathrm{Q}}>0$；且当 b 为“0”时，$m_{\mathrm{Q}}<0$。参见相位星座图 3-23。

（2）由数字器件产生

在高速数字传输中，往往用数字方式，主要是 DSP 来产生 MPSK 信号。为了增强读者对 M-PSK

的理解，我们假设式（3-62）中的 $\theta_0=0$，由（3-62）式，$\theta_i\in$（0，π/4，2π/4，3π/4，4π/4，5π/4，6π/4，7π/4），按这个取值原则，由如图 3-25 所示的方式产生。

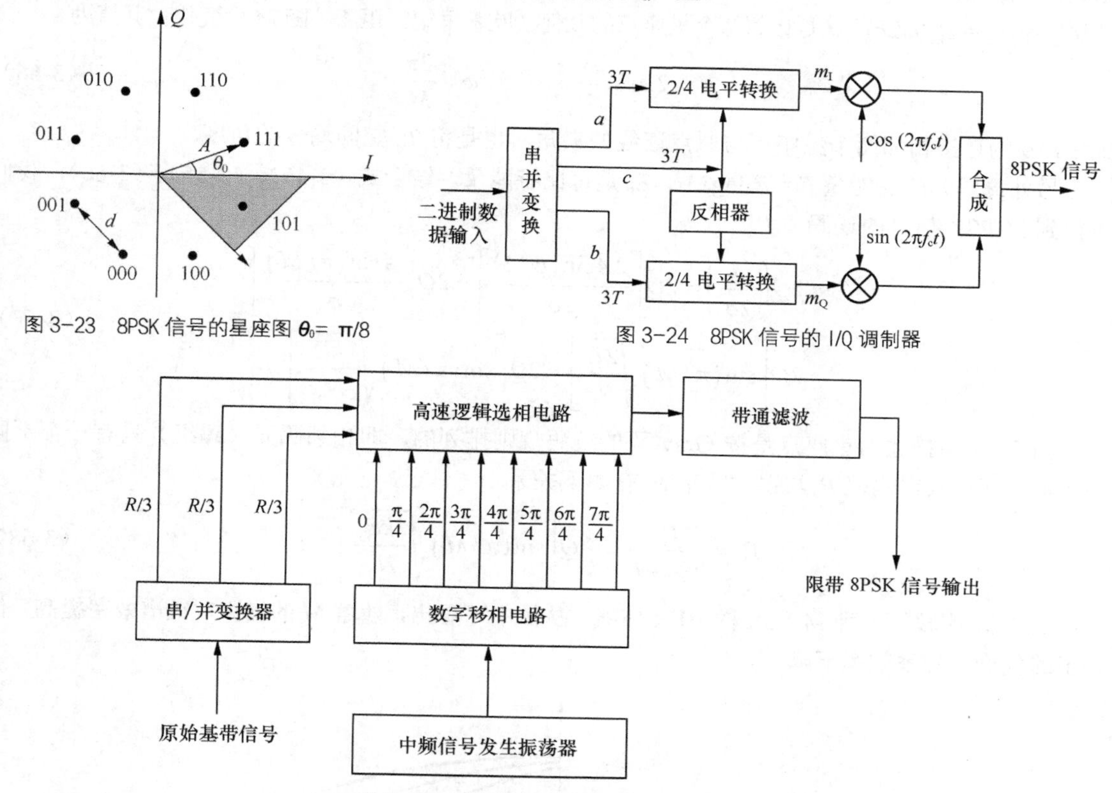

图 3-23　8PSK 信号的星座图 $\theta_0=\pi/8$

图 3-24　8PSK 信号的 I/Q 调制器

图 3-25　数字式高数 8PSK 信号调制框图

符号速率为 R 的二进制数字基带信号经三路数据分配单元实现串并变换，所输出的三路并行数字信号的速率都为 $R/3$。每组并行的三路信号控制高速逻辑选项电路的逻辑门，逻辑门的动作由三路数字信号不同的组合来决定，在 $3T$ 时间内每组选择 8 个相位之一，再经带通滤波形成载波的限带 8PSK 信号。对应图 3-25 的星座图如图 3-26 所示。

8PSK 信号的解调可以采用 I/Q 相干解调来完成。其原理与 MQAM 相似，下节内容再加以讨论。

3．M-PSK 的功率谱

M-PSK 的功率谱可以用与 QPSK 同样的方法得到。但在这里，码元持续时间 T 和比特持续时间 T_b 的关系为下式。

$$T=kT_b=T_b\log_2 M \tag{3-64}$$

当脉冲形成函数为矩形脉冲时，M-PSK 的功率谱为

$$P_{\text{M-PSK}}(\omega)=\frac{C\log_2 M}{4}\left\{\left[\frac{\left(\sin(\omega-\omega_c)T_b\log_2 M\right)/2}{\left((\omega-\omega_c)T_b\log_2 M\right)/2}\right]^2+\left[\frac{\left(\sin(-\omega-\omega_c)T_b\log_2 M\right)/2}{\left((-\omega-\omega_c)T_b\log_2 M\right)/2}\right]^2\right\} \tag{3-65}$$

其频谱利用率为式（3-59）。

4．M-PSK 的误码性能

以图 3-23 的 8-PSK 的星座图上的点 101 为例，我们将图中的阴影区称为星座点的判决区，噪声使信号点偏移出该区，将发生符号误判。其边界由紧邻信号点连线的垂直平分线构成。只要 101

点跨出该判决区，就会发生误判，别的点同样如此。参考 3.3.2 小节中对 QPSK 的分析，我们可以得出相似的结论，即 M-PSK 信号的星座图上的每个星座点只有两个直接相邻的其他星座点，因此 M-PSK 的误码率 $P_e = 2Q(d/2\sigma)$。d 是相邻两个星座点的几何（欧基里德）距离，随 M 而变化，其值为

$$d = 2A\sin\frac{\varphi}{2} \qquad \varphi = \frac{2\pi}{M} \tag{3-66}$$

式中，φ 为直接相邻两个星座点与原点连线的夹角，也是将 2π 空间均分的角度。

另外每码元的的能量 $E = E_b\log 2M$，E_b 是每比特能量。结合式（3-45）、（3-55）、（3-66），我们可得到 M-PSK 信号的误码率 P_e。

$$\begin{aligned} P_e &= 2Q\left(\frac{d}{2\sigma}\right) = 2Q\left[\frac{2A\sin(\varphi/2)}{2\sigma}\right] = 2Q\left[\frac{A\sin(\pi/M)}{\sigma}\right] \\ &= 2Q\left[\sin(\pi/M)\sqrt{\frac{2E}{N_0}}\right] = 2Q\left[\sin(\pi/M)\sqrt{\frac{2kE_b}{N_0}}\right] \end{aligned} \tag{3-67}$$

图 3-23 所描述的星座点是按 Gray 码的编码规则排列的，即相邻码元（码组）只有一个不同的比特。那么其误码率 P_e 与误比特率 P_b 有如下关系。

$$P_b = \frac{P_e}{\log_2 M} = \frac{2}{k}Q\left[\sin(\pi/M)\sqrt{\frac{2kE_b}{N_0}}\right] \tag{3-68}$$

图 3-27 比较了三种 M-PSK 的 BER 曲线。从图中可看出，随着 M 的增大，频谱效率提高，但付出的代价是功率效率下降了。

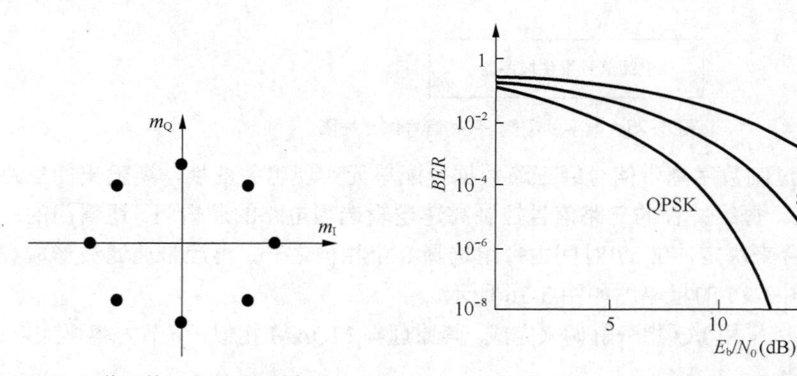

图 3-26　8PSK 信号的星座图（初始相位为 0）

图 3-27　MPSK 信号的误码性能瀑布曲线

3.3.4　多进制正交幅度调制（MQAM）

在 M-PSK 的星座图中，可以看出：随着 M 的增大，同心圆圆周上星座点的距离变小，其判决空间或区域也减小了，而式（3-85）表明，错误判决的概率取决于星座点之间的距离。如果要保证低的误码率，就要保证有足够的判决距离 d，从几何学的角度来看，同心圆半径越大，圆周就越长，d 就越大，如式（3-83）所示。所以要减小误码率就必须提高同心圆的半径 A，即提高系统的功率，因此其功率效率将下降。究其原因，是因为 M-PSK 没有充分地利用矢量空间的缘故。图 3-28（b）画出了和 16-PSK 作为比较的另一种形式的星座图。

图（b）中，星座点充分利用了平面空间，其结果是在没有增加平均功率的情况下，星座点之间的最小距离增大了，在平均功率相同的情况下，图（b）中直接相邻的星座点的最小距离是图（a）

中的 1.6 倍。图（b）中星座图对应的调制方案称为正交幅度调（Quadratude Amplitude Modulation，QAM），依据星座点的数目 M，具体可以又称为 M-QAM。作为频谱高效的调制方案，QAM 目前及今后在无线通信领域得到广泛的应用。QAM 的星座图有两大类：矩形和十字形分别如图 3-28（b）和图 3-29 所示。矩形星座图 $M=4$，16，64，256…，即 $M=2^{2n}$，为 2 的偶次幂，每个符号携带偶数比特；十字星座图对应的 M = 8，32，128，512…，即 M 为 2 的奇次幂，每个符号携带奇数比特。下面的讨论以矩形星座图为例，其结果也适合于十字星座图。从星座图上可以看出：MPSK 信号的星座点均匀分布在同一个同心圆的圆周上，表明已调波的包络是恒定的；而 MQAM 信号的星座点的幅度是可变的，这表明 MQAM 信号已调波的包络是内在可变的，这一点对在信道中传输性能的影响是极大的，在后面的章节中可以看得很清楚。

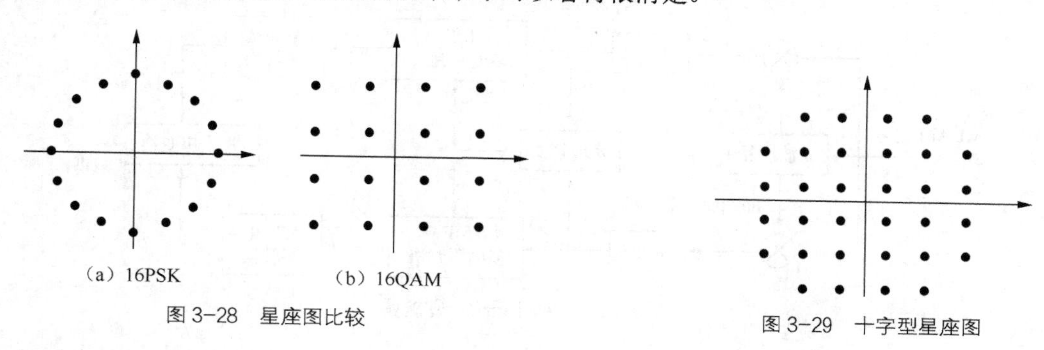

（a）16PSK　（b）16QAM

图 3-28　星座图比较

图 3-29　十字型星座图

1．调制原理

MQAM 的复数据信息可以表示成下式。

$$
\begin{aligned}
d_i &= l(2p-\sqrt{M}+1)+\mathrm{j}l(2q-\sqrt{M}+1)\\
&= A_i+\mathrm{j}B_i
\end{aligned}
\tag{3-69}
$$

其中，$p,q\in\left\{0,1,2,\cdots,\sqrt{M}-1\right\}$；$M=2^{2n}$，$n$ 为整数；l 为常数。则借助式（3-11），我们可以写出 QAM 的复数基带信号的表达式为

$$
\begin{aligned}
m(t) = m_{\mathrm{I}}(t)+jm_{\mathrm{Q}}(t) &= \sum_{i=-\infty}^{\infty} d_i g(t-iT)\\
&= l\sum_{i=-\infty}^{\infty} g(t-iT)\left[\left(2p-\sqrt{M}+1\right)+\left(2q-\sqrt{M}+1\right)\mathrm{j}\right]\\
&= \sum_{i=-\infty}^{\infty}\left[A_i g(t-iT)+\mathrm{j}B_i g(t-iT)\right]
\end{aligned}
\tag{3-70}
$$

式中，$g(t)$为形成脉冲波形。同相分量 $m_{\mathrm{I}}(t)$和正交分量 $m_{\mathrm{Q}}(t)$各有 $\sqrt{M}$ 个电平，且取值相互独立。依据式（3-15），MQAM 已调波的表达式可表示成

$$
\begin{aligned}
S_{\mathrm{MQAM}}(t) &= \mathrm{Re}\left[m(t)\exp(\omega_{\mathrm{c}}t)\right]\\
&= \sum_{i=-\infty}^{\infty} A_i g(t-iT)\cos 2\pi f_{\mathrm{c}}t - B_i g(t-iT)\sin 2\pi f_{\mathrm{c}}t
\end{aligned}
\tag{3-71}
$$

其中，A_i，B_i，p，q，M，l 取值满足（3-69）式。

2．MQAM 信号的产生和解调

（1）调制

MQAM 信号是典型的线性调制类型，其产生方法可用 I/Q 调制法产生。具体实现框图见图 3-30。

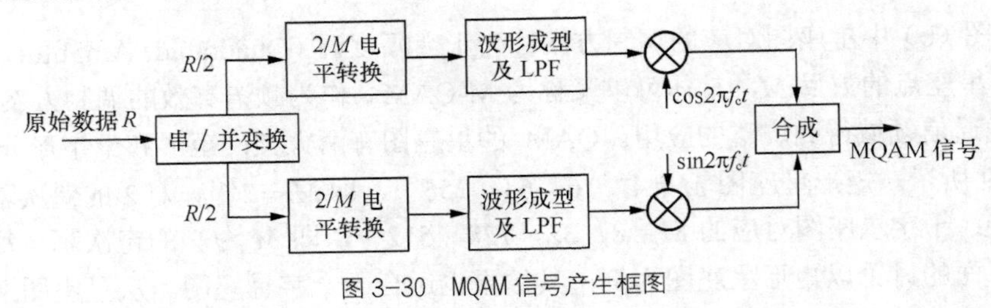

图 3-30 MQAM 信号产生框图

（2）I/Q 解调

对 MQAM 的接收，一般采用 I/Q 相干解调器，其框图如图 3-31 所示。

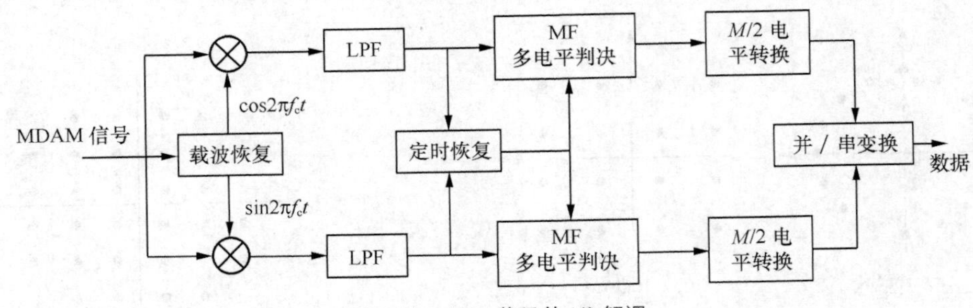

图 3-31 MQAM 信号的 I/Q 解调

输入的 MQAM 信号分成三路，其中一路进行载波恢复，输出两路正交的相干载波，然后分别再与两路已调波相乘后进低通滤波，经低通滤波后分成两路，一路进行定时的恢复；另一路进行匹配滤波和多电平判决、M 电平到 2 电平的转换，再经过并串变换后得到输出的原始数据。该解调器与 MPSK 信号解调器的构成基本相同，只是在基带处理电路中略有修改，所以该框图对 MPSK 信号也适用。

3．MQAM 的误码性能分析

对 MQAM 误码性能分析，我们以 16-QAM 为例进行分析，然后再推广到一般的情况。16-QAM 的星座图如图 3-32 所示，图中星座点对应的码元符号的比特同样是按 Gray 码的编码规则排列的，即直接相邻码元（码组）只有一个不同的比特。该星座图中每两个直接相邻星座点的距离 $d=2l$ 。以 1 000 点为例，它周围有 4 个直接相邻的星座点，其他点例如在边线和顶角的星座点还有 3 个或 2 个。在这一点上和 M-PSK 有显著的区别。因此分析计算误码率性能时，需要考虑这个因素。

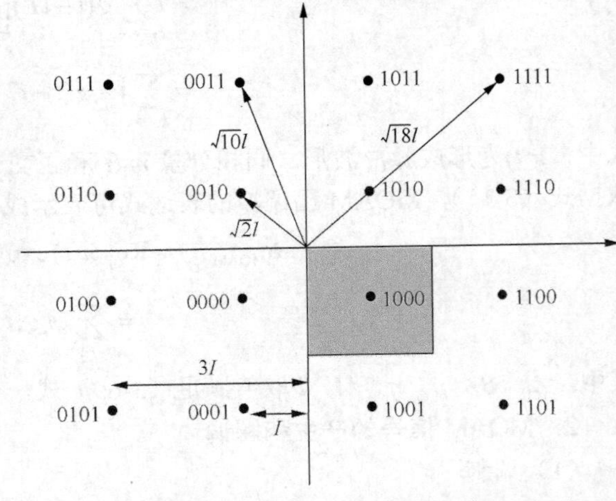

图 3-32 16-QAM 星座点（格雷编码）及判决区域

我们规定：每个星座点的判决区域是由该点与其直接相邻星座点连线的垂直平分线所围区域构成。1 000 点的判决区域如图中阴影区所示，当噪声和干扰使该点跨界出该判决区时将出现误判而导致误码，出现误码的可能性有 4 个。同理，对有 3 个和 2 个直接相邻点的星座点来说，其误码的可能性有 3 个或 2 个，依据前面的分析，每一个方向跨界所造成的误码为 $P=Q(d/\sigma)$，对 QAM 来说，在求总误码率时，可以先求出每一星座点所具有的平均相邻点的

数目 $\bar{n}$，然后再求总误码率，即

$$P_{\mathrm{eQAM}} = \bar{n}Q\left(\frac{d}{2\sigma}\right) = \bar{n}Q\left(\frac{l}{\sigma}\right) \tag{3-72}$$

该公式中有两个参量必须考虑：$\bar{n}$ 和 l。

关于 $\bar{n}$ 我们可以这样分析：对矩形星座点共有三种类型：4 个顶角上的点，每个点有 2 个直接相邻星座点；四个边沿非顶角上的点，点的数目为$4\left(\sqrt{M}-2\right)$，这些点每个有 3 个直接相邻星座点；中间点，点的数目为$\left[\sqrt{M}-2\right]^2$，这些点每个有 4 个直接相邻星座点。那么总的直接相邻点的数目为

$$4\times\left[\sqrt{M}-2\right]^2 + 3\times 4\left[\sqrt{M}-2\right] + 2\times 4 \tag{3-73}$$

因而，每个星座点平均具有的直接相邻星座点的数目为

$$\bar{n} = \frac{4\left(\sqrt{M}-2\right)^2 + 12\left(\sqrt{M}-2\right) + 8}{M} \tag{3-74}$$

关于 l 可以这样考虑：QAM 星座图上每个星座点的功率不再是恒定的，因此可以求出每个星座点的平均功率，再求出 l。参考式（3-35）可得平均功率为

$$P_{\mathrm{v}} = \frac{l^2}{M}\sum_{i=0}^{\sqrt{M}}\sum_{k=0}^{\sqrt{M}}\left(d_I^2 + d_Q^2\right) \tag{3-75}$$

例如 $M=16$，$P_{\mathrm{v}}=10l^2$，$l=(P_{\mathrm{v}}/10)^{1/2}$，$\bar{n}=3$

$$P_{\mathrm{e}} = 3Q\left(\frac{l}{\sigma}\right) = 3Q\left(\sqrt{\frac{P_{\mathrm{v}}}{10\sigma^2}}\right) = 3Q\left(\sqrt{\frac{2E}{10N_0}}\right) \tag{3-76}$$

式中，$P_{\mathrm{v}}/\sigma^2 = 2E/N_0$，见（3-35）式。同理，误比特率 P_{b} 可参照前述 M 进制的分析，$P_{\mathrm{b}}=P_{\mathrm{e}}/\log_2 M$，这里 $E=E_{\mathrm{b}}\log_2 M$。例如结合上式，16QAM 的 BER 为

$$P_{\mathrm{b}} = \frac{3}{4}Q\left(\sqrt{\frac{E}{5N_0}}\right) = \frac{3}{4}Q\left(\sqrt{\frac{4E_{\mathrm{b}}}{5N_0}}\right) \tag{3-77}$$

我们也可以求出其他 $M=2^{2n}$ 值对应的 BER，如图 3-33 所示。

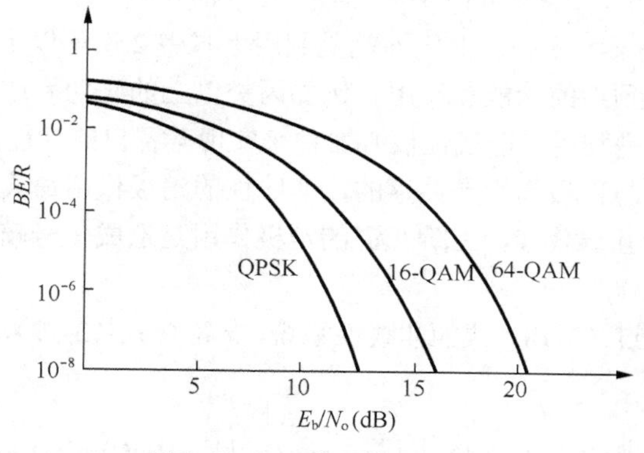

图 3-33　QAM 信号的 BER 曲线

将图 3.33 和图 3-27 对比可看到，在 M 值及 BER 相同时，M-QAM 所需要的 E_{b}/N_0 值比 M-PSK 所需要的 E_{b}/N_0 值要小，这充分说明了 M-QAM 的功率效率比 M-PSK 的要高，表 3-1 也说明了这个结果。这正是本部分开始我们分析的结果。

表 3-1　　在 *BER* 为 10^{-6} 时，不同 *M* 值的 MQAM 所需要的 E_b/N_0

M		4	16	64
$BER = 10^{-6}$ 的 E_b/N_0(dB)	M-PSK	10.5	18.5	28.5
M-QAM	M-QAM	10.5	15	18.5

QAM 有很多优点，带宽效率高，功率效率也很高，但其固有的缺点也是很明显的，即无论是否经过滤波器，其已调波包络都会发生固有改变，这在非线性信道中是非常不利的，会产生 AM-AM 和 PM-AM 即寄生调幅和寄生调相，因此，在非线性和衰落信道中需要着重考虑这个因素。

在线性调制方案中，多进制调制属于频谱有效调制方案；而二进制调制属于功率有效调制方案。在实际应用中，多进制调制由于其频谱有效使得在频带利用率方面具有较明显的优势，但其功率效率的下降在很多方面也受到了很大的限制。

3.4 非线性信道的线性调制方案

在现代无线通信中，广义信道中存在着大量的非线性器件和设备，例如效率较高的高功率放大器（high power amplifer，HAP）等，第 3 节所讨论的普通线性调制方案在这种非线性信道中使用将存在着较大的局限性，因此本节讨论另一类优化的线性调制方案，包括 OQPSK（Offest QPSK）、π/4QPSK（π/4 shifted QPSK）等，这类方案的特点是包络幅度变化较小，适合于在非线性信道上使用。

3.4.1 非线性信道的作用

1．非线性信道的作用

在现代无线通信中，射频信号的功率效率是至关重要的，无线终端尤其如此，功率效率的提高可以减少电池的耗电量，延长待机和通话时长，也可以降低终端的研发成本。而提高功效的核心器件是 HPA，HPA 提高功效的核心是利用了其非线性的作用；在变频器件中，也是充分利用了非线性特性来实现变频和混频。因此非线性的积极作用是明显的。

所谓非线性是指系统的输入 x 和输出 y 满足下式。

$$y = a_1 x + a_2 x^2 + a_3 x^3 + \cdots + a_i x^i + \cdots \tag{3-78}$$

式中，a_i 为比例系数，$a_1 > a_2 > a_3 \cdots$。非线性就是利用上式中 2 次幂以上的项，对输入信号 x 进行非线性变换，以实现我们预期的功能和作用。例如丙类以上的高功率放大器、频率变换器件（例如变频器和混频器）等都是利用了非线性核心器件来实现其各自的功能的。

而非线性的消极作用与积极作用是并存的，非线性的消极作用最典型的表现是在传输过程或信号处理过程中产生三阶互调效应。三阶互调的消极作用是造成信号畸变、频谱再生等。下面我们就这个问题进行分析。

假设 x 作为已调波通过（3-78）式的非线性系统，x 符合式（3-19），将其代入（3-78）式可以得到输出 y。

$$\begin{aligned} y = {} & \frac{a_1}{2}\left[m(t)\mathrm{e}^{\mathrm{j}\omega_c t} + m^*(t)\mathrm{e}^{-\mathrm{j}\omega_c t}\right] + \frac{a_2}{4}\left[m^2(t)\mathrm{e}^{2\mathrm{j}\omega_c t} + 2m(t)m^*(t) + m^{*2}(t)\mathrm{e}^{-2\mathrm{j}\omega_c t}\right] \\ & + \frac{a_3}{8}\left[m^3(t)\mathrm{e}^{3\mathrm{j}\omega_c t} + 3m^2(t)m^*(t)\mathrm{e}^{\mathrm{j}\omega_c t} + 3m(t)m^{*2}(t)\mathrm{e}^{-\mathrm{j}\omega_c t} + m^{*3}(t)\mathrm{e}^{-3\mathrm{j}\omega_c t}\right] \\ & + \cdots \end{aligned} \tag{3-79}$$

上式中，第一项是无失真项；第二项是由 2 次幂（这里的分析也包括其他的偶次幂）产生，在已调信号通带外，将被紧跟的带通滤波器滤除，不会有干扰信号产生；第三项是由 3 次幂（这里的分析也包括大于 3 的奇次幂）产生，该项中间两项是落入带通滤波器的通带内的项，无法分离。由于 3 次幂的系数 a_3 权重最大，所以与其他的奇次幂相比，该项起着主导作用。我们将 3 次幂项产生的中间两项提出加以分析，即

$$\begin{aligned}\frac{a_3}{8}\left[3m^2(t)m^*(t)\mathrm{e}^{\mathrm{j}\omega_\mathrm{c}t}+3m(t)m^{*2}(t)\mathrm{e}^{-\mathrm{j}\omega_\mathrm{c}t}\right]&=\frac{3a_3\left[m_\mathrm{I}^2(t)+m_\mathrm{Q}^2(t)\right]}{8}\left[m(t)\mathrm{e}^{\mathrm{j}\omega_\mathrm{c}t}+m^*(t)\mathrm{e}^{-\mathrm{j}\omega_\mathrm{c}t}\right]\\&=\frac{3a_3\left|m(t)\right|^2}{4}\frac{1}{2}\left[m(t)\mathrm{e}^{\mathrm{j}\omega_\mathrm{c}t}+m^*(t)\mathrm{e}^{-\mathrm{j}\omega_\mathrm{c}t}\right]\\&=\frac{3a_3A^2(t)}{4}S(t)\end{aligned} \tag{3-80}$$

参考式（3-17），$A(t)$就是已调波的包络幅度。上式表明：当已调波的包络幅度恒定，即 $A(t)$ 等于常数，则该式经滤波限带后就不会产生失真；反之将会产生严重的失真。

能够造成$A(t)$变化的因素有内因和外因。内因是已调信号本身固有的包络变化，这在变包络调制中最常见，例如 MQAM 调制；外因是由于外界的影响所导致已调信号包络的起伏，这在恒定包络调制中常见，例如 MPSK 已调波，经过滤波器或衰落信道后所导致的包络起伏。

当变化的包络经过非线性器件后，就会由于三阶互调效应，产生信号失真，失真包括：由于交调产物导致带内产生自干扰、因包络变化导致的寄生调幅和寄生调相，即 AM-AM、AM-PM、频谱再生等。

2．变包络线性调制在非线性信道中的性能

前面分析了非线性的消极作用，当已调信号的包络发生剧烈的起伏时，会出现 AM-AM、AM-PM、频谱再生等，这对通信系统的性能会造成影响。在以下的讨论中，我们将含非线性器件例如 HPA 的信道称之为非线性信道。通过仿真，我们可以看到在没有热噪声引入的情况下，线性调制方案 QPSK、16QAM，在具有 HPA 的非线性系统中的性能。仿真中加入了奈奎斯特滤波器以消除码间干扰。

（1）QPSK 经过滤波后的包络变化

QPSK 信号可以产生相位突变，当相继码元同时转变时会出现 π 的相位突变，这会使 QPSK 已调波信号的包络出现零交点，如图 3-34（a）所示的 P 点，因而在其信号功率谱上将产生很强的旁瓣分量，这种信号再经过频带受限的信道，例如滤波器时，则由于旁瓣分量的滤除会产生包络上的起伏，如图 3-34（b）所示。这种包络起伏（变化）进入非线性器件后将会产生如式（3-80）所表现的效应。由于交调产物导致带内产生自干扰；因包络变化导致的寄生调幅和寄生调相，即 AM-AM、AM-PM、频谱再生等。

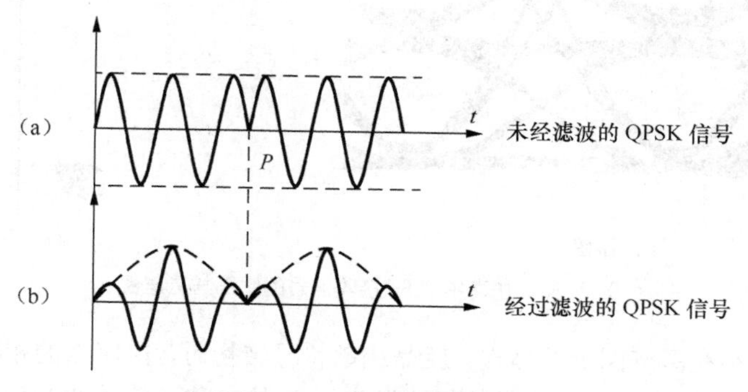

图 3-34　QPSK 信号滤波前后的波形

因此，对 QPSK 信号进行非线性信道仿真的系统中，我们以 HPA 作为非线性器件，在 HPA 之前加带限滤波器件，同时加奈奎斯特滤波器，使仿真系统满足无码间干扰的条件。

（2）QPSK 方案的仿真

图 3-35 所示是仿真的频谱图，可以看出经 HPA 之后，信号的边带谱再生非常明显，HPA 之前的主副瓣幅度相差近 40dB；HPA 之后主副瓣幅度相差近 20dB。图 3-36（a）为仿真的眼图，仿真中假设系统已具备了无码间干扰的条件，但图中可看出码间干扰却重现了，这是由于非线性的互调干扰所造成 ISI 重现。图 3-36（b）为仿真的星座图，星座点发生了偏移和扩展，偏移是由于 HPA 的非线性产生的 AM-PM 所导致，但其偏移具有一定的方向性；星座点本身的扩展是由于 HPA 的非线性产生的 AM-AM 所导致。

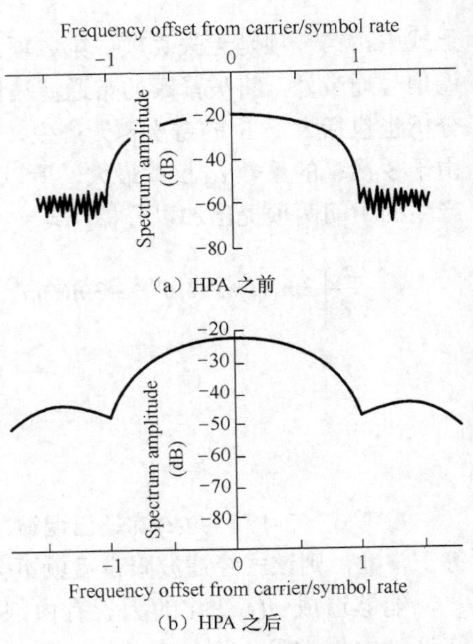

图 3-35　仿真的 QPSK 传输信号频谱图

（3）16QAM 方案的仿真

图 3-37 是仿真星座图，比较图中表明星座点和星座点的位置发生了严重的失真和偏移，这也是由于 AM-AM、AM-PM 所致。注意：16QAM 每个星座点的偏移方向是随机性的，这与图 3-35（b）的 QPSK 星座点的偏移是有明显区别的。图 3-38 是 16QAM 与 QPSK 频谱再生的比较图。图中表明，旁瓣的幅度 16QAM 较 QPSK 高大约 7～8dB。这说明在频谱再生方面，16QAM 较 QPSK 更严重。比较图 3-36 和图 3-37 我们发现，当信号的包络变化更大时，其在非线性信道中的失真也更严重。例如 16QAM 的包络变化较 QPSK 更大，因为 QAM 方案存在着自身固有的幅度变化因素。由此我们得出：在非线性信道中，已调波包络变化是使线性调制性能变坏的本质原因，因此应保持已调信号的包络恒定；若无法实现恒定包络，使包络幅度变化最小也是可取的。

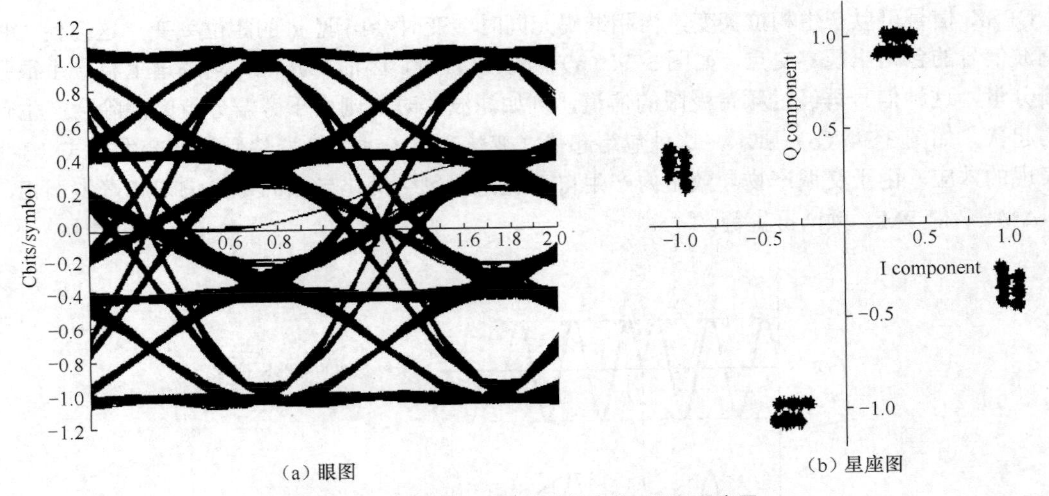

图 3-36　仿真中 QPSK 接收信号的眼图与星座图

包络变化的大小在星座图上的体现，就是相邻符号转换时，星座点的相位转移是否通过星座图的原点，如果通过，则表示载波信号的相位发生了 π 的转移，信号滤波后在转换过程中包络会降到零，即包络幅度变化最大；如图 3-34 所示。所以我们尽量使相邻符号转换时对应的载波相位转移远离 π，即不通过原点，以保证包络的变化尽可能地小。

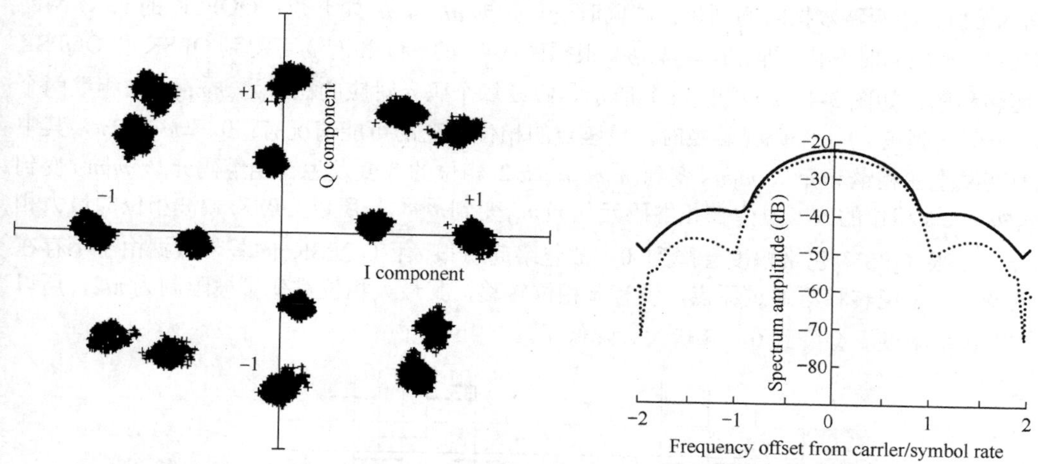

图 3-37 仿真 16-QAM 接收信号扩散的星座图

图 3-38 HPA 输出频谱再生：16-QAM（－）与 QPSK（…）

由此提出了在非线性信道中优化的线性调制方案：OQPSK（Offest QPSK）和 π/4 DQPSK（π/4 shifted QPSK）。这里的优化是指其相邻符号转换时载波相位转移小于 π，包络起伏较小，更适合于在非线性信道中传输的线性调制方案。

3.4.2 OQPSK

1．原理

为了便于分析理解，我们将 OQPSK 与 QPSK 的产生原理框图画在一起，如图 3-39 所示。两者相似，所不同的是在 OQPSK 中，基带的正交之路有一个 T_b（比特）的时间偏移。其基带信号表达式如下。

$$m(t) = m_I(t) + jm_Q(t)$$

$$m_I(t) = g(t) \qquad m_Q(t) = g\left(t - \frac{T}{2}\right) = g(t - T_b) \tag{3-81}$$

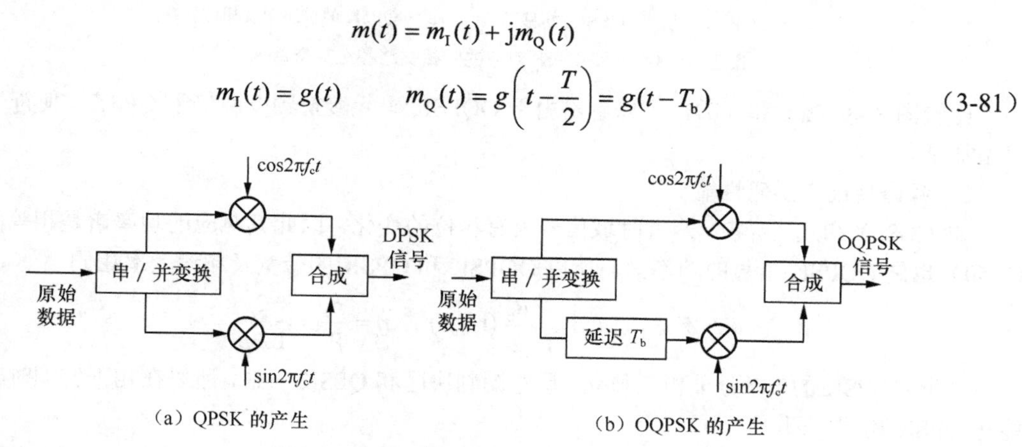

（a）QPSK 的产生 （b）OQPSK 的产生

图 3-39 QPSK 和 OQPSK 信号的产生原理

其中，$g(t)$为形成脉冲波形。参考式（3-16），在一个码元 T 内，已调波表达式可写成

$$\begin{aligned} S_{OQPSK}(t) &= m_I(t)\cos(\omega_c t) - m_Q(t)\sin(\omega_c t) \\ &= g(t)\cos(\omega_c t) - g(t - T_b)\sin(\omega_c t) \end{aligned} \tag{3-82}$$

2．包络特性及星座图

QPSK 和 OQPSK 对应的同相支路（I）和正交支路（Q）基带波形如图 3-40 所示，从图中可看出：QPSK 的 I、Q 两路数据时间同步，能同时变化，即 $ab \to \overline{ab}$ 如 P 点；OQPSK 的 I、Q 两路数据时间交错，不能同时变化，即 $ab \xrightarrow{\times} \overline{ab}$。根据图 3-40 的（a）和（b）可得到 QPSK 和 OQPSK 对应的星座转移图，如图 3-40（c）和（d）所示。假设每个码元对应的比特为 $m_I m_Q$，在相继两个码元即第 i 个码元到第 $i+1$ 个码元转换时，星座点的相位改变的可能情况有：0、±π/2、±π，其中 0 相位的改变发生在相继码元从 $m_I m_Q$ 变到 $m_I m_Q$；±π/2 相位的改变发生在相继码元从 $m_I m_Q$ 变到 $\bar{m}_I m_Q$ 或 $m_I \bar{m}_Q$；±π 相位的改变发生在相继码元从 $m_I m_Q$ 变到 $\bar{m}_I \bar{m}_Q$。所以 QPSK 载波相位的最大相位跳变为 π。带限 QPSK 包络幅度会降到 0，故包络起伏很大；OQPSK 的基带数据由于不存在 $ab \to \overline{ab}$ 的变化，星座转移不通过原点，没有 π 相位转移，其最大相位跳变量被限制为 π/2，所以带限 OQPSK 包络幅度不会降到 0，起伏大大降低了。

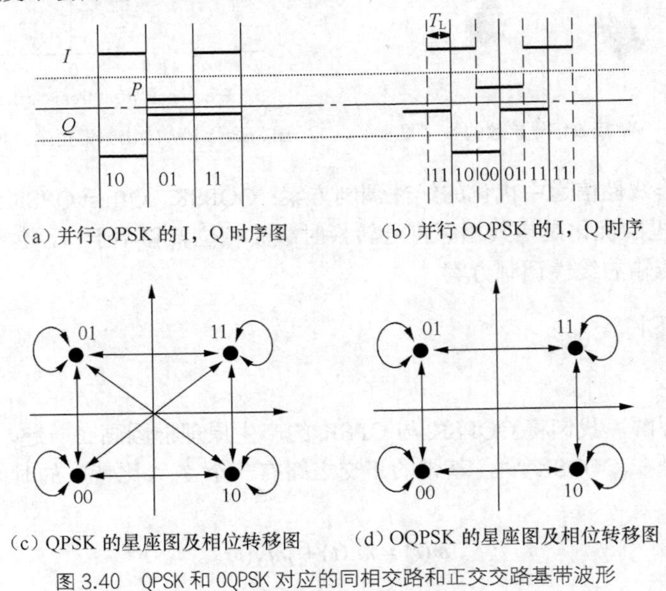

（a）并行 QPSK 的 I，Q 时序图　（b）并行 OQPSK 的 I，Q 时序

（c）QPSK 的星座图及相位转移图　（d）OQPSK 的星座图及相位转移图

图 3.40　QPSK 和 OQPSK 对应的同相交路和正交交路基带波形

比较图 3-40（a）和（b），可以看出由于 OQPSK 码元转换频度两倍于 QPSK，使符号定时难度增加了。

3．频谱特性与误码性能

式（3-82）和式（3-49）两者时域信号只有相位的变化，因此其对应的功率谱是相等的，即式（3-50）也是 OQPSK 信号的功率谱，所以 OQPSK 和 QPSK 的带宽及频谱效率相同。

$$W = R(1+\beta) = \frac{R_b}{2}(1+\beta)\text{，}\quad \eta = \frac{R_b}{W} = \frac{2}{1+\beta} \tag{3-83}$$

由于 OQPSK 的 I/Q 分量相互独立，星座图判决区和 QPSK 一致，所以在相干解调时其误码性能与 QPSK 相同，即

$$P_{eOQPSK} = P_{eQPSK} = 2Q\left(\sqrt{\frac{2E_b}{N_0}}\right) \tag{3-84}$$

$$P_{bOQPSK} = \frac{P_e}{2} = Q\left(\sqrt{\frac{2E_b}{N_0}}\right) \tag{3-85}$$

3.4.3　π/4QPSK 和 π/4DQPSK

1. π/4QPSK 的解调

π/4QPSK 调制方案是 OQPSK 和 QPSK 方案的折中，在最大相位偏移上，介于 OQPSK 的 π/2 与 QPSK 的 π 之间，为 3π/4。因此，带限 π/4QPSK 信号在包络起伏方面要小于带限 QPSK 信号；对包络的变化比 OQPSK 更敏感，但其定时恢复要比 OQPSK 容易。而该方案能在实际中大量使用源于它可以采用差分编码，进而在接收端使用非相干解调（检测）即差分检测，因而使接收机的设计更加简单。在衰落信道和多径弥散的情况下，π/4DQPSK 方案要比 OQPSK 方案表现得更具有健壮性。

原始码经过差分编码后，再进行 π/4QPSK 调制，就是 π/4DQPSK 信号。π/4QPSK 和 π/4DQPSK 的区别在于原始信息在载波的承载规则不同，如表 3-2 所示。

表 3-2　π/4DQPSK 与 π/4QPSK 信号相对于载波相位的对应规则比较

输入原始码组		π/4QPSK	π/4DQPSK
d_I	d_Q	载波的实际相位 θ_k	载波相位的变化 $\Delta\theta_k$
1	1	π/4	π/4
−1	1	3π/4	3π/4
−1	−1	−3π/4	−3π/4
1	−1	−π/4	−π/4

π/4QPSK 信号中原始信息承载在已调载波的实际相位上；而 π/4DQPSK 信号中原始信息承载在相邻码元的载波相位的变化上。这和 BPSK 与 2DPSK 相对应，π/4QPSK 只是一个概念，而 π/4DQPSK 才是在实际使用的方案，π/4QPSK 的作用只是说明概念以及对 π/4DQPSK 的引出，在实际使用中 π/4QPSK 没有太大的意义，所以在很多文献中（包括本书）讨论的 π/4QPSK 实际上就是 π/4DQPSK 方案。

从表 3-2 可以看出，π/4DQPSK 信号的载波相位变化 $\Delta\theta_k$ 为 π/4 或 3π/4，其星座图如图 3-41 所示。此图可以看成是由 3.3.2 小节图 3-20 中的两个星座图交织而构成的，星座点在两个星座中交替转移，从星座图中可以明显看到：转移过程中，没有穿过原点。

π/4DQPSK 的调制原理框图如 3-42 所示。

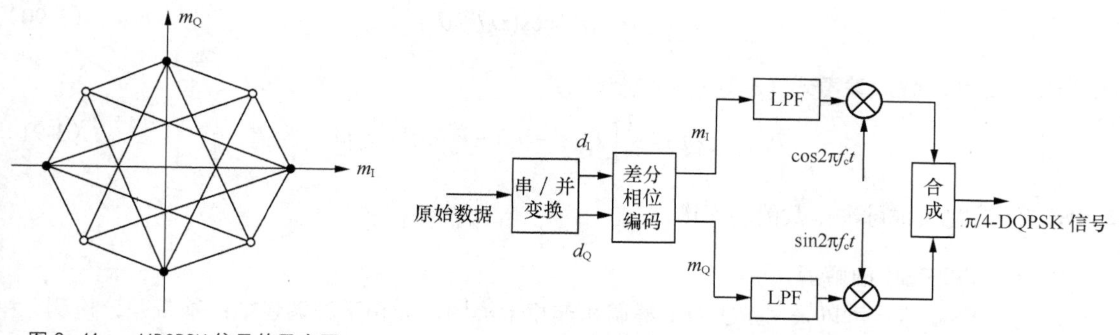

图 3-41　π/4DQPSK 信号的星座图　　图 3-42　π/4-DQPSK 信号的产生原理框图

d_I 与 d_Q 为原始码元，即绝对码。m_I 和 m_Q 为 d_I 与 d_Q 的差分码。结合星座图，π/4DQPSK 信号的表达式为

$$S_{\pi/4\text{DQPSK}}(t) = \cos(\omega_c t + \theta_k)$$

$$=\cos\theta_k\cos\omega_c t-\sin\theta_k\sin\omega_c t \tag{3-86}$$

$\Delta\theta_k$是第 k 个码元 T 内的载波附加相位，$\theta_k=\theta_{k-1}+\Delta\theta_k$，$\theta_{k-1}$为第 $k-1$ 个码元的载波附加相位。$\Delta\theta_k=\theta_k-\theta_{k-1}$，它的值决定于输入原始码，具体数值见表 3-2。将上式与图 3-42 对比可得出

$$m_{Ik}=\cos\theta_k \qquad m_{Qk}=\sin\theta_k \tag{3-87}$$

将（3-87）式展开

$$\begin{aligned}m_{Ik}&=\cos\theta_k=\cos(\theta_{k-1}+\Delta\theta_k)=\cos\theta_{k-1}\cos\Delta\theta_k-\sin\theta_{k-1}\sin\Delta\theta_k\\ m_{Qk}&=\sin\theta_k=\sin(\theta_{k-1}-\Delta\theta_k)=\sin\theta_{k-1}\cos\Delta\theta_k+\cos\theta_{k-1}\sin\Delta\theta_k\end{aligned} \tag{3-88}$$

$\cos\theta_{k-1}=m_{Ik-1}$，$\sin\theta_{k-1}=m_{Qk-1}$，上式可改写为

$$\begin{aligned}m_{Ik}&=m_{I_{k-1}}\cos\Delta\theta_k-m_{Q_{k-1}}\sin\Delta\theta_k\\ m_{Qk}&=m_{Q_{k-1}}\cos\Delta\theta_k+m_{I_{k-1}}\sin\Delta\theta_k\end{aligned} \tag{3-89}$$

若星座图的星座点距原点的长度为 1，则 m_{Ik}与 m_{Qk} 可分别取$\pm\frac{1}{\sqrt{2}},\pm1,0$五种值。

例 3-1 假设输入的原始码元为{1，1，1，−1，−1，−1，1，1，−1，−1，1，−1，−1，1}，载波初相位 $\theta_0=0$。求 θ_k、m_{kI}、m_{Qk}的值。

k	1	2	3	4	5	6	7
d_I，d_Q	1，1	1，−1	−1，−1	1，1	−1，−1	1，−1	−1，1
Δθk	π/4	−π/4	5π/4	π/4	5π/4	−π/4	3π/4
θk	π/4	0	5π/4	−π/2	3π/4	π/2	5π/4
m_{Ik}	0.707	1	−0.707	0	−0.707	0	−0.707
m_{Qk}	0.707	0	−0.707	−1	−0.707	1	−0.707

此表参考了表 3-2 的相位转移关系。参考式（3-86）π/4DQPSK 信号的表达式为

$$\begin{aligned}S_{\pi/4QPSK}(t)&=m_{Ik}(t)\cos\omega_c t-m_{Qk}(t)\sin\omega_c t\\ &=\sum_k g(t-kT)\cos\theta_k\cos\omega_c t-\sum_k g(t-kT)\sin\theta_k\sin\omega_c t\\ &=\sum_k g(t-kT)\cos(\omega_c t+\theta_k)\end{aligned} \tag{3-90}$$

$g(t)$为形成脉冲函数，参考式（3-21）其功率谱为

$$P_{\pi/4QPSK}(f)=\frac{1}{4}\left[P_g(f-f_c)+P_g(-f-f_c)\right] \tag{3-91}$$

其中，$P_g(f)$为形成脉冲函数的功率谱。

2．π/4 DQPSK 的解调

π/4 DQPSK 信号可以采用 I/Q 相干解调和非相干解调，非相干解调包括：基带差分检测、中频差分检测、鉴频器检测。

（1）I/Q 相干解调

π/4 DQPSK 信号 I/Q 相干解调原理框图如图 3-43 所示。输入的 π/4 DQPSK 信号分成三路，其中一路进行载波恢复后输出两路正交相干载波，分别与与另两路已调波相乘后进行低通滤波，经低通滤波后分成两路，一路进行定时恢复；另一路进行匹配滤波、再进行抽样判决，他们都要利用

到定时恢复的时钟。然后进行相对码到绝对码的差分译码，再经过并/串变换，最后输出原始数据。

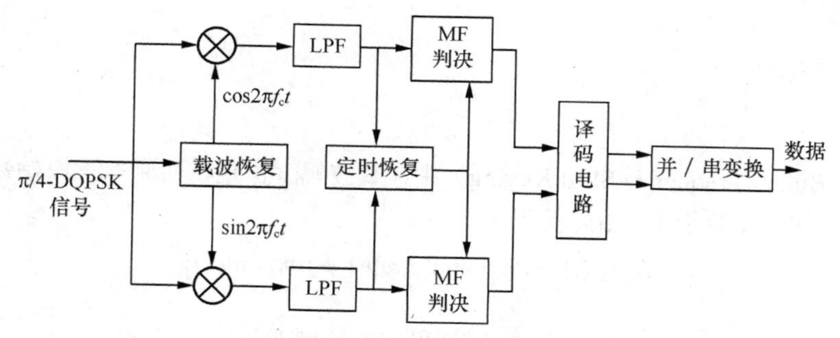

图 3-43 π/4-DQPSK 信号的 I/Q 解调

（2）非相干解调之中频差分检测

本节只分析中频差分检测，其原理框图如图 3-44 所示。输入的 π/4 DQPSK 信号分成三路，其中一路要延迟一个码元周期后再分成两路，其中一路要进行进行 π/2 移相，然后分别与另两路已调波相乘后进行低通滤波，经低通滤波后每个低通滤波器分别分成两路，一路进行定时恢复；另一路进行匹配滤波及抽样判决，匹配滤波及抽样判决都要利用到定时恢复的时钟，再经过并/串变换，最后输出原始数据。

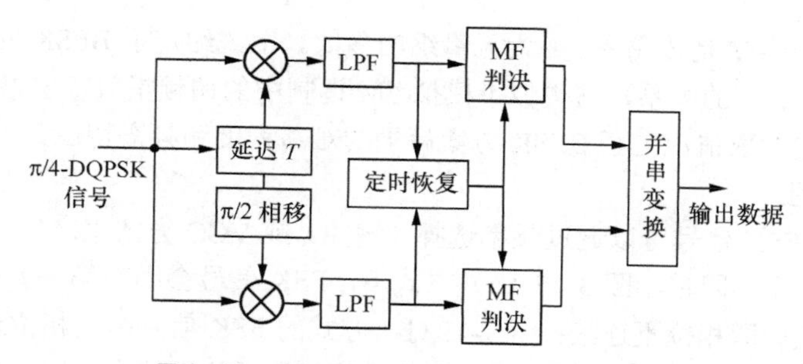

图 3-44 π/4-DQPSK 信号中频差分解调框图

从图 3-44 中可看到，它是由两路正交的差分解调器独立进行的，利用这种方法解调后不需要再经过相对码到绝对码的差分译码过程，直接就可输出原始绝对码，同时也不需要相干载波恢复电路，因此电路结构简单实用。

3.5 非线性调制

前面已说过非线性调制或者称为指数调制方案，其载波的相位或频率被控制，而幅度保持恒定，因此该方案具有内在的包络恒定特性，即无论调制信号如何变化，已调波的幅度始终是恒定的，所以不需要后滤波保持包络的恒定，因此非线性调制又称为恒定包络调制。从这个意义上来讲，3.4.1 小节所讨论的非线性信道的消极作用从理论上讲在非线性调制中是不存在的，因此非线性调制非常适合在非线性信道中使用；另外，恒包络调制方案由于可以采用限幅器的鉴频器解调方式，极大地简化了接收机设计，同时也提高了对随机调频噪声以及由于瑞利衰落所造成的信号起伏的抵抗能力。因此非线性调制方案是许多实际无线移动通信系统首选的方案。

但非线性调制也有不足，其已调波带宽较线性调制方案要宽，在频谱效率比功率效率优先考虑的情况下，非线性调制不是最佳选择。非线性调制方案包括：MFSK、MSK、GMSK 等，本节将对他们进行分析。

3.5.1 BFSK

1．原理

在 BFSK（Binary Frequency Shift Keying）中，载波幅度恒定，而频率受原始数据 d_i 控制。我们令（3-18）式中的 A 等于 1，由此得到

$$S_{\mathrm{BFSK}}(t)=\mathrm{Re}\left[\exp \mathrm{j}(d_i\omega_{\mathrm{d}}t+\phi_i)\exp(\mathrm{j}\omega_{\mathrm{c}}t)\right]$$
$$=\sum_{i=-\infty}^{\infty}\cos(\omega_{\mathrm{c}}t+d_i\omega_{\mathrm{d}}t+\phi_i) \tag{3-92}$$

d_i 是原始数据，取 1 或−1，ω_{d} 为调制频率，也称为载波频率的偏移，ϕ_i 为与原始数据有关的相位参数。式（3-92）称为 BFSK 调制。这里假设原始载波的初相位为 0，幅度为归一化，上式表明承载数据 1 和−1 的两个载频分别为 $\omega_2=\omega_{\mathrm{c}}+\omega_{\mathrm{d}}$ 和 $\omega_1=\omega_{\mathrm{c}}-\omega_{\mathrm{d}}$。

2．调制指数 *h*

在 BFSK 中，我们定义一个参数——调制指数 h。

$$h=\frac{2f_{\mathrm{d}}}{R}=2f_{\mathrm{d}}T=\frac{\omega_{\mathrm{d}}T}{\pi} \tag{3-93}$$

式中，$\omega_{\mathrm{d}}=2\pi f_{\mathrm{d}}$，$R=1/T$ 是传码率。h 为无量纲的参数。上式约定了 BFSK 的频率偏移 ω_{d}、传码率 $1/T$ 与调制指数 h 之间的关系，它类似于模拟 FM 调制中的调频指数，但略有区别。h 是 BFSK 非常重要的参数，它的取值决定了 BFSK 方案解调的难易程度和频谱特性。

3．BFSK 的产生

一般情况下，BFSK 信号可以通过频率选择（键控）或 VCO 方式来产生，如图 3-45 所示。当第 i–1 个与第 i 个码元不同时，图 3-45（a）方式下，FSK 信号会因在第 i–1 个到第 i 个码元变化时产生载波相位跳变，即相位不连续；而 3-45（b）方式的 FSK 信号则是相位连续的。前者的 FSK 信号会造成边带频谱扩散，因此不能在 FDMA 方式的无线通信系统中使用；而后者是在无线通信系统中能实际使用的方式。

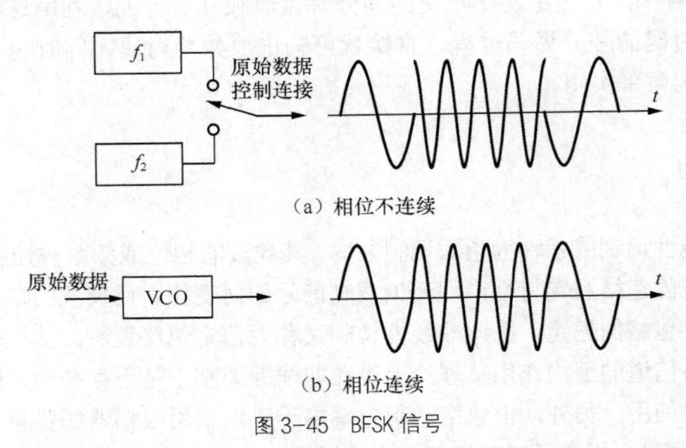

图 3-45 BFSK 信号

为保证载波相位的连续性，式（3-92）中的相位参数 ϕ_i 必须满足下式。

$$\phi_i=\phi_{i-1}+(d_{i-1}-d_i)\omega_{\mathrm{d}}iT=\phi_{i-1}+(d_{i-1}-d_i)ih\pi \tag{3-94}$$

4．BFSK的相关接收

此解调方式是指在BFSK相干解调下，再经过匹配滤波器（相关器）的解调方式，其构成如图3-46所示。

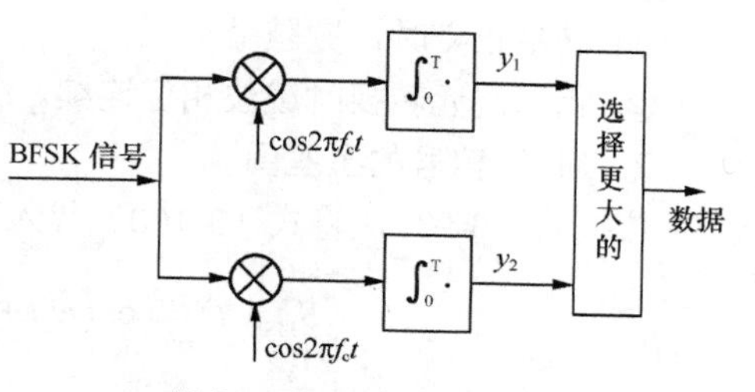

图3-46　BFSK最佳接收机

图中$\omega_1=\omega_c-\omega_d=2\pi f_1$对应–1，为上支路；$\omega_2=\omega_c+\omega_d=2\pi f_2$对应1，为下支路。【注】此接收机的结构忽略了相位连续因素，故可能有性能更好的接收机。当下支路分别输入$\cos\omega_2 t$和$\cos\omega_1 t$时，所对应的输出y_2为

$$y_2=\begin{cases}\int_0^T\cos^2\omega_2 t\mathrm{d}t\\ \int_0^T\cos\omega_1 t\cos\omega_2 t\mathrm{d}t\end{cases}=\begin{cases}\int_0^T\frac{1}{2}[1+\cos(2\omega_2 t)\mathrm{d}t]\\ \int_0^T\frac{1}{2}\{\cos[\omega_2-\omega_1]t+\cos[\omega_2+\omega_1]t\}\mathrm{d}t\end{cases}$$

$$=\begin{cases}\frac{T}{2}\\ \frac{T\sin[(\omega_2-\omega_1)T]}{2(\omega_2-\omega_1)T}+\frac{T\sin[(\omega_2+\omega_1)T]}{2(\omega_2+\omega_1)T}\end{cases}\tag{3-95}$$

由于$\omega_1+\omega_2\gg1$，而$\sin[(\omega_1+\omega_2)T]\leqslant1$，上式下分支的第二项近似为0，故可改写为

$$y_2\approx\begin{cases}\frac{T}{2}\\ \frac{1}{2(\omega_2-\omega_1)}\sin[(\omega_2-\omega_1)T]\end{cases}\tag{3-96}$$

在最佳接收时，当下支路输入–1即对应的$\cos\omega_1 t$时，我们希望其输出为0（上支路正相反），即必须满足$\sin[(\omega_1-\omega_2)T]=0$，则

$$(\omega_2-\omega_1)T=n\pi\tag{3-97}$$

n为不等于0的正整数，这里$\omega_2-\omega_1=2\omega_d$，将上式代入（3-93）式，则

$$h=\frac{\omega_d T}{\pi}=\frac{\omega_2-\omega_1}{2}\frac{T}{\pi}=\frac{(\omega_2-\omega_1)T}{2\pi}=\frac{1}{2}n\tag{3-98}$$

上式即是实现最佳解调的调制指数h的取值。从式（3-95）看出满足上式，就意味着

$$\int_0^T\cos\omega_1 t\cos\omega_2 t\mathrm{d}t=0\tag{3-99}$$

即表明承载1的$\cos\omega_2 t$信号和承载–1的$\cos\omega_1 t$信号是正交的。式（3-98）也是FSK信号正交的条件。而满足正交的h取值无数，根据调制指数的定义，我们可以得到最小的$h=1/2$。

3.5.2　MSK

1．MSK的概念

从上面分析可以看出，在BFSK中，满足两个载频正交的最小调制指数$h=1/2$，参考式（3-93）我们可以得到频偏f_d为

$$f_d=\frac{h}{2T}=\frac{1}{4T}\tag{3-100}$$

式（3-100）表明，最小的$h=1/2$，就意味着最小的频偏$f_d=1/4T$。这就引出了我们要讨论的最小频移键控方案，即MSK（minimum-shif keying）。最小的频差，就意味着系统所占的带宽最小；同时由于要避免因相邻异码元转换时载波相位跳变所导致的带外辐射增加，引起的邻道干扰，如上节所述，必须保证满足式（3-94）。因此MSK的基本条件是：

① 满足正交时，频差最小；

② 相邻码元转换时载波相位连续。

2．MSK 信号的星座图

依据式（3-92），将式（3-100）代入，得到 MSK 的表达式为

$$S_{\mathrm{MSK}}(t)=\cos\left(\omega_{\mathrm{c}}t+d_i\omega_{\mathrm{d}}t+\phi_i\right)=\cos\left(\omega_{\mathrm{c}}t+\frac{h\pi}{T}d_it+\phi_i\right)$$

$$=\cos(\omega_{\mathrm{c}}t+\frac{\pi}{2T}d_it+\phi_i)=\cos\left[\varphi_i(t)\right] \tag{3-101}$$

式中，$\varphi_i(t)$表示第 i 个码元内的载波相位。在 MSK 中，我们通过分析其相位的变化，以求解出其星座图。我们可以从任一个码元内载波相位的变化来分析。假定 $\Delta\varphi_i$ 为第 i 个码元在第 i 个 T 内载波相位相对于未调载波相位的改变，很显然，这种改变是由该码元 d_i 所引入的，则

$$\Delta\varphi=\varphi_i(t)-\omega_{\mathrm{c}}t\quad=\frac{h\pi}{T}d_it+\phi_i\qquad iT\leqslant t\leqslant (i+1)T \tag{3-102}$$

该式为一在 T 内的直线，斜率为 $h\pi/T$，正负决定于 d_i；φ_i 为截距，在 T 内是常量。上式表明，在一个码元时间 T 内，由信息码元引入的相位变化量为

$$\Delta\varphi=h\pi d_i=d_i\omega_{\mathrm{d}}T \tag{3-103}$$

在 MSK 中，$h=1/2$，则其一个码元时间 T 内相位变化为

$$\Delta\varphi=\frac{\pi}{2}d_i \tag{3-104}$$

即为$\pm\pi/2$。若假设 $\varphi_i=0$，则其相位变化可能的轨迹为如图 3-47 所示。由此我们可以画出 MSK 信号的星座图，如图 3-48 所示。该星座图有下列特性：星座点转换轨迹是个圆，表明幅度恒定，且没有通过原点，即 MSK 是恒包络；星座点既不能在本身间转换，也不能跨越相邻的点转换，只能逐点转换，转换的相位幅度为 $\pi/2$。假设输入的数据为−1，1，−1，−1，−1，−1，−1，1，−1，−1，−1，1，1；且假定星座点从 4 点开始，其对应星座转换的轨迹为 4→3→4→3→2→1→4→3→4→3→2→1→2→3，这样的选取是任意的。我们可以画出星座转移过程中分别在 I、Q 轴上投影的波形图，如图 3-49 所示。我们发现波形是周期为 4T 的半正弦波，即持续时间是 2T 的一个完整的半正弦脉冲之和。我们称之为“等效基带脉冲信号”，其正负值决定于原始数据 d_i。

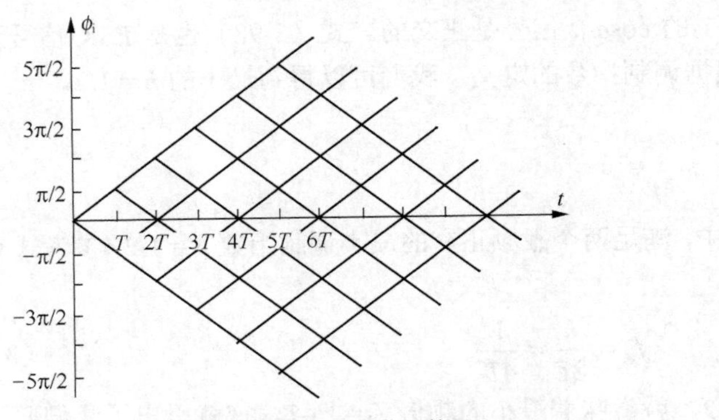

图 3-47 MSK 信号相位变化网格图

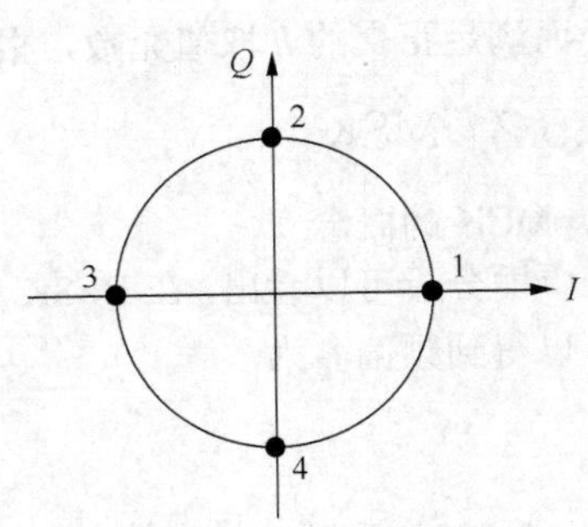

图 3-48 MSK 星座图

而且我们还发现：I、Q 半正弦波脉冲波形在时间上有相对时移，相对相差为 $\pi/2$，符合 OQPSK 基带波形的特征，如图 3-49 中虚线所示，其对应的等效数据标于下方。

3. MSK信号的调制与解调

从图3-49中可以看出MSK信号的基带分量I、Q可以分解成正弦脉冲半周期截断信号之和，截断持续时间为$2T$；两分量有相对时移，对应的相对相差为$\pi/2$；幅度为单位1，正负决定于数据d_i。因此MSK实际上是一种线性调制方案，即基带脉冲波形为持续时间两个比特间隔T的半正弦波的交错四相相位调制——OQPSK。这里$T_b=T$。

通过分析，我们可以判定，MSK的产生可以等同于OQPSK信号的产生过程，见图3-39（b）。但这里要注意，OQPSK信号未经奈奎斯特滤波的基带形成脉冲为矩形函数，持续时间为T；而MSK信号未经奈奎斯特滤波的等效基带形成脉冲为半正弦波，持续时间为$2T$。MSK信号的相干解调框图如图3-50所示，图中的低通滤波器为半正弦波的匹配滤波器。

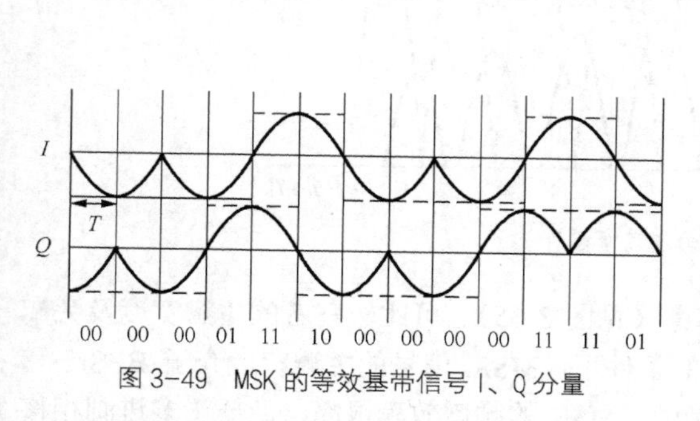

图3-49 MSK的等效基带信号I、Q分量

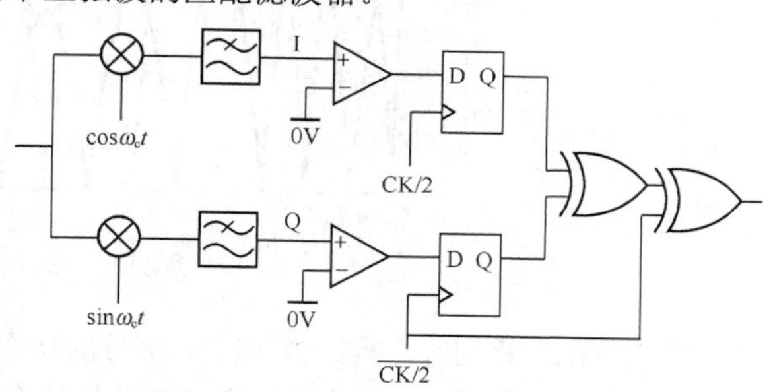

图3-50 包含输出译码器的MSK信号I/Q解调器

4. MSK信号的误码性能

实际上图3-48可以认为是两个BPSK星座的交织，因而图3-50相干解调的MSK误码性能等同于相干BPSK解调的误码性能，即

$$P_e=Q\left(\frac{d}{2\sigma}\right)=Q\left(\sqrt{\frac{2E_b}{N_0}}\right)=P_b \tag{3-105}$$

3.5.3 正交BFSK的功率谱

1. MSK的功率谱

我们可以借助上面的分析，先求解出MSK信号的功率谱，再推广到其他的正交BFSK的功率谱。依据上面的讨论可知MSK信号基带形成脉冲为

$$g(t)=\begin{cases}\cos\dfrac{\pi t}{4T}|t|\leqslant T\\ 0\text{其他的}t\end{cases} \tag{3-106}$$

频谱为$g(t)$的傅立叶变换，即

$$\begin{aligned}G(f)&=\int_{-T}^{T}\cos\left(\frac{\pi t}{4T}\right)\exp(-\mathrm{j}2\pi ft)\mathrm{d}t\\&=\frac{4T\cos(2\pi fT)}{\pi\left[(4fT)^2-1\right]}\end{aligned} \tag{3-107}$$

再根据式（3-14）和式（3-21）可得MSK信号的功率谱为

$$P_{\mathrm{MSK}}(f)=\frac{16T}{\pi^2}\left\{\frac{\cos[2\pi(f+f_c)T]}{1-16(f+f_c)^2T^2}\right\}^2+\frac{16T}{\pi^2}\left\{\frac{\cos[2\pi(f-f_c)T]}{1-16(f-f_c)^2T^2}\right\}^2 \tag{3-108}$$

由式（3-108）可以画出 MSK 信号的功率谱，如图 3-51 所示，为便于比较，在图中也画出了 QPSK 信号的功率谱。图中表示的是上边带谱。

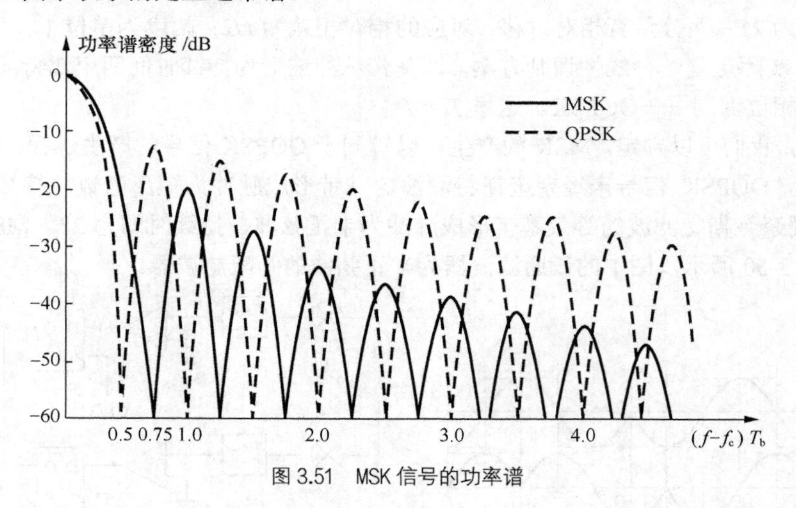

图 3.51 MSK 信号的功率谱

当 T_b（R_b）相同时，再结合 BPSK 信号的功率谱（见图 3-15），可比较三者的主瓣宽度及旁瓣衰减，如表 3-3 所示。可以看出，在相同的传信率的条件下，MSK 信号的主瓣宽度介于 BPSK 和 QPSK 之间；但旁瓣衰减大于两者。即在二进制调制中，MSK 的频谱效率很高，但低于多进制相移键控；由于 MSK 信号使用了正弦波这样平滑的成型脉冲，且其载波相位在码元转换时刻保持连续性，从而保证了其旁瓣衰减较二者都大；结合前面所讨论的其恒定包络在非线性信道中良好的特性，以及可以采用简单的解调器结构等，所以 MSK 方案在移动通信中广泛使用。

表 3-3　　BPSK、MSK、QPSK 三种信号功率谱主、旁瓣比较

	BPSK	MSK	QPSK
主瓣宽度	R_b	$0.75R_b$	$0.5R_b$
旁瓣衰减	13dB	24dB	13dB

【注】：表中的数据对应滚降系数 $\beta=0$；为上边带谱。

2. 正交 BFSK 信号的功率谱

（1）等效基带信号的时域波形

借助前面的分析，我们也可以求出其他正交 FSK 信号的功率谱。根据调制指数 $h=n/2$，依据 n 为偶数和奇数，我们将 h 分为整数（1，2，3…）和半整数（1/2，3/2，5/2…），分别予以讨论。

在整数 h 时，在一个码元时间 T 内，相位变化为 $\Delta\varphi=hd_i\pi$，$h=1$，2，3，…，即整数；$d_i=\pm1$，取决于数据。$\Delta\varphi$ 为 π 的整数倍，对应的星座图最多不超过两个星座点，即 h 为奇数时两个点；h 为偶数时一个点。图 3-52 分别画出了 $h=1$ 和 $h=2$ 相应的星座图和 I/Q 分量图，假设初相位为 0。

图中表明：I 为完全正弦波、Q 为半正弦波，周期为 $2T/h$，频率为 $h/2T=hR_b/2$。在半整数 h 时，相位变化为 $\Delta\varphi=hd_i\pi$，$h=1/2$，3/2，5/2，…；$d_i=\pm1$，取决于数据。在一个码元时间 T 内，$\Delta\varphi$ 为 $\pi/2$ 的奇数倍，对应的星座图包含四个星座点；I、Q 均为半正弦波，周期同样为 $2T/h$；而基带谱中没有线谱（冲激）。图 3-53 画出了 $h=3/2$ 的星座图和 I/Q 分量图。

（2）正交 BFSK 信号的功率谱

图 3-54 画出了对应不同 h 值的 BFSK 信号的功率谱，注：横坐标的量纲为（f-f_c）/R_b。从图

3-54 可以显示出随着调制指数 h 的增大，频谱扩展成两个镜像分离的部分，距离随 h 值的增大而增大，每一部分峰值对应着其正弦波的频率。

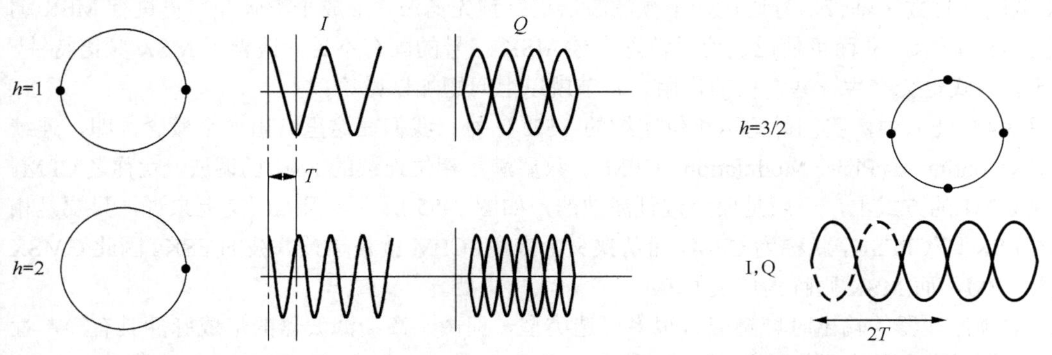

图 3-52 调制指数为整数时的星座图与 I/Q 分量　　图 3-53 调制指数为 $h=3/2$ 的星座图与 I/Q 分量图

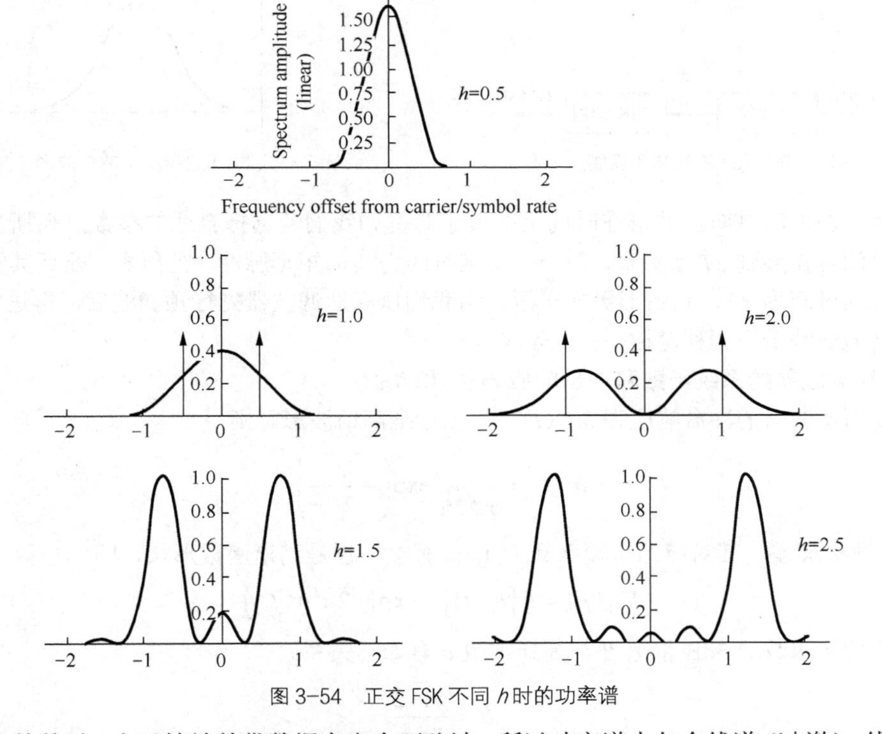

图 3-54 正交 FSK 不同 h 时的功率谱

当 h 为整数时，由于等效基带数据有完全正弦波，所以功率谱中包含线谱（冲激），线谱位置在：$f=f_c\pm h/2T$　$h=1$，2，3，4…；当 h 为半整数时，即 $h=0.5$，1.5，2.5，…，功率谱中不存在线谱。

3.5.4 GMSK

1. 问题的引出

GMSK（Gaussian minimum-shift keying）是由 MSK 衍生出的二进制数字调频方案。前面讨论过，在 MSK 方案中，其功率谱主瓣宽度比一般的 BPSK 要窄得多，而其旁瓣的衰减也大于任何未滤波的线性调制方案。但 MSK 依然存在如下问题：其一，虽然相位轨迹连续，但不平滑，如图 3-47 所示，因此频率存在跳跃点；其二，旁瓣和主瓣功率谱之比仍然不能达到−60dB 的实际系统要求。虽然可以通过调制后滤波方式来解决以上问题，比如消除旁瓣电平，但这样会造成包络的再生起伏，产生诸多如前所述的问题，所以后滤波方式是不可取的。而我们采用预滤波方式，即在 MSK 调制前将数字基带信号通过一个预滤波器进行预先滤波，形成平滑脉冲后再进行 MSK 调制，如图 3-55 所示。从而可使已调信号消除上述 MSK 信号的固有不足，改善了 MSK 频谱特性。当然预滤波方式也会产生一些消极的作用。本节就以上问题加以讨论。

在图 3-45（b）中，我们讨论了相位连续的 FSK 信号，我们在这里给出一个概念，即，连续相位调制（Continuous Phase Modulation，CPM），只要满足相位连续的 FSK 已调波，就称之 CPM。而在实现 CPM 的方式上，一般是要经过预滤波的，如图 3-55 所示。因此广义上来说，只要是相位连续的 FSK 即 CPFSK，就称为 CPM，而从狭义上来说，CPM 就是指预滤波的 FSK。因此 GMSK 又可称为 CPM，而 MSK 则称为广义 CPM。

实际的预滤波器的输出时域响应有很多可选类型，但由于高斯滤波器的形成脉冲具有简单性和灵活性，所以在实际中常常被使用，如图 3-56 所示。

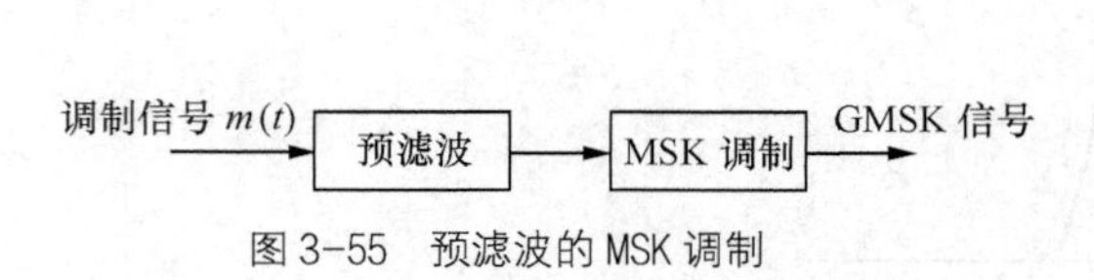

图 3-55　预滤波的 MSK 调制

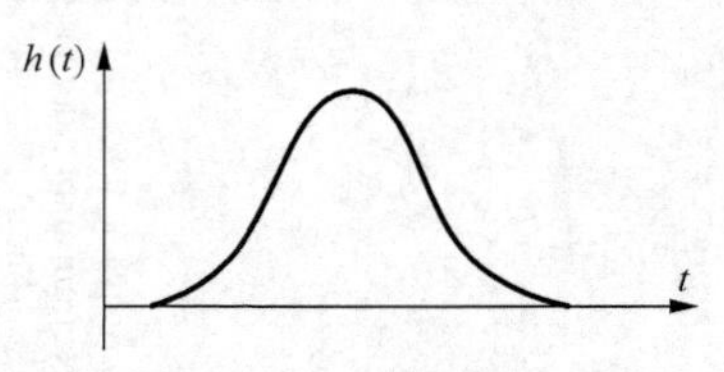

图 3-56　预滤波器冲击响应波形（高斯波形）

经过预滤波的时域响应波形在时间上扩展了！例如我们若选择合适的参数，高斯滤波器的形成脉冲的时间可拓展到 $3T$ 或更长。即一个持续时间为 T 的矩形脉冲，经预滤波器后其输出响应的形成脉冲持续时间为 $3T$，且图形更加平滑。当我们以高斯滤波器先行预滤波后，再进行 MSK 调制就称为高斯滤波最小频移键控——GMSK。

2．高斯滤波器的系统函数和冲击响应 $H_G(f)$和 $h_G(t)$

假设高斯滤波器的冲激响应为 $h_{\rm G}$（t），且为标准高斯波形。则：

$$h_{\rm G}(t)=\frac{1}{\sigma\sqrt{2\pi}}\exp\left(-\frac{t^2}{2\sigma^2}\right) \tag{3-109}$$

σ 为高斯函数标准差。其对应的传输函数 $H_G(f)$很有趣，也是高斯函数形状，即

$$H_{\rm G}(f)=F\left[h_{\rm G}(t)\right]=\exp\left(-2\pi^2\sigma^2 f^2\right) \tag{3-110}$$

高斯滤波器传输函数的 3dB 带宽 B 与高斯常数 σ 有如下关系。

$$B=\frac{\sqrt{\ln 2}}{2\pi\sigma} \tag{3-111}$$

表征高斯滤波器带宽的量化参数为带宽 B 与时间 T 的乘积，即 BT，T 为码元符号周期。我们可以选择不同的 BT 值来控制高斯响应波形的时间长度。图 3-57 显示了不同的 BT 值下的 $H_G(f)$与 $h_G(t)$的图形。从图中可看出：随着 BT 值的减小，$h_G(t)$波形越来越宽，而幅度越来越小，同时高斯滤波器的时域形成波形被拓展得越宽；反之亦然。例如当 BT 取 0.25 时，冲激响应持续的时间约为 $3T$。在实际应用中，BT 的典型值为 0.3、0.5。由此得出结论：当输入宽度为 T 的矩形脉冲序列时，高斯滤波器的输出响应不可避免地出现码间干扰。

3．GMSK 的功率谱

图 3-58 显示了 GMSK 信号取不同 BT 值的仿真射频功率谱图，从图中可看出：随着 BT 的减

小，旁瓣衰减极快。

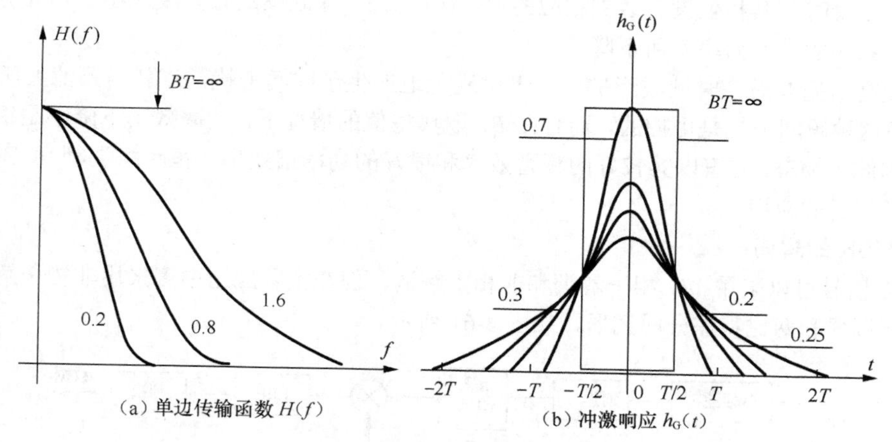

图 3-57 不同 BT 值高斯波形

我们也可以将 GMSK 与其他类型的调制方式的功率谱加以比较。图 3-59 显示了 QPSK、MSK、GMSK 的功率谱。

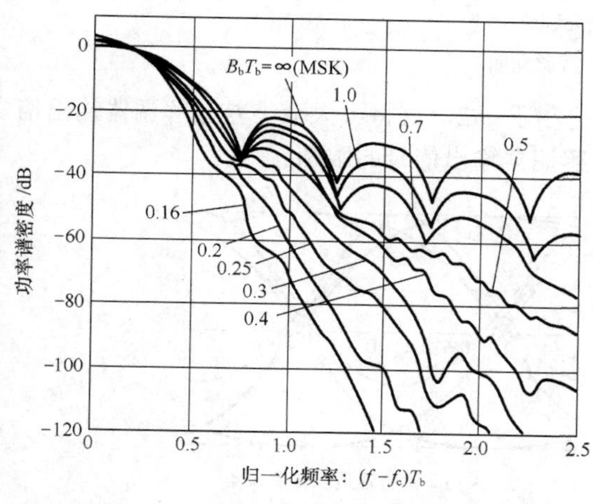

图 3-58 不同 BT 值下 GMSK 信号的功率谱图

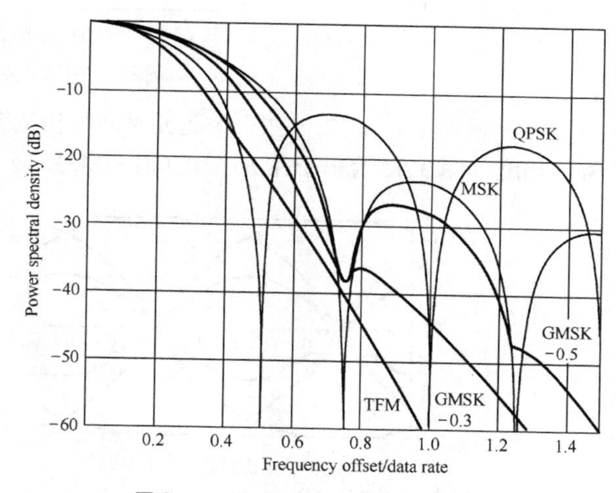

图 3-59 QPSK、MSK、GMSK 功率谱的比较

4. GMSK 的相位轨迹图

从 GMSK 的功率谱可以看出：和 MSK 相较，其旁瓣衰减的速率加快了，且主瓣进一步减小。即频谱效率提高了。但其付出的代价则是出现了码间干扰（ISI）。

究其原因，是由于预滤波器将全响应（即每一基带符号占据一个比特周期 T）转换成为了部分响应，即每一符号占据几个比特周期。也就是由于滤波器的使用，使得在码元结束时刻，载波相位达不到 MSK 的相位终值，在顶点处变平滑了，减小了眼图的张开度。图 3-60 显示了经高斯预滤波后的相位轨迹。

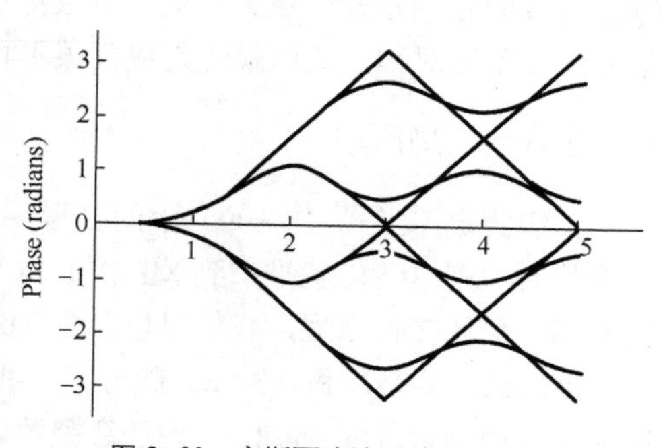

图 3-60 高斯预滤波后的相位轨迹

从图 3-60 可看出，和 MSK 信号的相位轨迹比较，预滤波后的相位轨迹不仅连续而且平滑；但在码元的结束时刻其相位没有达到相应的值，比如 π/2，即眼图的张开度减小了，说明产生了码间干扰，即系统的功率效率有所下降。

通过预高斯滤波后，时域波形扩展，不可避免地产生了码间干扰，这就是预滤波所带来的消极作用。但这种码间干扰是可控的，而且在 BT 取典型值的情况下，功率效率下降不是很严重，约为 1dB。因此 GMSK 方案以其较好的频谱效率和很好的功率谱效率（恒包络调制），在移动通信领域获得了广泛的应用。

5. GMSK 的解调

GMSK 信号可以采用 I/Q 相干解调和非相干解调，但在实际应用中多采用非相干解调，即一比特差分解调器和两比特差分解调器，如图 3-61 所示。

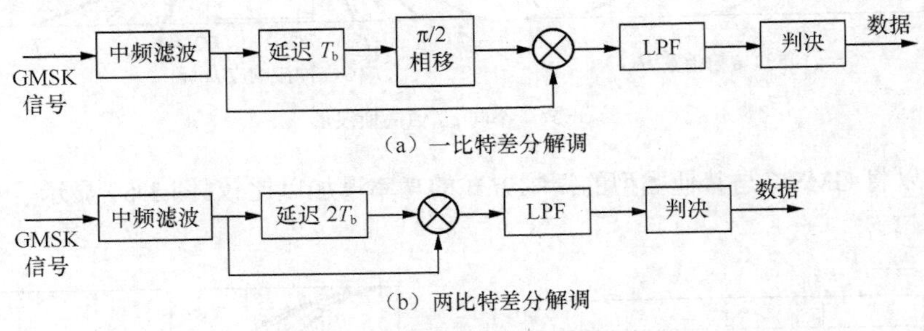

图 3-61　GMSK 差分解调框图

由于预滤波引入 ISI，在一个码元时间内相位变化小于 π/2，这将大大减小差分解调器输出信号的幅度。图 3-62 给出了在 $BT = 0.3$ 时 GMSK 差分解调器输出信号的眼图。

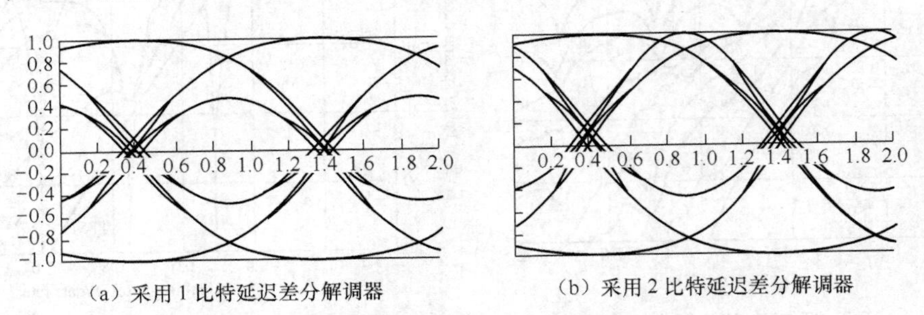

图 3-62　GMSK 解调器输出信号眼图（$BT = 0.3$）

从图 3-62 中可以看出，ISI 使得眼图张开度减小，使性能恶化。相对而言二比特差分解调的输出信号的眼图张开度更大一些，其性能比一比特差分解调器要好，然而二比特差分解调的输出信号眼图不再对称，所以最优判决门限不再为 0，为解调原始数据还需要较复杂的解码器。

3.5.5　MFSK

我们假定，当式（3-109）中的 d_i 取[−（M−1），−（M−3），…，−1，1，…，M−3，M−1]，即 M 个值时，则 BFSK 就推广到 MFSK。与 MPSK 一样，每个 MFSK 符号也传输 $\log_2 M$ 个比特。根据 BFSK 最佳接收原理，我们可以画出 MFSK 信号的最佳接收框图，如图 3-63 所示。

借助式（3-95）和（3-96）的分析，我们可以得到与之同样的结论：在 M 个频率两两正交的情况下，调制指数 $h = n/2$，n 为任意整数。因此我们可以得到 MFSK 信号的带宽为

$$W = 2Mf_a = MhR_b \tag{3-112}$$

其功率谱接近于平坦谱。

同时我们可以得到正交 MFSK 信号的 BER。

$$
\begin{aligned}
P_b &= \frac{2^{k-1}}{2^k - 1}\int_{-\infty}^{\infty}\left[1-Q(-y)^{M-1}\right]\frac{1}{\sqrt{2\pi}}\exp\left[-\frac{(y-\sqrt{2kE_b/N_o})^2}{2}\right]dy \\
&\approx \frac{M}{2}Q\left(\sqrt{2k\frac{E_b}{N_o}}\right)
\end{aligned} \tag{3-113}
$$

这里 $k=\log_2 M$。

根据式（3-113）可画出不同 M 值下 MFSK 信号的相对于 E_b/N_0 的 BER 性能曲线，如图 3-64 所示。从图中可以看出，在相同的 M 值下，MFSK 可比已讨论过的任何调制方案获得更好的功率效率。但从式（3-112）可以看出，其带宽也很大，所以 MFSK 信号是以带宽效率换取了功率谱效率。

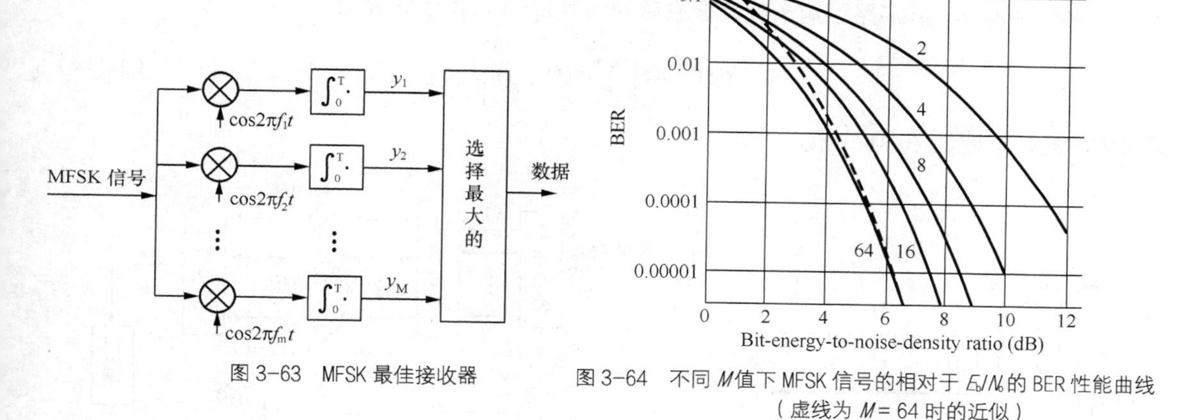

图 3-63 MFSK 最佳接收器

图 3-64 不同 M 值下 MFSK 信号的相对于 E_b/N_0 的 BER 性能曲线（虚线为 $M=64$ 时的近似）

3.6 OFDM 调制

OFDM（Orthogonal Frequency Division Multiplexing，正交频分复用），是由多载波技术 MCM（Multi-Carrier Modultion，多载波调制）发展而来的。OFDM 是一种特殊的多载波传输方案，它可以看作是一种调制技术，也可以被当做一种复用技术。因此可以把前几节的内容看成为单载波调制技术，而把 OFDM 称做多载波调制技术。

3.6.1 多载波传输技术的概念

1．单载波传输技术的缺点

在单载波无线传输过程中，不可避免地会出现多径效应及时延扩展。假设平均时延扩展为 Δ，根据第 2 章的分析，当数字调制信号的码元宽度 $T>\Delta$ 时，传输系统将不会产生符号间干扰（ISI）；而当 $\Delta>T$ 时，传输系统将会产生 ISI。而在实际数字传输系统中，尤其是宽带高速业务，系统的符号速率 R 一般不会很低，因此 $T=1/R$ 就不可能很大，很可能使得 $\Delta>T$，所以为了避免产生 ISI，就必须采用均衡技术，使得系统复杂，成本提高！同时当 $\Delta>T$ 时，由于无线衰落信道中的相干带宽 $B_c=1/\Delta$，而数字信号的带宽为 $W=1/T$（占空比为 1），则 $W>B_c$，即信号带宽超过相干带宽时，会造成频率选择性衰落，这对通信的影响很大，我们可以参看图 3-1 所示瀑布曲线。

综上，对宽带高速业务而言，单载波无线传输有很大的局限性，主要表现在：为了避免 ISI，使接收机趋于复杂；会产生频率选择性衰落。

2．数据流的分解

为了解决上述问题，就应该使 T 满足：$T \gg \Delta$，因此我们可以将高速的码元数据流，变成低速并行的 N 路码元子数据流，即将原始码元的 T 扩展到 NT，如图 3-65 所示。将码长度为 T 的高速数据分解成 N 路子数据流，每一路子数据的码元长度被扩展到 NT，每一路的速率为 $1/NT$，即为扩展之前原来单路数据速率的 $1/N$。则子数据流的码长远远大于时延扩展 Δ；而且带宽是原来带宽的 $1/N$ 倍，将远远低于信道的相关带宽 $B_C = 1/\Delta$，如果我们以这样的码元传输信息，则会避免上述的问题。而且 N 越大，上述问题的影响越小。下面要解决的问题是：如何来传输这扩展后的 N 路数据？这就是本章的核心内容：多载波调制技术及 OFDM 技术。

3．多载波调制技术

如果将并行的 N 路子数据流分别去调制 N 个不同子载波，这就是多载波调制的概念。假设每一路子载波为 $c_k(t)$，则 N 路已调子载波合成后的信号 $c_k(t)$ 可由下式表示。

$$S(t) = \text{Re}\left[\sum_{k=1}^{N} m(t)c_k(t)\right] \tag{3-114}$$

其对应的实现框图如图 3-66 所示。

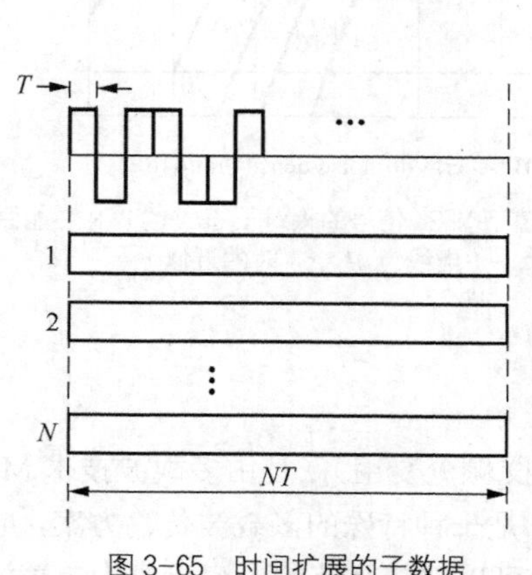

图 3-65　时间扩展的子数据

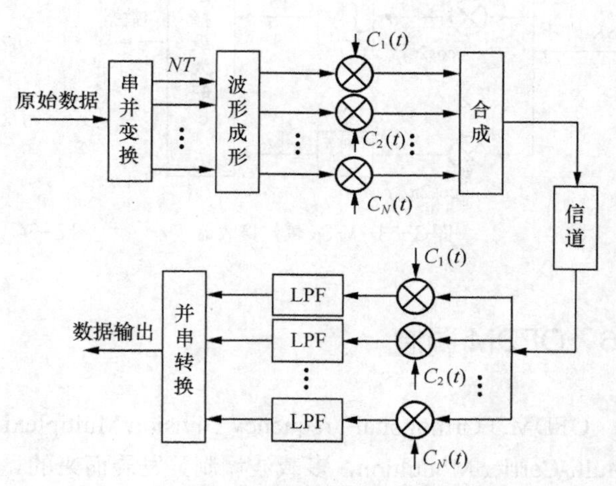

图 3-66　多载波系统原理框图

从图 3-66 中可以看出，多载波调制的核心问题是子载波 $c_N(t)$的选取，在多载波传输技术中，对每一路载波频率（子载波）的选取可以有多种方法，它们的不同选取将决定最终已调信号的频谱宽度和形状。

第 1 种方法是：各子载波间的间隔足够大，从而使各路子载波上的已调信号的频谱不相重叠，如图 3-67（a）所示。该方案就是传统的频分复用方式（Frequency Division Multiplexing，FDM），即将整个频带划分成 N 个不重叠的子带，每个子带传输一路子载波信号，在接收端可用滤波器组进行分离。这种方法的优点是实现简单、直接；缺点是频谱的利用率低，子信道之间要留有保护频带，而且多个滤波器的实现也有不少困难。

第 2 种方法是：各子载波间的间隔选取，使得已调信号的频谱部分重叠，使复合谱是平坦的，称为偏置正交幅度调制（Offest　Qudrature Amplitude Modulation，O-QAM），如图 3-67（b）所示。重叠谱的交点在信号功率比峰值功率低 3dB 处。子载波之间的正交性通过交错同相或正交子带的数据得到（即将数据偏移半个码元周期）。

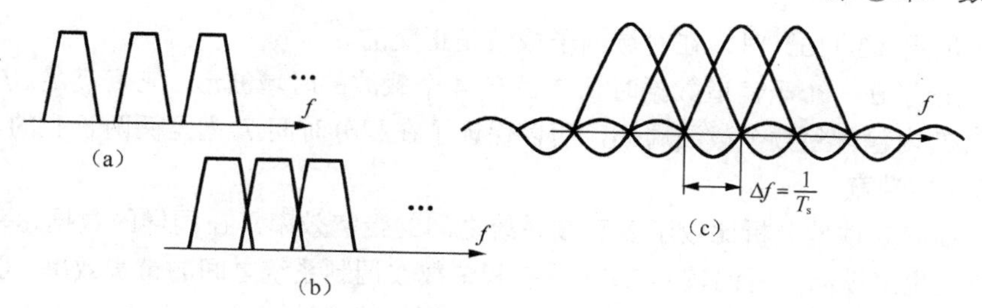

图 3-67　子载波类型

第 3 种方法是：各子载波是互相正交的，且各子载波的频谱有 1/2 的重叠。如图 3-67（c）所示。该调制方式称为正交频分复用（OFDM）。此时的系统带宽比 FDMA 系统的带宽可以节省一半。在每个子载波上，可以利用前面所讨论的线性调制方案进行调制。例如 MPSK、MQAM 等。

3.6.2　OFDM 技术原理

1．OFDM 的概念

OFDM 的原理是将输入的高速数据流拆分成 N 个并行的速率相等的低速子数据流，我们称为并行子信道。用每一个子信道上的数据去调制对应的单载波 $c_k(t)$，如果子信道的相邻单载波的频率距离等于每个子数据流的符号速率时，即

$$\Delta f=\frac{1}{T_S} \tag{3-115}$$

如图 3-67（c）所示，已调波信号在子信道码元时间 $T_s=NT$ 内是正交的，因而可以方便地利用相关接收（比如，常规的匹配滤波器或相关器）的方式进行分离接收，这就是 OFDM 技术。

若将图 3-66 中接收端的低通滤波器 LPF 改换成匹配滤波器或积分器，则就构成了 OFDM 系统实现原理框图。

从上面的分析可知：OFDM 属于多载波调制，因此它除了具有前述多载波调制的优点，诸如可降低因多径时延所造成的 ISI，及降低频率选择性衰落等；它还有自身的特点，其最大的特征是相邻子载波频谱的重叠性，而之所以频谱可以重叠方式传输，是因为 OFDM 技术实质上是利用了频率分集的概念，依靠子载波间的正交性，使得在接收端可以方便地分离出重叠的单路信号。因此 OFDM 的最大特点是其子载波间的正交性。即 OFDM 中的“O”。和其他传统的多载波技术相比，在频谱效率方面，OFDM 有了极大的提高。

2．正交性的原理

参见图 3-66，由于每个子信道的传码率相等，则形成脉冲的谱是一样的，而经调制各自子载波，即频谱搬移后，合成的谱要满足图 3-67（c）中的正交要求，所以就必须使得相邻子载波的频差满足式（3-115），即 $\Delta f = 1/T_s$。在时域中，假设 OFDM 中任意两个子载波 $c_k=\exp(2\pi jkt/T_s)$，$c_l=\exp(2\pi jlt/T_s)$，则两个任意子载波在时间 T_s 内的互相关函数为

$$\begin{aligned} r_{kl} &= \int_0^{T_s} c_k(t-\tau)c_l^*(t)\mathrm{d}t \\ &= \int_0^{T_s} \exp[2\pi jk\frac{(t-\tau)}{T_S}]\exp(-2\pi jl\frac{t}{T_{S1}})\mathrm{d}t \\ &= \begin{cases} T_s\exp\left(-2\pi jk\dfrac{\tau}{T_s}\right), & k=l \\ 0, & k\neq l \end{cases} \end{aligned} \tag{3-116}$$

上式说明当满足式（3-115）时，在时域内子载波是正交的。

图 3-68 画出了在一个子信道数据时长 T_s 内的 4 个载波的时域波形，它们满足 $\Delta f = 1/T_s$，从图中可看出，在 T_s 内包含整数个载波周期，所以保证了在积分时间 T_s 内是两两正交的。

3．OFDM 的带宽

前面我们横向定性地分析比较了多载波系统之间的带宽效率。在同样的数据速率及同样的调制方案下，我们也来纵向分析比较 OFDM 系统和单载波调制系统之间的带宽效率。我们首先假定单载波系统和 OFDM 系统中的子载波都没有进行奈斯全特滤波。

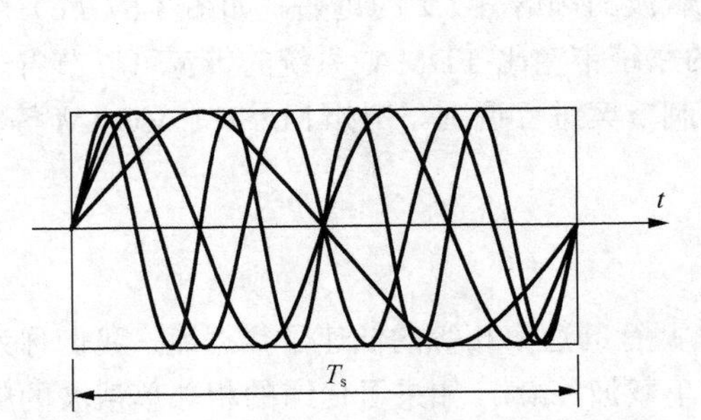

图 3-68　在 T_s 内满足正交子载波的时域波

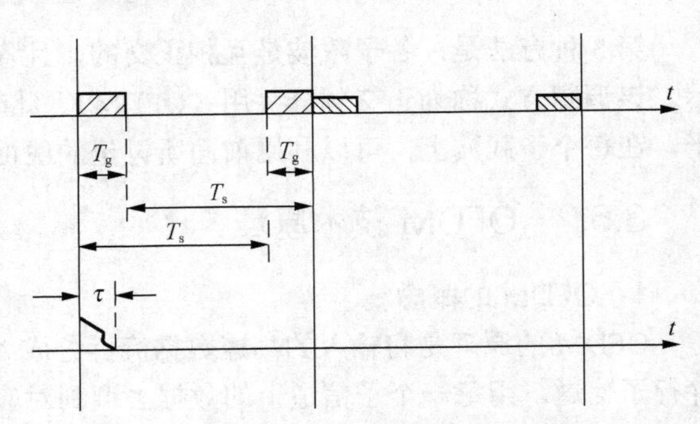

图 3-69　保护间隔与子信道码长及延时

对一个单载波调制系统而言，其已调波基带宽 W 与基带信号 T 的关系满足

$$W = 2R = \frac{2}{T} \tag{3-117}$$

而比特率则为：$R_b = R\log_2 M = \frac{1}{T}\log_2 M$，则

$$\eta = \frac{R_b}{W} = \frac{\log_2 M}{2} \tag{3-118}$$

从图 3-67（c）可看出，OFDM 信号的带宽 W 为

$$W = (N+1)\frac{1}{\Delta f} = (N+1)\frac{1}{NT} \tag{3-119}$$

每子信道的比特率为$\frac{\log_2 M}{NT}$，则 OFDM 的比特率为 N 路子信道的比特率之和，即

$$R_b = \frac{\log_2 M}{NT}N = \frac{\log_2 M}{T} \tag{3-120}$$

这与单载波系统的比特率相等。则 OFDM 系统的带宽效率为

$$\eta = \frac{R_b}{W} = \frac{N}{N+1}\log_2 M \tag{3-121}$$

在实际使用中，当 N 较大时，OFDM 的带宽效率是单载波带宽效率的 2 倍。而两者的比特率相等。所以两者带宽相差近 2 倍。

一个基本 OFDM 系统的带宽效率比一个单载波调制系统的带宽效率要高，也就说明 OFDM 系统的带宽在子信道之间的分配更有效，使得带宽效益增大了，这是 OFDM 重要的优点。

3.6.3　OFDM 的实现方法和特点

1. OFDM 的具体实现

在实际使用中，当子信道数较大时，并行系统所要求的正弦波发生器组和相关解调器组使设计变得极其复杂和昂贵，而且接收端需要解调载波和采样时间足够精确，以保持各子信道间同步而不增加串扰，因此现代 OFDM 系统是不能采用分离元件的调制器、滤波器和解调器的。随着数字信号处理技术（DSP）的飞速发展，采用离散傅里叶逆变换（IDFT）和离散傅里叶变换（DFT）来实现现代 OFDM 的方案被普遍接采和使用。由于计算量的庞大，后来又推广到以快速傅里叶反变换（IFFT）取代 IDFT，以快速傅里叶变换（FFT）取代 DFT，使得 OFDM 实现难度进一步降低。

从理论上也可以证明：OFDM 信号的产生与 IDFT 是完全可比拟的。

我们对式（3-114）分解，做如下假设：第 k 个子载波传送第 i 个符号表示为 d_{ki}， d_{ki} 是复数。因此对应第 i 个符号的传输信号如下式

$$s_i(t)=\sum_{k=0}^{N-1} d_{ki}c_k(t),\quad iT_o-T_g<t\leqslant iT_o+T_s \tag{3-122}$$

OFDM 信号如式（3-122）所示，我们将其推广。

$$S(t)=\sum_{k=0}^{N-1} d_k \exp\left(2\pi j\frac{kt}{NT}\right) \tag{3-123}$$

而在信号理论中，一个长度为 K 信号的离散傅里叶变换（DFT）及其反变换（IDFT）如下。

$$X(n)=\frac{1}{\sqrt{K}}\sum_{k=0}^{K-1} x(k)\exp(-j\frac{2\pi}{K}nk)\text{，}n=0\text{，}1\text{，}2\cdots\text{，}K-1 \tag{3-124}$$

$$x(k)=\frac{1}{\sqrt{K}}\sum_{n=0}^{K-1} X(n)\exp(j\frac{2\pi}{K}nk)\text{，}n=0\text{，}1\text{，}2\cdots\text{，}K-1 \tag{3-125}$$

比较（3-123）式和（3-125）式，我们发现，若将相应参量进行匹配对应，可以将 OFDM 信号看成是 IDFT 函数，因此从理论上也证明了用 IFDT 和 DFT 实现 OFDM 的可行性。实际的 OFDM 实现如图 3-70 所示。在发送端，原始数据信息经过编码、基带调制、映射等处理后的复信号经过串/并变换后，输入到 IDFT 或 IFFT 模块进行调制以得到时域信号，再经并/串变换，然后插入保护间隔，经过数/模变换后形成 OFDM 调制后的信号 $S(t)$，该信号经过信道传输后，接收端经过模/数变换，去掉保护间隔以恢复子载波间的正交性，经过串/并变换和 DFT 或 FFT 模块，再经并/串变换后还原原输入的信号。

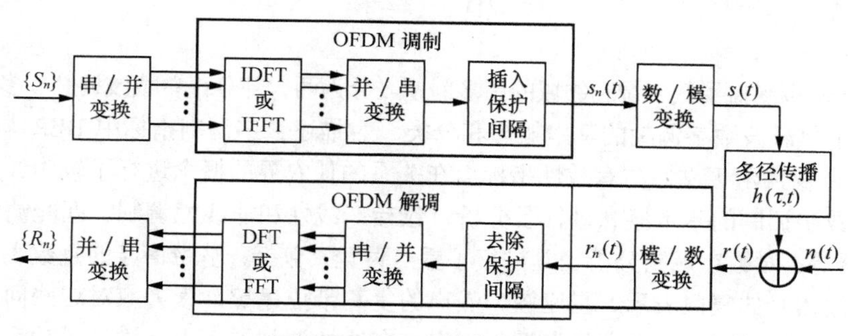

图 3-70　OFDM 系统的实现框图

2. OFDM 系统的特点

OFDM 系统具有很多的优点，主要表现在以下几个方面。

（1）OFDM 技术本身可以有效地对抗 ISI，适用于多径环境和衰落信道中的高速数据传输。如果说在信号频带中出现的深凹陷会严重损害单载波的性能，那么对 OFDM 这样的多载波系统，只有落在频带凹陷处的子信道及其携带的信息受影响，其他的子信道未受损害，因此系统总的误码性能要好得多。由于 OFDM 技术本身已经利用了信道的频率分集，如果衰落不是特别严重，就没有必要再加时域均衡器。但通过将各个子信道联合编码，则可使系统性能进一步提高。

（2）OFDM 系统的频谱效率很高，这一点在频谱资源有限的无线环境中很重要。当子载波个数很大时，系统的频带利用率趋近于 Nyquist 极限，两倍于单载波系统，并且可根据信道条件进行自适应的比特和功率分配，以充分利用信道容量。

（3）与多种接入方式结合使用。由于 OFDM 技术在频域和时域均划分系统资源，这样可以在保证系统频谱利用率的前提下，对频率和时间资源进行灵活的组合，构成多种 OFDMA 系统，包括多载波码分多址系统（MC-CDMA）、调频 OFDM 以及 OFDM-TDMA 系统等，可以为多个用户同时提供广泛的业务，有利于移动无线多媒体多用户传输的实现。

（4）OFDM 的另一优点是能够集中发射功率。由于功率的分配是按照子信道进行的，上行用户可以将发射功率集中在某些子信道上。利用 OFDM 技术可以很轻松地提高增益，扩大覆盖范围、易于接入、使功率放大器变得简单和便宜。

（5）易于与其他先进技术（如 MIMO 等）相结合。

OFDM 技术也有一些技术上的缺陷需要解决。

（1）对系统中的非线性问题敏感。在 OFDM 通信系统中，使用在频率上具有同步关系的 多个载波来调制信号，由于各载波的包络值统计独立，随着载波数的增加，叠加后信号的峰值功率与平均功率的比值（即峰平比，PAR）的数值较大。因此，调制信号的动态范围相当大，这就要求系统中的功放具有较高的线性放大范围，以避免传输信号的频谱扩散和非线性失真，同时也要求后续的 D/A 转换器具有较大的转换宽度，这样就增加了系统成本和实现难度。

（2）对定时和频率偏移敏感。在 OFDM 系统中，由于发送和接收振荡器之间存在不匹配性，或者在无线信道中存在多普勒频移，使得发送端和接收端存在载波频率偏移。载波频率偏移引入载波间干扰（ICI），降低了子信道之间的正交性，从而降低了整个系统的性能。对由大量子信道组成的 OFDM 系统来说，子信道带宽相对整个信道带宽来说小得多，因此，少量的频率偏移将会导致信噪比实质性地降低。同样定时不精确也会造成载波间干扰，降低子信道间的正交性。

小　结

本章讨论的范围涵盖了数字调制领域的诸多问题，分为两大部分：单载波调制和多载波调制。

首先讨论了单载波数字调制的基本概念和分类。对描述数字调制指标中 BER 与 E_b/N_0 关系的“瀑布”曲线，以及揭示可靠性与有效性指标内在关系的仙农界的概念进行了较为详尽的分析和讨论。接下来对数字调制的基本概念进行了分析，包括：线性和非线性调制、匹配滤波器的概念、I/Q 调制解调器等；对数字调制分析工具进行了重点讨论，包括：基带信号的复数表示及其脉冲叠加模式、已调波信号的复数表示、星座图、噪声的复基带描述等，读者应对这些问题加以重视。本章的核心部分是讨论了线性和非线性调制方案。在线性调制方案中，讨论了功率有效的调制方案 BPSK，重点讨论了频谱有效的调制方案：MPSK 和 MQAM，对其调制原理、产生及解调方法、频谱特性、误码性能等进行了讨论和比较，得到了一些相关的结论；在非线性调制方案中，以 BFSK 中的 MSK 作为讨论的重点，通过调制指数，把最佳接收、MSK、GMSK 以及 MFSK 的内容串接起来，形成了一个完整的概念体系。在分析过程中，利用了星座图和信号的复数表示等便捷的数学工具。在非线性调制方案中，我们讨论了非线性信道的特性以及非线性信道优化的线性调制方案 OQPSK 及 π/4DQPSK，使读者对调制方案和信道的关系有了一个较为深刻的认识。

本章最后讨论了多载波调制中具有代表性的 OFDM 调制方案，包括：多载波调制的概念、意义、类型；OFDM 的概念、原理、特性以及其在无线信道传输中的优势。本部分的重点与难点内容在于对 OFDM 原理的认识、理解及其在无线信道中的作用。

思考题与习题

1．已调信号的带宽是如何定义的？说明 3dB 带宽的含义。

2．给定的香农限图形中，说明香农绝对限的含义，及 $\eta = 2$ 时对应的 E_b/N_0 的物理意义。

3．说明线性调制和非线性调制的的概念。

4．说明白化滤波器的作用。

5．说明星座图的概念和作用。

6．画出 I/Q 调制器框图，说明其作用。

7．说明匹配滤波器与相关接收的关系。

8．说明 QPSK 的 P_b 和 BPSK 的 P_e 相等的原因。

9．配滤波器的输入信号 $S(t)$如图 3-71 所示，并假定噪声为 AWGN，其双边功率谱密度为 $N_0/2$，求（1）该匹配滤波器的输出响应信号的时域波形；（2）在抽样时刻 T 匹配滤波器的输出信噪比。

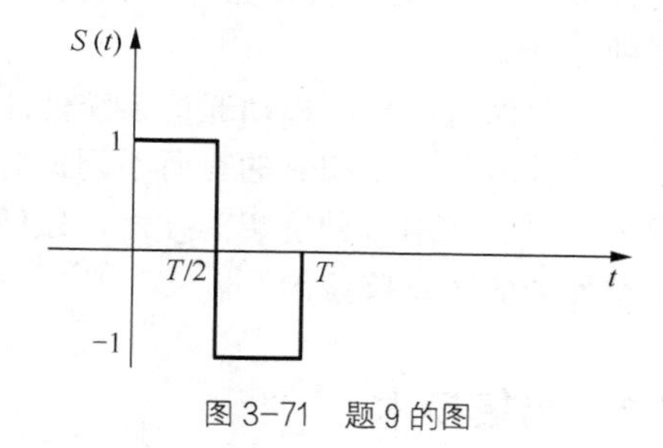

图 3−71　题 9 的图

10．画出 16-QAM 的方型星座图，并写出平均的直接相邻数目

11．在 MQAM 中应按什么样的准则来设计星座图？为什么？

12．说明 QPSK、OQPSK 和 π/4DQPSK 信号的星座图和相位转移图的区别。

13．在非线性信道对信号有什么影响？

14．何谓“CPM”？画出其产生框图？说明 GMSK 调制中 BT 的含义。

15．在 FSK 和 GMSK 中，表征其特性最重要的参数各是什么？为什么？

16．GMSK 与 MSK 的优缺点是什么？

17．为什么 OFDM 传输系统可以克服频率选择性衰落？

18．为什么在非线性信道仿真中，16QAM 信号的性能较 16PSK 要差？

19．比较 16QAM 和 16PSK 的误码性能，说明为什么？

20．当比特周期为 T_b，$h = 3/2$ 时，根据图 3-53 所给的 FSK 星座，当初始相位为$-\pi/2$ 时，求：（1）画出对应输入数据为 1011 的 I 及 Q 波形；（2）并以 $(f - f_c)T_b$ 为横坐标，将该 FSK 信号的双边功率谱图画出来。

21．单载波调制与多载波调制各有什么优缺点？

22．说明多载波调制的种类。

23．说明多载波调制与 OFDM 调制的关系。

第4章 抗衰落技术

移动通信系统中，信号的传输环境即移动通信信道是非常恶劣的，电波在传播中产生反射、绕射及散射造成的多径传播，接收机移动产生的多普勒频移，发射机与接收机之间的大建筑物等障碍物产生的阴影效应等，将会使移动通信信道出现严重的衰落，对移动通信系统的性能产生一定的负面影响，因此，移动通信系统必须采取相应的抗衰落技术来克服这些因素的影响。

一般而言，提高移动通信系统性能的抗衰落技术有：分集技术、均衡技术和信道编码技术。这三类技术的作用和目的有所不同，对于具体的通信系统，这些技术可以单独使用，但更多的情况下是联合使用多种抗衰落技术，以便能够得到更好的效果。本章主要介绍这三种提高移动通信系统性能的抗衰落技术。

4.1 分集技术

在实际的移动通信系统中，移动台常常工作在城市建筑群或其他复杂的地理环境中，而且移动的速度和方向是任意的。发送的信号经过反射、绕射及散射等传播路径后，到达接收端的信号往往是多个幅度和相位各不相同的信号的叠加，使接收到的信号幅度出现随机起伏变化，形成多径衰落。不同路径的信号分量具有不同的传播时延、相位和振幅，并附加有信道噪声，它们的叠加会使复合信号相互抵消或增强，最终形成信号衰落，严重衰落时深度可达20～40dB。利用加大发射功率、增加天线尺寸和高度等方法来克服这种深衰落是不现实的，而且会造成对其他电台的干扰。分集接收技术是对抗多径衰落的一种有效的方法，当不同的多径信号的衰落相互独立时，可以采用分集接收技术对抗衰落。在第二代和第三代移动通信系统中，分集接收技术已得到了广泛应用。

4.1.1 基本原理

分集接收技术是研究如何充分利用传输中的多径信号能量，以改善传输可靠性的技术。我们知道，多径信号是相同的信息沿不同路径到达接收点的，其中每条路径的信号都包含有可以利用的信息，所谓分集接收技术，就是在若干支路上接收独立的（相关性很小的）载有同一信息的信号，由于独立路径在同一时刻经历深衰落的概率很小，因此通过适当的合并技术将各个支路信号合并输出，就可以在接收端大大降低信号的衰落程度，以获得分集增益，提高接收灵敏度。

举个简单例子来说，对于一个装有两根发送或接收天线的系统，如果天线间的距离足够远，那么这两根天线就可以看作是独立的衰落路径，它们同时经历深衰落的可能性很小，即如果在某时刻一条天线经历了深度衰落，而另一条天线很可能在该时刻仍包含有较强的信号，因此可以在任意时刻选择信号最强的那个天线，这样可以同时提高接收端的瞬时信噪比和平均信噪比，这就是选择合并技术。

分集技术包括 2 个方面：一是分散传输，使接收机能够获得多个统计独立的、携带同一信息的衰落信号；二是集中处理，即把接收机收到的多个统计独立的衰落信号进行合并以降低衰落的影响。因此，要获得分集效果，最重要的条件是各个信号之间应该是“不相关”的。

4.1.2 分集方式

在移动通信系统中，将会用到两种分集方式：一种是用来对抗楼房等物体的阴影效应的分集技术，叫做“宏分集”；另一种是用来对抗多径衰落的分集技术，叫做“微分集”，这是本节讨论的重点。“宏分集”也称为“多基站”分集，是一种减小慢衰落影响的分集技术，主要用于蜂窝移动通信系统，是指在不同的地理位置和方向上设置两个或两个以上的基站，这些基站同时与一个移动台进行通信，而接收机选择其中信号最好的基站接收，只要各个方向上的信号不是同时受到阴影效应或地形的影响造成慢衰落，这样做就能保持通信不中断。“微分集”是一种减小快衰落影响的分集技术，广泛应用于各种无线通信系统中，下面主要讨论“微分集”技术。

在无线通信系统中，有很多方法可以实现独立的衰落路径，例如可以通过空域、频域和时域等方法来实现，据此，“微分集”可分为空间分集、频率分集、时间分集、极化分集和角度分集，下面对这几种分集技术进行详细地介绍。

（1）空间分集：空间分集也称为天线分集，是无线通信系统中使用较多的一种分集方式。快衰落具有空间独立性，即在两个不同的位置接收同一信号时，只要两个位置的距离足够大，则两处所收到信号的衰落是相互独立的。空间分集就是利用快衰落的空间独立性获得抗衰落的效果，简单地说，就是在空间不同的垂直高度上设置多副天线，同时接收一个信号，然后将多个接收信号进行合成或者选择其中某一个强信号作为输出。在理想情况下，如果接收端天线之间的距离大于波长的一半，则可以保证多副接收天线输出信号的衰落特性是相互独立的，也就是说，当某一接收天线的输出信号很低时，其他接收天线的输出则不一定在这同一时刻也出现幅度低的现象，经相应的合并电路从中选出信号幅度最大、信噪比最佳的一路，得到一个总的接收天线输出信号。这样就可以有效降低信道衰落的影响，改善传输的可靠性。

（2）频率分集：频率分集是利用快衰落的频率独立性来实现抗衰落的，所谓频率独立性，是指频率间隔大于相关带宽的两个信号经衰落信道后在统计上可以认为是不相关的。频率分集采用两个或两个以上具有一定频率间隔的微波频率同时发送和接收同一信息，然后进行合成或选择输出。实现时可以将待发送的信息分别调制在频率不相关的载波上发射，所谓频率不相关的载波是指载波之间的频率间隔大于相关带宽，即满足

$$\Delta f \geqslant B_c = \frac{1}{2\pi\Delta T} \tag{4-1}$$

其中，Δf 为载波频率间隔，B_c 为相关带宽，ΔT 为时延扩展。当采用两个微波频率时，称为二重频率分集。同空间分集系统一样，在频率分集系统中要求两个分集接收信号的相关性较

小（即频率相关性较小），只有这样，才不会使两个微波频率在给定的路由上同时发生深衰落，并获得较好的频率分集改善效果。频率分集与空间分集相比较，其优点是在接收端可以减少接收天线及相应设备的数目，缺点是要占用更多的频带资源，并且在发送端需要采用多个发射机。

（3）时间分集：快衰落不仅具有空间独立性和频率独立性，同时还具有时间独立性，即将同一信号在不同时间区间多次重发，只要各次发送时间的间隔足够大（大于相干时间），则各次发送信号所出现的衰落将是相互独立统计的，接收机将收到的衰落独立的同一信号合并，就能减小衰落的影响。为了保证重复发送的信号具有独立的衰落特性，重复发送的时间间隔应该满足

$$\Delta T \geqslant \frac{1}{2f_m} = \frac{1}{2(v/\lambda)} \tag{4-2}$$

其中，f_m为衰落频率，v为移动台的运动速度，λ为工作波长。时间分集的性能取决于重复发送信号之间的衰落特性，基本由移动台的运动速度决定，因为相干时间和移动台的运动速度成反比，若移动台处于静止状态，即 $v=0$，则要求 ΔT 为无穷大，这表明时间分集基本上失效了。实践证明，当移动台的运动速度大于 40km/h，时间分集能获得很好的效果。这一技术已经被大量应用于扩频 CDMA 的 RAKE 接收机中，以处理多径信号。时间分集与空间分集相比较，优点是减少了接收天线及相应设备的数目，缺点是占用时隙资源，增大了开销，降低了传输效率。

（4）极化分集：在移动环境下，同一地点两个极化方向相互正交的天线发出的信号呈现出不相关的衰落特性。利用这一特点，在发射端的同一地点分别装上垂直极化天线和水平极化天线，在接收端的同一地点也分别装上垂直极化天线和水平极化天线，就可以得到两个衰落特性不相关的信号。极化分集实际上是空间分集的特殊情况，其分集支路只有两路。通常把垂直极化和水平极化两副接收天线集成到一个物理实体中，从外表上看像一副天线，故称为双极化天线。这种方法的优点是结构紧凑，节省空间，缺点是分集接收效果低于空间分集接收天线，并且由于发射功率要分配到两副天线上，将会造成 3dB 的信号功率损失。这一技术在蜂窝移动用户激增时，在改进链路的传输效率和提高容量方面有很明显的效果。

（5）角度分集：由于地形、地貌、接收环境的不同，使得到达接收端的不同路径的信号可能来自不同的方向，这样在接收端可以采用方向性天线，分别指向不同的到达方向，则每个方向性天线接收到的多径信号是不相关的，具有互相独立的衰落特性，从而可以实现角度分集并获得抗衰落的效果。

4.1.3 合并方式

在接收端取得若干条相互独立的分集信号以后，如何利用这些信号来减小衰落的影响，这就是合并的问题了，即可以通过合并技术来得到分集增益，合适的合并技术会获得较好的抗衰落性能。从合并所处的位置来看，合并可以在检测器以前，即在中频和射频上进行合并；也可以在检测器以后，即在基带上进行合并，分别称为检测前合并技术和检测后合并技术，如图 4-1 所示，这两类技术都已经得到了广泛应用。

对于具体的合并技术来说，一般使用线性合并技术，即把收到的 M 个独立衰落信号线性加权相加后输出。假设 M 个接收信号为 $r_1(t)$，$r_2(t)$，…，$r_M(t)$，则合并后输出的信号可以表示为

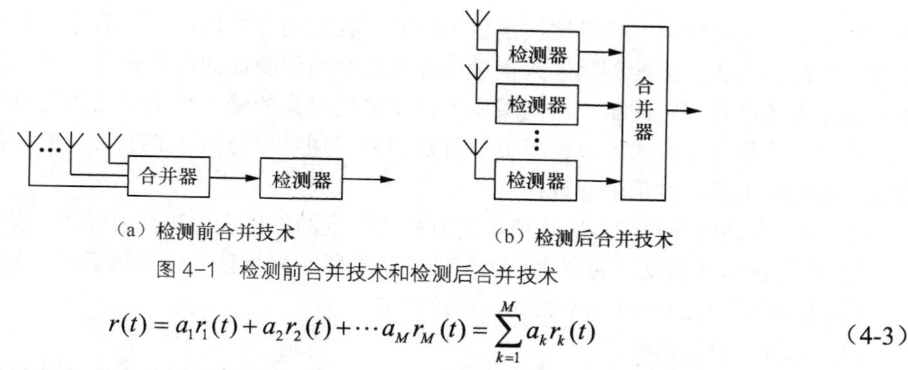

（a）检测前合并技术　　（b）检测后合并技术

图 4-1　检测前合并技术和检测后合并技术

$$r(t)=a_1r_1(t)+a_2r_2(t)+\cdots a_Mr_M(t)=\sum_{k=1}^{M}a_kr_k(t) \tag{4-3}$$

其中 a_k 为第 k 个信号的加权系数，选用不同的加权系数就得到不同的合并方式，常用的合并方式主要有以下三种：选择式合并（Selection Combinin，SC）、最大比值合并（Maximal Ratio Combining，MRC）和等增益合并（Equal Gain Combining，EGC）。

（1）选择式合并（SC）：采用选择式合并方式时，M 个接收机的输出信号先送入选择逻辑，选择逻辑再从 M 个接收信号中选择信噪比最高的一条支路的信号作为合并器的输出信号。由式（4-3）可以看出，选择式合并器的加权系数只有一项为 1，其余均为 0。选择式合并方式简单，易于实现，但由于未被选择的支路信号被弃之不用，因此抗衰落性能不如后面两种合并方式。另外，需要说明的是，如果在中频和高频上进行合并，必须保证各支路的信号同相，这将会导致电路的复杂度增加。

（2）最大比值合并（MRC）：采用最大比值合并方式时，接收端的 M 个分集支路，经过相位调整后，按照适当的增益系数，同相相加，再送入检测器进行合并。M 个支路的可变增益加权系数 a_k 为该分集支路的信号包络 r_k 与噪声功率 N_k 之比，即

$$a_k=r_k/N_k \tag{4-4}$$

则最大比值合并器输出的信号包络为

$$r_{\mathrm{R}}=\sum_{k=1}^{M}a_kr_k=\sum_{k=1}^{M}\frac{r_k^2}{N_k} \tag{4-5}$$

上式中，下标 R 表示最大比值合并方式。由此可以看出，采用最大比值合并方式时，信号强的支路多作贡献、信号弱的支路少作贡献，没有信号的噪声支路就抑制掉。这是比较理想的合并方法，但接收电路设计复杂、设备昂贵。

（3）等增益合并（EGC）：在最大比值合并中，适时改变加权系数 a_k 是比较困难的，通常希望 a_k 为常量，即各支路信号的加权系数取相同值 a_k=1，便成为等增益合并，输出的结果是各路信号幅值的叠加。等增益合并器输出的信号包络为

$$r_{\mathrm{E}}=\sum_{k=1}^{M}r_k \tag{4-6}$$

上式中，下标 E 表示等增益合并方式。等增益合并不是任何意义上的最佳合并方式，只有假设每一路信号的信噪比相同的情况下，在信噪比最大化的意义上，它才是最佳的。等增益合并的性能仅次于最大比值合并，当 M（分集重数）较大时，等增益合并与最大比值合并性能相差不多，仅差约 1dB 左右，但等增益合并实现比较简单，设备也简单。

4.1.4　合并方式性能比较

信噪比是通信系统中的一个非常重要的性能指标。在模拟通信系统中，信噪比决定了语音质

量；在数字通信系统中，信噪比决定了误码率。我们用合并前后平均信噪比的改善程度来衡量分集合并的性能。我们用改善因子来衡量合并前后平均信噪比的改善程度，改善因子的定义如下：在同样接收条件及规定的某一时间概率下，将采用分集的输出平均信噪比与没有分集时的平均信噪比的比值称作合并方式的改善因子，用D表示，通常以分贝（dB）计。为了便于比较三种合并方式，我们在下面的讨论中假设：

① 每一支路的噪声均为零均值、均方根值恒定的加性白噪声，且噪声与信号无关；

② 信号包络（幅度）的变化是由于信号的衰落，其衰落的速率远低于信号的最低调制频率；

③ 各支路信号的衰落互不相关，彼此独立。

（1）选择式合并的性能

由前所述，选择式合并器的输出信噪比γ_{S}就是当前选择的那条支路的信噪比。设第k条支路的信号功率为$r_k^2/2$，噪声功率为N_k，则第k条支路的信噪比为

$$\gamma_k = r_k^2 / 2N_k \tag{4-7}$$

当一条支路的信噪比达到某一门限值γ_{t}时，才能保证通信质量，即若某条支路的信噪比因衰落严重而低于该门限值，则认为这条支路的信号必须舍弃不用。在选择式合并的接收机中，只有当M个支路的信噪比全部都低于某一门限值时才会出现通信中断。设第k条支路中断的概率为$p_k(\gamma_k \leqslant \gamma_{\mathrm{t}})$，则$M$个支路全部中断的概率为

$$p_M(\gamma_{\mathrm{S}} \leqslant \gamma_{\mathrm{t}}) = \prod_{k=1}^{M} p_k(\gamma_k \leqslant \gamma_{\mathrm{t}}) \tag{4-8}$$

由式（4-7）可知，$\gamma_k \leqslant \gamma_{\mathrm{t}}$即为$r_k^2/2N_k \leqslant \gamma_{\mathrm{t}}$，或者$r_k \leqslant \sqrt{2N_k\gamma_{\mathrm{t}}}$，因此，

$$p_M(\gamma_{\mathrm{S}} \leqslant \gamma_{\mathrm{t}}) = \prod_{k=1}^{M} p_k(r_k \leqslant \sqrt{2N_k\gamma_{\mathrm{t}}}) \tag{4-9}$$

假设服从瑞利分布，即

$$p_k(r_k) = \frac{r_k}{\sigma_k^2} \mathrm{e}^{-r_k^2/(2\sigma_k^2)}$$

则有

$$p_k(r_k \leqslant \sqrt{2N_k\gamma_{\mathrm{t}}}) = \int_0^{\sqrt{2N_k\gamma_{\mathrm{t}}}} p_k(r_k)\mathrm{d}r_k = 1 - \mathrm{e}^{-N_k\gamma_{\mathrm{t}}/\sigma_k^2} \tag{4-10}$$

$$p_M(\gamma_{\mathrm{S}} \leqslant \gamma_{\mathrm{t}}) = \prod_{k=1}^{M} \left(1 - \mathrm{e}^{-N_k\gamma_{\mathrm{t}}/\sigma_k^2}\right) \tag{4-11}$$

如果各支路的信号具有相同的方差，各支路的噪声功率也相同，即

$$\sigma_1^2 = \sigma_2^2 = \cdots = \sigma^2$$

$$N_1 = N_2 = \cdots = N$$

记平均信噪比为$\sigma^2/N = \gamma_0$，可得累积概率分布为

$$P_M(\gamma_{\mathrm{t}}) = p_M(\gamma_{\mathrm{S}} \leqslant \gamma_{\mathrm{t}}) = \left(1 - \mathrm{e}^{-\gamma_{\mathrm{t}}/\gamma_0}\right)^M \tag{4-12}$$

则信噪比γ_{S}的概率分布为

$$p(\gamma_{\mathrm{S}}) = \frac{\mathrm{d}}{\mathrm{d}\gamma_{\mathrm{S}}} P_M(\gamma_{\mathrm{S}}) = \frac{M}{\gamma_0}\left(1 - \mathrm{e}^{-\gamma_{\mathrm{S}}/\gamma_0}\right)^{M-1} \mathrm{e}^{-\gamma_{\mathrm{S}}/\gamma_0} \tag{4-13}$$

由此可得选择式合并器输出的平均信噪比$\bar{\gamma}_{\mathrm{S}}$为

$$\overline{\gamma}_{\mathrm{S}}=\int_{0}^{\infty}\gamma_{\mathrm{S}}p(\gamma_{\mathrm{S}})\mathrm{d}\gamma_{\mathrm{S}}=\gamma_{0}\sum_{k=1}^{M}\frac{1}{k} \tag{4-14}$$

选择式合并的平均信噪比的改善因子为

$$D_{\mathrm{S}}(M)=\frac{\overline{\gamma}_{\mathrm{S}}}{\gamma_{0}}=\sum_{k=1}^{M}\frac{1}{k} \tag{4-15}$$

由式（4-15）可以看出，选择式合并的平均信噪比的改善因子随分集重数的增加而增大，但增大速率较小。为简化设备，实际的移动通信系统中通常采用二重分集或三重分集。

（2）最大比值合并的性能

假设各支路的平均噪声功率相互独立，则最大比值合并器输出的平均噪声功率为

$$N_{\mathrm{R}}=\sum_{k=1}^{M}a_{k}^{2}N_{k}$$

而最大比值合并器输出信号的包络为

$$r_{\mathrm{R}}=\sum_{k=1}^{M}a_{k}r_{k}=\sum_{k=1}^{M}\frac{r_{k}^{2}}{N_{k}}$$

因此合并后的输出信噪比为

$$\gamma_{\mathrm{R}}=\frac{\left(\sum_{k=1}^{M}a_{k}r_{k}\Big/\sqrt{2}\right)^{2}}{\sum_{k=1}^{M}a_{k}^{2}N_{k}} \tag{4-16}$$

由式（4-7）可知 $r_{k}=\sqrt{2N_{k}\gamma_{k}}$，代入上式可得

$$\gamma_{\mathrm{R}}=\frac{\left(\sum_{k=1}^{M}a_{k}\sqrt{N_{k}\gamma_{k}}\right)^{2}}{\sum_{k=1}^{M}a_{k}^{2}N_{k}} \tag{4-17}$$

根据柯西-许瓦兹不等式

$$\left(\sum_{k=1}^{M}p_{k}q_{k}\right)^{2}\leqslant\left(\sum_{k=1}^{M}p_{k}^{2}\right)\cdot\left(\sum_{k=1}^{M}q_{k}^{2}\right)$$

令 $p_{k}=a_{k}\sqrt{N_{k}}$，$q_{k}=\sqrt{\gamma_{k}}$，则

$$\left(\sum_{k=1}^{M}a_{k}\sqrt{N_{k}\gamma_{k}}\right)^{2}\leqslant\left(\sum_{k=1}^{M}a_{k}^{2}N_{k}\right)\left(\sum_{k=1}^{M}\gamma_{k}\right)$$

将上式代入式（4-17）可得

$$\gamma_{\mathrm{R}}\leqslant\frac{\left(\sum_{k=1}^{M}a_{k}^{2}N_{k}\right)\left(\sum_{k=1}^{M}\gamma_{k}\right)}{\sum_{k=1}^{M}a_{k}^{2}N_{k}}=\sum_{k=1}^{M}\gamma_{k} \tag{4-18}$$

根据柯西-许瓦兹不等式的等号成立条件可知，当各支路的加权系数与本支路信号的幅度成正比，与本支路的噪声功率成反比时，最大比值合并器可获得最大的输出信噪比。

$$\gamma_{\mathrm{Rmax}} = \sum_{k=1}^{M} \gamma_k \tag{4-19}$$

由此可得最大比值合并器输出的平均信噪比 $\overline{\gamma}_{\mathrm{R}}$ 为

$$\overline{\gamma}_{\mathrm{R}} = M\gamma_0 \tag{4-20}$$

最大比值合并的平均信噪比的改善因子为

$$D_{\mathrm{R}}(M) = \frac{\overline{\gamma}_{\mathrm{R}}}{\gamma_0} = M \tag{4-21}$$

由式（4-21）可以看出，最大比值合并的平均信噪比的改善因子随分集重数的增加而成正比例增大。

（3）等增益合并的性能

在最大比值合并中，各支路信号的加权系数取相同值 $a_k = 1$，便成为等增益合并，等增益合并器输出的信号包络为

$$r_{\mathrm{E}} = \sum_{k=1}^{M} r_k$$

如果每一支路的噪声功率均相同，等于 N，则有

$$\gamma_{\mathrm{E}} = \frac{\left(r_{\mathrm{E}}/\sqrt{2}\right)^2}{NM} = \frac{1}{2NM}\left(\sum_{k=1}^{M} r_k\right)^2 \tag{4-22}$$

因此，等增益合并器输出的平均信噪比 $\overline{\gamma}_{\mathrm{E}}$ 为

$$\overline{\gamma}_{\mathrm{E}} = \frac{1}{2NM}\left(\sum_{k=1}^{M} \overline{r_k^2}\right) + \frac{1}{2NM}\left(\sum_{\substack{k,j=1\\ k\neq j}}^{M} \overline{r_k r_j}\right) \tag{4-23}$$

由各支路信号不相关可知

$$\overline{r_k r_j} = \overline{r_k}\,\overline{r_j}, k \neq j$$

由瑞利分布的性质可知

$$\overline{r_k^2} = 2\sigma^2, \overline{r_k} = \sigma\sqrt{\pi/2}$$

可得等增益合并器输出的平均信噪比为

$$\overline{\gamma}_{\mathrm{E}} = \frac{1}{2NM}\left(2M\sigma^2 + M(M-1)\frac{\pi\sigma^2}{2}\right) = \gamma_0\left(1 + (M-1)\frac{\pi}{4}\right) \tag{4-24}$$

其中，$\gamma_0 = \dfrac{\sigma^2}{N}$，由此得出等增益合并的平均信噪比的改善因子为

$$D_{\mathrm{E}}(M) = \frac{\overline{\gamma}_{\mathrm{E}}}{\gamma_0} = 1 + (M-1)\frac{\pi}{4} \tag{4-25}$$

三种合并方式的平均信噪比改善因子随分集重数 M 的变化关系如图 4-2 所示。可以看出，在这三种合并方式中，最大比值合并的性能最好，等增益合并次之，选择式合并的性能最差，这是因为选择式合并只利用了最强的一路信号，其余各支路信号都没有被利用，而前两种方式中，各支路信号的能量都得到了利用。在分集重数 M 较小时，等增益合并的性能接近最大比值合并。

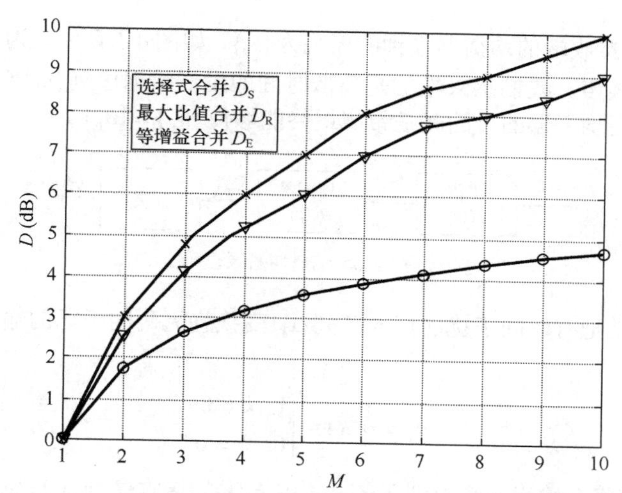

图 4-2 三种合并方式的平均信噪比改善因子随分集重数 *M* 的变化

4.2 均衡技术

4.2.1 基本原理

在无线通信系统中，由于多径传输、信道衰落等的影响，接收端将会产生严重的码间干扰（Inter Symbol Interference，ISI），另一方面，实际信道的频带总是有限的，并且偏离理想特性，当传输信号的带宽大于无线信道的相关带宽时，信号将会产生频率选择性衰落，接收信号就会产生失真，在时域上表现为波形发生时散效应，即接收信号产生码间干扰，导致系统误码率增大。码间干扰可以说是在移动无线通信信道中传输高速数据时的最主要的障碍，为了克服码间干扰，提高无线通信系统的性能，在接收端需要采用均衡技术。

所谓均衡是指各种用来克服码间干扰的算法和实现方法。均衡是对信道特性的均衡，就是在接收端设计一个称为均衡器的网络，均衡器产生与信道特性相反的特性，用来减小或消除由于码间干扰引起的信号失真。

一个无码间干扰的理想传输系统，在没有噪声干扰的情况下，系统的冲激响应 $h(t)$应该具有如图 4-3 所示的波形。它除了在指定的时刻对接收码元的抽样值不为零外，在其余的抽样时刻均应该为零。由于实际信道的传输特性并不理想，冲激响应的波形失真是不可避免的，如图 4-4 所示的 $h_d(t)$，信号的抽样值在多个抽样时刻不为零。这就造成样值信号之间的干扰，即码间干扰。严重的码间干扰会对信息比特造成错误判决。为了提高信息传输的可靠性，必须采取适当的措施来克服码间干扰的影响，方法就是采用信道均衡技术。

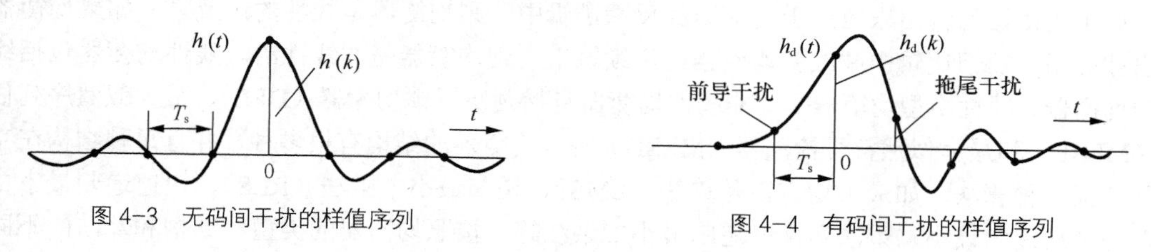

图 4-3 无码间干扰的样值序列

图 4-4 有码间干扰的样值序列

在数字通信系统中，我们可以将发射机、信道和接收机等效为一个基带信道滤波器，假设发送的数据序列为$\{a_k\}$，接收端的均衡器收到的序列为$\{x_k\}$，如图 4-5 所示，为了突出均衡器的作用，我们假定系统中没有噪声。我们感兴趣的是离散时间的发送数据序列$\{a_k\}$和接收机最终输出序列$\{\hat{a}_k\}$的关系。这里使用均衡器的目的就是希望最终能够使$\{\hat{a}_k\}=\{a_k\}$。

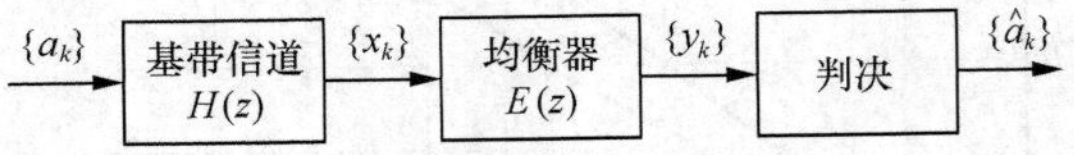

$\{a_k\}$ → 基带信道 $H(z)$ → $\{x_k\}$ → 均衡器 $E(z)$ → $\{y_k\}$ → 判决 → $\{\hat{a}_k\}$

图 4-5　信道均衡原理

均衡器的作用就是把有码间干扰的接收序列$\{x_k\}$变换为无码间干扰的输出序列$\{y_k\}$。当信道输入一个单位冲激信号

$$a_k=\delta(k)=\begin{cases}1, & k=0\\ 0, & k\neq 0\end{cases}$$

时，有码间干扰的信道将会输出一个类似于图 4-4 中 $h_d(k)$的接收序列$\{x_k\}$，它就是信道的冲激响应。

$$x(k)=\sum_i h_i\delta(k-i) \tag{4-26}$$

其中，h_i 就是由信道引入的失真。考虑到实际的冲激响应 $h_d(t)$随时间的衰减，系数 h_i 的数目是有限的。假定系统中没有噪声，则在理想情况下，均衡器输出的序列应当具有图 4-3 的形式，即$y(k)=\delta(k)$。分析一个线性离散系统，我们采用 z 变换比较方便。假设均衡器输入序列$\{x_k\}$的 z 变换为 $X(z)$，它是一个有限长的 z^{-1} 的多项式，并且等于信道冲激响应的 z 变换，即 $X(z)=H(z)$，而我们希望理想均衡器的输出序列$\{y_k\}$的 z 变换为 $Y(z)=1$。设均衡器的传输函数为$E(z)$，则有

$$Y(z)=X(z)E(z)=H(z)E(z)=1 \tag{4-27}$$

因此在信道特性给定的情况下，对均衡器传输函数的要求为

$$E(z)=\frac{1}{H(z)} \tag{4-28}$$

由式（4-28）可以看出，均衡器实际上就是等效基带信道滤波器的逆滤波器，根据 $E(z)$就可以设计所需要的均衡器。若等效信道是一个频率选择性信道，则均衡器将放大信道衰落严重的频率分量，同时衰减信道衰落较轻的频率分量，以使所收到的各部分频谱趋于平坦。若信道是时变信道，则均衡器需要跟踪信道的变化，使式（4-28）能够基本得到满足。

均衡器就是按照某种最佳的准则使$\{a_k\}$和$\{y_k\}$或者$\{a_k\}$和$\{\hat{a}_k\}$之间达到最佳匹配。我们可以使用最小均方误差准则，即使 a_k 和$\{\hat{a}_k\}$的均方误差 $E[|a_k-\hat{a}_k|^2]$最小。也可以采用最大后验概率（MAP）准则或者最大似然（ML）准则，可以证明，如果比特或者符号的先验概率相等，则最大后验概率准则和最大似然准则是等价的。

依据均衡器的输出被用于反馈控制的方式，均衡技术可以分为两大类：线性均衡和非线性均衡。如果均衡器的输出未应用于均衡器的反馈逻辑中，则均衡器是线性的；反之，如果均衡器的输出被应用于反馈逻辑中并改变均衡器的后续输出，则均衡器是非线性的。线性均衡器包括线性横向均衡器、线性格型均衡器等，非线性均衡器包括判决反馈均衡器（DFE）、最大似然序列估值器（MLSE）和最大似然符号检测器（MLSD）等。均衡器的结构有很多种，并且每种结构在实现时又有很多种算法，如最小均方误差算法（LMS）、递归最小二乘法（RLS）、快速递归最小二乘法、平方根递归最小二乘法和梯度递归最小二乘法等。按照均衡器的类型、结构和算法的不同，图 4-6 给出了常用均衡器的分类。

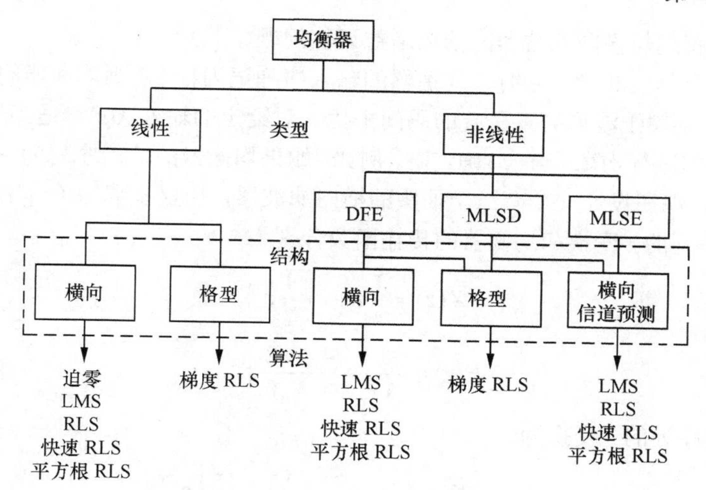

图 4-6　均衡器的分类

4.2.2　线性均衡技术

最基本的线性均衡器结构就是线性横向均衡器（LTE）型结构，它的结构如图 4-7 所示。它由 2N 个延迟单元（z^{-1}）、2N+1 个加权支路和一个加法器组成。c_i 为各支路的加权系数，即均衡器的系数。由于输入的离散信号从串行的延迟单元之间抽出，经过横向路径集中叠加后输出，故称为横向均衡器。最简单的线性横向均衡器只使用前馈延时，其传递函数是 z^{-1} 的多项式，有很多零点，并且极点都是 z = 0，因此称为有限冲激响应（FIR）滤波器，或者简称横向滤波器。如果均衡器同时具有前馈和反馈链路，则其传递函数是 z^{-1} 的有理分式，称为无限冲激响应（IIR）滤波器，如图 4-8 所示。

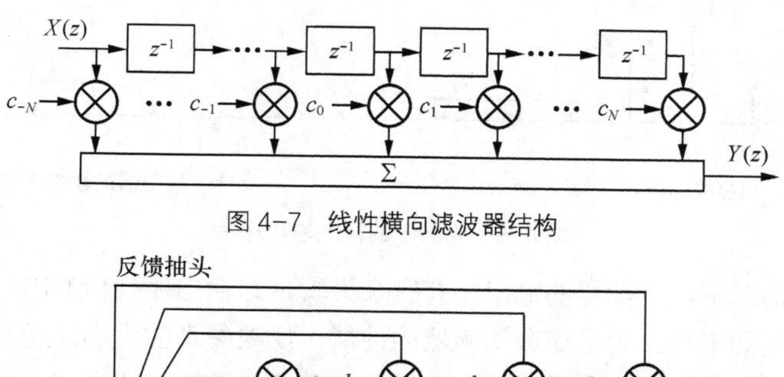

图 4-7　线性横向滤波器结构

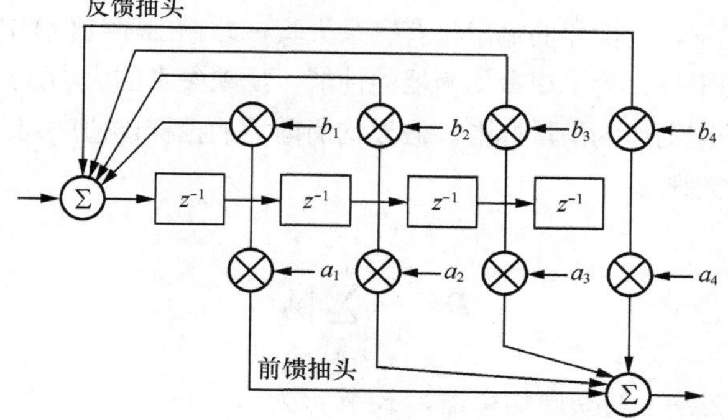

图 4-8　ⅡR 滤波器

无限长的横向滤波器（在理论上）可以完全消除抽样时刻上的码间干扰，但其实际上是不可实现的。因为均衡器的长度不仅受经济条件的限制，而且还受每一加权系数 c_i 调整准确度的限制。如果 c_i 的调整准确度得不到保证，则增加横向滤波器的长度所获得的效果也不会显示出来。因此，有必要进一步讨论有限长横向滤波器的抽头增益调整问题。

当系统输入一个单位冲激信号时，均衡器的输入序列记为$\{x_k\}$，则均衡器的输出序列$\{y_k\}$中，除y_0以外的所有y_k都属于波形失真引起的码间干扰。对给定的输入$X(z)$，适当地设计均衡器的系数就可以对输入序列进行均衡。当$\{x_k\}$确定时，例如，如果均衡器的输入序列为$\{x_k\}=(1/4, 1, 1/2)$，如图 4-9（a）所示。现在设计一个有三个抽头的横向滤波器，加权系数为$(c_{-1}, c_0, c_1)=(-1/3, 4/3, -2/3)$。对应输入序列的$z$变换和均衡器的传输函数分别为

$$X(z)=\frac{1}{4}z+1+\frac{1}{2}z^{-1}$$

$$E(z)=\frac{-1}{3}z+\frac{4}{3}+\frac{-2}{3}z^{-1}$$

于是均衡器的输出序列的z变换为

$$Y(z)=X(z)E(z)=\frac{-1}{12}z^2+1+\frac{-1}{3}z^{-2}$$

对应的抽样序列为$\{y_k\}=(-1/12, 0, 1, 0, -1/3)$，如图 4-9（b）所示。由图 4-9 可以看出，输出序列的码间干扰有所改善，但还是不能完全消除码间干扰，如y_{-2}，y_2均不为零，这是残留的码间干扰。可以预期，若增加均衡器的抽头数，均衡的效果会更好。事实上，当$H(z)=X(z)$为一个有限长的多项式时，用长除法展开式（4-28），$E(z)$将是一个无穷多项式，对应横向滤波器的无数个抽头。利用有限长横向滤波器减小码间串扰是可能的，但完全消除是不可能的，总会存在一定的码间串扰。不同的设计结果所得到的残留的码间干扰是不同的。我们总是希望残留的码间干扰越小越好。所以，我们需要讨论在抽头数有限情况下，如何反映这些码间串扰的大小，如何调整抽头系数以获得最佳的均衡效果。

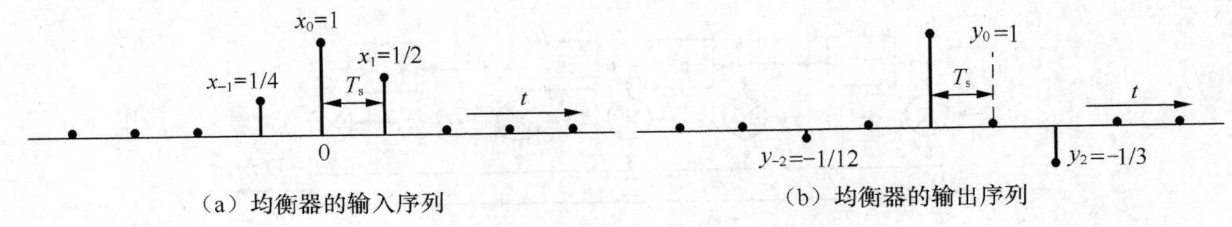

（a）均衡器的输入序列　　（b）均衡器的输出序列

图 4–9　均衡器的输入输出序列

在抽头数有限的情况下，均衡器的输出将有剩余失真，即输出序列$\{y_k\}$中，除y_0以外的所有y_k都属于波形失真引起的码间干扰。为了衡量均衡器的性能，反映失真的大小，通常采用所谓的最小峰值失真准则和最小均方误差准则作为衡量标准。假设均衡前后的抽样样值序列分别为$\{x_k\}$和$\{y_k\}$。

（1）最小峰值失真准则

峰值失真定义为

$$D=\frac{1}{y_0}\sum_{\substack{k=-\infty\\k\neq 0}}^{\infty}|y_k| \tag{4-29}$$

对支路数为有限值$2N+1$的横向均衡器，式中y_k为

$$y_k=\sum_{i=-N}^{N}c_i x_{k-i}\ ,\quad y_0=\sum_{i=-N}^{N}c_i x_{-i} \tag{4-30}$$

其中，除$k=0$以外的各样值的绝对值之和反映了码间串扰的最大值，y_0是有用信号样值，所以峰值失真D就是码间串扰最大值与有用信号样值之比。最小峰值失真准则就是在已知$\{x_k\}$的情况下，

调整抽头系数 c_i 使峰值失真 D 达到最小值，同时使 $y_0=1$。显然，对于完全消除码间干扰的均衡器而言，应有 $D=0$；对于码间干扰不为零的场合，希望 D 有最小值。

（2）最小均方误差准则

均方失真定义为

$$\mathrm{e}^2=\frac{1}{y_0^2}\sum_{\substack{k=-\infty\\k\neq 0}}^{\infty}y_k^2 \tag{4-31}$$

对支路数为有限值 $2N+1$ 的横向均衡器，式中 y_k 为

$$y_k=\sum_{i=-N}^{N}c_i x_{k-i}\,,\quad y_0=\sum_{i=-N}^{N}c_i x_{-i} \tag{4-32}$$

所谓最小均方误差准则，就是在已知 $\{x_k\}$ 的情况下，调整均衡器系数 c_i 使 e^2 有最小值，同时使 $y_0=1$。其物理意义与峰值失真准则相似，也可以表述为对下面的函数求最小值。

$$L=\sum_{\substack{k=-\infty\\k\neq 0}}^{\infty}y_k^2+\left(y_0-1\right)^2 \tag{4-33}$$

按这两个准则来确定均衡器的抽头系数均可使失真最小，获得最佳的均衡效果。需要指出的是，这两种准则都是根据均衡器输出的单脉冲响应来规定的。另外，在分析横向滤波器时，我们均把时间原点（$t=0$）假设在滤波器中心点处（即 c_0 处）。如果时间参考点选择在别处，则滤波器输出的波形形状是相同的，所不同的仅仅是整个波形的提前或推迟。

（3）均衡器系数的计算

在输入序列 $\{x_k\}$ 已知的情况下，式（4-29）的 D 和式（4-33）的 L 都是均衡器抽头系数 c_i 的多元函数，求它们的最小值就是多元函数求极值的问题。

① 使 D 最小的均衡器系数 c_i 的求解

勒基（Lucky）对这类函数进行了充分的研究，指出 $D(c_i)$ 是一个凸函数，它的最小值就是全局最小值。采用数值方法可以求得此最小值，例如最优算法中的最速下降法，通过迭代就可以求得一组 $2N+1$ 个系数，使 D 有最小值。他同时指出有一种特殊但很重要的情况：如果在均衡前系统的峰值失真（称为初始失真）D_0 满足

$$D_0=\frac{1}{x_0}\sum_{\substack{k=-\infty\\k\neq 0}}^{\infty}\left|x_k\right|<1$$

则 $D(c_i)$ 的最小值必然发生在使 y_0 前后的 $y_k=0$（$|k|\leqslant N$，$k\neq 0$）的情况下。所以所求的各抽头系数 $\{c_i\}$ 应该是

$$y_k=\begin{cases}1, & k=0\\0, & k=\pm 1,\pm 2,\cdots,\pm N\end{cases} \tag{4-34}$$

时的 $2N+1$ 个联立方程的解。利用式（4-30）和式（4-34）可列出抽头系数必须满足的 $2N+1$ 个线性方程。

$$\begin{cases}\displaystyle\sum_{i=-N}^{N}c_i x_{-i}=1, & k=0\\ \displaystyle\sum_{i=-N}^{N}c_i x_{k-i}=0, & k=\pm 1,\pm 2,\cdots,\pm N\end{cases}$$

写成矩阵形式，有

$$\begin{bmatrix} x_0 & x_{-1} & \cdots & x_{-2N} \\ \vdots & \vdots & \cdots & \vdots \\ x_N & x_{N-1} & \cdots & x_{-N} \\ \vdots & \vdots & \cdots & \vdots \\ x_{2N} & x_{2N-1} & \cdots & x_0 \end{bmatrix} \begin{bmatrix} c_{-N} \\ c_{-N+1} \\ \vdots \\ c_0 \\ \vdots \\ c_{N-1} \\ c_N \end{bmatrix} = \begin{bmatrix} 0 \\ \vdots \\ 0 \\ 1 \\ 0 \\ \vdots \\ 0 \end{bmatrix} \tag{4-35}$$

这就是说，在输入序列$\{x_k\}$给定时，如果按上式方程组调整或设计各抽头系数 c_i，可迫使 y_0 前后各有 N 个取样点上是零值。这种调整叫做“迫零”调整，所设计的均衡器称为“迫零”均衡器。根据勒基的证明，能保证在 $D_0<1$ 时，求解出 $2N+1$ 个抽头系数，并迫使 y_0 前后各有 N 个取样点上无码间串扰，此时 D 取最小值，均衡效果达到最佳。

例如，现设计 3 个抽头的迫零均衡器，以减小码间串扰。已知 $x_{-2}=0$，$x_{-1}=0.1$，$x_0=1$，$x_1=-0.2$，$x_2=0.1$，求 3 个抽头的系数，并计算均衡前后的峰值失真。

根据式（4-35）和 $2N+1=3$，列出矩阵方程为

$$\begin{bmatrix} x_0 & x_{-1} & x_{-2} \\ x_1 & x_0 & x_{-1} \\ x_2 & x_1 & x_0 \end{bmatrix} \begin{bmatrix} c_{-1} \\ c_0 \\ c_1 \end{bmatrix} = \begin{bmatrix} 0 \\ 1 \\ 0 \end{bmatrix}$$

解联立方程可得 $c_{-1}=-0.096\,06$，$c_0=0.960\,6$，$c_1=0.201\,7$。

然后，通过式（4-30）可以算出 $y_{-3}=0$，$y_{-2}=0.009\,6$，$y_{-1}=0$，$y_0=1$，$y_1=0$，$y_2=0.055\,7$，$y_3=0.020\,16$，$y_2=0.1$，输入、输出峰值失真分别为 $D_0=0.4$，$D=0.086\,9$，均衡后的峰值失真减小 4.6 倍。

由此可见，3 抽头均衡器可以使 y_0 两侧各有一个零点，但在远离 y_0 的一些抽样点上仍然存在码间串扰。也是说，当抽头数有限时，总是不能完全消除码间串扰，但适当增加抽头数可以将码间串扰减小到相当小的程度。

② 使 L 最小的均衡器系数 c_i 的求解

与最小峰值失真准则相同，用最小均方误差准则也可导出抽头系数必须满足的 $2N+1$ 个方程，并可从中解得使均方失真最小的 $2N+1$ 个抽头系数，不过，这时不需对初始失真 D_0 提出限制。

L 的最小值必定发生在偏导数为零处，即

$$\frac{\partial L}{\partial c_i} = \sum_{\substack{k=-\infty \\ k\neq 0}}^{\infty} 2y_k x_{k-i} + 2(y_0-1)x_{-i} = 0, \quad i=0,\pm1,\pm2,\cdots,\pm N \tag{4-36}$$

根据式（4-30），有

$$y_k = \sum_{i=-N}^{N} c_i x_{k-i}$$

代入式（4-36）整理后得

$$\sum_{n=-N}^{N} c_n r_{i-n} = x_{-i} \quad i=0,\pm1,\pm2,\cdots,\pm N \tag{4-37}$$

其中

$$r_{i-n} = \sum_{k=-\infty}^{\infty} x_{k-n} x_{k-i} \tag{4-38}$$

为均衡器输入序列$\{x_k\}$相隔 $i-n$ 个样值序列间的相关系数。这样，对给定的输入序列$\{x_k\}$，求解式

（4-37）的 $2N+1$ 个联立方程，就可以求得均衡器的各系数。

由于实际信道的参数经常是随时间变化的，均衡器的系数也必须随时调整。一般情况下，抽头系数的确定不是采用解线性方程组（4-35）或（4-37）的方法，而是采用迭代的方法。因为与直接解方程组的方法相比，迭代算法能使均衡器更快地收敛到最佳状态。根据对均衡器实际的要求不同有许多不同的迭代算法，这里不再讨论。

4.2.3 非线性均衡器

线性均衡器除了横向均衡器外，还有线性反馈均衡器，它是一种无限冲激响应（IIR）滤波器。在要求相同的残留码间干扰的情况下，线性反馈均衡器所需的元件较少。但由于有反馈回路，存在稳定性问题，因此，实际使用的线性均衡器大多是横向均衡器。当信道失真太严重，信道的频率特性在信号带内存在较大的衰减时，线性均衡器为了补偿频谱失真，会在这些深度衰落频率上以较高的增益来补偿，但这又加大了这段频谱的噪声，因此线性均衡器一般用在信道失真不大的场合。要使均衡器在失真严重的信道上有比较好的抗噪声性能，采用非线性均衡器会比较好，例如判决反馈均衡器、最大似然序列估计均衡器。

1．判决反馈均衡器（Decision Feedback Equalization，DFE）

判决反馈均衡的基本方法是：一旦一个信息符号经检测和判决以后，在检测后续符号之前就可预测并消减该信息符号对随后信号的干扰。其结构如图 4-10 所示。它由两个横向滤波器和一个判决器构成。这两个横向滤波器分别是前馈滤波器（Feed Forward Filter，FFF）和反馈滤波器（Feed Backward Filter，FBF）。其作用和原理与前面讨论的线性横向均衡器类似：FBF 的输入是判决器的输出，其系数可以通过调整以减弱先前符号对当前符号的干扰。其中 FFF 抽头系数的个数为 $N+1$ 而 FBF 抽头系数的个数为 M。

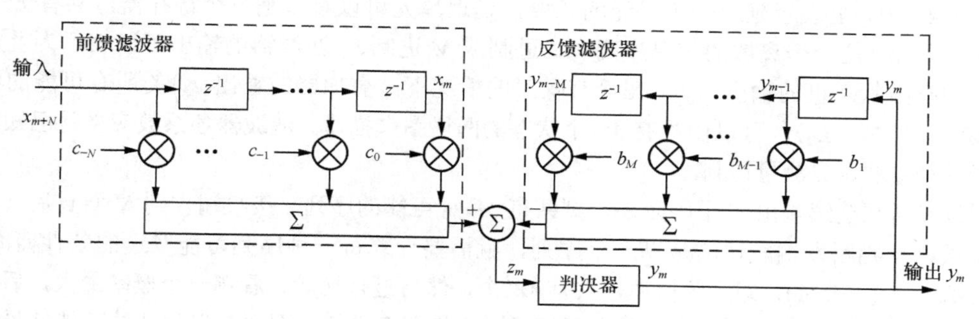

图 4-10 判决反馈均衡器

前馈滤波器的输入序列 $\{x_k\}$ 是均衡器的输入序列，反馈滤波器的输入序列则是均衡器已检测到并经过判决的输出序列。如果这些经过判决输出的数据 $\{y_k\}$ 是正确的，在经反馈滤波器的不同延时和适当的系数相乘后，就可以正确计算先前码元对当前待判决码元的干扰（称为拖尾干扰）。从前馈滤波器的输出（当前码元的估值）减去该拖尾干扰，就是判决器的输入。

$$z_k = \sum_{i=-N}^{0} c_i x_{k-i} - \sum_{i=1}^{M} b_i y_{k-i} \tag{4-39}$$

式中，c_i 是前馈滤波器的 $N+1$ 个支路的加权系数；b_i 是反馈滤波器的 M 个支路的加权系数；z_k 是判决器的当前输入，y_k 是判决器的当前输出。$y_{k-1}, y_{k-2}, \cdots, y_{k-M}$ 则是均衡器之前的 M 个判决输出。式（4-39）中的第一项是前馈滤波器的输出，是对当前码元的估计；第二项则表示先前码元 y_{k-1}，

$y_{k-2},\cdots,y_{k-M}$对该当前码元的拖尾干扰。

应当指出，由于判决反馈均衡器的反馈环路包含了判决器，因此均衡器的输入输出不再是简单的线性关系，而是非线性关系，对它的分析要比线性均衡器复杂得多，这里不再进一步讨论。和横向均衡器相比，判决反馈均衡器的优点是在相同的抽头数情况下，残留的码间干扰更小，误码也更低。特别是对于信道特性失真十分严重的信道，其优点更为突出，由此，这种均衡器在高速数据传输系统中得到了广泛的应用。

2．最大似然序列估计（Maximum Likelihood Sequence Estimation，MLSE）均衡器

最大似然序列估计通过检测所有可能的数据序列来选择与信号相似性最大的序列作为输出，所需的计算量一般较大，特别是信道的延迟扩展较大时。在均衡器中使用最大似然序列估计是由Forney 最先提出的。它的基本思想就是把多径信道等效为一个有限冲激响应滤波器，利用维特比算法在信号路径网格图上搜索似然概率最大的发送序列，而不是对接收到的符号逐个进行判决。最大似然序列估计方法可以看作是对离散时间域中的一个有限状态机状态的估计。实际 ISI 的响应只发生在有限的几个码元，因此在接收滤波器的输出端所观察到的 ISI 可以看作是数据序列$\{a_k\}$通过系数为$\{f_i\}$的滤波器的结果，并且接收滤波器所估计的任意时刻的信道状态是由其最近的 L 个输入决定的，如图 4-11 所示。

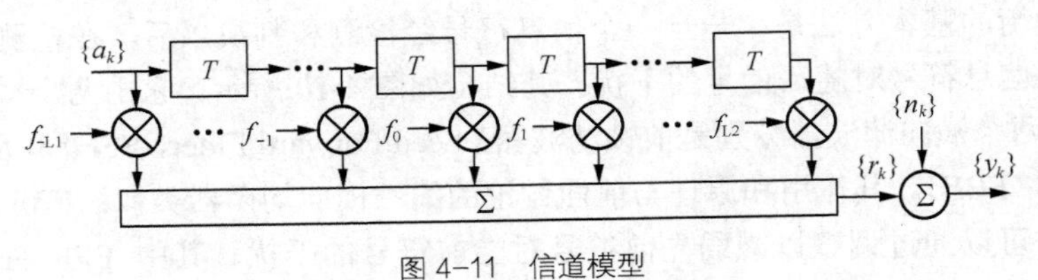

图 4-11　信道模型

图 4-11 中，T 表示延迟一个码元的长度，延迟单元可以看作是一个寄存器，共有 L 个。由于它的输入$\{a_k\}$是一个离散的信息序列（二进制或 M 进制），滤波器的输出可以表示为叠加上高斯噪声的有限状态机的输出$\{y_k\}$。在没有噪声的情况下，叠加器的输出$\{r_k\}$的所有可能的状态数应为M^L（$L=L_1+L_2$），可以由具有 M^L 个状态的网格图来描述。滤波器各系数应当是已知的，或者通过某种算法预先测量得到。

假设发送端连续输出 N 个码元 a_k，则共有 M^N 种可能的序列。接收端收到 N 个 y_k 后，要以最小的错误概率判断发端发送的是哪一个序列，就需要计算每一种序列可能发送的条件概率 $p(a_1, a_2, \cdots, a_N|y_1, y_2, \cdots, y_N)$，即后验概率，共有 M^N 个，然后进行比较，看哪一个概率最大，后验概率最大的序列就被判为发送端发出的码序列。根据后验概率进行判别的错误估计的可能性最小。由概率论定理，有

$$p(a_1,\cdots,a_N \mid y_1,\cdots,y_N)=\frac{p(a_1,\cdots,a_N)\,p(y_1,\cdots,y_N \mid a_1,\cdots,a_N)}{p(y_1,\cdots,y_N)} \tag{4-40}$$

其中，$p(a_1,\cdots,a_N)$是发送序列$(a_1,\cdots,a_N)$的概率，$p(y_1,\cdots,y_N|a_1,\cdots,a_N)$是在发送序列为$(a_1,\cdots,a_N)$的条件下，接收序列为$(y_1,\cdots,y_N)$的条件概率，也称似然概率。如果各种序列以等概率发送，则接收端可改为计算似然概率 $p(y_1,\cdots,y_N|a_1,\cdots,a_N)$，将似然概率最大的序列作为发送的码序列的估计。因为条件概率 $p(y_1,\cdots,y_N|a_1,\cdots,a_N)$表示$(y_1,\cdots,y_N)$序列和$(a_1,\cdots,a_N)$序列之间的相似性（似然性），所以这样的检测方法称作最大似然序列检测。

滤波器一共有 L 个寄存器，随着时间的推移，寄存器的状态随发送的序列变化。整个滤波器的状态共有 M^L 种。状态随时间的变化可以表示为序列 $u_1, u_2,\cdots, u_k, u_{k+1},\cdots$。其中 u_k 是表示滤波器

在 kT 时刻的状态。当 a_k 独立地以等概率取 M 种值时，滤波器的 M^L 种状态也以等概率出现。当状态 u_k, u_{k+1} 给定时，根据输入的码元 a_k，便可以确定输出 r_k。

接收机事先并不知道发送端状态序列变化的情况，因此要根据接收到的 y_k 序列，从所有可能路径中搜索出最佳路径，使其似然概率 $p(y_1, y_2,\cdots, y_N|a_1, a_2,\cdots, a_N)$最大。因为 r_k 只与 u_k, u_{k+1} 有关，在白噪声情况下，y_k 也只与 u_k, u_{k+1} 有关，而与以前的状态无关。所以有

$$p(y_1, y_2,\cdots, y_N \mid u_1, u_2,\cdots, u_{N+1}) = \prod_{k=1}^{N} p(y_k \mid u_k,\ u_{k+1}) \tag{4-41}$$

两边取自然对数，有

$$\ln p(y_1, y_2,\cdots, y_N \mid u_1, u_2,\cdots, u_{N+1}) = \sum_{k=1}^{N} \ln p(y_k \mid u_k,\ u_{k+1}) \tag{4-42}$$

在白色高斯噪声下，y_k 服从高斯分布，所以

$$\ln p(y_k \mid u_k,\ u_{k+1}) = A - B(y_k - r_k)^2 \tag{4-43}$$

其中，A、B 是常数，r_k是与 $u_k \to u_{k+1}$ 对应的值。这样，求式（4-42）的最大概率值便归结为在网格图中搜索最小平方欧氏距离的路径，即

$$\min\left\{\sum_{k=1}^{N}(y_k - r_k)^2\right\} \tag{4-44}$$

下面以三抽头的 ISI 信道模型为例说明这一方法。设传输信号为二进制序列，即 $a_k = \pm 1$。信道系数为$\{f\}$ =(1, 1, 1)，即滤波器有两个延迟单元，可以画出它的状态图，如图 4-12 所示。经过信道后，无噪声输出序列为

$$r_k = a_k f_0 + a_{k-1} f_1 + a_{k-2} f_2$$

设信道模型初始状态为$(a_{-1}, a_{-2})=(-1, -1)$，若信道输入信息序列为

$$\{a_k\} = (-1, +1, +1, -1, +1, +1, -1, -1,\cdots)$$

则无噪声接收序列为

$$\{r_k\} = (-3, -1, +1, +1, +1, +1, +1, -1,\cdots)$$

假设有噪声的接收序列为

$$\{y_k\} = (-3.2, -1.1, +0.9, +0.1, +1.2, +1.5, +0.7, -1.3,\cdots)$$

根据图 4-12 可以画出相应的网格图。根据$\{y_k\}$在网格图中计算每一支路的平方欧氏距离$(y_k-r_k)^2$，并在每一状态上累加，然后根据累加结果的最小值确定幸存路径，最终得到的路径如图 4-13 所示。图中还给出了每一状态累加的平方欧氏距离。这一路径在网格图上对应的序列即为$\{r_k\}$。

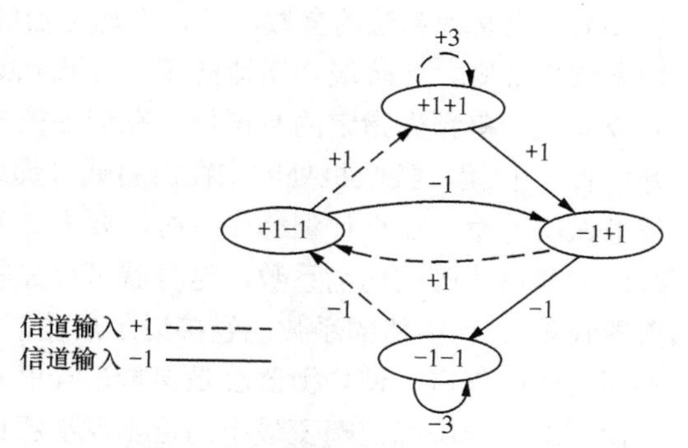

图 4-12　3 抽头 ISI 信道的二进制信号状态图

在上述的计算中，当 N 比较大时，计算量还是很大的。但在蜂窝移动通信系统中，一般 $M = 2 \sim 4$，$L \leqslant 5$，采用维特比算法一般可以提高计算效率。MLSE 算法的关键是要知道信道模型的参数即滤波器的系数 f_k，这就是信道的估计问题，这里不再介绍。

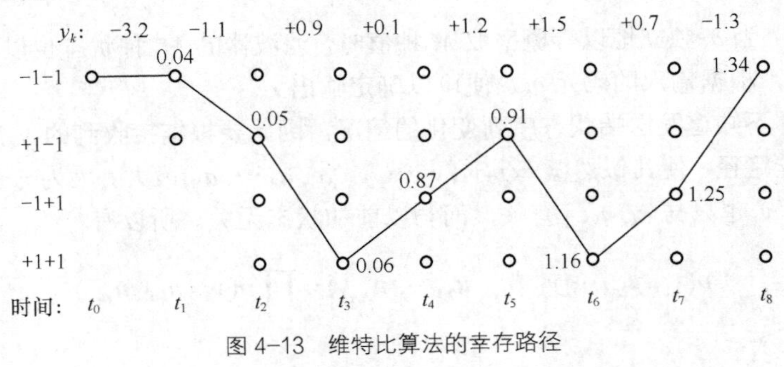

图 4-13 维特比算法的幸存路径

4.2.4 自适应均衡器

在无线通信系统中，需要用各种各样的自适应均衡技术来消除码间干扰。从原理上，在信道特性为已知的情况下，均衡器的设计就是要确定它的一组系数。使基带信号在抽样时刻消除码间干扰。若信道的传输特性不随时间变化，这种设计通过解一组线性方程或用最优化求极值方法求得均衡器的系数就可以了。实际的信道，特别是移动无线信道具有随机性和时变性，即信道的特性往往是不确定的或随时间变化的。例如每次电话呼叫所建立的信道，在整个呼叫期间，传输特性一般可以认为不变，但每次呼叫建立的信道的传输特性不会完全一样。而对于移动电话，特别是在移动状态下进行通信，所使用的信道的传输特性每时每刻都在发生变化，而且传输特性十分不理想。因此实际的传输系统要求均衡器必须能够实时地跟踪信道的时变特性，并基于对信道特性的测量随时调整自己的系数，以适应信道特性的变化，这种均衡器称作自适应均衡器。

为了获得信道参数的信息，接收端需要对信道特性进行检测。为此，自适应均衡器一般包含两种工作模式：训练模式和跟踪模式，如图 4-14 所示。在发送数据之前，发送端先发送一个已知的定长序列（称作训练序列），以便接收机处的均衡器可以做出正确的设置，接收端的均衡器开关置 1 位置，也产生同样的训练序列，由于传输过程的失真，接收到的训练序列和本地产生的训练序列必然存在误差 $e(k)=a(k)-y(k)$。利用 $e(k)$ 和 $x(k)$作为某种算法的参数，可以把均衡器的系数 c_k 调整到最佳，使均衡器满足峰值畸变准则或均方畸变准则。此阶段均衡器的工作方式就是训练模式。典型的训练序列是一个二进制伪随机信号或者是一串预先指定的数据位。在训练模式结束后，发送端发送数据，均衡器转入跟踪模式，开关置 2 位置，接收机处的均衡器将通过递归算法来评估信道特性，并且修正均衡器的系数以对信道做出补偿。在设计训练序列时，要求做到即使在最差的信道条件下，均衡器也能通过这个训练序列获得正确的均衡系数。这样就可以在收到训练序列后，使得均衡器达到一个最佳状态（均衡器收敛），均衡器的系数已经接近于最佳值。而在接收数据时，均衡器的自适应算法就可以跟踪不断变化的信道，使均衡器总是保持最佳的状态。均衡器系数的调整实际上多是按均方畸变最小来调节的。与按峰值畸变最小的迫零算法相比，它的收敛速度快，同时在初始畸变比较大的情况下仍然能够收敛。

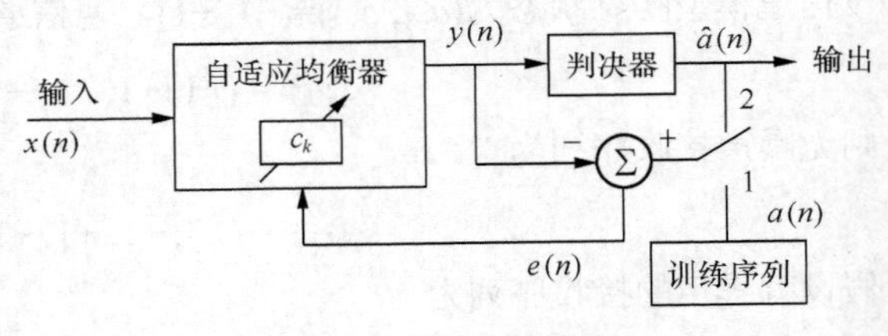

图 4-14 自适应均衡器

均衡器从调整参数至形成收敛，整个过程是均衡器算法、结构和通信变化率的函数。为了能有效地消除码间干扰，均衡器需要周期性地做重复训练。均衡器大量应用于数字通信系统中，因为在数字通信系统中，用户数据被分为若干段并被放在相应的时间段中传送，每当收到新的时间段，均衡器将用相同的训练序列进行修正。均衡器一般放在接收机的基带或中频部分实现，因为基带包络的复数表达式可以描述带通信号波形，所以信道响应、解调信号和自适应算法通常都可以在基带部分进行仿真和实现。

时分多址的无线系统发送数据时通常是以固定时隙长度定时发送的，特别适合使用自适应均衡技术。它的每一个时隙都包含有一个训练序列，可以安排在时隙的开始处，如图 4-15 所示。此时，均衡器可以按顺序从第一个数据抽样到最后一个进行均衡，也可以利用下一时隙的训练序列对当前的数据抽样进行反向均衡，或者在采用正向均衡后再采用反向均衡，比较两种均衡的误差信号的大小，输出误差小的均衡结果。训练序列也可以安排在数据的中间，如图 4-16 所示，此时训练序列可以对数据做正向和反向均衡。

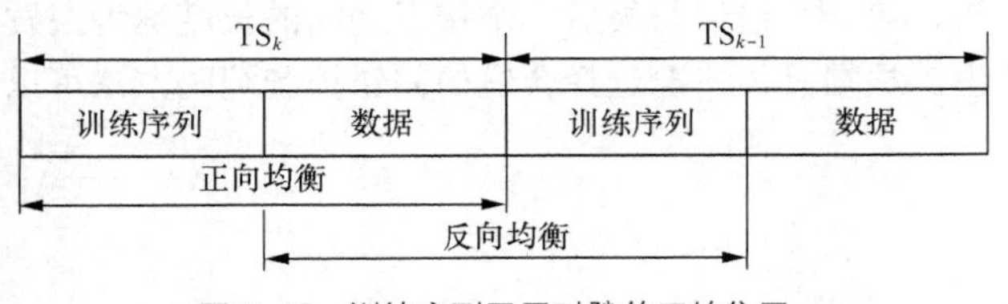

图 4-15 训练序列置于时隙的开始位置

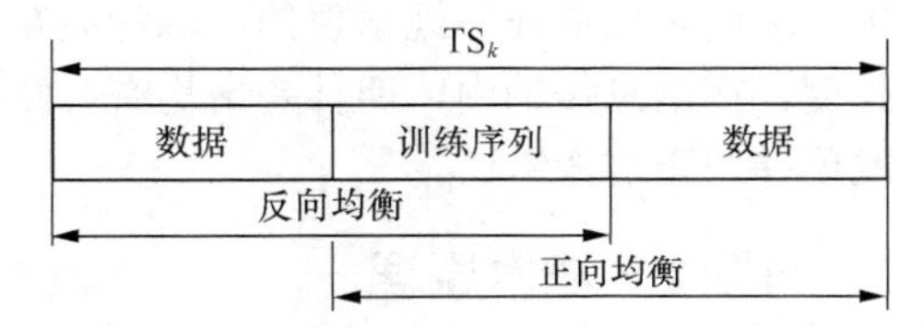

图 4-16 训练序列置于时隙的中间

GSM 移动通信系统设计了不同的训练序列，分别用于不同的逻辑信道的时隙。其中用于业务信道、专用控制信道时隙的训练序列长度为 26 比特，共有 8 个，如表 4-1 所示。这些序列都是被安排在时隙中间，使得接收机能正确确定接收时隙内数据的位置。考虑到信道冲激响应的宽度和定时抖动等问题，仅利用 26 比特长的训练序列中间的 16 个比特和整个 26 比特序列进行自相关运算，所有这 8 个序列都有相同的良好的自相关特性，相关峰值的两边是连续的 5 个零相关值。另外，8 个训练序列均有较低的自相关系数，这样在相距比较近的小区中可能产生互相干扰的同频信道上使用不同的训练序列，便可以比较容易地把同频信道区分开来。

表 4-1　　GSM 系统的训练序列

序号	二进制							十六进制
1	00	1001	0111	0000	1000	1001	0111	0970897
2	00	1011	0111	0111	1000	1011	0111	0B778B7
3	01	0000	1110	1110	1001	0000	1110	10EE90E
4	01	0001	1110	1101	0001	0001	1110	11ED11E
5	00	0110	1011	1001	0000	0110	1011	06B906B
6	01	0011	1010	1100	0001	0011	1010	13AC13A
7	10	1001	1111	0110	0010	1001	1111	29F629F
8	11	1011	1100	0100	1011	1011	1100	3BC4BBC

GSM 系统用于同步信道的训练序列长度为 64 比特：1011 1001 0110 0010 0000 0100 0000 1111 0010 1101 0100 0101 0111 0110 0001 1011。由于同步信道是移动台第一个需要解调的信道，所以它的长度大于其他的训练序列，并具有良好的自相关特性。它是 GSM 系统同步信道唯一的训练序列，置于时隙的中间。

此外，GSM 系统的接入信道也有一个唯一的、长度为 41 比特的训练序列：0100 1011 0111 1111 1001 1001 1010 1010 0011 1100 0，置于时隙的开始位置。它也有良好的自相关性。

4.3 信道编码

在移动通信信道上传输数字信号时，由于信道传输特性的不理想以及信道中噪声、干扰等因素的影响，将会使收到的数字信号不可避免地发生错误。为了提高通信系统的可靠性，尽量减少噪声、干扰等因素的影响，改善通信链路的性能，使系统具有一定的纠错能力和抗干扰能力，采取的最重要的措施就是信道编码。

信道干扰源可分为无源干扰和有源干扰，前者引起的差错是一种随机差错，即某个码元的出错具有独立性，与前后码元无关，而后者是由短暂原因如突然施加干扰源引起的，差错往往不是单个地而是成群成串地出现的，称为突发差错，第一个错误与最后一个错误之间的长度称为突发长度。在信息传输中，两种差错均有可能产生。根据具体情况选择合适的差错控制编码方法可以发现并纠正这些错误。

4.3.1 基本原理

信道编码也称为差错控制编码，是一种有效的抗衰落技术，编码的基本思想是在原数据码流中插入一些码元，以达到在接收端能够进行检错和纠错的目的：在发送端，在需要传输的信息码元中人为地加入一些必要的监督码元，这些监督码元与信息码元之间以某种确定的规则相互关联（约束），使不具有规律性的信息序列变换为具有某种规律性的码字序列，这个过程被称为信道编码。经过编码后的信息进入信道，由于信道特性的不理想，一般会在传输中发生差错。在接收端，按照预知的规则检验信息码元与监督码元之间是否满足既定的约束关系，当发现原来的信息码元与监督码元之间的关系被破坏，就能够发现错误（检错码）或者纠正其中的差错（纠错码），这个过程被称为信道解码或信道译码。

下面由一个简单的例子来说明信道编码的抗干扰能力。假设在二进制对称信道（BSC）中传输 0 和 1，若不采用编码技术，显然没有任何抗干扰能力，若 0 错成 1 或者 1 错成 0，则根本无法发现错误。若 BSC 中的 $p_e=0.1$，则误码率为 0.1。若采用简单的重复码，即将要传的信息比特重复 $n-1$ 次发送。当 $n=2$ 时，该重复码的两个许用码字是（00）和（11），则译码错误概率为 $p_e=10^{-2}$。也就是说只有当（00）错成（11）或（11）错成（00）时，才造成译码错误。而（01）和（10）不是许用码字，译码器能发现错误，不会造成译码错误。因此，这种 $n=2$ 的重复码能发现传输中的一个错误，但不能自动纠正。当 $n=3$ 时，它的两个码字是（000）和（111），设发送的是（000），若收到的是（001）或（010）或（100），则根据大数译码准则可以正确地译码为（000），信息为 0。若收到的是（011），（101），（110），（111）中之一，则造成译码错误，错判为信息是 1。因此，该码能纠正序列中的一个错误，此时译码错误概率为 $p=1-Q=1-[(1-p_e)^3+3p_e(1-p_e)^2]=2.8\times10^{-2}$，也就是误码率由 0.1 减至 2.8×10^{-2}。若该码不用作纠错，而用作检错，则可以发现两个错误，与自动请求重传 ARQ 系统结合后，译码错误概率减至 $p_e=10^{-3}$。当 $n=4$ 时，该码能纠正一个错误，同时发现两个错误。若发送的是(0000)，则错一个时，根据大数准则可正确判断发送的是 0 信息。若错两个变成（0011），（1100），（1010），（0101），（1001），（0110）之一时，则译码器无法作出判决，而指出发生了两个错误。仅在变成（1110），（0111），（1011），（1101）和（1111）时，译码器才作出错误译码。因此，这时的译码错误概率为 $p=p_e^4+4p_e^3(1-p_e)=3.6\times10^{-4}$。

若仅用来检错，则可检测3个错误。显然，若发送的是（0000），则仅在变成（1111）时，才产生错误译码，而其他情况均能正确译码或发现错误。因此，此时的译码错误概率 $p_e = 10^{-4}$。通过这个例子可以看出，随着 n 的增加，重复码的抗干扰能力越来越强，误码率越来越小。

1．信道编码的分类

从不同的角度出发，信道编码可以有不同的分类方法。

（1）按照功能的不同，可以将其分为检错码、纠错码和纠删码。检错码仅能发现错误，常用的检错码包括：奇偶校验码、循环冗余校验码（CRC）等；纠错码不仅能发现错误而且能自动纠正错误，常用的纠错码包括：BCH码、卷积码、RS码、级联码、Turbo码、LDPC码等；纠删码能纠正删除错误。但这三类码之间没有明显区分，以后将看到，这三类码中的任何一类码，按照译码方法不同，均可作为检错码、纠错码或纠删码来使用。

（2）按照信息码元和监督码元之间的约束方式不同，可分为分组码和卷积码。分组码首先将信源输出的数字信息序列分组，每 k 个信息码元一组，然后编码器由这 k 个信息码元按照一定的编码规则产生 r 个校验码元，构成长度为 $n = k + r$ 的码字，用（n, k）表示，$R = k/n$ 称为码率。可以看出，分组码的校验码元仅与本组的信息码元有关，而与其他组的信息码元无关。和分组码不同，虽然卷积码也划分码组，将 k_0 个（k_0 通常小于 k）信息码元分为一组，通过编码器输出长为 $n_0(\geqslant k_0)$的码字，但每组的 n_0-k_0 个校验码元不仅与本组的信息码元有关，而且还和之前 m 个组的信息码元有关，m 称为编码存储级数，卷积码一般用（n_0, k_0, m）表示。在移动通信中，由于卷积码有着一些有效的软判决译码算法（如 Viterbi 算法），因此在第二代和第三代移动通信系统中都广泛采用了卷积码。

此外，按照信息码元和校验码元之间的检验关系，可分为线性码和非线性码。若校验码元与信息码元之间的校验关系是线性关系（满足线性叠加原理），即编码规则可以用线性方程组表示，则称为线性码；否则，称为非线性码。按照纠正错误的类型不同，可分为纠正随机错误码、纠正突发错误码和纠正同步错误码，以及既能纠正随机错误又能纠正突发错误的码。按照每个码元的取值来分，可分为二进制码与 q 进制码。按照对每个信息码元的保护能力是否相等，可分为等保护纠错码与不等保护（UEP）纠错码。除非特别说明，今后讨论的纠错码均指等保护能力的码。

2．差错控制的方式

在数字通信系统中，利用纠错码或者检错码进行差错控制的方式一般可分为以下三类：自动请求重发方式（ARQ）、前向纠错方式（FEC）和混合纠错方式（HEC），它们的系统构成如图4-17所示，其中有斜线的方框表示在该端检测出错误。

（1）自动请求重发方式（Automatic Repeat Request，ARQ）

发送端的编码器发出能够发现错误的码（检错码），接收端的译码器收到后，根据编码规则对收到的编码信号进行检查，判断收到的码序列在传输中有无错误产生，并通过反向信道把检测结果（应答信号）反馈给发送端。一旦检测出错误，发送端把接收端认为有错的那部分信息再次发送，直到接收端认为正确接收为止，从而达到正确传输的目的。ARQ的优点是编译码设备比较简单，在冗余度一定的情况下，码的检错能力比纠错能力要高得多，因而整个系统的纠错能力极强，能获得极低的误码率；由于检错码的检错能力与信道干扰的变化基本无关，因此系统的信道适应性很强，特别适用于短波、散射等干扰情况特别复杂的信道中。ARQ的缺点是必须有一条从接收端至发送端的反馈信道，一般比较适于一个用户对一个用户（点对点）的通信，并且ARQ要求信源产生信息的速率可以进行控制，收、发两端必须互相配合，控制电路比较复杂；由于反馈重发的次数与信道干扰情况有关，当信道干扰较大时，系统经常处于重发消息的状态，因此传输信息的连贯性和实时性较差。

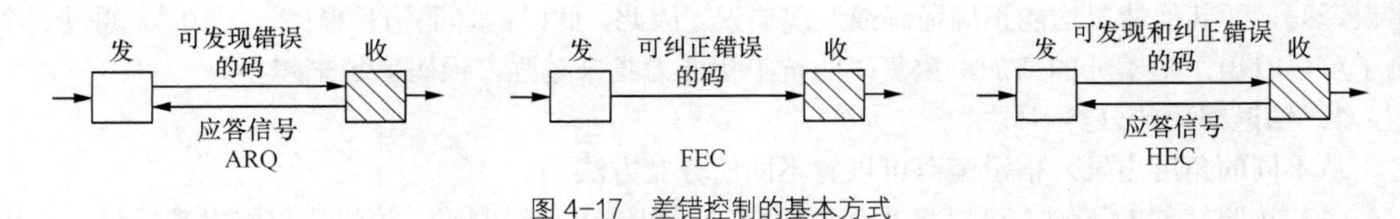

图 4-17　差错控制的基本方式

（2）前向纠错方式（Forword Error Correction，FEC）

发送端的编码器发送具有纠错能力的码（纠错码），接收端收到这些码后，纠错译码器可以根据编码规则自动地纠正传输中的错误。FEC 的优点是不需要反馈信道，能进行一个用户对多个用户的同时通信，特别适合于移动通信；译码实时性较好；控制电路也比较简单。缺点是译码设备较复杂；所选用的纠错码必须与信道干扰情况相匹配，因此对信道的适应性较差；为了要获得比较低的误码率，往往必须以最坏的信道条件来设计纠错码，因此所需的冗余度比检错码要多得多，因此编码效率较低。但由于这种方式能同播，特别适用于军用通信，并且随着编码理论的发展和大规模集成电路成本的不断降低，译码设备可以越来越简单，成本越来越低，因而这种差错控制方式在实际的数字通信中得到广泛应用。

（3）混合纠错方式（Hybrid Error Correction，HEC）

混合纠错方式是上述 FEC 和 ARQ 两种方式的结合。发送端的编码器发送的码不仅能够检测出错误，而且还具有一定的纠错能力。接收端收到码后，首先检验差错情况，若发现错误个数在码的纠错能力以内，则自动进行纠错；若错误个数很多，超过了码的纠错能力，但能检测出来，则通过反馈信道请求发送端重新传送有错的消息。HEC 具有自动纠错和检错重发的优点，在一定程度上避免了 FEC 方式译码设备复杂和 ARQ 方式信息连贯性差的缺点，并可达到较低的误码率，因此，近年来得到广泛应用。

3．信道容量与信道编码定理

对于数字通信系统，能够在一个信道中传输的最大平均互信息称作该信道的容量，记为 C。这个参数表明了实际信道的最大极限传输能力。著名的 Shannon 限带加性高斯白噪声信道（AWGN）的容量公式为

$$C = W\log_2\left(1+\frac{S}{N}\right) = W\log_2\left(1+\frac{P_s}{N_0 W}\right) \tag{4-45}$$

其中，C 为信道容量（bit/s），W 是信道所能提供的带宽（Hz），P_s 是接收信号的功率（W），N_0 是单边带噪声功率谱密度（W/Hz），P_s/N_0W 称作调制系统的信噪比（SNR）。如果用 E_b 表示每比特的信号能量，则（4-45）式可写作：

$$C = W\log_2\left(1+\frac{RE_b}{N_0 W}\right)$$

其中，E_b/N_0 称作比特信噪比，R 是信息传输速率（bit/s）。

1948 年信息论的开创者 Shannon 提出了著名的信道编码定理，即对于一个给定的信道容量为 C 的有噪信道，如果信道的信息传输速率 R 小于 C，则当码长 n 足够大且采用最大似然译码时，总存在一种编码方法，使接收端译码错误概率任意小，反之，如果信息传输速率 R 大于信道容量 C，则不可能实现无差错通信。这个存在性定理告诉我们可以以接近信道容量的传输速率进行可靠通信，标志着信道编码这一学科的创立。

从 Shannon 信道编码定理可知，随着码长 n 的增加，误码率越来越小，系统可以取得更好的性能，但随着 n 的增加，其译码设备的复杂性成指数增加。因此，研究信道编码的目标是寻找纠错能力尽可能接近 Shannon 极限且编译码复杂度较低的、可以实际应用的信道编码方案。应用纠错码后，若仍要求传输信息的速率不变，则必然使信道的带宽 W 增加。因此，纠错码主要应用于功率受限而带宽不太受限的信道中。在极限情况 $n\to\infty$时，要求带宽 $W\to\infty$。根据计算，此时只要求信噪比 $E_b/N_0 > -1.6\text{dB}$，就可实现高斯白噪声信道下的无误传输。这就是带宽无限高斯白噪声信道的极限传输能力，称为 Shannon 限。

4．纠错码的基本概念

首先给出分组码的定义，分组码是对每段 k 位长的信息组，以一定规则增加 $r=n-k$ 个校验元，组成长为 n 的序列：$(c_{n-1}, c_{n-2}, \cdots, c_0)$，称这个序列为码字（码组、码矢）。在二进制情况下，信息组总共有 2^k（q 进制为 q^k）个，因此通过编码器后，相应的码字也有 2^k个，称这 2^k个码字集合为（n，k）分组码。n 长序列的可能排列总共有 2^n 种（每一 n 长序列称为 n 重），而（n, k）分组码的码字集合只有 2^k种。所以，分组码的编码问题就是确定出一套规则，以便从 2^n 个 n 重中选出 2^k个码字，不同的选取规则就得到不同的码。我们称被选取的 2^k 个 n 重为许用码组，其余的 2^n-2^k 个为禁用码组。称 $R=k/n$ 为码率，表示（n, k）分组码中，信息位在码字中所占的比重。R 是衡量分组码有效性的一个基本参数。

下面讨论卷积码，图 4-18 所示是一个（2, 1, 2）卷积码编码器。若输入的信息序列以 $k_0=1$ 个码元分段输入，则输出以 $n_0=2$ 个码元为一段输出，如输入的信息序列 $M=$（1 1 0 1 0 0），输出的码序列为 $C=$（11, 10, 10, 00, 01, 11, 00, …）。可知随着信息码元的不断输入，输出的是一个半无限长的码序列，由此可定义卷积码为：（n_0, k_0, m）卷积码是对每段 k_0 长的信息组以一定的规则增加 $r_0=n_0\text{-}k_0$ 个校验元，组成长为 n_0 的码段。n_0-k_0 个校验码元不仅与本段的信息码元有关，且与前 m 段的信息码元有关，当信息码元不断输入时，输出的码序列是一个半无限长的序列。（n_0, k_0, m）卷积码的码率 $R=k_0/n_0$。与分组码的码长 n 相对应，在卷积码中称 $n_c=n_0(m+1)$ 为编码约束长度，说明 k_0 个信息码元从输入编码器到离开时在码序列中影响的码元数目，如图 4-18 中（2, 1, 2）卷积码的 $n_c=6$。

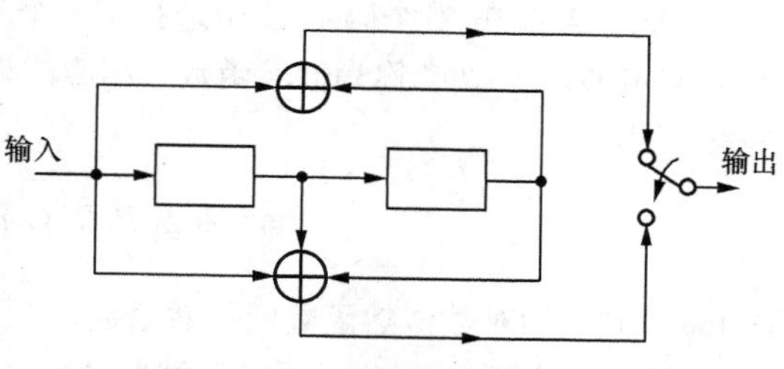

图 4-18 （2,1,2）卷积码编码器

下面介绍最大似然译码方法。图 4-19 给出了数字通信系统的简化模型，其中 M 为发送的信息序列，C 为 M 经编码后的码字，E 为信道噪声源产生的错误图样，R 为信道的输出，$R=E+C$，由图可知，译码器的输出是信息序列 M 的估值序列 $\hat{M}$，译码器的基本任务就是根据一定的译码规则，由接收序列 R 给出与发送的信息序列 M 最接近的估值序列 $\hat{M}$。由于 M 与码字 C 之间存在一一对应关系，所以这等价于译码器根据 R 产生一个 C 的估值序列 $\hat{C}$。显然，当且仅当 $\hat{C}=C$ 时，$\hat{M}=M$，这时译码器能正确译码。如果译码器的输出 $\hat{C}\neq C$，则译码器产生了错误译码。当给定接收序列 R 时，译码器的条件译码错误概率定义为 $P(E\mid R)=P(\hat{C}\neq C\mid R)$，所以译码器的错误译码概率为 $P_E=\sum_{R}P(E\mid R)P(R)$，其中 $P(R)$是接收 R 的概率，与译码方法无关，所以错误概率最小的最佳译码是使 P_E 最小。

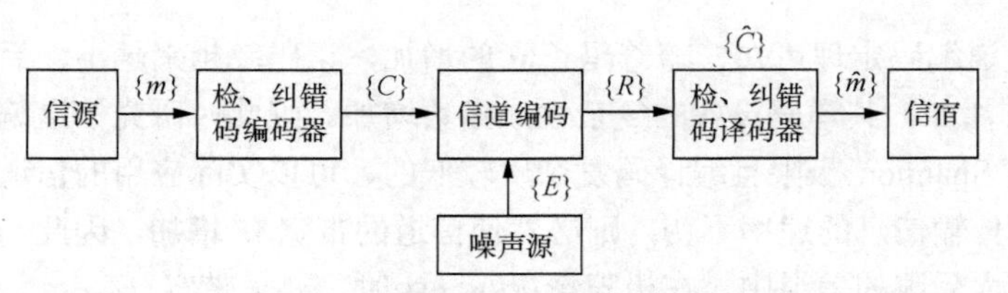

图 4-19　数字通信系统的简化模型

$$\min P_E = \min P(E \mid R) = \min P(\hat{C} \neq C \mid R)$$
$$\min P(\hat{C} \neq C \mid R) \Rightarrow \max P(\hat{C} = C \mid R) \tag{4-46}$$

因此，如果译码器对输入的 R，能在 2^k 个码字中选择一个使 $P(\hat{C}_i = C \mid R)(i = 1, 2, \cdots, 2^k)$ 最大的码字 C_i 作为 C 的估值序列 $\hat{C}$，则这种译码规则一定使译码器输出错误概率最小，这种译码规则称为最大后验概率（MAP）译码。由贝叶斯公式

$$P(C_i \mid R) = \frac{P(C_i)P(R \mid C_i)}{P(R)}$$

可知，若发端发送每个码字的概率 $P(C_i)$均相同，且由于 $P(R)$与译码方法无关，因此

$$\max_{i=1,2,\cdots,2^k} P(C_i \mid R) \Rightarrow \max_{i=1,2,\cdots,2^k} P(R \mid C_i) \tag{4-47}$$

对离散无记忆信道，有

$$P(R \mid C_i) = \prod_{j=1}^{n} P(r_j \mid c_{ij})$$

这里，码字 $C_i = (c_{i1}, c_{i2}, \ldots, c_{in})$，$i = 1, 2, \ldots, 2^k$。

译码器若能在 2^k 个码字 C 中选择某一个 C_i 使式 $P(R|C_i)$最大，则这种译码规则称为最大似然译码（MLD），$P(R|C)$称为似然函数，相应的译码器称为最大似然译码器。由于 $\log_b x$ 与 x 是单调关系，因此

$$\max_{i=1,2,\cdots,2^k} \log_b P(R \mid C_i) = \max_{i=1,2,\cdots,2^k} \sum_{j=1}^{n} \log_b p(r_j \mid c_{ij})$$

称 $\log_b P(R|C)$为对数似然函数或似然函数。对于离散无记忆信道，MLD 是使译码错误概率最小的一种最佳译码准则，但此时要求发端发送每一码字的概率 $P(C_i)(i = 1, 2, \cdots, 2^k)$均相等，否则 MLD 不是最佳的。在以后的讨论中，都认为 $P(C_i)$近似相等。

下面给出与码的纠错能力密切相关的参数，即码的最小距离的概念。两个 n 重 x 和 y 之间，对应位置取值不同的个数，称为它们之间的汉明距离，用 $d(x, y)$表示。例如，若 $x = (10101)$，$y = (01111)$，则 $d(x, y) = 3$。n 重 x 中非零码元的个数，称为它的汉明重量，简称重量，用 $w(x)$表示。例如，若 $x = (10101)$，则 $w(x) = 3$。（n, k）分组码中，任两个码字之间距离的最小值，称为该分组码的最小汉明距离 $d_{\min}$，简称最小距离。例如（3, 2）码，$n = 3$，$k = 2$，共有 $2^2 = 4$ 个码字：000，011，101，110，显然 $d_{\min} = 2$。$d_{\min}$ 是(n, k)分组码的另一个重要参数。它表明了分组码抗干扰能力的大小。以后将看到：$d_{\min}$ 越大，码的抗干扰能力越强，在同样译码方法下它的译码错误概率越小。对于 BSC 信道，信道的转移概率为 $p_e \leqslant 0.5$，因此在传输中没有错误的可能性比出现一个错误的可能性大，出现一个错误的可能性比出现两个错误的大，等等，即 $(1 - p_e)^n > p_e(1 - p_e)^{n-1} > p_e^2(1 - p_e)^{n-2} > \cdots$。若 R 与 C_i 之间的距离为 d，则 $P(R \mid C_i) = p_e^d(1 - p_e)^{n-d}$，MLD 译码器应该选择与 R 的汉明距离最小的码字 C_i 作为最可能发送的码字，即最可能的发送码字是离接收序列最近的码字，这就是最小汉明距离译码。（n, k）分组码

的最小距离 d_{min} 与纠错能力有如下关系。

定理：任一（n, k）分组码，若要在码字内：

（1）检测 e 个随机错误，则要求码的最小距离 $d_{min} \geqslant e+1$；

（2）纠正 t 个随机错误，则要求 $d_{min} \geqslant 2t+1$；

（3）纠正 t 个随机错误，同时检测 $e(\geqslant t)$个错误，则要求 $d_{min} \geqslant t+e+1$。

（4）纠正 t 个错误和 ρ 个删除，则要求 $d_{min} \geqslant 2t+\rho+1$。

证明：(1)由图 4-20(a)可知，若 C_1 发生了 e 个错误变为 C_1'，则 $d(C_1, C_1')=e$，设 $e=d_{min}-1$，则 $d(C_1', C_2)=1$，因此 $C_1' \neq C_2$，译码器不会将 C_1'错判成 C_2，可以检测到 $e=d_{min}-1$ 个错误。

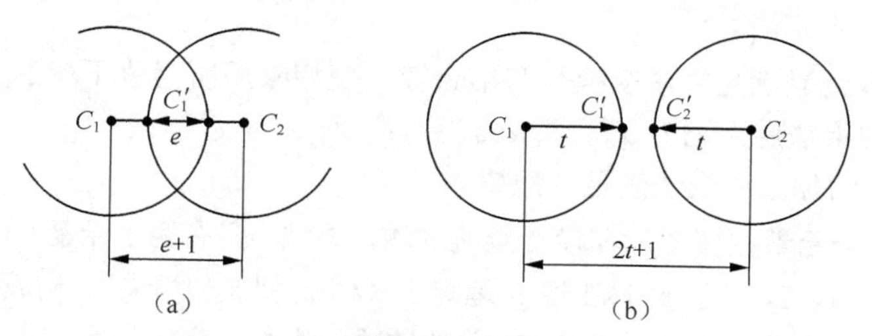

图 4-20 线性分组码纠错能力的几何解释

(2) 设 C_1 与 C_2 是(n, k)码中任意两码字距离之最小者，且为 $2t+1$。则 C_1 出了 t 个错误以后变成 C_1'，它们之间的距离为 $d(C_1, C_1')=t$，但 $d(C_1', C_2)=t+1$。若码字 C_1 与 C_2 不发生多于 t 个错误，以 C_1 与 C_2 为圆心 t 为半径的两个圆是不相交的。可以这样译码：若接收码组落在以 C_1 为圆心的圆上或圆内，则判定收到的是码 C_1，若接收码组落在以 C_2 为圆心的圆上或圆内，则判定收到的是码 C_2，若发生 $t+1$ 个错误，则将落入另一圆上，发生误判，如图 4-20（b）所示，所以译码器可以纠正 t 个错误。

(3) 这里所指的同时，是当错误个数$\leqslant t$ 时，该码能纠正 t 个错；当错误个数大于 t 而小于 e 时，则码能发现 e 个错误。由（1）和（2）的证明可直接得到结论（3）。

由此定理可知，一个最小距离为 d_{min} 的分组码，至多能纠正 $t=\lfloor(d_{min}-1)/2\rfloor$（$\lfloor x\rfloor$ 是 x 的整数部分）个错误。该定理确定了码的纠错能力与它的距离之间的关系，是纠错码理论中最基本的定理之一。

由上可知，R 和 d_{min} 是(n, k)分组码的两个最重要参数。纠错编码的基本任务之一就是构造出 R 一定、d_{min} 尽可能大的码，或者 d_{min} 一定、R 尽可能高的码。

4.3.2 线性分组码

前一小节介绍了有关分组码的一些基本概念，本节进一步深入讨论分组码的一个重要子类——线性分组码。假设信源输出的是一系列的二进制数字 0 和 1，在分组码中，信息序列被分成固定长度的信息组，记为 $\boldsymbol{m}$，由 k 个信息位组成，共有 2^k（q 进制为 q^k）个信息组，编码器以一定规则将输入的信息 $\boldsymbol{m}$ 转换为二进制的 n 维向量 $\boldsymbol{c}=(c_{n-1}, c_{n-2}, \cdots, c_1, c_0)$，这里 $n>k$，称这个 n 维向量 $\boldsymbol{c}$ 为信息 $\boldsymbol{m}$ 的码字。在二进制情况下，与 2^k 个信息组相应的码字也有 2^k 个，称这 2^k 个码字的集合为一个（n, k）分组码。如果一个分组码可用，则这 2^k 个码字必须各不相同，即信息 $\boldsymbol{m}$ 与码字 $\boldsymbol{c}$ 存在一一对应关系。

对于有 2^k 个码字的分组码，如果 n 和 k 很大，则编码器的复杂度将非常高，因为编码器需要存储 2^k 个 n 长的码字，除非分组码具有某种特殊的结构。因此，必须研究那些可以实际实现的分组码，我们发现当分组码具有线性性质时，可以大大降低编码复杂度。编码技术的研究将借助于一种称为有限域的数学结构。在引入线性分组码之前我们简单介绍一下有限域的基本知识。

有限域 F 是包含有限个元素的代数系统，对 F 中的元素定义了两种运算：加法"+"和乘法"·"，任意两个有限域元素的和与积仍在有限域内，即满足封闭性，而且有限域元素的加法和乘法满足交换律、结合律和分配律。将有限域定义为：令 F 是包含有限个元素的集合，对其中的元素定义了加法和乘法运算，如果集合 F 满足如下条件，则称为域：

（1）元素的加法和乘法满足封闭性；

（2）满足加法交换律和结合律，使相加后所得值不变的元素称为零元素，用 0 表示，元素 a 的加法逆元记为$-a$，即 $a+(-a)=0$；

（3）F 中的非零元素满足乘法交换律和结合律，使相乘后所得值不变的元素称为单位元素，用 1 表示，元素 a 的乘法逆元记为 a^{-1}，即 $a\cdot a^{-1}=1$；

（4）F 中的元素的加法和乘法满足分配律。

例如，0 和 1 两个元素按模 2 加和模 2 乘构成域，该域中只有两个元素，记为 GF(2)。对于任意素数 p，p 个元素{0，1，2，…，$p-1$}在模 p 运算下（模 p 相加和相乘），构成有限域 GF(p)。GF(p)可以扩展为 p^m 个元素，记为 GF(p^m)，称为 GF(p)的扩域，其中 m 为正整数。我们在数字传输系统中，使用最广泛的是 GF(2)及其扩域 GF(2^m)。GF(2^m)中的元素除了 0 和 1 外，其余元素均可以用 α 的幂表示，α 称为域 GF(2^m)的本原元。由乘法的封闭性可知 $\alpha^{2^m-1}=1$，即 $\mathrm{GF}(2^m)=\{0,1,\alpha,\alpha^2,\cdots,\alpha^{2^m-2}\}$。有限域 GF($2^m$)的 2^m 个元素可被表示成多项式形式，多项式的幂次小于等于 $m-1$，零元素为零多项式，非零元素为 $\alpha^i=\alpha_i(x)=\alpha_{i,0}+\alpha_{i,1}x+\alpha_{i,2}x^2+\cdots+\alpha_{i,m-1}x^{m-1}$。之后我们主要讨论二进制码，由二进制编码得到的结论可直接推广到非二元域，下面给出二进制线性分组码的定义。

定义：一个长度为 n，有 2^k 个码字的二进制分组码，当且仅当 2^k 个码字构成 GF(2)上所有 n 维向量组成的向量空间的一个 k 维子空间时被称为（n, k）线性分组码。

事实上，一个二进制分组码是线性的充要条件是其任意两个码字的模 2 和仍是该二进制分组码中的一个码字。表 4-2 给出了一个（7, 3）线性分组码的例子，信息组为（c_6, c_5, c_4,），码字为（c_6, c_5, c_4, c_3, c_2, c_1, c_0）。容易验证，该分组码中的任意两个码字的和仍是一个码字。因此，两码字 $\boldsymbol{c}_1$ 和 $\boldsymbol{c}_2$ 之间的距离 $d(\boldsymbol{c}_1, \boldsymbol{c}_2)$必等于第三个码字 $\boldsymbol{c}_1+\boldsymbol{c}_2$ 的汉明重量。例如（7, 3）线性分组码的两个码字（0011101）与（0100111）之间的距离为 4，等于码字（0111010）的重量。因此，（n, k）线性分组码的最小距离等于非零码字的最小重量。

表 4-2　（7, 3）线性分组码

信息组 (c_6,c_5,c_4)	码字 $(c_6,c_5,c_4,c_3,c_2,c_1,c_0)$
000	0000000
001	0011101
010	0100111
011	0111010
100	1001110
101	1010011
110	1101001
111	1110100

1．生成矩阵和校验矩阵

由于一个（n, k）线性分组码 C 的 2^k 个码字组成了 n 维线性空间 V_n 的一个 k 维子空间，因此可以找到 k 个线性独立的码字 $\boldsymbol{g}_0,\boldsymbol{g}_1,\cdots,\boldsymbol{g}_{k-1}$，使得 C 中的任何一个码字 $\boldsymbol{c}$ 都可由这 k 个码字的线性组合得到，即

$$\boldsymbol{c}=m_0\boldsymbol{g}_0+m_1\boldsymbol{g}_1+\cdots+m_{k-1}\boldsymbol{g}_{k-1} \tag{4-48}$$

以这 k 个线性独立的码字 $\boldsymbol{g}_0,\boldsymbol{g}_1,\cdots,\boldsymbol{g}_{k-1}$ 作为行向量，得到如下 $k\times n$ 矩阵。

$$\boldsymbol{G}=\begin{bmatrix}\boldsymbol{g}_0\\ \boldsymbol{g}_1\\ \vdots\\ \boldsymbol{g}_{k-1}\end{bmatrix}=\begin{bmatrix}g_{0,n-1} & \cdots & g_{01} & g_{00}\\ g_{1,n-1} & \cdots & g_{11} & g_{10}\\ \vdots & \ddots & \vdots & \vdots\\ g_{k-1,n-1} & \cdots & g_{k-1,1} & g_{k-1,0}\end{bmatrix} \tag{4-49}$$

其中，$\boldsymbol{g}_i=(g_{i,n-1},g_{i,n-2},\cdots,g_{i,0})$，$0\leqslant i<k$。如果 $\boldsymbol{m}=(m_0\quad m_1\quad\cdots\quad m_{k-1})$ 是待编码的信息序列，则相应的码字 $\boldsymbol{c}$ 可由这 k 个线性独立的码字 $\boldsymbol{g}_0,\boldsymbol{g}_1,\cdots,\boldsymbol{g}_{k-1}$ 线性组合生成。

$$\boldsymbol{c}=\boldsymbol{m}\cdot\boldsymbol{G}=\left(m_0\quad m_1\quad\cdots\quad m_{k-1}\right)\cdot\begin{bmatrix}g_{0,n-1} & g_{0,n-2} & \cdots & g_{0,0}\\ g_{1,n-1} & g_{1,n-2} & \cdots & g_{1,0}\\ \vdots & \vdots & \ddots & \vdots\\ g_{k-1,n-1} & g_{k-1,n-2} & \cdots & g_{k-1,0}\end{bmatrix} \tag{4-50}$$

可见，$\boldsymbol{G}$ 的行生成线性分组码 C，因此 $\boldsymbol{G}$ 称为码 C 的生成矩阵。一个(n，k)线性分组码完全由 $\boldsymbol{G}$ 的 k 个行向量确定，编码器只需存储 $\boldsymbol{G}$ 的 k 个行向量，根据输入信息序列 $\boldsymbol{m}=(m_0\quad m_1\quad\cdots\quad m_{k-1})$ 确定这 k 个行向量线性组合。表 4-2 给出的（7, 3）线性分组码的生成矩阵如下。

$$\boldsymbol{G}=\begin{bmatrix}\boldsymbol{g}_0\\ \boldsymbol{g}_1\\ \boldsymbol{g}_2\end{bmatrix}=\begin{bmatrix}1&0&0&1&1&1&0\\ 0&1&0&0&1&1&1\\ 0&0&1&1&1&0&1\end{bmatrix}$$

若待编码的信息序列为（101），根据上述生成矩阵可得到相应的编码码字。

$$\begin{aligned}\boldsymbol{c}&=1\cdot\boldsymbol{g}_0+0\cdot\boldsymbol{g}_1+1\cdot\boldsymbol{g}_2\\ &=(1\quad 0\quad 0\quad 1\quad 1\quad 1\quad 0)+(0\quad 0\quad 1\quad 1\quad 1\quad 0\quad 1)\\ &=(1\quad 0\quad 1\quad 0\quad 0\quad 1\quad 1)\end{aligned}$$

对于线性分组码，通常希望具有如图 4-21 所示的系统结构，其码字可分成消息部分和冗余校验部分，其中消息部分是 k 个未经处理的原始消息，冗余部分是由信息位产生的 $n-k$ 个校验位，则该类码称为线性系统分组码。表 4-2 给出的（7, 3）码即为一个线性系统分组码，每个码字的前 3 位与相应的信息位相同。

k 位信息位	$n-k$ 位校验位

图 4-21 系统码的形式

一个（n, k）线性系统分组码的生成矩阵具有系统形式 $\boldsymbol{G}=[\boldsymbol{I}_k\boldsymbol{P}]$，其中 $\boldsymbol{I}_k$ 是 $k\times k$ 的单位阵，$\boldsymbol{P}$ 是 $k\times(n-k)$ 的矩阵。表 4-2 给出的（7, 3）码的生成矩阵具有如下系统形式。

$$\boldsymbol{G}=\begin{bmatrix}1&0&0&1&1&1&0\\ 0&1&0&0&1&1&1\\ 0&0&1&1&1&0&1\end{bmatrix}=[\boldsymbol{I}_3\boldsymbol{P}]$$

可以看出，生成矩阵 $\boldsymbol{G}$ 中的每一行都是一个码字，任意 k 个线性独立的码字都可以构成生成矩阵，因此，对于一个给定的（n, k）线性分组码，可以有多个生成矩阵 $\boldsymbol{G}$。

表 4-2 给出的（7, 3）线性分组码的码字为（$c_6, c_5, c_4, c_3, c_2, c_1, c_0,$），其中 c_6,c_5,c_4 为信息位，

c_3, c_2, c_1, c_0 为校验位。当已知信息组时，四个校验位可以由以下线性方程组确定。

$$\begin{cases} c_3 = c_6 + c_4 \\ c_2 = c_6 + c_5 + c_4 \\ c_1 = c_6 + c_5 \\ c_0 = c_5 + c_4 \end{cases}$$

这组方程称为校验方程，通过移项可得

$$\begin{cases} c_6 \quad + c_4 + c_3 = 0 \\ c_6 + c_5 + c_4 \quad + c_2 = 0 \\ c_6 + c_5 \quad + c_1 = 0 \\ \quad c_5 + c_4 \quad + c_0 = 0 \end{cases}$$

上式写成矩阵形式有

$$\begin{bmatrix} 1 & 0 & 1 & 1 & 0 & 0 & 0 \\ 1 & 1 & 1 & 0 & 1 & 0 & 0 \\ 1 & 1 & 0 & 0 & 0 & 1 & 0 \\ 0 & 1 & 1 & 0 & 0 & 0 & 1 \end{bmatrix} \cdot \begin{bmatrix} c_6 \\ c_5 \\ c_4 \\ c_3 \\ c_2 \\ c_1 \\ c_0 \end{bmatrix} = \begin{bmatrix} 0 \\ 0 \\ 0 \\ 0 \end{bmatrix}$$

上式中的 4 行 7 列矩阵被称为（7, 3）线性分组码的一致校验矩阵，通常用 $\boldsymbol{H}$ 表示。

$$\boldsymbol{H} = \begin{bmatrix} 1 & 0 & 1 & 1 & 0 & 0 & 0 \\ 1 & 1 & 1 & 0 & 1 & 0 & 0 \\ 1 & 1 & 0 & 0 & 0 & 1 & 0 \\ 0 & 1 & 1 & 0 & 0 & 0 & 1 \end{bmatrix}$$

一般的线性分组码的 $\boldsymbol{H}$ 矩阵是一个$(n-k) \times n$ 阶矩阵，可表示为

$$\boldsymbol{H} = \begin{bmatrix} h_{1,n-1} & h_{1,n-2} & \cdots & h_{1,0} \\ h_{2,n-1} & h_{2,n-2} & \cdots & h_{2,0} \\ \vdots & \vdots & \ddots & \vdots \\ h_{n-k,n-1} & h_{n-k,n-2} & \cdots & h_{n-k,0} \end{bmatrix} \tag{4-51}$$

由校验矩阵可以建立码的线性方程组。

$$\begin{bmatrix} h_{1,n-1} & h_{1,n-2} & \cdots & h_{1,0} \\ h_{2,n-1} & h_{2,n-2} & \cdots & h_{2,0} \\ \vdots & \vdots & \ddots & \vdots \\ h_{n-k,n-1} & h_{n-k,n-2} & \cdots & h_{n-k,0} \end{bmatrix} \begin{bmatrix} c_{n-1} \\ c_{n-2} \\ \vdots \\ c_0 \end{bmatrix} = \boldsymbol{0}^T \tag{4-52}$$

$$\begin{bmatrix} c_{n-1} & c_{n-2} & \cdots & c_0 \end{bmatrix} \begin{bmatrix} h_{1,n-1} & h_{2,n-1} & \cdots & h_{n-k,n-1} \\ h_{1,n-2} & h_{2,n-2} & \cdots & h_{n-k,n-2} \\ \vdots & \vdots & \ddots & \vdots \\ h_{1,0} & h_{2,0} & \cdots & h_{n-k,0} \end{bmatrix} = \boldsymbol{0} \tag{4-53}$$

由此，可以从另一个角度描述由 $\boldsymbol{G}$ 生成的$(n，k)$线性分组码 C，一个 n 维向量 $\boldsymbol{c}$ 是 $\boldsymbol{G}$ 生成的码 C 的一个码字，当且仅当 $\boldsymbol{c}\cdot\boldsymbol{H}^T=\boldsymbol{0}$ 或 $\boldsymbol{H}\cdot\boldsymbol{c}^T=\boldsymbol{0}^T$，该码称为矩阵 $\boldsymbol{H}$ 的零空间。一个（n，k）线性系统

分组码的校验矩阵具有系统形式 $\boldsymbol{H}=[-\boldsymbol{P}^T\boldsymbol{I}_{n-k}]$。

因为（n, k）线性分组码的生成矩阵 $\boldsymbol{G}$ 中的每一行及其线性组合都是(n, k)码的码字，所以有

$$\boldsymbol{G}\cdot\boldsymbol{H}^T=0 \text{ 或 } \boldsymbol{H}\cdot\boldsymbol{G}^T=0 \tag{4-54}$$

2．伴随式与标准阵列译码

下面讨论线性分组码的译码。考虑一个（n, k）线性分组码，其生成矩阵为 $\boldsymbol{G}$，校验矩阵为 $\boldsymbol{H}$。设发送的码字为 $\boldsymbol{C}=(c_{n-1},c_{n-2},\cdots c_0)$，通过有噪信道传输，接收端收到的序列为 $\boldsymbol{R}=(r_{n-1},r_{n-2},\cdots r_0)$，由于信道中的噪声的影响，$\boldsymbol{R}$ 可能与 $\boldsymbol{C}$ 不相等，它们的和 $\boldsymbol{E}=\boldsymbol{R}+\boldsymbol{C}=(e_{n-1},e_{n-2},\cdots e_0)$ 是一个 n 维向量，当 $r_i\neq c_i$ 时，$e_i=1$，而当 $r_i=c_i$ 时，$e_i=0$。该向量称为错误图样，它直接反映了接收序列不同于发送码字的位置。由错误图样的定义可得 $\boldsymbol{R}=\boldsymbol{C}+\boldsymbol{E}$，$\boldsymbol{E}$ 中的 1 表示由信道噪声引起的传输差错，接收端译码器的任务就是由接收到的 $\boldsymbol{R}$ 译出 $\boldsymbol{C}$，或者由 $\boldsymbol{R}$ 解出 $\boldsymbol{E}$，从而得到 $\boldsymbol{C}=\boldsymbol{R}-\boldsymbol{E}$，并使译码错误概率最小。

（n, k）线性分组码的任一码字 $\boldsymbol{C}$，必须满足 $\boldsymbol{C}\cdot\boldsymbol{H}^T=\boldsymbol{0}$，因此，收到 $\boldsymbol{R}$ 后可以用该式进行检验 $\boldsymbol{RH}^T=(\boldsymbol{C}+\boldsymbol{E})\boldsymbol{H}^T=\boldsymbol{EH}^T$，说明 $\boldsymbol{RH}^T$ 只与错误图样有关，与发送的码字无关。称

$$\boldsymbol{S}=\boldsymbol{RH}^T=\boldsymbol{EH}^T \tag{4-55}$$

为 $\boldsymbol{R}$ 的伴随式。当且仅当 $\boldsymbol{R}$ 是码字时，$\boldsymbol{S}=\boldsymbol{0}$，当且仅当 $\boldsymbol{R}$ 不是码字时，$\boldsymbol{S}\neq\boldsymbol{0}$。当 $\boldsymbol{S}\neq\boldsymbol{0}$ 时可以检测出错误，当 $\boldsymbol{S}=\boldsymbol{0}$ 时，$\boldsymbol{R}$ 是码字，视 $\boldsymbol{R}$ 为发送码字。这样有些错误图样是无法检测的，即 $\boldsymbol{R}$ 中有差错，但 $\boldsymbol{S}=\boldsymbol{0}$。这种情况仅在错误图样与某个非零码字相同时才会出现，这类错误图样称为漏检错误图样，由于共有 2^k-1 个非零码字，因此共有 2^k-1 个漏检错误图样，这时译码器会产生译码差错。伴随式 $\boldsymbol{S}$ 只与错误图样 $\boldsymbol{E}$ 有关，译码器的任务就是由 $\boldsymbol{S}$ 解出 $\boldsymbol{E}$，从而得到 $\boldsymbol{C}=\boldsymbol{R}-\boldsymbol{E}$。

令 $\boldsymbol{H}=[\boldsymbol{h}_1\ \ \boldsymbol{h}_2\ \ \cdots\ \ \boldsymbol{h}_n]$，其中 $\boldsymbol{h}_i$ 是校验矩阵的第 i 列，为 $n-k$ 维向量，设错误图样为 $\boldsymbol{E}=(e_{n-1}\ e_{n-2}\cdots e_1\ e_0)=(0\cdots e_{i_1}\ 0\cdots e_{i_2}\ 0\cdots e_{i_t}\ 0\cdots 0)$，即第 i_1，i_2，…，i_t 位有错，则有 $\boldsymbol{S}=\boldsymbol{EH}^T=e_{i_1}\boldsymbol{h}_{i_1}{}^T+e_{i_2}\boldsymbol{h}_{i_2}{}^T+\cdots+e_{i_t}\boldsymbol{h}_{i_t}{}^T$，即伴随式 $\boldsymbol{S}$ 是校验矩阵 $\boldsymbol{H}$ 中某几列的线性组合，因而是 $n-k$ 维向量。例如表 4-2 给出的（7，3）码，若错误图样 $\boldsymbol{E}$= (0010100)，则 $\boldsymbol{S}^T=\boldsymbol{HE}^T=(1001)^T$，它是 $\boldsymbol{H}$ 矩阵的第三列与第五列之和。由此引出一个重要的结论，若（n, k）线性分组码要纠正≤t 个错误，则要求≤t 个错误的所有可能组合的错误图样，都应该有不同的伴随式与之对应，其充要条件是 H 矩阵中任何 $2t$ 列线性无关。此结论可以得到如下重要的定理：(n, k) 线性分组码有最小距离等于 $d_{\min}$ 的充要条件是，$\boldsymbol{H}$ 矩阵中任意 $d_{\min}-1$ 列线性无关。由于 $\boldsymbol{H}$ 矩阵的秩最多为 $n-k$，即最大可能的线性无关的列数为 $n-k$，因此（n, k）线性分组码的最大可能的最小距离等于 $n-k+1$，即 $d_{\min}\leqslant n-k+1$。如果线性分组码的最小距离 $d_{\min}=n-k+1$，则称此码为极大最小距离可分码，简称 MDS 码。

伴随式 $\boldsymbol{S}$ 在一定程度上可以反应错误图样，但伴随式是 $n-k$ 维向量，有 2^{n-k} 种可能，错误图样 $\boldsymbol{E}$ 是 n 维向量，共有 2^n 种可能，因而每 2^k 种错误图样对应一种伴随式，而真正的错误图样只有一种。因此，译码器必须从 2^k 个候选错误图样中，选择正确的错误图样，才可以保证译码正确，否则会出现译码错误。对于 BSC 信道，译码器选择含非零元素最少的错误图样作为最终的错误图样，即最小汉明距离译码，可以用标准阵来实现，是一种在 BSC 信道中译码错误概率最小的译码方法。

下面给出标准阵的构造方法，该方法基于码的线性结构。首先，将 2^k 个码字放在第一行，将全零码字 $\boldsymbol{C}_1=(0,0,\cdots,0)$ 放在最左边作为第一个元素；其次，从剩下的 2^n-2^k 个 n 维向量中挑出一个重量最小的 n 重 E_2 放在全零码字 C_1 的下面，并相应求出 $\boldsymbol{E}_2+\boldsymbol{C}_2$，$\boldsymbol{E}_2+\boldsymbol{C}_3$，…，$\boldsymbol{E}_2+C_{2^k}$，分别放在对

应码字的下边构成第二行；接着，再选一个未使用的重量最小的 n 重 $\boldsymbol{E}_3$ 放在 $\boldsymbol{E}_2$ 的下面，用同样的方法构成第三行；重复该过程直至使用完所有 n 维向量。最后，我们得到了如图 4-22 所示的矩阵，该矩阵称为码 $\boldsymbol{C}$ 的标准阵。译码时，首先判断接收序列 $\boldsymbol{R}$ 落在标准阵的哪一列，译码器就将该列最上面的码字作为发送码字。若发送码字为 $\boldsymbol{C}_i$，接收到的 $\boldsymbol{R}=\boldsymbol{C}_i+\boldsymbol{E}_j$ 落在标准阵的第 i 列，则能正确译码，即将陪集首作为错误图样。对于 BSC 信道，该译码方法即为最小汉明距离译码。

码字	C_1（陪集首）	C_2	$\cdots C_i$	$\cdots$	C_{2^k}
禁用码字	E_2	C_2+E_2	$\cdots C_i+E_2$	$\cdots$	$C_{2^k}+E_2$
	E_3	C_2+E_3	$\cdots C_i+E_3$	$\cdots$	$C_{2^k}+E_3$
	$\vdots$	$\vdots$	$\vdots$	$\vdots$	$\vdots$
	$E_{2^{n-k}}$	$C_2+E_{2^{n-k}}$	$\cdots C_i+E_{2^{n-k}}$	$\cdots$	$C_{2^k}+E_{2^{n-k}}$

图 4-22 (n, k)线性分组码的标准阵

可以证明，在标准阵中共有 2^{n-k} 个互不相交的行，并且每行的元素互不相同，这 2^{n-k} 行称为码 $\boldsymbol{C}$ 的陪集，每行的第一个 n 维向量称为陪集首，同一陪集中的 2^k 个 n 维向量有相同的伴随式，不同的陪集有不同的伴随式。由此，我们可以把标准阵进行简化，简化译码表由 2^{n-k} 个陪集首及其对应的伴随式组成。译码步骤如下：

（1）由接收到的 $\boldsymbol{R}$，计算伴随式 $\boldsymbol{S}=\boldsymbol{R}\cdot\boldsymbol{H}^T$；

（2）确定伴随式对应的陪集首 $\boldsymbol{E}_j$，即 $\boldsymbol{E}_j$ 被认定为由信道噪声引起的错误图样；

（3）将接收序列 $\boldsymbol{R}$ 译为码字 $\boldsymbol{C}^*=\boldsymbol{R}-\boldsymbol{E}_j$。

3．循环码

循环码是一类重要的线性分组码，广泛应用于通信系统的差错控制中，差错检测的效果尤其明显。首先给出循环移位的概念，对一个 n 维向量 $\boldsymbol{C}=\left(c_{n-1},c_{n-2},\cdots c_0\right)$ 的分量进行一次向左的循环移位，得到 $\boldsymbol{C}^{(1)}=\left(c_{n-2},c_{n-3},\cdots c_0,c_{n-1}\right)$，该操作称为 $\boldsymbol{C}$ 的一次循环移位。如果对 $\boldsymbol{C}$ 的分量进行 i 次向左的循环移位，将得到 $\boldsymbol{C}^{(i)}=\left(c_{n-i-1},c_{n-i-2},\cdots c_0,c_1,\cdots c_{n-i}\right)$，易知，$\boldsymbol{C}$ 的向左循环移位 i 次等价于 $\boldsymbol{C}$ 的向右循环移位 $n-i$ 次。

定义：一个(n, k)线性分组码 $\boldsymbol{C}$，如果每个码字的循环移位仍是 $\boldsymbol{C}$ 的一个码字，则称该码为循环码。

为了研究循环码的代数特性，将码字 $\boldsymbol{C}=\left(c_{n-1},c_{n-2},\cdots c_0\right)$ 表示为多项式形式 $C(x)=c_0+c_1x+\cdots+c_{n-1}x^{n-1}$，多项式的系数为码字的各个分量。循环码的每个码字对应于一个次数小于等于 $n-1$ 的多项式，称为码多项式，并且码字与多项式之间是一一对应的。码字 $\boldsymbol{C}^{(i)}$ 的码多项式为 $C^{(i)}(x)=c_{n-i}+c_{n-i+1}x+\cdots+c_{n-1}x^{i-1}+c_0x^i+\cdots+c_{n-i-1}x^{n-1}$，且有 $C^{(i)}(x)=x^iC(x)\ \mathrm{mod}\left(x^n-1\right)$，即码多项式 $C^{(i)}(x)$ 为多项式 $x^iC(x)$ 除以 x^n-1 所得的余式。循环码可由其生成多项式得到，下面给出生成多项式的定义，(n, k)循环码中，有且仅有一个次数为 $n-k$ 的码多项式。

$$g(x)=1+g_1x+g_2x^2+\cdots+x^{n-k} \tag{4-56}$$

每一个码多项式是 $g(x)$的倍式，且每个次数不大于 $n-1$ 且为 $g(x)$的倍式的多项式必为一码多项式。(n, k) 循环码的每一个码多项式可表示为

$$C(x)=\left(m_0+m_1x+\cdots+m_{k-1}x^{k-1}\right)g(x) \tag{4-57}$$

其中，$m_0,m_1,\cdots,m_{k-1}$ 是待编码的信息比特，$C(x)$是对应的码多项式。因此，可利用 $g(x)$乘以消息

多项式$m(x)$来完成编码，即一个（n, k）循环码的码字可由式（4-56）完全确定，称该多项式为循环码的生成多项式，生成多项式的次数等于码中校验位的个数，即等于$n-k$。

我们也可以把循环码编码成系统形式，即码字最左边的k位为信息位，最右边的$n-k$位为校验位。假设待编码的信息为$\boldsymbol{m}=(m_{k-1},\cdots,m_1,m_0)$，相应的信息多项式为

$$m(x)=m_0+m_1x+\cdots+m_{k-1}x^{k-1}$$

用x^{n-k}乘以$m(x)$得到一个次数不大于$n-1$的多项式。

$$x^{n-k}m(x)=m_0x^{n-k}+m_1x^{n-k+1}+\cdots+m_{k-1}x^{n-1}$$

用该多项式除以$g(x)$得到

$$x^{n-k}m(x)=a(x)g(x)+b(x)$$

其中$a(x)$和$b(x)$分别为商式和余式。由于$g(x)$的次数为$n-k$，则$b(x)$的次数最大为$n-k-1$，可写成

$$b(x)=b_0+b_1x+\cdots+b_{n-k-1}x^{n-k-1}$$

由此我们得到如下次数不大于$n-1$的多项式。

$$\begin{aligned}b(x)+x^{n-k}m(x)&=a(x)g(x)\\&=b_0+b_1x+\cdots+b_{n-k-1}x^{n-k-1}\\&\quad+m_0x^{n-k}+m_1x^{n-k+1}+\cdots+m_{k-1}x^{n-1}\end{aligned}$$

由于它是$g(x)$的倍式，因此是一码多项式，对应码字是该码多项式的n个系数。该码字的前k个比特是信息比特，其余$n-k$个比特是校验比特，即它是系统码。

系统循环码可通过如下步骤生成：首先将信息多项式$m(x)$乘以x^{n-k}；然后将得到的结果$x^{n-k}m(x)$除以$g(x)$得到余式$b(x)$；最后将$b(x)$加上$x^{n-k}m(x)$就得到系统码的码字多项式。多项式的乘法和除法可通过移位寄存器很容易地实现，因此系统循环码的编码实现复杂度很低。

下面讨论循环码的译码。将发送码字和接收序列写成多项式的形式，有：$R(x)=C(x)+E(x)=m(x)g(x)+E(x)$，其中$E(x)$是错误多项式，系数为1的项表示相应位置发生了错误。伴随式$S(x)$定义为$R(x)$除以$g(x)$得到的余式，可以看出，伴随式$S(x)$仅与错误图样有关，与$C(x)$无关，等于$E(x)$除以$g(x)$得到的余式，由伴随式$S(x)$可计算出错误图样$E(x)$。若码字在传输中没发生错误，则$S(x)=0$。通过一个移位寄存器除法电路可以得到伴随式，因此循环码的译码实现也很简单，复杂度很低。

4.3.3 卷积码

通信信道中会产生随机错误，也会出现成串的突发错误，前面讨论的分组码主要用来纠正随机错误，接下来介绍的卷积码不仅能纠正随机错误，而且还具有一定的纠正突发错误的能力。

1. 基本概念

卷积码是由爱里斯（Elias）于1955年提出的，它与之前讨论的分组码有所不同。分组码编码时，本组的$n-k$个校验位只与本组的k个信息位有关，与其他各组码字无关；分组码译码时，也只从本组中的码元内提取有关信息，与其他之各组码字无关。而卷积码编码时，编码器是有记忆的，在任意时间单元内，卷积码编码器输出的n_0-k_0个校验位不仅与当前时刻输入的k_0个信息位有关，还与之前的若干信息位有关；卷积码译码时，不仅从当前时刻收到的码组内提取有关译码信息，而且还要从以前或以后若干时刻收到的码组中提取有关信息。另外，卷积码每组的信息位k_0和码长n_0通常比分组码的k和n要小。一般情况下，信息序列被分成长度为k_0的信息组，每k_0

个信息位被编成长度为 n_0 的码字。在 $k_0=1$ 的特殊情况下，信息序列不需分段而可以连续处理。与分组码不同，卷积码不是通过增加 k_0 和 n_0，而是通过增加编码存储级数 m 来实现大的最小距离和低的误码率。下面主要讨论二进制卷积码，有关结论可推广到非二元域上。

图 4-23 所示为一个(3, 1, 2)卷积码的编码器，它其由 $k_0=1$ 个移位寄存器（其延时单元为 $m=2$）和 $n_0=3$ 个二进制加法器组成。二进制加法是线性运算，所以编码器是线性的。所有卷积码均可由这种类型的线性移位寄存器来实现。信息序列为 $\boldsymbol{M}=(\boldsymbol{m}_0, \boldsymbol{m}_1, \boldsymbol{m}_2, \ldots)$，每次有一个比特 m_i 进入编码器，编码器在输出信息位 m_i 的同时，根据编码电路产生两位校验位 p_{i1} 和 p_{i2}，这三个比特组成卷积码的一个码字 $\boldsymbol{c}_i=(m_i, p_{i1}, p_{i2})$，其中 $p_{i1}=m_i+m_{i-1}$，$p_{i2}=m_i+m_{i-2}$，该码是系统码。由此可以看出，卷积码每组的 n_0-k_0 个校验码元不仅与本组的信息码元有关，而且还和之前 m 个组的信息码元有关，m 称为编码存储级数，它表示输入信息组在编码器中需存贮的单位时间，是表征卷积码编码复杂性的重要参数。与分组码的码长 n 相对应，在卷积码中称 $n_c=n_0(m+1)$为编码约束长度，说明 k_0 个信息码元从输入编码器到离开时在码序列中影响的码元数目。卷积码通常用（n_0, k_0, m）表示，码率为 $R=k_0/n_0$，与分组码的定义相同，它是衡量信息传输有效性的重要参数，k_0 和 n_0 通常都很小，延时相对也较小，因此特别适合传输串行形式的信息。

2．生成矩阵和校验矩阵

由分组码的理论可知，只要码的生成矩阵或校验矩阵确定了，则码就完全确定了，即分组码可由其生成矩阵或校验矩阵来描述。同样，卷积码也可由其生成矩阵或校验矩阵来描述。以图 4-23 的（3, 1, 2）系统卷积码为例，设编码器的初始状态为 0，若输入的信息序列为 $\boldsymbol{M}=(\boldsymbol{m}_0, \boldsymbol{m}_1, \boldsymbol{m}_2,\cdots)=(1, 0, 0, \cdots)$，则编码后输出的码序列为 $\boldsymbol{C}=(\boldsymbol{c}_0, \boldsymbol{c}, \boldsymbol{c}_2, \cdots)=(111, 010, 001, 000, \cdots)$，$\boldsymbol{C}$ 中第 $m+1=3$ 段以后的各段取值均为 0，说明信息 $m_0=1$ 进入编码器后，只影响后面的 $m+1$ 段码元。若输入的信息序列为：

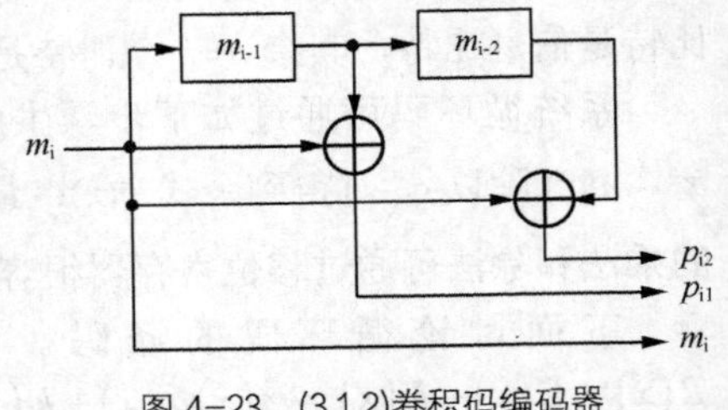

图 4-23 (3,1,2)卷积码编码器

$\boldsymbol{M}=(1, 1, 1, 0, 0, 0, \cdots)=(1, 0, 0, \cdots)+(0, 1, 0, 0, \cdots)+(0, 0, 1, 0, \cdots)+\cdots$

则对应的码序列为：

$\boldsymbol{C}=(111, 010, 001, 000, 000, 000, \cdots)+(000, 111, 010, 001, 000, 000, \cdots)+(000, 000, 111, 010, 001, 000, \cdots)+\cdots$

$=(111, 101, 100, 011, 001, 000, \cdots)$

写成矩阵形式有

$$\boldsymbol{C}=\boldsymbol{M}\boldsymbol{G}_\infty=[1\,1\,1\,0\,0\cdots]\begin{pmatrix} 111 & 010 & 001 & 000 & 000 & \cdots \\ 000 & 111 & 010 & 001 & 000 & \cdots \\ 000 & 000 & 111 & 010 & 001 & \cdots \\ & & \cdots & & & \end{pmatrix}$$

$$=(111,101,100,011,001,000,\cdots)$$

称 $\boldsymbol{G}_\infty$ 为该卷积码的生成矩阵，它是一个半无限长的矩阵。可以看出，$\boldsymbol{G}_\infty$ 的每行都是其前一行的右移 $n_0=3$ 位，$\boldsymbol{G}_\infty$ 可以由其第一行完全确定，我们称 $\boldsymbol{G}_\infty$ 的第一行

$$\boldsymbol{g}_\infty=(111\quad 010\quad 001\quad 000\quad 000\quad \cdots)=(\boldsymbol{g}_0,\boldsymbol{g}_1,\boldsymbol{g}_2,\cdots)$$

为该码的基本生成矩阵，其中 $\boldsymbol{g}_i$ 为 1×3（$k_0\times n_0$）阶的矩阵，码的 $\boldsymbol{g}_\infty$ 完全由其前 $m+1=3$ 段的

值 $\boldsymbol{g}_0, \boldsymbol{g}_1, \boldsymbol{g}_2$ 确定。

我们也可以用多项式的形式来表示卷积码的编码过程。将 $\boldsymbol{g}_\infty$ 中前 $m+1=3$ 段 $\boldsymbol{g}_0, \boldsymbol{g}_1, \boldsymbol{g}_2$ 中的每一段的第 j 个数字用多项式表示为：

$$\boldsymbol{g}^{(1,1)}(D)=1$$
$$\boldsymbol{g}^{(1,2)}(D)=1+D$$
$$\boldsymbol{g}^{(1,3)}(D)=1+D^2$$

则 $\boldsymbol{g}_\infty$ 可由以上三个多项式完全确定，称每个多项式为该卷积码的子生成元，该卷积码的生成矩阵 $\boldsymbol{G}_\infty$ 写成多项式的形式如下。

$$\boldsymbol{G}(D)=\left(1\quad 1+D\quad 1+D^2\right)$$

称 $\boldsymbol{G}(D)$ 为该卷积码的生成多项式矩阵。

若将输入的信息序列 $M=(1\ \ 1\ \ 1\ \ 0\ \ 0\cdots)$ 写成多项式的形式：$M(D)=(m_0+m_1D+m_2D^2+\cdots)=(1+D+D^2+0+0\cdots)$，则码序列的多项式形式可由如下多项式乘法得出。

$$\begin{aligned}C(D)&=M(D)G(D)\\&=M(D)(g^{(1,1)}(D),\ g^{(1,2)}(D),\ g^{(1,3)}(D))\\&=(M(D)g^{(1,1)}(D),\ M(D)g^{(1,2)}(D),\ M(D)g^{(1,3)}(D))\\&=(M(D)\cdot 1,\ M(D)(1+D),\ M(D)(1+D^2))\\&=((1+D+D^2+0\cdots),\ (1+D+D^2+0\cdots)(1+D),\ (1+D+D^2+0\cdots)(1+D^2))\\&=(1+D+D^2+0\cdots,\ 1+D^3+0\cdots,\ 1+D+D^3+D^4+0\cdots)\\&=(C^{(1)}(D),\ C^{(2)}(D),\ C^{(3)}(D))\\&=(111)+(101)D+(100)D^2+(011)D^3+(001)D^4+0\cdots\end{aligned}$$

卷积码生成矩阵 $\mathbf{G}_\infty$ 的一般形式如下。

$$\boldsymbol{G}_\infty=\begin{bmatrix}\boldsymbol{g}_0 & \boldsymbol{g}_1 & \cdots & \cdots & \boldsymbol{g}_m & & & & \\ & \boldsymbol{g}_0 & \boldsymbol{g}_1 & \cdots & \boldsymbol{g}_{m-1} & \boldsymbol{g}_m & & & \\ & & \boldsymbol{g}_0 & \boldsymbol{g}_1 & \cdots & \boldsymbol{g}_{m-2} & \boldsymbol{g}_{m-1} & \boldsymbol{g}_m & \\ & & & & & \vdots & \vdots & & \\ & & & & & \boldsymbol{g}_0 & \boldsymbol{g}_1 & \cdots & \boldsymbol{g}_m \\ & & & & & & \vdots & & \cdots \\ & & & & & & \vdots & & \cdots\end{bmatrix} \tag{4-58}$$

基本生成矩阵为

$$\boldsymbol{g}_\infty=[\boldsymbol{g}_0, \boldsymbol{g}_1, \boldsymbol{g}_2, \cdots \boldsymbol{g}_m, 0, \cdots] \tag{4-59}$$

其中，$\boldsymbol{g}_i$（$i=0, 1, 2, \cdots, m$）是一个$(k_0\times n_0)$阶子矩阵。$\boldsymbol{g}_\infty$ 共有 k_0 个生成元。

$$\mathbf{g}_\infty=\begin{bmatrix}\mathbf{g}(1)\\ \mathbf{g}(2)\\ \vdots\\ \mathbf{g}(k_0)\end{bmatrix}$$

每一个生成元 $\boldsymbol{g}(j)$ 有 n_0 个子生成元：$\boldsymbol{g}^{(j,1)}(D)$，$\boldsymbol{g}^{(j,2)}(D)$，…，$\boldsymbol{g}^{(j,n_0)}(D)$，相应的生成多项式

矩阵为

$$G(D)=\begin{bmatrix} g^{(1,1)}(D) & g^{(1,2)}(D) & \cdots & g^{(1,n_0)}(D) \\ g^{(2,1)}(D) & g^{(2,2)}(D) & \cdots & g^{(2,n_0)}(D) \\ \vdots & \vdots & \ddots & \vdots \\ g^{(k_0,1)}(D) & g^{(k_0,2)}(D) & \cdots & g^{(k_0,n_0)}(D) \end{bmatrix} \tag{4-60}$$

码的生成矩阵 G_∞ 确定后，很容易得到它的校验矩阵 H_∞，与线性分组码一样，线性卷积码的生成矩阵 G_∞ 和校验矩阵 H_∞ 之间满足如下关系。

$$G_\infty \cdot H_\infty^T = 0 \tag{4-61}$$

即（n_0, k_0, m）卷积码的每一个码字，必须满足由 H_∞ 矩阵的行确定的线性方程组，（n_0, k_0, m）卷积码的校验矩阵 H_∞ 具有如下形式。

$$H_\infty=\begin{bmatrix} h_0 & & & & \\ h_1 & h_0 & & & \\ h_2 & h_1 & h_0 & & \\ \vdots & \vdots & \vdots & & \\ h_m & h_{m-1} & \vdots & h_0 & \cdots \\ 0 & h_m & \cdots & h_1 & \cdots \\ 0 & 0 & \cdots & \vdots & \cdots \\ \vdots & \vdots & & \vdots & \end{bmatrix} \tag{4-62}$$

其中，$h_0,h_1,h_2,\cdots h_m$ 都是 $(n_0-k_0)\times n_0$ 阶矩阵，显然，H_∞ 也是一个半无限长的矩阵，H_∞ 可以由其第一列 $(h_0,h_1,h_2,\cdots h_m)^T$ 完全确定，将 H_∞ 矩阵的第 $m+1$ 行元素组成的矩阵 $h_\infty=(h_m,h_{m-1},\cdots,h_0,\cdots)$ 称为码的基本校验矩阵。

类似于码的生成多项式矩阵 $G(D)$，也可以定义码的校验多项式矩阵 $H(D)$。

$$H(D)=\begin{bmatrix} h^{(1,1)}(D) & h^{(1,2)}(D) & \cdots & h^{(1,n_0)}(D) \\ \vdots & \vdots & & \vdots \\ h^{(n_0-k_0,1)}(D) & h^{(n_0-k_0,2)}(D) & \cdots & h^{(n_0-k_0,n_0)}(D) \end{bmatrix} \tag{4-63}$$

式中，$h^{(i,j)}(D)(i=1,2,\cdots,n_0-k_0;j=1,2,\cdots,n_0)$ 为码的子校验元，通常它也是一个次数小于 m 的多项式。

若（n_0, k_0, m）卷积码是系统码，则其生成矩阵 G_∞，生成多项式矩阵和校验矩阵 H_∞ 具有如下形式。

$$G_\infty=\begin{bmatrix} I_{k_0}p_0 & 0p_1 & 0p_2 & \cdots & 0p_m & & & \\ & I_{k_0}p_0 & 0p_1 & \cdots & \cdots & 0p_m & & \\ & & \ddots & & & & & \\ & & & I_{k_0}p_0 & 0p_1 & \cdots & 0p_m & \\ & & & & & \cdots & & \\ & & & & & & \cdots & \end{bmatrix} \tag{4-64}$$

$$G(D)=\begin{bmatrix}1 & 0 & 0 & \cdots & 0 & g^{(1,k_0+1)}(D) & \cdots g^{(1,n_0)}(D)\\ 0 & 1 & 0 & \cdots & 0 & g^{(2,k_0+1)}(D) & \cdots g^{(2,n_0)}(D)\\ \vdots & \vdots & \vdots & & \vdots & \vdots & \vdots\\ 0 & 0 & 0 & \cdots & 1 & g^{(k_0,k_0+1)}(D) & \cdots g^{(k_0,n_0)}(D)\end{bmatrix}=\left[I_{k_0}P(D)\right] \tag{4-65}$$

$$H_\infty=\begin{bmatrix}-p_0^{\mathrm{T}}I_{n_0-k_0} & & & \\ -p_1^{\mathrm{T}}\mathbf{0} & -p_0^{\mathrm{T}}I_{n_0-k_0} & & \\ \vdots & \vdots & & \\ -p_m^{\mathrm{T}}\mathbf{0} & -p_{m-1}^{\mathrm{T}}\mathbf{0} & -p_0^{\mathrm{T}}I_{n_0-k_0} & \cdots\\ & -p_m^{\mathrm{T}}\mathbf{0} & \vdots & \\ & & -p_m^{\mathrm{T}}\mathbf{0} & \cdots\end{bmatrix} \tag{4-66}$$

其中，I_{k_0} 和 $I_{n_0-k_0}$ 分别是 $k_0\times k_0$ 和 $(n_0-k_0)\times(n_0-k_0)$ 阶单位阵，p_i 是 $k_0\times(n_0-k_0)$ 阶矩阵。图4-23给出的（3, 1, 2）系统卷积码的校验矩阵很容易由其生成矩阵求出。

$$H_\infty=\begin{pmatrix}110 & & & & \\ 101 & & & & \\ 100 & 110 & & & \\ 000 & 101 & & & \\ 000 & 100 & 110 & & \\ 100 & 000 & 101 & \cdots & \cdots\\ & 000 & 100 & \cdots & \cdots\\ & 100 & 000 & \cdots & \cdots\\ & & 000 & \cdots & \cdots\\ & & 100 & \cdots & \cdots\\ & & \vdots & \cdots & \cdots\end{pmatrix}$$

一般有三种方法来描述卷积码的编码过程，分别是树图、状态图和格型图。树图用每一个分支代表着不同的编码状态和相应的编码输出，比较清晰地表现出编码的输出。状态图则能够清晰地表现出编码的状态转移，格型图使得树图有所简化，同时也清晰地表现出状态的转移过程，通常使用格型图对卷积过程进行分析。

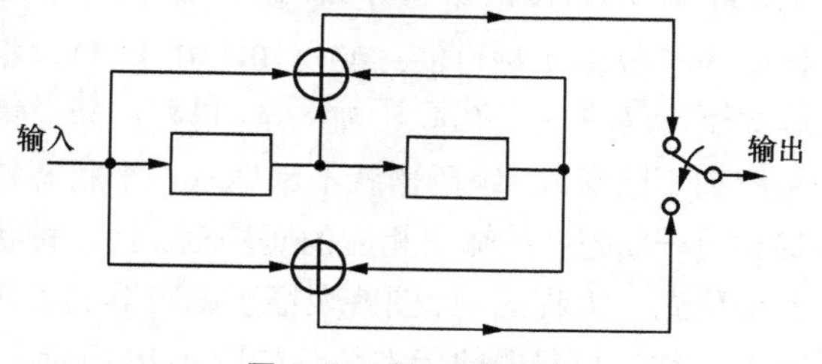

图 4-24 (2,1,2)卷积码

3. 卷积码的树图描述

图4-24给出了一个（2, 1, 2）卷积码，其生成矩阵为

$$G_\infty=\begin{bmatrix}11 & 10 & 11 & & \\ & 11 & 10 & 11 & \\ & & 11 & 10 & 11\\ & & & \cdots & \\ & & & & \cdots\end{bmatrix}=\begin{bmatrix}g_0 & g_1 & g_2 & & \\ & g_0 & g_1 & g_2 & \\ & & g_0 & g_1 & g_2\\ & & & \cdots & \\ & & & & \cdots\end{bmatrix}$$

若输入的信息序列为 $\boldsymbol{M}=(\boldsymbol{m}_0, \boldsymbol{m}_1, \boldsymbol{m}_2, \cdots)=(1, 1, 0, 1, 1\cdots)$，则编码后输出的码序列为 $\boldsymbol{C}=(\boldsymbol{c}_0, \boldsymbol{c}_1, \boldsymbol{c}_2, \cdots)=(11, 01, 01, 00, 01, 01, \cdots)$，我们可以用如图 4-25 所示的半无限码树图来表示编码过程。

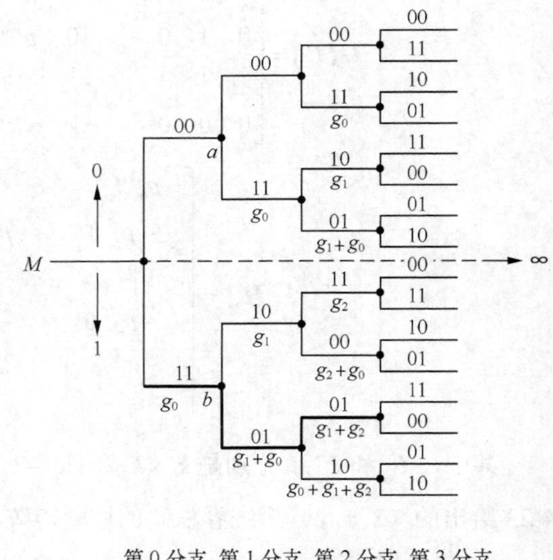

图 4-25 (2,1,2)卷积码的码树图

设编码器初始状态为 0，输入信息序列 $\boldsymbol{M}=(\boldsymbol{m}_0,\boldsymbol{m}_1,\cdots)$，则编码器输出的第 0 段子码 $\boldsymbol{c}_0$ 仅由 $\boldsymbol{m}_0$ 确定。若 $\boldsymbol{m}_0=0$，则 $\boldsymbol{c}_0=(00)$，在码树上相应于从第 0 级节点（初始节点）出发走上一分支输出(00)；若 $\boldsymbol{m}_0=1$，则在码树上相应走下面的分支，输出 $\boldsymbol{c}_0=(11)$。同理，当第二个信息组 $\boldsymbol{m}_1$ 输入时，这时编码器已处在第一阶节点上。若在 a 点，则输入 $\boldsymbol{m}_1=0$ 时，走上面分支输出 $\boldsymbol{c}_1=(00)$；若 $\boldsymbol{m}_1=1$，则走下面分支输出 $\boldsymbol{c}_1=(11)$。若在 b 点，则输入 $\boldsymbol{m}_1=0$ 时，走上面分支输出 $\boldsymbol{c}_1=(10)$；若 $\boldsymbol{m}_1=1$，则走下面分支输出 $\boldsymbol{c}_1=(01)$，此时编码器已处在第二阶节点上。若再输入 $\boldsymbol{m}_2$，则编码器从第二阶节点处发，按输入为 0 走上面分支，输入为 1 走下面分支的规则输出 $\boldsymbol{c}_2$。这样随着信息序列的不断输入编码器，从码树上的一个节点走向下一个节点，并送出相应的子组。因此输入不同的信息序列，编码器就走不同的路径，输出不同的码序列。若输入的信息序列为 $\boldsymbol{M}=(1, 1, 0, 1, \cdots)$，则编码后输出的码序列为 $\boldsymbol{C}=(11, 01, 01, 00, \cdots)$，对应于码树中粗线表示的路径。

4．卷积码的状态图表示

除了用码树图来表示卷积码外，也可以用状态图来描述卷积码的编码过程。由（2, 1, 2）卷积码的码树图可以得到它的状态图如下（见图 4-26）：任一时刻，编码器寄存器中的存数称为编码器的一个状态，以 s_i 表示。该例中，编码存贮 $m=2$，$k_0=1$，编码器由两级移存器组成。因此，移存器中的存数有 4 种可能：00，10，01 和 11，相应于编码器有 4 个状态：s_0, s_1, s_2 和 s_3。随着信息序列不断送入，编码器就不断地从一个状态转移到另一状态，并输出相应的码序列。把这种状态变化画一流程图，此图就表征了编码器的工作特征，称为编码器的状态图，如图 4-26 所示。

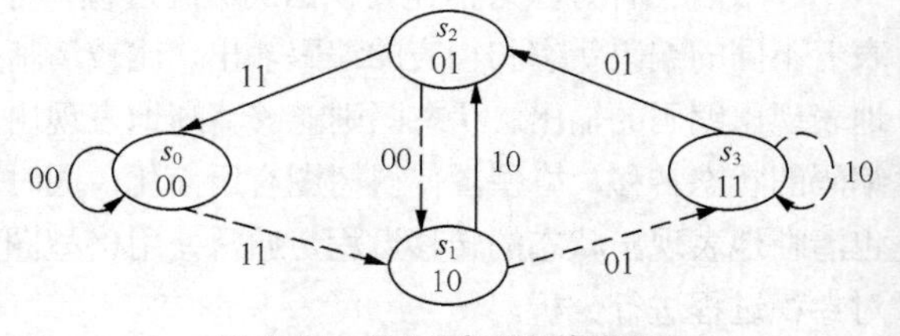

图 4-26 (2,1,2)卷积码的状态图

由图 4-26 可以看出：若编码器的初始状态处于 s_0，输入信息元 1 时，编码器从 s_0 转移到 s_1 状态，并输出子组 11，若输入信息元 0，则仍停留在 s_0 状态，输出子组 00，等等。随着信息元的不断输入，编码器的状态在不断地转移，并输出相应的分支（子组），组成对应于输入信息序列的一个码序列。图 4-26 中，实线表示输入 0，虚线表示输入 1 时的状态转移。例如，若编码器的初始状态处于 s_0，输入的信息序列为 $\boldsymbol{M}=(1, 1, 0, 0)$，则相应的状态变化为 $s_0 \xrightarrow{11} s_1 \xrightarrow{01} s_3 \xrightarrow{01} s_2 \xrightarrow{11} s_0$，输出的码序列为 $\boldsymbol{C}=(11, 01, 01, 11)$。

5. 卷积码的网格图表示

状态图能够表示卷积编码器在不同的输入信息序列下，编码器各状态之间的转移关系，但并不能表示出编码器状态转移与时间的关系。为了表示这种状态与时间的关系，即将状态图在时间上展开，就得到网格图。

图 4-27 为 $L=5$ 时，（2，1，2）卷积码的网格图，由节点和分支组成，共有 $L+m+1$ 个时间单位（节点），以 0 至 $L+m$ 标号，若编码器由 s_0(00)状态开始，并且结束于 s_0 状态，则最先的 $m=2$ 个时间单位（0，1），相应于编码器由 s_0 状态出发往各个状态进行，而最后 $m=2$ 个时间单位（6，7）相应于编码器由各种状态返回到 s_0 状态。因而，在开始和最后 m 个时间单位，编码器不可能处于任意状态中，而只能处在某些特定状态（如 s_0，s_1）中，仅仅从第 m（2）至第 L（5）时间单位，编码器可以处于任何状态之中（即 4 个状态 s_0，s_1，s_2，s_3 中之任一个）。

图中的虚线表示输入为1时所走的路径，实线表示输入为0时所走的路径，每一分支上的 n_0（2）个数字，表示第 i 时刻编码器输出的子组，为了使编码器结束于 s_0 状态，在送完 L 段信息序列后，还必须向编码器再送入 m 段全 0 序列，以迫使编码器回到 s_0 状态，因此所有可能的信息序列共有 2^{k_0L} 个，因而网格图中可能的路径有 2^{k_0L} 条，相应于 2^{k_0L} 个长为$(L+m)n_0$的不同码序列。例如，若编码器的初始状态处于 s_0，输入的信息序列为 $\boldsymbol{M}$= (1, 1, 0, 0, 1, 0, 0)，则输出的码序列为 $\boldsymbol{C}$= (11, 01, 01, 11, 11, 10, 11)。

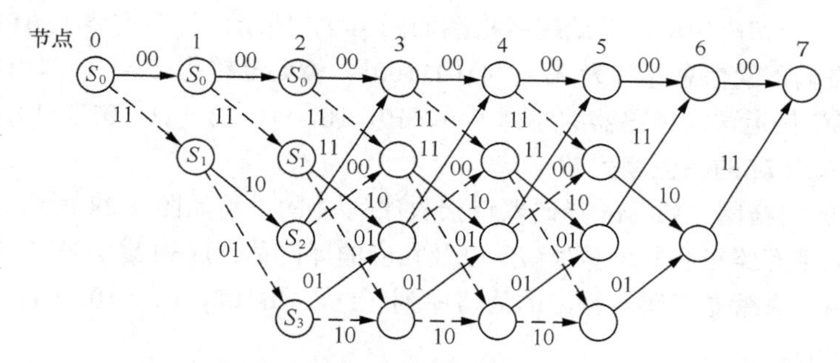

图 4-27 （2，1，2）卷积码 $L=5$ 时的网格图

6. 卷积码的 Viterbi 译码

卷积码的译码方式大概有三种：（1）1963 年由梅西（Massey）提出的门限译码，是一种基于码代数结构的代数译码，类似于分组码中的大数逻辑译码；（2）1963 年由费诺（Fano）改进的序列译码，是基于码的树状图结构上的一种准最佳的概率译码；（3）1967 年由维特比提出的 Viterbi 算法，是基于码的网格（trellis）图基础上的一种最大似然译码算法，是一种最佳的概率译码方法，在空间通信、无线通信中广泛应用。下面具体介绍硬判决 Viterbi 算法的译码过程。

卷积码的概率译码的基本思路是：以接收码流为基础，逐个计算它与其他所有可能出现的、连续的网格图路径的距离，选出其中可能性最大的一条作为译码估值输出。对于 BSC 信道，似然概率最大表现为距离最小，最大似然译码算法就是基于网格图的最小距离译码。一般情况下，（n_0, k_0, m）卷积码的编码器共有 2^{k_0m} 个状态，若输入的信息序列长度是 Lk_0+mk_0（后 mk_0 个码元全为 0），则进入和离开每一状态各有 2^{k_0} 条分支，在网格图上有 2^{k_0L} 条路径。从这 2^{k_0L} 条路径中寻找一条与接收码流有最小汉明距离的路径是难以实现的。例如，$L=50$，$n_0=3$，$k_0=2$，则共有 $2^{k_0L}=2^{100}>10^{30}$ 条路径，如果在 1s 内送出这 100 个信息比特，信息传输率仅为 100bit/s，而译码器需要在这 1s 内计算、比较 10^{30} 个汉明距离，这是难以实现的。

Viterbi 译码算法正是在解决上述困难中所引入的一种最大似然译码算法，它并不是在网格图上一次比较所有可能的 $2^{k_0 L}$ 条路径（序列），而是接收一段，计算、比较一段，选择一段最可能的码段（分支），从而达到整个码序列是一个有最大似然函数的序列。Viterbi 译码算法的基本步骤如下。

（1）从某一时间单位 $j=m$ 开始，对进入每一状态的所有长为 j 段分支的部分路径，计算部分路径度量（汉明距离）。对每一状态，挑选并存贮一条有最大度量（最小汉明距离）的部分路径及其部分度量值，称此部分路径为留选（幸存）路径。

（2）j 增加 1，把此时刻进入每一状态的所有分支度量，和同这些分支相连的前一时刻的幸存路径的度量相加，得到了此时刻进入每一状态的幸存路径，加以存贮并删去其他所有路径，因此幸存路径延长了一个分支。

（3）若 $j<L+m$，则重复以上各步，否则停止，译码器得到了有最大路径度量的路径。

上述三个步骤中，（1）是（2）的初始化，（3）是（2）的延续，关键在于第（2）步，它主要包括两部分：一是对每个状态进行度量和比较，并决定幸存路径；另一个是记录幸存路径与度量值。由时间单位 m 直至 L，网格图中 $2^{k_0 m}$ 个状态中的每一个有一条幸存路径，共有 $2^{k_0 m}$ 条。但在 L 时间单位后，网格图上的状态数目减少，幸存路径也相应减少。最后到第 $L+m$ 单位时间，网格图归到全 0 状态，仅剩下一条幸存路径。这条路径就是要找的最大似然函数的路径，也就是译码输出序列。下面以具体例子来分析。

以（2，1，2）卷积码为例，其编码网格图如图 4-27 所示，每条支路上方的数字为每一时刻的编码输出。假设输入的信息序列为 $M=$（1011100），编码器输出 $C=$（11，10，00，01，10，01，11），通过 BSC 信道送入译码器的序列 $R=$（10，10，00，01，11，01，11）出现了两个错误，利用 Viterbi 算法来求 M 的估值序列 $\hat{M}$。

根据图 4-27 的网格图，Viterbi 译码器译接收序列 R 的过程如图 4-28 所示。图中画出了各时刻进入每一状态的幸存路径和其度量值 d，以及相应的译码估计序列 $\hat{M}$。在 7 个时刻之后，4 条幸存路径只剩一条，它就是译码器输出的估值序列（11，10，00，01，10，01，11），相应的估值信息 $\hat{M}=$（1011100）。

由图 4-28 可以看出，在第 1 和第 2 时刻，进入每一状态的路径只有 1 条，可以求出每一状态的度量值 d 和估值序列 $\hat{M}$。从第 3 时刻起，进入每一状态的路径有 2 条。对于第 3 时刻，进入 s_0 状态的路径有两条，一条是第 2 时刻状态 s_0 的上支路与其之前的幸存路径 $\hat{c}_{01}=(00, 00)$连接组成的路径$(\hat{c}_{01}, 00)=(00, 00, 00)$，因为在第 1 和第 2 时刻已经计算出度量值 $d(\hat{c}_{01},\ \boldsymbol{R}_0\boldsymbol{R}_1)=2$，而 $d(\boldsymbol{R}_2, 00)=0$，因此路径（$\hat{c}_{01}, 00$）的度量值 $d(\hat{c}_{01}00,\ \boldsymbol{R}_0\boldsymbol{R}_1\boldsymbol{R}_2)=2+0=2$；另一条路径是第 2 时刻 s_2 状态的上支路与其之前的幸存路径 $\hat{c}'_{01}=(11，10)$连接组成的路径$(\hat{c}'_{01}, 11)=(11, 10, 11)$，因为在第 2 时刻已经计算出度量值 $d(\hat{c}'_{01},\ \boldsymbol{R}_0\boldsymbol{R}_1)$为 1，而 $d(\boldsymbol{R}_2, 11)=2$，故路径（$\hat{c}'_{01}, 11$）的度量值为 $d(\hat{c}'_{01}11,\ \boldsymbol{R}_0\boldsymbol{R}_1\boldsymbol{R}_2)=1+2=3$。根据最小汉明距离准则可得在第 3 时刻 s_0 状态的幸存路径是 $\hat{c}_{012}=(00, 00, 00)$，其度量值 $d=2$，另一条路径则删除。同理可以推其他时刻状态的幸存路径，若某一时刻，进入某一状态的两条路径具有相同的度量值，例如，在第 4 时刻，进入 s_2 状态的两条路径（11, 10, 00, 10）和（00, 11, 01, 01）具有相同的度量值 $d=3$，则可选任意一条作为 s_2 状态的幸存路径，在图 4-28 中选择了（11, 10, 00, 10）作为 s_2 状态的幸存路径，这种任意选择并不会影响最后结果的正确性。最后，在第 7 时刻可得到一条唯一的路径（11, 10, 00, 01, 10, 01, 11），这是一条正确的路径。

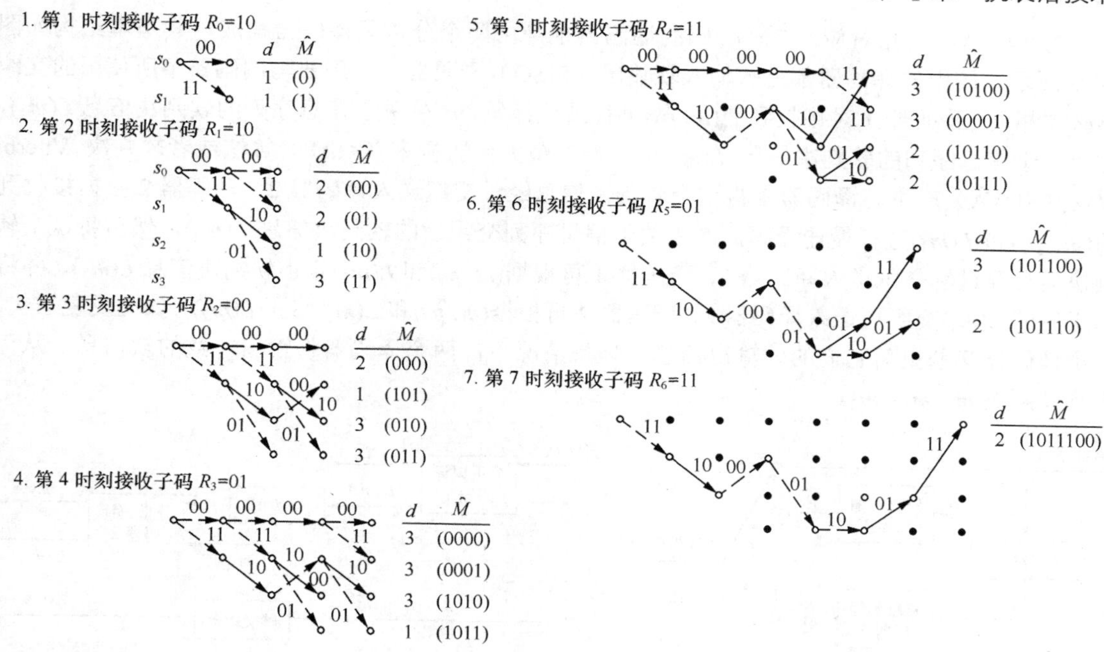

图 4-28 （2，1，2）卷积码用 Viterbi 译码算法译接收序列 $R=(10, 10, 00, 01, 11, 01, 11)$时在网格图上的译码过程

与分组码相同，卷积码的纠错能力也与码字序列之间的汉明距离有关。卷积码具有线性性质，因此码字序列之间的最小汉明距离即为非全零码字序列的最小重量，也就是网格图中重量最小的路径，该路径必然是从全零路径离开又回到全零路径。卷积码的最小自由距离 d_f 定义为编码器从全零状态出发，又回到该状态时，所有可能的非全零路径重量的最小值。例如，对于（2，1，2）卷积码，从全零状态出发又回到该状态的非全零路径有很多，重量最小的一条非全零路径为 $s_0 \xrightarrow{11} s_1 \xrightarrow{10} s_2 \xrightarrow{11} s_0$，其重量为5，该卷积码的最小自由距离为5。卷积码的纠错能力与分组码相似，能够纠正不多于$(d_f-1)/2$ 个错误。

4.3.4 Turbo 码

Turbo 码又称并行级连卷积码（PCCC），是由 C. Berrou 等在 ICC'93 会议上提出的，其性能和香农限只差零点几分贝。它巧妙地将卷积码和随机交织器结合在一起，实现了随机编码的思想，同时，采用软输出迭代译码（即 Turbo 译码）来逼近最大似然译码。

Turbo 码典型的编码器结构如图 4-29 所示，包括一个交织器和两个并行的卷积编码器。信息序列 $\boldsymbol{m}=(m_0, m_1, m_2, \cdots, m_N)$经过一个 N 位交织器，形成一个新序列 $\boldsymbol{m}'=(m'_0, m'_1, m'_2, \cdots, m'_N)$（长度与内容没变，但比特位置经过重新排列）。$\boldsymbol{m}$ 与 $\boldsymbol{m}'$分别传送到两个分量码编码器（一般情况下，这两个分量码编码器结构相同），生成两个校验序列 $\boldsymbol{p}_1$ 与 $\boldsymbol{p}_2$。信息序列 $\boldsymbol{m}$ 和两个校验序列 $\boldsymbol{p}_1$ 与 $\boldsymbol{p}_2$ 构成了 Turbo 码序列 $\boldsymbol{c}=(\boldsymbol{m}, \boldsymbol{p}_1, \boldsymbol{p}_2)$。信息序列直接出现在 Turbo 码序列中，因此该 Turbo 码为系统码。

在 Turbo 码的生成中，交织器扮演着重要的角色，起着关键的作用，在很大程度上影响着 Turbo 码的性能。当交织长度足够大时，Turbo 码就具有近似随机长码的特性，交织器的设计是 Turbo 码设计的一个重要方面。交织器是一个单输入单输出设备，它的输入与输出符号序列有相同的字符集，只是各符号在输入与输出序列中的排列顺序不同。目前，Turbo 码交织器有多种设计方法和具体实现形式，常用的有伪随机 S 交织器、分组交织器和 BG 非均匀交织器等。

与编码器结构相对应，Turbo 码的译码器也是由两个分量码译码器构成，其基本结构如图 4-30 所示。图中的译码器都是软输入软输出（SISO）译码器，交织器与编码器中所使用的交织器必须相同。译码器 1 对接收到的$(\boldsymbol{m}, \boldsymbol{p}_1)$进行最佳译码，产生关于信息序列的软判决信息 $L(\boldsymbol{m}_1)$，这个关于信息序列的软判决信息 $L(\boldsymbol{m}_1)$可以通过最大后验概率（MAP）算法或者软判决 Viterbi 算法（SOVA）产生。译码器 1 将这个软判决信息经过交织送入译码器 2，译码器 2 根据接收到的$(\boldsymbol{m}, \boldsymbol{p}_2)$和 $L(\boldsymbol{m}_1)$进行最佳译码，产生关于信息序列交织后的软判决信息 $L(\boldsymbol{m}_2)$，然后将这个软判决信息经过解交织送入译码器 1，译码器 1 再根据$(\boldsymbol{m}, \boldsymbol{p}_1)$和 $L(\boldsymbol{m}_2)$修正软判决信息 $L(\boldsymbol{m}_1)$，并将修正后的 $L(\boldsymbol{m}_1)$交织再送入译码器 2，译码器 2 再根据$(\boldsymbol{m}, \boldsymbol{p}_2)$和 $L(\boldsymbol{m}_1)$修正 $L(\boldsymbol{m}_2)$，如此反复迭代，两个译码器交替更新它们的软输出信息，理想情况下，两个译码器将输出一致的软信息，从而得到硬判决 $\boldsymbol{m}=\boldsymbol{m}_1=\boldsymbol{m}_2$。

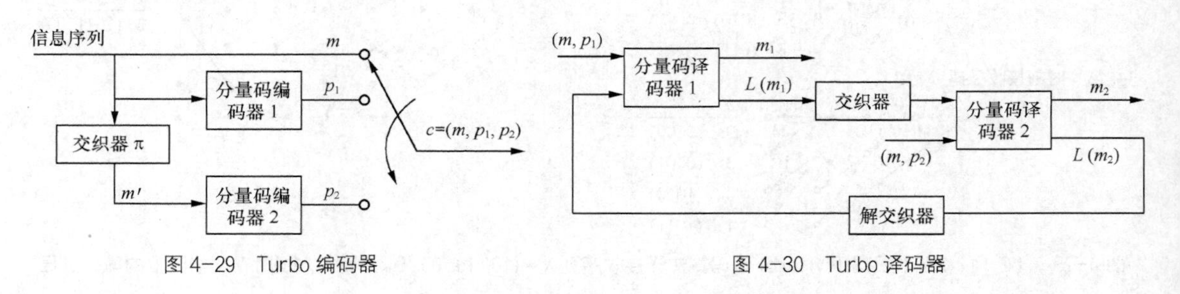

图 4-29　Turbo 编码器　　　　图 4-30　Turbo 译码器

4.3.5　低密度奇偶校验（LDPC）码

低密度奇偶校验（LDPC）码最早是由 Gallager 在 1962 年提出的，最优的 LDPC 码的性能与香农限仅仅相差零点零几分贝。虽然 LDPC 码表现出了非常好的纠错性能，然而之后的三十年里却被人们所遗忘，直至 Turbo 码的出现，LDPC 码才又重新受到人们的关注。与 Turbo 码相比，LDPC 码具有更低的译码复杂度，更强大的纠错能力和更低的错误平层（正常情况下，随着信噪比增大，错误概率快速降低，但有时在高信噪比区域时，虽然信噪比增加，但错误概率几乎不下降，趋于平缓，称为错误平层（error floor））等优点，同时 LDPC 码迭代译码算法为并行算法，译码时延远远小于 Turbo 码。这些都为 LDPC 码的应用提供了广阔的前景。

LDPC 码是一种线性分组码，由其校验矩阵 H 的稀疏性而得名，即校验矩阵中大部分元素为“0”，仅包含很少的非零元素。码长为 n，信息序列长为 k 的 LDPC 码 C 可以由校验矩阵 H 唯一确定，H 的每一行对应一个校验方程，每一列对应码字的一个比特，满足如下方程的 $\boldsymbol{n}$ 维向量 $\boldsymbol{c}$

$$\boldsymbol{c}H^{\mathrm{T}}=\boldsymbol{0} \tag{4-67}$$

即为码 C 的一个码字。H 的每一行中非零元素的个数称为 H 的行重，记为 d_{c}，每一列中非零元素的个数称为 H 的列重，记为 d_{v}。与码长和 H 的行数相比，d_{c} 和 d_{v} 都很小。根据校验矩阵行列重的不同，LDPC 码可分为规则（regular）LDPC 码和非规则（irregular）LDPC 码。若校验矩阵 H 每行的非零元素个数都相同，并且每列中非零元素的个数也相同，则该 LDPC 码称为规则 LDPC 码，否则称为非规则 LDPC 码。例如式（4-68）给出的矩阵 H，该矩阵的行重和列重均为 4，与码长和 H 的行数相比，行重和列重都比较小，非零元素“1”所占的比例为 0.267，H 是一个稀疏矩阵，其给出一个码长为 15 的(4,4)-规则 LDPC 码。

$$
H=\begin{pmatrix}
0&0&0&0&0&0&0&1&1&0&1&0&0&0&1\\
1&0&0&0&0&0&0&0&1&1&0&1&0&0&0\\
0&1&0&0&0&0&0&0&0&1&1&0&1&0&0\\
0&0&1&0&0&0&0&0&0&0&1&1&0&1&0\\
0&0&0&1&0&0&0&0&0&0&0&1&1&0&1\\
1&0&0&0&1&0&0&0&0&0&0&0&1&1&0\\
0&1&0&0&0&1&0&0&0&0&0&0&0&1&1\\
1&0&1&0&0&0&1&0&0&0&0&0&0&0&1\\
1&1&0&1&0&0&0&1&0&0&0&0&0&0&0\\
0&1&1&0&1&0&0&0&1&0&0&0&0&0&0\\
0&0&1&1&0&1&0&0&0&1&0&0&0&0&0\\
0&0&0&1&1&0&1&0&0&0&1&0&0&0&0\\
0&0&0&0&1&1&0&1&0&0&0&1&0&0&0\\
0&0&0&0&0&1&1&0&1&0&0&0&1&0&0\\
0&0&0&0&0&0&1&1&0&1&0&0&0&1&0
\end{pmatrix} \tag{4-68}
$$

LDPC 码因其优异的纠错性能及其简单的迭代译码而备受青睐，其迭代译码是基于图模型进行消息传递及消息更新的，下面给出 LDPC 码的图模型表示。图 G 定义为一个三元组 (V,E,Φ)，其中 $V\neq\varnothing$，是图 G 的节点集合，E 是边的集合，Φ 是边集到节点对 $V\times V$ 上的关联函数。如果节点 $v\in V$ 是边 $e\in E$ 的端点，则称 v 和 e 是相连的。与节点 $v\in V$ 相连的边的个数称为节点 v 的度，记为 $d(v)$。若节点与边的交替序列（$v_1, e_1, v_2, e_2, \dots, v_k, e_k, v_{k+1}$）满足：与 $e_i(1\leqslant i\leqslant k)$ 相连的节点为 v_i 和 v_{i+1}，则称此序列为一条路径，其中 v_1 和 v_{k+1} 分别称为起始节点和终止节点。若一条路径的起始节点和终止节点为同一节点，并且路径中其他节点仅出现一次，则此路径构成一个环。环的长度为环所经过的边的数目，图 G 中最短环的长度称为图 G 的围长（girth）。若图 G 的节点集合 V 可以划分为两个子集 V_1 和 V_2，且满足 $V_1\cup V_2=V$，$V_1\cap V_2=\varnothing$，使得任意边 $e\in E$ 的一个端点属于集合 V_1，另一个端点属于集合 V_2，则称图 G 为二部图。GF(2)上的 LDPC 码的 Tanner 图，与其校验矩阵 $H=(h_{ij})_{m\times n}$ 一一对应，可以表示为如下二部图：

（1）H 的每一行对应于一个校验节点，记为 $c_1,c_2,\cdots,c_m$；

（2）H 的每一列对应于一个变量节点，记为 $v_1,v_2,\cdots,v_n$；

（3）当且仅当 $h_{ij}=1\ (1\leqslant i\leqslant m,1\leqslant j\leqslant n)$ 时，变量节点 v_j 和校验节点 c_i 之间有一条边相连，该边记为(v_j, c_i)。

由定义可以看出，每一校验节点 c_i 对应于一个校验方程，每一变量节点 v_j 对应于一个码元比特。校验节点的度为 H 的行重，即参与该行对应校验方程的变量节点的个数，变量节点的度为 H 的列重，即该列对应码字比特参与的校验方程的个数。若变量节点 v_j 与校验节点 c_i 相连，即 $h_{ij}=1$，我们称变量节点 v_j 参与了校验节点（校验方程）c_i。

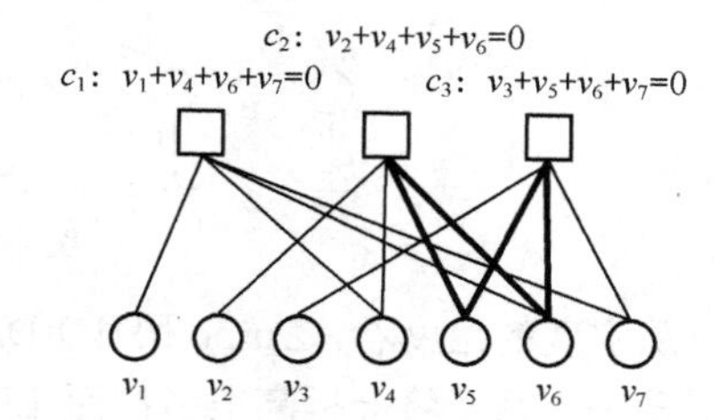

图 4-31　（7, 4）线性分组码对应的 Tanner 图

考虑式（4-69）给出的矩阵 H，其给出一个（7, 4）线性分组码。它的 Tanner 图如图 4-31 所示。其中左边的圆圈代表变量节点，右边的方框代表校验节点（校验方程）。变量节点 v_1 的度为 1，v_1 仅参与了一个校验节点 c_1，变量节点 v_5 的度为 2，v_5 参与了两个校验节点 c_2 和 c_3。如图 4-31 中黑色粗线条所示，节点$(c_2, v_5, c_3, v_6, c_2)$构成了一个长度为 4 的环。

$$
H=\begin{array}{c} \begin{array}{ccccccc} v_1 & v_2 & v_3 & v_4 & v_5 & v_6 & v_7 \end{array} \\ \begin{bmatrix} 1 & 0 & 0 & 1 & 0 & 1 & 1 \\ 0 & 1 & 0 & 1 & 1 & 1 & 0 \\ 0 & 0 & 1 & 0 & 1 & 1 & 1 \end{bmatrix} \begin{array}{c} c_1 \\ c_2 \\ c_3 \end{array} \end{array} \tag{4-69}
$$

一个 LDPC 码 C 有多个不同的校验矩阵，即不同的校验矩阵可能给出同一个码 C，因此码 C 具有多个 Tanner 图表示，尽管这些 Tanner 图对应同一个码，但基于不同 Tanner 图的迭代译码将会给出不同的译码性能，所以构造 LDPC 码的校验矩阵时需遵循一定的准则，以获得较好的纠错性能。由于 Tanner 图为二部图，并且任意两节点之间最多有一条边相连，因此图中的环长度均为偶数且大于等于 4，其围长也为偶数且大于等于 4。短环尤其是 4 环会严重影响基于图模型的迭代译码算法的性能，因此在构造 LDPC 码时需尽量避免短环尤其是 4 环的出现。

LDPC 码是通过其稀疏的校验矩阵来定义的，编码也可以根据校验矩阵实现。MacKay 首先给出了 LDPC 码作为线性分组码的编码方案，利用高斯消去法通过校验矩阵得到生成矩阵，再对信息序列进行系统编码，然而利用高斯消去法得到的生成矩阵一般不是稀疏的，编码复杂度通常与码长的平方成正比。随后又出现了具有线性复杂度的多种编码方法，基于校验矩阵（近似）下三角形式的编码方法、基于矩阵 LU 分解的编码方法等。

LDPC 码的迭代译码算法相对简单，译码复杂度与码长成正比，并且可以实现全并行译码，有利于硬件实现。LDPC 码的置信传播（BP）译码算法是一种基于 Tanner 图的迭代概率译码算法，每轮迭代中，变量节点与校验节点沿着 Tanner 图上的边进行概率信息传递，如图 4-32 所示，校验节点 i 传递到变量节点 j 的消息记为 u_{ij}，是关于校验方程是否满足的概率信息，变量节点 j 传递到校验节点 i 的消息记为 v_{ij}，它是关于码元比特的概率信息。每轮迭代中，每个校验节点根据收到的最新消息进行消息更新并将更新后的消息传递给与其相连的每个变量节点；然后每个变量节点根据信道输出值及收到的最新校验节点消息进行消息更新，并将更新后的消息传递给与其相连的每个校验节点。每轮迭代后，每个变量节点根据最新的概率信息进行译码判决，若得到的判决序列满足所有的校验方程则退出译码过程并显示译码成功，否则继续进行新一轮的迭代，直至译码成功或者达到预先设定的最大迭代次数并显示译码失败。

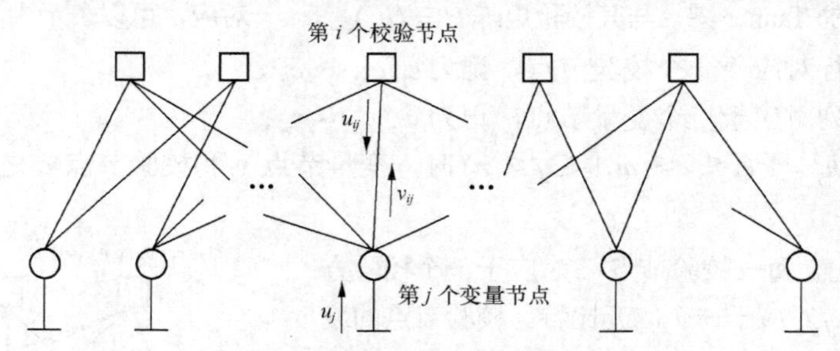

图 4-32　LDPC 码 BP 译码图模型表示

从实现的角度看，Turbo 码和 LDPC 码的区别在于：Turbo 码的编码复杂度低，但随着码长的增加译码复杂度将会提高很多；而 LDPC 码正好相反，LDPC 码的编码复杂度较高，译码复杂度相对较低。如何在 Turbo 码和 LDPC 码之间权衡是当前一个较为活跃的话题。

小　结

本章对提高移动通信系统性能的三种抗衰落技术做了详细的介绍，包括分集技术、均衡技术和信道编码技术，这三类抗衰落技术的作用和目的有所不同，对于具体的通信系统，这些技术可以单独使用，但更多的情况下是联合使用多种抗衰落技术，以便能够得到更好的系统性能。

分集接收技术是研究如何充分利用传输中的多径信号，以改善传输可靠性的技术。所谓分集接收技术，就是在若干独立的衰落路径上传输相同的信号，由于独立路径在同一时刻经历深衰落的概率很小，通过适当的合并技术将各个支路信号合并输出，就可以在接收端大大降低信号的衰落程度。分集技术包括 2 个方面：一是分散传输，二是集中处理。在无线通信系统中，有很多方法可以实现独立的衰落路径，如在频率、时间、极化和角度等方面。目前大多数合并都采用线性合并技术，主要有选择式合并、最大比值合并和等增益合并。

均衡是对信道特性的均衡，就是在接收端设计一个与信道特性具有相反特性的均衡器，用来减小或消除由于信道的多径传播特性引起的码间干扰。均衡技术可以分为两大类：线性均衡技术和非线性均衡技术。最基本的线性均衡器是线性横向均衡器型结构，包括有限冲激响应（FIR）滤波器和无限冲激响应（IIR）滤波器。通常采用最小峰值失真准则和最小均方误差准则作为衡量均衡器性能的标准。线性均衡器一般用在信道失真不大的场合，在失真严重的信道上，采用非线性均衡器会比较好，例如判决反馈均衡器、最大似然序列估计均衡器。移动无线信道具有随机性和时变性，因此实际的传输系统需使用自适应均衡器。

信道编码也称为差错控制编码，是一种有效的抗衰落技术，编码的基本思想是在原数据码流中插入一些监督码元，以达到在接收端能够进行检错和纠错的目的。常用的信道编码有线性分组码和卷积码。线性分组码首先将信源输出的数字信息序列分组，每 k 个信息码元一组，然后编码器利用生成矩阵 $\boldsymbol{G}$ 进行编码，产生 r 个校验码元，构成长度为 $n = k + r$ 的码字，用(n, k)表示，$R = k/n$ 称为码率。在接收端，译码器利用校验矩阵 $\boldsymbol{H}$ 来检验接收信号 $\boldsymbol{R}$ 是否出错并纠错。和分组码不同，虽然卷积码也划分码组，以 k_0 个（k_0 通常小于 k）信息码元分为一组，通过编码器输出长为 $n_0(\geqslant k_0)$的码字，但每组的 n_0-k_0 个校验码元不仅与本组的信息码元有关，而且还和之前 m 个组的信息码元有关，m 称为编码存储级数，卷积码一般用(n_0, k_0, m)表示。卷积码的编码过程可以用生成矩阵或者码生成多项式来表示，也可以用树图、状态图和格型图来表示。卷积码的译码方式一般有三种：门限译码、序列译码、Viterbi 译码。码的纠错能力与最小汉明距离有关。Turbo 码和 LDPC 码是两种高性能的编码方案，Turbo 码的性能和香农限只差零点几分贝，而最优的 LDPC 码的性能与香农限仅仅相差零点零几分贝。

思考题与习题

1．什么是宏分集和微分集？在移动通信中常采用哪几种微分集技术？

2．常用的合并方式有哪几种？哪一种可以获得最好的平均输出信噪比？为什么？

3．均衡器的作用是什么？为什么抽头有限的横向均衡器不能完全消除码间干扰？

4．简述判决反馈均衡器的反馈滤波器是如何消除拖尾干扰的？

5．什么是码字的汉明距离？一个最小汉明距离是 32 的线性分组码能纠正多少个错误？

6．什么是线性系统分组码？线性系统分组码的生成矩阵和校验矩阵有什么特点？

7．卷积码和分组码的区别是什么？

8．对于图 4-24 的（2, 1, 2）卷积码，画出其状态图；若输入的信息序列为 $\boldsymbol{M}$= (1, 1, 0, 0, 1, 0, 0)，写出其编码输出，画出编码网格图并找出编码输出路径；接收序列 R = (10, 10, 00, 01, 11, 01, 11)，用 Viterbi 译码算法搜索最可能的发送信息序列。

第5章 组网技术

移动通信系统和固定（有线接入）通信系统比较，其本质的区别在于接入方式的不同，除了通信网的传输、交换、终端概念之外，蜂窝移动通信系统的关键概念几乎全部涉及无线接口，包括：无线接口的射频传输技术；移动环境下的抗衰落技术；用户如何共享无线资源从而高效地接入网络；无线蜂窝小区所包括的诸多概念；如何使用户在蜂窝小区之间移动通信时保持通信的连续性；如何实现对在整个移动通信网络中漫游用户的管理和控制等。由于无线接口的射频传输技术、移动环境下的抗衰落技术在前面几章已有论述，本章讨论其余的问题。

5.1 多址技术

移动通信与固定通信在用户接入环节的区别是：有线通信的用户是利用不受限制的有线资源，以专用通道的方式接入网络；而移动通信用户则是利用有限的无线资源，以多用户共享的方式来接入网络，差别是明显的。在固定通信中主要是解决接入的带宽问题，而不需要考虑如何接入以及如何区分用户的问题；在移动通信中上述问题皆要考虑。前者是调制技术等要解决的问题，而后者则是多址技术要解决的问题。

对多址技术的定义有很多个版本。移动通信的本质是无线通信，无线通信的电信号承载基础是无线电波，而无线电波的核心问题是频率，因此无论是以何种方式来分解信号参量以达到区分用户信号的目的，其本质还是对频率资源的分配、占用问题。不同的多址接入方式，其共性是对频率的占用，而区别是以何种方式实现对频率的占用。多址技术产生的原因从表面上看是：无线信道数量远远少于用户数量，而究其本质则是频谱资源的限制所导致的。因此多址技术的本质定义是：多个移动用户如何高效共享频谱资源。

传统的经典多址技术有：频分多址接入技术（Frequency Division Multiple Access，FDMA)、时分多址接入技术（Time Division Multiple Access，TDMA)、码分多址接入技术（Code Division Multiple Access，CDMA)、空分多址接入技术（Space Division Multiple Access，SDMA)，以及它们的混合形式。随着通信技术的发展，在传统的多址方式下推陈出新，一些新的多址方式也相继出现，我们将加以讨论。

5.1.1 频分多址（FDMA）

FDMA 方式是最为经典的多址接入方式，它源于早期的模拟移动通信。其核心是对频率的窄带化正交分割，以供不同的用户占用。其划分的原则是：分割的频率互不重叠且能够传输一路已

调语音信号为基准，同时留有一定的保护频段，以防止相邻用户之间频段的干扰。在单纯的 FDMA 系统中，通常采用频分双工（FDD）的方式来实现收发双方双工通信，即对基站来说，接收频率 f 和发送频率 F 是不同的。为了使得同一个收发器之间不产生干扰，收发频率间隔 $|F-f|$ 必须大于一定的数值，以保证在这个间隔下，接收频率和发送频率的衰落特性互不相关。典型的 FDMA 频道划分方法如图 5-1 所示。

对于这种方式，我们可以高速公路的模式来加以理解：收发方向上的双工通信方式，相当于高速公路的两个通行方向；而每个方向上的信道划分相当于高速公路的每个车道。这种理解方式适用于其他的双工多址通信方式，图 5-2 所示是 FDMA 的工作方式示意图。

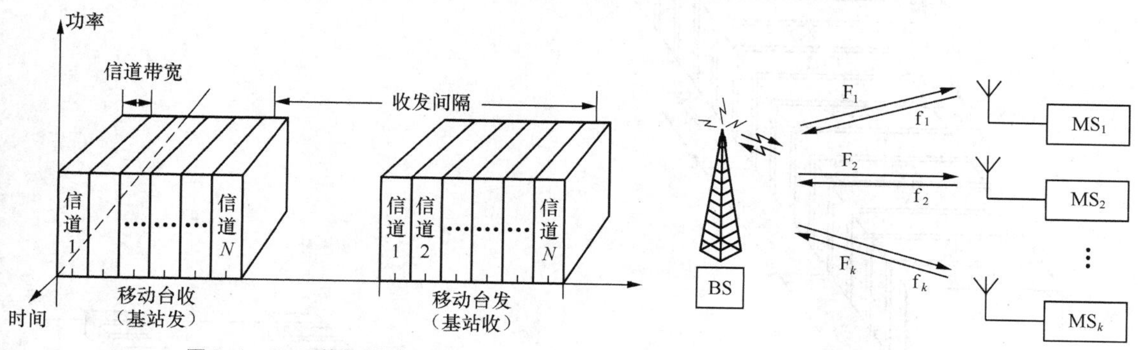

图 5-1 FDMA 的频道划分方法

图 5-2 FDMA 工作方式

由图 5-2 可见，系统的基站可以同时发射和接收多个不同用户的不同频率的信号。任意一个用户和其他用户（固定和移动）之间的通信，必须要通过基站中转，占用至少一对双工频道。通信结束后，移动台退出所占用的信道，该信道又可以供其他用户所使用。

5.1.2 时分多址（TDMA）

TDMA 是指把时间分割成周期性的帧，每一帧再分割成若干个时隙（无论帧或时隙在时间上都是互不重叠的），每个用户占用不同的时隙进行通信。每个时隙就是 TDMA 方式下的信道。TDMA 的工作方式如图 5-3 所示。

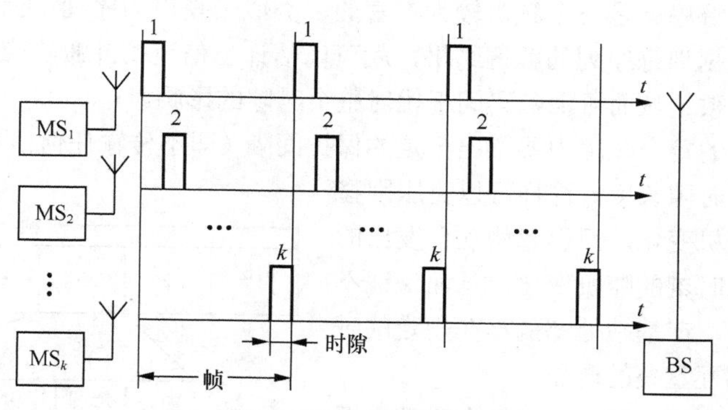

图 5-3 TDMA 的工作示意图

数字移动通信的产生，催生了 TDMA 方式的产生和发展。不同的数字移动通信系统，其时隙和帧长度是不同的，结构也不一样。但为了避免在不同通信环境下因传播时延造成相邻时隙之间重叠情况的发生，通常时隙内都会设置保护时间。

在 TDMA 方式下，有两种双工方式：频分双工（FDD）、时分双工（TDD）。与 FDD 方式不同，

TDD 方式是将时间作为分隔收、发信号的参量，通常将在某频率上一帧中一半的时隙用于发送，另一半的时隙用于接收信号；TDD 方式收发工作在相同频率上。TDD 方式下的 TDMA 工作示意图如图 5-4 所示。FDD 方式的 TDMA 示意图如图图 5-5 所示，收发的频率不同，但同一方向的频率相同。

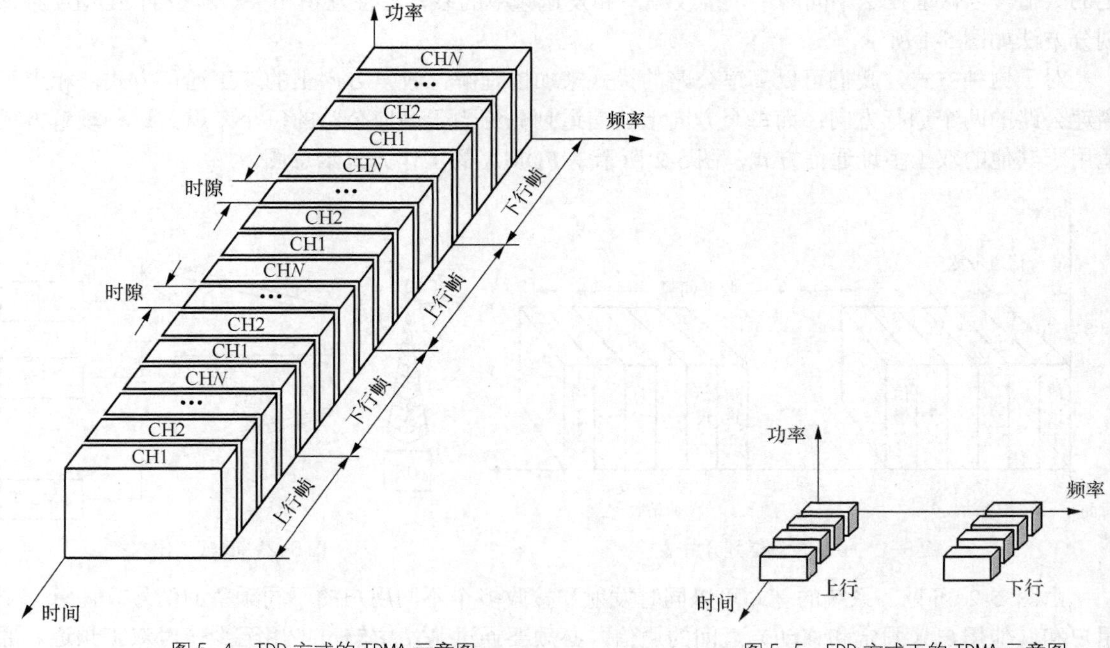

图 5-4　TDD 方式的 TDMA 示意图　　　　图 5-5　FDD 方式下的 TDMA 示意图

在 TDMA 系统中，每帧中的时隙结构（或称为突发结构）的设计通常要考虑三个主要问题：一是控制信息和信令信息的传输；二是对抗信道多径的影响；三是保持系统的同步。

为了解决上述问题，采取以下四方面的主要措施。

一是在每个时隙中，专门划出部分比特用于控制和信令信息的传输。

二是为了便于接收端利用均衡器来克服多径引起的码间干扰，在时隙中要插入自适应均衡器所需的训练序列。训练序列是一个频谱较为丰富的、类似于噪声的序列。训练序列对接收端来说是确知的，接收端根据训练序列的解调结果，就可以估计出信道的冲激响应，根据该响应就可以预置均衡器的抽头系数，从而可消除码间干扰对整个时隙的影响。

三是在上行链路的每个时隙中要留出一定的保护间隔（即不传输任何信号），即每个时隙中传输信号的时间要小于时隙长度。这样可以克服因移动台至基站距离的随机变化，而引起移动台发出的信号到达基站接收机时刻的随机变化，从而保证不同移动台发出的信号，在基站处都能落在规定的时隙内，而不会出现相互重叠的现象。

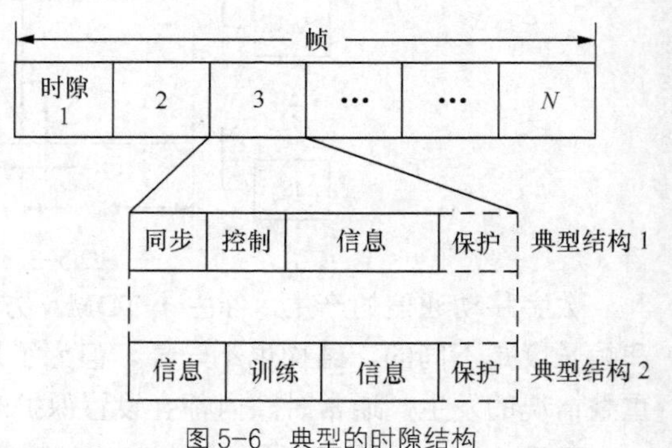

图 5-6　典型的时隙结构

四是为了便于接收端的同步，在每个时隙中还要传输同步序列。同步序列和训练序列可以分开传输，也可以合二为一。

两种典型的时隙结构如图 5-6 所示。

在 TDMA 多址方式下，系统的各个移动台信号的发射是分时隙进行的，要求每个移动台只在其所占用的时隙内发射信号，发射是非连续的。对某个移动台来说，可在其他不通信的空闲时隙内做一些链路控制功能的操作。例如可以监测其他基站的信号，为网络提供相关的无线资源信息，以备越区切换时使用，这就是移动台辅助的越区切换操作；移动台还可以在其非通信时隙关闭发射机，节省电源消耗。

5.1.3 码分多址（CDMA）

其原理是发送端不同的用户使用互不相同、相互正交或准正交的地址码，分别去调制不同用户的数据信号。在接收端，利用地址码的正交性，通过地址识别即相关检测，从混合信号中选出相应的信号，就可以保证这些不同的用户在相同的时间，占用相同的频率与基站进行通信，如图5-7所示。

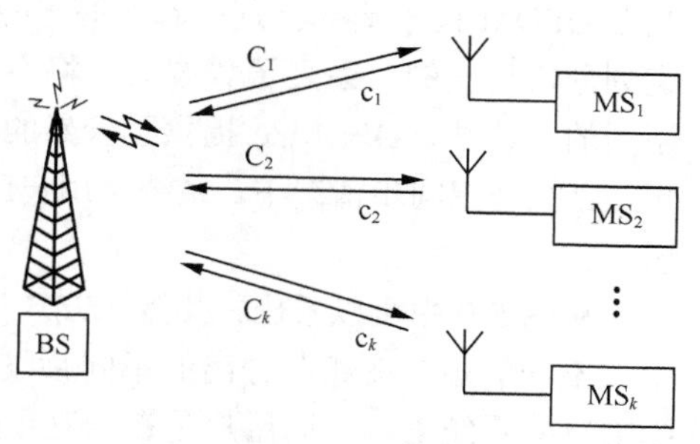

图5-7 CDMA通信原理示意图

码分多址的特点是：所有用户在相同的时间段内占用相同的带宽；各个用户可以同时发送或接收信号。CDMA包括直扩DS、跳频FH等，图5-7所讨论的为直扩方式。CDMA系统的具体分析见第7章。

5.1.4 空分多址（SDMA）

SDMA是来源于卫星通信多址接入的概念。它是利用自适应阵列天线，将空间分隔成互不重叠的区域，在不同的用户方向上形成不同的波束，各个波束所发出的信号在空间上互不重叠。从而达到区分用户的目的，如图5-8所示。

从图中可以看出，即使各用户在同一时间使用相同的频率和相同的码型工作，当两个用户角度差大于天线的分辨角时，就能实现正交的空间信道，从而不会相互干扰，达到了频率再用的目的。

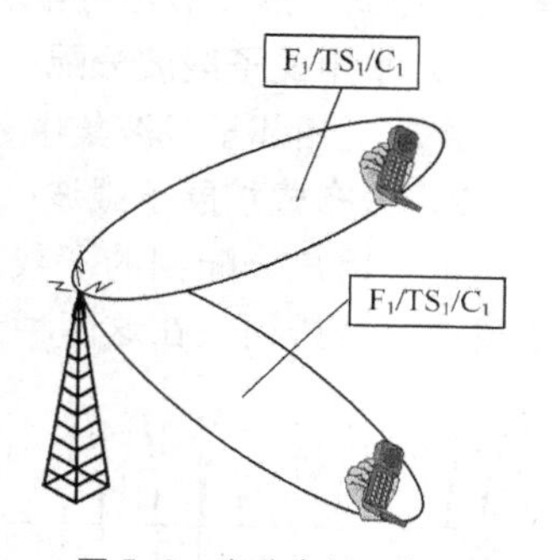

图5-8 空分多址示意图

5.1.5 混合多址

在蜂窝移动通信的多址接入技术中，除了第一代模拟系统之外，其他的系统几乎都没有单独使用上述的多址方式，为了充分有效地利用频谱资源，往往采用混合多址接入方式。比如GSM系统采用的是频分多址加时分多址即 TDMA/FDMA 方式；IS-95 系统是频分多址加码分分多址即CDMA/FDMA方式。

在TDMA/FDMA方式中，将分配的频段以FDMA划分成一系列带宽相同的窄带频道，如图5-1所示，然后在每个频道上再以TDMA方式将时间划分成不同的时隙，形成帧，每个用户占用不同的时隙通信。在这种混合多址接入方式中，不同用户占用相同的频道时，所占时隙一定不相同；不同用户所占时隙相同时，时隙对应的频道一定不相同，这样就达到了区分用户的目的。

在CDMA/FDMA方式中，将分配的频段以FDMA划分成一系列带宽相同的宽带频道，然后在每个频道上再以CDMA方式利用相互正交的多个地址码，将用户区别开来。

在GSM的TDMA/FDMA方式中，其本质是FH/TDMA/FDMA方式，即每个用户时隙在每一个TDMA帧上所对应载频都是跳变的，以达到频率分集的目的。为了减少多址干扰，在TD-SCDMA中采用智能天线技术；在GSM系统中采用了扇区划分技术，本质上就是SDMA/CDMA方式。

因此，在蜂窝移动通信系统中，在几个基本的多址方式下，将其混合起来使用，可以达到充分利用频谱资源，提高接入效能，降低干扰的目的。

5.1.6 正交频分多址接入（OFDMA）

第 3 章我们讨论过，正交频分复用（OFDM）是一种多载波通信技术，它既是调制技术也是一种多址技术，因此 OFDMA（Orthogonal Frequency Division Multiple Access）即正交频分多址就是在 OFDM 技术基础上发展起来的一种多址技术。简单地说，OFDMA 多址接入技术是将传输带宽划分成正交的一系列子载波集，将不同的子载波集分配给不同的用户。通过给不同的用户分配不同的子载波，OFDMA 提供了天然的多址方式，并且由于占用不同的子载波，用户间满足相互正交，在理想同步情况下，系统无用户间干扰，即无多址干扰（MAI）。OFDMA 多址方式如图 5-9 所示。

从图 5-9 中可以看出：其接入方式与传统的 FDMA 方式类似，不同之处在于：在 FDMA 系统中，不同的用户在相互分离的不同频段上进行传输，在各个用户的频段之间插入保护间隔；而在 OFDMA 系统中，不同用户是在相互重叠但是彼此正交的子载波上同时进行传输的，利用 OFDM 技术来为不同的用户分配不同的信道资源，因此相比于 FDMA 方式，OFDMA 在灵活性和频谱效率上优势明显。

OFDMA 系统中有多种方法给用户分配子载波，使用较广泛的有以下几种：集中式子载波分配、分布式扩展子载波分配和自适应子载波分配。

1．集中式子载波分配

将若干相邻子载波集中分配给一个用户，是最简单的一种分配方式。

2．分布式扩展子载波

每个用户分配到的子载波是间隔的，也就是用户所使用的子载波扩展到整个系统带宽，各子载波交替排列。在这两种分配方式中，每个用户所分配的子载波是固定的，如图 5-10 所示。

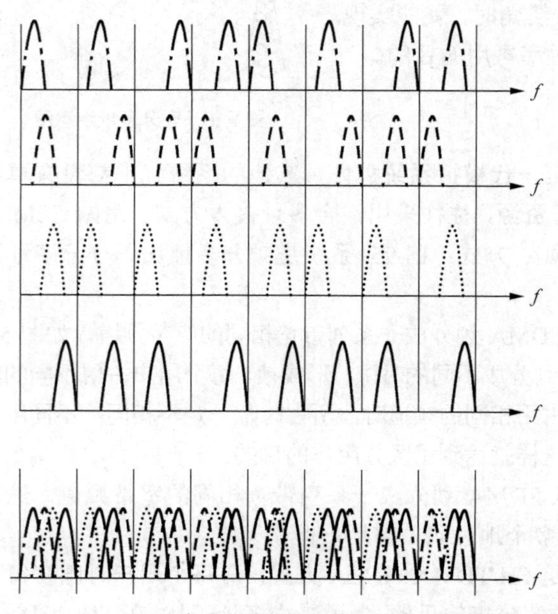

图 5-9 分布式子载波分配的 OFDMA 示意图

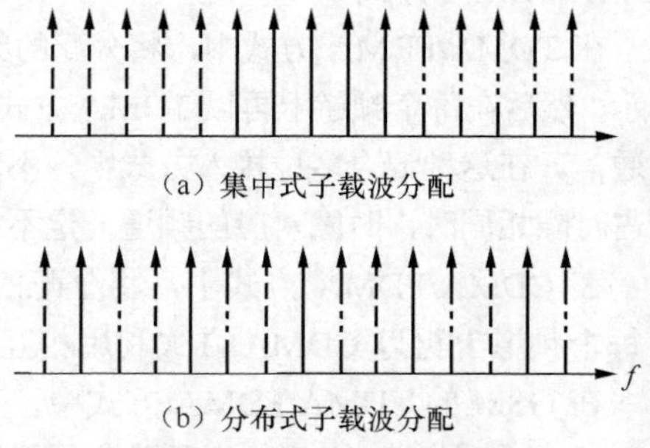

图 5-10 集中和分布式子载波分配示意图

3．自适应子载波分配

如果在发送端知道每个用户在每个子载波上的信噪比，就可以在分配子载波时，将信噪比高的子载波分配给相应的用户，这是因为小区中的用户所经历的无线信道是不同的，因此对一个用户来说是最强的子载波，对其他用户很有可能不是最强的，这样大部分用户可以分配到较好的子载波。这就是自适应子载波分配方式。

以上方法各有优缺点，集中式子载波分配方法比较简单，可以采用频率调度，可获得用户分集增益，另外也降低了信道估计难度，但由于该方式下获得的频率分集增益较小，受传输中的衰落影响比较大，因此用户平均性能略差；分布式扩展子载波方法则恰恰相反，通过频域扩展，可以利用不同子载波的频率选择性衰落的独立性而获得频率分集增益，从而减小了衰落的影响。但是受用户间的干扰影响显然比较大，而且信道估计较为复杂，无法采用频率调度，抗频偏能力也较弱；自适应子载波分配可补偿信道衰落的影响，提高频谱效率。将自适应技术引入到 OFDMA 中，使系统性能得到很大的提高，但是需要实时获得每个用户在当前各个子载波上的信道响应特性，并且需要通过控制信道传送用户子载波分配信息，因此实现较为复杂。

OFDM 与 OFDMA 相比较，OFDM 属于物理层技术，更偏重于调制技术；而 OFDMA 则是 MAC 层技术，属于多址接入的概念范畴，用户通过 OFDMA 技术接入系统，共享频谱资源。图 5-11 所示是两者的区别。

从图 5-11（a）可以看出，OFDM 技术的一个时隙同时只能由一个用户使用，OFDMA 技术将时隙分成多个子信道，多个用户可以同时使用一个时隙，OFDMA 是一种资源分配粒度更小的多址方式，可同时支持多个用户。从（b）图中可看到，OFDMA 技术与 OFDM 技术相比，每个用户可以选择信道条件较好的子信道进行数据传输，而不像 OFDM 技术在整个频带内发送，从而保证了各个子载波都被对应信道条件较优的用户使用，获得了频率上的多用户分集增益。实际上 OFDMA 是 TDMA、FDMA、DAMA（按需分配多址）的综合运用。

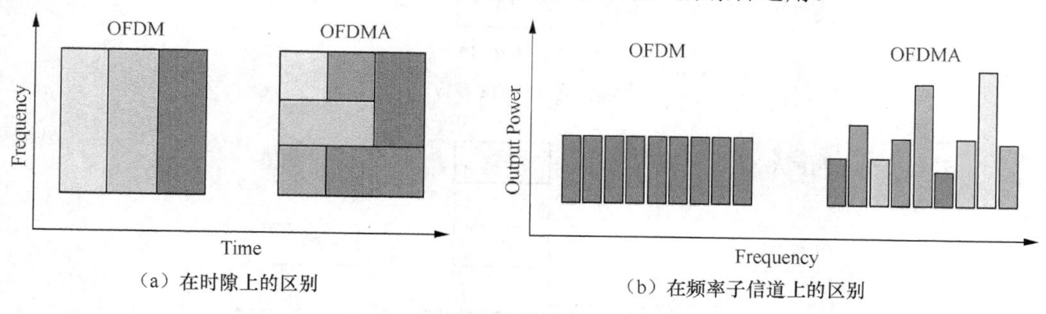

（a）在时隙上的区别　　（b）在频率子信道上的区别

图 5-11　OFDM 与 OFDMA 的比较

5.1.7　随机多址

以上几种基本多址方式的共同特点是利用信号分隔技术，将发送信号的电物理参量（频率、时间、码型等）进行正交分隔，以达到区分用户的目的。在多址原理中还有一个概念就是用户以什么样的规则来占用信道，比如用户是通过有序的预分配方式占用信道，还是以任意随机的方式占用信道，其实这就归结为通信协议（或规约）的概念，这也是多址技术的范畴。其中最著名的是数据传输的随机多址 ALOHA 及 DAMA（按需分配多址）协议。

1．ALOHA 协议

ALOHA 协议最早是美国夏威夷大学在进行地面分组数据传输实验时，所采用的一种通信协议。“ALOHA”是夏威夷当地土语，意为“你好”的意思，而现今人们已将 ALOHA 作为一个专用名词，来表示数据传输随机多址协议。可以说几乎所有的数据通信协议都源于 ALOHA 协议。

ALOHA 协议是一种最简单的数据分组传输协议。任何一个用户只要有数据分组要发送，就立刻接入信道进行发送。发送结束后，在相同的信道上或一个单独的反馈信道上等待应答。如果在一个给定的时间区间内，没有收到对方的认可应答，则重发刚发的数据分组。由于在同一信道上，多个用户独立随机地发送分组，就会出现多个分组因同时发送而发生碰撞的情况，碰撞的分组经过随机时延后重传。ALOHA 协议的示意图如图 5-12（a）所示。从图中可以看出，要使当前分组传输成功，必须在当前分组到达时刻的前后各一个分组长度内没有其他用户的分组到达，即易损区间为 2 倍的分组长度。

对于随机多址协议而言，其主要性能指标有两个：一是通过量（S）（指单位时间内平均成功传输的分组数）；二是每个分组的平均时延（D）。在假定分组的长度固定，信道传输速率恒定，到达信道的分组服从 Poisson 分布的情况下，则 ALOHA 协议的最大通过量 $S\max = 1/2e = 0.183\,9$。

2．时隙 ALOHA 协议

为了改进 ALOHA 的性能，将时间轴分成时隙，时隙大小大于等于一个分组的长度，所有用户都同步在时隙开始时刻进行发送。该协议就称为时隙 ALOHA 协议，如图 5-12（b）所示。时隙 ALOHA 与 ALOHA 协议相比，将易损区间从 2 倍的分组长度减少到一个时隙，从而提高了系统的通过量。在到达分组服从 Poisson 分布的情况下，时隙 ALOHA 协议的最大通过量 $S\max = 1/e = 0.367\,9$。

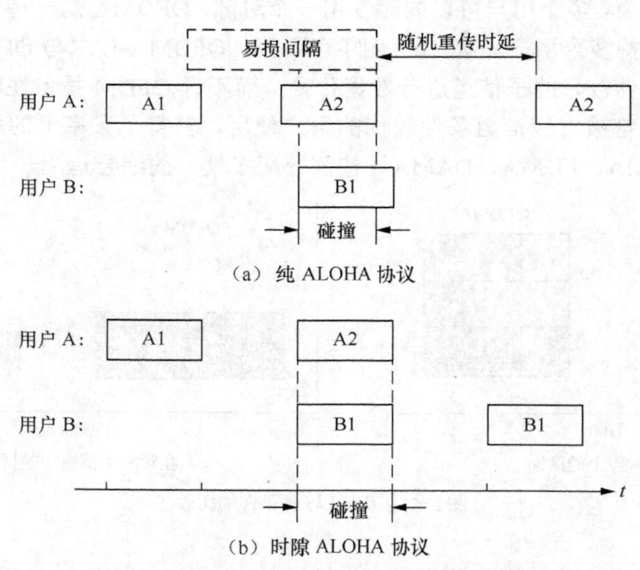

图 5-12　纯 ALOHA 和时隙 ALOHA 协议示意图

3．载波侦听多址（CSMA）

在 ALOHA 协议中，之所以会产生碰撞，是因为各个节点的发射是相互独立的，即各节点发送前不预知信道的使用情况。为了提高信道的通过量，减少碰撞概率，提出了载波侦听多址（CSMA），CSMA 协议中，每个节点在发送前，首先要侦听信道是否有分组在传输。若信道空闲（没有检测到载波），才可以发送；若信道忙，则按照设定的准则推迟发送。

4．预约随机多址

预约随机多址通常基于时分复用，即将时间轴分为重复的帧，每一帧分为若干时隙。当某用户有分组要发送时，可采用 ALOHA 方式在空闲时隙上进行预约。如果预约成功，它将无碰撞地占用每一帧所预约的时隙，直至所有分组传输完毕。用于预约的时隙可以是一帧中固定的时隙，也可以是不固定的。预约时隙的大小可与信息传输时隙相同，也可以将一个时隙再分为若干个小时隙，每个小时隙供一个用户发送预约分组。

在无线数据通信中，数据传输几乎全部遵循 ALOHA 及其扩展的诸多协议。但其最终的物理承载还是要归结到对信道的占用方式，即频率、时间、码型等。所以 ALOHA 协议是指对信道的占用规则；而 FDMA、TDMA、CDMA 及其混合多址接入方式是指对信道的占用方式。例如在 CSMA 中的信道可以是时隙，也可以是频段，也可以是码片。

在语音通信中，公共移动电话网络一般是采用预分配信道的方式供用户占用信道。虽然用户何时通话是随机，但其通话之前对信道的占用是由网络预分配的，是有序的，而不是以随机方式占用信道。

5.2　多信道共用技术

移动通信的频率资源十分紧缺，而用户数远远大于信道资源，系统不可能为每一个移动台预留一个信道，在小区制移动通信中只可能为每个基站配置好一组信道，供该基站所覆盖的区域（称为小区）内的所有移动台共用。这就是多址技术中的多信道共用问题。

首先我们要明确信道的涵义。在 FDMA 方式中信道是指所划分的频道；在 TDMA 方式中信道是指在某一频段上所划分的若干时隙；在 CDMA 方式中信道是指相互正交的码型（码道）。从信号分析的角度上看，它们代表信号的不同参量形式；但从信息传输的角度上来看，他们的共同点是用于承载信号的物理通道，因此我们将频道、时隙、码型都理解为信道。

在多信道共用的情况下，一个蜂窝小区中，所拥有的可用信道数为 n，而该小区的用户数 N，很显然 $N \gg n$。因而，首先我们必须确定：用户数 N 和信道数 n 之间存在什么样的量化关系，才能在满足呼损率的要求下，保障小区所有用户正常通信；其次，我们还要明确多个用户以何种方式来占用某一个空闲信道，使用户既能高效而又能充分地占用信道，同时达到呼损降低的目的。下面就这两问题进行讨论。

5.2.1　多信道共用的话务量分析

1．话务量与呼损率

话务量是度量通信系统语音通信业务量的指标。话务量又分为流入话务量和完成话务量。

流入话务量的大小取决于单位时间（1 小时）内平均发生的呼叫次数 C 和每次呼叫平均占用信道时间（含通话时间）t。因而可定义流入话务量 A 为

$$A = C \cdot t \tag{5-1}$$

式中，C 的单位是（次/小时）；t 的单位是（小时/次）；两者相乘而得到的 A 是一个无量纲的量，它的单位为“厄兰”或称“爱尔兰”（Erlang）。

在多用户共用信道的情况下，会出现许多用户同时要求通信，由于用户数 N 远大于信道数 n。这时一部分用户占用了全部信道，其余的 $N-n$ 个用户必须要等候有空闲的信道时才能通话，如果这部分用户也发出了呼叫，因为无信道所用，就出现呼叫失败，即发生“呼损”；而占用了信道完成通话的那部分用户，他们的话务量称为完成话务量，标记为 A_0. 则

$$A_0 = C_0 \cdot t_0 \tag{5-2}$$

C_0 为单位时间内成功呼叫的次数；t_0 为每用户成功通话占用的平均时间。

流入话务量 A 与完成话务量 A_0 之差，即为损失话务量。损失话务量占流入话务量的比率即为呼叫损失的比率，称为“呼损率”，我们标记为 B，则

$$B=\frac{A-A_0}{A}=\frac{C-C_0}{C}\times 100\% \tag{5-3}$$

2．无线信道呼损率计算

在多信道共用的移动通信网中，根据话务理论，呼损率 B、共用信道数 n 和流入话务量 A 的定量关系可用爱尔兰呼损公式表示。爱尔兰呼损公式为

$$B=\frac{A^n/n!}{\sum_{i=1}^{n}A^i/i!} \tag{5-4}$$

我们将完成话务量 A_0 与信道数之比定义为系统的信道利用率，标记为 η，则

$$\eta=\frac{A_0}{n}=\frac{A(1-B)}{n} \tag{5-5}$$

在呼损率不同的情况下，信道利用率也是不同的。对一个通信网来说，呼损率的大小体现着系统服务质量的好坏，对用户而言，当然是呼损率越小越好。呼损率减小的方法有两个：减少流入呼叫话务量 A，或增加无线话务信道。前者会造成系统用户容量减少；后者将增加系统及运营商的成本。所以在移动通信中，要妥善解决系统容量、服务质量、信道利用率三者之间的矛盾。表 5-1 列出了 B、n、A 和 η 的关系。

表 5-1　　呼损率和话务量与信道数及信道利用率之间的关系

B	1%		2%		5%		10%		20%		25%	
n	A	η(%)	A	η(%)	A	η(%)	A	η(%)	A	η(%)	A	η(%)
1	0.0101	1.0	0.020	2.0	0.053	5.0	0.111	10.0	0.25	20.0	0.33	25.0
2	0.1536	7.6	0.224	11.0	0.38	18.1	0.595	26.8	1.00	40.0	1.22	47.75
3	0.456	15.0	0.602	19.7	0.899	28.5	1.271	38.1	1.930	51.47	2.27	56.75
4	0.869	21.5	1.092	26.7	1.525	36.2	2.045	46.0	2.945	53.9	3.48	65.25
5	1.360	26.9	1.657	32.5	2.219	42.2	2.881	51.9	4.010	64.16	4.58	68.70
6	1.909	31.5	2.326	38.3	2.960	46.9	3.758	56.4	5.109	68.12	5.79	72.38
7	2.500	35.4	2.950	41.3	3.738	50.7	4.666	60.0	6.230	71.2	7.02	75.21
8	3.128	38.7	3.649	44.7	4.534	53.9	5.597	63.0	7.369	73.69	8.29	77.72
9	3.783	41.6	4.454	48.5	5.370	56.7	6.546	65.5	8.522	75.75	9.52	79.32
10	4.461	44.2	5.092	49.9	6.216	59.1	7.511	67.6	9.685	77.48	10.78	80.85
11	5.160	46.4	5.825	51.9	7.076	61.1	8.487	69.4	10.85	78.96	12.05	82.16
12	5.876	48.5	6.587	53.8	7.950	62.9	9.474	71.1	12.036	80.24	13.33	83.31
13	6.607	50.3	7.401	55.8	8.835	64.4	10.470	72.5	13.222	81.37	14.62	84.35
14	7.352	52.0	8.200	57.4	9.730	66.0	11.474	73.8	14.413	82.36	15.91	85.35
15	8.108	53.5	9.0009	58.9	10.623	67.2	12.484	74.9	15.608	83.24	17.20	86.00
16	8.875	54.9	9.828	60.1	11.544	68.5	13.500	75.9	16.807	84.03	18.49	86.67
17	9.652	56.2	10.656	61.4	12.461	69.6	14.422	76.9	18.010	84.75	19.79	87.31
18	10.437	75.4	11.491	62.6	13.385	70.6	15.548	77.7	12.216	85.40	21.20	88.32
19	11.230	58.9	12.333	63.6	14.315	71.5	16.579	78.5	20.424	86.00	22.40	88.42
20	12.031	59.5	13.181	64.6	15.249	72.4	17.163	79.3	21.635	86.54	23.71	88.91

3．无线用户与信道的定量关系

每个用户在 24 小时内的话务量分布是不均匀的，分为“最忙时”、“忙时”、“非忙时”话务量时间段。在考虑通信网络容纳的用户数、信道数和服务质量时，必须是按最忙时的平均话务量来进行计算。从数学的角度来分析，只要最忙时满足要求，其余时间段必满足要求。

最忙 1 小时内的话务量与全天话务量之比称为集中系数，用 k 表示，一般 $k=10\%\sim15\%$。

每个用户的忙时话务量需用统计的办法确定。我们将每用户最忙时话务量标记为 A_a，则

$$A_a = C \cdot t \cdot k \cdot \frac{1}{3600} \tag{5-6}$$

例如，某移动网络每用户一天平均呼叫次数 $C=4$ 次/天，每次呼叫的平均时长 $t=180$s/次，$k=10\%$，则利用上式可得 $A_a=0.02$（爱尔兰/用户）。

在用户的忙时话务量 A_a 确定之后，每个信道所能容纳的用户数 m 就不难计算。

$$m = \frac{A/n}{A_a} = \frac{\frac{A}{n}\cdot 3600}{C\cdot t\cdot k} \tag{5-7}$$

而总用户数为

$$N = m \cdot n \tag{5-8}$$

我们以 $A_a=0.01$（爱尔兰/用户），再结合表 5-1，计算出每用户信道数。

4．不同信道共用方式的比较

在呼损率 B、信道数 n 和忙时话务量 A_a 给定的情况下，信道不同的共用方式，所容纳的用户数是不同的。

所谓信道不同的共用方式，是指在信道数给定的情况下，我们将信道的共用方式分成：分散式共用和集中式共用。分散式共用是指将 n 个信道分成若干组，分别计算每组在共用模式下所能容纳的用户数，最后再将每组的用户数求和；集中式共用是将 n 个信道全部集中在一起供用户使用，计算出容纳的用户数。

为了比较，我们还定义了一种非共用方式，即专用信道使用方式，即将 n 个信道只作为专用方式供 n 个用户使用，即信道数等于用户数，其用户数只能是固定的 n 个，但无呼损。

我们用 6 个可用信道为例来进行比较。假定用户忙时话务量为 0.01 爱尔兰，系统呼损率为 10%。

（1）在分散共用方式下

我们将 6 个信道分成 9 种情况，依据表 5-1 和式（5-7）可得出总的用户数，见表 5-2。

表 5-2 不同信道共用方式的信道数比较

	A	B	C	D	E	F	G	H	I
共用方式（分组）	1，1，1，1，1，1，	1，1，1，1，2	1，1，2，2	1，1，1，3	2，2，2	1，2，3	3，3	2，4	1，5
总的用户数（个）	6 × 11 = 66	5 × 11 + 59 = 114	2 × 11+ 2 × 59= 140	3 × 11 + 127 = 160	3 × 59 = 177	11 + 59 + 127 = 197	2 × 127 = 254	59 + 204 = 263	11 + 288 = 299

在分散共用时，信道越集中，容纳的用户数越多。例如同是分成两组的 G、H、I 三种情况，I 方式信道数更集中，所以其容纳的用户数更多；反之，越分散容纳的用户数就越少。例如 A 情

况下，是最分散的共用方式，其用户数仅为66个，最少。

（2）集中式共用

即6个信道不分开，集中供用户使用，则对应的用户数为：375个。

（3）专用信道方式

能容纳的用户数只有6个。

通过比较可以看出，在信道数一定时，由于采用了不同的共用方式，所容纳的用户数有很大的差异。集中共用方式比分散共用方式所容纳的用户数多；在多信道分散共用时，信道分布越集中，容纳的总用户数就越多。在专用信道方式下，用户数最少，但无呼损。

综上，多信道集中共用方式，所容纳的用户数最多，信道的使用效率最高，多址接入的效率也最高。因此在公共移动通信网中，无线信道全部采用集中式信道共用方式。

5.2.2 空闲信道的选取方式

在移动通信网中，在基站控制的小区内有 n 个无线信道提供给 N 个移动用户共同使用。由于任何一个移动用户选取空闲信道和占用信道的时间都是随机的，那么，当某一用户需要通信而发出呼叫时，怎样从这 n 个信道中选取一个空闲信道呢?

空闲信道的选取方式主要可以分为两类：一类是“共用信令信道”（专用呼叫信道）方式；另一类是随路信令信道方式（或称为标明空闲信道方式）。我们分别讨论。

1．共用信令信道方式

这种方式是指在网中的 n 个信道中，选出某个信道 s 将其设置为专用（固定）的呼叫信道（信令信道），专用于处理用户的呼叫、信道的分配等，该信道只能用于传送控制信令信息，而不能用于传送业务信息。

其工作过程是：所有处于空闲状态的移动台在这个专用的呼叫信道 s 上守候；当某移动台主叫时，移动台在这个专用呼叫信道 s 的上行方向发出呼叫请求，当网络接收到其呼叫请求后，同样在这个专用的呼叫信道 s 的下行方向上向该用户回传某信道 t 空闲的信息，同时指示移动台转入该空闲信道 t 进行通信，通信结束后，该用户退出（释放）t 信道，重新回到通话之前的专用的呼叫信道 s 上继续守候；当移动台被叫时，网络在这个专用的呼叫信道 s 的下行方向上发出对被叫移动台的呼叫信息，由于所有处于空闲状态的移动台都在这个专用的呼叫信道 s 上守候，所以当被叫移动台也处于空闲状态时，就应答了这个呼叫，并按网络要求转入某空闲信道 t 进行通信，通信结束后，该用户退出（释放）t 信道，重新回到通话之前的专用呼叫信道 s 上继续守候。

专用呼叫信道处理一次呼叫过程所需时间很短，若用户数量很庞大且共用信道数很多的情况下，专用呼叫信道方式有它的独特优势，因此这种方式适用于大容量的公共通信网。我国各大运营商均采用这种方式。

2．标明空闲信道方式

如果网络中的用户数量较少且共用信道数量不多的情况下，使用专用呼叫信道方式来占用空闲信道，显然信道利用率不高，因此出现了不设置专用（固定）的呼叫信道，而采用随机占用信道进行通信的方式，我们称之为随路信令信道（标明空闲信道）方式。标明空闲信道方式又分为：循环定位方式、循环不定位方式、循环分散定位方式等。

（1）循环定位方式

在给定的多个共用信道中，没有专门指定的话务信道和呼叫信道，具体哪一个信道临时作为呼叫信道使用由网络控制，每个信道都有机会临时担当呼叫信道。当有空闲信道时，基站可以选择其中一个空闲信道 d，作为临时的呼叫信道，在此信道 d 上基站发出空闲信号，网内所有处于空闲状态的移动台自动进行信道扫描，一旦搜索到某信道（例如 d）上有基站发出的空闲信号就停止扫描，并定位（停留）在信道 d 上，处于守候状态，换言之，网内所有空闲移动台都应定位在该临时呼叫信道上。这种循环确定信道的方式叫循环定位方式。

当某一移动台主叫时，就立即占用该 d 信道进行通信，即该信道变成了业务信道。而基站就另找一个空闲信道 c 作临时呼叫信道，重复上述的过程。当全部空闲信道都被占用时，基站则不发空闲信号，移动台找不到基站的空闲信号时即示忙，直到出现某空闲信道，基站则发空闲信号，移动台收到空闲标志后，移动台才重新定位在某空闲信道上。

当某移动台被叫时，基站在标有空闲标志的空闲信道 d 上发出选呼信号。所有定位在空闲信道 d 上的移动台都可以收到该选呼信号，当被呼移动台核定选呼号码后，即在信道 d 的上行方向上发出回应信号，网络收到回应后，立即将该空闲信道 d 指配给该被呼移动台占用进行通信，网络再另选一个空闲信道 c 发出空闲标志。与此同时，其他守候在信道 d 上的移动台发现 d 被占用了，立即进入循环扫描，搜索到新的带有空闲标志的信道 c 后再重新定位。

该方式的优点是：所有的信道都可以作为业务信道，信道的利用率高；而且由于所有处于空闲状态的移动台都定位在同一个空闲信道上，因此，移动台主叫和被叫都能立即进行，信令处理时间快。但其缺点也很明显：只要有一个移动台占用了信道，系统就需重新定位一次，而且基站要不断地发出空闲信号的载频，移动台要不断地进行信道扫描；由于移动台都定位在同一个空闲信道上，会发生几个移动台同一时间发出呼叫的"冲突"、"争抢"现象，因此"同抢概率"也较大。

（2）循环不定位方式

循环不定位方式是基于循环定位方式，而在解决"冲突"现象方面有了改进。网络在所有空闲信道上都发出空闲信号，网内所有空闲状态的移动台处于自动循环信道扫描状态。移动用户不定位呼叫基站，用户不必集中定位于一个信道上对基站呼叫。

当移动台主叫时，首先遇到的任何一个空闲信道就立即占用。由于预先设置各移动台对信道的扫描顺序不同，两个移动台同时发出呼叫又同时占用同一空闲信道的的概率很小，从而有效地减小了同抢概率。但由于主叫时不能立刻进行，要先搜索空闲信道，搜索到并定位后才能发出呼叫，时间上有推后。

当移动台被叫时，由于各移动台都在循环扫描，无法接收网络的呼叫信号。因此，网络必须先在某一空闲信道上发出一个保持信号，指令所有处于循环扫描中的移动台都自动地对这个标有保持信号的空闲信道锁定。等所有空闲移动台都对它进行锁定后，再改发选呼信号。被呼移动台应答后，即立即占用此信道，其他移动台发现不是呼叫自己，立即释放此信道，重新进入循环扫描状态。

优点是减小了同抢概率。缺点是：移动台被叫时，完成一次呼叫成功的时间较长，只适用于信道数较少的系统；系统的全部信道都处于工作状态，即通话信道在发话，空闲信道在发空闲信号，信道间会发生严重的互调干扰。

（3）循环分散定位方式

为克服循环不定位方式时移动台被呼的接续时间比较长的缺点，提出一种循环分散定位方式。在循环分散定位方式中，基站不仅在全部不通话的空闲信道上都发空闲信号，而且网内移动台分散停靠在各个空闲信道上。移动台主呼是在各自停靠的空闲信道上进行的，保留了循环不定位方式的优点。基站呼叫移动台时，其呼叫信号在所有的空闲信道上发出并等待应答信号。从而提高了接续的速度。

这种方式接续快，效率高，同抢概率小。但是当基站呼叫移动台时，这种方式必须在所有空闲信道上同时发出选呼信号，因而互调干扰也比较严重。这种方式同样只适合于小容量系统。

5.3 蜂窝小区覆盖技术

本节讨论小区制移动通信的覆盖技术，包括：小区形状的选取、区群的构成、小区制干扰的种类及抑制、覆盖的形式、小区内的信道配置方式等诸多问题。其基本原则就是：尽量减少无信号盲区的比例；在减少干扰的情况下尽量提高频谱利用率；系统容量必须针对不同的用户分布模式，进行针对性地覆盖。

5.3.1 蜂窝小区制移动通信

本书在绪论中讨论过，为了解决有限频谱资源和“无限”用户之间的矛盾，移动通信放弃了中心广播方式的大区制覆盖模式，而采用将整个服务区划分成了许多小的区域，称为小区制覆盖模式。

所谓小区制，即每个小区用小功率的发射机来覆盖，该发射机称为基站。如果将整个移动通信双工频率对均匀地分成 Z 组，这 Z 组频率对分别由互相邻接的 Z 个小区基站来使用，每个基站分配一组。这样所有的可用信道就分配给了较小数目的相互邻接的 Z 个基站，这 Z 个基站称为一个无线区群组，简称“区群”。继而，一个服务区就由许多的无线区群组构成。由于每个区群可以使用所分配的全部相同频段，就形成了以区群为基本复用单位的频率重复使用，即频率再用模式。如图 5-13 所示，假设某系统总共有 60 对双工频率，分成了 3 组，每组 20 对，这三组由 3 个邻接小区基站分别使用，如图中的 A、B、C 各拥有 20 个信道，即 A、B、C 组成了一个区群，这样一个区群就使用了所有的 60 信道。整个服务区由若干个 A、B、C 组成的区群所覆盖。区群数越多，频率重复利用率也就越高。例如 A 的频率被同时重复使用了若干次。

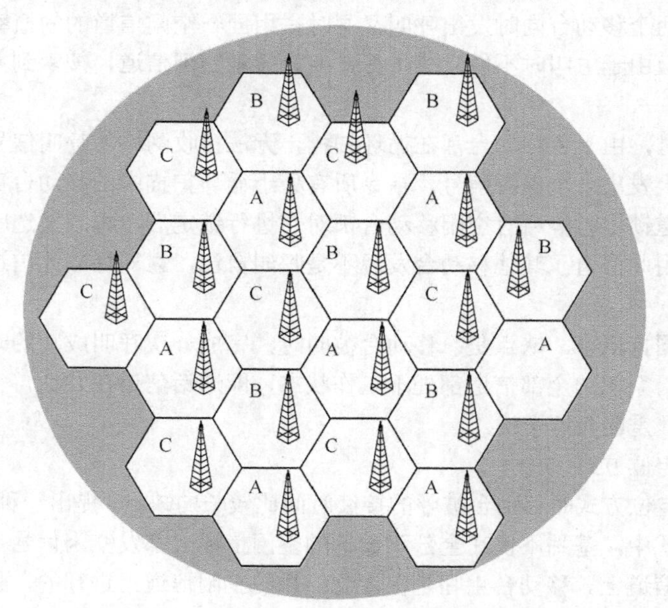

图 5-13　小区制移动通信示意图

从图中可以看出：小区制移动通信的频率使用原则是：（1）相邻小区不能使用相同的频率；相同的频率一定是在不邻接小区中使用。(2) 在同一区群内的各小区使用不同的频率，共同使用全部可用频率；不同的区群可使用相同的频率，以实现频率复用。例如B邻接小区周围不能有B，只能有A和C。

小区制移动通信的核心概念是“频率再用”，通过频率的再用，使得移动通信的频率瓶颈问题巧妙地解决了。同时小区制包含诸多的概念，包括：小区的形状、区群的构成、同频小区的距离、小区分裂等概念，下面进行讨论。

1．小区形状的选择

每个小区有一套收发设备，而对小区的覆盖在早期是以全向天线来实现的，为了不使小区内出现覆盖重叠的现象，重叠区域的大小与所选小区形状有关系。所选小区的形状有很多种，图5-14选择了三种图形：三角型、正方型、正六边型，（小区形状用虚线表示），作为候选小区的形状。而全向覆盖的天线的覆盖俯视图为一个圆形，如图5-14中的实线所示。

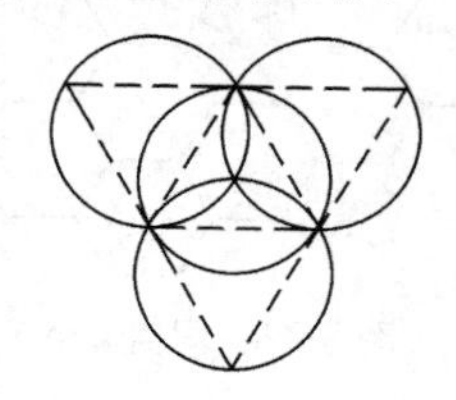
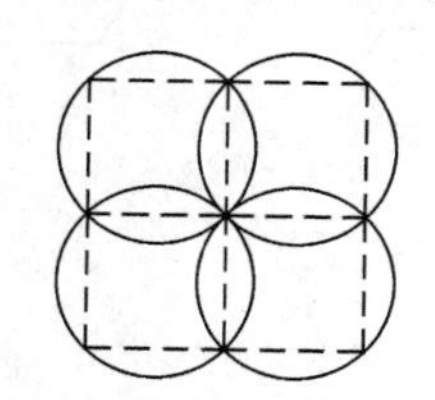

图5-14　小区的形状

对小区形状的选择可以邻区距离、小区面积、交叠区宽度和交叠区面积等覆盖参量作为选择的参考标准。我们定量地计算出三种候选小区覆盖参量，如表5-3所示。从表中可以看出，正六边形在几个参量方面都优于另外两种图形，所以正六边形（蜂窝形状）是作为小区制移动通信小区形状的最佳选择。故我们通常将小区制移动通信称为蜂窝移动通信。

表5-3　　三种形状小区覆盖参量的比较

小区形状	正三角形	正方形	正六边形
邻区距离	R	$1.414R$	$1.731R$
小区面积	$1.3R^2$	$2R^2$	$2.6R^2$
交叠区宽度	R	$0.59R$	$0.27R$
交叠区面积	$1.2\pi R$	$0.73\pi R$	$0.35\pi R$

R为小区外接圆半径。

2．区群的组成

小区形状选定后，还要确定每个区群所包含的小区个数。区群的组成应满足两个条件：一是区群之间可以邻接，且无空隙、无重叠地进行覆盖；二是邻接之后的区群应保证各个相邻同信道小区之间的距离相等。

通过数学方法可以证明，在满足上述条件下区群内的小区数应满足下式。

$$Z = a^2 + ab + b^2 \tag{5-9}$$

式中，a、b为正整数，不能同时为0。图5-15给出了若干区群示意图。

3．同频小区的距离

所谓同频道小区的距离是指：同频道小区外接圆圆心之间的距离。如图5-16所示的阴影小区，本图中每区群由7个小区构成。同频小区的距离的大小不仅决定着同频道干扰的大小，而且也决定了频率再用率的大小。因此对同频道小区距离的计算是很有价值和意义的。同频道小区的距离决定

于小区外接圆的半径 R 和组成区群的小区数 Z 的大小。通过计算可得出同频道小区的距离 D 为

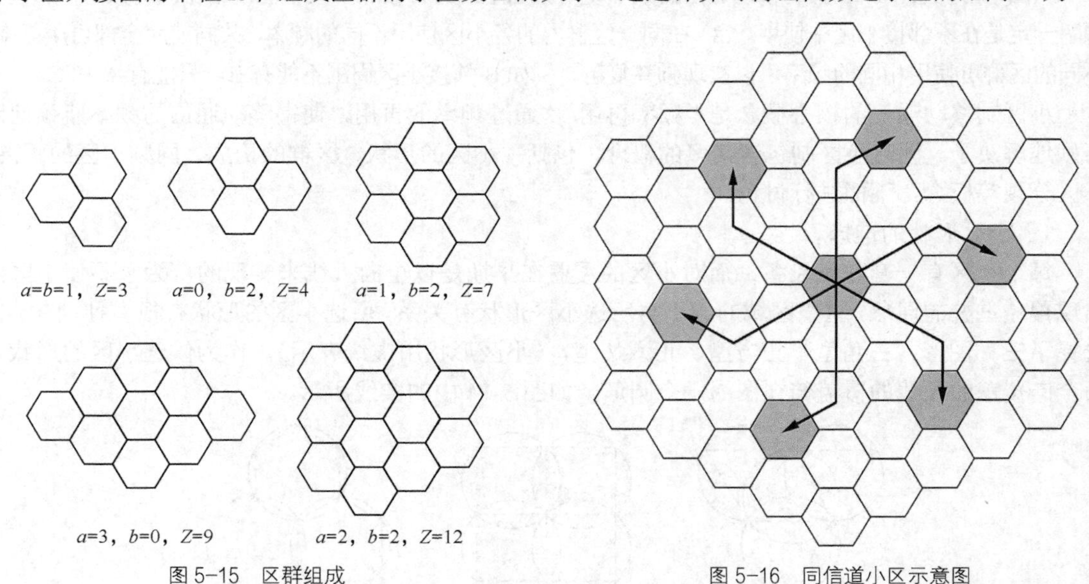

图 5-15　区群组成

图 5-16　同信道小区示意图

$$
\begin{aligned}
D &= \sqrt{3}R\sqrt{(b+a/2)^2+(\sqrt{3}a/2)^2} \\
&= \sqrt{3(a^2+ab+b^2)}\cdot r \\
&= \sqrt{3Z}\cdot R
\end{aligned}
\qquad (5\text{-}10)
$$

一般情况下，Z 值提高，频带利用率下降，同频再用距离增加，同频干扰下降，反之亦然。在系统设计时，需要对通信质量和系统容量这两个指标进行协调和折衷。Z 取值的原则是：在满足通信质量的前提下，Z 应取最小值，以提高覆盖范围内的的最大容量。

4．话务分布与小区分裂

通信网的终极目的是满足用户的话务需求。受用户分布特性的影响，移动网的话务密度分布是不均匀的，在闹市区中央即人员集中的地区与农村及城市郊区的话务量差异是明显的，前者单位面积上的话务量是后者的几百倍，所以对应小区面积的大小、每个小区分配的信道资源在不同地域必然是不同的。为了适应不同情况下的不同话务要求，可采取：在用户密度高的市中心区可使小区的面积小一些，在用户密度低的市郊区可使小区的面积大一些，如图 5-17 所示。

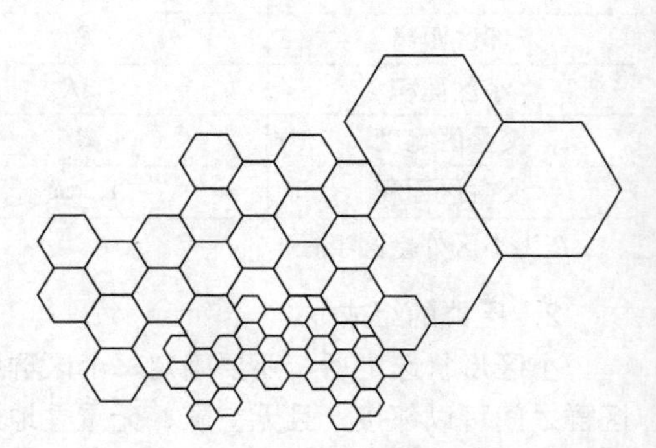

图 5-17　用户密度不等时的小区结构

我们将蜂窝以其外接圆半径的大小来进行分级如下。

宏区（Macro-cell）（宏站）：几千米，是传统的蜂窝概念，覆盖城市和农村的地区。一般在 10W 以上。存在“盲点”和“热点”。

微小区（Micro-Cell）：它的覆盖半径大约为 30～300m，发射功率较小，一般在 1W 以下，用于城市或街区的覆盖。

微微小区（Pico-cell）：它的覆盖半径一般只有 10～30m；基站发射功率更小，大约在几十毫瓦左右，用于房间、楼体内的覆盖。

如图 5-17 所示，从大到小，覆盖类型依次是：宏区、微小区、微微小区。

当特定的小区由于某些原因话务量增加，而通过增加小区的信道数仍不能满足用户需求时，就可以进行另一种操作过程——小区分裂，即将一个大的蜂窝区裂变成更小的蜂窝区，这就相当于增加了单位面积上的信道数，如图 5-18 所示。原来一个 7 小区区群面积，经过小区分裂后，在同样的面积上变成了七个 7 小区的区群，显然提高了信道的复用次数。由于分裂前后每小区的信道数不变，因此随着区群数的增加，使得单位面积上的信道数成倍地增加，从而能有效地提高系统容量，满足用户话务量增加的需求。裂变后的每个新蜂窝区所设置的新基站要相应地降低天线高度和减小发射机功率，以降低同频干扰。

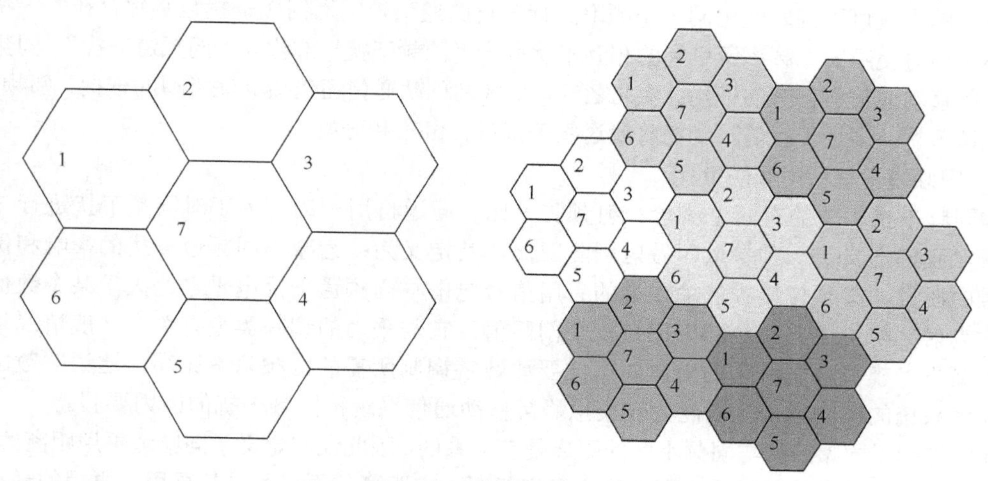

图 5-18　小区分裂后小区分布情况示意图

小区分裂的过程如图 5-19 所示，图中虚线为裂变后的小区。从图中可看出，相当于在原小区中增加了 4 个新基站，这是 1∶4 分裂方式。

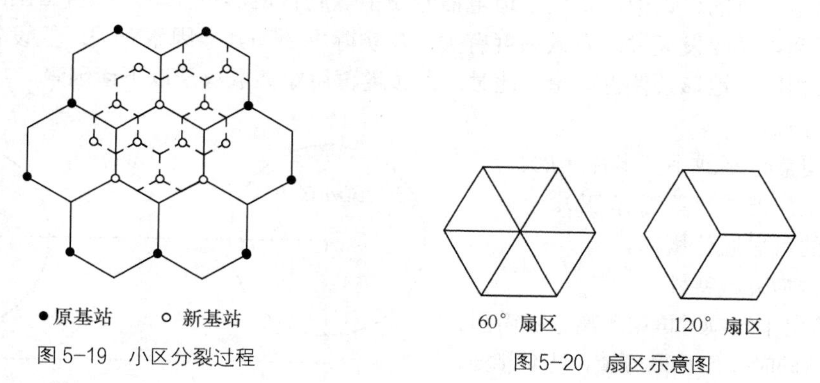

图 5-19　小区分裂过程

图 5-20　扇区示意图

5．扇区的概念

在蜂窝小区制移动通信方式中，除了小区分裂之外，还有一种方式可以达到增加容量的目的，就是将小区再细化成更小的区域，即扇区。

从平面几何的概念上讲，将一个正六变形的蜂窝划分成扇区的方法有两种：120°扇区和 60°扇区，如图 5-20 所示。

从覆盖的角度来看，扇区是通过定向天线代替原小区基站中单独的一根全向天线覆盖来实现的，其中每个定向天线覆盖图 5-20 所示的某一特定的扇区。若是 120° 扇区，则需要三个方向的定向天线；若是 60° 扇区，则需要六个方向的定向天线。使用定向天线覆盖后，每个扇区的频率及信道分配将要重新部署，原则是同小区内的扇区频率不能重复使用。从频率复用的角度来看，扇区划分是将原小区的频率再细化成 3 组（120° 扇区）或 6 组（60° 扇区），供相应扇区使用。由于扇区的定向天线的使用，使天线的覆盖区域受到了限制，提高了同频小区之间的隔离度，所造成的同频干扰或多址干扰将会明显地降低，间接地提高了频率再用效率，从而使得系统容量得以增大。

5.3.2　蜂窝小区的干扰及其抑制

蜂窝小区制移动通信虽然解决了频率短缺的问题，但另一个问题随之出现了，即同频干扰，由于不同的小区可以同时使用同一个频率进行各自的通信，因而同频干扰是必然存在的。我们将不同小区同时使用同一频率所引起的相互干扰称为“同频干扰”或称为“同频道干扰”。同频干扰是小区制移动通信所特有的干扰。除此之外，小区制移动通信还包括其他类型的干扰：邻频干扰、三阶互调干扰、多址干扰等。我们将就这些干扰进行讨论和分析。

1．同频道干扰和射频防卫比

与同频干扰相关的有两个概念：射频防卫比、同道再用距离。为了对同频干扰进行一个定量分析，我们定义了一种参量叫做射频防卫比，其定义为：为减小同频道干扰的影响和保证接收信号的质量，必须使接收机输入端的有用信号电平与同频道干扰电平之比大于某个数值，该数值称为射频防护比。射频防卫比是一个门限值，它与采用的调制类型有关；一般情况下，在同等距离下，模拟调制所需的射频防卫比要比数字调制所需的射频防卫比高，这说明数字蜂窝移动通信系统的抗同频干扰的能力较模拟蜂窝移动通信系统抗同频干扰的能力要强。

前面提到了同频干扰与同频小区的距离是有关系的。因此我们定义了同频道再用距离的概念：在满足一定通信质量的条件下，同一频率允许相距一定距离的无线区重复再用，再用的最小距离必须保证接收机输入端的有用信号与同频道干扰的比值大于“射频防卫比”。注：同频小区距离与同道再用距离是不同的两个概念。前者是纯几何学的概念，而后者是与通信质量相关的概念。

在移动信道一章的讨论中，我们知道电信号在中等起伏地形条件下，在自由空间传播时的衰减与距离、频率以及收发天线的有效高度有关，在实际中还和其他因素有关。假设各基站和移动台的设备参数相同，地形条件也理想；此时，同频道再用距离取决于以下诸因素。

① 调制方式。

② 基站覆盖范围或小区半径（R）。

③ 通信工作方式（单工/双工）。

④ 要求的可靠通信概率。

⑤ 电波传播衰减特性。

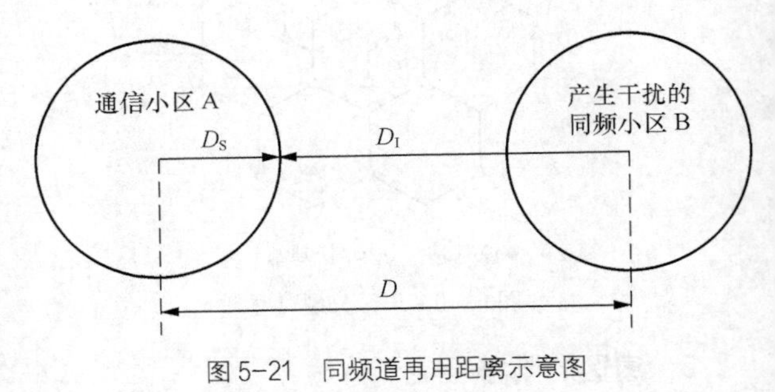

图 5-21　同频道再用距离示意图

图 5-21 给出了同频道再用距离分析简图。假设 A 和 B 站同时使用相同频道，且不邻接。在 B 站对 A 站的干扰中，A 站用户处于 M 点时，所受到 B 站同道干扰最大，只要在该点满足射频防卫比要求，则其他点全部满足射频防卫比要求，这时的同频道再用的最小距离为

$$D = D_I + D_S \tag{5-11}$$

这里，$D_s = R$，通过分析（分析过程略）我们得出

$$\frac{D_I}{D_S} = 10^{\frac{[S/I]}{40}} \tag{5-12}$$

$[S/I]$为射频防卫比，取 dB。同频道再用距离

$$D = D_I + D_S = (1 + D_I / D_S)R \tag{5-13}$$

以上分析只考虑了单个同频道基站的干扰，实际上，在图 5-16 中可以看出，这种同距离、同频道的小区有 M 个，因而干扰电平将是单个小区的 M 倍，则式（5-12）中的$[S/I]$也应提高 M 倍，以保证总的信干比满足射频防卫比的要求，这样才可以求出多同频道基站干扰时同道再用距离。通过增加同道再用距离、改变调制方式以及划分扇区的方法可以减弱同频干扰的影响。

2. 邻频干扰

来自所使用信号频率的相邻频率的信号干扰称为邻频干扰。邻频干扰是因接收滤波器不理想，使得相邻频率的信号泄漏到了传输带宽内而引起的。

邻频干扰可以通过精确的滤波和合适的信道分配方案及选用合适的频率复用比例使其减到最小。因为一个区群中的每个小区只分配了全部可用信道中的一部分，给小区分配的信道就没有必要在频率上相邻。通过使小区内的信道间隔尽可能大，就可以大大减小邻频干扰。例如 5.3.4 节的等频距配置法分配方案可以使一个小区内的邻频信道间隔为 N 个信道带宽，其中 N 是区群的大小。其中一些信道分配方案还通过避免在相邻小区中使用邻频信道来阻止一些次要的邻频干扰。

3. 互调干扰

在第 3 章中我们讨论了互调干扰产生的原因是由于系统的非线性存在，而且三阶互调的影响最严重。在蜂窝移动通信中，如果每个小区的载频配置不当，也将会由于接收机和发射机的非线性而产生三阶互调，进而导致严重的干扰。互调干扰的示意图如图 5-22 示。

例如，在某小区中，假设有 4 个用户，其信号的载频为 f_1、f_2、f_3、f_4，其数值呈如下关系，即 $f_3-f_1=f_4-f_2$。其谱如图 5-22（a）所示。通过三阶互调原理可知，当 4 个频率同时进入接收机后，由于非线性的作用，产生一个组合频率 $f_1+f_4-f_2$，而这个组合频率生成的频谱恰好和载频 f_3 所携带的频谱重叠，如图 5-22（b）所示，所以由组合频率产生的谱将对 f_3 信号本身的频谱产生三阶互调干扰。同理，当 f_1、f_2、f_3 的数值呈如下关系，即：$f_2-f_1=f_3-f_2$ 时，也可以产生 $2f_2-f_1$ 的组合频率，这个组合频率生成的频谱分量，同样对 f_3 频谱产生了干扰，因为，$f_3=2f_2-f_1$。以此类推，这 4 个频率的任意一个频率都可以被其他的 3 个或 2 个频率产生的三节互调频率所干扰。根据这个分析，产生三阶互调干扰的频率条件是

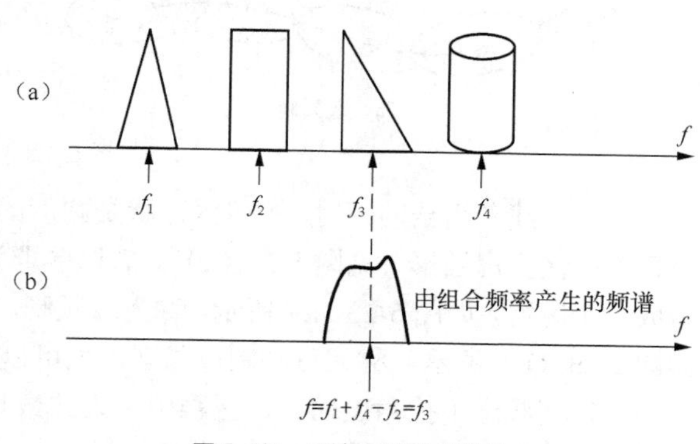

图 5-22　三阶互调干扰描述

$$f_i - f_h = f_j - f_k \tag{5-14}$$

或者

$$f_i - f_h = f_h - f_j \tag{5-15}$$

通过以上分析，我们得知，在蜂窝小区通信中，在某接收机或发射机中产生三阶互调的条件有两个：一是有两个以上的频率进入到接收机或发射机；二是这些频率值必须满足式（5-14）和（5-15）。因而我们从这个概念出发可以找出抑制三阶互调干扰的办法和措施。

（1）选择相容频道组

我们将不满足式（5-14）和（5-15）的频率组称为相容频道组，这就意味着相容频道组不满足

产生互调干扰的内在条件。

（2）尽量抑制其他的频率进入接收机或发射机

我们可以通过对带通滤波器的设计，尽量减少进入接收机和发射机的其他频率；我们也可以使小区的频率间隔配置尽量大，这样也可以使带通滤波器更加容易滤除其他频率。

4．多址干扰

多址干扰是CDMA多址方式下所特有的干扰形式，其概念及分析参见第7章相关内容。

5.3.3 区域覆盖方式和射频激励方式

为了达到无信号盲区的覆盖，提高系统容量，必须针对不同的用户分布模式对服务区进行覆盖。从几何形状上用户分布模式分为：带状和面状，因此小区覆盖可分为：链状覆盖和面状覆盖；小区内的激励方式分为全向激励和定向激励方式。

1．小区的覆盖方式

（1）链状（带状）覆盖

所谓链状是指用户是沿着一条曲线方式分布的，其他地方几乎是无人类活动的区域，因而不需要覆盖。链状覆盖主要针对的是人迹罕至的铁路、公路、河道、海岸沿线等情况，如图5-23所示。

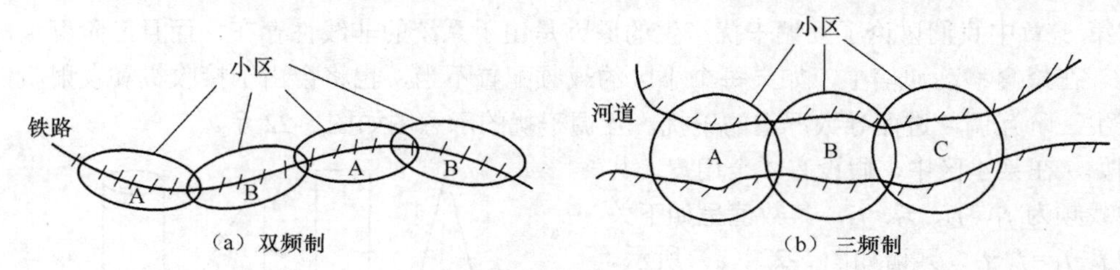

（a）双频制　　（b）三频制

图5-23　链状网

基站天线若用全向辐射，覆盖区形状是圆形的（见图5-23（b））。链状网一般宜采用有向天线，使每个小区呈扁圆形（见图5-23（a））。若以区群为单位进行覆盖，可以采用不同信道的两个小区组成一个区群，如图5-23（a）所示，称为双频制。若以采用不同信道的三个小区组成的一个区群，如图5-23（b）所示，称为三频制。同理，也可以有更多小区的区群，比如四频组等。

从抗同频道干扰角度而言，区群中小区的数目越多，同频道小区的距离就越远，抗干扰能力越强，因此在带状覆盖时，还应考虑多频制。

设 n 频制的带状网如图5-24所示。每一个小区的半径为 r，相邻小区的交叠宽度为 a，第 $n+1$ 区与第1区为同频道小区。据此，可算出信号传输距离 S_d 和同频道干扰传输距离 I_d 之比。

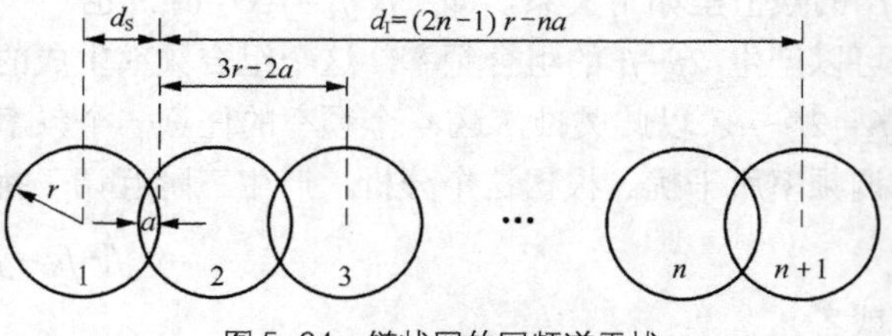

d_S　　$d_I=(2n-1)r-na$　　$3r-2a$　　r　　a　　1　2　3　…　n　$n+1$

图5-24　链状网的同频道干扰

（2）面状网覆盖

实际上，我们所讨论的小区制频率再用，主要是针对人口分布稠密的广大的面状覆盖区域而言的。而5.3.1节所讨论的内容就是针对于面状网覆盖的。

2．小区射频信号的激励方式

小区信号覆盖是以天线的激励为前提的，在小区中，天线所放置的位置对信号的传输有很大的影响。在每个小区中，基站可设在小区的中央，用全向天线形成圆形覆盖区，这就是所谓“中心激励”方式，如图5-25（a）所示。

也可以将基站设计在每个小区六边形不相邻的三个顶点上，每个基站采用三副 120° 扇形辐射的定向天线，分别覆盖三个相邻小区的各三分之一区域，每个小区由三副 120° 扇形天线共同覆盖，这就是所谓“顶点激励”方式，如图 5-25（b）所示。

中心激励适用于用户少，地形地物较为平坦的小区；顶点激励方式相当于基站分集，可以减弱小区内障碍物阴影效应的影响。

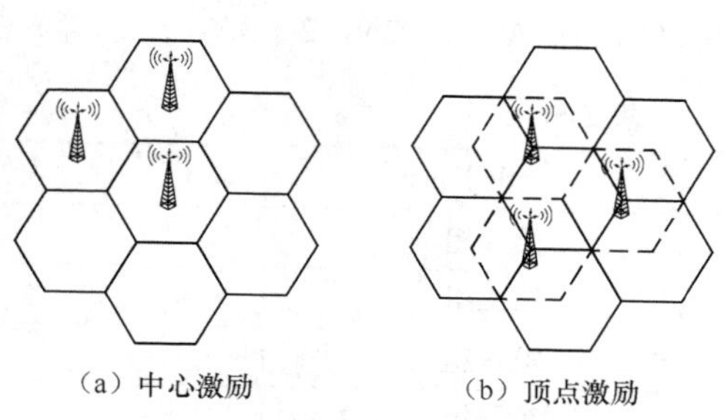

图 5-25　两种激励的方式

5.3.4　区群的信道配置

信道（频率）配置的概念是在给定信道数的条件下，如何将这些信道合理地分配给区群中的小区，以达到充分利用无线频谱、减小干扰、稳定因用户变化而带来的呼损率波动，从而接纳更多用户的目的。信道分配策略是为了实现上述目标所提出的频率复用方案。

信道（频率）配置的方法分为：固定信道配置、动态信道配置、混合信道配置。

1．固定频道配置

固定信道配置是按尽可能地减小同道干扰和邻道干扰的原则，将频道固定地分配给一个区群的所有小区使用，给每个小区分配一组事先确定好的语音信道，小区中的任何呼叫都只能使用该小区中的空闲信道。其特点是：如果该小区中的所有信道都已被占用，则呼叫阻塞，用户得不到服务。它又可分为：分区分组配置、等频距配置两种方式。

（1）分区分组配置

分区分组配置法所遵循的原则是：尽量减小占用的总频段，以提高频段的利用率；同一区群内不能使用相同的信道，以避免同频干扰；小区内采用相容信道组，以避免产生互调干扰。现举例说明如下。

设给定的频段以等间隔划分为信道，按顺序分别标明各信道的号码为 1，2，3，…。若每个区群有 7 个小区，每个小区需 6 个信道，按上述原则进行分配，可得到如表 5-4 所示的结果。

表 5-4　分区分组配置法

组号	信道类别
第一组	1，5，14，20，34，36
第二组	2，9，13，18，21，31
第三组	3，8，19，25，33，40
第四组	4，12，16，22，37，39
第五组	6，10，27，30，32，41
第六组	7，11，24，26，29，35
第七组	15，17，23，28，38，42

分区分组配置的特点是：每一组内的频点不满足式（5-14）和式（5-15），所以小区内无三阶互调；但存在较大的邻道干扰，例如第六组、第七组中有的频率就比较接近。

（2）等频距配置法

等频距配置法是按等频率间隔来配置信道的，等频距配置时可根据区群内的小区数 N 来确定同一信道组内各信道之间的频率间隔，例如，第一组用（1，$1+N$，$1+2N$，$1+3N$，…），第二组用（2，$2+N$，$2+2N$，$2+3N$，…）等。例如 $N=7$，则信道的配置如表 5-5 所示。

表 5-5 等频距配置法

组号	信道类别
第一组	1，8，15，22，29，…
第二组	2，9，16，23，30，…
第三组	3，10，17，24，31，…
第四组	4，11，18，25，32，…
第五组	5，12，19，26，33，…
第六组	6，13，20，27，34，…
第七组	7，14，21，28，35，…

这样的频率组是不相容的配置方式，正好满足产生互调的频率关系，但如前面分析，因为频距大，可能产生互调干扰的频率易于被接收机输入滤波器滤除而不易作用到非线性器件，所以也就避免了互调的产生。而且频距选得足够大，还有效地避免了邻道干扰。

固定分配策略也有许多变种。其中一种方案称为借用策略，如果一个小区的所有信道都已被占用，那么允许该小区从相邻小区中借用信道。由交换中心来管理这样的借用过程，并且保证一个信道的借用不会中断或干扰借出小区的任何一个正在进行的呼叫。

2．动态信道配置

在动态信道配置中，将所有的信道集中起来，根据不同小区的话务量的密度变化，动态地分配给不同的小区。每个信道可以用于任意一个小区，而每个小区在不同的时间被分配的信道数是不同的。这种分配方法很好地适应了话务量在时间和空间上的变化，使信道利用率达到最高，减小呼叫阻塞的概率，使网内的呼损率的波动达到最小。但其缺点是过于复杂，增加了系统的存储和计算量。

3．混合信道配置

混合信道配置是将固定频道配置和动态配置结合起来的方法。即将全部信道分成固定组和动态组，使固定组和动态组信道数的比值达到一个最佳值，将固定组用于固定分配，将动态组用于随机的动态分配。它兼顾了固定信道配置和动态信道配置的优点，而且实现起来较动态分配更为简单。这种方法的典型代表是柔性配置法——准备若干个信道，需要时提供给某个小区使用，控制比较简单，只要预留部分信道使各基站都能共用，可应付局部业务量变化的情况，是一种比较实用的方法。

表 5-6 所示为固定频道配置和动态信道配置的比较。

表 5-6 固定频道配置和动态信道配置的性能比较

属性	固定信道配置	动态信道配置
话务量类型	适应高话务量	适应中等话务量
信道配置的灵活性	低	高
信道再用性	最大可能	受到限制
对时间和空间变化	较为敏感	不敏感
服务等级	波动	稳定
适应小区大小	宏蜂窝	微蜂窝
无线设备的要求	只覆盖分配的固定小区	覆盖可能的所有小区
计算工作量	小	大

续表

属性	固定信道配置	动态信道配置
呼叫建立延迟	低	高
实现的复杂性	低	高
频率规划	复杂繁琐	无
信令流量	低	较高
控制方法	集中	集中、分散、分布

5.3.5 载频复用和区群结构

为了提高蜂窝移动通信系统的容量，增强系统的抗干扰能力，我们讨论了频率再用及区群的频道分配概念；还讨论了小区的扇区划分的概念，本部分则讨论这些概念的综合及具体应用。

蜂窝系统最基本的复用方式为 4 × 3 方式，对于业务量较大的地区，还可采用 3 × 3、1 × 3、2 × 6 等复用方式，$p \times q$ 的含义为："p" 表示 p 个小区组成一个区群，"q" 表示每个小区划分成了 q 个扇区。因此一个区群共有 $p.q$ 个扇区，这样系统将全部频率分成 $p.q$ 组，每扇区占用一组。注意：同一区群中频率不能被复用。

1．4 × 3 复用方式

如图 5-26 所示，一个区群共有 12 个扇区，频率分成了 12 组。有两种：（a）图中一个小区分成 3 个 120° 扇区；（b）图中一个小区分成 3 个三叶草型扇区。(a)图中的小写字母代表频率组，（b）图中的大写字母代表频率组。下面相同。

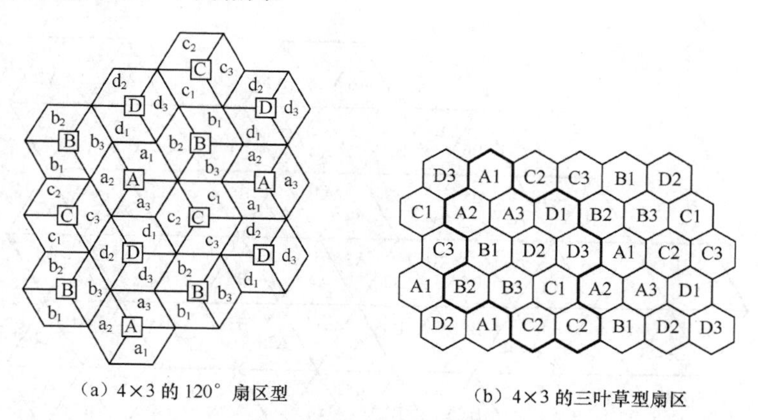

（a）4×3 的 120° 扇区型　　（b）4×3 的三叶草型扇区

图 5-26　4 × 3 标准复用模式

2．3 × 3 复用方式

如图 5-27 所示，一个区群共有 9 个扇区，频率分成了 9 组。有两种：（a）图中一个小区分成 3 个 120° 扇区；（b）图中一个小区分成 3 个三叶草型扇区。

3．1 × 3 复用方式

如图 5-28 所示，一个区群共有 3 个扇区，频率分成了 3 组。有两种：（a）图中一个小区分成 3 个 120° 扇区；（b）图中一个小区分成 3 个三叶草型扇区。

4．2 × 6 复用方式

如图 5-29 所示，一个小区分成 6 个扇区，一个区群共有 12 个扇区，频率分成了 12 组。"2 × 6" 复用模型不是对称模型，例如图中不同小区的 A1 之间的复用距离不同的；而且它不符合式（5-10）

的标准，但其频率利用率较高。

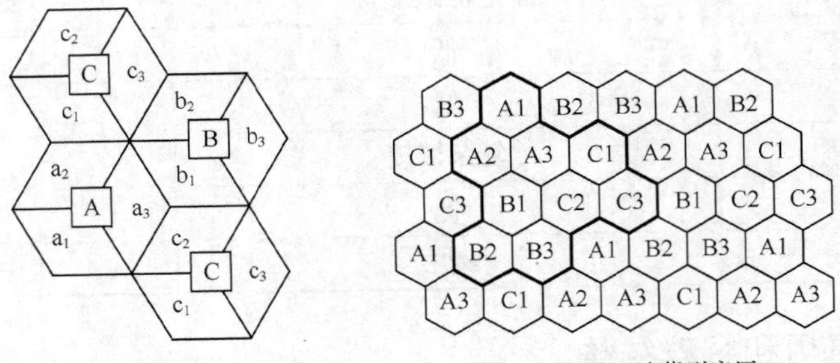

（a）3×3 的 120° 扇区型　　（b）3×3 的三叶草型扇区

图 5-27　3 × 3 标准复用模式

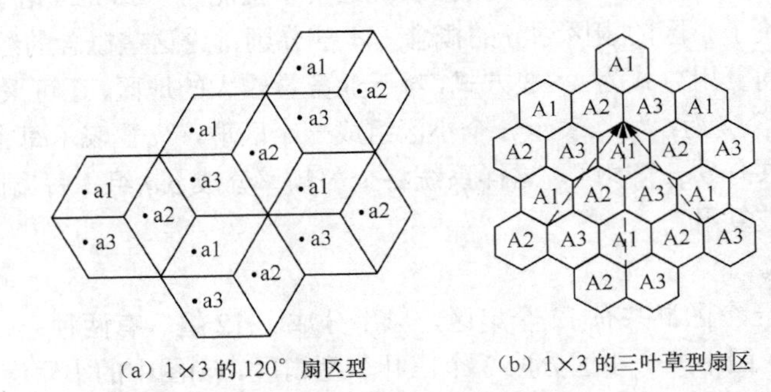

（a）1×3 的 120° 扇区型　　（b）1×3 的三叶草型扇区

图 5-28　1 × 3 标准复用模式

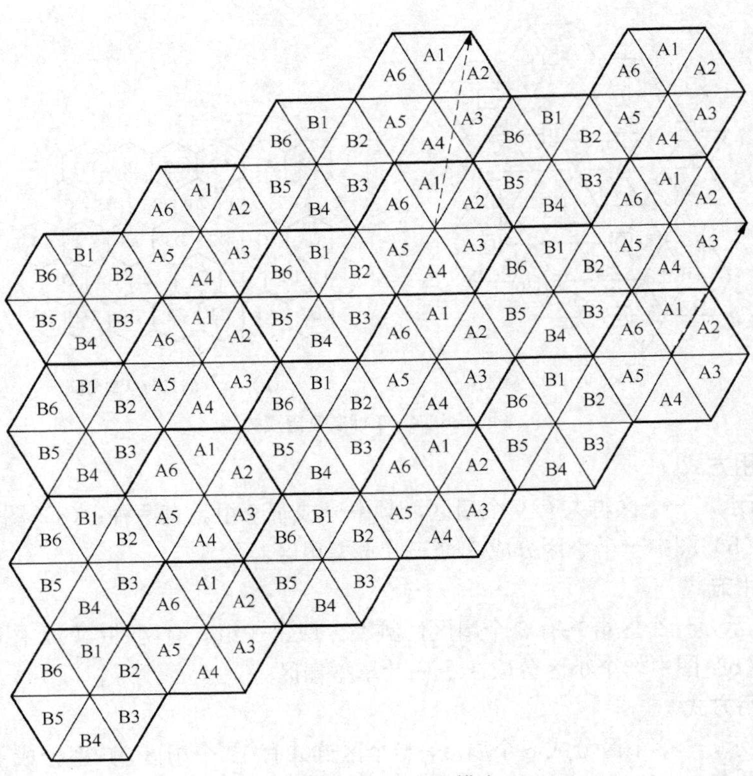

图 5-29　2 × 6 复用模式

很显然，当小区面积相同时，p 取值越小，频率复用次数就越高，而同频干扰也越大，因此，无论采用哪种复用方式，必须满足干扰保护比的要求。注意：4×3 与 2×6 两种复用方式在频率分组上有相同和不同之处。

5.4 移动通信系统网络结构

5.4.1 概述

通信网是通过介质把各种通信设备互联起来，并在其间传输、交换信息的系统。通信网络可以从以下两个角度来分析：一是网络的物理拓扑结构；二是网络的传输逻辑结构。

从物理拓扑结构上看，通信网络有两个组成部分：网络的拓扑结构以及分布在拓扑上的网元（通信设备）。网络的拓扑结构是指网络的几何结构形状；而构成网元的通信设备通常是指终端、接入设备、路由器、交换机、传输设备等。

网络的传输逻辑结构是指可以在网络结构中及网元间建立连接并控制这些网元节点间的路由和数据传输的标准和协议。从传输逻辑结构上来看，通信网络包括几个方面：终端如何接入、信号的传输、信号的交换、系统的管理和控制。

网络的物理拓扑结构和传输逻辑结构之间是相互依存又相互独立的关系。逻辑连接是建立在物理结构之上，而物理结构又需要逻辑结构加以管理和控制。例如可以在不改变逻辑传输结构的情况下改变网络的物理传输结构或路由；同时，一个物理传输结构在很多情况下可以支持不同的标准和协议。

1．无线通信系统网络的物理结构

若从网络传输结构上来分析固定通信网与无线通信网的差别，则固定通信网的终端设备与接入设备是通过有线方式连接的，即固定的有线方式接入；而无线通信网的终端设备与接入设备是通过无线方式连接的，即移动的无线方式接入，其相对位置是可以改变的。因此如果将终端设备作为网络拓扑结构中的一个点来说，在固定通信网络中，它在网络拓扑结构中的位置保持固定；而在移动通信网络中，终端设备在网络拓扑结构中的位置是可以随时变化的。因此，固定通信网和移动通信网的区别是在终端的接入环节。因此无线通信系统网络结构的讨论就归结到无线接入部分、固定基础（核心）网络部分以及与其他相关网络的互联三个方面。基于这个特性，移动通信网络的基本结构一般采用多级星形结构的中心辐射方式。即以核心基础网络为星形的中心，通过有线传输网络链接若干个无线接入部分或无线接入点（AP）；同时核心网络还连接到其他的网络；再以每个无线接入部分或无线接入点（AP）为星形的中心，通过无线的方式链接各个终端，如图 5-30 所示。

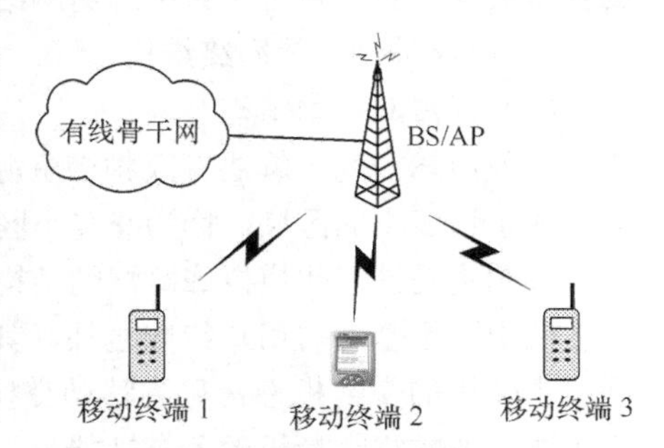

图 5-30 无线通信网络基本结构

2．无线通信系统网络的逻辑结构

国际标准化组织 ISO 制定了著名的 OSI（开放式系统互连）七层协议，它是一个典型的数据通信分层协议参考模型，如图 5-31（a）所示。它由如下几层组成：物理层、数据链路层、网络层、传输层、会话层、表示层、应用层。OSI 网络协议模型提供了可以描述所有网络类型的逻辑操作的概念性框架。各种无线网络的逻辑结构当然也是以 OSI 为蓝本进行描述的。OSI 协议模型将设备与设备之间的链接，或者更恰当地说是应用与应用之间的链接用具有逻辑相关的分层进行描述。无线通信系统的网络结构不仅具有传统固定网络的结构特征，还具有自身的特点。从传输逻辑结构上来讲，无论是从协议类型的多样化，还是从协议的管理机制来说，无线通信网络要比固定通信网络复杂得多，如图 5-31（b）所示。虽然在有些设备之间的协议可能没有清晰的七层之分，例如下节中的无线接口信令协议，但其框架却是符合 OSI 标准的。关于 OSI 七层协议的具体内容请参见相关书籍。

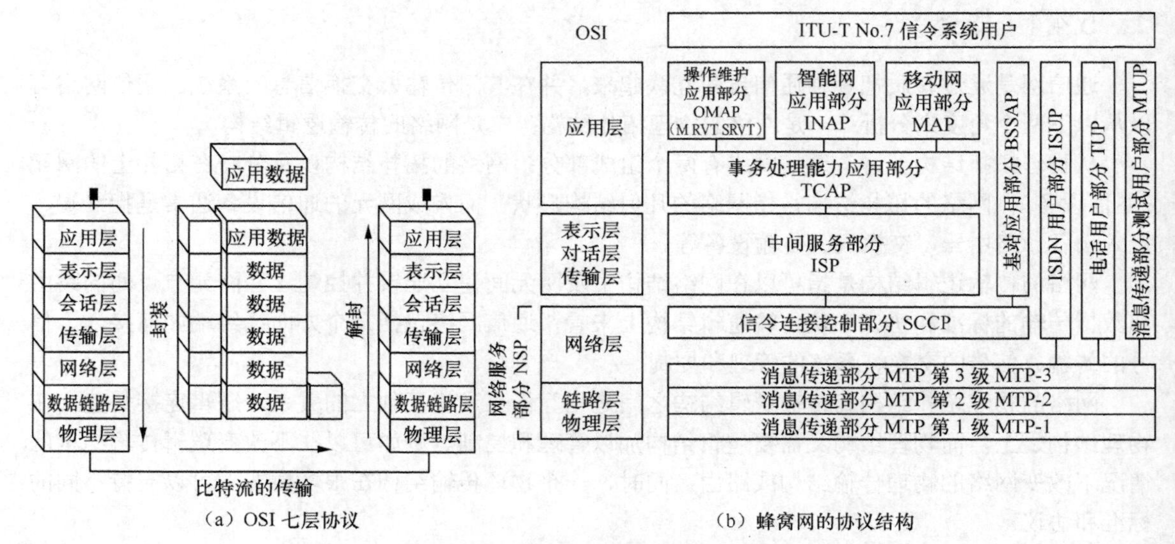

图 5-31　无线网络的逻辑协议结构

5.4.2　蜂窝移动通信网络结构

小区制蜂窝移动通信网络结构和大区制移动通信结构的区别在于无线接入设备控制范围的大小，以及基础网络处理能力和管理能力的高低。在小区制蜂窝移动通信网络结构的讨论中，追求网络最大的容量，同时各个无线通信区域的互连以追求最大区域的无缝覆盖，是构成移动通信网的基本要素。我们将讨论数字蜂窝网结构及其发展。

1．蜂窝移动通信网络结构

（1）蜂窝网基本结构

如前所述，为了解决有限频谱资源和“无限”用户之间的矛盾，通过频率再用将整个服务区划分成了许多小的区域，称为蜂窝小区，每个小区用小功率的发射机来覆盖。其结构如图 5-32 所示，此图也是第一代模拟蜂窝网的结构。

图中除了基站与用户终端之外，其余网络单元的链接均是通过有线方式链接。蜂窝移动通信网络中使用的交换机通常称为移动交换中心（MSC），它与固定电话交换机的不同之处是：MSC 除了要完成常规交换机的所有功能外，还负责移动性管理和无线资源管理（包括越区切换、呼叫管理等）；BSS 为无线接入部分，主要是完成终端的接入、无线资源和无线参数的管理；OMC 为操作维护部分，完成对网络设备进行集中操作和维护、移动用户管理等功能。

蜂窝移动通信基本网络结构的特点是：利用小区覆盖，频率复用提高系统容量；系统需要进行频率规划，克服同频干扰；系统需要进行过境切换，保证通话连续；系统需要进行用户管理，保证漫游实现。

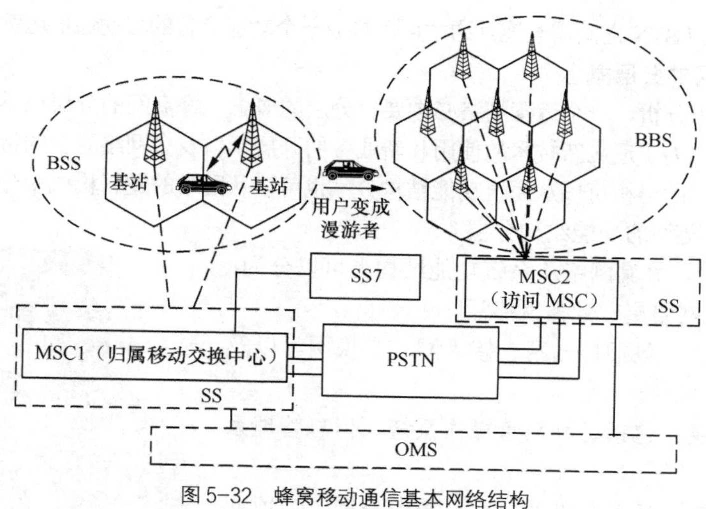

图 5-32 蜂窝移动通信基本网络结构

（2）蜂窝移动通信网络的运营网结构

在蜂窝移动网络中，为了构建一个广域陆地移动通信网络，同时为便于网络组织、管理，将一个移动通信网分为若干个服务区，每个服务区又分为若干个 MSC 区，每个 MSC 区又分为若干个位置区，每个位置区由若干个基站小区组成。一个移动通信网由多少个服务区或多少个 MSC 区组成，取决于移动通信网所覆盖地域的用户密度和地形地貌等。多个服务区的网络结构如图 5-33 所示。

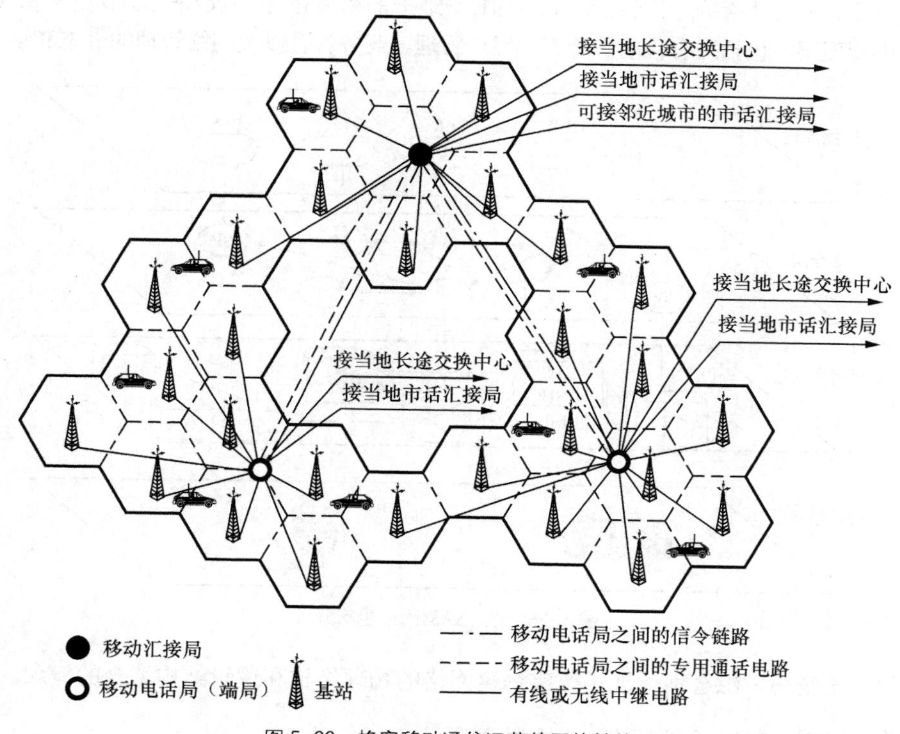

图 5-33 蜂窝移动通信运营的网络结构

每个 MSC（包括移动电话端局和移动汇接局）要与本地的市话汇接局、本地长途电话交换中心相连。

MSC之间、MSC与PSTN之间需互连互通才可以构成一个功能完善的移动通信运营网络。

2．数字蜂窝网的分层概念

从系统逻辑上来分析，一个运营网络必须要有分层的概念，蜂窝网的分层也不例外，特别是在数字移动蜂窝网络中，为了适应新技术的使用和新业务的开展，以及多网络融合的特点，分层的概念就更加重要。网络分层的分析可以从系统功能结构分；也可以从网络的逻辑构成来分。

（1）数字蜂窝网络的功能结构分层

如图5-34所示，蜂窝网络从系统功能结构上可以分为：基础网络层、支撑网络层、业务网络层。

① 基础网络层：包括传输网、接入网、交换网，以及相关的传输协议。

② 支撑网络层：包括各种网管操作系统、信息管理系统、计费系统等。

③ 业务网络层：包括基本业务网、新业务网、增值业务网、智能网等。

图5-34　数字蜂窝网的功能分层示意图

（2）数字蜂窝网的逻辑分层

如图5-35所示，数字蜂窝网从网络的逻辑结构上可以分为四大部分：用户接入层、网络交换层、信令层、数据管理层。

① 用户接入层：包括无线接入的所有技术、方式和设备。

② 网络交换层：涉及到数字蜂窝网络的传输、交换的技术和设备。

③ 信令层：包括数字蜂窝网络管理、控制、维护的所有信令协议和规程节点及相关设备。

④ 数据管理层：包括所有移动性管理、用户管理、业务管理以及网络管理的静态和动态数据库。

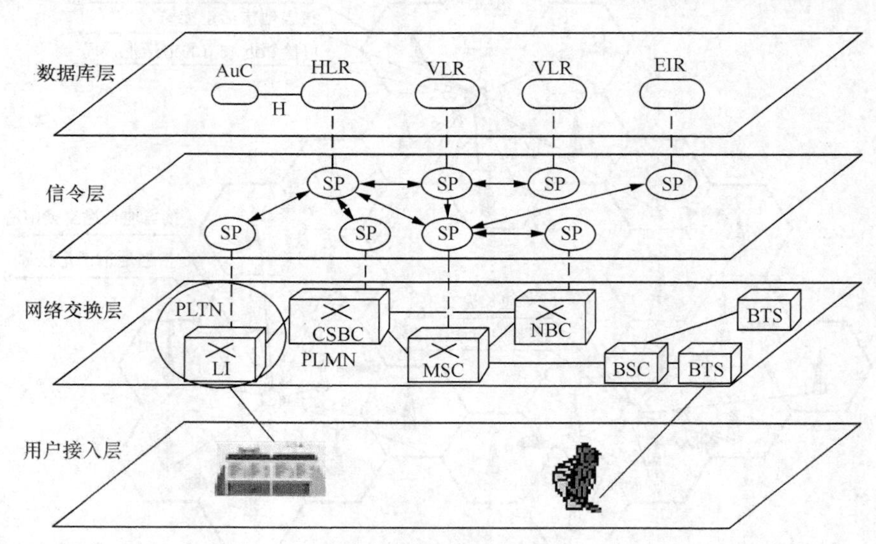

图5-35　数字蜂窝网络逻辑分层

以上的分层结构，综合地体现了数字蜂窝网络的物理结构和逻辑结构结合的概念。

5.4.3　蜂窝移动通信网络结构的演进

第一、二代蜂窝移动通信网络在拓扑结构和传输结构上没有本质上的改变，而两者的不同在于：随着电子技术及 DSP 技术的发展，构成网络的网元、（通信设备）和在功能、作用、类型和结构上发生了改变，从而导致了整个系统在技术、业务和服务上的改变。图 5-36 所示是第二代数字蜂窝 GSM 移动通信系统的网络结构（图中网元在第 6 章中介绍）。

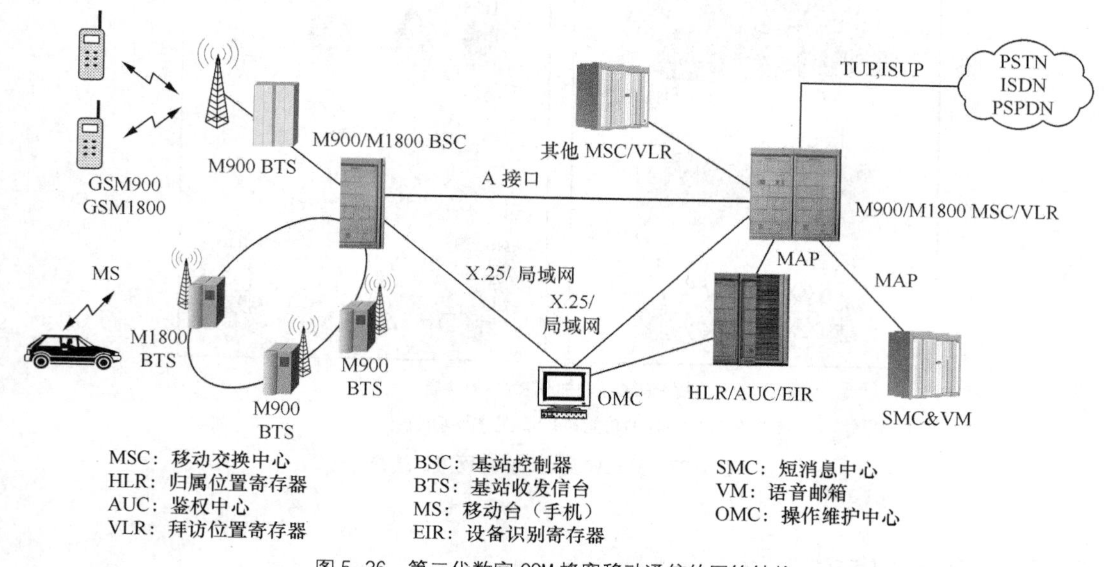

图 5-36 第二代数字 GSM 蜂窝移动通信的网络结构

如图 5-36 所示，在数字蜂窝移动网中，无线接入系统（基站子系统）的结构和功能有了很大扩充；在基础网络部分（网络子系统）设置了专门的智能网元，包括 HLR、VLR、AUC 等，正是这些网元的引入，使得第二代移动通信系统在漫游性、安全性、智能管理等诸多方面和第一代模拟蜂窝系统相比，发生了显著的改变。

由于宽带传输技术和宽带接入技术的成熟，软交换 IP 化的发展以及各种技术和网络的融合；人们通信需求的改变，使得第三代以后的移动通信网络将建立在更高级的智能平台上。从网络的传输逻辑结构上来看，未来的移动通信网络分为三个层次：最低层为通用信息接入层，它使人们利用各种空中接口标准，以各种业务手段，在不同的地形地物环境下做到无缝地接入网络；中间层是宽带信息传输网络（IP 核心交换网络），它既能有效地运载大量用户的多种类型、多种速率的业务和高效地处理高密度、高移动的的用户呼叫，同时还能运载和处理大量的用户移动性管理和控制负荷；最高层是业务管理（控制）层，它能够提供现有业务的管理，还可以为用户提供自行设计的新业务能力和在网络中引入这些新业务的能力。另外，还有两个管理和控制子网络：智能信令控制网络和统一的对整个网络管理的网络。图 5-37 表示了第三代移动通信网络和 LTE 网络的结构特点，（图中网元的作用在其他章节都有描述）。从网络拓扑结构上来看，未来移动网络的发展趋势是趋于简化的网络架构和扁平化的结构。

除此之外，从网络的逻辑结构上分析，未来网络还呈现出以下主要特征：业务层和控制层面完全分离化；核心网趋于同一化，交换功能将会路由化；网元数目最小化，协议层次最优化；网络结构扁平化、全 IP 化。这样做可使网络发挥更好的效能，主要体现在：优化的网络架构能系统地得到更好的性能，推动 IP 网络的应用；网络扁平化使得系统延时减少，改善了用户体验，可适应更多的业务模式；网元数目的减少，使得网络部署更加简单，网络维护更加便捷，有效地降低了成本；取消了无 RNC 的集中控制，避免了单点故障所造成的网络问题，提高了网络的稳定性。

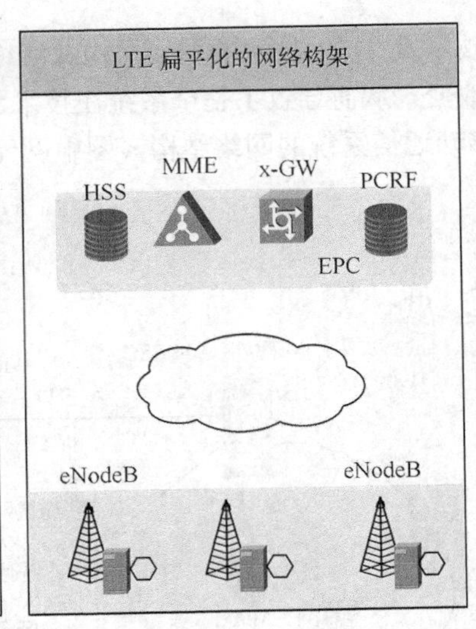

图 5-37 第三代及 LTE 移动网络的结构

5.5 移动通信的信令

5.5.1 概述

本章第 4 节中，我们提出了网络的传输逻辑结构问题，为了使网络中各个传输单元能有效地、统一地协调行动或动作，以达到可靠传输信息的目的，必须需要一个指挥协调系统，发布指令，这就是通信中的信令系统。在移动通信网中，信息的传递是问题的一个方面；而如何能保证信息可靠传输到目的地是问题的另一个方面。我们以邮寄信件为例来说明：邮寄一封信的目的是将信的内容传递到接受者，而只有内容没有收发的地址及邮寄系统，这封信是到达不了目的地的。信的内容相当于我们将要传递的信息，而信的收发地址及其他部分则可以理解为信令系统。所以只有信息传输系统和信令系统协调才能将我们的信息可靠地发送到对方。本节讨论移动通信的的信令问题。

在通信网中，为了满足用户随时随地建立通信的要求，既要传送用户的信息（如语音、数据），还需传送用于建立和释放呼叫的控制信息，以完成用户进行通信的正常接续。实现以上功能的控制信息称为信令消息。信令消息的内容依具体的指示类型不同而不同，这属于应用层的内容。为了与信令信息加以区别，我们将要传输的信息称为用户信息；与用户信息的传递相似，信令信息（消息）的传递也是将信令信息（消息）转化成信令的电信号形式在通信网各个网元中传递，我们把这种电信号形式的信令信息称之为信令信号或简称为信令，信令因此具有了信号和指令的双重意义。同用户信息的传输一样，信令的传递也包括传输协议、传输网络、交换等。然而，从信号传输的逻辑概念出发，信令信息又不同于用户信息，用户信息是直接通过通信网络由发信者（信源）传输到收信者（信宿），其传输的路径单一；而信令通常需要在通信网络的不同环节（基站、终端、交换中心及其他网元）中传输，经各环节进行分析处理并通过交互作用而形成一系列的操作和控制，用以保证用户信息可靠地传输。因此信令可以看成整个通信网络的神经中枢，且又带有各个神经末梢，其传输的路径较为复杂，其性能很大程度上决定了一个通信网络为用户提供服务的质量和能力。

信令应具有什么样的功能呢？通信系统中有各种类型的设备；设备间需要相互配合来完成通信接续；信令用于告知其他设备本局状态、呼叫进度和要求，因此信令系统就是完成上述功能的综合体。信令涵盖了通信系统中诸多方面的内容，包括：信令的分类、信令系统、信令方式、信令协议构架等。

1．信令的分类方法

（1）按信令的工作区域分

可分为用户线接入信令、局间（网络）信令，如图5-38所示。

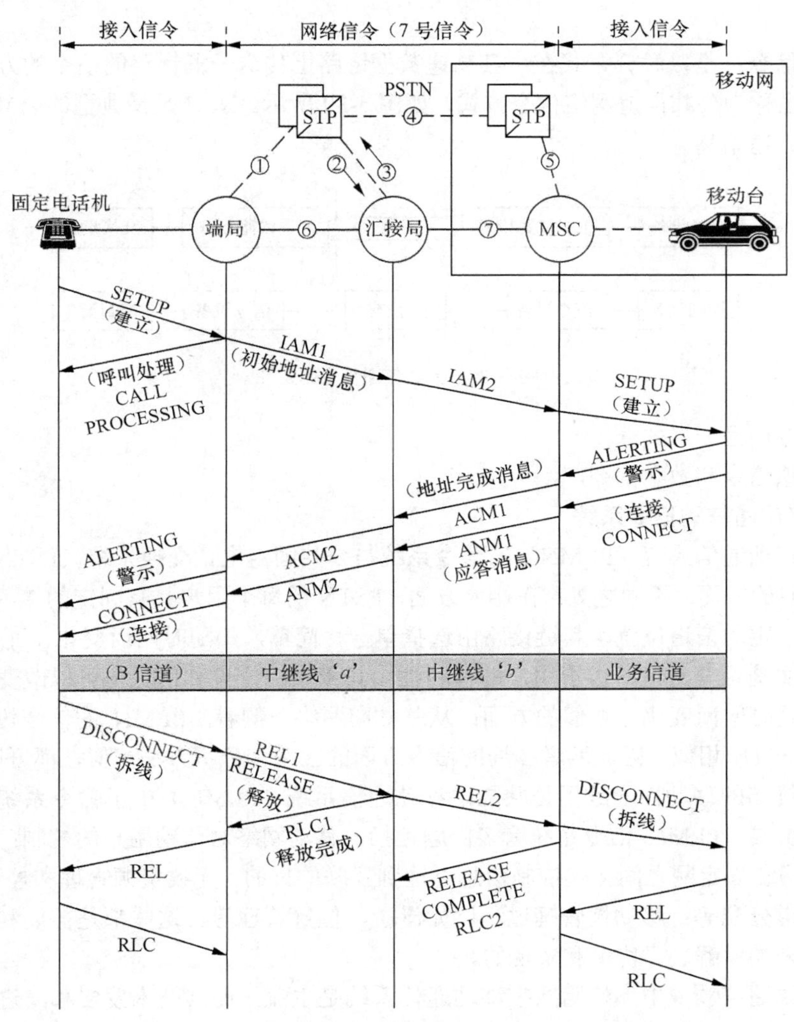

图5-38 信令的路由分布

（2）按信令的功能分

可分为线路信令、路由信令、管理信令。

线路信令具有监视功能，用来监视主、被叫的摘、挂机状态及设备的忙闲。

路由信令具有选择功能，指主叫所拨的被叫号码，用来选择路由。

管理信令具有操作功能，用于通信网的管理和维护。如检测和传送网络拥塞信息，提供呼叫计费信息，提供远距离维护信令等。

接入信令是用户和交换机之间的信令，在用户线上传送。主要包括用户向交换机发送的监视信令（主被叫摘、挂机信令）和选择信令（主叫所拨被叫号码），交换机向用户发送的铃流和忙音等信号。

局间网络信令是网络节点间的信令，例如交换机与交换机之间的信令，在局间中继上传输，用于控制呼叫接续和拆线等。局间信令种类多而且复杂。

（3）按信令的信道分

可分为随路信令和公共信道信令。

随路信令：信令和语音在同一条话路中传送的信令方式，即随着话路传输的信令，故名随路信令。

公共信道信令：是以时分方式在一条高速数据链路上传送一群话路的信令的方式，因通常用于网络间，故也称为公共信道网络信令方式，如图 5-39 所示。No.7 是最典型的公共信道信令，其特点是容量大、速率高。

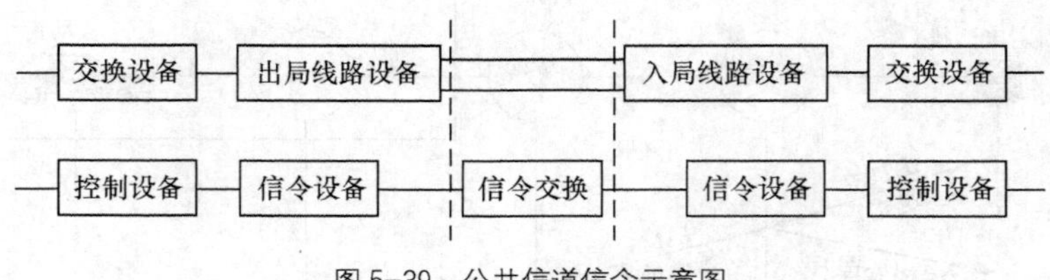

图 5-39　公共信道信令示意图

（4）按信令信号的形式分

可分为模拟信令和数字信令。

2．数字移动通信的信令系统

公共陆地移动通信系统（PLMN）的信令系统与公共固定电话交换系统（PSTN）既有不同的地方，也有相似的方面。不同之处：在接入方面，PSTN 的每个用户具有固定的接入线路，即从交换机到终端有固定的信道位置，其链接路由选择单一、简单，不随时间而变化；而 PLMN 的每个用户在接入方面是可变的，即由于用户的移动性，其接入的位置和信道是可以改变的，其链接路由选择复杂，随时间而变化。相似的方面：从基站向网络一侧看，PLMN 的信令传输具有固定线路，这一点与 PSTN 相似，因此两者在局间信令方面的应用和分析方法相似，都可以利用 No.7 系统。因此用户终端的移动性导致了公共陆地移动通信系统（PLMN）中了信令系统相对来说更加复杂、特殊和重要。PLMN 信令系统诸多问题包括：移动网络对移动用户的控制；移动网络与移动网络、移动网和固定网之间交换控制信息以达到互联的目的；无线资源管理和控制，比如切换、功率控制、信道分配等；移动性管理过程比如漫游、位置管理等。这些都是需要利用移动通信网络的信令系统来加以解决、协调和实现的。

由于在无线通信领域中，蜂窝数字移动通信系统是主流，而其技术发展和演进也代表着当前及今后无线通信领域的发展趋势，而且其他的无线通信方式在信令方面和数字蜂窝系统有一定的相似性；而且，不同的无线通信系统，在信令系统中的区别主要体现在高层以上，即 OSI 的低三层以上，而低三层的协议结构在每个系统对应的接口中均大同小异，因此，我们主要以在蜂窝数字移动通信中最具代表性的 GSM 的信令系统为例加以讨论。GSM 系统中 MS 与 MSC 之间信令接口和协议如图 5-40 所示。

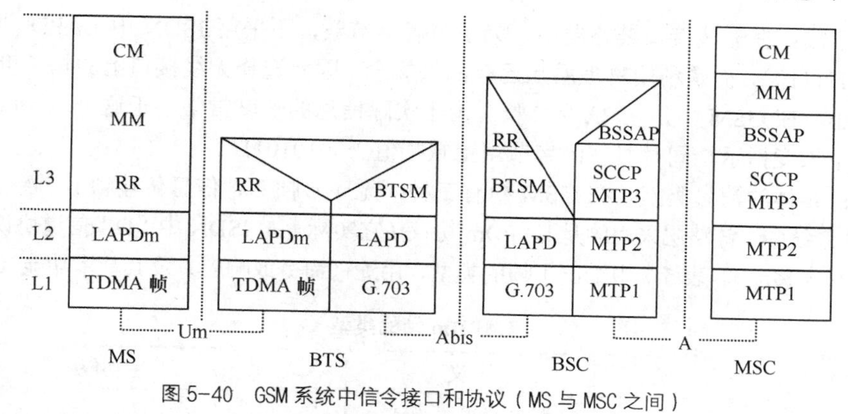

图 5-40 GSM 系统中信令接口和协议（MS 与 MSC 之间）

图中，CM 是链接管理，BTSM 为 BTS 的管理部分，MTP 是信息传递部分，MM 是移动性管理，RR 是无线资源管理，Abis 是 BTS 与 BSC 间的接口，SCCP 是信令连接控制部分，L1～L3 是信令层 1～3，BSSAP 是基站子系统移动应用部分，LAPDm 是 ISDN 的 Dm 数据链路协议。

在数字移动通信系统中，很多情况下，两点之间地信令信息的传输需要经过中间节点，信令节点不但要按不同的接口要求改变消息形式，还要根据消息地址选择输出路由，需要透明地传输，即节点不去干扰传输的数据，也不需要理解数据本身的意义，这就是信令接口和协议的概念。

5.5.2 接入信令（MS-BSC 之间）

1. Um 接口的信令和协议

在数字蜂窝移动通信系统中，空中接口 Um 的信令分为三个层次：物理层（L1）、数据链路层（L2）、网络层（L3），如图 5-40 示。

（1）物理层

物理层在物理信道上形成了许多逻辑信道，如广播信道（BCH）、随机接入信道（RACH）、接入允许信道（AGCH）和寻呼信道（PCH）、慢速随路控制信道（SACCH）等。这些逻辑信道按照一定的规则复接在物理层的具体帧的具体突发中，在这些逻辑信道上传输链路层的信息。

（2）链路层

链路层的基本功能是在信令信道上提供一个或多个数据链路连接，向高层提供可靠的数据链路通道，对传输的数据帧进行顺序控制、差错控制和流量控制。从点到点的传输来说，就是单个的比特构成一个集合，以便在信道上传输，所有链路功能都是建立在这个基本结构单元上，在信令的概念中把这个单元称为帧（frame），链路层信息帧的基本格式如图 5-41 所示，它包括地址段、控制字段、长度指示段、信息段和填充段。不同的信令可对这些字段进行取舍。

地址段	控制字段	长度指示段	信息段	填充段

图 5-41 无线接口链路层的帧格式

地址段：当一个链路层处理同一个信道上的多个消息流时，为了使接收端能区别这些混在一起的消息，在每帧中加入一个地址段。这种设计源于 ISDN 网 LAPD 协议中点到多点通信的应用，虽然在无线通信中，无线链路上是点到点的应用，但在无线接口中同时存在两种消息流，即信令和短消息。在链路层用 SAPI（业务接入点标志）即地址段加以区别。

控制字段：控制字段定义了帧的类型、命令或响应。

长度指示段：在无线接口链路层中，为了节省字节数，不采用 ISDN 中 LAPD 的帧头帧尾标志 flag，(01111110)，而是利用物理层上已有的块概念，因此选择无线接口上的帧长度等于一个物理层块的大小，在 GSM 中，是 23 个字长。由于实际信息的长度常常小于这个值，因此，每帧都需要包含一个长度指示，同时对空闲字节填上缺损值“00101011”。

信息段：具体的消息类型。在 GSM 中有三种：无序号帧 U、信息传输帧 I、监视帧 S。

在 GSM 系统中，链路层采用的是 LAPDm 协议（它实际上是 ISDN 中“D”信道协议 LAPD 的改进，下标 m 代表移动）。表 5-7 中给出了帧的类型、用途（命令或响应）及其基本功能（备注栏）。

表 5-7　LAPDm 帧的类型

帧种类	帧	含义	功能
U 帧（Unacknowledged）无确认帧	SAMB	置异步平衡模式（建链帧）	请求建立一个可进行复帧传输的链路
	DISC	拆链帧	指示释放一个复帧传输的链路
	UA	无确认响应帧	对 SAMB、DISC 的响应帧
	DM	Disconnect Mode	指出本端处于非链接状态
	UI	无确认信息帧	传送某些不需要确认的信息
I 帧（acknowledged Information）	I	确认信息帧	传送某些需要确认的信息（携带编号）
S 帧（Supervisory）	RR	接收准备好帧	确认本端接收到某一编号的 I 帧；流量控制
	RNR	接收未准备好帧	流量控制
	REJ	拒绝帧	拒绝本端接收到某一编号的 I 帧

在无线链路层还涉及到了几个相关的概念。

① 确认和不确认

无确认方式：在数据链路层，信息通过无序号信息帧（UI）进行传输，不具备纠错能力，用于信息传送中因某一次丢失不会引起系统较大损害和系统需要不断得到该类最新消息的情况。

确认方式：系统传输受低层传输能力的限制，当信息需要分段和重组时，用复帧方式（I 帧）来传输。此时数据链路层本端需要对对端实体发来的信息通过发送确认帧或 I 帧等相应的手段进行确认。

② 分段与重组

帧的最大长度受物理传输设备的约束，当信令报文长度大于帧允许的最大长度时，需要对其分段成几个帧进行传输；反之，在对等实体为了得到一个完整的报文实体，需要对相关的帧按顺序进行重组。

③ 定时重发和拒绝重发机制

为了保证数据链路层上可靠的传输数据，当本端发送消息后，在规定的时间内，未得到对等层实体对本实体发送的确认消息，需进行重发，这就是定时重发机制。

当本端发送消息后，收到对等层实体对本实体发送的消息拒绝信号，将对端未得到但希望得到的消息需进行重发，这就是拒绝重发机制。

④ 流量控制

受物理传输能力和容量的约束，以及高层处理能力的限制，可能存在对对端来不及处理输入队列中所有消息，造成输入队列满溢，如果没有流量控制，此时本端仍然向对端传输消息，那么这些消息将会丢失，解决的办法是引入流量控制机制，即对端只有在自己有能力接收新的消息时，才送回“可发送”标志，本端只有在收到“可发送”标志时，才发送消息。

LAPDm 没有使用检错机制，因为在物理层提供的传输方案已具有差错检测性能；LAPDm 没有前向纠错能力（这种特征被认为是物理层的），而是使用了类似 ISDN 中的 HDLC（高级数据链路控制规程）后向纠错机制，即前述的确认和不确认模式。

（3）网络层

Um 接口链路层协议建立了 MS 与 BTS 两个实体之间的帧级交换和传输，它的媒体是无线接口的无线信道。但在许多应用协议中，常常要涉及两个没有直接互联关系的实体，因此，需要一些额外的传输功能来支持这类情况下的点对点消息的传输。这类消息的连接是建立在链路层之上的，这就是网络层的概念。例如，从 MS 发出的的呼叫控制信息必须传送到 MSC，同时有关该 MS 的无线资源管理消息又要终止于相关的 BSC，虽然这两类消息具有不同的终点，但在无线路径和 Abis 接口上却可以共享同一个信令链路。即在无线通信中一个基本链路可以支持多个并行的网络连接。

网络层的功能之一就是选择并建立这样一个顺序链路段，组成一个消息路由，这里应用到两种技术：数据包和虚电路；网络层的另一个功能是支持多个实体之间并行存在的几个独立连接，这些链接对应于不同的应用通信。

网络层的基本概念是编址。网络层协议就是把一个标记附加在每个消息上，用于区别不同的信息流。这个标志可以通过编址的方式对应于某一个源点、某个宿点，连接参考或路由参考。可以利用这个标志为消息选择路由，也就是把消息送到下一个适当的路段，或把它分配到正确的应用程序上。

从移动台（MS）的角度看，消息的源点和宿点取决于应用协议。MS 可以编址不同的网络功能实体，每个实体具有唯一的地址对应关系，网络按地址的要求把消息送到相应的设备。更具体地说，在 MS 与 MSC 之间存在几种协议，同时 MS 和 MSC 之间可以并行存在几个用户通信。例如当 MS 通信正在进行时，又有新的呼叫指示出现的情况。

表 5-8 定义了无线接口网络层应用协议分类

表 5-8　　无线接口网络层应用协议分类

协议类别	功能	源点和宿点
呼叫控制（CC）	呼叫和控制管理	
附加业务（SS）	附加业务管理	MS—MSC（HLR）
移动管理（MM）	位置管理，安全性管理	MS—MSC（VLR）
无线资源（RR）	无线资源管理和分配	MS—BSC

为规范不同层次实体或功能模块及相同层对等实体之间的信息交流，ISO 定义了它们之间的会话语言，这种语言具有一定的格式和类型标识，我们称为原语（PRIMITIVE）。它分为 4 类：请求（REQUEST，REQ）、指示（INDICATION，IND）、响应（RESPONSE，RES）、证实（CONFIRM，CON）。原语的基本格式是：属名-类型-参数。每一种原语不一定包括所有类型。

2．Abis 接口

Abis 接口与 Um 一样，只有低三层结构。

（1）物理层

在 Abis 接口上的信令消息都是在 64kbit/s 和 2.048kbit/s 的数字链路上传输的。

从图 5-40 中可以看出 Abis 接口两端的物理层的帧协议符合 CCITT 的 G.703 标准。其详细规范可参阅 CCITT 相关建议。

（2）链路层

从图 5-40 中可以看出，Abis 接口两端链路层均使用 ISDN 中的 LAPD 协议，其定义方式为 HDLC（高级数据链路控制规程）。

（3）网络层

从图 5-40 中可以看出，Abis 接口两端网络层均使用 BTSM（Base Site Management，BTS 站址管理）协议。

3．A 接口

A 接口涉及到了具体的信令应用层面，所以它包含低三层以上的协议内容。例如 BSSAP（Base station Subsystem Application Part，基站子系统应用部分）协议。

（1）物理层

A 接口上的信令消息都是在 2.048kbit/s 的数字链路上传输的。其两端均采用了 7 号信令（CCS.7）的 MTP（Message Transfer Part，消息传递部分）协议中的 MTP1 标准。其详细规范可参阅 CCS.7 相关标准。

（2）链路层

从图 5-40 中可以看出，A 接口上两端在链路层均采用了 7 号信令（CCS.7）的 MTP2 标准，其集中了 MTP 中全部的链路层协议。其详细规范可参阅 CCS.7 及 CCITT.Q 系列建议扩展的相关标准。

（3）网络层

在 A 接口上，MTP3 和 SCCP（Signaling Connection Control Part，信令连接控制部分）共同构成了其网络层协议。

5.5.3 网络信令

当前几乎所有数字移动通信系统的网络信令系统均采用 No.7 信令系统。

No.7 信令系统实质上是在通信网的控制系统（计算机）之间传送有关通信网控制信息的数据通信系统，即是一个专用的计算机通信系统。

在计算机通信系统的设计中，普遍采用了分层通信体系结构的思想。其基本概念是：将通信的功能划分为若干层次，每一个层次只完成一部分功能且可以单独开发测试。

每一层只和其直接相邻的两层有接口，它利用下一层所提供的服务将信息发往远端（并不需要知道它的下一层是如何实现的，仅需该层通过层间接口所提供的服务），并且向高一层提供本层所能完成的功能，将有效信息传递给上一层。

每层是独立的，各层都可以采用最适合本层的技术来实现，当某层由于技术的进步发生变化时，只要接口关系保持不变，则其他各层均不受影响。

国际标准化组织 ISO 制定的著名的 OSI（开放式系统互连）七层协议就是一个典型的数据通信分层协议参考模型，如图 5-31（a）所示。

No.7 信令系统的分层结构如图 5-42 所示。

右半部分为早期的四层结构，它主要是控制电路连接的建立和释放，因此只支持电路相关消息的传送。左半部分为新的七层结构，可以传送与电路无关的数据和控制信息，以适应通信网结构的变革和通信技术、计算机技术、移动通信技术的互相渗透发展和融合的需要。

1．四层结构

在四层结构中，第 1 级为信令数据链路功能层，相当于七层结构中的物理层。该功能层定义了信令数据链路的物理、电气和功能特性，确定了信令终端设备与数据链路的连接方法。信令数据链路用于传送信令业务的二进制比特流。信令的最佳传送速率为 64kbit/s，可用 PCM 系统中的任一时隙作为其数据链路。

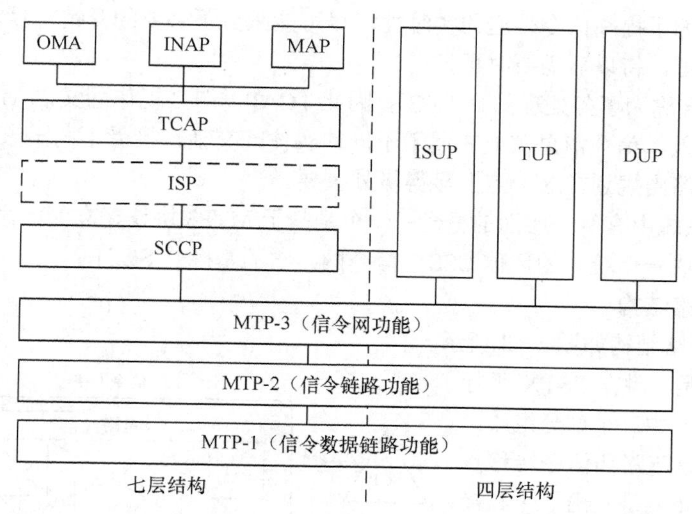

图 5-42 七号信令的分层结构

第二层为信令链路功能层，相当于七层结构中的数据链路层。该功能层保证信令消息比特流（帧）在相邻两个信令点之间点到点地可靠传送。主要包含信令单元定界、信令单元定位、差错检测、差错校正、流量控制等功能。

第三层为信令网功能层，相当于七层结构中的网络层。但由于它只能提供无连接服务，即数据报传送方式，因此它所对应的是不完备的网络层功能。该功能层原则上定义了信令网内信息传递的功能和过程。

第一层至第三层统称为消息传递部分（Message Transfer Part，MTP），它是各种用户部分消息的公共运载系统。作用是提供一个可靠的消息传递系统，保证两个信令点对用户部分之间的信令消息的可靠传递，即不应发生丢失、错序和重复。MTP 只负责消息的传递，不负责消息内容的检查和解释。

第四层为用户部分（UP），相当于七层结构中的应用层，具体定义各种业务的信令消息和信令过程。已定义的用户部分包括电话用户部分（TUP）、数据用户部分（DUP）和 ISDN 用户部分（ISUP）。它们都是基于电路交换的业务，定义的都是电路相关的消息。

2. 七层结构

七层结构在四级结构的 MTP 基础上增加了以下几部分协议。

（1）信令连接控制部分（Signaling Connection Control Part，SCCP）

这部分的主要功能是通过全局名翻译支持电路无关消息的端到端传送，同时还支持面向连接，即虚电路方式的消息传送服务。SCCP 和原来的第三级相结合，提供了七层结构中较完备的网络层功能。

（2）事务处理能力应用部分（Transaction Capability Application Part，TCAP）

它的主要功能是对网络节点间的对话和操作请求进行管理，为各种应用业务信令过程提供基础服务。它本身属于应用层协议。但和具体应用无关。

（3）和具体业务有关的各种应用部分（Application Part，AP）

已定义或部分定义的包括 No.7 信令网的操作维护应用部分（Operation and Maintenance Application Part，OMAP）、智能网应用部分（INAP）和移动应用部分（Mobile Application Part，MAP）。它们均为应用层协议。作为 TCAP 的应用，在 MAP 中实现的信令协议有 IS-41、GSM 的应用等。

（4）中间业务部分（Intermediate Service Part，ISP）

这部分相当于七层结构中的第 4～6 层。由于 No.7 信令网是一个专用的通信子网，消息通信采用全双工方式，为了提高信令传送的实时性，尽可能减少不必要的开销，目前 ISP 协议并未定义，只是形式上保留，待以后需要时再扩充。

ISP 和 TCAP 合称为事务处理部分（TC），因此 TCAP 和 TC 视作同义语，由 SCCP 直接支持。由于漫游功能的引入，信令消息需要在属于不同的实体间交换，接受不同国家、不同运营者的操作，因此，编址和路由规划在这一点上显得格外重要。

在 No.7 信令系统中有两个层面的概念：一个是基于 MTP3 协议建立的国家网；另一个是把全部国家移动网互联成一个统一的环球 CSS.7 信令网，它的基础是 SCCP。

3．No.7 的网络结构

No.7 信令的网络结构如图 5-43 所示。

7 号信令网络是与现在 PSTN 平行的一个独立网络。它由三个部分组成：信令点（SP）、信令链路和信令转移点（STP）。信令点（SP）是发出信令和接收信令的设备，它包括业务交换点（SSP）和业务控制点（SCP）。SSP 是电话交换机，它们由 SS7 链路互连，完成在其交换机上发起、转移或到达的呼叫处理。移动网中的 SSP 称为移动交换中心（MSC）。SCP 包括提供增强型业务的数据库，SCP 接收 SSP 的查询，并返回所需的信息给 SSP。在移动通信中，SCP 可包括一个 HLR 或一个 VLR。

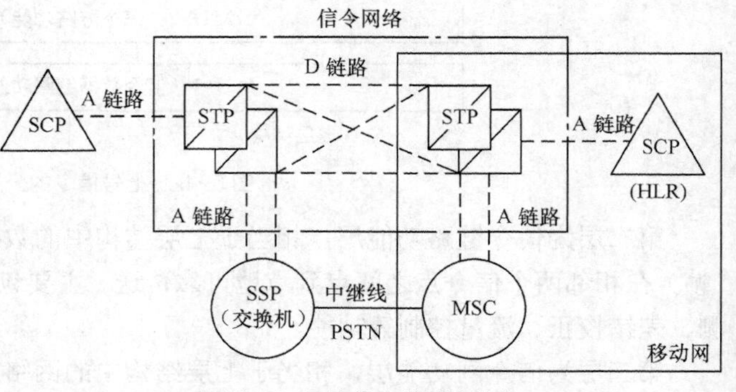

图 5-43　7 号信令的网络结构

STP 是在网络交换机和数据库之间中转 SS7 消息的交换机。STP 根据 SS7 消息的地址域，将消息送到正确的输出链路上。为了满足苛刻的可靠性要求，STP 都是成对提供的。

在 No.7 信令网络中共有六种类型的信令链路，图 5-43 中仅给出 A 链路（Access Link）和 D 链路（Diagonal Link）。

图 5-38 表明了一个固定用户呼叫一个移动用户的呼叫信令的传输流程。

5.6　越区切换

5.6.1　概述

1．为什么要进行越区切换

越区切换是蜂窝小区制移动通信所特有的概念和技术，由于小区制的结构，而导致了该技术的应运而生。原因是：由于系统的服务区是由若干小区（cell）构成，每一小区设立一个基站，该基站用理论上只能覆盖本小区的功率来发射信号，如 5.3 节所述，为了防止同频干扰，相邻接小区基站所发射功率信号的射频频率不允许相同，这在早期的 FDMA 多址方式下的小区制移动通信是必须的。因此移动终端在小区之间快速移动时，必然会发生穿越相邻小区（基站）的情况，当终端从原小区进入邻接的目标小区时，由于邻接基站的射频频率不同，为了保证移动终端通信的连续性，其射频通信链路必然进行转移，即将无线通信链路从原小区的射频频率转移到邻接的目标小区的射频频率上，这个过程就是越区切换，如图 5-44 所示。因此在早期的蜂窝小区制移动通信体制下，越区切换是必需的，也是其关键及通用技术之一。

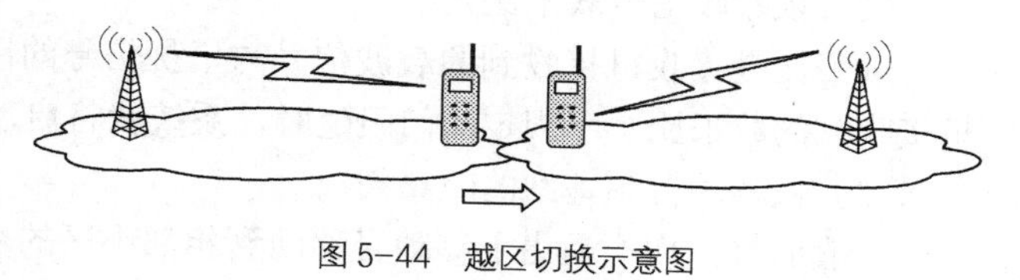

图 5-44　越区切换示意图

2．越区切换的定义

越区（过区）切换（Handover 或 Handoff）是指将当前正在通信的移动台与基站之间的通信链路从当前基站转移到另一个基站；或者由于外界干扰造成通话质量下降时，将原通信信道转移到新的空闲信道上，以保证与网络持续接续的过程。该过程也称为自动链路转移（ALT，Automatic Link Transfer）。

和起初蜂窝移动通信系统的狭义越区切换的概念，即只是越区时的切换有所不同。随着蜂窝移动通信技术的发展，除了狭义的越区频率切换概念之外，更加广义的越区切换的概念和技术也随之出现，为了保证网络的服务质量，降低掉话率、降低用户阻塞率等，也会进行切换。例如，当通话中的移动台在同小区内改变载频时能明显避开强干扰；或移动台优选小区拥塞时，MS 就可以切换到临近小区的载频上。这一大类型的切换不一定是越区时的切换，但其切换的操作过程与越区切换相同，因此也划归到越区切换的概念中。

同样，切换的对象也只不局限于频率，也可以发生在时隙、地址码、小区及 BSC 和 MSC 等不同参量和实体之间。

从纯技术角度上来说，切换将使系统的网络负担增加，信令系统开销加大，无线资源分配机制复杂，通信质量受到影响。但为了保证通信的连续性和质量，在小区制移动通信中，切换却是不得已而为之的事情，因此，我们必须对切换的性能进行评估，使得切换过程对系统性能及对用户的通信影响最小，因此从以下几个方面可以对切换进行评估。

（1）越区切换的失败概率。

（2）越区切换的速率。

（3）越区切换引起的通信中断的时间间隔及越区切换发生的时延。

实现切换所需的时间，即从开始切换到正常传输数据的时间，必须适合终端的移动速度。

（4）灵活性切换。

切换程序应能支持同一小区内切换、不同基站之间切换或者不同网络之间切换。

（5）最小附加信令、尽可能小的系统开销和无线测量负荷。

5.6.2　越区切换涉及的问题

越区切换所涉及的问题有很多，包括：切换的判定依据、切换的判定原则、切换的控制方式、越区切换时信道的分配等，我们将具体地进行讨论。

1．切换判决依据及条件

在移动通信系统中，我们一般可根据射频信号强度、载干比、移动台到基站的相对位置来作为判断切换与否的条件和依据。

（1）依射频信号强度判决

射频信号强度（基站接收到的手机信号强度）直接反映了语音传输质量的好坏，基站语音信道接收机连续对其进行测量，控制单元将测量值与门限值比较，根据比较结果向交换机发出切换请求。

（2）依接收信号载干比判决

载干比是接收机接收到的载波信号与干扰信号的比值，反映了移动通信的通话质量，当接收机接收到的载干比小于规定的门限值时，系统就将启动请求切换过程。

（3）依移动台到基站的距离判决

一般而言，切换是由于移动台移动到相邻小区的覆盖范围内，因此可根据其与基站及小区的距离作出是否要进行切换的判决。当距离大于规定值时，则发出切换请求。

上述 3 种判决条件中，满足其中任一条件都将启动切换过程。但在实际应用中，由于在通话过程中测量接收信号载干比有一定困难，而用距离判决时，测量精度有时很难保证。因此，大多数的移动通信系统均使用射频信号强度作为判决切换与否的基准。

2．越区切换的准则

当具备切换的条件和依据时，是否需要切换，还应有一定的判定准则。假定移动台从基站 1 向基站 2 运动，其信号强度的变化如图 5-45 所示。判定何时需要越区切换的准则如下。

（1）相对信号强度准则（准则 1）：在任何时间都选择具有最强接收信号的基站。如图 5-45 中的 A 处将要发生越区切换。这种准则的缺点是：在原基站的信号强度仍满足要求的情况下，会引发太多不必要的越区切换。

（2）具有门限规定的相对信号强度准则（准则 2）：仅允许移动用户在当前基站的信号足够弱（低于某一门限），且新基站的信号强于本基站的信号情况下，才可以进行越区切换。如图 5-45 所示，在门限为 *Th*2 时，在 B 点将会发生越区切换。在该方法中门限选择有重要作用。

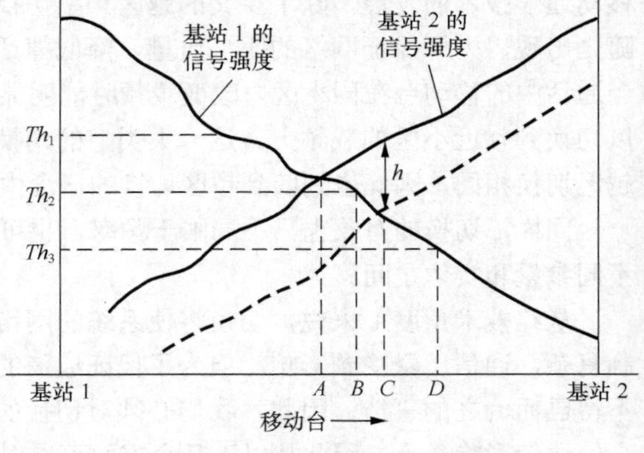

图 5-45　越区切换准则示意图

（3）具有滞后余量的相对信号强度准则（准则 3）：仅允许移动用户在新基站的信号强度比原基站信号强度强很多(即大于滞后余量(Hysteresis Margin))的情况下进行越区切换。

（4）具有滞后余量和门限规定的相对信号强度准则（准则 4）：仅允许移动用户在当前基站的信号电平低于规定门限并且新基站的信号强度高于当前基站一个给定滞后余量时进行越区切换。

（5）有滞后时间的相对信号强度准则

在这种方式中，当某个相邻小区基站的信号强度比当前小区基站的信号强度高，而且在此后的一段时间里都保持比当前基站的信号强度高，此时才开始切换。此方式降低了频繁的切换次数。若以切换次数和切换时延为标准设计切换方案，理想的切换方案要求为：尽可能少的切换次数，以减轻信令负担；尽可能短的时延，以避免切换的迟钝。

3．切换的控制方式

切换的控制方式是指：由谁来控制和完成切换。切换控制有三种主要的方式。

（1）移动终端控制的越区切换（MCHO）

在 MCHO（Mobile Controlled HandOver）方式下，移动台连续监测当前基站和几个越区时的候选基站的信号强度和质量。在满足某种越区切换准则后，移动台选择具有可用业务信道的最佳候选基站，并发送越区切换请求。欧洲 DECT 和北美 PACS 都采用这种方式。

（2）网络控制的越区切换（NCHO）

在 NCHO（Network Controlled HandOver）方式下，首先由基站检测移动台的主要参数，如标志无线链路质量的接收信号强度指标 RSSI，当它小于某个给定的值时，则向网络发出切换请求。网络命令其周围的基站将检测到的该移动台参数的结果上报、汇总到网络，网络根据汇总结果，比较、分析并选择被切换的目标小区的基站，进行切换。因此在 NCHO 中，切换的测量、实施完全由网络决定，终端完全处于被动状态。第一代移动通信系统大多采用这种方式，例如 TACS 及 AMPS 系统均采用这种切换控制策略。

（3）移动终端辅助的越区切换（MAHO）

在 MAHO（Mobile Assisted HandOver）切换中，网络要求移动台测量其周围基站的信号质量并把结果报告给旧基站，网络根据测试结果决定何时进行越区切换以及切换到哪一个基站。因此 MAHO 在切换过程中移动台和网络同时参与切换，移动台负责测量，网络负责判决。第二代移动通信系统大多采用这种方式，例如 GSM 及 IS-95 系统均采用这种切换控制策略。

4．越区切换时的信道分配

越区切换时的信道分配是解决当呼叫要转换到新小区时，新小区如何分配信道，使得越区切换失败的概率尽量小。常用的做法是在每个小区预留部分信道专门用于越区切换。这种做法的特点是：因新呼叫使可用的信道数减少，增加了呼损率，但减少了通话被中断的概率，从而符合人们的使用习惯。

5.6.3 越区切换的类型

1．硬切换

硬切换是指移动台在切换前后的载频不同的切换，一般是不同频率的基站或扇区之间的切换。在切换过程中，移动台在同一时刻只占用一个无线信道，它必须在一个指定时间内，先中断与原载频的联系，然后调谐到新的频率上，再在新的载频上建立和目标基站的通信，在切换过程中可能会发生通信短时中断。称为：“先断后通”，如图 5-46（a）所示。硬切换的一个主要优点是在同一时刻，移动台只占用一个无线信道；硬切换的缺点是通信过程会出现短时的传输中断，因此硬切换在一定程度上会影响通话质量。而且如果在中断时间内受到干扰或切换参数设置不合理等因素的影响，会导致切换失败，引起掉话。当硬切换区域面积狭窄时，还会出现新基站与原基站之间来回切换的“乒乓效应”，影响业务信道的传输。硬切换主要用于 GSM 系统中。

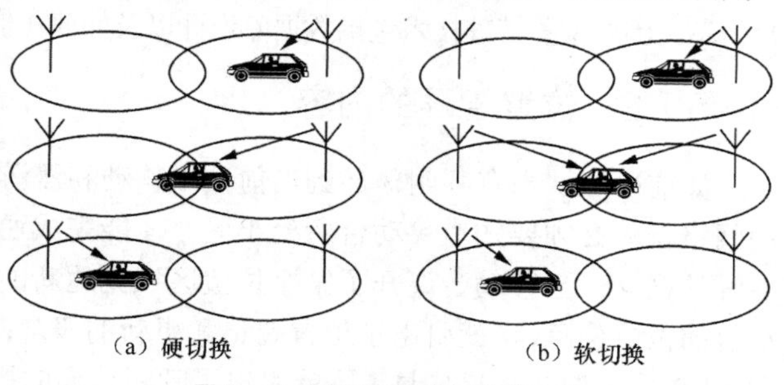

图 5-46 硬切换和软切换的比较

2．软切换

是指在 CDMA 移动通信系统中，导频信道的频率相同时小区之间的切换。在切换过程中，移动用户与原基站和目标基站同时保持通信链路，只有当移动台在目标基站的小区建立稳定的通信后，才断开与原基站的链路，俗称“先通后断”，如图 5-46（b）所示。其特点是可提高切换的可靠性，减小切换掉话率。

5.7 位置管理

5.7.1 位置管理的概念

在固定通信系统中呼叫一个固定电话用户，只需要知道它的电话号码就能建立链接，因为电话号码和用户的地址是紧密的一一对应的。而在移动电话网内，由于携带着移动终端用户的可移动性，用户只有固定的号码，而没有一个固定的位置，用户可以在整个移动网络中移动和漫游，其位置不固定在网络的某一点（基站区），因而用户可以在网络的任意一点（基站）自动地接入网络，因此，呼叫一个移动用户，建立连接路由，必须首先知道它的位置，既定位。为了使用户能及时地主、被叫，尤其是用户被叫时，把数据或语音信息快速、准确地传送给被叫用户，移动网络必须时刻有效地跟踪用户，掌握用户的位置信息，从而精确定位用户所处的小区。所以网络确切掌握处于移动和漫游状态下移动台的位置信息是非常重要的，而如何能确切掌握移动用户的最新位置信息，这就要求移动通信网络必须拥有一个移动性位置管理机制，这就是本节所讨论的内容，即位置管理。

蜂窝移动通信系统能提供四大类移动网络功能。（1）支持通信业务的网络功能。这也是最基本的功能，它支持系统的基本业务和补充业务，保证系统用户间通信的建立。（2）移动性管理功能。这项功能支持处理由于用户的移动性带来的一系列问题。（3）安全性管理功能。这项功能支持移动用户的鉴权、识别以及用户数据、信令数据的保密等安全措施。（4）支持呼叫处理的附加功能。包括呼叫重建、排队、非连续接入。四大功能相辅相成，缺一不可，而位置管理则是第二项移动性管理功能中最主要的内容，用户的移动性和移动自主管理是移动通信系统的基础。移动网的移动性管理包括三个方面的任务：位置管理、切换和漫游。其中位置管理是移动性管理的基础，其主要任务就是跟踪用户，明确用户当前所在的位置。位置管理也是所有蜂窝移动通信系统的通用概念。

如何能实现用户的位置管理功能，底层信令及相关的协议必不可少，在5.5节的图5-40中，L3层以上的MM就是有关移动管理的信令及协议，同时也需要相关的数据库作为支撑。在第二代以后的移动通信系统中，位置管理都涉及了两类重要的数据库：即原籍（归属）位置寄存器（HLR）和访问位置寄存器（VLR）。其中HLR存储在其网络内注册的所有用户的信息，包括用户预定的业务、记费信息、位置信息等；由于一个位置区由一定数量的蜂窝小区组成，所以VLR管理该网络中若干位置区内的移动用户信息。因此位置管理技术包括数据库设计以及如何在信令网络的各部分传递信令消息。

5.7.2 位置管理的内容

如前所述，当有呼叫传递到当前处于移动和漫游状态且处于开机、空闲状态的移动台时，移动网络首先必须要知道移动台所处小区，才能完成通信过程，为了确定小区，就引出了位置区与寻呼的概念；当移动台离开了某个位置区域到达新的位置区域以后，为了使网络还能及时跟踪移动台的位置信息，这就引出了位置登记和更新的概念；上述的几个过程需要从位置管理数据库HLR和VLR中索取和传递信息，这就引出了呼叫传递的概念。同时网络还需要知道用户移动台的状态（忙、闲；开、关机）信息。

以上就是位置管理中涉及的几个概念，包括：位置区、位置登记和位置更新、寻呼、呼叫传递、位置更新策略等。

1．位置区和寻呼

在移动通信系统中，从逻辑上将覆盖区域分解为若干位置区LA（Location Area），而位置区则是网络为确定用户的位置，进行登记更新的最小区域，即用户在位置区之间移动时需要进行登记和更新，而在位置区内部移动时，则不需要登记和更新。一个位置区由若干个基站区构成，这一点就表明：网络在与移动台通信之前只能确切地知道移动台所处于的位置区，而不是小区（基站区），当一个呼叫要想到达移动台时，必须使该位置区范围内的所有基站区对该移动台进行寻呼，移动台在某一基站区回应后，网络才能精确定位该移动台处于哪个基站区，从而将信息传递到该移动台所在的基站，完成通信。因此寻呼解决的问题是如何有效地确定移动台当前处于哪一个小区。这里有一个疑问，为什么不把小区当做位置区呢？这样不就可以直接定位移动台，从而减少寻呼这一环节了吗？答案如下：若移动台频繁地大范围移动时，且小区面积较小时，势必频繁地出入不同的小区，当以小区作为位置区时，移动台也就必然要进行频繁的位置登记和更新，而登记和更新需要网络及信令支撑，这就导致网络和信令的负荷和处理开销的加大，这对一个具有海量用户数的移动网络来说是无法承受的，因此以基站区作为位置区断不可取！相反，位置区也不能太大，否则，造成无线资源浪费，因为除了移动台所处的基站，位置区里的其他基站对移动台的寻呼都是无效的，因此当位置区过大，即小区数增加，无效寻呼的基站数就会增加，从而同样也造成无线资源浪费和紧张。因此，为了平衡上述矛盾，综合考虑，移动通信系统的位置区由若干个小区构成，如图 5-47 所示。

位置区有统一的标识，该标识由移动网络发布，同一位置区的不同基站由同一位置区标识，当移动台进入到某位置区的某一基站时，它将收到由该基站在相关无线信道上下发的该位置区标识，这样，移动台通过与原位置区标识比较，就可以判断其是否进入了新的位置区，以便于向网络发送位置更新的请求。

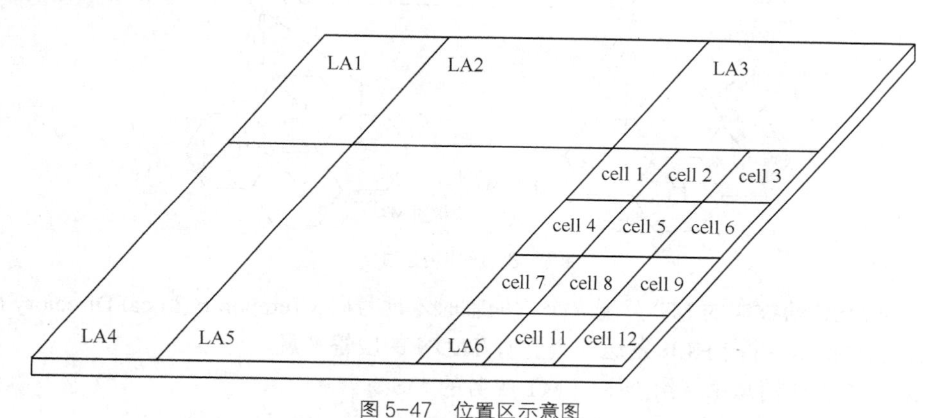

图 5-47 位置区示意图

2. 位置登记和位置更新

位置登记是在移动台的实时位置信息已知的情况下，更新位置数据库（HLR 和 VLR）数据和认证移动台；位置更新解决的问题是移动台如何发现位置变化及何时报告它的当前位置。因此一般将位置登记和位置更新合二为一统称为位置更新。

位置登记和更新的过程我们可以通过一个例子加以说明：假设 20 世纪 80 年代人们的出行，某人出差到某地，要呆一段时间，住进了一个旅馆 A，在前台登记簿相当于 “VLR” 登记，包括房间号、房间的固定电话号码分机，同时也记录着他个人身份及户籍等信息，这相当于“位置登记”。他需要向他的家人报告他所住 A 旅馆的信息，包括 A 旅馆名称、房间号、房间的电话分机号码，这也相当于“位置登记”，因此旅馆的登记簿相当于“VLR”；他给他的家人发送的相关信息，家人记录了这些信息，这相当于数据库“HLR”。当他的朋友要和他联系时，就可以去他家（HLR）询问他当前的位置信息（VLR），然后打电话到 A 旅馆的前台，再由旅馆总机转到他的房间和他通信，以上诸多过程相当于“呼叫传递”。因某种原因当这人离开了 A 旅馆，转移到另一个城市的 B 旅馆后，在 B 前台登记簿相当于新“VLR”登记，包括房间号、房间的电话号码分机，同时也记录着他个人身份及户籍等信息，这相当于“位置登记”；他也需要向他的家人报告他所住的 B 旅馆名称、房间号、房间的电话号码分机等信息，他的家人记录了 B 旅馆这些信息，就自然地删除掉了原 A 旅馆的信息，这就相当于“位置更新”。当他的朋友又要和他联系时，就可以去他家（HLR）询问他当前的位置信息即 B 旅馆的相关信息，以后过程同上。注意：为了单纯说明，位置登记和更新、呼叫传递和相关数据库的概念，我们这里忽略了寻呼这个环节。

图 5-48 说明了一个处于漫游状态下且开机空闲的移动台被呼叫的传递过程。

（1）主叫 MT（移动台）通过基站向其 MSC 发出呼叫初始化信号。

（2）MSC 通过地址翻译过程确定被呼 MT 的 HLR 地址，并向该 HLR 发送位置请求消息。

（3）HLR 确定出为被叫 MT 服务的 VLR，并向该 VLR 发送路由请求消息；该 VLR 将该消息中转给为被叫 MT 服务的 MSC。

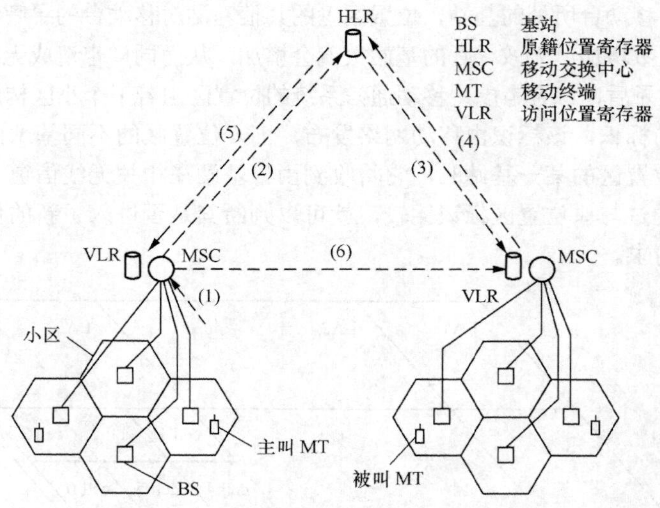

图 5-48 呼叫传递过程

（4）被叫 MSC 给被叫的 MT 分配一个称为临时本地号码（Temporary Local Directory Number，TLDN）的临时标识，并向 HLR 发送一个含有 TLDN 的应答消息。

（5）HLR 将上述消息中转给为主叫 MT 服务的 MSC。

（6）主叫 MSC 根据上述信息便可通过 SS7 网络向被叫 MSC 请求呼叫建立。

下面步骤还需要在被呼移动台所属的位置区对被呼叫移动台进行寻呼，当定位了被呼移动台的基站后，网络就可建立一个从主叫的移动台到处于漫游状态的被叫移动台的链接。

具体的位置更新流程参看第 6 章的 6.4.1 小节。

3．位置区边界的划分策略

位置管理是基于移动台所在的网络拓扑位置触发位置更新，有明确固定的位置区划分和边界，当移动终端跨越位置区边界时执行位置更新，这就是前述的位置更新的方式。这种位置更新方式，由于位置区大小固定，位置区拓扑结构和更新判断相对简单，其实现起来也很容易，当前的 2G 和 3G 系统均采用此更新策略。但其缺点也是很明显的：其一，位置区边界处的蜂窝小区承担了 LA 的全部位置更新信令，而位置区内部的蜂窝则没有承担任何位置更新信令，信令负荷不均匀；其二，当移动台在固定的位置区边界移动时，例如图 5-49 中的白色箭头所示，（图中灰色和黑色蜂窝分属两个不同的位置区），导致出现频繁反复更新的情况，即“乒乓更新”效应，这类位置更新占到位置更新总量的 1/5。因此人们提出了合并位置区和多层位置区的概念。

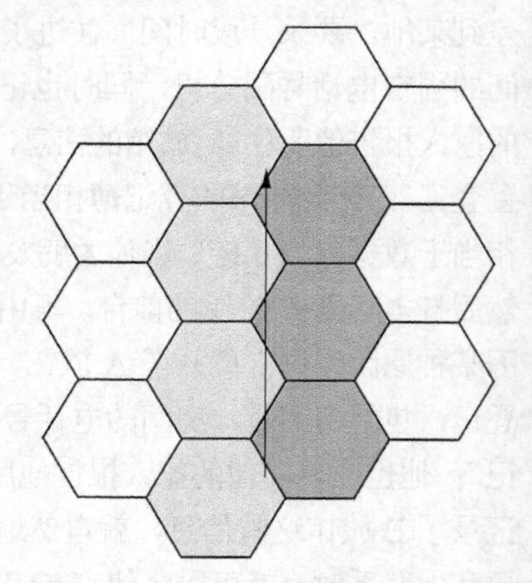

图 5-49 “乒乓位置更新”示意图

所谓合并位置区方案顾名思义是将两个或三个位置区合并为一个位置区的方案，可以有效地减小“乒乓更新”效应；多层位置区方案是通过增加一个或两个虚拟层的方法来降低位置更新的成本和代价。

4．位置更新策略

为了实现在各种情况下对移动台的跟踪和管理，除了基于网络拓扑位置区的静态位置管理之外，还有基于移动终端的移动性及呼叫模式来动态地确定是否进行位置更新的动态位置更新等，我们一并进行总结。

（1）基于时间的位置更新策略

每个用户每隔 ΔTs 周期性地更新其位置。ΔT 的确定可由系统根据呼叫到达间隔的概率分布动态确定。

（2）基于运动的位置更新策略

以移动台跨越预定小区边界的次数（运动门限）作为更新的依据来进行位置更新。

（3）基于距离的位置更新策略

当移动台离开上次位置更新后所在小区的距离超过一定的值（距离门限）时，移动台进行一次位置更新。最佳距离门限的确定取决于各个移动台的运动方式和呼叫到达参数。

另外，移动台正常开机时，将其开机状态通过无线信道告知网络，这称为“附着（attach）”；当移动台正常关机时，将其关机状态通过无线信道告知网络，这称为“分离（detach）”。这也属于位置更新的概念范畴。比如当呼叫一个处于关机状态的移动台时，网络就可以直接拒绝这个呼叫，从而可以避免不必要的资源浪费。

小　结

本章讨论了移动通信的诸多技术，包括：多址技术、信道共用技术、组网技术、移动管理技术等，它们是无线通信系统中除了调制解调、抗衰落、语音编码技术之外的其他重要的技术，这些技术全部涉及无线接口；同时还讨论了无线蜂窝通信系统的组网方式和信令的概念。

在多址技术中，对占用信道的方式和占用信道的规则进行了详细的讨论，多址技术包括：FDMA、TDMA、CDMA、SDMA、OFDMA，及其组合形式；多址技术占用信道的规则主要是随机多址方式下的 ALOHA 形式，以及由其引申出来的方式。在多址技术中还讨论了：多信道共用方式下的话务量定量分析计算、多信道共用方式下用户对空闲信道的占用方式。在蜂窝小区覆盖技术的讨论中，本部分涵盖了蜂窝小区制移动通信的地面组网的相关概念，包括：小区形状的选取、区群的构成、小区制干扰的种类及抑制、覆盖的形式、小区内的信道配置方式等诸多问题。对移动通信系统网络结构，从不同的角度对移动通信系统的网络构成进行了讨论和分析，包括：从逻辑结构和拓扑结构的角度、从网络分层的角度，以及蜂窝网络的发展趋势。在移动通信的信令讨论中，对移动通信的信令的概念、作用、类型、接口协议进行了较为详细的讨论，本部分是依照 GSM 系统的信令模式为蓝本进行讨论的。在移动通信管理的讨论中，对蜂窝移动通信所特有的越区切换和位置管理的相关概念和原理进行了深入的讨论，使读者对蜂窝移动通信的移动性管理机制和方式有了一个认识。

思考题与习题

1．组网技术包括哪些问题？主要涉及的是无线通信系统的哪个环节？

2．多址技术的内涵是什么？综述无线通信所涉及的多址技术。

3．若语音编码速率相同，采用 FDMA 方式，问 FDD 方式和 TDD 方式需要的系统带宽有何差别？

4．在 TDMA 系统中，对每帧中时隙（突发结构）的设计应考虑什么问题？上行链路的帧结构和下行链路的帧结构有何区别？

5．说明空闲信道的选取方式及各自的优缺点。

6．PLMN 和 PSTN 各采用了什么信道使用方式？为什么？

7．蜂窝网某个基站的覆盖区，经统计每个用户每天平均呼叫 3 次，每次呼叫平均占用信道时间为 180s，取集中系数为 10%：

（1）计算该覆盖区中每用户的忙时话务量 α？

（2）若系统的呼损率为 5%，且基站只有 3 条信道可用，计算该基站能容纳的用户？

（3）若系统的呼损率为 5%，该区域用户数为 420 个，则应给基站配置多少条信道？

8．设某基站有 6 个无线业务信道，移动用户的忙时话务量为 0.01Erl，要求呼损率 $B=0.1$。问：

（1）若采用专用信道方式，能容纳几个用户？

（2）若采用 2 信道共用方式，能容纳几个用户？

（3）若采用多信道共用方式，能容纳几个用户？

（4）比较以上三种情况下单位信道上能容纳用户量的大小？

9．说明 CSMA 多址协议与 ALOHA 多址协议的关系。

10．为什么说在理想情况 OFDMA 多址方式下无多址干扰？

11．说明 ALOHA 多址方式与七大多址方式的区别和关系。

12．为什么说最佳的小区形状是正六边形？何谓“区群”？组成区群应满足的什么条件？

13．为什么小区分裂可以增加系统容量？

14．移动通信系统，无线区半径为 15km，双工通信方式工作，若要求射频防护比为 18dB，当只考虑来自一个小区基站的干扰时，试求共道再用距离为多大？该网区群应如何组成？试画出区群构成图、群内各小区的信道配置以及相邻同信道小区的分布图。

15．什么叫中心激励？什么叫顶点激励？采用顶点激励方式有什么好处？两者在信道配置上有何不同？

16．说明蜂窝移动通信系统网络分层的方式及其未来的发展趋势。

17．画出 GSM 系统空中接口信令协议模型。

18．信令系统对蜂窝通信的意义何在？

19．7 号信令协议体系包括哪些协议？

20．什么叫越区切换？越区切换包括哪些主要问题？

21．说明切换判决的条件和依据。

22．说明“乒乓切换”的概念和产生的原因。

23．蜂窝系统的位置更新的作用是什么？如何实现位置更新？

24．为什么不以基站区为位置区来设置？

25．说明“乒乓位置更新”的概念和产生的原因。

26．说明动态位置更新的种类和方式。

第6章 GSM蜂窝通信系统

本章讨论第二代蜂窝移动通信系统的典型代表——GSM，包括系统架构、系统设备、无线接口、业务功能、系统控制与管理等，最后，我们将讨论 GSM 的演进——GPRS。

6.1 GSM系统概述

6.1.1 GSM 产生的背景

到目前为止，除了 GSM 系统之外，还没有任何一个数字蜂窝移动通信系统，对人们的生活产生如此大的影响，无论是用户的数量，还是技术的成熟，无论是对人类文明程度的提升还是对社会的进步。在今天的中国，手机已是每个人每天必备的不可或缺的生活用品，而 GSM 系统则对此作出了非凡的贡献。

GSM 系统源自于欧洲。在 20 世纪 80 年代初期，5～6 种模拟蜂窝移动制式投入到通信市场，形成了各自为主、四分五裂的格局。用户的汽车虽然可以在各国高速公路之间畅行，但汽车电话却没那么畅通，显然，这种多制式的各自为政的局面对蜂窝移动通信技术、市场等方面的发展形成了强大的桎梏，面对这样的现状，北欧四国（瑞典、芬兰、丹麦、挪威）向欧洲邮电行政大会（Conference Europe of Post and Telecommunications，CEPT）提交了一份建议书，要求制定 900MHz 频段的欧洲公共电信业务规范，建立全欧统一的蜂窝网移动通信系统，以解决欧洲各国由于采用多种不同模拟蜂窝系统造成的互不兼容，无法提供漫游服务的问题。1982 年，CEPT 成立了了欧洲移动通信特别小组，简称 GSM（Group Special Mobile），开始制定使用于泛欧各国的统一的数字移动通信系统技术规范。经过 6 年的争论、研究、实验和比较，18 个欧洲国家达成 GSM 谅解备忘录，于 1988 年颁布了包括采用以 TDMA 技术为主要框架的技术规范、协议及标准，并制定出了实施规划。从 1990 年开始，这个系统在德国、英国和北欧许多国家投入了试运行，到 1993 年中期，在市场和技术方面已取得了相当大的成功，因此，GSM 不仅吸引了全世界移动通信领域的目光，而且也成为了未来全球移动通信系统发展的基础和标杆，因此人们后来也将它的称谓改变成了现在的 GSM（Global System for Mobile communications）。

和欧洲不同，美国从一开始就有了一个统一制式的模拟移动网 AMPS（Advanced Mobile Phone Service），因此美国 FCC（Federal Communications Commission）在发展数字移动通信的目标上是着眼于增加容量和数/模兼容上，即尽可能利用原有的模拟网的投资和覆盖，对某些用户密度高的城市采用数字技术增加容量。其数字蜂窝移动系统名称为 D-AMPS，即 AMPS 的数字版本，它也是采用了以 TDMA 技术为基础的模式，其规范标准起初为 IS-54，在 1996 年被 IS-136 取代，于 1991 年颁布。日本发展的 TDMA 数字蜂窝移动体制为 JDC。

6.1.2 GSM 的特点

GSM 是上世纪数字蜂窝移动通信发展过程中，标准制定最为完善，兼容方式最为灵活，接口开放最为彻底，系统运行最为稳定，市场运营最为成功的系统。其特点主要表现在以下几个方面。

1．频谱效率较高、抗干扰能力强

采用了恒包络的 GMSK 调制方案、信道编码、交织、均衡和语音编码等数字传输技术，使 GSM 系统具有高频谱效率、抗干扰能力较强、在覆盖区域内通信质量好的特征。

2．系统容量较高

由于采用了先进的语音编码技术，使同频复用载干比要求降低到 9dB，因而共道再用因子 α 减小，再加上半速率语音编码的使用和自动话务分配以减少越区切换的次数，使 GSM 系统的容量比模拟系统高 2～3 倍。

3．GSM 系统具有高效性和灵活性

GSM 系统具有灵活方便的网络结构，使频率再用率高，移动交换机的话务处理能力强，能满足用户对大容量、高密度业务的要求。

4．开放型接口

GSM 标准所提供的开放性接口，不仅限于空中接口，而且包括不同网络之间，以及同一网络中各设备实体之间，能实现与 ISDN、PSTN 及其他的 PLMN 系统的互联。

5．安全性高

通过鉴权、加密和 TMSI 号码的使用等手段，使空中接口非常安全，开启了空中接口安全性方案标准的先河，这在模拟系统中是没有的。

6．实现自动漫游

GSM 系统首创了 SIM 卡技术标准。移动通信实现了人与固定终端的分离，而 SIM 实现了人与终端的分离，实现一卡打遍天下，这是个革命性的举措，这种终端模式对后续的移动通信终端的发展产生了深远的影响，不仅实现了跨区自动漫游；还实现了跨国自动漫游，即相互签署了漫游协议的 GSM 运营商其用户可进入对方的 GSM 系统而与国别无关。这种通信方式就是未来“个人通信”的雏形。

7．先进的 GSM 终端

GSM 用户终端设备——手机和车载台采用超大规模集成电路（VLSI）和数字信号处理器（DSP），以及功能强大的操作系统，使其具有体积小、重量轻、功能全面、操作便捷的特性。

6.1.3 GSM 系统业务功能

GSM 是一种多业务系统，可以依照用户需要为其提供各种形式的通信。GSM 系统提供的业务分为：电信业务和承载业务。这两种业务是独立的通信业务，其差别在于用户接入点的不同，见图 6-1。

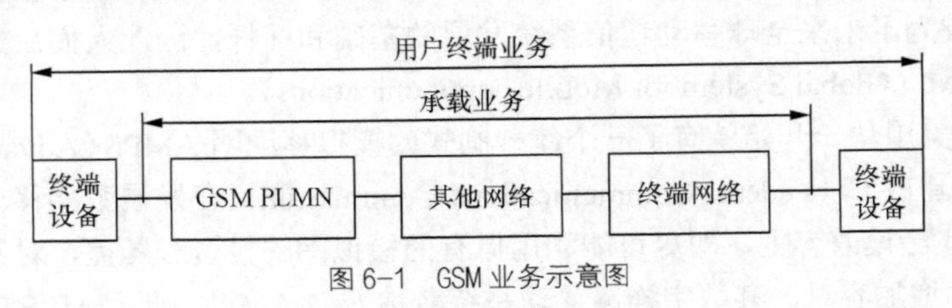

图 6-1 GSM 业务示意图

电信业务分为基本电信业务和补充业务，基本电话业务包括：语音传输、短消息业务、可视图文接入、传真等；补充业务包括：号码识别类、呼叫完成类、多方通信类、集团类、计费类、附加信息传输类、呼叫限制类等。

承载业务提供接入点（ISDN 协议中称为用户-网络间接口）之间传输信号的能力。GSM 一开始便考虑了兼容多种在 ISDN 中定义的承载业务，以满足 GSM 移动用户对数据通信的需要。GSM 设计的承载业务不仅使移动用户之间能完成数据通信，更重要的是能为移动用户与 PSTN 或 ISDN 用户之间提供数据通信服务，同时还能使 GSM 移动通信网与其他公共电信网实现互通。

6.2 GSM 系统结构

本节讨论 GSM 系统的组成、网络接口、区域划分及号码种类。

6.2.1 GSM 系统组成

这部分介绍 GSM 系统的一般结构及相关的基本功能，建立对 GSM 系统的总体概念。GSM 蜂窝系统分为移动台（Mobile Station，MS）、基站子系统（Base Station Subsystem，BSS）、网络子系统（Network Switching Subsystem，NSS）。GSM 的蜂窝系统结构如图 5-36 所示。

1．移动台（MS）

对用户而言，直接感知和体会移动通信的就是移动台（手机），它也是整个系统唯一由用户所直接使用的设备。除了手机之外，移动台是一个大家族，还包括车载台、GSM 便携台等。移动台的主要功能虽然表现在通信方面，但其物理性能也是很重要的，例如，体积、电池、操作的便捷性、智能型、外观、各种外设的接口等。MS 组成如图 6-2 所示。

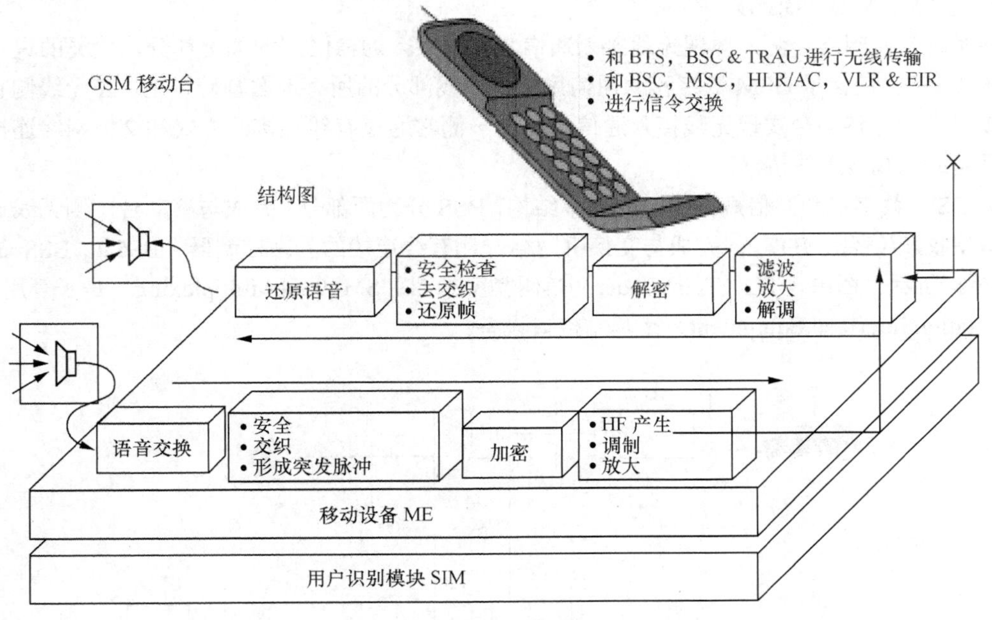

图 6-2 MS 的构成

（1）ME

移动设备（ME）是用户所使用的手机，用来接入到系统，其信号具体流程见 6.3.3 小节。每部移动设备都有一个唯一的对应于它的永久性识别号，该识别号称为国际移动设备识别号（International Mobile Equipment，Identity，IMEI）。对于不同类型的移动台，其最大输出功率也不同，如表 6-1 所示。

表 6-1　　移动台功率分级

功率级	功率输出
1	20W（已不用）
2	8W
3	5W
4	2W
5	0.8W

（2）SIM

在 GSM 系统中，移动台作为一个物理设备与用户是相互独立的，这就体现在移动台的另外一个重要组成部分——用户识别模块（SIM），亦称 SIM 卡。SIM 是一张符合 ISO（开放系统互连）标准的“智慧”磁卡，其中包含与用户有关的无线接口的信息，也包括鉴权和加密的信息。即：

用户固定数据	网络临时数据	业务相关数据
IMSI	TMSI	使用的语言
Ki	LAI	话费数据
接入控制级	Kc	
安全算法	禁止的 PLMN	

使用 GSM 标准的移动台都需要插入 SIM 卡，只有当处理异常的紧急呼叫时，才可以在不用 SIM 卡的情况下操作移动台。

2．基站子系统（BSS）

该系统是在网络一侧，体现无线接入通信与有线接入通信区别的关键部分，广义的说，基站分系统（BSS）包含了 GSM 数字移动通信系统中无线部分的所有地面基础设施。在无线侧它通过无线接口直接与移动台实现无线接入通信；在另一侧它通过有线连接的方式和交换网络连接，因此它是完成无线接入的桥梁。

按 GSM 数字移动通信规范提出的基本结构，BSS 分为两部分：完成与移动台一侧无线通信功能的基站收发/信台（BTS）；完成与交换机网络一侧有线连接的基站控制器（BSC）。BSS 的结构如图 6-3 所示。图中，TC（TransCoder）是码型变换器；SM（SubMultiplexing）是子复用；BIE（Base station Interface Equipment）是基站接口设备。

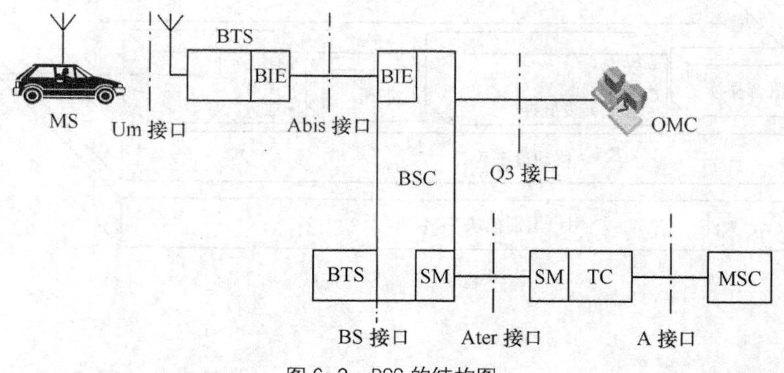

图 6-3　BSS 的结构图

（1）BSC

具有对若干个BTS进行控制的功能，位于MSC与BTS之间，见图5-36。是基站子系统（BSS）的控制和管理部分，负责完成无线网络管理、无线资源管理及无线基站的监视管理，控制移动台与BTS无线连接的建立、接续和拆除等管理，控制完成移动台的定位、切换及寻呼等功能，是个功能很强的业务控制点。BSC由BTS控制部分、交换部分和公共处理部分组成。BSC和交换网络之间的接口为A接口，而与BTS之间的接口为Abis接口。

（2）BTS

BTS包括射频部分、基带处理部分、操作控制部分、天线和无线接口有关的信号处理电路，还包括一个重要部件，称为码型转换器/速率适配器（TURN），它使GSM系统内部专用的语音编码信号和传送数据以较低的速率与有线电信传输线路中标准的64bit/sPCM相匹配。按GSM系统标准规定：为了保持BTS尽可能简单，BTS往往只包括那些提供无线接口所必需的功能，所以TURN作为BTS的一部分可以放在远离BTS的地方，大多数场合都放在BSC与交换机之间以提高BTS与BSC之间的传输效率。

3. 网络子系统（NSS）

NSS是由实现交换功能的移动交换中心（MSC）以及管理移动用户数据的功能实体构成，包括：基站子系统（BSS）、原籍位置寄存器（HLR）、访问位置寄存器（VLR）、鉴权中心（AUC）、移动设备识别寄存器（EIR）、操作维护中心（OMC）等，参见图5-36。各功能实体间以及NSS与BSS之间通过符合CCITT信令系统No.7协议规范互相通信。

（1）移动交换中心（MSC）

移动交换中心（MSC）是网络的核心，它完成最基本的交换功能，实现移动用户之间、移动用户与其他网络用户之间的通信接续。同时提供面向下列功能实体：基站子系统（BSS）、原籍位置寄存器（HLR）、访问位置寄存器（VLR）、鉴权中心（AUC）、移动设备识别寄存器（EIR）、操作维护中心（OMC）和固定网（公用电话网、综合业务数字网等）的接口。

与有线电话不同，移动用户不固定在某一特定的位置，在不确定路径的情况下，要为GSM通信网内的用户建立通信时，路由都是要先接到一个关口交换局，称为GMSC。GMSC的作用是查询用户的位置信息，并把路由转移到移动用户当前所漫游到的移动交换局，称为拜访交换中心（VMSC）。GMSC有接口与GSM网外的电信网相连接以便实现移动网络“关口”的功能，同时GMSC与GSM网内的NSS的其他功能实体之间用CCS7信令网互联。考虑到便于GSM网络运行部门对网络内移动用户计费的要求，从经济上考虑也不希望设置单独的GMSC，所以在实际中通常总是把GMSC作为GSM的一个部分，将GMSC与GSM集成在一起，从而使MSC包含了关口功能。

（2）归属位置寄存器（HLR）

归属位置寄存器简称HLR（Home Location Register）。它是GSM系统的中央数据库，存储该HLR管辖区的所有移动用户的有关数据。其中，静态数据有移动用户号码、访问能力、用户类别和补充业务等。此外，HLR还暂存移动用户漫游时的有关动态信息数据。

（3）访问位置寄存器（VLR）

访问位置寄存器简称VLR（Visitor Location Register）。它存储进入其控制区域内来访移动用户的有关数据，这些数据是从该移动用户的原籍位置寄存器获取并进行暂存的，一旦移动用户离开该VLR的控制区域，则临时存储的该移动用户的数据就会被删除。因此，VLR可看作是一个动态用户的数据库。由于VLR与MSC要进行频繁的数据交换，为了避免产生通信延迟，所以在物理实体上，VLR与MSC是放在一起的。

（4）鉴权中心（AUC）

GSM 系统在开放的空中接口采取了特别的通信安全措施，包括对移动用户鉴权，对无线链路上的语音、数据和信令信息进行保密等。实现这些功能的实体称为 AUC，因此 AUC 存贮着鉴权信息和加密密钥，AUC 是个严格保密的数据库。由于 AUC 与 HLR 要进行频繁的数据交换，为了避免产生通信延迟，所以在物理实体上，AUC 与 HLR 是放在一起的。

（5）移动设备识别寄存器（EIR）

移动设备识别寄存器（EIR）存储着移动设备的国际移动设备识别码（IMEI），通过核查白色、黑色和灰色三种清单，运营部门就可判断出移动设备是属于准许使用的，还是失窃或而不准使用的，还是由于技术故障或误操作而危及网络正常运行的 MS 设备，以确保网络内所使用移动设备的唯一性和安全性。

（6）操作维护中心（Operation and Maintenance Center，OSS）

OMC 是操作人员与系统设备之间的中介，它实现了系统的集中操作与维护，完成包括移动用户管理、移动设备管理、系统故障诊断处理、网络操作维护、话务量统计以及计费等功能。它是硬件与软件的集成综合体。GSM 系统的每一个功能单元都可以通过特有的手段连接至 OMC，以实现集中维护。OMC 由两个功能单元组成：OMC-S（操作维护中心-系统部分），用于 MSC、HLR、VLR 等 NSS 中功能单元的维护与操作及计费等；OMC-R（操作维护中心-无线部分），用于实现整个 BSS 的操作和维护。

6.2.2 GSM 网络接口

如上所述，GSM 移动通信系统包含许多功能单元，而它们之间有机的连接则是构成一个通信系统的必要因素，这种连接需要接口和协议来支持。接口是指各组成单元之间的物理上和逻辑上的链接；而协议是两个功能实体之间交换信息需要遵守的规则。GSM 系统的各个功能单元之间定义了相应的接口名称，见图 6-4。其中 NSS 内部定义了 A、B、C、D、E、F、G 接口，其传输遵循 SSC7 信令；MS 与 BSS 之间定义了无线接口，这是本章我们讨论的重点内容；BSS 与 NSS 之间定义了 A 接口；BSS 内部定义了 Abis 接口。其中 A 接口和 Um 接口具有统一和公开的标准，以便于设备生产和组网，也有利于业务的各种 ISDN 引入和功能扩展。

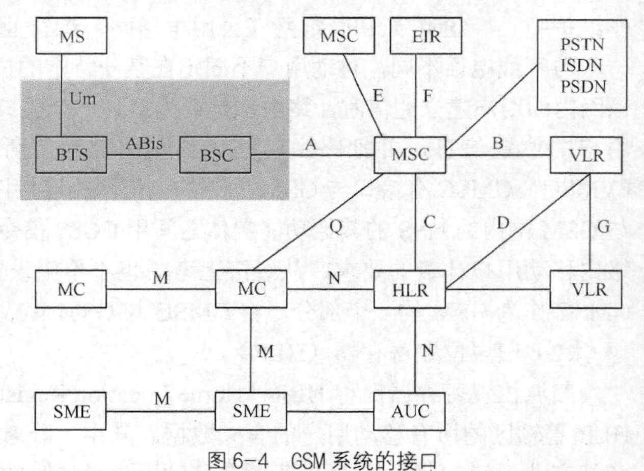

图 6-4 GSM 系统的接口

（1）Sm 接口

Sm 接口是人机接口，是用户与网络之间的接口，包括用户对移动终端进行程序操作、移动终端向用户提供的显示和信号音等。Sm 接口还包括用户识别模块（SIM）与用户终端（ME）间的接口。

（2）Um 接口（空中接口）

Um 接口（空中接口）定义为移动台（MS）与基站收发信机（BTS）之间的无线通信接口，它是 GSM 系统中最重要、技术含量最多、最复杂的接口。此接口的无线传输技术体现了移动通信技术的发展和进步，同时也是移动通信系统分代概念的依据。此接口传递的信息除了用户信息之外，还包括无线资源管理、移动性管理和接续管理等。

（3）Abis 接口

Abis 接口定义为基站子系统的基站控制器（BSC）与基站收发信机两个功能实体之间的 2Mbit/s 或 64kbit/s 的 PCM 数字传输链路来实现。此接口支持系统向移动台提供的所有服务，并支持对

BTS 无线设备的控制和无线频率的分配。

（4）A 接口

A 接口定义为网络子系统（NSS）与基站子系统（BSS）之间的通信接口。主要传递呼叫处理、移动性管理、基站管理、移动台管理等信息。

（5）B 接口

B 接口定义为移动交换中心（MSC）与访问位置寄存器（VLR）之间的内部接口，用于 MSC 向 VLR 询问有关移动台（MS）当前位置信息或者通知 VLR 有关 MS 的位置更新信息等。

（6）C 接口

C 接口定义为 MSC 与 HLR 之间的接口，用于传递路由选择和管理信息。

（7）D 接口

D 接口定义为 HLR 与 VLR 之间的接口，用于交换移动台位置和用户管理的信息，保证移动台在整个服务区内能建立和接收呼叫。

（8）E 接口

E 接口为相邻区域的不同移动交换中心之间的接口，用于移动台从一个 MSC 控制区到另一个 MSC 控制区时交换有关信息，以完成越区切换。

（9）F 接口

F 接口定义为 MSC 与移动设备识别寄存器（EIR）之间的接口，用于交换相关的管理信息。

（10）G 接口

G 接口定义为两个 VLR 之间的接口。当采用临时移动识别码（TMSI）时，此接口用于向分配 TMSI 的 VLR 询问此移动用户的国际移动用户识别码（IMSI）信息。

（11）NSS 或 BSS 与 OSS 之间的接口

此接口是基于 X.25 或 CCS7 信令网的接口，执行 TMN Q3 协议。

（12）GSM 系统与其他公用电信网接口

GSM 系统通过 MSC 与公用电信网互连，一般采用 7 号信令系统接口。

【注】: 以上接口除了 Sm 和 Um 接口之外，其余接口的物理连接方式均采用标准的 2.048 Mbit/s PCM 数字传输链路实现。

6.2.3 GSM 的区域、号码、地址与识别

1. 区域定义

GSM 系统属于小区制大容量数字移动通信网，在它的服务区内设置有很多基站，移动通信网在此服务区内，具有控制、交换功能，以实现位置更新、呼叫接续、越区切换及漫游服务等功能。在由 GSM 系统组成的移动通信网络结构中，其相应的区域定义如图 6-5 所示。

（1）服务区

服务区是指移动网内所有 MSC 区的总和，服务区可能完全覆盖一个国家或是一个国家的一部分，也可能覆盖若干个国家。

（2）PLMN 区

一个公用陆地移动通信网（PLMN）可由一个或若干个移动交换中心组成。在该区域内具有共同的编号规则和路由计划。

（3）MSC 区

MSC 区是指由一个 MSC 所控制的所有小区共同覆盖的区域的总和，由一个或若干个位置区组成。

（4）位置区

位置区是指移动台可以任意移动而不需要进行位置更新的区域，由一个或若干个小区或基站区组成。为了呼叫移动台，一般在一个位置区内的所有基站同时发送寻呼信号。

（5）基站区（小区）

由位于同一基站点的一个或若干个基站收发信台 BTS 覆盖的区域称为基站区，简称小区。

小区采用识别码或全球小区识别码进行标识与区别。GSM 小区也有大小之分：大者小区半径可达 35km，适用于农村和广阔区域；小者小区半径可降至 2km 左右，适用于城市；再小者小区半径可降到几百米，适用于城市高密度业务区。

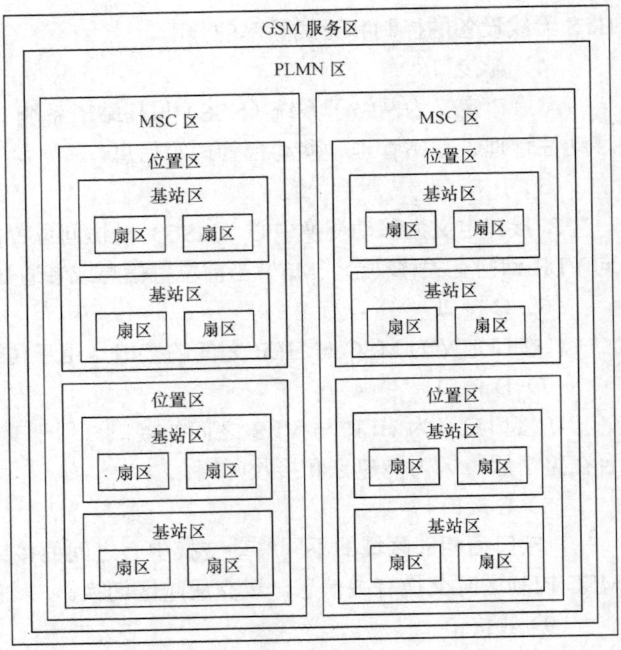

图 6-5 GSM 的区域定义示意图

（6）扇区

当基站收发信天线采用定向天线时，基站区分为若干个扇区。

2．GSM 系统的号码

GSM 是一个复杂的系统，它包括众多的功能实体，实体间、子系统间以及网络间的接口。为了将一个呼叫接续至某个用户，系统需要调用相应的实体，必然要实现正确的选址和路由，这与固定通信是不同的，固定通信只需要一个用户号码就可以完成用户的呼叫和链接。所以在 GSM 中编号计划就显得重要了。

CCITT 关于 PLMN 移动电话号码方案的 E.213 建议推荐了两种编号方案：第一种是采用与 PSTN 相一致的编号方案，即将移动电话局作为 PSTN 的一个端局处理，在我国第一代移动蜂窝网中使用的就是这样的编号方案；第二种是采用“网号”，即作为一个独立电话网的编号方案，这样 PLMN 相对于 PSTN 是完全独立的，彼此以局间中继互联。第二种方案就是我国移动运营采用的方案。按 GSM 规范，此方案要符合 CCITT E.164 建议。

下面按功能将 GSM 系统的各种编号依次做一介绍。

（1）用户号码

① 移动用户号码（MSISDN）

移动台国际 ISDN 号码（MSISDN），就是移动用户知道的手机号码，其组成格式如图 6-6 所示。

图中，国家号码（CC）：国家代号，即移动台注册登记的国家代号，中国为 86。NDC：国内地区码，每个 PLMN 有一个 NDC，由移动接入码 + HLR 识别码（H0H1H2H3）组成。移动接入码：139（8、7、6、5、4、3、2、1、0）。HLR 识别码：由运营商统一分配到各个本地网。SN：移动用户号 ABCD，由本地网自行分配。

② 移动用户漫游号码（MSRN）

当移动台漫游到一个新的服务区时，由 VLR 给它分配一个临时性的漫游号码，并通知该移动台的 HLR，用于建立通信路由。一旦该移动台离开该服务区，此漫游号码即被收回，并可分配给其他来访的移动台使用。这是网络内部使用的号码，用户自己不知道。漫游号码的组成格式与移动台国际（或国内）ISDN号码相似，最大为15位。

（2）移动用户识别码

① 国际移动用户识别码（IMSI）

在GSM系统中，每个用户均分配一个唯一的国际移动用户识别码（IMSI）。此码在所有位置（包括在漫游区）都是有效的。通常在呼叫建立和位置更新时，需要使用IMSI。

IMSI的组成如图6-7所示。

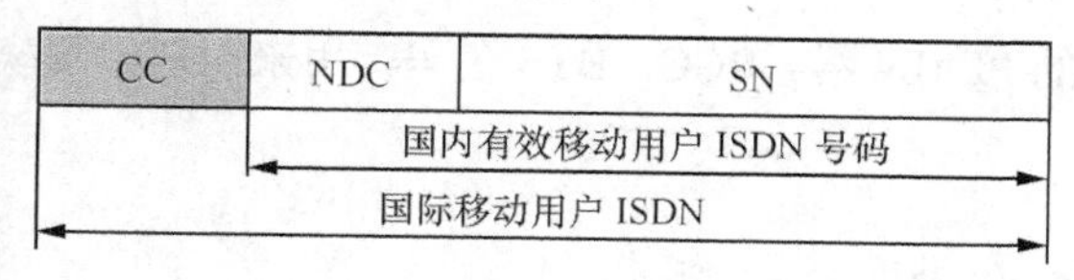

图6-6 移动台国际ISDN的格式

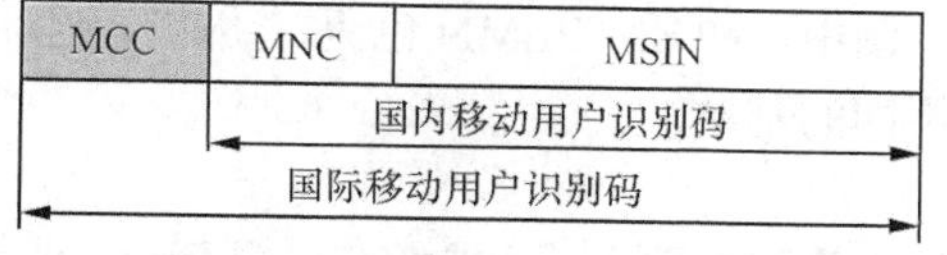

图6-7 国际移动用户识别码（IMSI）的格式

IMSI的总长不超过15位数字，每位数字仅使用十进制的数字。图中，MCC：移动用户所属国家代号，占3位数字，中国的MCC规定为460。MNC：移动网号码，最多由两位数字组成，用于识别移动用户所归属的移动通信网。MSIN：移动用户识别码，用以识别某一移动通信网（PLMN）中的移动用户。

由MNC和MSIN两部分组成国内移动用户识别码（NMSI）。

② 临时移动用户识别码（TMSI）

考虑到IMSI的安全性，GSM系统能提供安全保密措施，即空中接口无线传输的识别码采用临时移动用户识别码（TMSI）代替IMSI。两者之间可按一定的算法互相对应。TMSI是由访问位置寄存器（VLR）可给来访的移动用户分配一个4字节的BCD码，只限于在VLR管辖区内代替IMSI临时使用。这个号码用户不知道。

③ 国际移动设备识别码（IMEI）

国际移动设备识别码（IMEI）是区别移动台设备的标志，可用于监控被窃或无效的移动设备。IMEI一般标注在手机后面板上，俗称为“手机串号”。IMEI的格式如图6–8所示。

图中，TAC：型号批准码，由欧洲型号标准中心分配。FAC：由厂家编码，表示制造厂家及最后装配地。SNR：产品序号，用于区别同一个TAC和FAC中的每台移动设备。SP：备用。

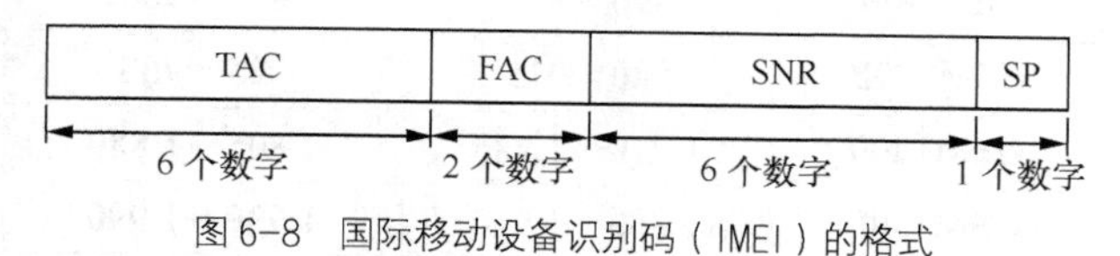

图6–8 国际移动设备识别码（IMEI）的格式

3. 位置区及基站识别码

（1）位置区识别码（LAI）

在检测位置更新和信道切换时，要使用位置区识别码（LAI）。LAI的组成格式如图6-9所示。

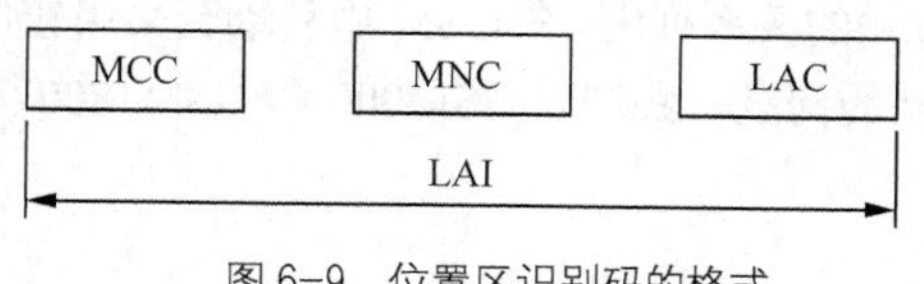

图6-9 位置区识别码的格式

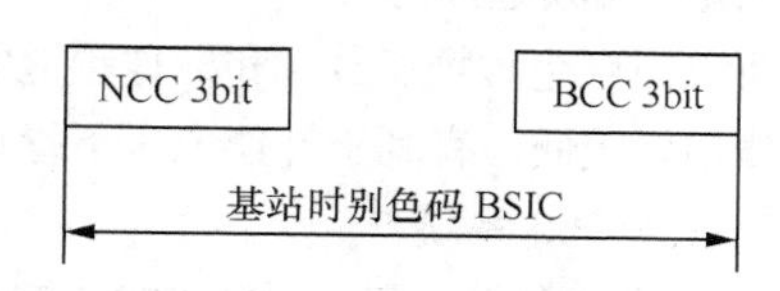

图6-10 基站识别色码（BSIC）的格式

图中，MCC、MNC与IMSI中的部分相同。

LAC：是位置区号码，与GSM系统中的位置区相对应，它是由运营部门自行划分的，但全球唯一。

（2）全球小区识别码（GCI）

GCI是在所有GSM的PLMN中用于小区的唯一标识，是由LAI再加小区识别（CI）构成。即

$$GCI= LAI + CI = MCC + MNC + LAC + CI$$

CI 为一个 2 字节的 BCD 编码，也是由各自运营商自定。

（3）基站识别色码（BSIC）

基站识别色码（BSIC）用于移动台识别相同载频的不同基站，特别用于区别在不同国家的边界地区采用相同载频且相邻的基站。这与地图对各国家用各种颜色的方法区别相似。BSIC 为一个 6 比特编码，其格式如图 6-9 所示。

图中，NCC：PLMN 色码，用来识别相邻的 PLMN 网。BCC：BTS 色码，用来识别相同载频的不同的基站。

6.3 GSM 系统无线接口（Um）及传输技术

在前节中我们看到 GSM 定义了许多接口，而真正体现移动特性的是 Um 接口。空中接口是移动通信的瓶颈，也是移动通信的焦点。所有蜂窝移动通信技术及标准的出现和制定，全部是围绕着 Um 接口进行的，可以说无线接口是移动通信领域中地位最重要、技术最复杂、关注度最高的地方。我们对蜂窝移动通信以“代”来划分的标志就是源于空中接口技术的更新换代。本节就 Um 接口所涉及的底层传输技术进行讨论。

6.3.1 GSM 无线资源分析

1. GSM 工作频段

GSM 采用 900MHz 与 1 800MHz 频段，见表 6-2。

表 6-2 GSM 系统工作频段

GSM 系统	上行频段（MHz）	下行频段（MHz）	双工带宽（MHz）	双工间隔（MHz）	频道数
GSM800	824～849	869～894	2 × 25	45	124
GSM900	890～915	935～960	2 × 25	45	124
GSM900E	880～915	925～960	2 × 35	45	274
GSM1800	1 710～1 785	1 805～1 880	2 × 75	95	374
GSM1900	1 850～1 910	1 930～1 990	2 × 60	80	299

GSM900E 为 GSM 扩展频段

2. 频率与频道序号

下面我们将绝对频点号 n 和标称频道中心频率 $f(n)$ 的关系列出。在 GSM 中移动台采用较低频段发射，传播损耗较低，有利于补偿上、下行功率不平衡的问题。我们以 GSM900 和 GSM1800 为例。

（1）GSM900 系统

上行（移动台发、基站收）890～915MHz

下行（基站发、移动台收）935～960MHz

收、发频率间隔为 45MHz。

下行频段　$f\text{l}(n) = (890 + 0.2n)\text{MHz}$

上行频段　$f\text{h}(n) = (935 + 0.2n)\text{MHz}$

n 取 1～124。其实际频段见图 6-11。

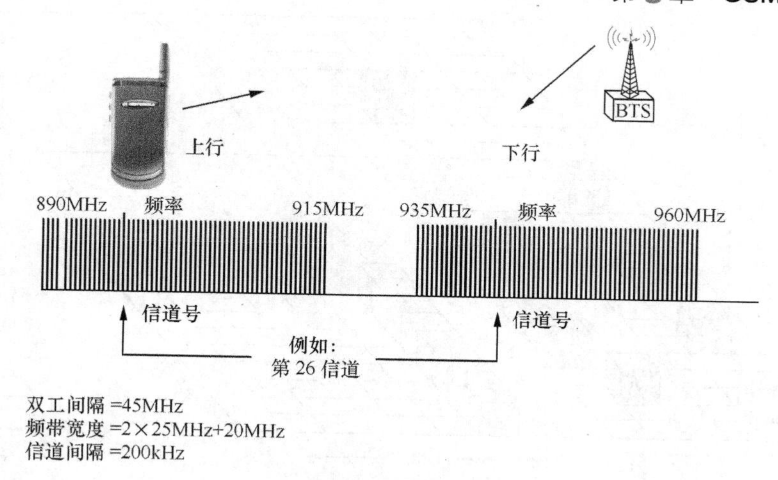

图6-11 GSM900频率使用示意图

（2）GS M1800系统

上行（移动台发、基站收）1 710～1 785MHz

下行（基站发、移动台收）1 805～1 880MHz

收、发频率间隔为95MHz。

下行频段 $fl(n) = (1\ 710 + 0.2\ n)$MHz

上行频段 $fh(n) = (1\ 805 + 0.2\ n)$MHz，$n$ 取 1～374。

3．干扰保护

（1）同频射频防卫比（C/I）

由于GSM系统采用了多种抗干扰措施，可使其同频射频防卫比 C/I 降低到9dB，在工程要加3dB的余量，故 $C/I \geqslant 12$dB。

（2）邻频干扰（C/A）

邻频干扰 C/A 是指在频率再用模式下，某小区频率的邻频对该频率的干扰。GSM规范中 $C/A \geqslant -9$dB，工程要加3dB的余量，故 $C/A \geqslant -6$dB。

（3）除了同频、邻频干扰外，当与载波偏离400kHz的频率电平远远高于载波电平时会对载波产生干扰。GSM规范中要求载波偏离400kHz时的干扰保护比 $C/I \geqslant -41$dB，工程要加3dB的余量，故 $C/I \geqslant -38$dB。

4．多址方式及信道分配

GSM系统载频间隔为200kHz。每个载频在时间上又分为8个时隙，每个时隙就是一个物理信道（全速率），这就是时分多址（TDMA）方式，由于载频也是按顺序被分割的，所以GSM的多址方式为TDMA和FDMA混合多址，即频分再时分，记为TDMA/FDMA。原理图如图6-12所示。

在GSM标准中后期可以采用半速率语音编码方式，用户信息速率减半，这样在一个时隙信道中可允许两个用户通信，从而一个信道变成两个信道，容量扩大一倍，代价是语音质量的下降。

5．载频复用和区群结构

GSM的频率规划通常采用4 × 3复用方式。对于业务量较大的地区，可采用3 × 3、1 × 3、2 × 6等复用方式，原理见5.3.5小节。无论采用哪种复用方式，GSM系统都需采用定向天线，必须满足干扰保护比的要求。

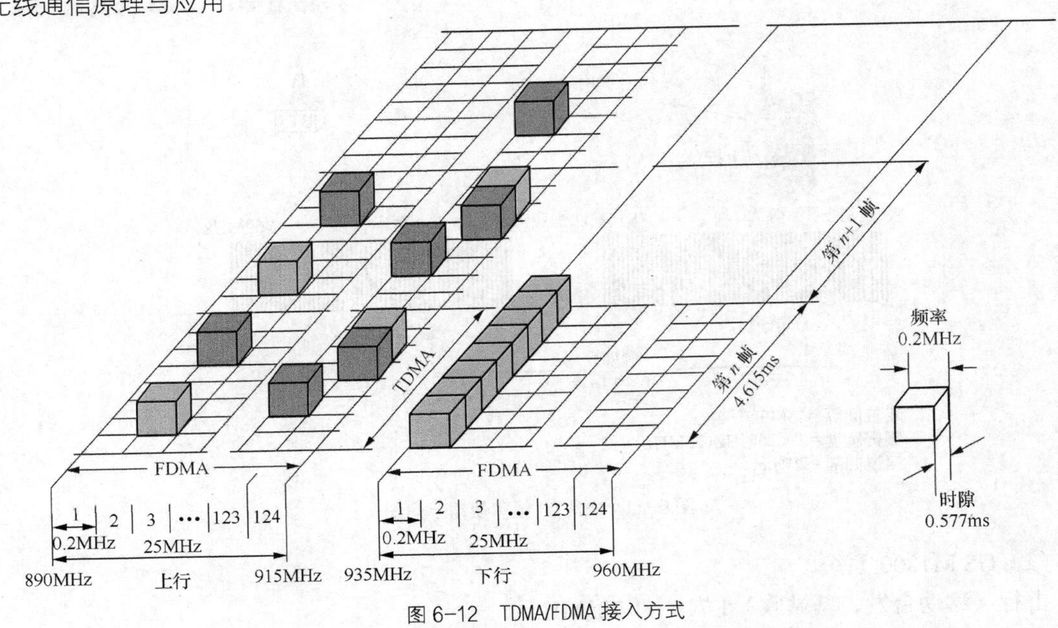

图 6-12 TDMA/FDMA 接入方式

6.3.2 GSM 无线接口 TDMA 信道及其相关概念

GSM 无线接口是系统传输信息最复杂的环节，开放的空中接口中的信道（时隙）由多个用户共同使用，如何使众多用户高效地使用信道，这就涉及 TDMA 时隙及其结构、帧结构及其排列等问题；每个用户使用或传送的信息涵盖各个方面，仅控制类的信息就包括切换、登记、信道分配等多种，如何定义，如何传输这些信息，这就是本节要解决的问题。空中接口的结构也是 GSM 实现全球漫游的最基本条件之一。

1．帧结构

图 6-13 给出了 GSM 系统空中接口 TDMA 的时隙、帧、复帧及其组合的示意图。每一个 TDMA 帧（frame）分 0～7 共 8 个时隙，帧长度为 120/26≈4.615ms。每个时隙含 156.25 个码元，占 15/26≈0.577ms。

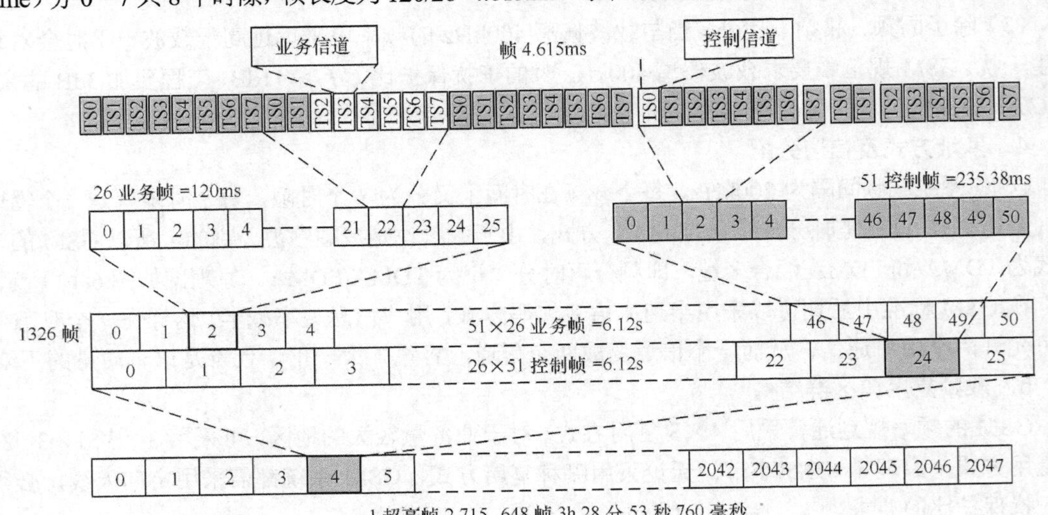

图 6-13 GSM 系统各种帧及时隙的格式

由若干个 TDMA 帧构成复帧（Multip-frame），其结构有两种：一种是由 26 帧组成的复帧，这种复帧长 120ms，主要用于业务信息的传输，也称作业务复帧；另一种是由 51 帧组成的复帧，这种复帧长 235.385ms，专用于传输控制信息，也称作控制复帧。由 51 业务复帧或 26 个控制复帧均可组成一个超帧（Super-frame），超帧的周期为 1 326 个 TDMA 帧，超帧长 51 × 26 × 4.615 × 10-3≈6.12 s。由 2 048 个超帧组成超高帧（Hyper-frame），超高帧的周期为 2 048 × 1 326 = 2 715 648 个 TDMA 帧，即 12 533.76 秒，也即 3 小时 28 分 53 秒 760 毫秒。帧的编号（FN）以超高帧为周期，从 0 到 2 715 647。

GSM 系统时间、帧、频率关系如图 6-14 所示，图中 RFC（Radio Frequency Channel）为无线频率信道。

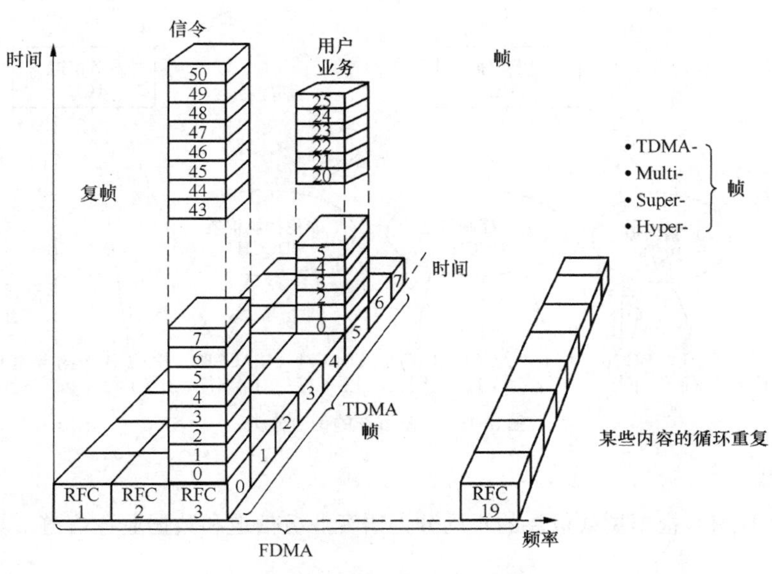

图 6-14 GSM 系统时间、帧、频率关系

GSM 系统上行传输所用的帧号和下行传输所用的帧号相同，但上行帧相对于下行帧来说，在时间上推后 3 个时隙，见图 6-15。这样安排，允许移动台在这 3 个时隙的时间内进行帧调整以及对收发信机进行调谐和转换。

2. 信道分类

（1）物理信道

正如组网一章所述，在无线接口，信息传输必须要有一个物理通道。在 GSM 系统中，这个通道就是一个 FDMA 载频上的一个 TDMA 时隙，用户就是通过这个物理通道接入网络，这就相当于固定电话通信中的电话机通过双绞线接入到网络一样。我们将这个物理通道定义为物理信道。

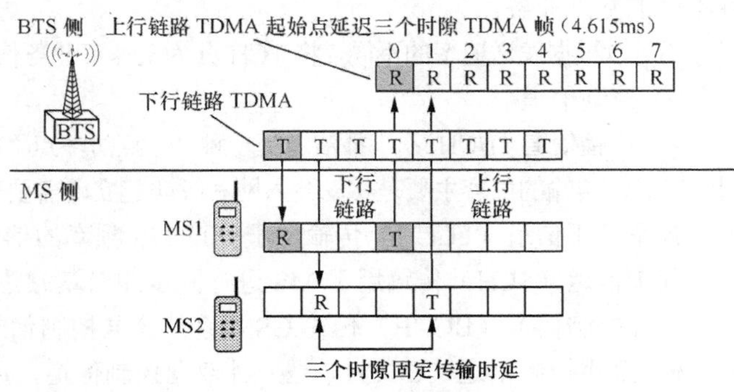

图 6-15 上行帧号和下行帧号所对应的时间关系

（2）逻辑信道

移动通信系统所传输的信息包括两大类：业务信息和各类控制信令信息。这两种类型的信息

要在物理信道上传输。因而在物理信道上要标明所传信息的类型，因此我们就将承载着不同类型信息的信道称为逻辑信道。相当于我们把楼盖好后会有若干个房间（物理信道），而将这些房间挂上不同的标牌，例如办公室、教室、洗手间以实现不同的用途（逻辑信道）的方式是一样的。

传输业务信息的逻辑信道称为业务信道（TCH），传输各类控制信息的逻辑信道称为控制信道（CCH）。控制信道又分为三大类型：广播信道（BCH）、公共控制信道（CCCH）、专用控制信道（DCCH）。而 BCH、CCCH、DCCH 每种下面又分为三种类型。具体关系见图 6-16。下面我们具体分析每一类逻辑信道的内涵。

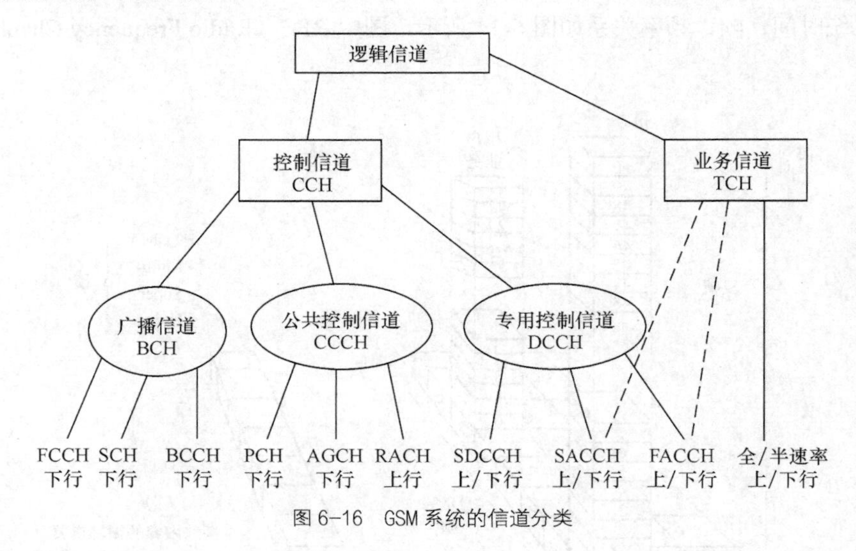

图 6-16　GSM 系统的信道分类

① 业务信道

业务信道（TCH）根据携载信息的不同分为语音业务信道和数据业务信道，其次还有少量的随路控制信令。

语音业务信道。载有编码语音的业务信道分为全速率语音业务信道（TCH/FS）和半速率语音业务信道（TCH/HS），两者的总速率分别为 22.8kbit/s 和 11.4kbit/s。

数据业务信道。在全速率或半速率信道上，通过不同的速率适配和信道编码，用户可使用各种不同的数据业务。

还可以根据发送速率的不同，将 TCH 分为全速率业务信道（TCH/F）和半速率业务信道（TCH/H）。

② 控制信道

- 广播信道（BCH）：广播信道是一种“一点对多点”的下行控制信道，用于基站向移动台广播公用的信息，传输的内容主要是移动台入网和呼叫建立所需要的有关信息。广播信道又分为以下几种。

频率校正信道（FCCH）传输用于校正 MS 频率的信息。

同步信道（SCH）传输用于 MS 进行同步和对基站进行识别的信息。

广播控制信道（BCCH）传输 GSM 系统公共控制信息。

- 公用控制信道（CCCH）是一种双向控制信道，用于呼叫接续阶段传输链路连接所需要的控制信令。公用控制信道又分为以下几种。

寻呼信道（PCH）是传输用于寻呼（搜寻）MS 的信息。

随机接入信道（RACH）是 MS 通过此信道做为对寻呼的响应或 MS 主叫/登记时的接入请求。

准许接入信道（AGCH）用于 MS 通过 RACH 的主叫申请的响应，为 MS 分配一个独立专用控制信道。

- 专用控制信道（DCCH）：这是一种“点对点”的双向控制信道，其用途是在呼叫接续阶段以及在通信进行当中，在移动台和基站之间传输必需的控制信息。专用控制信道又分为以下3种。

独立专用控制信道（SDCCH）是一种双向信道，用于传输建立连接的信令消息、位置更新消息、短消息、鉴权消息、加密命令及处理各种附加业务。

慢速辅助控制信道（SACCH）是双向信道，在上行时它主要传送无线测量报告以实现移动台辅助的越区切换功能，还传送功率控制级别和时间提前量（TA）调整命令；在下行时，它主要向MS传送系统消息，包括：通信质量、LAI号、邻小区的BCCH频点信号强度、时间提前量（TA）、功率控制级别、小区选项等。此信道可与一个业务信道或一个独立专用控制信道联用，如图6-15虚线所示。

快速辅助控制信道（FACCH）用于在语音传输过程中给系统提供比SACCH率高得多的速率传送信令信息，例如切换命令等。它是借用TCH来传送的。只在一帧中传送用户察觉不到，这种方式我们称为“偷帧”，如图6-15虚线所示。

由上可见，GSM通信系统为了传输所需的各种信令，设置了多种控制信道。这样做，除了因为数字传输为设置多个逻辑信道提供了可能外（这在模拟通信系统是不可能的），主要是增强了系统的控制功能，保证了语音通信的质量。

（3）逻辑信道的应用实例

以MS开机拨打电话为例说明逻辑信道的应用。

FCCH——接收频率校正信息。

SCH——接收BTS同步信号。

BCCH——接收系统信息。

RACH——MS发送接入申请。

AGCH——网络发送允许接入并分配SDCCH。

SDCCH/SACCH——在SDCCH上发送进行鉴权和加密的信息，在SACCH上发送进行功率控制并传送TA值。

TCH——进入TCH进行通话，通话期间短消息通过SACCH传送，切换信令通过FACCH传送。

BCCH——通话结束，进入空闲状态，守候在BCCH信道上。

3．时隙的内容格式及类型

TDMA信道上一个时隙中的信息是以突发（Burst）脉冲序列的形式体现的，其格式随信息的类型不同而不同。下面分别予以介绍。

（1）突发序列类型及其与逻辑信道的对应关系

突发序列分为五种类型：普通突发脉冲序列、频率校正突发脉冲序列、同步突发脉冲序列、接入突发脉冲序列和空闲突发脉冲序列，如图6.17所示。

① 常规突发（Normal Burst，NB）脉冲序列

NB用于携带TCH及除RACH、SCH和FCCH以外的其他控制信道上的信息。

② 频率校正突发（Frequency Correction Burst，FB）脉冲序列

FB用于MS的频率同步，它是一个带频移的未调载波，在FCCH上发射。

③ 同步突发（Synchronisation Burst，SB）脉冲序列。

SB仅用于下行SCH，用于MS的时间同步。

④ 接入突发（Access Burst，AB）脉冲序列

AB用于携带RACH信息。

⑤ 空闲突发（Dummy Burst，DB）脉冲序列

当系统没有任何具体的消息要发送时，基站收发信机在小区配置的射频第一号载频（C0）的下行信道的每个时隙发送一个突发序列，这个序列就是DB。

（2）突发序列的内容结构

从图6-17中可看出，每种突发都包含以下内容。

① 尾比特（Tail Bits，TB）：总是000，以帮助均衡器判断起始位和终止位以避免失步。

② 消息比特（Information Bits，IB）：用于描述业务和信令消息，DB和FB除外。

③ 训练序列（Training Sequence，TS）：用于提供均衡器产生信道模型，以消除多径效应所产生的码间干扰的方法。TB是收发双方所共知的确定序列，分为8种相关性很小的序列，分配给小区中使用相同载频的不同时隙。

④ 保护间隔（Guard Period，GP）：是一个空白空间，由于每个载频可同时承载8个用户，当这8个用户处于距离基站不同的位置时，因路径时延有可能造成发射时隙的相互重叠，为了避免这种情况发生，采用了保护间隔。

（3）各种突发序列消息内容

① NB

如图6-16所示，它有2个58bit的消息字段，其中有2个57bit用于用户数据或语音，再加上2个偷帧标志位。它的训练序列放在两个消息字段的中间，是考虑到信道快速变化，这样可以使两部分消息比特和训练序列所受信道变化的影响不会有太大的区别。

常规突发

尾比特	数据		训练序列		数据	尾比特	保护周期
3bit	57加密比特	1	26bit	1	57加密比特	3bit	8.25bit

156.25bit(0.577ms)

频率校正突发（FCCH）

尾比特	数据	尾比特	保护周期
3bit	142固定比特（全0）	3bit	8.25bit

156.25bit(0.577ms)

同步突发（SCH）

尾比特	数据	扩展训练序列	数据	尾比特	保护周期
3bit	39加密比特	64同步比特	39bit	3bit	8.25bit

156.25bit(0.577ms)

接入突发

尾比特	训练序列	数据	尾比特	保护周期
8bit	41同步比特	36加密比特	3bit	68.25bit

156.25bit(0.577ms)

空闲突发

尾比特	填充序列	训练序列	填充序列	尾比特	保护周期
3bit	58 mixed bit	26 midamble bit	58 mixed bit	3bit	8.25bit

图6-17 突发脉冲序列的格式

② AB

该序列是用于随机接入（是指用于向网络发起初始信道请求并用于切换时的接入）。它包括一个41bit的固定不变的训练序列、36bit的信息位、68.25bit的保护间隔。它的训练序列和保护间隔都要比普通的要长，这是为了适应MS首次接入基站（或切换到另一个BTS）后不知道时间提前量而设定的。

③ FB

该序列用于MS的频率同步，有142个全0固定比特，发送的是一个未调的正弦波。MS通过该序列知道该小区的频率后，才能在此基础上读出在同一物理信道上的突发脉冲序列的信息（如SCH及BCCH）。

④ SB

该序列用于MS的时间同步。它的训练序列为64bit，2个39bit的消息字段，它用于SCH，它的训练序列较长，较容易被检测到。消息位中有19bit描述TDMA帧号（用于MS与网络的同步和加密过程），有6bit描述基站识别号（BISC）。将25bit卷积后成为两个39bit。

（4）突发脉冲序列应用实例

下面以手机开机为例说明突发脉冲的应用。

FB——包括接收的下行信道信息，完成手机频率校正功能。

SB——包含接收的下行信道信息，完成手机帧同步功能。

NB——包含接收的下行信道的系统信息。

AB——包含在上行信道上完成手机接入申请功能。

NB——在双向信道上完成手机鉴权后进入空闲状态。

DB——上下行没有消息发送时送空闲脉冲。

4．信道映射关系及其组合方式

（1）物理信道和逻辑信道的映射关系

每个小区有 n 个载频，我们定义为C0、C1、C2、…Cn-1。每个载频都有8个时隙，我们定义为TS0、TS1、…TS7。

① 控制信道的映射

当某一小区载频大于一个以上时，该小区C0上的TS0就映射到广播信道（BCH）和公共控制信道（CCCH），该时隙不间断地向该小区的所有用户发送同步信息、系统消息、寻呼消息和指配消息。而在C0的TS0上行只含有RACH，用于MS的接入；C0的TS1用于映射SDCCH，上下行一样。

在某小区只使用一个载频时，意味着只有8个物理信道，所以该载频的TS0可映射除FACCH之外的所有控制信道。其余的TS用做TCH。

② 业务信道的映射

C0的TS2～TS7，以及其他载频的8个时隙全部都映射到TCH。因此当某一小区载频大于一个以上时，小区的TCH总数为：8n−2。

（2）信道的组合方式

信道的组合是以复帧为基础的，组合方式就是物理信道以复帧的形式将各种逻辑信道装载。

① 业务信道的组合方式

业务信道有全速率和半速率之分，下面只考虑全速率情况。业务信道的复帧含26个TDMA帧，其中24帧T（即TCH）用于传输业务信息；1帧A，代表随路的慢速辅助控制信道（SACCH），传输慢速辅助信道的信息（例如功率调整的信令）；还有1帧I为空闲帧（半速率传输业务信息时，此帧也用于传输SACCH的信息）。

② 控制信道的组合方式

控制信道的复帧含 51 帧，其组合方式类型较多，而且上行传输和下行传输的组合方式也不相同。包括：BCH 和 CCCH 在 TS0 上的复用、SDCCH 和 SACCH 在 TS1 上的复用、公用控制信道和专用控制信道均在 TS0 上的复用。

综上所述，如果小区只有一对双工载频（C0），那么 TS0 用于控制信道，TS1～TS7 用于业务信道，即允许基站与 7 个移动台同时传输业务；在多载频小区内，C0 的 TS0 用于公用控制信道，TS1 用于专用控制信道，TS2～TS7 用于业务信道，每增加一个载频，其 8 个 TS 全部用于业务信道。

6.3.3 GSM 无线接口信号传输流程

数字化语音信号在无线传输时主要包括以下几个问题：一是选择低速率的编码方式，以适应有限带宽的要求；二是选择有效的方法减少误码率，即信道编码问题；三是选用什么样的交织方法抵御突发错误；四是选用有效的调制方法，减小杂波辐射，降低干扰。下面分别加以讨论。

在 GSM 系统中，有两种并行的信道类型：一种称为“全速率”信道，另一种称为“半速率”信道，这个速率指的是信源编码后的速率，后者是为了提高系统容量的方法。本部分只讨论前者。图 6-18 给出了 GSM 系统语音信号传输及接收过程的框图。

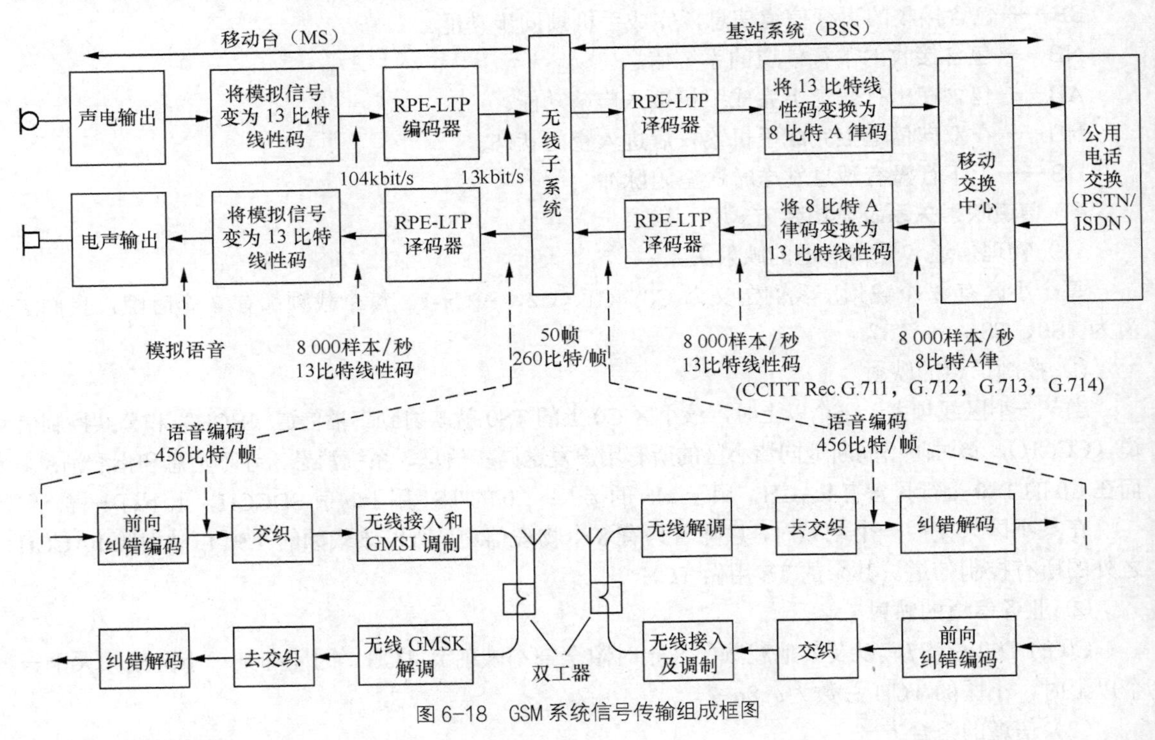

图 6-18 GSM 系统信号传输组成框图

1. 信源编码

首先将语音分成 20ms 为单位的语音段，再将每段用 8kHz 抽样，每段得到 160 样本。每个样本再经过 A 率 13bit 的量化，再加上 3 个 0bit，这样每个样本就得到了 16bit 的量化值。在进入 RPE-LTP 之前就得到了（160 × 16）/0.02 = 128kbit/s 的数据流速率，这样的速率显然太高无法在无线路径上传送。因而再经过 RPE-LTP 将 20ms 的语音段编成 260bit 的数据块，最后形成了 260/0.02 = 13kbit/s 的信源编码速率。

2．信道编码分析

GSM 系统的信道编码采用前向纠错编码方式。

（1）TCH 语音信号的信道编码

首先将信源编码形成的的 260 个比特分为三类：50 个最重要的比特；132 个重要比特；78 个不重要比特。然后对上述 50 个比特添加 3 个奇偶校验比特，这 53 个比特连同 132 个重要比特与 4 个尾比特一起共 189 比特一起进行卷积编码，编码速率为 1∶2，因而得到了 378bit，再加上另外不被保护的 78bit，最后形成了 456bit，前向编码完成。

（2）BCCH、PCH、AGCH、SDCCH、FACCH、SACCH 信道编码

在 GSM 中信令信息是以 LAPDm 协议，在连接模式下被传送，这些信令在 BCCH、PCH、AGCH、SDCCH、FACCH、SACCH 等逻辑信道上传送。一个 LAPDm 帧共有 23 字节 184bit。下面我们讨论 LAPDm 帧的编码形式。

首先给 184bit 增加 40bit 的纠错循环码，以增加物理层的差错控制能力。然后再加 4 个尾比特位，将 228bit 通过 1：2 码率的卷积编码器，最后得到 456bit 的数据。

（3）SCH 信道的编码

SCH 信道不能用 LAPDm 协议。在每个 SCH 信道有 25bit 的消息，其中 19bit 帧号，6bit 用于基站色码。将 25bit 加 10bit 的奇偶校验位，再加上 4 个尾比特，得到了 39bit。再将这 39bit 按照 1∶2 的卷积编码速率进行卷积编码，最后得到 SCH 突发脉冲序列中的 78bit 的消息。

（4）RACH 信道的编码

RACH 的消息是由 8bit 构成，包括 3bit 的建立原因和 5bit 的随机鉴别符号。将 8bit 加上 6bit，这 6 个比特是由 6bit 的色码和 6bit 的奇偶校验码通过模 2 加构成。然后再加上 4 个尾比特，得到 18bit。将 18bit 通过 1∶2 码率的卷积编码器，最后得到 RACH 突发上 36bit 的消息。

3．交织技术

信道编码之后要进行交织，目的是将由于各种因素造成的突发的集中成串错误分解成离散的随机错误，以提高接收端的纠错能力。交织后的总比特数没有改变，但比特的排列顺序和距离发生了改变，交织的距离即交织跨度越大，效果越好。GSM 系统的交织跨度为两个语音块及 40ms。交织分两次：以 20ms 的语音块对应的 456bit 为准，第一次为块内交织，第二次为块间交织。具体交织过程见图 6-19。

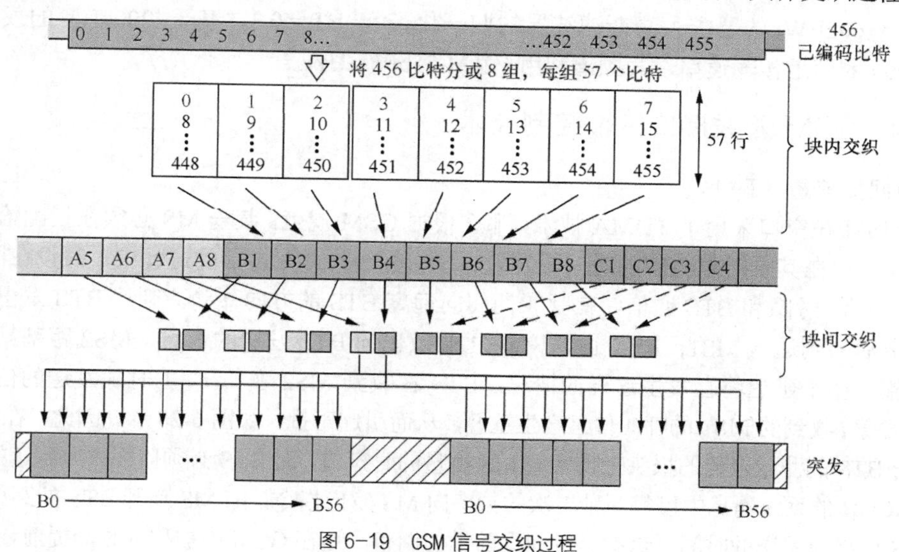

图 6-19 GSM 信号交织过程

（1）块内交织

将 456bit 按（0，8，16，…，448）、（1，9，17，…，449）…（7，15，23，…，455）的排列方式，分为 8 组，每组 57bit。这样可使块内原来相继比特的顺序打乱、距离增加。

假如将块内交织后的 2 组 57 比特放入一个 NB 中，一旦该突发出现问题，则 114 个比特将全部损失，那么 20ms 语音块对应的 456bit 将损失 1/4 的比特，显然这样的损失对随后的信道译码器是无能为力的。因此还需要进一步的交织，这就是块间交织。

（2）块间交织

将每 20ms 语音块内交织后的 456bit 分成 8 组的编号分别为：（A0、A1、A2、A3、A4、A5、A6、A7），（B0、B1、B2、B3、B4、B5、B6、B7），（C0、C1、C2、C3、C4、C5、C6、C7），…。将当前语音块的前四组（B0、B1、B2、B3）与上一个语音块的后四组（A4、A5、A6、A7）进行块间交织，排列成（A4，B0）、（A5，B1）、（A6，B2）、（A7，B3）形成了 4 个突发脉冲序列，再将块 A 的比特占偶数位，块 B 的比特占奇数位。同理前面和后面的块间交织与此相同。

这样我们发现一个 20ms 的语音块所对应 456bit（例如 B 块），被放到了 8 个不同的 NB 中，它在每个 NB 包含 B 块中的 57bit，即使丢掉 这 57bit，只是损失了 1/8，而且其相关性很低，这样给信道译码提供了较好的空间。

交织虽然对系统的抗干扰具有很重大的意义，但由此造成的缺点也很明显。我们发现经过交织后一个语音块，从第一个比特算起到最后一个比特传完，需要历经 8 个 NB 突发即 8 个时隙的时间，若再加上 SACCH 占一个突发时隙，那么将占总共 9 帧的时间。即传完一个 20ms 的语音块需要历经的时隙数为 $8\times9-7=65$ 个，时间是 37.5ms，这样就产生了 17.5ms 的时间延迟，这个时间上的延迟对语音通信会造成回音干扰，这是不能忍受的，因此为了改善这个缺陷，MS 和中继电路上增加了回波消除器。

注意，在 BCCH、PCH、AGCH、SDCCH、FACCH、SACCH 信道上的二次交织中，第一次交织和语音比特的交织一样；而第二次交织是将经过第一次交织的块内的 8 组的前四组和后四组进行交织，即（B0，B4）、（B1，B5）、（B2，B6）、（B3，B7），再放入到四个突发脉冲（时隙）中传输。

4．射频调制技术

GSM 系统的调制方式是恒包络高斯型最小移频键控（GMSK）方式，矩形脉冲在调制器之前先通过一个高斯滤波器。这一调制方案由于改善了频谱特性，从而能满足 CCIR 提出的邻信道功率电平小于−60dBW 的要求。高斯滤波器的归一化带宽 $BT=0.3$，基于 200kHz 的载频间隔及 270.833kbit/s 的信道传输速率，其频谱利用率为 1.35bit/(s·Hz)。

6.3.4 GSM 无线接口传输控制技术

1．时间提前量（TA）

由于 GSM 在空口采用了 TDMA 技术，那么根据 GSM 规范，某一 MS 必须在指配给它的时隙内发送信息，而在其余时隙对应的时间不发射，即寂静等待。在通信的过程中，假设在同一载频，某 MS1 占据第 i 时隙和 BTS 通信，在呼叫期间向远离 BTS 的方向移动，则从 BTS 发出的信号将会越来越滞后的到达该 MS1；MS2 占据第 $i+1$ 时隙也向 BTS 发送的信息，MS2 距基站较近，如不采取措施，由于延迟将会发生这样的情况：BTS 在收到 MS2 在第 $i+1$ 时隙发送的信息将会与 BTS 在第时隙 i 收到的 MS1 的呼叫信息产生重叠，从而引起干扰，如图 6-20 示。因此，在呼叫期间，MS 发送给 BTS 的测量报告的报头上携带着 MS 测量的时延值，而 BTS 必须监视呼叫到达的时间，并在下行 SACCH 的系统消息中以每两秒 1 次的频率向 MS 发出指令，随 MS 离开 BTS 的距离变化，逐步指示 MS 应提前发送的时间，这就是时间提前量的调整，这在 GSM 中被称为时间提前量（TA）。

时间提前量的值为0～233μs之间的任意值，对应着0～63bit之间的任意值。在最大的延迟时间下，可计算出小区的覆盖半径为：[3.7(μs/bit) × 63bit × 3×10^{5}km/s]/2 = 35km 。1bit时间对应距离为554m，而精度为0.25bit，即138.5m。这就是突发中保护间隔存在小数，.25bit的原因。

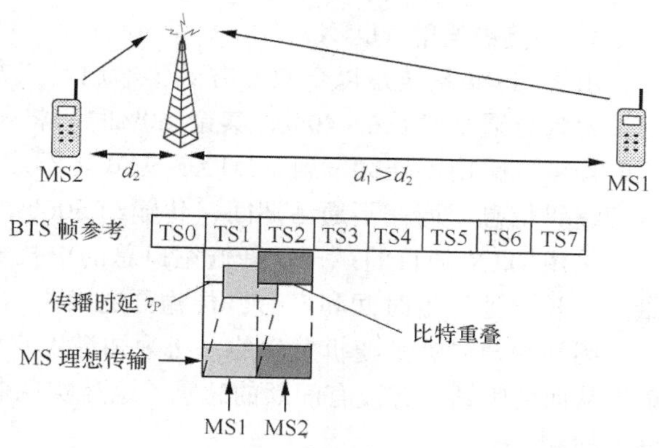

图 6-20 相邻时隙比特重叠示意图

2. 跳频技术

在抗衰落一章中，我们讨论了分集技术中频率分集的概念，在GSM中这种概念得到了实际应用，就是频率分集的跳频技术。所谓跳频，就是将承载调制信息的载波频率随时间而改变，完成这一过程的技术叫做跳频技术，跳频分快跳和慢跳。快跳是指射频在每比特跳变一次；慢跳是指射频每时隙或每帧跳变一次。GSM系统采用慢跳，即每一帧改变一次载波频率，跳变的速率是 1÷ 4.615ms = 217 次/s。在一个时隙内用固定的射频发送和接收，在下一帧的同时隙再改变发射频率，如图6-21所示。

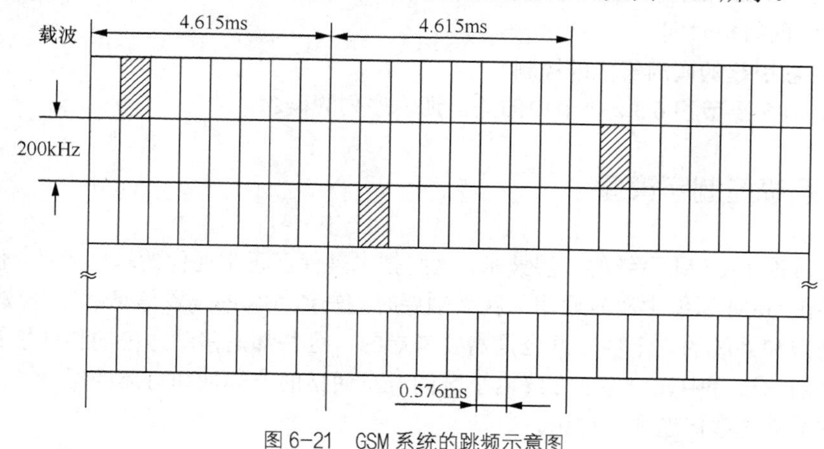

图 6-21 GSM系统的跳频示意图

GSM系统在实现跳频技术上，采用了两种跳频模式：基带跳频和射频跳频。

（1）基带跳频

原理是在帧单元和载频单元之间加入一个以时隙为对象的交换单元，通过把某一时隙交换到相应的射频频率上来实现跳频。

它的特点是较为简单，每个射频单元TX都只发射一个固定的频率，发射单元TX数和该小区的载频数相同。但若某TX发生故障，则该TX所发射的载频将不存在了，在短时间内会影响小区正常工作。

（2）射频跳频

原理是每个TX都对应着一个帧处理单元，并可以使用所有的频点发射，TX的数量可以少于小区的载频数。为保证BCH和CCCH的信号在任何时间内都以稳定的功率发射，我们规定：在射频跳频中，承载BCH和CCCH的载频不参与跳频。

跳频技术可以明显地降低同频干扰和频率选择性衰落。但存在频率击中现象，即两个同时隙的突发同时占用同一频率。为了避免这种情况发生，一要使同一小区采用相互正交的跳频序列；二要使跳频的设置需根据统一的超帧序列号来提供频率跳变顺序和起止时间。

3．不连续发射（DTX）

由于 GSM 系统是以全双工方式传输通话双方的信息，而经过统计计算，每一方平均说话时长约为总通话时长的 40%，其余 60%时间将是某一方的非通话状态。根据这种情况，GSM 的射频可以采用不连续发射（DTX）方式。不连续发射（DTX）是指在通话期间传输 13kbit/s 语音编码信息；而在不通话期间，传输约 500bit/s 的称为“舒适噪音”的低速编码。

采用 DTX 的目的：一是降低空口总的干扰电平，提高频率利用率；二是节省 MS 的耗电量，延长电池待电时间和寿命。传输舒适噪声的目的是使听话方不会造成通信中断的感觉。

因为用户讲话是随机发生的，必须知道用户何时讲话和不讲话，即发射机何时发射和不发射，从而使听话一方没有间断的感觉，这是实现 DTX 的关键技术所在，这种技术叫自适应语音激活检测。

【注】：在上下行均可采用 DTX，但 DTX 不能应用于承载 BCCH 的载频。

4．不连续接收（DRX）

手机在绝大多数时间是处于空闲状态的，随时准备接收 BTS 发来的寻呼信息，系统按照 IMSI 将 MS 分成不同的寻呼组，不同组的 MS 在不同的固定时刻接收系统寻呼信息，无需连续接收，因此 GSM 规范中 MS 采用了非连续接收（DRX）方式进行寻呼信息的接收。这样做可以降低手机功耗，延长电池的待机时间。

5．时间色散引起的码间干扰的控制

本部分见 5.1.2 小节和 6.3.2 小节中的关于训练序列的概念。

6.4 GSM 系统控制与管理

前面我们讨论了 GSM 系统的底层技术，这些技术是保证正常通信的基础条件。但我们还必须保证 MS 能够在 GSM 系统中漫游通信，就必须要时刻知道 MS 的位置信息；在开放的空中接口，如何来保证用户和系统的安全性，这也是需要考虑的。这些都是移动通信的移动性管理层面上的问题，还有在通信过程中如何保证在蜂窝小区间一个通话的连续性和可靠的质量，这也是需要考虑的问题。本节就这些问题加以讨论。

6.4.1 位置管理

在 GSM 系统中的位置管理包括：正常位置区更新、IMSI 的分离/附着、周期性位置更新。

1．正常位置区更新

在正常位置区更新中又可分为：位置区属于同一 VLR 和位置区不属于同一 VLR（跨 VLR）的位置更新；位置区不属于同一 VLR（跨 VLR）的位置更新又分为：用 TMSI 参与的位置更新和用 IMSI 参与的位置更新。

（1）跨 VLR 的位置更新

图 6-22 给出的是涉及两个 VLR 的位置更新过程，其他情况可依此类推。

① 用 TMSI 的位置更新

如果 MS 是利用 TMSI（由旧 VLR 分配的）发起“位置更新请求”，新 VLR 从 MSC 中接收到位置更新指示后，如果发现 MS 的 TMSI 未知，将把标记“VLR 的位置信息确认”置为“不确认”，以便以后发起 HLR 更新。同时将根据旧 TMSI 和 LAI 号码导出旧 VLR 地址，并向旧 VLR 启动一个请求 IMSI 和鉴权参数的“发参数指示”，旧 VLR 就会向新 VLR 发该 MS 的 IMSI。

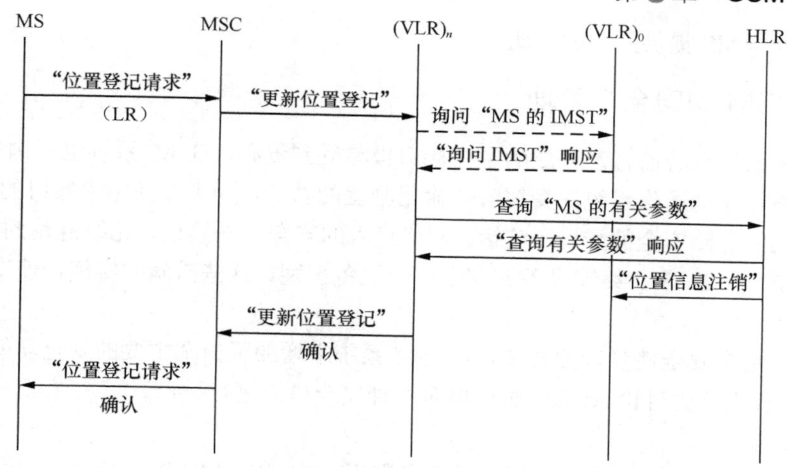

图6-22 位置登记过程举例

② 用IMSI的更新

如果用户识别是IMSI，VLR将检查此用户是否为未知（既无IMSI记录），如果是未知的，将标记“HLR确认”置为“不确认”。随后发起HLR的更新。若IMSI是已知的，VLR将检查从MSC接收到的信息中提供的前一个位置区标识（LAI）是否属于此VLR，如果不属于此VLR，则将标记“HLR确认”置为“不确认”。随后发起HLR更新。在这两种情况下，都要进行鉴权检查。

（2）VLR内部的位置更新

这是较为简单的一类位置更新，在该过程中不需要MS提供IMSI号码，只在当前的VLR中进行。也不需要通知HLR。

2．IMSI的分离/附着

“IMSI分离/附着”相当于MS的状态更新，所以我们把它归类到位置更新的概念中。该内容见5.7.2小节。

3．周期性位置更新

当出现MS和网络失去联系的情况时，为了解MS当前的状态或确定MS的可用性，网络需要强制MS进行周期性的位置更新过程。

在出现下列情况时，网络会和MS失去联系。

① 当移动台处于附着状态，但移动到GSM网络覆盖区以外的区域时（信号盲区），网络无法知道MS目前的状态，仍然会认为该MS处于附着状态。

② 在MS向网络发送“IMSI分离”消息时刻，由于无线链路质量的问题，导致网络不能正确地译码该消息，致使网络认为MS仍处于“IMSI附着”状态。

③ 当MS非正常关机时，也将无法将其状态通知给网络，导致两者失去联系。

以上几种情况发生后，若不采取措施，将会使网络在寻呼该MS时造成寻呼超时，因而导致网络资源的浪费。GSM对此所采取的措施是，迫使MS在经过一定的时间后，自动向网络报告它目前的位置信息。通过这种方式，网络可以及时了解MS当前状况的变化与否，这种机制就是周期性的位置更新。

周期性的位置更新是GSM网络和MS保持紧密联系的一种重要手段，但周期性的位置更新也会对系统产生负面影响，一方面会引发网络信令流的增加，使无线资源利用率降低；另一方面也会造成MS耗电量的增加。因此对更新的周期选取要综合各方面因素，一般取30分钟。网络通过

BCCH 向小区全体 MS 提供更新的周期。

6.4.2 GSM 的安全性管理

对任何无线通信系统而言，开放的空中接口极易受到侵犯，GSM 系统也不例外。GSM 系统汲取了第一代模拟移动通信系统深受窃听和偷用骚扰的教训，为了保证空中接口的安全，GSM 系统采取了一系列的保障安全的措施，包括：网络接入的安全——鉴权、无线链路的安全——加密、用户身份的安全——TMSI、终端设备的安全——设备识别。这些措施的实施，使安全性管理成为 GSM 的亮点和特点。

为实现以上诸多安全性管理的要求，在 GSM 系统中增加了一个主要的安全功能单元——鉴权中心（AUC）。我们首先讨论 AUC，然后再对各种安全措施进行讨论。

1. AUC 的功能

鉴权中心（AUC）为鉴权与加密提供了三参数组（RAND、SRES 和 Kc），在用户入网签约时，用户鉴权密钥 Ki 连同 IMSI 一起分配给用户，这样每一个用户均有唯一的 Ki 和 IMSI，它们存储于 AUC 数据库和 SIM（用户识别）卡中。根据 HLR 的请求，AUC 按下列步骤产生一个三参数组，参见图 6-23。首先产生一个不可预测随机数（RAND），其长度为 128bit，在 0～2128-1 之间随机选取；通过加密算法（A8）和鉴权算法（A3），用 RAND 和 Ki 分别计算出加密密钥（Kc）和符号响应（SRES）；RAND、SRES 和 Kc 作为一个三参数组一起送给 HLR。

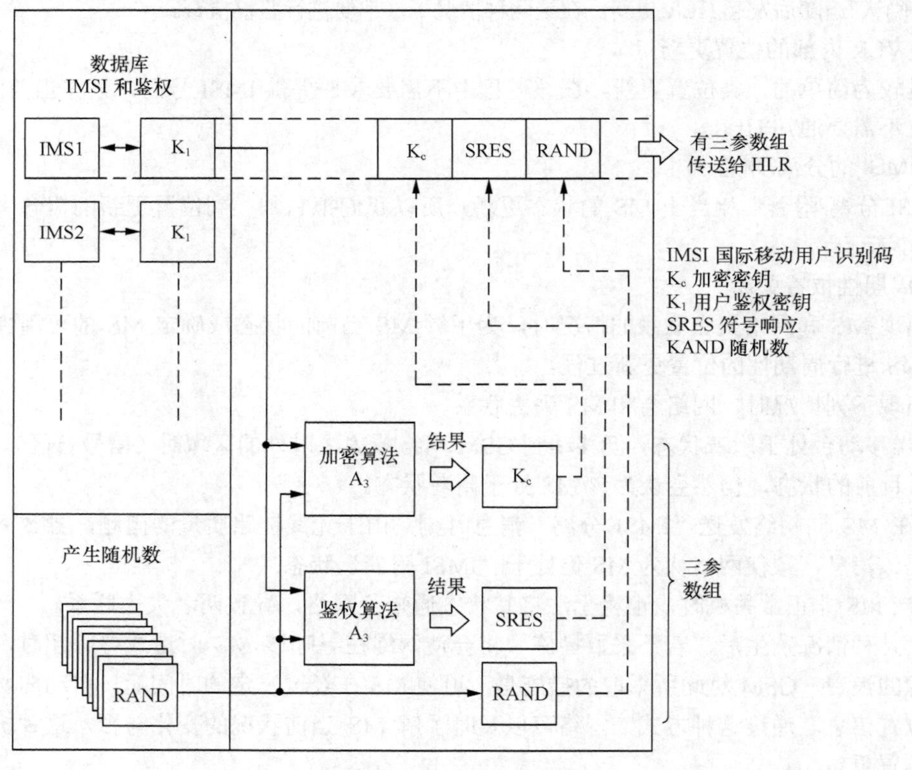

图 6-23　AUC 产生三参数组

2. 鉴权

无论是移动台主呼或被呼，都有鉴权过程。鉴权的目的有两个：一是检查由 MS 提供的用户的正确性、合法性；二是给 MS 用户提供一个新的密钥 Kc。鉴权程序如图 6-24 所示。

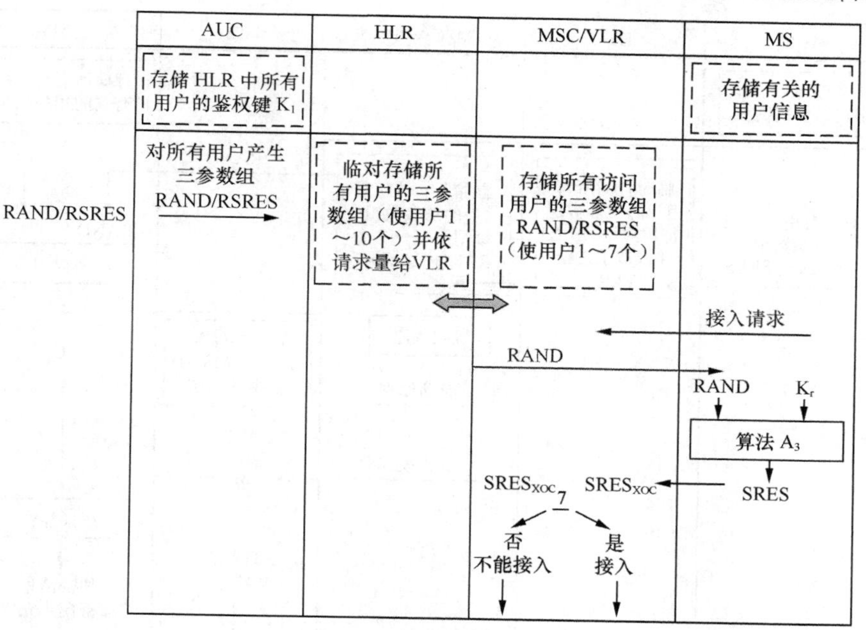

图6-24 鉴权过程

鉴权过程主要涉及AUC、HLR、MSC/VLR和MS，它们均各自存储着与用户有关的信息或参数。当MS发出入网请求时，MSC/VLR就向MS发送RAND，MS使用该RAND以及与AUC内相同的鉴权密钥Ki和鉴权算法A3，计算出符号响应SRES，然后把SRES回送给MSC/VLR，验证其合法性。

3．加密

GSM系统为确保用户信息（语音或非语音业务）以及与用户有关的信令信息的私密性，在无线接口采用了一个加密程序，如图6-25所示。

在鉴权过程结束后，MSC/VLR将向BSC发一条“加密命令”，随后由BTS发往MS，MS根据Kc及TDMA账号，通过加密算法A产生一个加密信息，表明MS已完成加密，并将加密消息回送给BTS。BTS采用相应的算法解密，恢复消息，如果无误则告诉MSC/VLR，表明加密模式完成，然后，网络启动在加密模式下的信息传送。

4．设备识别

每一个移动台设备均有一个唯一的移动台设备识别码（IMEI）。在EIR中存储了所有移动台的设备识别码，每一个移动台只存储本身的IMEI。设备识别的目的是确保系统中使用的设备不是盗用或非法的设备。为此，EIR中使用三种设备清单：

白名单：合法的移动设备识别号；

黑名单：禁止使用的移动设备识别号；

灰名单：是否允许使用由运营者决定，例如有故障或未经型号认证的移动设备识别号。

设备识别程序如图6-26所示。

5．用户识别码（IMSI）保密

为了防止非法监听，进而盗用IMSI，当在无线链路上需要传送IMSI时，均用临时移动用户识别码（TMSI）代替IMSI，仅在位置更新失败或MS得不到TMSI时才使用IMSI。

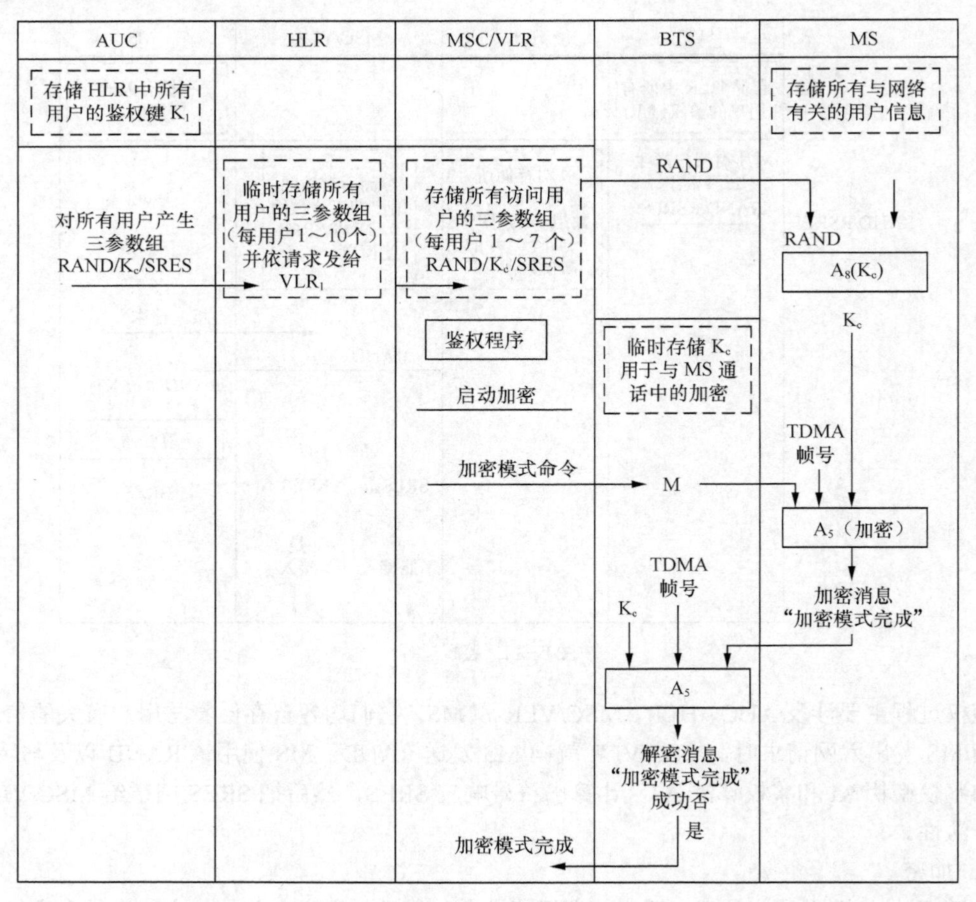

图6-25 加密程序

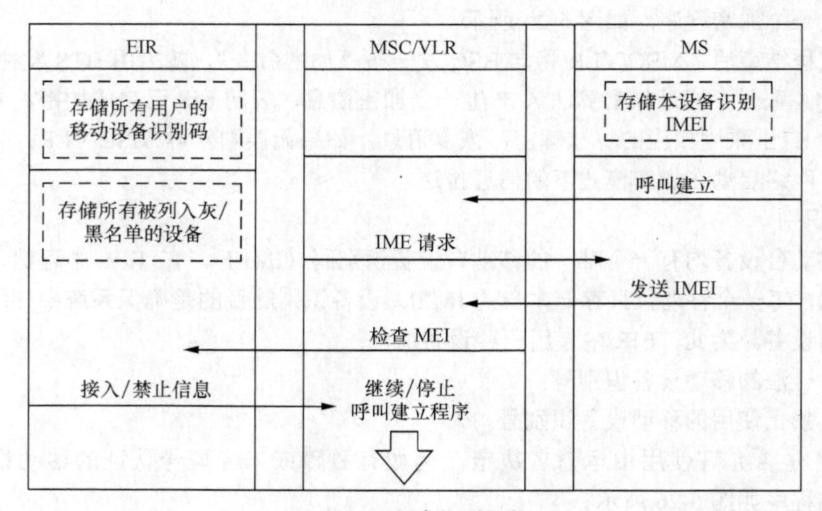

图6-26 设备识别程序

MS每次向系统请求一种程序，如位置更新、呼叫尝试等，MSC/VLR将给MS分配一个新的TMSI。图6-27示出了位置更新时使用的新的TMSI程序。

IMSI对某一用户是唯一且不变的，但TMSI是不断更新的。在空中接口传送的一般是TMSI，从而确保了IMSI的安全性。

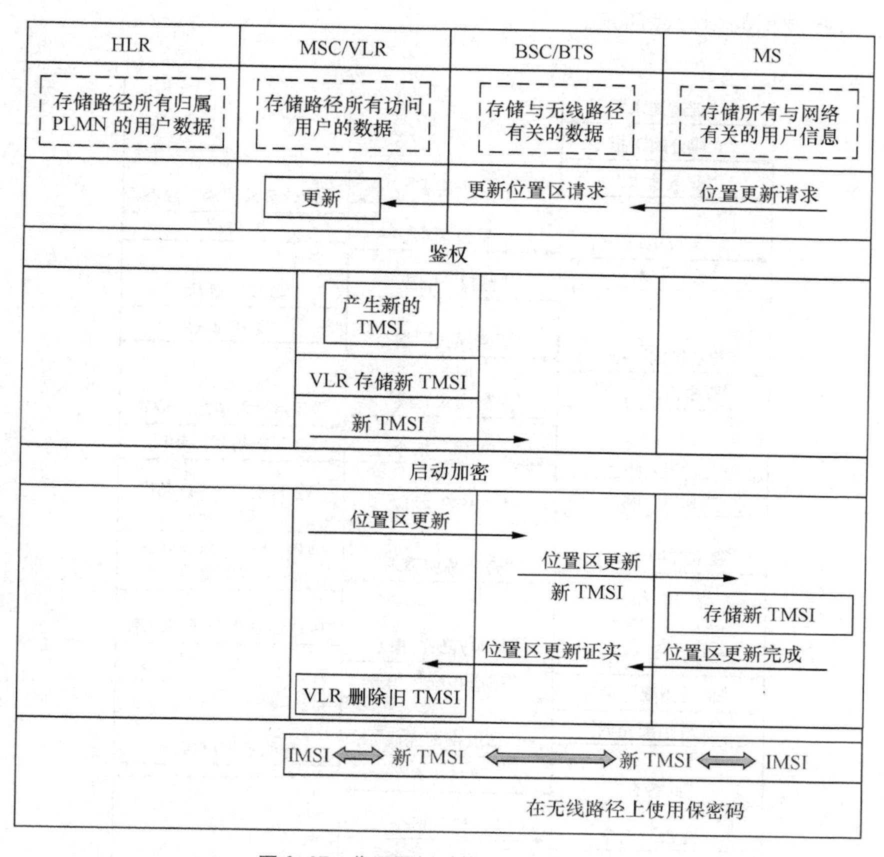

图6-27 位置更新时的新的TMSI程序

6.4.3 呼叫处理

前面对GSM的诸多概念进行了讨论，本部分通过具体的GSM系统呼叫接续过程讨论，来说明所涉及的信道、信令、功能实体和管理概念的具体应用。

1. 移动用户主呼信令流程

移动用户向固定用户发起呼叫的接续过程如图6-28所示。移动台（MS）在随机接入信道（RACH）上，向基站（BS）发出“信道请求”信息，若BS接收成功，就给这个MS分配一个专用控制信道，即在准许接入信道（AGCH）上向MS发出“立即分配”指令。

MS在发起呼叫的同时，设置一定时器，在规定的时间内可重复呼叫，如果按预定的次数重复呼叫后，仍收不到BS的应答，则放弃这次呼叫。

MS收到“立即分配”指令后，利用分配的专用控制信道（DCCH）与BS建立起信令链路，经BS向MSC发送“业务请求”信息。MSC向VLR发送“开始接入请求”应答信令。VLR收到后，经MSC和BS向MS发出“鉴权请求”，其中包含一随机数（RAND），MS按鉴权算法A3进行处理后，向MSC发回“鉴权”响应信息。若鉴权通过，承认此MS的合法性，VLR就给MSC发送“置密模式”信息，由MSC经BTS向MS发送“置密模式”指令。

MS收到并完成置密后，要向MSC发送“置密模式完成”响应信息。经鉴权、置密完成后，

VLR 才向 MSC“开始接入请求”应答。为了保护 IMSI 不被监听盗用，VLR 将给 MS 分配一个新的 TMSI，其分配过程如中虚线所示。

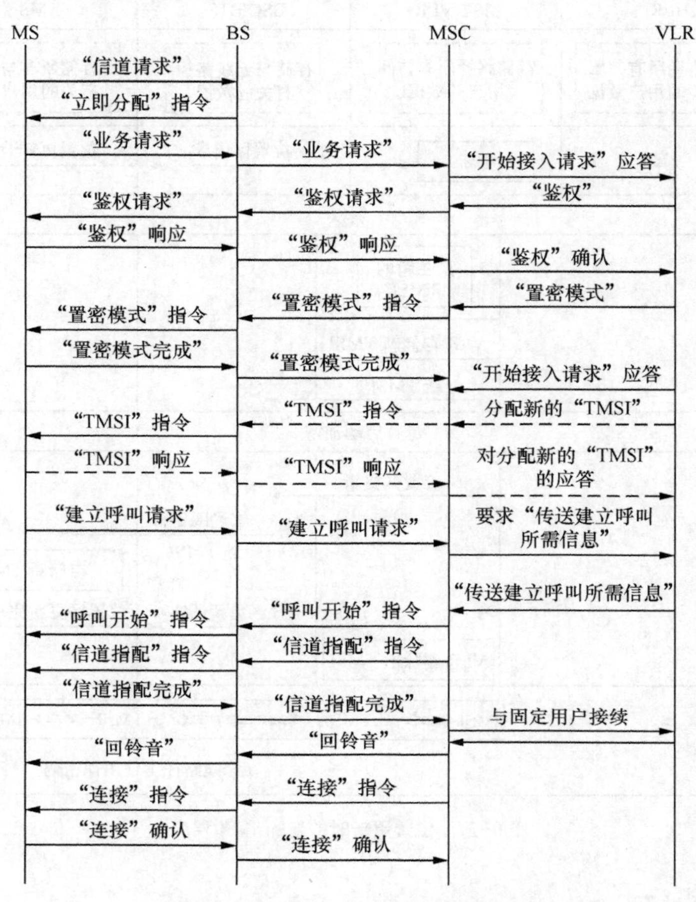

图 6-28　移动用户主呼时的信令流程

随后，MS 向 MSC 发出“建立呼叫请求”，MSC 收到后，向 VLR 发出指令，要求它传送建立呼叫所需的信息。如果成功，MSC 即向 MS 发送“呼叫开始”指令，并向 BS 发出分配无线业务信息的“信道指配”指令。

如果 BTS 有空闲的业务信道（TCH），即向 MS 发出“信道指配”指令。当 MS 得到业务信道时，向 BS 和 MSC 发送“信道指配完成”的信息。

MSC 在无线链路和地面有线链路建立后，把呼叫接续到固定网络，并和被呼叫的固定用户建立连接，然后给 MS 发送回铃音。被叫用户摘机后，MSC 向 BS 和 MS 发送“连接”指令，待 MS 发回“连接”确认后，即进入通信状态。到此呼叫流程结束。

2．移动用户被呼叫信令流程

固定用户向移动用户发起呼叫的接续过程如图 6-29 所示。固定用户向移动用户拨出呼叫号码后，固定网络把呼叫接续到就近的移动交换中心，此移动交换中心在网络中起到入口（Gate Way）的作用，记作 GMSC。GMSC 即向相应的 HLR 查询路由信息，HLR 在其保存的用户位置数据库中查出被呼 MS 所在的地区，并向该区的 VLR 查询该 MS 的漫游号码（MSRN）。VLR 把该 MS 的（MSRN）送到 HLR，并转发给查询路由信息的 GMSC。GMSC 即把呼叫接续到被呼 MS 所在地区的移动交换中心，记作VMSC。由VMSC向该VLR查询有关的“呼叫参数”，获得成功后，再向相关的基站（BS）发出“寻呼请求”。基站控制器（BSC）根据MS所在的小区，确定所用的收发台（BTS），在寻呼信道（PCH）上发送此“寻呼请求”信息。

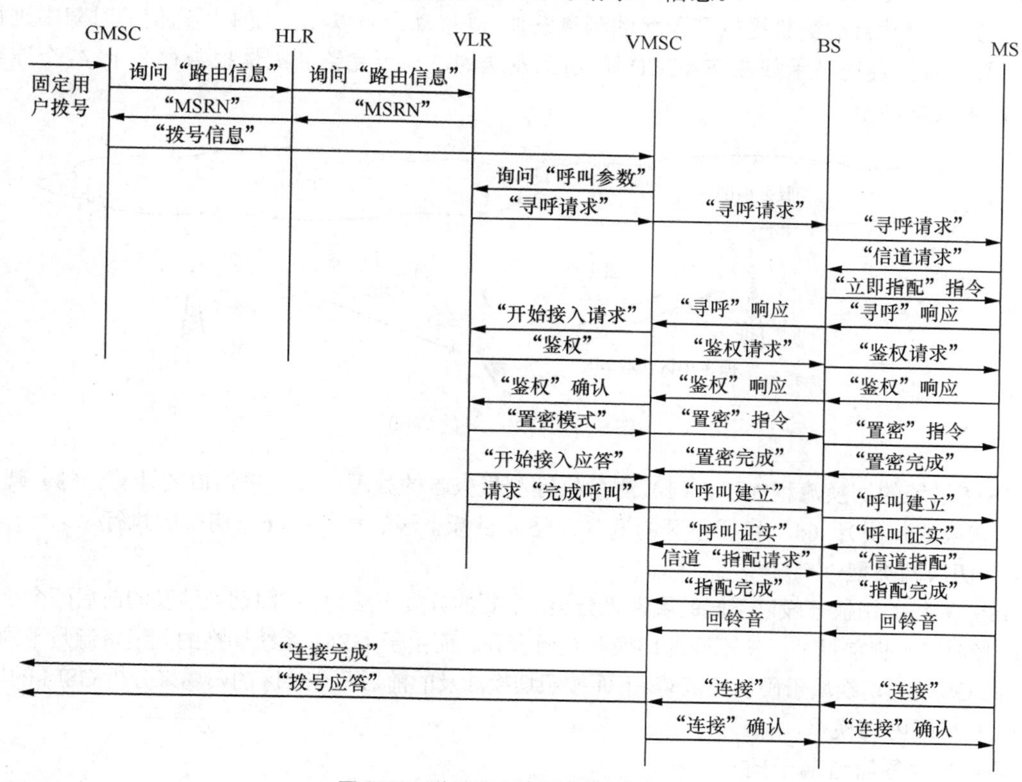

图6-29 移动用户被呼时的连接过程

MS收到寻呼请求信息后，在随机接入信道（RACH）向BS发送“信道请求”，由BS分配专用控制信道（DCCH），即在公用控制信道（CCCH）上给MS发送“立即指配”指令。MS利用分配到的DCCH与BS建立起信令链路，然后向VMSC发回“寻呼”响应。

VMSC接到MS的“寻呼”响应后，向VLR发送“开始接入请求”，接着启动常规的“鉴权”和“置密模式”过程。之后，VLR即向VMSC发回“开始接入应答”和“完成呼叫”的请求。VMSC向BS及MS发送“呼叫建立”指令，被呼MS收到此指令后，向BS和VMSC发回“呼叫证实”消息，表明MS可以进入通信状态了。

VMSC收到MS的“呼叫证实”信息后，向BS发出信道“指配请求”，要求BS给MS分配无线业务信道（TCH）。随后，MS向BS及VMSC发回“指配完成”响应及送回铃音，于是VMSC向固定用户发送“连接完成”信息。被呼叫MS摘机时，向VMSC发送“连接”信息。VMSC向主叫用户发送“拨号应答”信息，并向MS发送“连接”确认信息。至此完成了全部呼叫的信令流程。

当然，除了上述的呼叫类型之外，还包括两个移动用户之间呼叫的信令过程，在此不作介绍了。

6.4.4 GSM系统的切换

1. 切换的控制流程

在GSM系统中采用移动台辅助越区切换（MAHO）控制方式。即GSM系统把越区切换的检测和处理等功能部分分散到各个移动台，要求每个移动台以尽可能高的频度对周围基站进行测量，并将测量结果上报系统。MS 不仅要报告当前业务小区，还要报告那些可能的切换候选小区的测量情况，GSM 系统要求 MS 可以同时报告六个邻近小区的测量情况，如图 6-30 所示。TDMA 多址方式为 GSM 移动台的测量提供了天然的测量条件，既移动台可以在一帧中不通信的时隙中进行测量。测量报告的发送是承载在 SACCH 信道上发送的，一个完整的测量报告存在于 4 个连续的 SACCH 突发脉冲中。

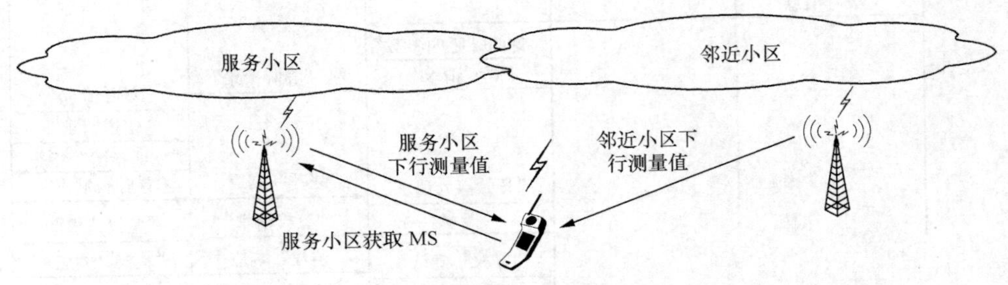

图 6-30　GSM 系统的 MAHO

GSM 系统的切换流程如下：（1）测量执行测量报告的处理；（2）平均值的计算；（3）阈值的比较（切换的判决）；（4）目标小区的选择；（5）目标小区的排序；（6）切换的执行。

2．切换的类型

GSM 系统的切换一般以不同的属性来分类，主要的分类方法为：按照切换涉及的前后两个小区的归属；按照定时提前量分；按不同的切换触发原因分。而由于 GSM 系统切换的无线资源是不同的频率，因此 GSM 的切换属于硬切换范畴。下面按照切换涉及的前后两个小区的归属来分析 GSM 的切换。

（1）小区内切换

切换的业务信道属于同一个小区。这种切换可以由小区所属的 BSC 独立控制完成。

（2）BSC 内小区间切换

切换前后两个小区是一个 BSC 控制下的不同小区。这种切换不需要 MSC 的干涉，可以由 BSC 独立控制完成。如图 6-31 所示。

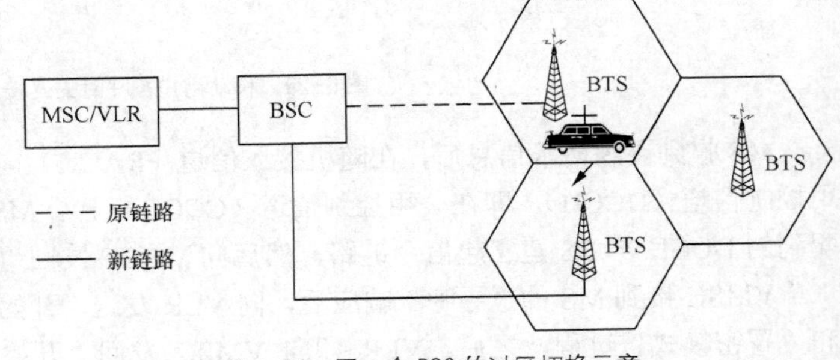

图 6-31　同一个 BSC 的过区切换示意

（3）同 MSC 内属不同 BSC 的小区间切换

切换前后两个小区分属两个 BSC 控制，但这两个 BSC 却受控于一个 MSC。这种切换的完成需要这个 MSC 以及两个 BSC 的共同参与控制，如图 6-32 所示。

其切换控制流程如图 6-33 所示。

（4）属不同 MSC 的小区间切换

切换前后两个小区分属两个 MSC 控制范围。这种切换的完成需要多个 MSC 以及两个小区所属 BSC 的共同参与控制。切换中需进行很多次信息传递。图 6-34 给出了不同 MSC/VLR 的小区切换示意图。

图 6-35 所示为不同 MSC/VLR 的切换流程，即由 MSC1 的小区向 MSC2 的小区进行切换的过程。

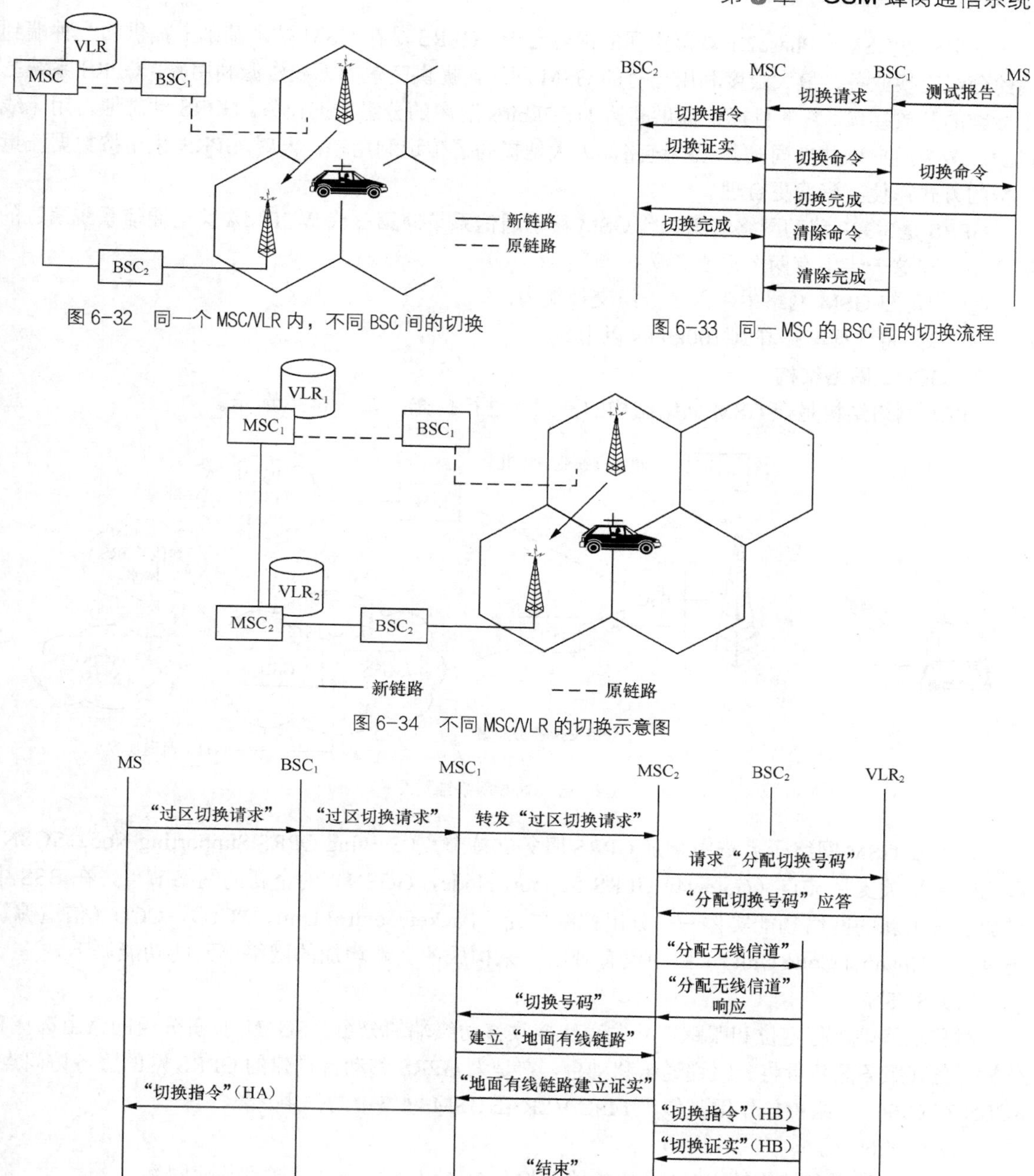

图 6-32　同一个 MSC/VLR 内，不同 BSC 间的切换

图 6-33　同一 MSC 的 BSC 间的切换流程

图 6-34　不同 MSC/VLR 的切换示意图

图 6-35　不同 MSC/VLR 的小区切换流程

6.5 通用分组无线业务（GPRS）及其演进

6.5.1 GPRS 体系结构

1．概述

GPRS（General　Packet　Radio Service）称作通用分组无线业务。

GPRS 是 GSM Phase2.1 规范实现的内容之一，GPRS 是在 GSM 技术基础上提供的一种端到端的分组交换业务，最大限度利用已有的 GSM 网络，提供高效的无线资源利用率，GPRS 系统基于标准的开放接口。它的目标是提供高达 115.2kbit/s 速率的分组数据业务。GPRS 动态地占用无线资源，多个用户可共享同一条无线链路，大大地提高了信道利用率；同时 GPRS 采用按数据流量计费的方式，使其资费更合理。

GPRS 是 3GPP 移动网络从第二代 GSM 移动通信系统向第三代 WCDMA 移动通信系统演进的第一步，在这一步中有两个重要意义：

① 一是在 GSM 网络中引入了分组交换能力；

② 二是将数据率提高到 100kbit/s 以上。

2．GPRS 网络结构

GPRS 网络结构是在 GSM 网络结构的基础上进行扩充，如图 6-36 所示。

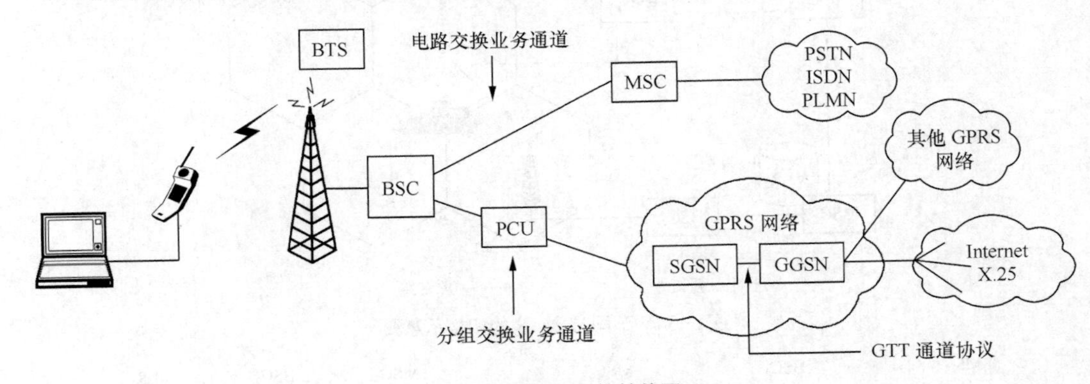

图 6-36 GPRS 网络结构图

通过在 GSM 网络子系统中增加 GPRS 服务支持节点（Serving GPRS Supporting Node，SGSN）和 GPRS 网关支持节点（Gateway GPRS Support Node，GGSN）两个新的网络节点，在 BSS 中增加了一组新的网络功能实体——分组控制单元（Packet Control Unit，PCU），CCU（信道编解码单元，Channel Code Unit）（图中没有画出）来构成的。新增加的网络单元的功能如下。

（1）SGSN

对移动终端进行定位和跟踪，并发送和接收移动终端的分组。SGSN 负责分组的路由选择和传输，在其服务区负责将分组递送给移动台，它是为 GPRS 移动台构建的 GPRS 网的服务访问点。SGSN 在 GPRS 网络中的作用类似于 MSC/VLR 在 GSM 网络中的作用。

（2）GGSN

将 SGSN 发送和接收的 GSM 分组按照其他分组协议（如 IP）发送到其他网络。

GGSN 像互联网和 X.25 一样，用于和外部网络的连接。从外部网络的角度看，GGSN 是到子网的路由器，负责存储已激活的 GPRS 用户的路由信息。因为 GGSN 对外部网络“隐藏”了 GPRS 的结构，当 GGSN 接收到寻址特定移动用户的数据时，GGSN 检查这个地址是否处于激活状态。GGSN 接收来自外部数据网络的数据，通过隧道技术，传送给相应的 SGSN。另外 GGSN 还具有地址分配、计费、防火墙的功能。

SGSN 和 GGSN 之间通过 IP 网络连接。

（3）PCU（分组控制单元，Packet Control Unit）

用于分组数据信道管理和信道接入控制，它从语音业务分离出数据业务，传送到 SGSN，对外提供Gb接口，建立起到SGSN的BSSGP协议（基于帧中继传输协议）。GPRS的一个基本概念就是逻辑信道链接，也就是说在没有数据传输的情况下，也可以在SGSN和GPRS移动台之间建立、保持一条逻辑连接。如果有数据传输，那么若干个用户可以复用同一条物理链路，若干条物理链路也可以绑定在一起，给每个用户使用。最重要的是，一个小区内的无线资源可以动态地分配给电路或分组交换业务使用。为了实现上述功能，GPRS网络中引入了分组控制单元（PCU）。

（4）CCU

新的编码方案（CS）可以提高单个信道的"净"数据传输率，该功能是由信道编解码单元（CCU）实现的。CCU是基站收发台（BTS）的组成部分。CCU的功能有：

① 信道编码功能包括编码方案，前向纠错和交织传输；

② 无线信道测量功能，如对接收到的信号强度和到达时间进行测量。

3．GPRS逻辑体系结构

除了新增加的网络单元之外，GPRS还增加了相应的接口，用于实现GPRS的数据传输和信令控制功能。其逻辑体系结构如图6-37所示。

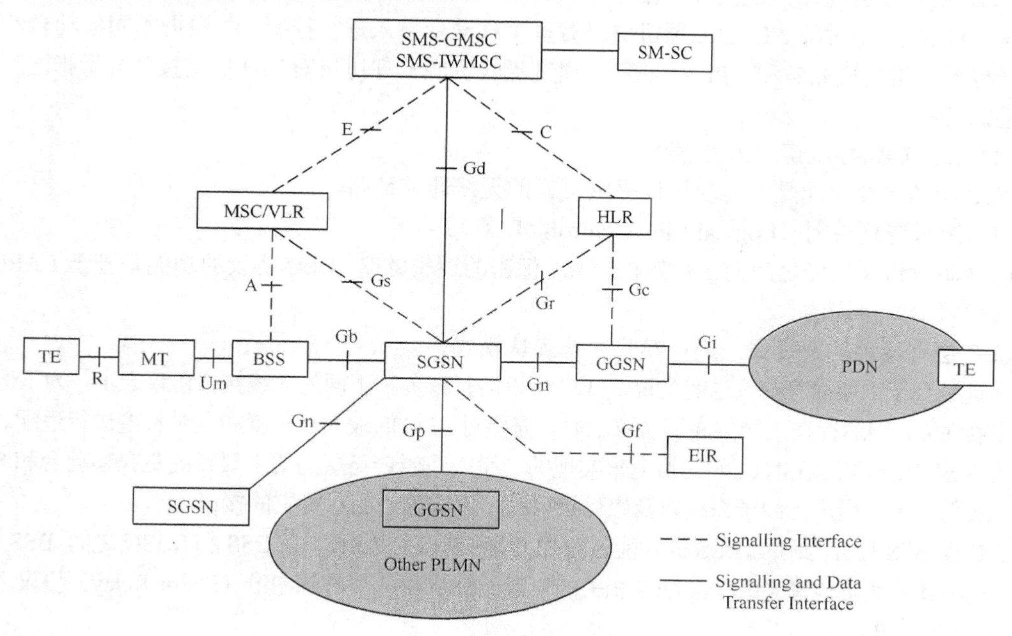

图6-37 GPRS逻辑体系结构图

其新增接口为：Gb、Gr、Gn、Gp、Gi、Gs、Gd、Gf、Gc。

6.5.2 GPRS系统网络接口及协议体系

GPRS协议结构分为传输平面和信令平面。传输平面提供用户信息传送；信令平面提供相关的信息传送控制过程（如流量控制、错误检测和恢复等）的分层协议。

1．GPRS传输平面协议

从图6-37可看出，代表数据传输的实线包括Um、Gb、Gn、Gi、Gd等接口，因此GPRS的传输平面协议涉及以上接口，如图6-38所示。下面对图中相关协议进行讨论。

（1）物理层

GPRS系统Um接口的物理层划分为无线射频层（PFL）和物理链路层（PLL）。

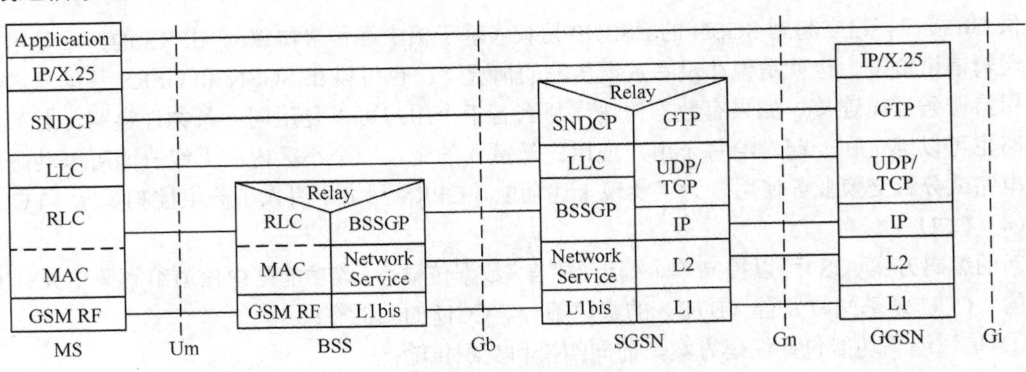

图 6-38　GPRS 传输平面协议结构

PFL 层是 GSM 的物理无线承载层，其主要功能相似。

（2）媒体接入控制层（MAC 层）

MAC 层的主要作用是定义和分配空中接口的 GPRS 逻辑信道，使得这些信道能被不同的移动台共享。MAC 采用时隙 ALOHA 预留协议对多个移动台接入进行控制，并根据不同移动台的业务请求（包括电路交换业务和 GPRS 业务），通过无线资源管理协议对物理信道按“容量指配”原则进行动态分配。

（3）无线链路控制层（RLC 层）

RLC 层的主要功能是为上层协议提供可靠的无线通信链路。

（4）逻辑链路控制（Logical Link Control，LLC）层

在移动台和 SGSN 之间向上层提供可靠、保密的逻辑链路，LLC 协议的功能是基于 LAPD（链路接入步骤-D）协议的。

LLC 层有两种转发模式：确认模式和非确认模式。

LLC 独立于下层而存在，也就是说，LLC 可以运行在各种不同的无线接口协议之上。为了达到最优的传输性能，当运行在不同的底层协议上时，需要对 LLC 的最大包长度和定时长度进行适配。这种适配是通过移动台和 SGSN 之间的协商来实现的。引入逻辑链路层的的主要目的是在移动台和 SGSN 之间，实现一个与用户无线子系统以及媒体接入技术无关的、相对稳定的接口。

LLC 在 BSS 处分为两段，BSS 的功能称为 LLC 桥接（LLC Relay）。在 BSS 和 SGSN 之间，BSS GPRS 协议（BSSGP）负责传输路由和与 QoS 相关的信息，BSSGP 工作在帧中继（Frame Relay）协议之上。

（5）SNDCP

GTP 的下层是基于 TCP/IP 协议簇的标准 IP 骨干网。在 SGSN 和 MS 之间，依赖子网的汇聚协议（Subnetwork Dependent Convergence Protocol，SNDCP）将网络层的协议映射到下面的逻辑链路控制（LLC）层，提供网络层业务的复接、加密、分段、压缩等功能。

只有在网络层以上的协议才知道它们传送的内容是信令还是用户数据，网络层以下的协议不知道它们传送的数据内容，传输时不做任何区分，以同样的方式进行传输。

网络层需要在多种不同的子网和数字链路上运行。GPRS 可以支持多种不同的网络层协议，使各种协议的实现对用户来说是透明的。为了保证在 GPRS 系统中引入新的网络层协议时不需要对现有的系统进行改造，实现网络层 PDU 在 GPRS 系统中的透明传输（例如 SNDCP PDU 通过 LLC 层，透明地经过基站子系统进行传输，即 SNDCP PDU 不知道基站子系统的存在），这就是引入 SNDCP 的原因。

SNDCP 层可以为多种不同的网络层协议提供服务，将来自不同网络层实体的数据通过逻辑链路层提供的服务进行复用。

SNDCP协议可以为多种网络协议（如IP、X.25、ATM）提供服务。

（6）GTP协议

GPRS隧道协议（GPRS Tunneling Protocol，GTP）用来在GPRS支持节点（GSN）之间传送数据和信令。它在GPRS骨干网中通过隧道的方式来传输PDU。

所谓隧道，是在GSN之间建立的一条路由，使得所有由源GSN和目的GSN服务的分组都通过该路由进行传输。具体地说，隧道类似于点到点的链接（可以想象，“隧道”就相当于两个通信节点之间的一条传输通道）。隧道技术使用点对点通信协议代替了交换连接，通过路由网络来连接数据地址。隧道技术允许已授权的用户在任何时间、任何地点访问企业内部网络。通过隧道的建立，GPRS网络中用于实现隧道传送功能的协议叫做GPRS隧道协议（GTP），用于GPRS骨干网中。

（7）UDP/TCP

UDP（用户数据报协议）提供差错保护，用于承载IP协议不要求可靠传输的PDU；TCP（传输控制协议）在GPRS骨干网中承载X.25协议，提供流量控制以及丢失和差错保护，用于承载要求可靠传输的PDU。用户数据的传输可以采用UDP也可采用TCP，信令传输采用UDP。

（8）IP是GPRS骨干网协议，用于选择用户数据和信令的路由。

（9）中继功能（RELAY）根据它位于BSS还是SGSN而 不同。若位于BSS中，它在Um和Gb接口之间传送LLC　PDU；若位于SGSN，它在Gb和GN之间传送PDP PDU。

（10）BSSGP（GRRS基站协议）

检查BSS和SGSN之间的相关路由，其主要功能是提供与无线相关的数据、QoS和选路信息，以满足在BSS和SGSN之间传输用户数据时的需要。

在传输平面上，该协议用于在BSS与SGSN之间提供一条无连接的链路，进行无确认的数据传送；在信令平面上用来传送与无线相关的QoS、路由等信息，处理寻呼请求，对数据传输实现流量控制。

注：以上讨论也涉及了信令控制平面的内容，在下面信令控制平面协议的讨论中同样适用。

2．GPRS信令平面协议

GPRS信令平面协议的主要功能为：

① 控制GPRS网络的接入，如对“attch”和“detach”操作的控制；

② 控制接入的属性，如激活一个PDP地址；

③ 支持用户在GPRS网络内部的移动性；

④ 根据用户需求，为其分配网络资源；

⑤ 提供附加业务。

从图6-37可看出，代表信令传输的实线和虚线涉及所有接口，故GPRS控制平面协议涵盖所有接口。

6.5.3 GPRS空中接口信道结构

GPRS有着和GSM相同的基本空中接口规范，即GPRS的多址方案也是采用时分多址（TDMA/FDMA），一个载波8个基本物理信道，载波带宽为200kHz。一个物理信道定义为一个TDMA帧的一个时隙。在射频调制技术上，GPRS采用与GSM相同的GMSK技术。

但在信道的规划选择上，GPRS较GSM做了一些针对数据传输特点的相应改变。

1．GPRS逻辑信道

同GSM相似，GPRS的逻辑信道也分为业务信道和控制信道。

其业务信道称为分组数据业务信道（PDTCH）；控制信道称为分组信令控制信道，有三大类：分组广播控制信道（PBCCH）、分组公共控制信道（PCCCH）和分组专用控制信道（PACCH）。

其具体内容如图 6-39 所示，其与 GSM 的对应关系如图中所示。

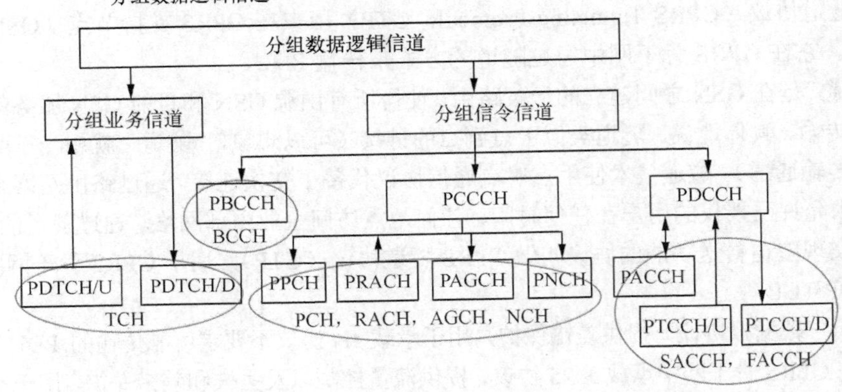

PDCH 的具体类型（除 PRACH 外）由 RLC/MAC 头和 RLC/MAC 控制消息类型确定

图 6-39 GPRS 分组逻辑结构

2. GPRS 分组无线信道的帧结构

由于 GPRS 是建立在 GSM 系统之上，因而其无线接口中的时隙长度、突发形式与 GSM 相同。

在 GPRS 中，分组数据信道（PDCH）由 52 帧构成，其中有 $4 \times 12 = 48$ 个 TDMA 帧，以及两个分组定时提前量控制信道（PTCCH）帧和两个空闲帧。一个 PDCH 约占有 240ms。每 4 个帧组成一个无线块（Radio Block），因此一个无线信道共分为 12 个无线块、2 个空闲帧 I 和为 PTCCH 保留的 2 帧 T。如图 6-40 所示。

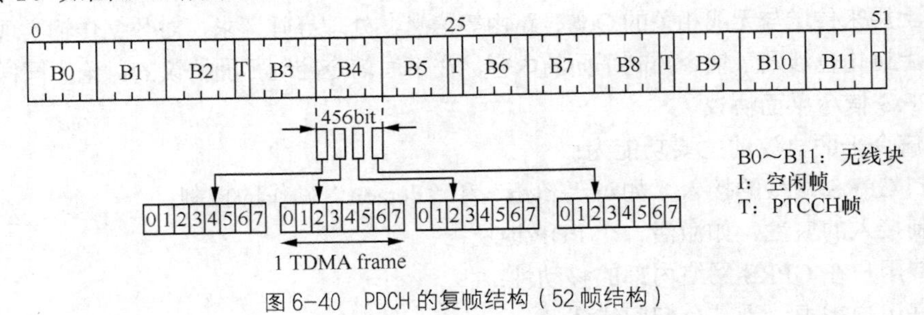

图 6-40 PDCH 的复帧结构（52 帧结构）

3. 无线块相关概念

GPRS 系统在 GSM 时隙基础上构造了无线数据块（Radio Block Strncture），GPRS 无线块是空中接口传输用户数据和信令的物理信道基本单位。多个用户逻辑信道数据可以复用在一个 GPRS 物理信道及分组数据信道（PDCH）中，所以无线块内必须存在信息用来指示块内包含的逻辑信道类型，同时是用来判断传输用户数据的所有者的方法。

一个无线块由 4 个连续 TDMA 帧中的 4 个突发（Burst）序列组成。无线数据块的结构如图 6-41 所示，GPRS 无线数据块由以下三部分组成。

（1）MAC 头

包括：USF（上行链路状态标志，Uplink State Flag），用于下行链路，用来指出下个上行链路无线块的所有者；T 块内容类型（数据或信令）以及功率控制信息 PC 等。

（2）信息单元两种类型：RLC 数据块和 RLC/MAC 信令信息。

RLC 数据块由 RLC 头和 RLC 数据组成。RLC 头用于向接收端标识发送的移动台，RLC 数据来自于1个或几个逻辑链路控制层的协议数据单元（LLC PDU）。

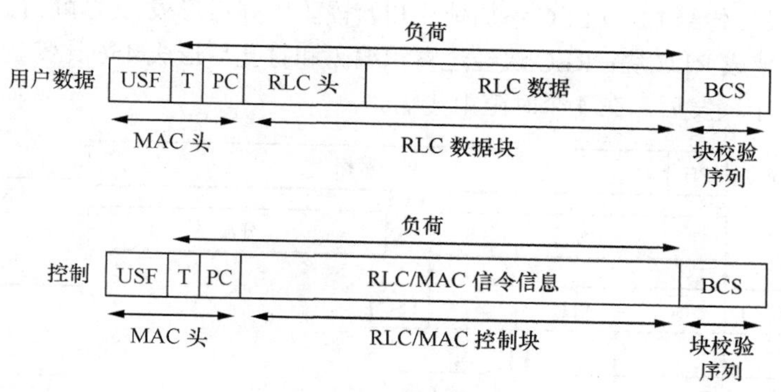

图6-41 无线数据块的结构

（3）块校验序列（Block Check Sequence，BCS）

当MAC头和内容在物理层与高层间切换时，需要计算块校验序列（BCS），BCS用于错误检测。

GPRS的无线分组资源分配方式为：

① 无线资源分配和无线传输以无线块（BLOCK）为基本单位；

② 一个PDCH可以为多个MS使用，一个MS可以同时使用多个PDCH。

4．GPRS信道编码

无线块必须通过空中接口传输，数据传输因为多径传播带来的（如瑞利衰落、信号衰减、多普勒效应、时间扩散等）不利因素变得非常不可靠。信道编码作用在于对接收序列进行检测和错误纠正，这是通过在发送比特流中引入冗余来实现的。

（1）编码方案

GPRS中的比特流是以无线块形式发送的，对于携带RLC数据块的无线块来讲有4种编码方案，CS1～CS4，如表6-3所示。它们之间的差别主要在于因为附加给无线块冗余数目不同而具有不同的“净”数据传输率及错误检纠错能力。

表6-3　　四种编码方案的编码参数

方案	码率	上行状态标志USF	预编码USF	扣除USF和BCS的RLC	块校验序列BCS	尾比特	数据率（kbit/s）	扣除RLC/MAC头的数据速率（kbit/s）
CS-1	1/2	3	3	181	40	4	9.05	8
CS-2	≈2/3	3	6	268	16	4	13.4	12
CS-3	≈4/3	3	6	312	16	4	15.6	4.4
CS-4	1	3	12	428	16	–	21.4	20

根据不同的编码率，可以得到的数据率为8/12/14.4/20kbit/s。如果一个用户使用8个时隙，每个时隙的速率为14.4kbit/s，则该用户的最高速率可以达到8 × 14.4kbit/s = 115.2kbit/s。编码后的数据在4个突发（时隙）中传输。

（2）编码过程

其编码过程：为了检错加入了分组校验序列（BCS），再添加预编码后的USF和尾比特后，经过卷积编码和打孔（Puncture）后形成固定长度的456比特的数据。

GPRS 的空中接口中传输的完整数据流如图 6-42 所示。网络层的协议数据单元（N-PDU）在 SNDCP 层进行分段后传给 LLC；LLC 添加帧头和帧校验序列后形成 LLC 帧；LLC 帧在 RLC/MAC 再进行分段后，封装成 RLC 块；RLC 块经过卷积编码和打孔后形成 456 比特的无线数据块；无线数据块再分解为 4 个突发后，在 4 个时隙中传输。

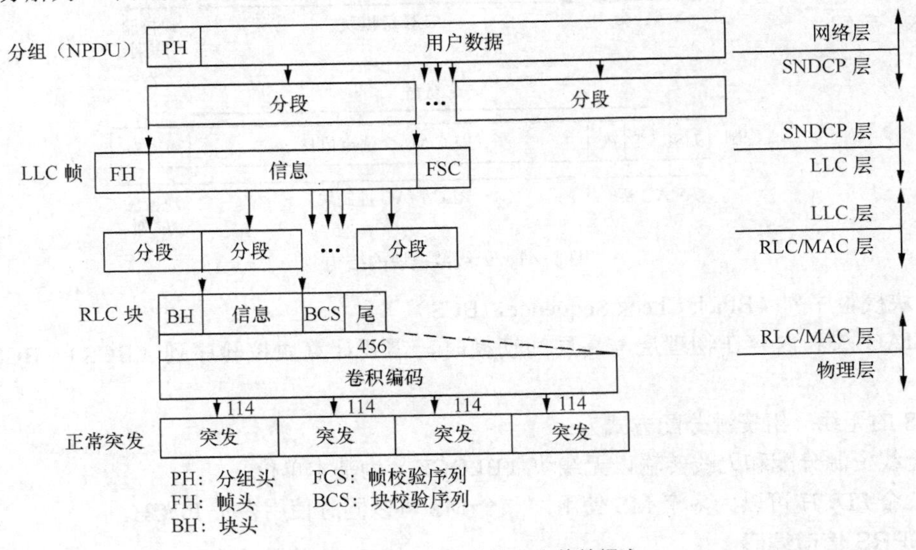

图 6-42　GPRS 的空中接口中的数据流

6.5.4　GPRS 的技术特点及存在的问题

1．GPRS 的技术优势

（1）充分利用现有 GSM 资源

GPRS 采用与 GSM 相同的频段、频带宽度、突发结构、无线调制标准、跳频规则以及相同的 TDMA 帧结构。

（2）资源利用率高且灵活

GPRS 采用分组交换技术，高效传输高速或低速数据信令，优化了对网络资源和无线资源的利用；定义了新的 GPRS 无线信道，且采用动态分配方式，十分灵活：每个 TDMA 帧可为用户分配 1～8 个无线接口时隙，每个时隙能为活动用户所共享，且上行和下行链路的分配是独立的，支持上下行不对称业务。

（3）支持 IP 和 X.25 协议

（4）永远在线

可以实现基于数据流量、业务类型及服务质量等级（QoS）的计费功能，GPRS 的计费一般以数据传输为依据。GPRS 计费方式更加合理，用户使用更加方便。

2．GPRS 存在的问题

（1）GPRS 会发生丢包现象。

（2）实际速率比理论值低。

（3）存在转接时延。

（4）射频调制方式不是最佳。

总而言之，GPRS 只能充分有效地使用现有的无线资源，但不能创造资源。

6.5.5 GPRS 的演进技术——EDGE

1. EDGE 的概念

由于 GPRS 在技术存在上述诸多问题，因此在 GPRS 技术的基础上推出了其演进技术 EDGE。EDGE 全称 Enhanced Data rate for GSM Evolution，中文含义是：提高数据速率的 GSM 演进技术。EDGE 规范的制定工作是由第三代移动通信合作伙伴项目（3GPP）来负责的。根据相关规范的定义，综合来看，EDGE 就是一种能够增强高速电路交换数据业务（HSCSD）和通用分组交换无线数据业务（GPRS）的单位时隙内数据吞吐量的技术。我们将增强型高速电路交换数据业务称为 ECSD（Enhanced Circuit-Switched Data），将增强型通用分组交换无线数据业务称为 EGPRS（Enhanced GPRS），根据 3GPP 标准 release 99，EDGE = ECSD + EGPRS，因此从数据传输的角度说，有的文献上直接把 EDGE 也称为 EGPRS。

从 3GPP 对移动通信系统的分代标准来看，GSM 网络是纯电路交换，可以称为 2G 网络；而 GPRS 是一种基于 GSM 系统的无线分组交换技术，提供端到端的、广域的无线 IP 连接，俗称 2.5G；EDGE 技术提高了 GPRS 的数据吞吐率，比 GPRS 更进一步，称为 2.75G，因此有人也将 EDGE 称为 GSM 向 3G 过渡的技术。EDGE 的网络结构图见图 6-43。

EDGE 与 GSM/GPRS 网络结构

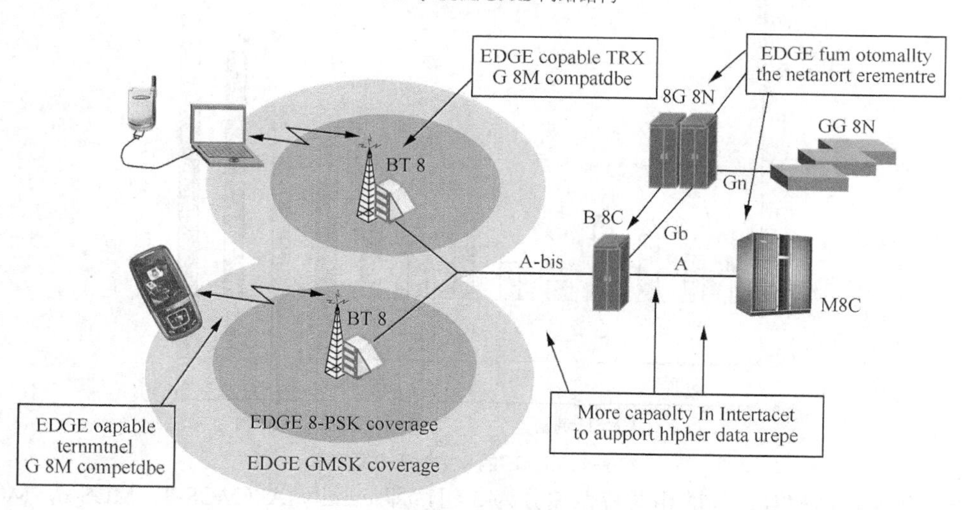

图 6-43 EDGE 的网络结构图

2. EDGE 采用的主要新技术

EDGE 的最重要特点是提高了网络数据传输的速率和质量，这和其采用的新技术有关。

（1）引入新的调制方式——8PSK（8 相相移键控）

EDGE 业务与 GPRS 业务最大的不同体现在调制解调方式上，GPRS 调制解调方式只有 GMSK，而 EDGE 不但支持 GMSK 方式还支持 8PSK 方式。8PSK 在调制速率上是 GMSK 的 3 倍左右，这正是使得 EDGE 业务速率能够比 GPRS 快的根本原因。GMSK 与 8PSK 调制方式星座图的比较见图 6-44。

（2）灵活的编码方案 MCS1～MCS9

结合不同纠、检错能力的信道编码方案，引入了 8PSK 后，EDGE 的编码方式有 MCS1～MCS9 共九种，而 GPRS 的编码方式有 CS1～4 共四种，较之使用 GMSK 调制技术的 GPRS 提供的四种编码方案 CS1～CS4，EDGE 可以适应更恶劣、更广泛的无线传播环境；在相同带宽内，EDGE 最高可以提供 6 倍于 GPRS 的数据速率。9 种编码方式提供了更高的速率和选择的灵活性，提供并且支持更多的业务类型，实现服务多样性。EDGE 的编码方案如图 6-45 所示。

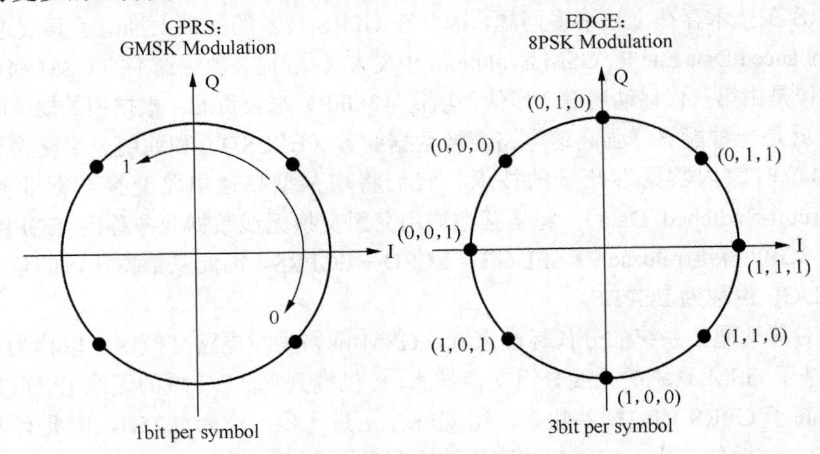

图 6-44　GMSK 与 8PSK 星座图的比较

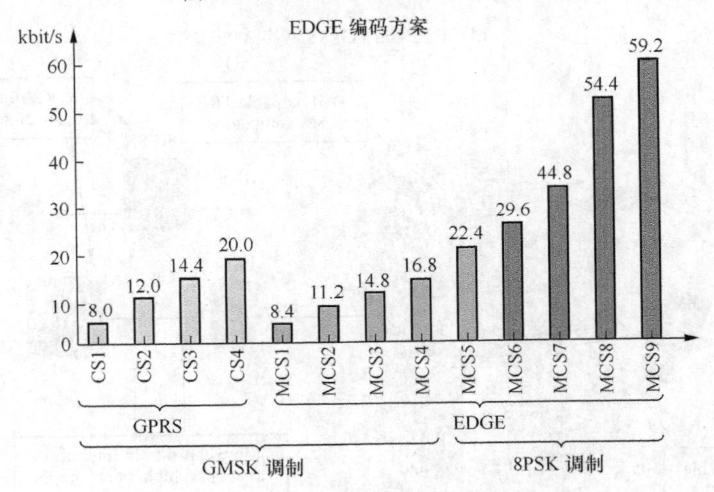

图 6-45　EDGE 的 9 种编码方案速率

9 种 MCS 根据相互之间的相关特性被分为 3 组，即 Family A（MCS-3，MCS-6，MCS- 8，MCS-9），Family B（MCS-2，MCS-5，MCS-7）和 Family C（MCS-1，MCS-4）。各组内的几种编码方案的结构之间具有相互包含或被包含的关系，更易于实现编码速率的转换。其中 MCS1～MCS4 采用 GMSK 高斯最小相移键控调制方法，这时容错保护能力强，数据吞吐量就相对低；MCS5～MCS9 采用 8-PSK 调制方法，数据吞吐能力较强。

（3）先进的链路质量控制（Link Quality Control，LQC）机制

在数据发送和重发机制上，EDGE 在链路质量控制（LQC）方面采用了链路适配（Link Adaptation，LA）和增量冗余（Incremental Redundancy，IR）技术，数据重发成功率较之 GPRS 平均提高 10%～20%。极大地提高了网络的数据吞吐率。

① 链路适配（LA）

LA 是根据精确的无线链路质量及时调整最适合的 MCS 方案。正常数据块传输正确的情况下可以在 9 种数据速率之间进行转换，以获得传输质量与吞吐率的最佳平衡。

② 增量冗余（Incremental Redundancy，IR）

增量冗余结合了简单的前向纠错机制（FEC）和自动重发机制（ARQ）两种技术，在重发信息中加入更多的冗余信息，从而提高接收端正确解调的概率。

3．EDGE 网络与 GPRS 网络的关系

（1）核心网与 GPRS 基本一致

EDGE 系统充分考虑了和原 GMS/GPRS 网络的兼容性和继承性，对核心网影响很小，原有的 Gb、Gn/Gp、Gi、Gr、Gs 接口都没有变化。并且不需要增加新的硬件设备，仅核心网软件需要升级。

（2）BSC 软件需要升级

为了支持 8PSK 调制，无线收发设备需要更新。开通 EDGE 的小区需配置 EDGE 载频，需对已有小区进行调整。

（3）部分老型号基站不支持，需要更换部分基站 TRX

系统升级简单，硬件仅需要升级载频模块，软件需要升级定时传输管理单元（TMU）和收发信机（TRX）模块，软件支持 EDGE 情况下的 TRX 载频需要硬件升级。

（4）EDGE 终端分为两种

上行采用 GMSK，下行采用 GMSK 或 8PSK 调制方式；上下行全部采用 8PSK 的调制方式及 MCS1～MCS9。

（5）向下兼容 GPRS，但采用与 GPRS 不同的编码方式

EDGE 相对于 GPRS，在网络方面的改进如图 6-46 所示。

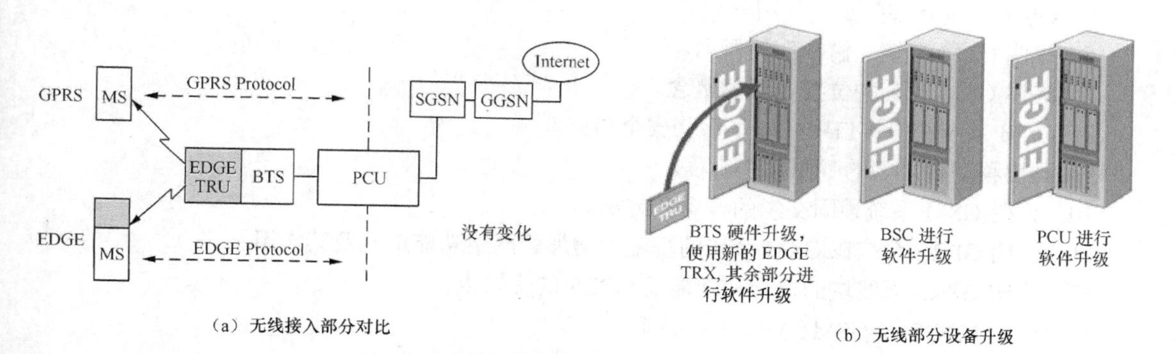

（a）无线接入部分对比　　（b）无线部分设备升级

图 6-46　EDGE 与 GPRS 在网络方面的改进

小　结

本章的核心内容是讨论第二代蜂窝移动通信系统的典型代表——GSM 系统。

首先对 GSM 系统产生的背景、特点、业务进行了概括性的讨论，使读者对 GSM 有一个概括性的了解。对 GSM 系统结构、系统组成、GSM 系统网络接口及协议种类、GSM 组网的区域划分、GSM 号码种类，进行了详尽的讨论，通过对本部分的讨论，使读者对 GSM 系统的网络结构及组成有了全面的了解和认识。紧接着对 GSM 系统无线接口（Um）及传输技术，这两大板块进行了深入和细致的讨论。空中接口所涉及的概念包括：无线资源（包括频率、多址方式等）、空中接口的帧及其相关概念、逻辑信道的概念、突发脉冲等相关概念；空中接口传输技术以图 6-30 为基础，讨论 GSM 系统空中接口所包含的底层相关传输技术。本部分内容较为繁杂，但要抓住 GSM 空中接口这

个主线来加以分析和认识。本章也讨论了 GSM 系统的移动性管理与控制。本部分涉及到了 GSM 系统中三层以上协议的相关内容，包括：位置管理、安全性管理、呼叫控制流程、切换等相关概念，通过这部分的学习，可使读者对 GSM 系统有一个实际的、形象化的理解和认知，同时也可以了解数字蜂窝移动通信系统移动性管理的一般性概念。

本章另外一个重点内容是对通用分组无线业务（GPRS）及其演进方案的讨论和分析。这部分包括：GPRS 的概念、GPRS 业务类型、GPRS 系统的组成及与 GSM 系统的关系、接口及协议体系、空中接口帧结构（信道、无线块、编码方式）、业务流程、GPRS 系统的特点等；紧接着讨论了 GPRS 的演进——EDGE 方案。通过对本部分的学习，使读者对蜂窝移动通信分组交换的概念、技术及系统有一个概括性的了解和认识，建立了电路域（CS）和分组域（PS）的概念。

通过对本章的学习，可使读者对 GSM 系统有一个全面、深入的认识和理解，对第二代数字蜂窝移动通信的技术也有一个认识，这对后面章节的认识奠定了基础。

思考题与习题

1．简述 GSM 系统定义了多少逻辑信道，都是哪些信道？

2．GSM 系统采取了哪些安全措施？

3．GSM 的突发脉冲机构中，26 比特训练序列的作用是什么？GSM 系统中，上行时隙中设置保护时间的目的是什么？

4．临时移动号码（TMSI）的作用是什么？基站识别码有什么作用？

5．GSM 系统有哪些小区复用方式？

6．说明 GSM 系统“偷帧”的概念。

7．综述 GSM 的几种位置更新的概念。

8．GSM 系统空中接口中采取了那些安全措施？

9．画出移动台之间的呼叫接续流程。

10．说明 GSM 系统帧间交织的概念和方法。

11．说明 GPRS 系统在 GSM 系统的基础上增加的网络功能单元及其作用。

12．说明 GPRS 无线块的概念和功能及 GPRS 的优缺点。

13．说明 EDGE 与 GSM、GPRS 的关系。

14．说明 EDGE 采用了哪些新技术使得数据传输率得以大大提高。

第 7 章 CDMA 技术基础

CDMA 是在扩频通信技术基础上发展起来的一种崭新而成熟的无线通信技术。按多址方式，移动通信系统可分为频分多址（FDMA）、时分多址（TDMA）和码分多址（CDMA）。系统容量大是 CDMA 系统的主要优点。理论上 CDMA 系统是 FDMA 系统容量的 20 倍，TDMA 系统容量的 4～5 倍，此外，高质量、综合业务、软切换等也是其突出特点。

CDMA 技术的出现源自于人类对更高质量无线通信的需求。第二次世界大战期间，因战争的需要而研究开发出了 CDMA 技术，其思想初衷是防止敌方对己方通信的干扰，在战争期间广泛应用于军事抗干扰通信，后来由美国高通公司将其引入到公众蜂窝移动通信系统。1995 年，第一个 CDMA 商用系统运行之后，CDMA 技术理论上的诸多优势在实践中得到了检验，从而在全球得到了迅速推广和应用，3G 三大主流标准均基于 CDMA。

本章介绍了构建 CDMA 系统必需的基础知识（扩频通信和码序列）及 CDMA 蜂窝网的主要关键技术，最后讨论了 CDMA 蜂窝系统的容量。

7.1 CDMA 技术基本原理

1．无线多址通信的基本概念

所谓无线多址通信是指在一个通信网内各个通信台、站共用一个指定的射频频道，进行相互间的多边通信。也称该通信网为各用户间提供多元连接。

实现多址连接的理论基础是信号分割技术。也就是在发送端进行恰当的信号设计，使各站所发射的信号有所差异。相应地在接收端有信号识别能力，能检测出该差异，从而从混合信号中选择分离出相应的信号。显然，若信号彼此正交，将可使差异最大化。

这样在发送瑞，信号设计的任务是使信号按某种参量相互正交（或准正交）。一个无线电信号可以用若干参数来表征，其中最基本的参数是信号的射频频率、信号出现的时间、信号占据的空间及信号的码型（或波形）等。对无线信号分别按这些参量进行分割，即可实现基本的多址连接：FDMA、TDMA、SDMA 和 CDMA 等，而由这些基本的多址方式还可以派生出多种复合多址方式，如 TDMA/FDMA、CDMA/FDMA 等。关于这些多址方式的原理，参见第 5 章中的介绍。

多址技术与固定通信中的信号复用技术相同，实质上都是属于信号正交划分与设计技术。不同点是信号复用的目的在于区分多路，而多址技术的目的是区分多个动态地址；复用技术通常在中频或基带实现，而多址技术必须在射频实现，它利用射频辐射的电波寻找动态的移动地址。FDMA、TDMA、CDMA 的比较如图 7-1 所示。

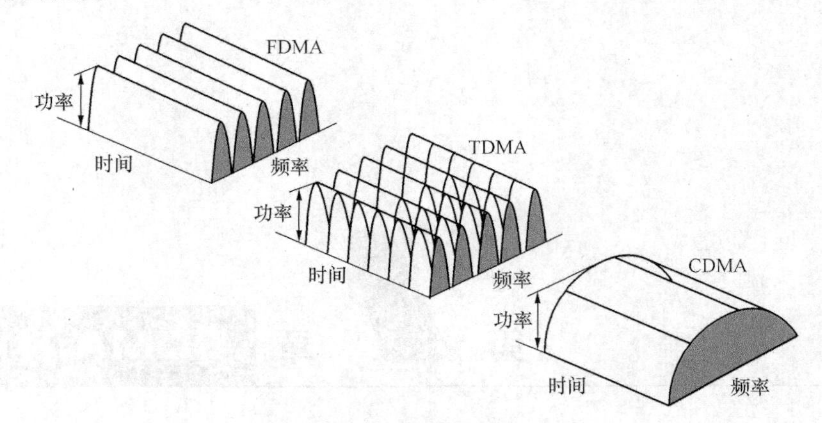

图 7-1　FDMA、TDMA、CDMA 的比较

在 CDMA 移动通信系统中，不同的移动用户传输信息所用的信号不是靠频率不同或时隙不同来区分的，而是用各自不同的编码序列来区分，或者说靠信号的不同波形来区分。从频域或时域上看，多个 CDMA 信号是相互重叠的。接收机用相关器从多个 CDMA 信号中选出其中使用预定码型的信号，而其他使用不同码型的信号因为与接收机产生的本地码型正交而被滤除。移动用户之间的信息传输也是由基站进行转发和控制的。无论上行或下行传输，除传输业务信息外，还必须传送相应的控制信息。为了传送不同的信息，需要设置不同的信道，但是 CDMA 系统既不分频道又不分时隙，无论传送何种信息的信道都是靠采用不同的码型来区分的。这样的信道被称为码道，这些码道无论从频域或时域上来看都是互相重叠的，它们均占用相同的频段和时间。

2．CDMA 基本原理

在码分多址系统中，发送端用正交的地址码对各用户发送的信号进行码分，在接收端，通过相关检测利用码型的正交性从混合信号中选出相应的信号。具体来讲，各用户信号首先与自相关性很强而互相关值为 0 或很小的周期性码序列（地址码）相乘（或模 2 加）实现码分，而后去调制同一载波，经过相应的信道传输后，在接收端以本地产生的已知地址码为参考，借助地址码的相关性差异对收到的所有信号进行鉴别，从中将地址码与本地地址码一致的信号选出，把不一致的信号除掉（称之为相关检测或码域滤波）。其基本工作原理如图 7-2 所示。

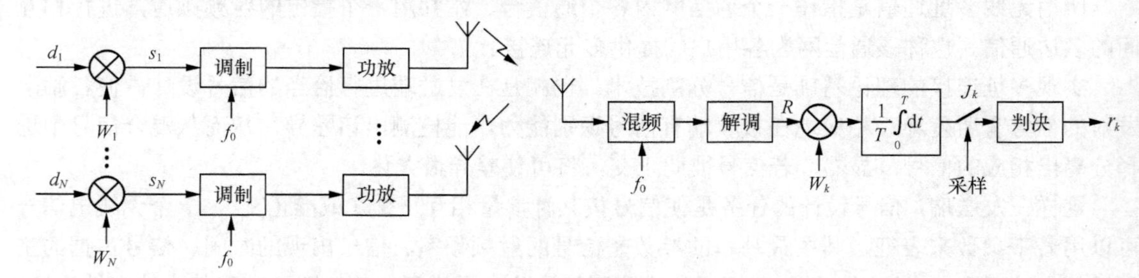

图 7-2　码分多址收发系统原理图

图 7-2 中，d_1～d_N 分别是 N 个用户的信号，其对应的地址码分别为 W_1～W_N，不失一般性，同时为了简明起见，假定系统有 4 个用户（即 $N=4$），各自的地址码为

$$W_1=\{1，1，1，1\}，W_2=\{1，-1，1，-1\}，W_3=\{1，1，-1，-1\}，W_4=\{1，-1，1，-1\} \tag{7-1}$$

假设在某一时刻用户数据信号分别为

$$\mathrm{d}_1=\{1\}，\mathrm{d}_2=\{-1\}，\mathrm{d}_3=\{1\}，\mathrm{d}_4=\{-1\} \tag{7-2}$$

与式（7-1）和式（7-2）相应的波形如图 7-3 所示。

它们与各自对应的地址码相乘后的波形为 S_1～S_4，上述这些信号的波形图 7-3 给出。在接收端，当系统处于同步状态和忽略噪声的影响时，在接收机中解调输出端的波形是 S_1～S_4 的叠加。如果欲接收某一用户（例如用户 2）的信息数据，则设置本地产生的地址码与该用户的地址码相同（$W_k=W_2$），用此地址码与解调输出端的波形相乘，再送入积分电路，然后经过采样判决电路即可得到相应的信息数据；如果本地产生的地址码与用户 2 的地址码相同，即 $W_k=W_2$，经过相乘、积分电路后，产生的波形 J_1～J_4 如图 7-3 所示，即

$$J_1=\{0\}，J_2=\{-1\}，J_3=\{0\}，J_4=\{0\} \tag{7-3}$$

即在采样、判决电路前的信号是：$0+(-1)+0+0$。此时，虽然解调输出端的波形是 S_1～S_4 的叠加，但是，因为要接收的是用户 2 的信息数据，本地产生的地址码与用户 2 的地址码相同，经过相关检测后，用户 1、3、4 所发射的信号加到采样、判决电路时的信号是 0。对信号的采样、判决没有影响。采样、判决电路的输出信号是 $r_2=-1$，是用户 2 所发送的数据。

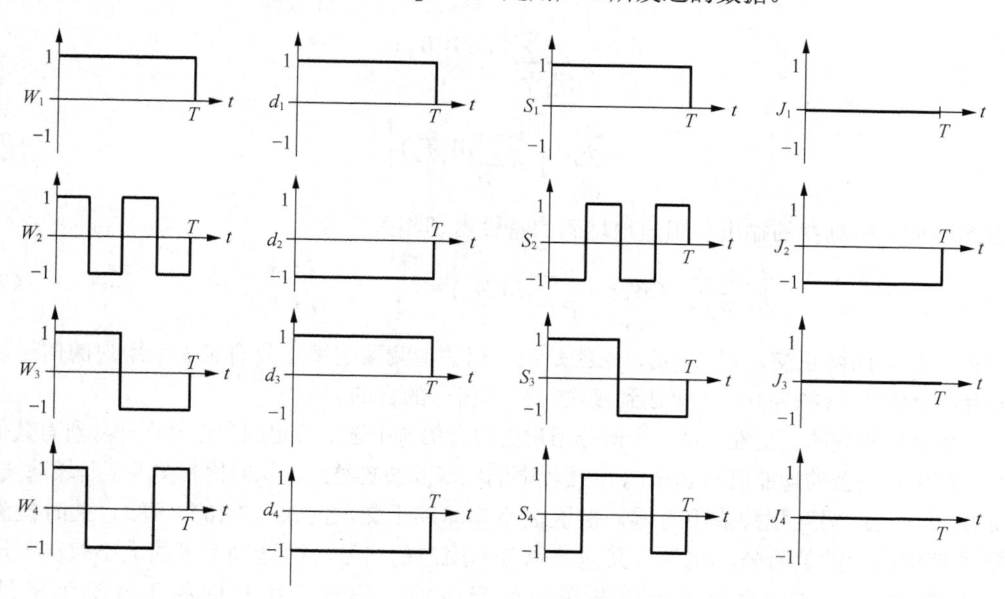

图 7-3　码分多址原理波形

如果要接收用户 3 的信息数据，则本地产生的地址码应与用户 3 的地址码相同（$W_k=W_3$），经过相乘、积分电路后，产生的波形 J_1～J_4 是

$$J_1=\{0\}，J_2=\{0\}，J_3=\{1\}，J_4=\{0\} \tag{7-4}$$

即在采样、判决电路前的信号是 $0+0+1+0$。此时，虽然解调输出端的波形是 S_1～S_4 的叠加，但是，因为要接收的是用户 3 的信息数据，本地产生的地址码与用户 3 的地址码相同，经过相关检测后，用户 1、2、4 所发射的信号加到采样、判决电路前的信号是 0，对信号的采样、判决没有影响。采样、判决电路的输出信号是 $r_3=1$，是用户 3 所发送的信息数据。如果要接收用户 1、4 的信息数据，其工作机理与上述相同。

3．相关检测

由上述码分多址基本工作原理可知，接收端通过如图 7-4 所示的相关检测器能从混合信号中分离出特定用户的信号，而

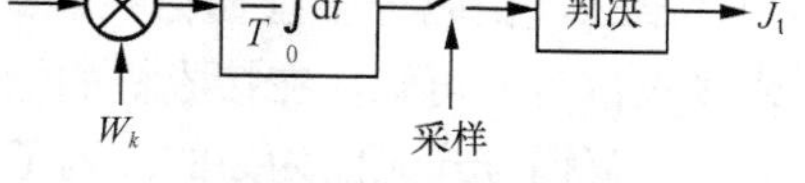

图 7-4　相关检测器

将其他用户的信号抑制。下面具体分析相关检测的基本原理。

设序列周期为 P，则检测器输出为

$$r_k = \frac{1}{P}\sum_{(T_b)}(R \cdot W_k) \tag{7-5}$$

$$= \frac{1}{P}\sum_{(T_b)}\left[\left(\sum_{\substack{i=1 \\ (T_b)}}^{N} S_i\right) W_k\right] \tag{7-6}$$

$$= \frac{1}{P}\sum_{(T_b)}\sum_{\substack{i=1 \\ (T_b)}}^{N}(S_i W_k) \tag{7-7}$$

$$= \frac{1}{P}\sum_{\substack{i=1 \\ (T_b)}}^{N}\sum_{(T_b)}(S_i W_k) \tag{7-8}$$

$$= \frac{1}{P}\sum_{\substack{i=1 \\ (T_b)}}^{N}\sum_{(T_b)}(d_i S_i W_i W_k) \tag{7-9}$$

$$= \sum_{\substack{i=1 \\ (T_b)}}^{N} d_i \left[\frac{1}{P}\sum_{(T_b)}(W_i W_k)\right] \tag{7-10}$$

由此可见，检测器的输出与用户地址码的特性密切相关，若

$$\frac{1}{P}\sum_{(T_b)}(W_i W_k) = \frac{1}{P}\sum_{j=1}^{P}(W_i W_k) = \begin{cases} 1 & i = k \\ 0 & i \neq k \end{cases} \tag{7-11}$$

即用户的地址码两两正交，则 $r_k = d_k$，也就是说，相关检测器的输出只有第 k 个用户的信号，而所有其他用户的信号统统为 0，从而达到接收端分离信号的目的。

基于地址码序列的正交性，从多个码分用户的混合信号中选出特定用户信号而滤除所有其他用户的信号，相关检测器的功能可与 FDMA 中接收端的频域滤波器类比，我们称其实现了码域滤波。

如果用户地址码互相关值不为零，但值很小，即准正交，由式（7-10）可知，此时检测器的输出除了期望用户的信号外，也包含其他（码分）用户的信号，而这些信号的大小取决于地址码互相关值的大小。这种由于地址码非正交而产生的（码分）用户间的干扰称为多址干扰（MultipleAccess Interference，MAI）。

4．码分多址待解决的问题

以上是通过一个简单例子，简要地叙述了码分多址通信系统的工作原理。实际上，码分多址移动通信系统并不是这样简单，而是要复杂得多。

第一，要达到多路多用户的目的就要有足够多的地址码，而这些地址码又要有良好的自相关特性和互相关特性。这是“码分”的基础。

第二，在码分多址通信系统中的各接收端，必须产生本地地址码（简称本地码）。该本地码不但在码型结构与对端发来的地址码一致，而且在相位上也要完全同步。用本地码对收到的全部信号进行相关检测，从中选出所需要的信号，这是码分多址最主要的环节。

第三，由码分多址通信系统的特点（即网内所有用户使用同一载波，各个用户可以同时发送或接收信号）可知，在接收机的输入信号干扰比（即信干比）将远小于 1（负若干 dB），这是传统的调制解调方式无能为力的。为了把各用户之间的相互干扰降到最低限度，并且使各个用户的信号

占用相同的带宽，码分系统必须与扩展频谱（简称扩频）技术相结合，使在信道传输的信号所占频带极大地展宽（一般达百倍以上），从而为接收端分离信号奠定基础。

7.2 扩频通信系统

7.2.1 概述

1．基本概念

扩展频谱（Spread Spectrum，SS）通信简称扩频通信，是一种信息传输方式，是码分多址的基础。在发端，采用扩频码调制，使信号所占的频带宽度远大于所传信息必需的带宽；在收端，采用相同的扩频码进行相关解调来解扩以恢复所传信息数据。

众所周知，传输任何信息都需要一定的频带，称为信息带宽或基带信号带宽，例如，人类语音的信息带宽为300～3 400Hz，电视图像信息带宽为6.5MHz。

由信号理论知道，在时间上有限的信号，其频谱是无限的。脉冲信号宽度越窄，其频谱就越宽。作为工程估算，信号的频带宽度与其脉冲宽度近似成反比。例如，1μs脉冲的带宽约为1MHz。因此，如果很窄的脉冲序列被所传信息调制，则可产生很宽频带的信号。需要说明的是，所采用的扩频序列与所传的信息数据是无关的，也就是说它与一般的正弦载波信号是相类似的，丝毫不影响信息传输的透明性。扩频码序列仅仅起扩展信号频谱的作用。

有许多调制技术所用的传输带宽大于传输信息所需要的最小带宽，但它们并不属于扩频通信，例如宽带调频就是这样。

设W代表系统占用带宽或信号带宽，B代表信息带宽，则一般认为：

$W/B = 1～2$ 为窄带通信

$W/B \geqslant 50$ 为宽带通信

$W/B \geqslant 100$ 为扩频通信

扩频通信系统用100倍以上的信号带宽来传输信息，最主要的目的是为了提高通信的抗干扰能力，即在强干扰条件下保证安全可靠地通信。我们将在下面用信息论来加以说明，并且在后面分析CDMA蜂窝系统通信容量时将证明，CDMA蜂窝系统的容量将是GSM系统的4倍，是模拟蜂窝系统的20倍。图7-5所示为扩频通信系统的基本组成框图。

扩频通信系统在发端要进行二次调制：信息调制和扩频调制，相应地收端要进行二次解调：扩频解调（解扩）和信息解调。图7-5中发端数据信号（速率R_i）经过信息调制器后输出的是窄带信号（见图7-6（a）），其经过扩频调制（加扩）后频谱被展宽（见图7-6（b），其中$R_c \gg R_i$），变成扩频信号；在接收机的输入信号中混有干扰信号，其功率谱如图7-6中（c）所示，经过解扩后有用信号恢复为窄带信号，而干扰信号变成扩频信号（见图7-6中（d）），再经过窄带滤波器，该滤波器带宽为信号带宽，所以能使有用信号顺利通过，而滤除有用信号带外的干扰信号（见图7-6中（e）），这样，对于有用信号而言，经发端扩频，收端解扩（扩频的逆过程），最终恢复原状，而对于信道中混入的干扰，只经历了收端解扩（实际为扩频），从而呈现为扩频信号，经窄带滤波后，只有位于信号带宽内的干扰残留输出，而位于信号带宽外的干扰被滤除，从而降低了干扰信号的强度，改善了信噪比，这就是扩频通信系统抗干扰的基本原理。

在伪码同步的情况下，通过扩频/解扩，可获得信噪比增益，简要分析如下。

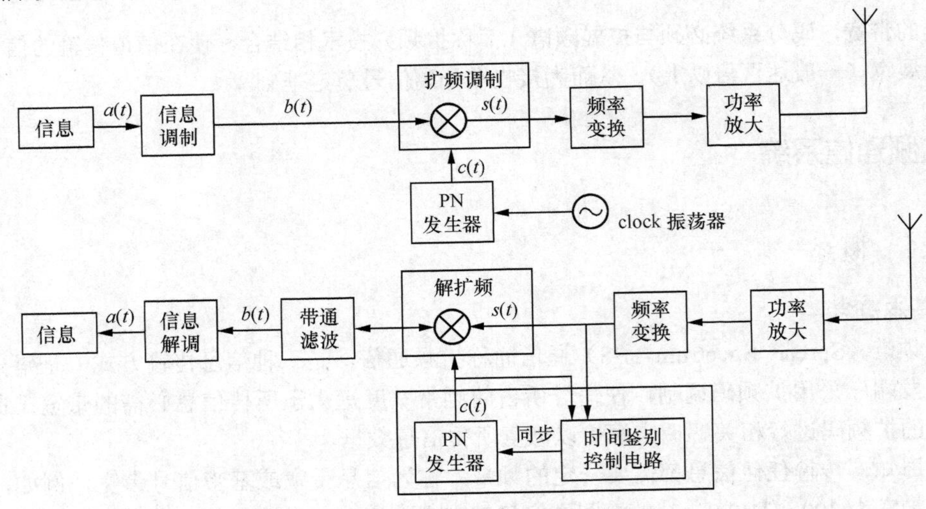

图 7-5　扩频通信系统的基本组成框图

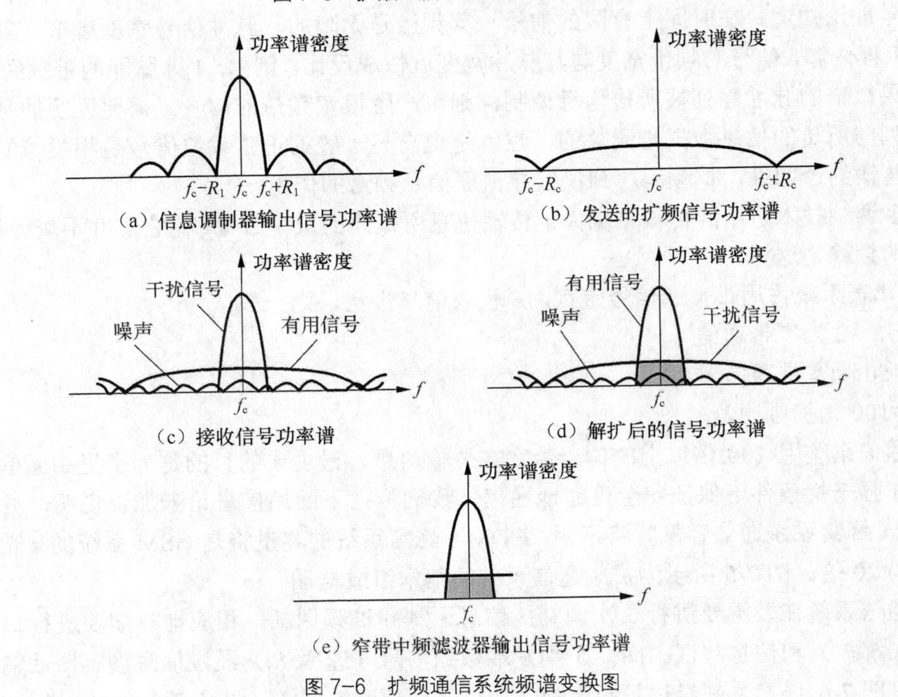

图 7-6　扩频通信系统频谱变换图

设扩频接收机输入信噪比为$(S/N)_\mathrm{i}$，则

$$\left(\frac{S}{N}\right)_\mathrm{i}=\frac{S_\mathrm{i}}{N_\mathrm{i}} \tag{7-12}$$

式中，S_i为输入信号功率，N_i为输入噪声功率。而解扩器输出信号功率

$$S_\mathrm{o}=S_\mathrm{i} \tag{7-13}$$

解扩器输出噪声功率

$$N_\mathrm{o}=\rho\cdot B \tag{7-14}$$

式中，ρ为窄带滤波器输入端的噪声功率谱密度，依上述解扩过程可知

$$\rho = N_i / W \tag{7-15}$$

从而

$$N_o = \rho \cdot B = (B/W) N_i \tag{7-16}$$

这样解扩器输出信噪比为

$$\left(\frac{S}{N}\right)_o = \frac{S_o}{N_o} = \frac{S_i}{(B/W)N_i} = \frac{W}{B}\frac{S_i}{N_i} = \frac{W}{B}\left(\frac{S}{N}\right)_i \tag{7-17}$$

可见，通过扩频/解扩信噪比改变了 W/B 倍，由于 $W \gg B$，从而可获得信噪比增益。

2．扩频通信的理论基础

长期以来，人们总是想方设法使信号所占频谱尽量窄，以充分提高十分宝贵的频谱资源的利用率。而扩频通信逆其道而行，用扩频带宽来传送窄带信号，主要目的是使通信安全可靠。这一点可用信息论加以说明。另外如前所述，扩频通信技术可用于实现码分多址，极大地提高了系统容量。

仙农（Shannon）在其信息论中得出带宽与信噪比互换的关系式，即仙农公式。

$$C = W \log_2 \left(1 + \frac{S}{N}\right) \tag{7-18}$$

式中，C 为信道容量，单位为 bit/s；W 为信号频带宽度，单位为 Hz；S 为信号平均功率，N 为噪声平均功率，单位为 W。

仙农公式原意是说，在给定信号功率 S 和白噪声功率 N 的情况下，只要采用某种编码系统，就能以任意小的差错概率，以接近于 C 的传输速率来传送信息。这个公式还暗示：保持信道传输速率不变 C 不变的条件下，可以用不同频带宽度 W 与信噪比 S/N 来传输信息。换言之，频宽 W 与信噪比 S/N 是可以互换的，也就是说，如果增加信号频带宽度，就可以在较低的信噪比的条件下以任意小的差错概率来传输信息，甚至在信号被噪声湮没的情况下，即 $S/N<1$，或 $10\log_2(S/N)<0\text{dB}$，只要相应地增加信号带宽，也能进行可靠的通信。

上述表明，采用扩频信号进行通信的优越性在于用扩展频谱的方法可以换取信噪比上的好处，即可以降低接收机接收的信噪比门限值。

3．处理增益和抗干扰容限

（1）处理增益 G_p

如上所述，扩频通信系统通过扩频/解扩带来了信噪比的好处，即接收机输出信噪比相对于输入信噪比大有改善，从而提高了系统的抗干扰能力。因此可以用系统输出信噪比与输入信噪比之比来表征扩频系统的抗干扰能力。理论分析表明，各种扩频通信系统的抗干扰性能都大体上与扩频信号的带宽与所传送信息带宽之比成正比。我们把扩频信号带宽 W 与信息带宽 B 之比称为扩频系统的处理增益 G_p。

$$G_p = \frac{W}{B} \tag{7-19}$$

工程上常以 dB 表示，即

$$G_p(\text{dB}) = 10\log\frac{W}{B} \tag{7-20}$$

它表示了扩频通信系统信噪比改善的程度，是扩频通信系统的一个重要的性能指标。

（2）抗干扰容限

仅仅知道了扩频系统的处理增益，还不能充分说明系统在干扰环境下的工作性能。因为通信系统要正常工作，还需要保证输出端有一定的信噪比，并需扣除系统内部信噪比的损耗，因此需引入抗干扰容限 M_j，其定义如下。

$$M_j = G_p - [(S/N)_o - L_s] \tag{7-21}$$

式中，$(S/N)_o$为输出端所需的信噪比，而L_s为系统损耗。

干扰容限是在保证系统正常工作的条件下，接收机输入端能承受的干扰信号比有用信号高出的分贝（dB）数。干扰容限直接反映了扩频通信系统接收机允许的极限干扰强度，它往往能比处理增益更确切地表示系统的抗干扰能力。

例如一扩频通信系统的处理的G_p为30dB，$(S/N)_o$为10dB，L_s为3dB，则M_j为20dB。它表明该系统最大能承受20dB（100倍）的干扰，即当干扰信号功率超过有用信号功率20dB（100倍）时，系统才不能正常工作，而只要二者之差不大于20dB，系统仍能正常工作，即信号在一定的噪声（或干扰）湮没下也能正常通信。

4．扩频通信的特点

扩频通信在20世纪80年代已广泛应用于各种军事通信系统中，成为电子战中通信反对抗的一种必不可少的、十分重要的手段。除军事通信外，扩频通信技术也广泛应用于跟踪、导航、测距、雷达、遥控等各个领域，尤其是近十几年以来，在数字蜂窝移动通信系统、卫星移动通信、室内无线通信中广泛采用扩频技术。扩频通信之所以获得如此广泛的应用和发展，就是因为它具有许多独特的性能。其主要特性如下。

（1）抗干扰能力强

扩频通信系统扩展频谱越宽，处理增益越高，抗干扰能力就越强。对于处理增益为30dB，抗干扰容限为20dB的直接序列扩频通信系统来说，理论上它可以在噪声强度比信号强度高接近100倍的情况下仍然正常工作。抗干扰能力强是扩频通信系统最突出的优点。

（2）保密性好

扩频通信中，由于数据窄带信号被扩展到了很宽的频带上，信号的功率谱密度很低，所以，直接序列扩频通信系统可以在信道噪声和热噪声的背景下，以很低的功率谱密度进行通信，由于信号湮没在噪声里，敌方很难发现信号的存在，更不用说检测出信号的参数了。因此，扩频信号具有很低的被截获概率。这在军事通信上十分有用，即可进行隐蔽通信。

（3）可以实现码分多址

扩频通信以宽频带换取了抗干扰能力。如果让多个用户共用这一宽频带，则可大大提高频带的利用率。由于扩频通信中存在扩频码序列的扩频调制，充分利用扩频码序列优良的自相关和互相关特性，在接收端利用相关检测技术进行解扩，可实现码分多址。

（4）抗衰落、抗多径干扰

由于扩频信号的带宽很宽，频谱密度很低，如在传输中小部分频谱衰落时，不会造成信号的严重畸变。因此，扩频系统具有潜在的抗频率选择性衰落的能力。

借助扩频码序列的相关特性，在接收端利用相关检测技术把多个路径来的同一码序列的波形相加合成，从而能有效地克服多径效应，将多径变害为利，提高接收信噪比。

（5）能精确地定时和测距

利用电磁波的传播特性和伪随机码的相关性，可以比较正确地测出两个物体之间的距离。目前广泛应用的全球定位系统（GPS）就是利用扩频技术这一特点来进行精确定位和定时的。

5．扩频通信系统的分类

（1）直接序列（DS）系统：用一高速伪随机序列与信息数据相乘（或模2加），由于伪随机序列的带宽远远大于信息数据的带宽，从而扩展了发射信号的频谱。

（2）跳频（FH）系统：在一伪随机序列的控制下，发射频率在一组预先指定的频率上按照既定的顺序离散地跳变，扩展了发射信号的频谱。

（3）脉冲线性调频（Chirp）系统：系统的载波在一给定的脉冲间隔内线性地扫过一个宽的频带，从而扩展了发射信号的频谱。

（4）跳时（TH）系统：这种系统与跳频系统类似，区别在于一个控制频率，一个是控制时间。即跳时系统是用一伪随机序列控制发射时间和发射时间的长短。

此外还有上述四种系统组合的混合系统。实际的扩频通信系统以前三种为主流，主要用于军事通信，而在民用上一般只用前两种，即直接序列扩频通信系统和跳频扩频通信系统。

7.2.2　扩频通信系统

如前所述，扩频通信系统发端要进行二次调制，收端要进行二次解调，其一般模型如图 7-7 所示。在发端输入的信息经信息调制形成数字信号，而后去调制由扩频码发生器产生的扩频码序列以展宽信号频谱。展宽以后的信号再对载波进行调制，然后经射频功率放大送到天线发射出去。在收端，从接收天线收到的射频扩频信号，经过输入电路、高频放大后送入变频器，下变频至中频，然后由本地产生的与发端完全相同的扩频码进行解扩后经信息解调，恢复成原始信息输出。

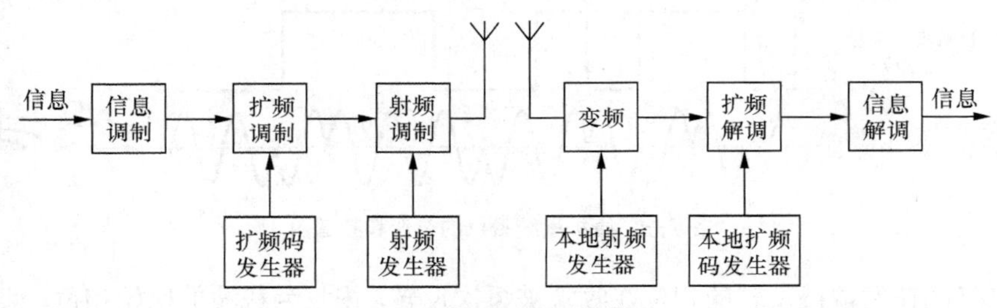

图 7-7　扩频通信系统模型

下面依次介绍各种扩频通信系统，重点是广泛应用的直接序列扩频和跳频扩频通信系统，而其余扩频系统只作简单介绍。

1. 直接序列扩频通信系统

直接序列扩频（Direct Sequence Sread Specturn）通信系统，通常简称直扩（DS）系统，就是直接用高速率伪随机码在发端去扩展信息数据的频谱，而在收端用完全相同的伪随机码进行解扩，把展宽的扩频信号还原成原始信息。这里的“完全相同”是指收端产生的伪随机码不但在码型结构上与发端相同，而且在相位上也要完全同步。如果仅是码型结构相同但相位不同步，也不能完成解扩，进而无法将扩频信号还原成窄带信号，当然也就无法得到所发信息。前述图 7-5 即为直扩系统的原理框图，其各点的波形和频谱如图 7-8 所示。图 7-8 中为说明问题起见，没考虑信息数据对载波的调制（或可认为信息数据恒定为 1）。

从时域上看，发端的扩频过程可表示为

$$s(t) = b(t)c(t) \tag{7-22}$$

由图 7-8（c）可见，这相当于载波 $b(t)$的相位受到了高速扩频码（PN）序列 $c(t)$的调制：$c(t)$值为 1 时，相位不变，而 $c(t)$值取−1 时，相位被反转；在接收端，设本地恢复的码序列用 $\hat{c}(t)$ 表示，解扩后的信号用 $\hat{b}(t)$ 表示，于是有

$$\hat{b}(t) = s(t)\hat{c}(t) \tag{7-23}$$

这相当于 $b(t)$的已调相位在收端受到 $\hat{c}(t)$ 的二次调制：$\hat{c}(t)$ 值为 1 时，相位不变，而 $\hat{c}(t)$ 值取−1 时，

相位被反转。这样，当本地码与发端码同步，即 $\hat{c}(t)=c(t)$，如图 7-8（d），则

$$\hat{b}(t)=s(t)\hat{c}(t)=b(t)c(t)\hat{c}(t)=b(t)c^2(t)=b(t) \tag{7-24}$$

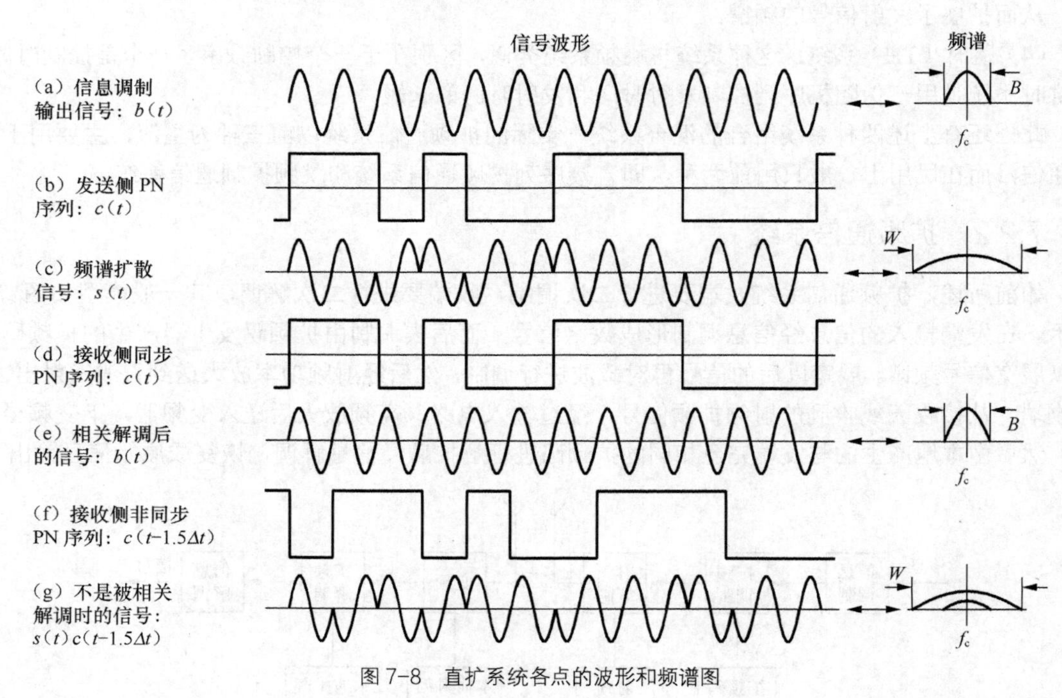

图 7-8　直扩系统各点的波形和频谱图

这相当于载波 $b(t)$在发端被反转的相位在收端被再次反转，恢复为载波的原始相位，即解扩为载波信号，如图 7-8（e）所示。然而当本地码与发端码不同步，即 $\hat{c}(t)\neq c(t)$，如图 7-8(f)所示是码相位不同步的情形，则

$$\hat{b}(t)=s(t)\hat{c}(t)=b(t)c(t)\hat{c}(t) \tag{7-25}$$

显然，此时载波 $b(t)$在发端被反转的相位无法被正确恢复，$\hat{b}(t)$ 依然是一个相位受到高速序列调制的信号，即扩频信号，即收端无法解扩，如图 7-8（g）所示。

从频域上看，由于扩频信号的带宽远大于信息信号带宽，即 $W\gg B$，这样相对于扩频信号很宽的带宽，可近似将信息信号的频谱函数用 $\delta(f)$来表示。设码序列的频谱函数为 $C(f)$，扩频信号的频谱函数用 $S(f)$ 表示，则依卷积定里可得

$$S(f)=C(f)*\delta(f)=C(f) \tag{7-26}$$

由此可见，用高速码序列直接乘以信息信号可实现扩频，进一步扩频带宽取决于所使用的码序列的带宽。事实上，正如 7.3 节将要介绍的那样，用作扩频码的伪随机序列（如 m 序列）具有很宽的带宽和很低的功率谱密度。

DS 系统的处理增益

$$G_p=\frac{W}{B} \tag{7-27}$$

码分多址通信系统中的各个用户同时工作于同一载波，占用相同的带宽，这样，各用户之间必然相互干扰。为了把干扰降低到最低限度，码分多址必须与扩频技术结合起来使用。在民用移动通信中，码分多址主要与直接序列扩频技术相结合，构成码分多址直接序列扩频

通信系统。依据扩频码和用于码分的地址码是否共用同一码序列，可有如下两种方案。

第一种码分直扩结合方案的简单框图如图 7-9 所示。在这种系统中，地址码和扩频码各自采用不同的码。发端的用户信息数据 d_i 首先与其对应的地址码 W_i 相乘，进行地址码调制（实现码分），再与高速伪随机码（PN 码）相乘，进行扩频调制（实现扩频）；在收端，扩频信号经过由本地产生的与发端伪随机码完全相同的 PN 码解扩后，再与相应的地址码（$W_k=W_i$）进行相关检测，得到所需的用户信息（$r_k=d_i$）。系统中的地址码采用一组正交码，而伪随机码用于扩频和解扩，以增强系统的抗干扰能力。2G IS-95 的下行传输及 3G 的三大主流标准均采用了这种方案。

这种方案由于采用了完全正交的地址码组，各用户之间的相互影响可以完全除掉，提高了系统的性能，但是整个系统更为复杂，尤其是同步系统。

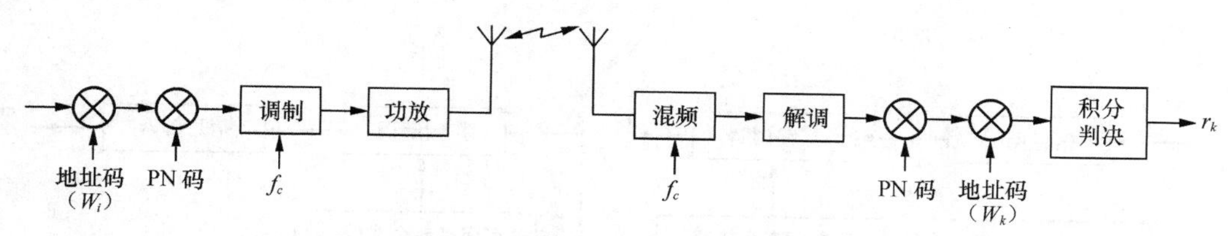

图 7-9　码分与直扩结合方案（一）

第二种码分直扩系统结合方案的简单框图如图 7-10 所示。在这种系统中，地址码和扩频码合用一个码。发端的用户信息数据 d_i 直接与相应的高速伪随机码（PN_i）相乘，同时实现地址调制（实现码分）和扩频调制（实现扩频）。在收端，扩频信号经过本地产生的与发端同步的伪随机码（$PN_k=PN_i$）解扩、相关检测得到所需的用户信息（$r_k=d_i$）。在这种系统中，系统中的伪随机码采用一组正交性良好的伪随机码组，其两两之间的互相关值接近于 0。该组伪随机码既用做用户的地址码，又用于扩频和解扩，增强了系统的抗干扰能力。如 2G IS-95 的上行传输就采用了这种方案。

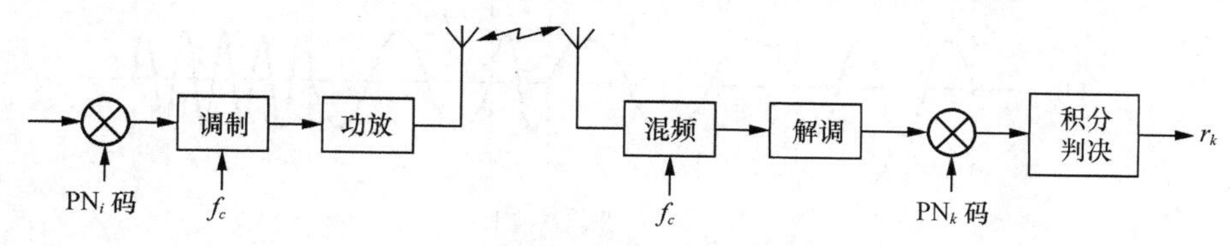

图 7-10　码分与直扩结合方案（二）

这种方案与第一种相比，由于去掉了单独的地址码组，用不同的伪随机码来代替，整个系统相对简单一些。但是，由于伪随机码组不能达到完全正交，只能是准正交，也就是码组内任意两个伪随机码的互相关值不为 0，而是一个很小的值，这样各用户之间的相互影响不可能完全除掉，整个系统的性能将受到一定的影响。

2．跳频扩频通信系统

通常，频带调制系统使用的载频是恒定的（至少在一次通信过程中），与此不同，跳频（Frequency Hopping，FH）通信系统所使用的载波频率受一组快速变化的伪随机码控制而伪随机地跳变。显然，当收发两端载波频率同步跳变时，它们的通信依然可正常进行。通常将这种载波跳变的规律称作“跳频图案”。

以频道间隔（取决于射频已调信号带宽和保护间隔）对系统带宽 W 进行分割得到包含 N 个载波的频率集 $\{f_1, f_2, f_3\cdots\cdots, f_{N-1}, f_N\}$ 如图 7-11 所示，一般该

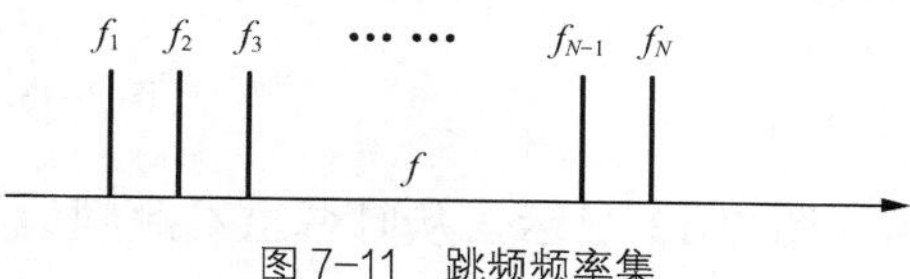

图 7-11　跳频频率集

频率集包含几个、几十个甚至几千个频率。每个用户根据各自的伪随机序列在该频率集中伪随机地改变其传输载波的频率，从而形成其特定的跳频图案。

跳频系统的组成框图如图 7-12 所示。在发送端，信息数据 d 经信息调制变成带宽为 B 的基带信号后，进入扩频（调频）调制，产生载波频率的频率合成器在伪随机码发生器的控制下，产生的载波频率在图 7-11 所示的频率集中伪随机地跳变，从而实现基带信号带宽 B 到发射信号使用的带宽 W 的频谱扩展。在收端，为了解扩跳频信号，需要有一个与发端完全相同的伪随机码去控制本地频率合成器，使本地频率合成器输出一个始终与接收到的载波频率相差一个固定中频的本地跳频信号，然后与接收到的跳频信号进行混频，得到一个不跳变（解跳）的固定中频信号（IF），经过信息解调电路，解调出发端所发送的信息数据，如图 7-13 所示。

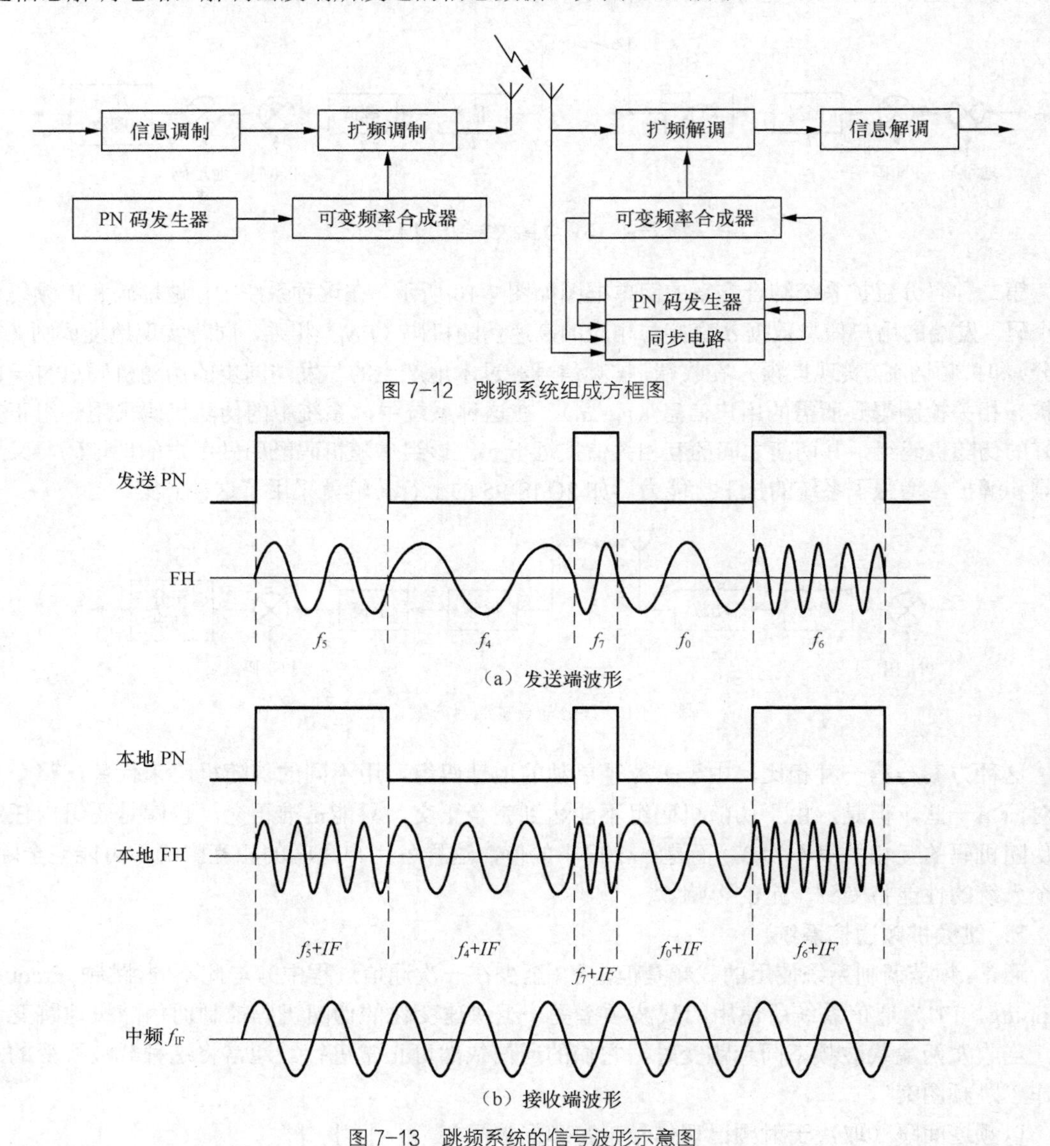

图 7-12　跳频系统组成方框图

（a）发送端波形

（b）接收端波形

图 7-13　跳频系统的信号波形示意图

图 7-13 显示，从时域上看跳频信号是一个多频频移键控信号；而从频域上看，跳频信号

的频谱是一个在很宽频带上按其跳频图案伪随机跳变的不等间隔的频率信道，如图 7-14 所示，类似于 FDMA，但频道是动态跳变的；如果从时间频率域来看，跳频信号是一个时频矩阵，如图 7-15 所示。图中跳频图案为：$f_5 \to f_4 \to f_7 \to f_0 \to f_6 \to f_3 \to f_1$，参见图 7-15（a），而时频矩阵如图 7-15（b）所示，这里每个频率的持续时间（称为跳频系统的驻留时间）为 T_c 秒。

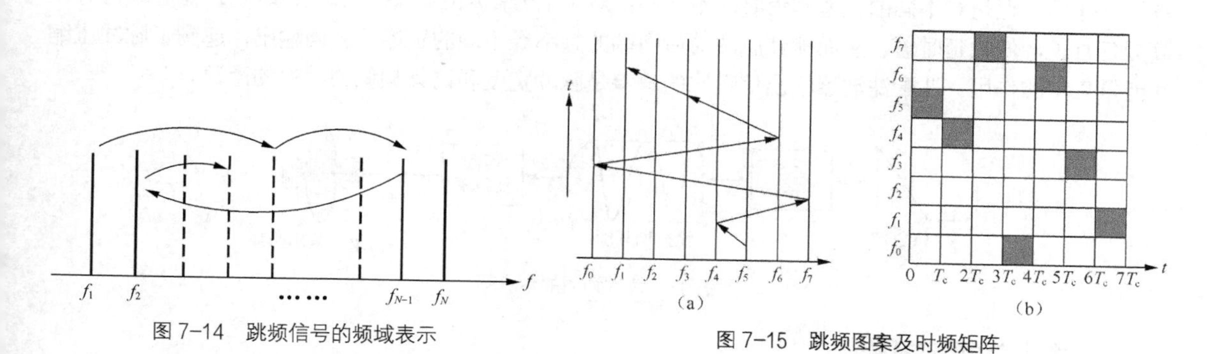

图 7-14　跳频信号的频域表示

图 7-15　跳频图案及时频矩阵

跳频可分为慢跳频和快跳频。慢跳频是指跳频速率低于信息比特速率的跳频，即连续几个信息比特载波频率才跳变一次；快跳频是指跳频速率高于信息比特速率的跳频，即每个信息比特期间，载波频率跳变一次以上。跳频速率应根据使用要求来决定。一般来说，跳频速率越高，跳频系统的抗干扰性能就越好，但相应的设备复杂性和成本也越高。

为了提高频带利用率，不但要尽量减小相邻载频的间隔，而且还要避免或减少邻近信道的干扰。这样，频率间隔应选择为 $1/T_c$（T_c 为频率驻留时间，即跳频时间间隔），使一载波信号频谱的峰值处于其他载波信号频谱的零点，从而构成频率正交关系，避免了相互干扰，便于信号分离。这样若载波频率数为 N，则跳频系统占用的总带宽为 $W = N/T_c$。

与直接序列扩频系统一样，跳频系统也有较强的抗干扰能力，不过二者的抗干扰原理却迥然不同。对于单频干扰和窄带干扰，直扩系统把单频干扰和窄带干扰信号的频谱扩展，并靠中频窄带滤波器抑制通带外的频谱分量，而跳频系统通过使载频频率跳变，以躲避干扰的方式抗干扰，是一种主动抗干扰方式，结果减少了单频干扰和窄带干扰进入接收机的概率。假设跳频系统在其跳频图案中有 N 个频率，干扰总数为 J，并随机地散布在整个跳频频段中，那么，干扰落入某一频道中的概率是 $P = J/N$。所以从这个意义上讲，频率集中的频率数 N 值越大，抗干扰能力就越强。此外，跳频过程中，即使某一频道中出现一个较强的干扰，也只能在某个特定的时刻与有用信号发生频率的碰撞。因此，跳频系统对于强干扰产生的阻塞现象和近电台产生的远近效应，有较强的抵抗能力。

跳频系统的处理增益

$$G_p = \frac{W}{B} = N \tag{7-28}$$

3. 线性调频

如果发射的射频脉冲信号的载波频率在信息脉冲持续时间内线性变化，则称为线性调频，如图 7-16 所示。因为其频率在较宽的频带内变化，信号的带宽也被展宽了。这种扩频调制方式

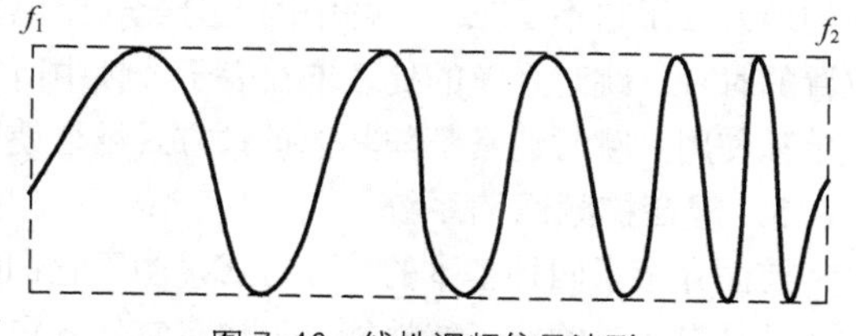

图 7-16　线性调频信号波形

主要用在雷达中，但在通信中也有应用。

图 7-17 所示是线性调频的示意图。发端由一锯齿波信号去控制压控振荡器，当控制信号为线性递增时代表 1，而当控制信号为线性递减时代表 0，从而产生线性调频脉冲。它和扫频信号发生器产生的信号一样。在收端，线性调频脉冲由匹配滤波器进行压缩，把能量集中在一个很短的时间内输出，从而提高了信噪比，获得了处理增益。匹配滤波器可采用色散延迟线来实现，它是一种存储和累加器件。其作用机理是对不同的频率延迟时间不一样：对 1 信号高频延时短，低频延时长；而对 0 信号，高频延时长，低频延时短，从而能使脉冲前后两端的频率经不同的延迟后一同输出，起到了脉冲压缩和能量集中的作用。匹配滤波器输出信噪比的改善是脉冲宽度和调频频偏的乘积的函数。

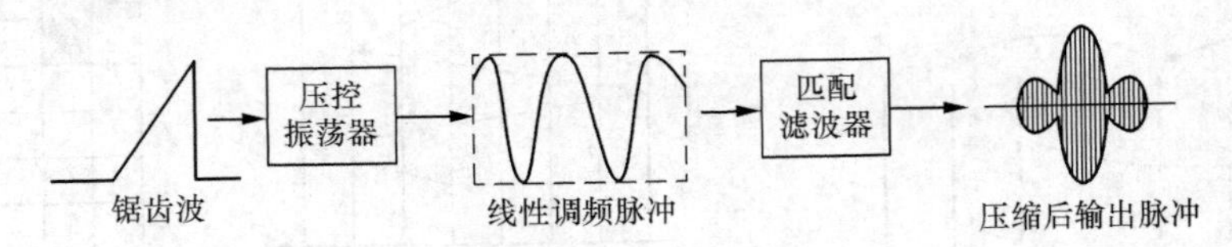

图 7-17 线性调频的示意图

4．跳时扩频通信系统

与跳频相似，跳时（Time Hopping，TH）是使发射信号在时间轴跳变。我们先把时间轴分成许多时片，在一帧内哪个时片发射信号由扩频码序列进行控制。因此，可以把跳时理解为：用一定码序列进行选择的多时片的时移键控。由于采用了窄得很多的时片去发送信号，相对来说，信号的频谱也就展宽了。图 7-18 所示为跳时扩频系统的原理框图和图例。

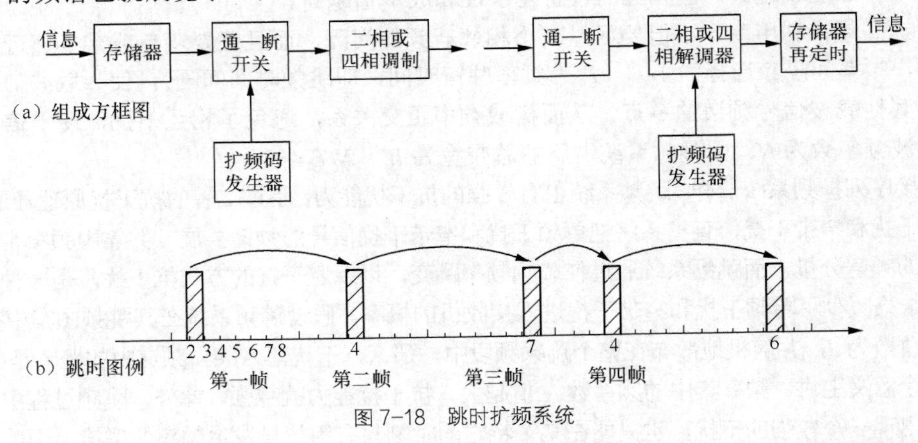

图 7-18 跳时扩频系统

在发端，输入的数据先存储起来，由扩频码发生器产生的扩频码序列去控制通—断开关，经二相或四相调制后再经射频调制后发射。在收端，由射频接收机输出的中频信号经本地产生的与发端相同的扩频码序列控制通—断开关，再经二相或四相解调器，送到数据存储器经再定时后输出数据。只要收发两端在时间上严格同步进行，就能正确地恢复原始数据。跳时也可以看成是一种时分系统，所不同的地方在于它不是在一个帧中固定分配一定位置的时片，而是由扩频码序列控制的按一定规律跳变位置的时片。跳时系统的处理增益等于一帧中所划分的时片数。由于简单的跳时抗干扰性不强，故很少单独使用。跳时通常都与其他扩频方式结合使用，组成各种混合扩频方式。

5．混合扩频通信系统

前面介绍了四种基本的扩频方式，由于它们的扩频方式不同，抗干扰的机理也不同。虽然这几种方式都具有较强的抗干扰性能，但也有它们各自的不足之处。在实际中，有时单一的扩频方式很难满足实际需要，若将两种或多种扩频方式结合起来，扬长避短，就能达到任何单一扩频方式难以达到的指标，甚至还可能降低系统的复杂程度和成本。下面以最常用的混合扩频方式FH/DS为例作简要介绍。

跳频和直扩系统都具有很强的抗干扰能力，是用得最多的两种扩频技术。由前面的分析可知，这两种方式都有自己的独到之处，但也存在着各自的不足，将两者有机地结合起来可以大大改善系统性能，提高抗干扰能力。FH/DS和FH、DS一样，是用得最多的扩频方式之一，其原理框图如图7-19所示。

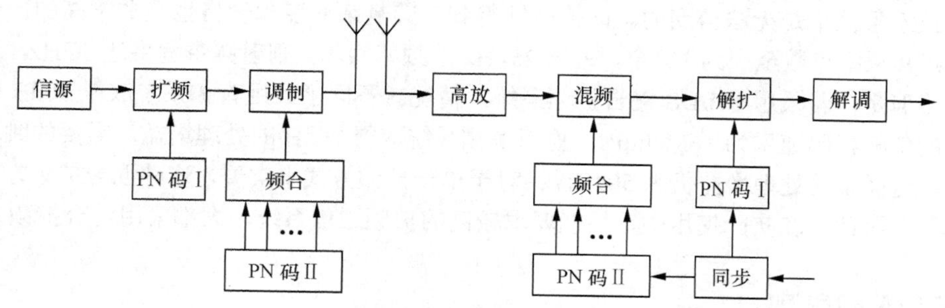

图7-19　FH/DS系统原理框图

需要发送的信号首先被伪随机码I扩频，然后去调制由伪随机码II控制的频率合成器产生的跳变频率，经放大后发送出去。接收端首先进行解跳得到一固定中频的直扩信号，然后进行解扩，送至解调器，将传送的信号恢复出来。在这里用了两个伪随机码，一个用于直扩，一个用于控制频率合成器。一般用于直扩的伪随机码的速率比用于跳频的伪随机码的速率要高得多。FH/DS信号频谱如图7-20所示。占有一定带宽的直扩信号按照跳频图案伪随机地出现，每个直扩信号在瞬间只覆盖系统总带宽的一部分。

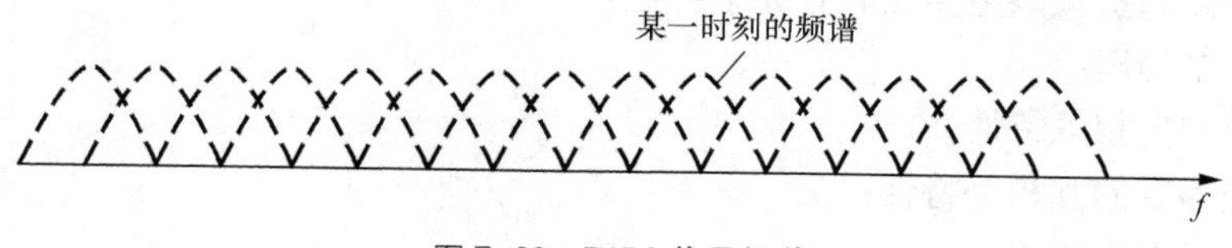

图7-20　FH/DS信号频谱

采用FH/DS混合扩频技术，有利于提高系统的抗干扰性能。干扰机要有效地干扰FH/DS混合扩频系统，要同时满足两个条件：（1）干扰频率要跟上跳变频率的变化；（2）干扰电平必须超过直扩系统的干扰容限，否则就不能对系统构成威胁。这样，就加大了干扰机的干扰难度，从而达到更有效地抗干扰的目的。混合系统的处理增益为直扩和跳频处理增益的乘积，即

$$G_{\mathrm{p}} = N \cdot \frac{W_{\mathrm{DS}}}{B} \tag{7-29}$$

或

$$G_{\mathrm{p}}(\mathrm{dB}) = 10\log N + 10\log \frac{W_{\mathrm{DS}}}{B} \tag{7-30}$$

式中，W_{DS}为直扩信号的带宽，B为信息信号带宽，N为跳频频率集的可用频率数。由此可见，采用FH/DS混合扩频技术后，提高了系统的抗干扰能力，更能满足系统抗干扰的要求，而且将跳频系统和直扩系统的优势集中起来，克服了单一扩频方式的不足。如直扩系统对同步的要求高，“远—近”效应影响大，这些不足正是跳频系统的优势；跳频系统在抗选择性衰落、抗多径等方面的能力不强，直扩技术正好弥补了它的不足。这样，把直扩和跳频相结合，使系统更加完善，功能

更强，进一步提高了系统的保密程度，给敌方的窃听、截获设置了更多的障碍。

在 FH/DS 混合扩频系统的实现方面，虽然采用混合扩频体制后，势必会增加系统的复杂程度，增加成本，但在一定的条件下，采用混合扩频方式，不仅不会增加系统的复杂程度和成本，反而会简化系统，降低成本。例如，若一个系统需要处理增益 50dB 以上时，对一信码速率 16kbit/s 的系统来讲，直扩系统需伪随机码速率为 $R_c = 10^5 \times 16 \times 10^3$chip/s 即 1.6G chip/s，射频带宽达 3.2GHz。在目前的技术条件下是无法得到的。即使能够得到，其复杂程度和价格也是非常高的。若采用跳频系统，则其频率点数至少为 10^5 个，采用 25kHz 的频率间隔，则射频带宽将达 5GHz，这几乎是不可能的。但是，若采用 FH/DS 混合扩频系统，情况就不同了。用直扩系统取得 30dB 的处理增益，需要的伪随机码速率为 16Mchip/s，再用跳频系统取得 20dB 的处理增益，需要的跳频频点数为 100 个，这样总的处理增益仍为 50dB，相对于单一扩频方式来实现，这种混合扩频方式就容易实现得多了。因此，在实际使用中，性能要求较高的扩频通信系统，大都采用混合扩频方式。

7.3 CDMA 码序列

7.3.1 概述

如前所述，CDMA 和扩频通信都与码序列密切相关。具有良好相关特性和随机性的地址码和扩频码对码分多址通信非常重要，它直接关系到系统的多址能力，抗干扰、抗噪声、抗多径和抗衰落的能力，保密性以及捕获与同步算法实现的复杂度等，对系统的性能起着决定性的作用，因此地址码和扩频码的设计是 CDMA 系统的关键技术之一。

理想的地址码和扩频码主要应具有如下特性：

（1）有足够多的码；

（2）有尖锐的自相关特性；

（3）有处处为零的互相关特性；

（4）不同码元数平衡相等；

（5）尽可能大的复杂度。

然而，目前还找不到能同时满足这些特性的码序列。目前广泛使用的码序列可分为两类：沃尔什码和伪随机（Pseudo Noise，PN）码。沃尔什码，数学上严格正交，具有优良的相关性：尖锐的自相关特性和处处为零的互相关特性，适合用作地址码，但由于其码组内的各码所占频谱带宽不同等原因，不能用作扩频码。沃尔什码包括沃尔什码和 OVSF 码；伪随机码具有类似白噪声的特征，呈现出优良的随机性，其码组内的各码占据的频带可以做到很宽并且相等，特别适于用作扩频码。从理论上来讲，用随机噪声去扩展信号频谱是最理想的，但由于在接收端解扩时必须要有一个与发端扩频码同步的本地码，而真正的随机噪声是不能重复再现和产生的，所以只能产生一种周期性的脉冲信号来近似随机噪声的性能，故称之为伪随机码。此类码具有良好的相关特性，即自相关值与互相关值有较大的隔离度，但由于其互相关值不是处处为零，用作地址码时，系统的性能将受到一定的影响。PN 码有一个很大的家族，包含很多码组，例如 m 序列、M 序列、Gold 序列、GL（Gold-like）序列、R-S 序列和 DBCH 序列等等。

7.3.2 相关函数

数字信息传输中，代表数字信息的信号差别越大，相互之间越不易发生混淆。任意两个信号之间的相似程度（或差别）用相关函数来表征，包括自相关函数和互相关函数。

自相关函数表征一个信号与自身延迟信号间的相似性。

周期函数 $s(t)$的自相关函数定义为

$$R_s(\tau)=\int_{-\frac{T}{2}}^{\frac{T}{2}}s(t)s(t+\tau)\mathrm{d}t \quad (7\text{-}31)$$

自相关系数定义为

$$\rho_s(\tau)=\frac{1}{T}\int_{-\frac{T}{2}}^{\frac{T}{2}}s(t)s(t+\tau)\mathrm{d}t \quad (7\text{-}32)$$

式中，T 为 $s(t)$的周期。

对于取值为 1 和−1 的实周期序列$\{x_n\}$，自相关函数定义为

$$R_x(j)=\sum_{i=0}^{P-1}x_i x_{i+j} \quad (7\text{-}33)$$

式中，P 为序列周期。而其自相关系数定义为

$$\rho_x(j)=\frac{1}{P}\sum_{i=0}^{P-1}x_i x_{i+j} \quad (7\text{-}34)$$

互相关函数表征两个不同信号间的相似性。相应地可定义周期函数 $x(t)$及 $y(t)$的互相相关函数为

$$R_{xy}(\tau)=\int_{-\frac{T}{2}}^{\frac{T}{2}}x(t)y(t+\tau)\mathrm{d}t \quad (7\text{-}35)$$

而互相关系数为

$$R_{xy}(\tau)=\frac{1}{T}\int_{-\frac{T}{2}}^{\frac{T}{2}}x(t)y(t+\tau)\mathrm{d}t \quad (7\text{-}36)$$

对于取值为 1 和−1 且周期相同的实周期序列$\{x_n\}$、$\{y_n\}$，其互相关函数为

$$R_{xy}(j)=\sum_{i=0}^{P-1}x_i y_{i+j} \quad (7\text{-}37)$$

而其互相关系数为

$$\rho_{xy}(j)=\frac{1}{P}\sum_{i=0}^{P-1}x_i y_{i+j} \quad (7\text{-}38)$$

相关函数通常具有如下含义：

- 如果两个信号相同，它们的相关系数为 1；
- 如果在一个信号中不提供另一个信号的任何信息，它们的相关系数为 0；
- 互相关系数决定了多址干扰特性；
- 自相关系数决定了多径干扰特性。

7.3.3 Walsh 码

Walsh 函数是一类取值为 1 与−1 的二元正交函数系。可由哈德码矩阵、莱德马契函数、Walsh 函数自身的对称特性等定义。最常用的是哈德码（Hadamard）编号法，IS-95 中就是采用这种方法。

哈德码矩阵 H 是由＋1 和−1 元素构成的 2^r 阶正交方阵。如果我们把行（或列）看作一个函数，任意两行或两列对应的函数都是互相正交的。更具体地说，任意两行（或两列）的对应位相乘之和等于零，或者说，它们的相同位和不同位的数目是相等的，即互相关函数为零。

哈德码矩阵具有以下递推关系。

$$H_{2^0}=H_1=[1] \tag{7-39}$$

$$H_{2^r}=\begin{bmatrix} H_{2^{r-1}} & H_{2^{r-1}} \\ H_{2^{r-1}} & -H_{2^{r-1}} \end{bmatrix} \quad r=-1,2,3,\cdots \tag{7-40}$$

当 $r=1$ 时，有

$$H_{2^1}=H_2=\begin{bmatrix} H_1 & H_1 \\ H_1 & -H_1 \end{bmatrix}=\begin{bmatrix} 1 & 1 \\ 1 & -1 \end{bmatrix}$$

当 $r=2$ 时，有

$$H_{2^2}=H_4=\begin{bmatrix} H_2 & H_2 \\ H_2 & -H_2 \end{bmatrix}=\begin{bmatrix} 1 & 1 & 1 & 1 \\ 1 & -1 & 1 & -1 \\ 1 & 1 & -1 & -1 \\ 1 & -1 & -1 & 1 \end{bmatrix}$$

并可依次递推下去。

将哈德码矩阵的每一行看作一个二元序列，则 $N=2^r$ 阶哈德码矩阵共有 N 个序列。构成一个正交序列集，其中每个序列长度都为 N，任意两个相互正交，这组序列即为 Walsh 序列。通常用 W_N^n（$n=0$，1，2…N–1）表示长度为 N 的第 n 个 Walsh 序列。

Walsh 序列与哈德码矩阵的对应关系如下。

$$W_N^n=[H_N]_{n+1} \qquad n=0,\ 1,\ 2,\ \cdots,\ N-1 \tag{7-41}$$

它表明周期为 N，编号为 n 的沃尔什序列是由哈德码矩阵 H_N 的第 $n+1$ 行确定的。注意长度为 N 的 N 个沃尔什序列的编号为 0～N–1，而 N 阶矩阵的 N 个行为 1～N。

例如，码长为 $2^2=4$，编号为 0 的沃尔什序列 W_4^0 就是 4 阶哈德码矩阵 H_4 的第一行，即{1 1 1 1}。

$$\begin{bmatrix} 1 & 1 & 1 & 1 \\ 1 & -1 & 1 & -1 \\ 1 & 1 & -1 & -1 \\ 1 & -1 & -1 & 1 \end{bmatrix}$$

沃尔什函数具有如下特征。

（1）正交性。若 r 为非负整数，$N=2^r$，而 m 和 $n=0$，1，2，…N–1，则

$$\sum_{i=0}^{N-1}[W_N^m(i)W_N^n(i)]=\begin{cases} N & \text{当} m=n \text{时} \\ 0 & \text{当} m\neq n \text{时} \end{cases} \tag{7-42}$$

即在同一周期中，沃尔什序列是正交的。

（2）平衡性。除 W_N^0 以外，其他 W_N^n 序列在一个周期内均值为 0。

（3）两个沃尔什函数相乘，乘积仍是沃尔什函数。

$$W_N^m\cdot W_N^n=W_N^{m\oplus n} \tag{7-43}$$

其中，$m\oplus n$ 是 m 和 n 对应的二进制数逐位模 2 加后所对应的十进制数。例如：$6\oplus 5=110\oplus 101=011$，对应的十进制数为 3。这表明沃尔什函数对于乘法是自闭的。

（4）沃尔什函数集是完备的，即长度为 N 的沃尔什函数（序列）有 N 个（相互正交）。

（5）沃尔什函数在严格同步时是完全正交的；当不同步时，其自相关与互相关特性均不理想，并随同步误差值增大，恶化十分明显。

（6）同长度的不同编号的沃尔什函数的频带宽度是不一样的。频带宽度取决于其最短游程的长度（设为 T_i），近似等于 $1/T_i$。由于不同编号的沃尔什函数具有不同的 T_i，因此其频带宽度不同。设 W_N^n 的持续时间为 T，则其最短游程的长度为

$$T_n = \frac{T}{n+1} \quad (n = 0,1,2,\cdots N-1) \tag{7-44}$$

则对应的频带宽度为

$$\Delta f = \frac{n+1}{T} \tag{7-45}$$

可见同长度不同编号的的沃尔什序列的频带宽度是不同的。这表明如果用作扩频码，则不同编号的沃尔什序列扩频增益是不同的。从频率利用和抗干扰的角度考虑，这是不利的。

（7）沃尔什函数的自相关函数和互相关函数特性也不理想。

7.3.4　可变扩频因子正交码（OVSF 码）

OVSF（Orthogonal Variable Spreading Factor）码在第三代移动通信中用于区分不同速率的业务。如第 1 章所述，第三代移动通信所提供的业务已由之前单一速率的语音拓广为不同速率的语音、数据与图像的多媒体业务。这样，在通信中不同的业务信源给出的信息速率是不一样的，甚至是变速率的，然而信道传输带宽却是固定的。因而，在扩频过程中，不同业务、不同的信息速率要采用不同的扩频比，才能扩展到同一传输（码片）速率。OVSF 码就是用来码分变速率业务的。

基于图 7-21 所示的 2 叉树可构造 OVSF 码。OVSF 码的树图如图 7-22 所示。树图中所有分支节点数都按 2^n 发展，其中：n =0，1，2，……；每个节点分为两个分支，分支后的码组数目是分支前码组数目的 2 倍，分支后的码元长度也为分支前码元长度的 2 倍；每节点分为上、下两个分支，在上、下分支的新码组中，前一半码元重复前一分支的码元，而后一半在上分支中仍重复前一分支中的码元，下分支中则与前一分支码元反相。

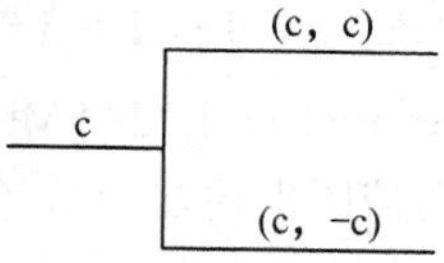

图 7-21　构造 OVSF 码的 2 叉树

由图 7-22 知，长度为 N（$N=2^r$）的 OVSF 码共有 N 个，它们实际上就是该长度下的 Walsh 码集。这样 OVSF 码的码长、该长度下码的数目及扩频因子三者在数值上是相等的。

为了保证可变扩频比的不同周期长度的 Walsh 码的正交性，必须满足码在树图上的非延长特性，又称为异前置特性。树图上的非延长特性可解释如下：在树图中若从树根开始由左向右看，树图中某一节点的短 Walsh 码被采用作为扩频正交码以后，由这个节点延长出去的所有树枝上的长 Walsh 码将不能再被采用作为扩频正交码，故称为非延长码。

下面举一例子，进一步说明 OVSF 码的选取原理

例 7-1　若在同一小区内有下列 3 个不同的移动用户同时发送下列三类不同速率的业务，为了简化，这里不考虑信道编码。用户甲信息速率为 76.8kbit/s；用户乙信息速率为 153.6kbit/s；用户丙信息速率为 307.2kbit/s。经扩频后 3 个用户扩展到同一个码片速率 1.228 8Mbit/s，试问应该如何分配不同周期长度即不同扩频比的 Walsh 正交码。

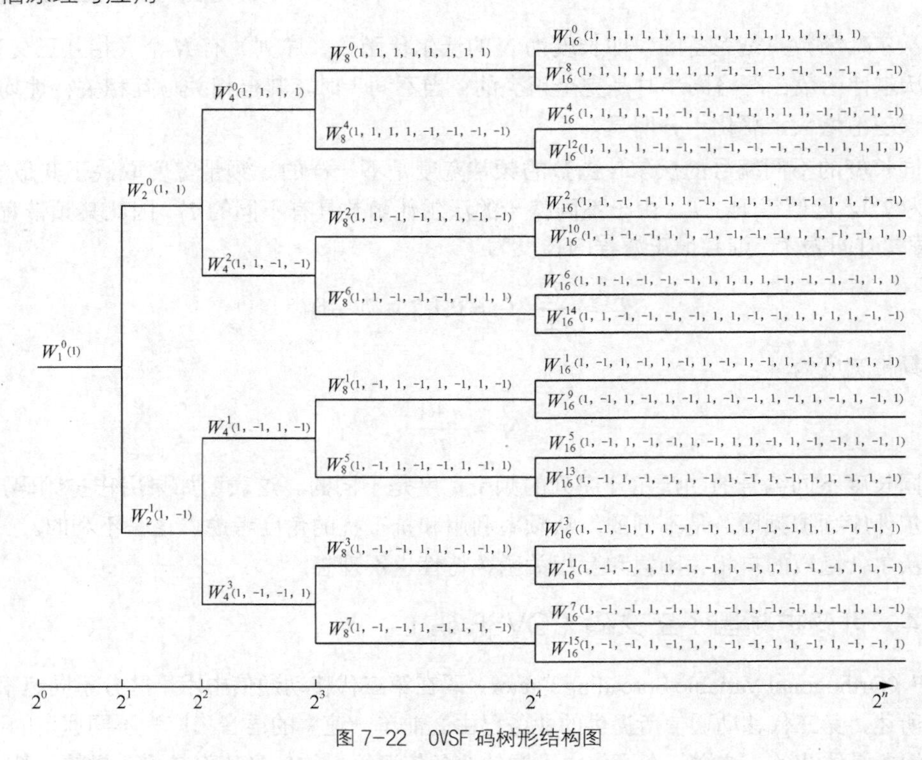

图 7-22　OVSF 码树形结构图

解：由图 7-22 可看出，当$W_4^1=1-1\ 1-1$（4 位）被采用作为速率 307.2kbit/s 的扩频码，即 307.2kbit/s × 4 =1.228 8Mbit/s，则其后面所有分支，即 W_4^1 后面所有延长码 W_8^1，W_8^5 等就不能再作为扩频码。同理，当$W_8^2=1\ 1-1-111-1-1$（8 位）被选作为速率 153.6kbit/s 的扩频码，即 153.6kbit/s × 8 = 1.228 8Mbit/s，则其后面所有分支 W_{16}^2，W_{16}^{10} 等延长码也不能再用作扩频码。继续下去，当选 W_{16}^3 =1-1-1 1 1-1-1 1 1-1-1 1 1-1-11（16 位）作为速率 76.8kbit/s 的扩频码，即 76.8kbit/s × 16 = 1.228 8Mbit/s，则其后面所有分支所构成的延长码均不能再采用作为扩频码。

而按照上述非延长（或异前置）原则选取的码组 W_4^1、W_8^2、W_{16}^3 是不等长的正交码组，其中：

W_4^1：1　-1　1　-1　1　-1　1　-1　1　-1　1　-1　1　-1　1　-1

W_8^2：1　1　-1　-1　1　1　-1　-11　1　-1　-1　1　1　-1　-1

W_{16}^3：1　-1　-1　1　1　-1　-1　1　1　-1　-1　1　1　-1　-1　1

不难验证三者间的确满足正交性，即

$$\sum_i [W_4^1(i)W_8^2(i)] = \sum_i [W_4^1(i)W_{16}^3(i)] = \sum_i [W_8^2(i)W_{16}^3(i)] = 0 \tag{7-46}$$

此处，求和范围为 4、8、16，即不等长正交码组中各个码的周期（长度）。事实上结合 OVSF 码的码树结构，不难发现，非延长码间的正交性本质上来源于 Walsh 码的正交性。

从上述树图结构，可以看出下列结论成立：从左向右，非延长码正交，延长码不正交；从右向左，异前置码正交，同前置码不正交。

7.3.5 m 序列

1. 伪随机码（PN）的概念

众所周知，白噪声是服从正态分布、功率谱在很宽范围内均匀分布的随机过程，它具有优良的相关性和随机性，其自相关函数和功率谱如图 7-23 所示。然而产生和复制白噪声是不现实的。因此希望找到具有与白噪声相似特性的确定性序列来逼近它。

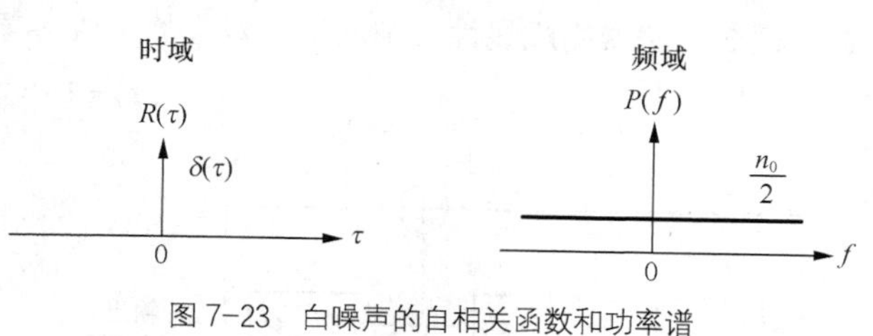

图 7-23 白噪声的自相关函数和功率谱

伪随机码又称为伪噪声码，它是具有类似于随机序列基本特性的确定序列。我们仅限于研究由两个元素（符号）0，1 或 1，−1 组成的二进制伪随机序列。

随机序列具有以下三个基本特性。

（1）在序列中“0”和“1”出现的相对概率各为 1/2。

（2）序列中取值相同的那些相继元素合称一个游程，游程中元素的个数称为游程长度。序列中长度为 1 的游程数占游程总数的 1/2；长度为 2 的游程数占游程总数的 1/4；长度为 n 的游程数占游程总是的 $1/2^n$（对于所有有限的 n）。此性质简称为随机序列的游程特性。

（3）如果将给定的随机序列位移任意个元素，则所得序列和原序列的对应元素有一半相同，一半不同。

如果确定序列近似满足以上三个特性，则称此确定序列为伪随机序列（PN 序列）。m 序列、M 序列、Gold 序列均为获得广泛应用的 PN 序列。

2. 线性反馈移位寄存器序列发生器

图 7-24 所示为线性反馈移位寄存器序列发生器结构图，用于产生各种周期性码序列。它由 n 级移位寄存器和线性反馈网络构成。其中 C_1，C_2…，C_{n-1}，C_n 为各级寄存器相应的连接系数，取值为 0 和 1。取 0 表示反馈线断开，不参加反馈；取 1 表示连接到反馈网络，参加反馈。在此结构中，$C_0 = C_n \equiv 1$，C_0 不能为 0，否则无法产生周期序列。C_n 也不能为 0，即第 n 级寄存器一定得参加反馈，否则，n 级的反馈移位寄存器将蜕化为 $n-1$ 级或更低的反馈移位寄存器。显然，不同的反馈逻辑，即 C_1，C_2…，C_{n-1} 取不同的值，将产生不同的周期序列。

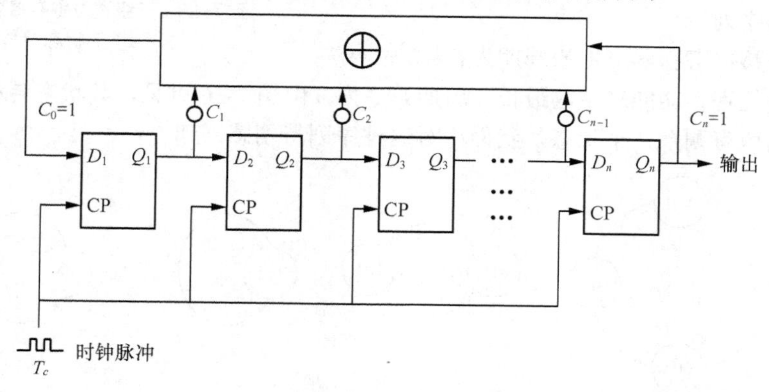

图 7-24 线性反馈移位寄存器序列发生器

反馈网络的结构可以用如下多项式来表示。

$$G(x) = C_0 + C_1x + C_2x^2 + \cdots\cdots + C_nx^n \tag{7-47}$$

式中，x 称为虚变量，这里仅用其各幂次来定位寄存器的位置，称该多项式为序列的生成多项式。这样反馈网络结构与序列生成多项式一一对应。又由于不同的反馈结构，生成不同的序列，因此序列与生成多项式一一对应。

图 7-25（a）所示为一 3 级反馈移位寄存器序列发生器。其中 D_1，D_2 和 D_3 组成三级移位寄存器，模 2 加法器构成线性反馈网络。对应的生成多项式为

$$G(x) = 1 + x^2 + x^3 \tag{7-48}$$

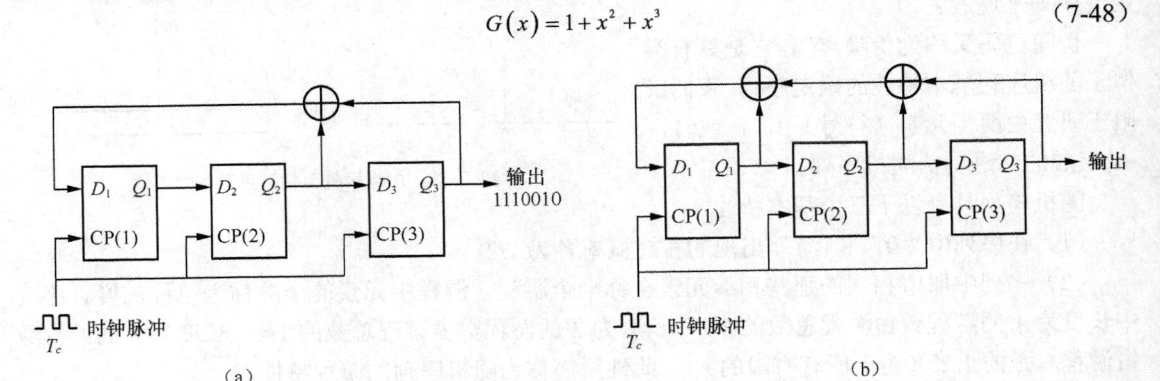

图 7-25　三级移位寄存器构成的码序列发生器

设 $D_1D_2D_3$ 的状态用 $Q_1Q_2Q_3$ 表示，则其状态转移图如图 7-26 所示。如 $D_1D_2D_3$ 初态为 111，可见从 Q_3 输出的码序列为周期性的 1110010，即此码序列共有 7 个元素，也称该码序列的周期为 7。类似地除全零（即 000）外的其他各种初始状态，都能产生长度为 7 的码序列。而在 000 状态下，显然无法产生码序列。

如果改变一下反馈电路如图 7-27（b）所示，此时对应的生成多项式变为

$$G(x) = 1 + x + x^2 + x^3 \tag{7-49}$$

状态转移图如图 7-27 所示。可见该电路当初始状态为 010 或 101 时，能产生长度为 2 的码序列，当初始状态为 000 或 111 时，无法产生码序列，而其余状态能产生长度为 4 的码序列。

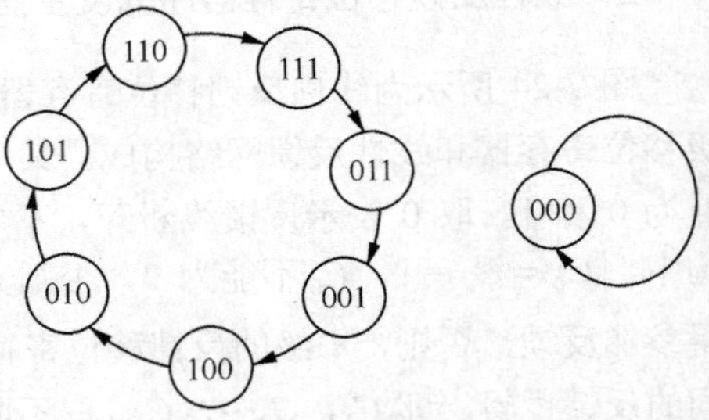

图 7-26　三级移位寄存器序列产生电路（a）的状态转移图

上述由三级移位寄存器产生的周期为 $P = 2^3 - 1 = 7$ 的序列是 3 级移位寄存器能产生的最长（周期）序列，由图 7-26 可见，其状态转移图一个周期内遍历除全 0 外的所有剩余 7 个状态，我们将对这种序列特别感兴趣。

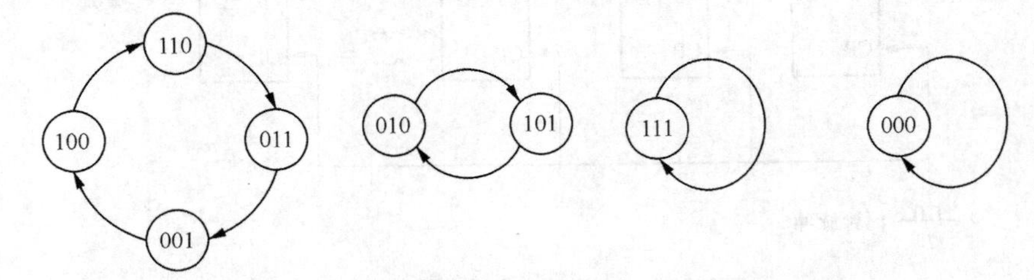

图 7-27　三级移位寄存器序列产生电路（b）的状态转移图

综上所述，线性反馈移位寄存器序列发生器所产生的序列为周期序列，该序列可由对应的生

成多项式描述，不同的生成多项式对应不同的序列。

3．m序列的定义

m序列即最长线性反馈移位寄存器序列。对 n 级移位寄存器其周期 $P=2^n-1$，其状态转移图一个周期内遍历除全0外的所有可能状态。m序列是最常见和最常用的伪随机序列。

产生m序列的移位寄存器的网络结构（或生成多项式）不是随意的，m序列周期 P 也不是任意取值的，必须满足 $P=2^n-1$。

4．m序列的生成多项式

m序列的生成多项式不是任意的，必须满足一定的理论关系。业已证明，产生m序列的充要条件是序列生成多项式为本原多项式。

不同本原多项式生成的m序列是不同的，也就是说m序列和本原多项式一一对应。本原多项式 $f(x)$ 的互反多项式 $f^R(x)=x^n f(1/x)$ 依然是本原多项式，它们对应的m序列互为镜象序列。所谓镜象序列是与原序列相反的序列。如 $n=3$ 时的一个m序列为1110100，其镜象序列0010111也为一个m序列。

对于给定的 n（n 级线性移位寄存器），本原多项式的数目 J_n 是一定的：

$$J_n=\frac{\Phi(P)}{n}=\frac{\Phi(2^n-1)}{n} \tag{7-50}$$

式中，Φ（P）为欧拉函数，定义如下：

设 $P=\prod_{i=1}^{k}P_i^{\alpha_i}$，这里 P_i 为素数，则

$$\Phi(P)=\Phi\left[\prod_{i=1}^{k}P_i^{\alpha_i}\right]=\prod_{i=1}^{k}\left[P_i^{\alpha_i-1}(P_i-1)\right] \tag{7-51}$$

例如

$$J_3=\frac{\Phi(7)}{3}=\frac{7^{1-1}(7-1)}{3}=2$$

$$J_6=\frac{\Phi(63)}{6}=\frac{\Phi(7\times 3^2)}{6}=\frac{7^{1-1}(7-1)\times 3^{2-1}(3-1)}{6}=6$$

常用的本原多项式由专门表格给出反馈系数。表7-1为部分m序列反馈系数表。注意，表中所给系数是用八进制数表示的。

表7-1 **部分m序列反馈系数表**

级数 n	周期 P	反馈系数 C_i（八进制）
3	7	13
4	15	23
5	31	45，67，75
6	63	103，147，155
7	127	203，211，217，235，277，313，325，345，367
8	255	435，453，537，543，545，551，703，747
9	511	1021，1055，1131，1157，1167，1175
10	1023	2011，2033，2157，2443，2745，3471
11	2027	4005，4445，5023，5263，6211，7363

续表

级数 n	周期 P	反馈系数 C_i （八进制）
12	4095	10123，11417，12515，13505，14127，15053
13	8191	20023，23261，24633，30741，32535，37505
14	16383	42103，51761，55753，60153，71147，67401
15	32765	100003，110013，120265，133663，142305
16	65531	210013，233303，307572，311405，347433
17	131061	400011，411335，444257，527427，646775

反馈系数表中只给出了一半，另一半依据本原多项式的互反特性很容易获得。如 $J_7=\dfrac{\Phi(127)}{7}=\dfrac{127^{1-1}(127-1)}{7}=18$，反馈系数表只给出 9 个系数。

例 7-2　m 序列反馈系数表的使用

写出 $n=7$ 时，反馈系数 235 对应的本原多项式及其互反多项式。

解：首先将反馈系数化为二进制

$$\begin{array}{ccc} 2 & 3 & 5 \\ \downarrow & \downarrow & \downarrow \\ 10 & 011 & 101 \end{array}$$

所得即为对应的连接系数。

$$\begin{array}{cccccccc} 1 & 0 & 0 & 1 & 1 & 1 & 0 & 1 \\ C_7 & C_6 & C_5 & C_4 & C_3 & C_2 & C_1 & C_0 \end{array}$$

从而所求本原多项式为

$$f(x)=x^7+x^4+x^3+x^2+1$$

其互反多项式为

$$f^R(x)=x^n f(1/x)=1+x^3+x^4+x^5+x^7$$

5. m 序列发生器的种类

从结构上看，m 序列发生器一般有两种形式：简单型（SSRG）和组件型（MSRG）。SSRG 的结构如图 7-28 所示，这种结构的反馈逻辑由本原多项式确定，这种结构的缺点在于反馈支路中的器件时延是叠加的，即等于反馈支路中所有模 2 加法器时延的总和。因此限制了伪随机序列的工作速度。提高 SSRG 工作速率的办法之一是选用抽头数目少的 m 序列，这样，还可简化序列产生器的结构。SSRG 的最高工作频率为

$$f_{\max}=\frac{1}{T_{\mathrm{R}}+\sum T_{\mathrm{M}}} \tag{7-52}$$

式中，T_R 为移位寄存器时延，T_{M} 为模 2 加法器的时延。

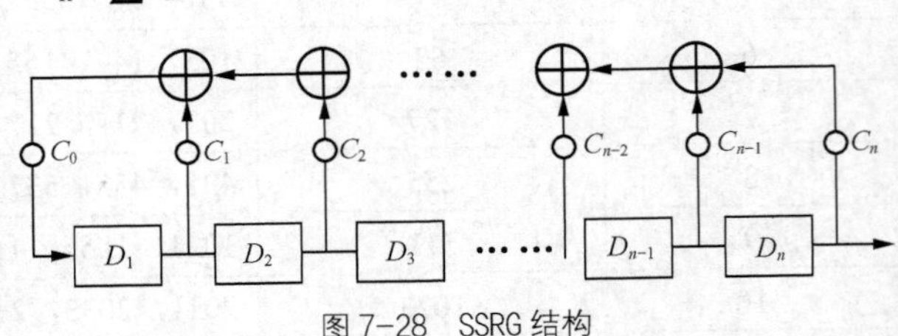

图 7-28　SSRG 结构

提高伪随机序列工作速率的另一办法，就是采用 MSRG 型结构，图 7-29 所示为这种序列发生器的结构。这种结构的特点是：在它的每一级触发器和它相邻一级触发器

之间，接入一个模 2 加法器，反馈路径上无任何延时部件。这种类型的序列发生器已被模件化，其反馈总延时只是一个模 2 加法器的延时时间，故能提高发生器的工作速度。其最高工作频率为

$$f_{\max}=\frac{1}{T_{R}+T_{M}} \tag{7-53}$$

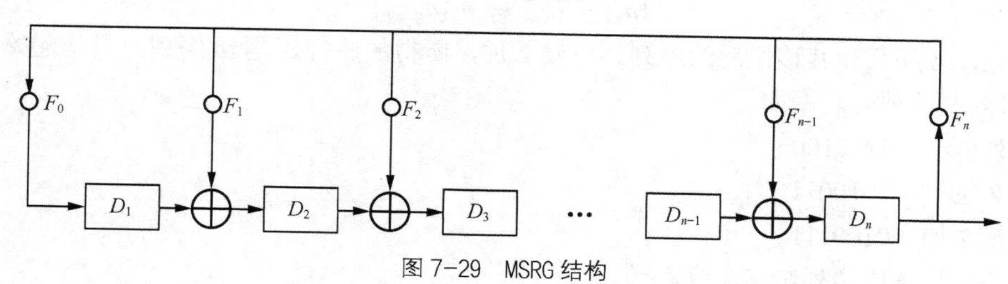

图 7-29 MSRG 结构

SSRG 和 MSRG 可以互相转换，转换关系如下。

$$C_i=F_{n-i} \tag{7-54}$$

例如 $n=5$ 的 SSRG 的本原多项式为

$$f(x)=1+x^2+x^3+x^4+x^5$$

$$\begin{matrix} C_0 & C_1 & C_2 & C_3 & C_4 & C_5 \\ 1 & 0 & 1 & 1 & 1 & 1 \\ F_5 & F_4 & F_3 & F_2 & F_1 & F_0 \end{matrix}$$

需要说明的是，两种结构产生的序列是一样的，但状态转移图不一样。

6. m 序列的性质

m 序列有很多优良的特性，但是我们感兴趣的主要是它的随机性和相关性。

（1）均衡性

一个周期中 1 和 0 大致相等的序列称为均衡序列。m 序列周期 $P=2^n-1$，一个周期中，有 2^{n-1} 个 1，$2^{n-1}-1$ 个 0，“1”的个数比“0”的个数仅多 1 个。n 级移位寄存器有 2^n 个状态，这些状态对应的二进制数有一半为偶数（即末位数为 0），另一半为奇数（即末位数为 1）。m 序列一个周期历经 2^n-1 个状态，少一个全 0 状态（属于偶数状态），因此在一个周期中“1”的个数比“0”的个数多一个。

（2）游程分布

m 序列一个周期中游程总数为 2^{n-1} 个，其中长度为 1 的游程占 1/2；长度为 2 的游程占 $1/2^2$；长度为 3 的游程占 $1/2^3$；……即长度为 k 的游程占 $1/2^k$，其中 $1\leqslant k\leqslant(n-2)$，且 1 游程和 0 游程各占一半，只有一个长度为 $n-1$ 的游程（0 游程），只有一个长度为 n 的游程（1 游程）。

表 7-2 列出了长度为 15($n=4$)的 m 序列“111101011001000”的游程分布。

表 7-2　m 序列“111101011001000”的游程分布

游程长度/比特	游程数目		所包含的比特数
	“1”	“0”	
1	2	2	4
2	1	1	4
3	0	1	3
4	1	0	4
	游程总数为 8		

（3）移位相加特性

一个 m 序列$\{a_n\}$与经过 k 次循环移位产生的另一不同序列$\{a_{n+k}\}$模 2 加，得到的仍然是$\{a_n\}$的某次循环移位序列$\{a_{n+p}\}$，即

$$\{a_n\}+\{a_{n+k}\}=\{a_{n+p}\} \tag{7-55}$$

简言之，m 序列和其移位后的序列逐位模 2 加，所得的序列还是 m 序列，只是起始位不同而已（有时称相位不同）。例如，

原序列　　1110100

左移 2 位　　1010011

逐位模 2 加　0100111

可见所得序列只是原序列左移 3 位而已。

在这里介绍一下序列的平移等价类的概念。一个 m 序列及其移位后得到的所有序列构成的集合，称为该序列的平移等价类。其具有如下一些性质：

- 包含 2^n-1 条序列，各序列只是相位不同；
- 平移等价类对模 2 加封闭；
- 平移等价类的相关性为 m 序列的自相关。

如在 IS-95 中，上行方向各用户使用长码（$n=42$）的平移等价类加以码分和扩频。每用户通过一个 42 位的掩码（由其终端的 ESN 确定）自动获得一个固定的码相位。图 7-30 为相应的长码发生器。采用 MSRG 结构（IS-95 的码片速率 1.228 8Mbit/s），42 个寄存器输出的码序列（属于长码的平移等价类，相位相差 1～42 个码片），被送往模 2 加法器逐位相加，每个寄存器的输出是否参加模 2 加，由掩码（42 位）对应位控制，根据平移等价类的性质可知，模 2 加法器的输出为具有不同相位（取决于掩码）的长码。

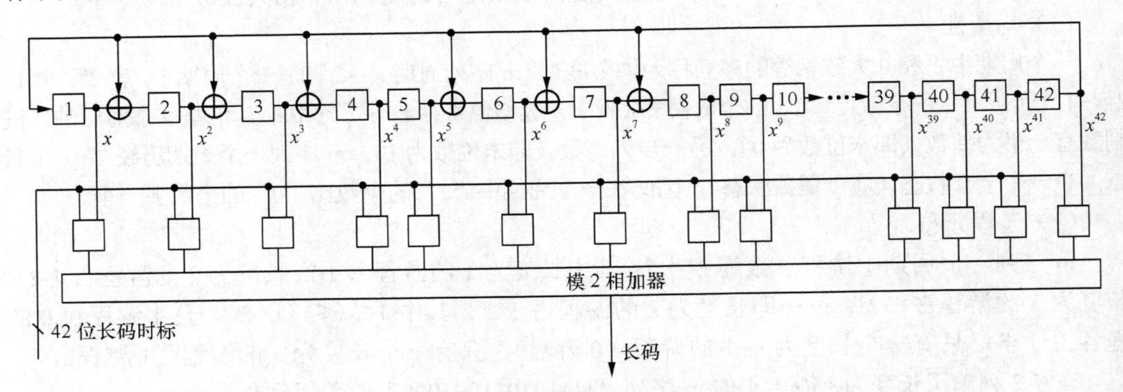

图 7-30　IS-95 中的长码发生器

（4）周期性

周期 $P=2^n-1$。在一个周期中，m 序列发生器中移位寄存器的状态，除去零状态外，其余 2^n-1 个状态出现且只出现一次，即遍历所有非零状态。

（5）相关特性

m 序列是一种伪随机序列，具有随机性，其自相关函数具有二值特性，但互相关函数是多值的。

① 自相关特性

下面来求 m 序列的自相关系数，根据定义

$$\rho(j)=\frac{1}{P}\sum_{i=1}^{P}x_i x_{i+j} \tag{7-56}$$

采用负逻辑建立序列在逻辑域与实数域间的映射，即 0 ⟷ 1，1 ⟷ −1，相应地有

$$x_i \oplus x_j \leftrightarrow x_i x_j \tag{7-57}$$

即逻辑域模 2 加被映射为实数域的相乘。

令 $y_i = x_i \oplus x_{i+j}$（此时 y_i 为逻辑序列），则当 $j \neq 0$ 时，依 m 序列移位相加性，y_i 依然还是 m 序列，又根据 m 序列均衡性，在一个周期中，序列中 1 的个数比 0 的个数多 1，用负逻辑映射到实数域，则有

$$\sum_{i=1}^{P} y_i = -1 \text{（此时 } y_i \text{ 为实数序列）} \tag{7-58}$$

从而

$$\rho(j)=\frac{1}{P}\sum_{i=1}^{P}x_i x_{i+j}=\frac{1}{P}\sum_{i=1}^{P}y_i=-\frac{1}{P} \tag{7-59}$$

当 $j = 0$ 时，$y_i = x_i \oplus x_{i+j} \equiv 0$（此时 y_i 为逻辑序列），映射到实数域，$y_i \equiv 1$（此时 y_i 为实数序列），这时有

$$\sum_{i=1}^{P} y_i = P \text{（此时 } y_i \text{ 为实数序列）} \tag{7-60}$$

从而

$$\rho(j)=\frac{1}{P}\sum_{i=1}^{P}x_i x_{i+j}=\frac{1}{P}\sum_{i=1}^{P}y_i=1 \tag{7-61}$$

综合式（7-64）和（7-66），可得 m 序列自相关系数

$$\rho(j)=\begin{cases}1 & j=0\\ -\dfrac{1}{P} & j\neq 0\end{cases} \tag{7-62}$$

由于 m 序列是周期性的，故其自相关函数也是周期性的且周期与 m 序列相同，有

$$\rho(j)=\rho(j-kP)\,k \text{ 为整数} \tag{7-63}$$

而且 $\rho(j)$ 为偶函数，即

$$\rho(j)=\rho(-j) \tag{7-64}$$

m 序列的自相关系数如图 7-31 所示。可见，m 序列的自相关函数只有两种取值 1 和 $-1/P$

我们把这类自相关函数只有两个取值的序列称为双值自相关序列。显然，m 序列当序列周期 P 很大时，其自相关系数逼近白噪声序列的自相关系数（δ 序列），所以称为伪噪声序列。

上面序列的自相关函数只在离散的点上取值（j 只取整数），给出了离散 m 序列的自相关特性。实际应用中，m 序列采用双极性 NRZ 时间波形，由式（7-36）可求出 m 序列波形的连续自相关函数 $R(\tau)$为

$$R(\tau)=\begin{cases}1-\dfrac{P+1}{PT_c}|\tau| & |\tau|\leqslant T_c\\ -\dfrac{1}{P} & |\tau|>T_c\end{cases} \tag{7-65}$$

图 7-32 给出了 $R(\tau)$的波形。显然当周期 PT_c 很长及码片宽度 T_c 很小时，$R(\tau)$逼近白噪声的自

相关函数δ(τ)——伪噪声。

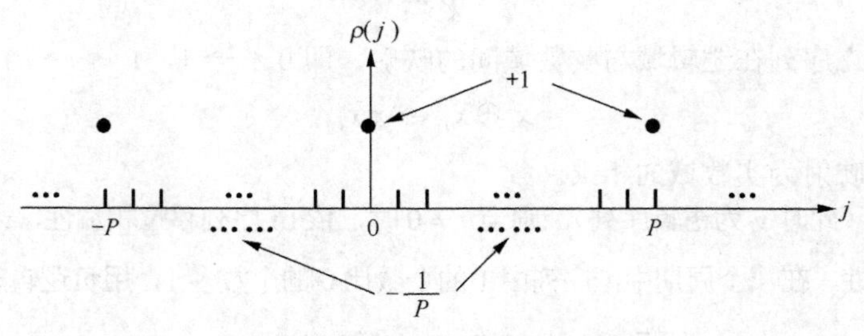

图 7-31 m 序列的自相关系数

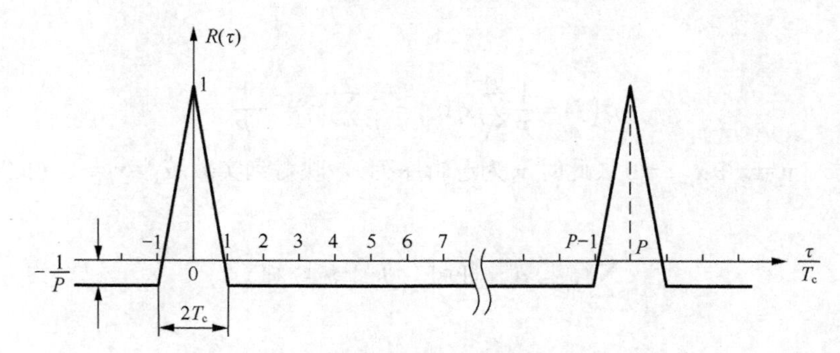

图 7-32 m 序列的自相关函数

② 互相关特性

同一周期 $P=2^n-1$ 的 m 序列集，其两个 m 序列对的互相关特性差异很大。有的 m 序列对的互相关性良好，有的则很差，不能实际使用。当互相关值越接近于 0，说明这两个 m 序列差别越大，即互相关性越弱；反之，说明这两个 m 序列差别较小，互相关性较强。通常在实际应用中，我们只关心互相关特性好（即互相关性弱）的 m 序列对的特性。

表 7-3 给出了周期为 $P=31$ 的两个 m 序列{x}和{y}的互相关函数。根据表 7-3 可画出互相关函数曲线如图 7-33 所示。图中实线为互相关函数 $R_{xy}(\tau)$，显然它是一个多值函数，有正有负；而虚线示出了序列的自相关函数，其最大值为 31，而互相关函数最大值的绝对值为 9。

表 7-3 {x}和{y}序列及其互相关函数值

{x}	1	0	0	0	0	1	0	0	1	0	1	1	0	0	1	1	1	1	1	0	0	0	1	1	0	1	1	1	0	1	0
{y}	1	1	1	1	1	0	1	1	1	0	0	0	1	0	1	0	1	1	0	1	0	0	0	0	1	1	1	0	1	0	0
$\pm\frac{\tau}{T_b}$	0	1	2	3	4	5	6	7	8	9	10	11	12	13	14	15	16	17	18	19	20	21	22	23	24	25	26	27	28	29	30
$R_c(\tau)$	−9	−1	−7	−1	−9	−9	7	−1	7	7	−1	−1	−1	−9	7	−9	7	7	−1	−1	7	7	−1	7	−1	−1	−9	−1	−1	−1	−1

分析表明，通常 m 序列对的互相关函数为多值，离散性很大，如图 7-33 所示的 m 序列对的互相关函数，只取三个值，是 m 序列能够达到的最好情形。

周期为 P 的 m 序列集中，若两序列 x、y 互相关函数值只取三个，这三个值是

$$R_{xy}(\tau)=\begin{cases}t(n)-2\\-1\\-t(n)\end{cases}\quad 这里 t(n)=1+2^{\left[\frac{n+2}{2}\right]}，[\ ]表示取实数的整数部分 \tag{7-66}$$

称为理想三值，则我们把满足这一特性的m序列对称作m序列优选对。

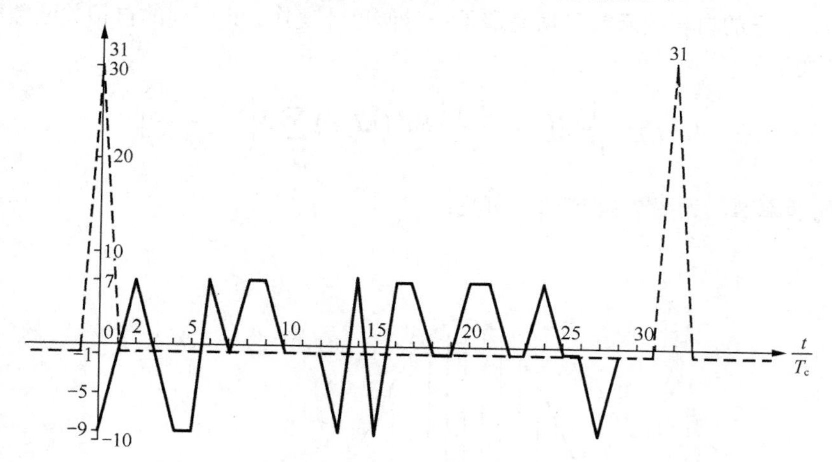

图7-33 两条m序列（$P=31$）的互相关函数和自相关函数

不同周期下，具有优选对特性的m序列数目不尽相同。表7-4给出了不同的移位寄存器级数n时m序列的重要参数。表中第6列给出了具有优选对特性的序列数。如$n=7$，$P=127$的m序列，可找出$M_7=6$个m序列，这6个m序列中的任意两个序列都是优选对；$n=9$，$P=511$的m序列，可找出$M_9=2$个m序列，这2个m序列是优选对；而对于$n=4$，8，12，16……，（4的倍数）找不到一对m序列满足上述特性。

表7-4　　m序列的重要参数表

n	$P=2^n-1$	J_n	Q	Q/P	M_n	$t(n)$	$t(n)/P$
3	7	2	5	0.71	2	5	0.71
4	15	2	9	0.60	0	9	0.60
5	31	6	11	0.35	3	9	0.30
6	63	6	13	0.36	2	17	0.26
7	127	18	41	0.32	6	17	0.13
8	255	16	95	0.37	0	33	0.13
9	511	48	113	0.22	2	33	0.06
10	1 023	60	383	0.37	3	65	0.06
11	2 047	176	287	0.14	4	65	0.03
12	4 095	144	1407	0.34	0	129	0.03
13	8 191	630	＞703	≥0.09	4	129	0.016
14	16 383	756	＞5673	≥0.34	3	257	0.016
15	32 767	1 800	＞2047	≥0.06	2	257	0.007 8
16	65 535	2 048	＞4095	≥0.03	0	513	0.007 8

注：n：移位寄存器级数　　P：m序列周期
Q：最大互相关的绝对值　　Q/P：归一化最大互相关系数
$t(n)$：$1+2^{[(n+2)/2]}$　　$t(n)/P$：归一化优选对最大互相关值
J_n：m序列条数　　M_n：具有优选对特性的序列数目

（6）功率谱特性

我们知道，信号的自相关函数和功率谱是一对傅里叶变换。m 序列的自相关函数如式（7-65），因而其傅里叶变换

$$G(f)=\frac{1}{P^2}\delta(f)+\frac{P+1}{P^2}Sa^2(\pi T_c f)\sum_{\substack{i=-\infty\\ i\neq 0}}^{+\infty}\delta\left(f-\frac{i}{PT_c}\right) \tag{7-67}$$

即为 m 序列的功率谱，如图 7-34 所示。可见：

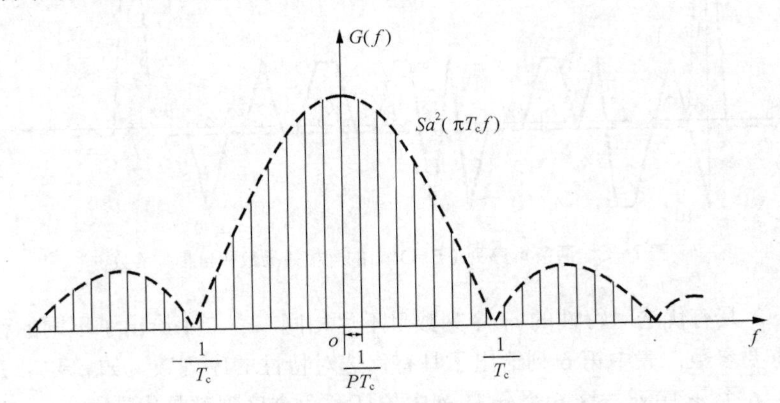

图 7-34　m 序列的功率谱

- m 序列的功率谱为离散谱，谱线间隔为 $1/(PT_c)$，即序列的基频。也就是说，谱线位于基频的各次谐波处。
- 功率谱包络为 $Sa^2(\pi T_c f)$，每根谱线所占的功率比例近似地与序列长度成反比。
- 直流分量的强度与 P^2 成反比，即序列周期越长，载漏越小。
- 带宽由码片宽度决定，T_c 越小，即码片速率越高，带宽越宽。
- 包络的第一个零点出现在 $1/T_c$ 处。
- P 决定谱分量大小，T_c 决定带宽；如果保持 m 序列的码片速率不变，而增加序列周期 P，则它的谱线间距减小，谱线加密，同时谱密度（包括直流分量）强度降低，这就更接近于白噪声特性。

7.3.6　Gold（戈尔德）序列

在扩频通信系统中，不仅要求伪随机序列的随机性好、周期长、不易被敌方检测等特性，而且还要求可用的伪随机序列数要多。因为扩频通信本身具有码分多址的特点，可用伪码数越多，组网的能力就越强，抗干扰、抗窃听的能力也就越强。m 序列具有很好的伪随机性和相关特性，但 m 序列的个数相对较少，很难满足作为系统地址码的要求。而下面介绍的 Gold 码，继承了 m 序列的许多优点，而可用的码的个数又远大于 m 序列，是作为地址码的一种良好的码型，在 3G 中获得广泛应用。

Gold 码是由 R．Gold 在 1967 年提出的，是基于 m 序列优选对产生的。它是由一对码长相等、码片速率相同的 m 序列优选对移位模 2 加得到的，即

Gold 码 $=m_1\oplus m_2$（循环移位），其中 m_1、m_2 为一对 m 序列优选对。

一对周期为 $P=2^n-1$ 的 m 序列优选对 $\{a_n\}$ 和 $\{b_n\}$，$\{a_n\}$ 与 $\{b_n\}$ 移位后的序列 $\{b_{n+\tau}\}$（$\tau=0$，1，2，……，P-1）逐位模 2 加所得的序列 $\{a_n+b_{n+\tau}\}$ 都是不同的 Gold 序列；Gold 序列虽然是由 m 序列模 2 加得到的，但它已不再是 m 序列，不过它具有与 m 序列优选对类似的自相关和互相关特性。

例如：周期为 7 的 m 序列 $\{a_n\}=1110100$ 和 $\{b_n\}=1110010$，为一对 m 序列优选对。对于不同

的τ（$0\leqslant\tau\leqslant6$），$\{a_n\}$和$\{b_{n+\tau}\}$逐位模 2 加得到的 Gold 序列为

$\tau=0$ $\{a_n+b_{n+0}\}=0000110$ $\tau=1$ $\{a_n+b_{n+1}\}=1001101$

$\tau=2$ $\{a_n+b_{n+2}\}=0101000$ $\tau=3$ $\{a_n+b_{n+3}\}=1011010$

$\tau=4$ $\{a_n+b_{n+4}\}=1100011$ $\tau=5$ $\{a_n+b_{n+5}\}=0111111$

$\tau=6$ $\{a_n+b_{n+6}\}=0010001$

Gold 序列产生电路的一般模型如图 7-35 所示。图中 m 序列发生器 1 和 2 产生的 m 序列是 m 序列优选对。m 序列发生器 1 的初始状态固定不变。调整 m 序列发生器 2 的初始状态，在同一时钟脉冲的控制下，产生的两个 m 序列经过模 2 加后即可得到 Gold 序列。通过设置 m 序列发生器 2 的不同初始状态，可以得到不同的 Gold 序列。

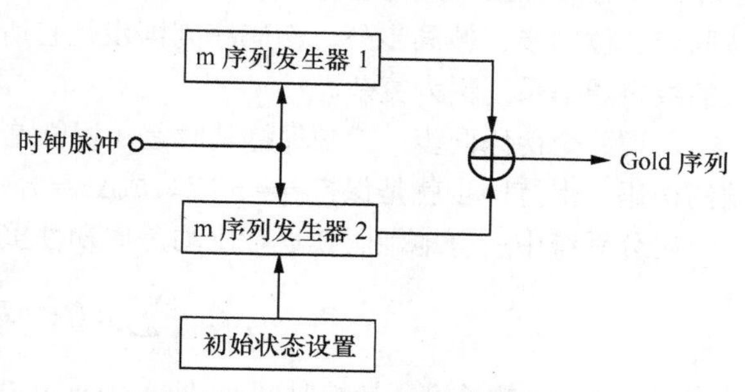

图 7-35 Gold 序列产生电路模型

Gold 码特性如下。

（1）Gold 码的数量

周期 $P=2^n-1$ 的 m 序列优选对生成的 Gold 序列，由于其中一个 m 序列不同的移位都可以产生新的 Gold 序列，共有 $P=2^n-1$ 个不同的相对移位，加上原来的两个 m 序列，总共有 2^n+1 个 Gold 序列。把这 2^n+1 个 Gold 码称为一 Gold 码族。可见，Gold 序列比 m 序列数多得多。例如 $n=5$，$J_5=6$，即只有 6 个 m 序列，而 Gold 序列有 $2^5+1=33$ 个；但 $n=4$ 和 4 的倍数时，由于不存在优选对，因此也不存在 Gold 码。

（2）Gold 序列的相关特性

对于周期 $P=2^n-1$ 的 m 序列优选对生成的 Gold 序列，具有与 m 序列优选对类似的自相关和互相关特性。

Gold 序列的自相关函数 $R(\tau)$在$\tau=0$ 时与 m 序列相同，具有尖锐的自相关峰；当 $1\leqslant\tau\leqslant P-1$ 时，与 m 序列有所差别，自相关函数值不再是$-1/P$，而是取式（7-66）中的三值，最大旁瓣是 $t(n)/P$。

一个 Gold 码族内，任意两条序列的互相关特性都和 m 序列优选对一样，取式（7-66）的理想三值，最大旁瓣值是 $t(n)/P$。

表 7-5 给出了一个 Gold 码族内互相关系数值及其出现的概率。当 n 为奇数时，码族中约有 50%码序列有很低的互相关系数值（$-1/P$）；当 n 为偶数（$n\neq0$，n 不是 4 的整数倍）时，有 75%的码序列有很低的互相关系数值（$-1/P$）。其他的同族内互相关系数最大值也不超过式（7-66）所示关系式。

表 7-5 **Gold 码互相关特性**

码长 2^n-1	互相关系数	出现概率
n 为奇数	$-1/(2^n-1)$	0.5
	$-(2^{\frac{n+1}{2}}+1)/(2^n-1)$	0.5
	$(2^{\frac{n+1}{2}}-1)/(2^n-1)$	
n 为偶数	$-1/(2^n-1)$	0.75
	$-(2^{\frac{n+2}{2}}+1)/(2^n-1)$	0.25
	$(2^{\frac{n+2}{2}}-1)/(2^n-1)$	

Gold码族之间的互相关函数尚无理论结果，用计算机搜寻发现，不同码族序列的互相关函数已不是三值而是多值，互相关函数值也大大超过优选对的互相关函数值。

7.3.7 直接序列扩频通信系统的同步原理

同步技术是扩频通信的关键技术。如7.2.2小节所述，只有使本地码的频率和相位与接收到的伪随机码完全一致，才能实现解扩。换句话说，只有实现了同步，即收发两端相关的信号在频率上相同、在相位上一致，整个系统才能正常工作。扩频通信系统除了有一般的数字通信系统的载波同步、位同步、帧同步外，伪码序列同步是它所特有的。因此，扩频通信系统的同步问题比一般的数字通信系统更为复杂。

所谓两个伪码同步，就是保持其时差（相位差）为0状态。令$a_1(t-\tau_1)$，$a_2(t-\tau_2)$为两个长度相同的伪码。保持同步就是保持$\tau_1=\tau_2$或写成$\Delta\tau=\tau_1-\tau_2=0$。

码分系统中所有地址码在运行中均是周期性重复的序列（不是单个的地址码）。即

$$c_i(t)=\sum_{n=-\infty}^{\infty}a_i(t-nT)\quad -\infty<t<\infty \tag{7-68}$$

其中，T是$a_i(t)$的长度（持续时间），即$a_i(t)\equiv 0\quad 0<t,t>T$。显然，$c_i(t)$是$a_i(t)$的周期性重复，其周期为$T$。我们下面所研究的同步主要是指$c_i(t)$的同步。

影响同步不确定性的因素有如下几点：

（1）收发信机间的距离引起传播的延迟产生的相位差；

（2）收发信机时钟频率的相对不稳定性引起的频差；

（3）收发信机相对运动引起的多普勒频移；

（4）多径效应引起的频率和相位的变化。

同步过程分为两个阶段：捕获和跟踪。

- 捕获（初始同步、粗同步）：在精确同步之前，先搜索对方的发送信号，把对方发来的PN与本地码在相位上纳入可同步保持（可跟踪）的范围之内，即在一个伪随机码码片之内。
- 跟踪（精同步）：在初始同步的基础上，进行自动相位调节，使码相位误差进一步减小达到精确同步，并保持本地码相位一直跟踪接收信号相位，在一规定的允许范围内变化。整个同步过程可用图7-36描述。接收机对接收到的信号，首先进行搜索，对收到信号与本地码的相位差大小进行判断，若不满足捕获要求，即收发相位差大于一个码片，则调整时钟再进行搜索，直到使收发相位差小于一个码片时停止搜索，转入跟踪状态。然后对捕捉到的信号进行跟踪。并进一步减小收发相位差到要求的误差范围内，以满足系统要求。与此同时，不断地对同步信号进行检测，一旦发现同步信息丢失，马上进入初始捕获阶段，进行新的同步过程。

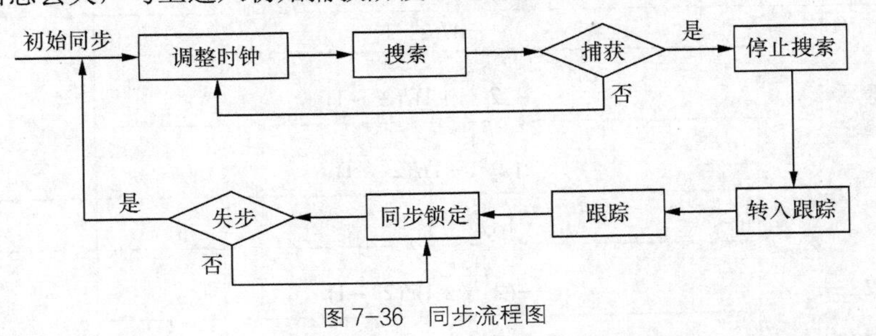

图7-36 同步流程图

需要说明的是，地址码的捕获必须以载频的捕获为前提条件，若载波频率相差较大，则接收到的

信号经解扩后的输出幅度很小，无法正确判断本地码与信号中伪码之间的偏差。载频的跟踪又建立在伪码跟踪的基础上，若地址码不同步，解扩器输出的载噪比太低，则载频跟踪的锁相环路无法锁定，因此实际跟踪系统一般按照“载频捕获→伪码捕获→伪码跟踪→载频跟踪”的顺序来建立同步。在此阶段，无论何种因素引起的收发两端的频率和相位发生较小的偏移，同步系统都能自动地加以调整，使收端的本地码仍然与接收到的伪随机码保持精确同步。

下面讨论伪随机码的同步问题，令 $c_i(t-\tau)$为接收到的伪码，$c_i(t-\hat{\tau})$ 为本地码，即

$$c_i(t-\tau)=\sum_{n=-\infty}^{\infty}a_i(t-\tau-nT)\quad c_i(t-\hat{\tau})=\sum_{n=-\infty}^{\infty}a_i(t-\hat{\tau}-nT) \tag{7-69}$$

同步过程就是使 $\hat{\tau}=\tau$。而这个目标是通过捕获和跟踪两个阶段来实现的。即捕获实现粗同步：$|\hat{\tau}-\tau|=|\Delta\tau|\leqslant T_c$，而进一步的精确同步由跟踪来实现：$|\hat{\tau}-\tau|=|\Delta\tau|=0$。

1．伪随机码的捕获

捕获的方法有很多种，主要有相关法和匹配滤波法。其中最常见和最常用的是滑动相关法，图7-37所示为滑动相关捕获原理方框图，其原理基于PN码尖锐的自相关函数。图7-38给出了接收到的伪随机码与本地码（m序列）的相关曲线（见图（a））及时间差的关系（见图（b））。

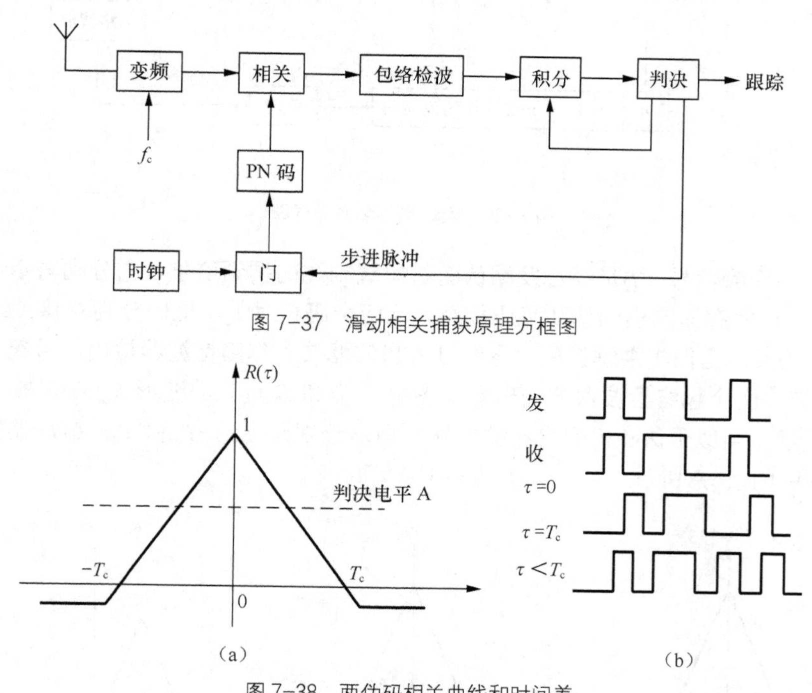

图7-37 滑动相关捕获原理方框图

图7-38 两伪码相关曲线和时间差

同步检测原理如下：求接收伪码 $c(t-\tau)$与本地伪码 $c(t-\hat{\tau})$ 的相关函数。

$$\int_0^T c(t-\tau)\,c(t-\hat{\tau})\,\mathrm{d}\tau=R_i(\hat{\tau}-\tau)=R_i(\Delta\tau) \tag{7-70}$$

并与某一阈值 A 比较，若 $R_i(\Delta\tau)>A$，则判定捕获完成；反之判定捕获未完成。当积分后的信号电平低于判决门限 A，表明收发两码的时间差大于可跟踪的范围，判决电路判断后发出一个步进脉冲信号，使本地码时钟相对于接收到的伪随机码时钟退后一个时隙（去掉一个或 n 个本地码的时钟脉冲，即“步进”一步）。当两码相对时间差较小时，包络检波器的输出信号幅度很大，积分

后的信号电平高于判决门限 A，表明收发两码的时间差处于可跟踪的范围，判决电路判断后发出一个跟踪脉冲信号，启动跟踪电路，同步系统转入跟踪状态。

2．伪随机码的跟踪

当同步系统完成捕获过程后，同步系统转入跟踪状态。跟踪的基本方法是利用锁相环来控制本地码时钟的相位，常用的跟踪环有延迟锁定环和τ抖动环等。下面介绍最基本的延迟锁相环跟踪法。

延迟锁相环技术在概念上与通常的锁相环技术十分相似。它是通过一非线性环路来实现输出信号对输入信号的跟踪和同步的。不过，在这里接收到的信号是经过伪随机码调制过的扩频信号。它是利用接收到的伪随机码与本地码的相关特性，形成一个误差电压，再用这个误差电压去控制本地码时钟源，使本地码较精确地跟踪和同步于接收到的伪随机码。图 7-39 所示为延迟锁相环原理图。

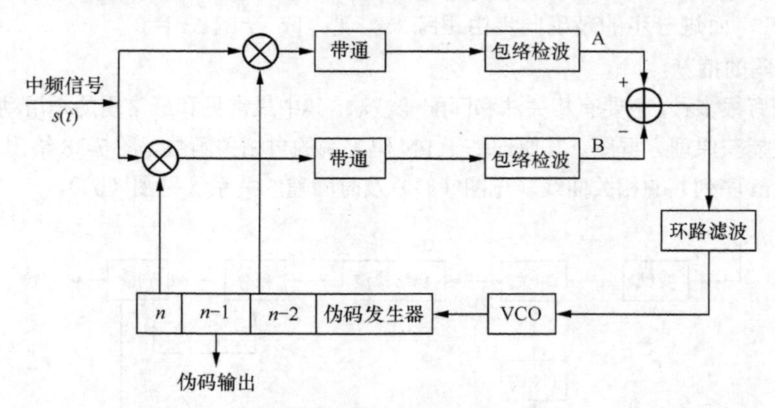

图 7-39 延迟锁相环原理框图

图 7-39 中的中频信号 $s(t)$是经过发端伪随机码调制过的扩频信号，它分别与本地码发生器的第 n 和 $n-2$ 级移位寄存器输出的伪随机码相乘，这两个码相对于本地码分别右移（$\tau=T_c$）和左移（$\tau=-T_c$）一个码元。它们相乘解扩后，再经过各自的滤波和包络检波器检出信号包络，最后送到减法器进行比较。两个包络检波器的输出端（图中 A 点和 B 点）的波形 $R_a(\tau)$和 $R_b(\tau)$，如图 7-40（a）和（b）所示，类似于伪随机码自相关曲线，但是分别延迟了$-T_c$ 和 T_c。减法器输出的误差曲线则如图 7-40 中的（c）所示。

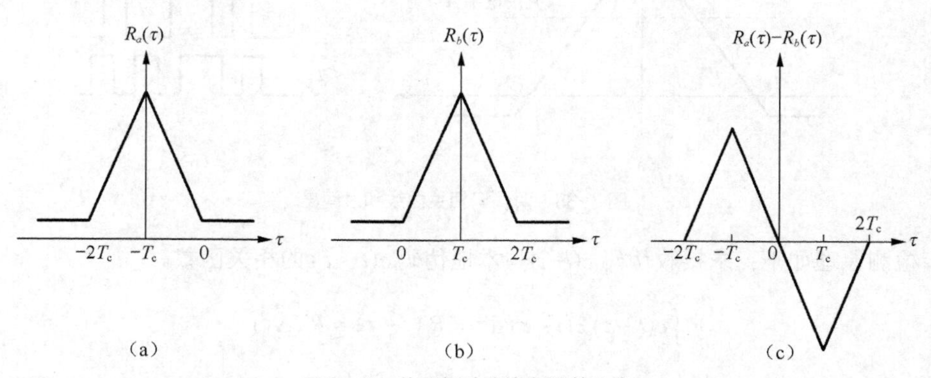

图 7-40 伪码相关曲线和误差曲线

延迟锁相环的工作原理简述如下：当本地码的相位超前接收到伪随机码的相位时，即两码的相对时差 $0<\tau<T_c$时，包络检波器输出端 B 的波形幅度大于输出端 A 的幅度，即 $R_a(\tau)-R_b(\tau)<0$，则减法器输出的误差值为负值，经环路滤波后，去控制压控振荡器（VCO），使本地码的速率放慢；当本地

码的相位延迟滞后接收到的伪随机码的相位时，即两码的相对时差$-T_c<\tau<0$时，包络检波器输出端A的波形幅度大于输出端B的幅度，即$R_a(\tau)-R_b(\tau)>0$，则减法器输出的误差值为正值，经环路滤波后，去控制压控振荡器，使本地码的速率加快。当本地码的相位与接收到的伪随机码的相位相同时，即两码的相对时差$\tau=0$时，包络检波器输出端A的波形幅度和输出端B的幅度相等，即$R_a(\tau)-R_b(\tau)=0$，则减法器输出的误差值为0，经外路滤波后，去控制压控振荡器，使本地码的速率不变，从而使本地码与接收到的伪随机码保持精确的同步。

7.4 CDMA蜂窝网的关键技术

在码分数字蜂窝移动通信系统中，由于在同一蜂窝小区中，或相邻小区乃至所有蜂窝小区中，所有的用户在通信过程中都可以共享同一个无线频道，所以其中任何一个用户的通信信号对其他用户的通信都是一个干扰，即MAI。同时通话的用户数越多，MAI也就越大，解调器输入端的信噪比就越低。在CDMA系统中，用户共享的是干扰余量，当干扰余量被超越时，系统将不能正常工作，显然这就限制了同时通话的用户数量，即系统的容量。由此可以看出，在保持系统性能一定的前提下，任何一种消除干扰的方法都可以直接提高CDMA系统的容量和质量。正是Qualcomm（高通）公司解决了一些关键技术，提出了实现CDMA系统的完整方案，才使CDMA蜂窝通信得到广泛的应用。下面仅对其中的功率控制、RAKE接收、软切换等关键技术分别进行讨论。

7.4.1 功率控制

1．远近效应

由于移动通信中移动用户不断的移动，有时靠近基站，有时远离基站，如果移动台发射功率固定不变，那么离基站距离近时，过大的发射功率不仅浪费（上行时降低电池寿命），而且会造成对其他用户的干扰，尤其是对离基站较远的移动台发给基站的信号影响较大。所谓远近效应就是当基站同时接收两个距离不同的移动台发来的信号时，因为传输路程长度的不同，基站接收到的靠近基站的用户发送的信号比远离基站的用户发送的信号强度大得多，致使远端用户的信号被近端用户的信号所湮没，如图7-41所示。

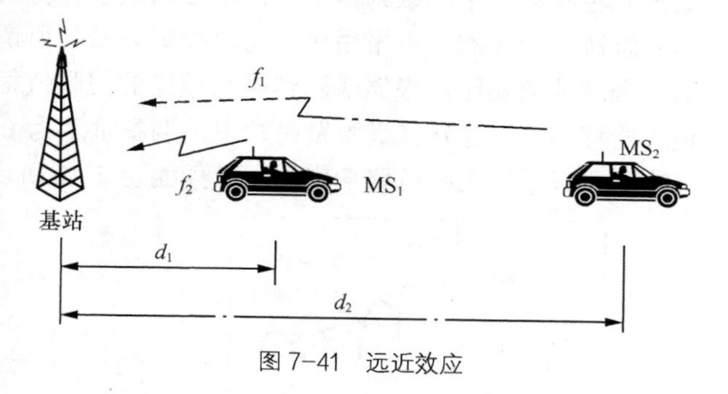

图7-41 远近效应

假设不实施功率控制，即各移动台的发射功率相同，则两移动台至基站的功率电平的差异将仅决定于传输损耗之差，即可定义近端对远端的干扰比

$$R_{d_2,d_1}=L_A(d_2)-L_A(d_1) \tag{7-71}$$

式中，$L_A(d_2)$、$L_A(d_1)$均以dB计，分别为MS2和MS1的路径传输损耗。

在同样地形、地物条件下，传输损耗近似与距离的4次方成比例，即有

$$R_{d_2,d_1}=10\lg\left(\frac{d_2}{d_1}\right)^4=40\lg\frac{d_2}{d_1} \tag{7-72}$$

例如$d_1=500\text{m}$，$d_2=5\text{km}$，

$$R_{d_2,d_1}=40\lg\frac{d_2}{d_1}=40\lg\frac{5\times10^3}{5\times10^2}=40\text{dB}$$

宏蜂窝小区边界，$d_2 = 50\text{km}$，

$$R_{d_2,d_1} = 40\lg\frac{d_2}{d_1} = 40\lg\frac{5\times10^4}{5\times10^2} = 80\text{dB}$$

由此可见，无论是FDMA、TDMA还是CDMA移动通信系统，远近效应总是存在的。在FDMA、TDMA 移动通信系统中，由于各信道使用不同的频率或时隙，并且各信道间有相应的保护带或保护时间，远近效应不太突出。而在（直扩）CDMA 移动通信系统中，所有用户共享同一个载波，发送时间也不分先后，远近效应十分严重，甚至影响到了系统容量，因此CDMA系统必须要采用功率控制技术。

2．上行链路的功率控制

CDMA系统的通信质量和容量主要取决于接收到干扰功率的大小，若基站接收到移动台的信号功率太低，则误比特率太大而无法保证高质量通信；反之，若基站接收到某一移动台的功率太高，虽然保证了移动台与基站间的通信质量，但却对其他移动台增加了干扰，导致整个系统质量恶化和容量减小。只有当每个移动台的发射功率控制到基站所需信噪比的最小值时，通信系统的容量才能达到最大值。

上行链路功率控制就是控制各移动台的发射功率的大小。它分为开环功率控制和闭环功率控制。上行链路开环功率控制的前提条件是假设上行与下行传输损耗相同，移动台接收并测量基站发来的信号强度，并估计下行传输损耗，然后根据这种估计，移动台自行调整其发射功率，即接收信号增强，就降低其发射功率；接收信号减弱，就增加其发射功率。开环功率控制的响应约为毫秒级，控制动态范围约有几十分贝。开环功率控制的优点是简单易行，不需要在移动台和基站间交换控制信息，因而不仅控制速度快而且节省开销。它对付慢衰落是比较有效的，即对车载移动台快速驶入（或驶出）高大建筑物遮蔽区所引起的衰落，通过开环功率控制可减小其影响。但对于信号因多径效应而引起的瑞利衰落，效果不佳。对于900MHz的CDMA蜂窝系统，采用FDD方式，收发频率相差45MHz，已远远超过信道的相干带宽，因而上行和下行无线链路的多径衰落是彼此独立的，不能认为移动台在下行信道上测得的衰落特性，就等于上行信道上的衰落特性。为了解决这个问题，可采用闭环功率控制方法。所谓闭环功率控制，即由基站检测来自移动台的信号强度或信噪比，根据所测结果与预定的门限值相比较，形成功率调整指令，通过下行信令信道传给移动台，通知其调整发射功率，调整阶距为0.5dB。一般情况下这种调整指令每1ms发达一次就可以了。上行链路功率控制效果如图7-42所示。

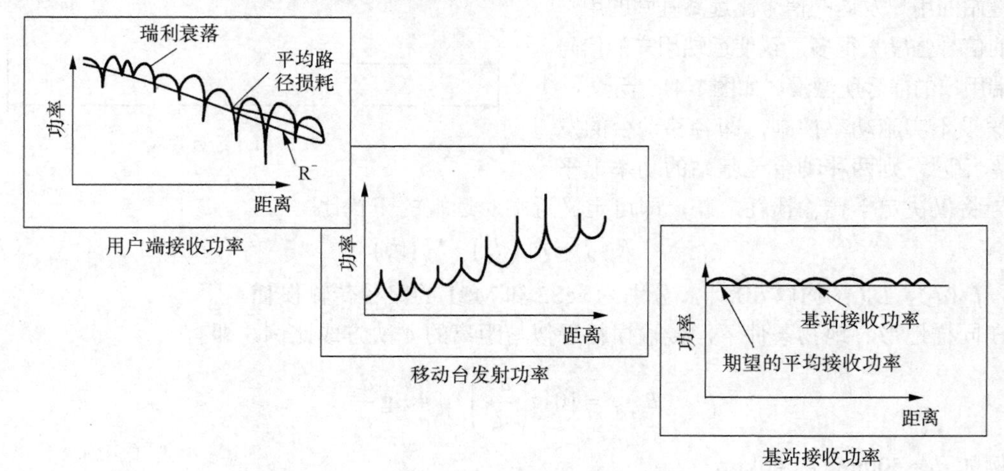

图7-42　上行链路功率控制效果

上行链路功率控制有效解决了远近效应问题，使各移动台发出的信号到达基站的功率电平几

乎相等，既达到保证通信质量所要求的信噪比（或信干比的门限值）又可以最大限度地减小多址干扰，扩大系统容量。

3. 下行链路的功率控制

下行链路功率控制是调整基站向移动台发射的功率，使任一移动台无论处于蜂窝小区中的任何位置上，收到基站发来的电平都恰好达到信干比所要求的门限值。做到这一点，就可以避免基站向距离近的移动台发射过大的信号功率，也可以防止或减小由于移动台进入传播条件恶劣或背景干扰过强的地区而发生误码率增大或通信质量下降的现象。

与上行功率控制相类似，下行功率控制也分为开环功率控制和闭环功率控制。下行开环功率控制由基站检测来自移动台的信号强度，以估计上行传输的损耗并相应调整发给该移动台的功率。而下行闭环功率控制由移动台检测基站发来的信号强度并与设定的门限值比较，形成功率调整指令，通过上行信令信道发往基站，通知其调整发射功率，调整阶距为 0.5dB。

总之，功率控制是 CDMA 蜂窝移动通信系统提高通信质量、增大系统容量的关键技术之一，也是实现这种通信系统的主要技术难题之一。

7.4.2 RAKE 接收技术

在移动通信中，接收到的信号是经过多路反射、散射等传播路径后信号的叠加。由于经过的路径不同，这些信号到达接收端时的延时和幅度各不相同，使接收到的信号是一个多径衰落的信号。在 CDMA 系统中，每一路都是同一地址码调制的载有相同信息的不同延时的信号。使用 RAKE 接收技术，利用伪随机码的相关性，对各路经分别进行相关接收，提取出不同延时的相关峰，然后进行适当的合并，再进行信息解调，从而克服了多径效应问题又等效增加了接收功率（或发射功率）。RAKE 接收机的工作原理简要叙述如下。

RAKE 接收机就是利用多个并行相关检测器检测多径信号，按照一定的准则合成一路信号供解调用的接收机。从分集接收的观点看，RAKE 接收机实现了多径分集。需要特别指出的是，一般的分集技术把多径信号作为干扰来处理，而 RAKE 接收机将多径变害为利，即利用多径现象来增强信号。图 7-43 示出了简化的 RAKE 接收机组成。

假设发端从 T_x 发出的信号经 N 条路径到达接收天线 R_x，路径 1 最短，传输时延也最小，依次是第二条路径，第三条路径……，时延最长的是第 N 条路径。通过电路测定各条路径的相对时延差，以第 1 条路径为基准时，第二条相对于第一条路径相对时延差为Δ_2，第三条相对于第一条路径相对时延差为Δ_3…，第 N 条路径相对于第一条路径相对时延差为Δ_N，且有，$\Delta_N > \Delta_{N-1} > \cdots \Delta_3 > \Delta_2 (\Delta_1 = 0)$。

接收端通过解调后，送入 N 个并行相关器。图中为接收用户 1（即使用伪码 $c_1(t)$）信号的情形。通过码同步，各个相关器的本地码分别为 $c_1(t)$、$c_1(t-\Delta_2)$、$c_1(t-\Delta_3)$、$\cdots c_1(t-\Delta_N)$。经过解扩加入积分器，每次积分时间为 T_b，第一支路在 T_b 末尾进入电平保持电路，保持直到 $T_b+\Delta_N$，即到最后一个相关器于 $T_b+\Delta_N$ 产生输出。这样 N 个相关器于 $T_b+\Delta_N$ 时刻，通过相加求和电路（图中为Σ）合并，再经判决电路产生数据输出。

由于各条路径加权系数为 1，因此为等增益合并方式。利用多个并行相关器，获得了各多径信号能量，即 RAKE 接收机利用多径信号提高通信质量。

图 7-44 所示为 IS-95 移动台接收机的方框图。其中包含了 RAKE 接收部分（$N=3$）。RAKE 接收部分主要由相关器 1～3、搜寻相关器和合并器组成。发端发射的由伪随机码调制过的信号经多条不同的路径延时和损耗后与噪声一起进入接收机，经过变频、中频放大和 A/D 变换后，进入 RAKE 接收部分。该部分的搜寻相关器搜索和估算各路信号的强度和伪随机码的相

位（即相对延时），也就是说，从到达的各路信号中找出其中三路最强的信号，并给出这三路信号中的伪随机码的参考相位，使本地的三个码发生器的输出码相位分别与这三条对应路径信号中的伪随机码同步，经过各自解扩、相关解调输出同样的信息数据，经等增益合并后进行译码。由于每一个相关器都等效一个接收机，三个相关器等效三个接收机，其输出经合并后的信号信噪比得到了很大的改善。另外，搜寻相关器总是搜索和估计各路中最强的三个信号供其他三个相关器进行相关解调，从而系统可以处于最佳的接收状态。

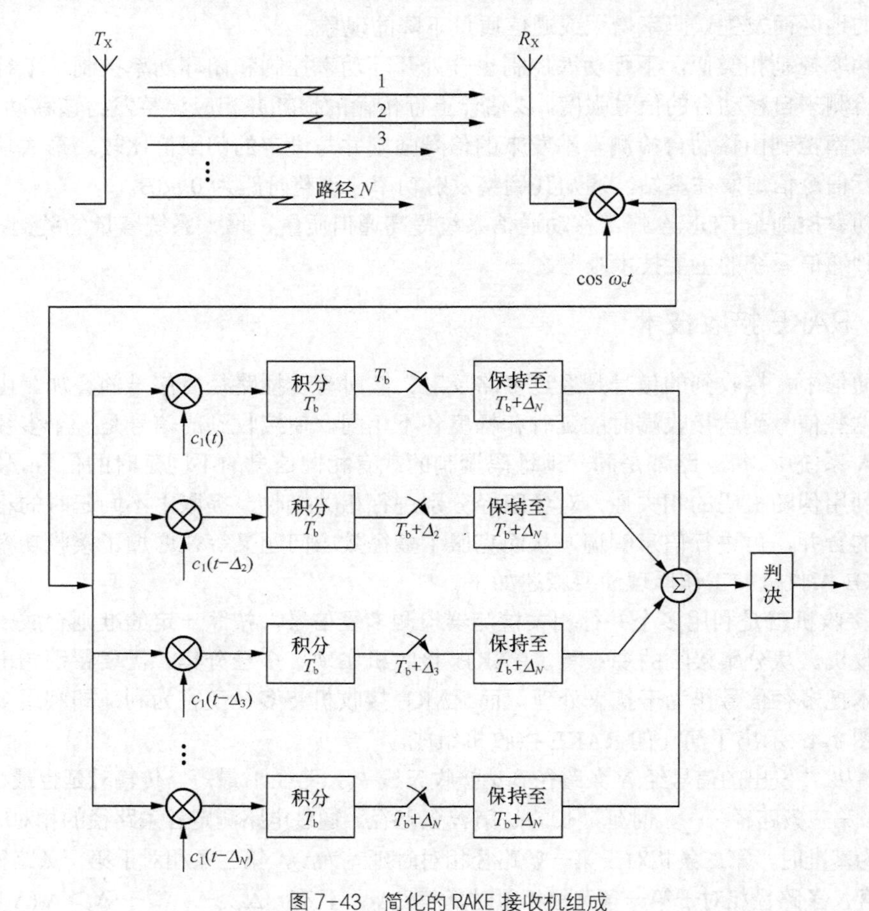

图 7-43　简化的 RAKE 接收机组成

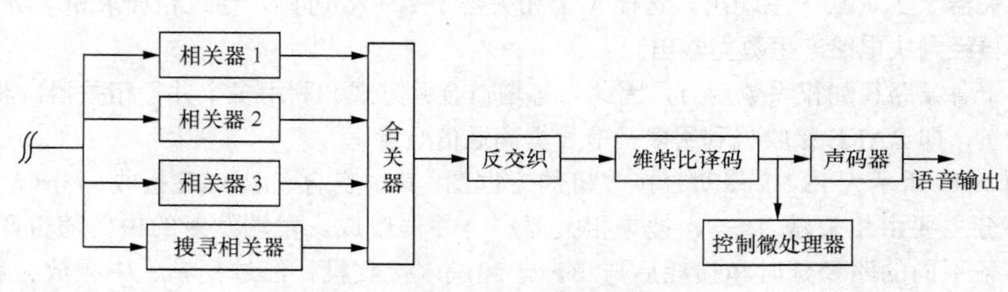

图 7-44　IS-95 移动台接收机的方框图

IS-95中基站RAKE接收（$N=4$）总体框图如图7-45所示。而在WCDMA、cdma2000两种3G系统中，RAKE接收部分都采用了性能最佳的最大比合并技术。

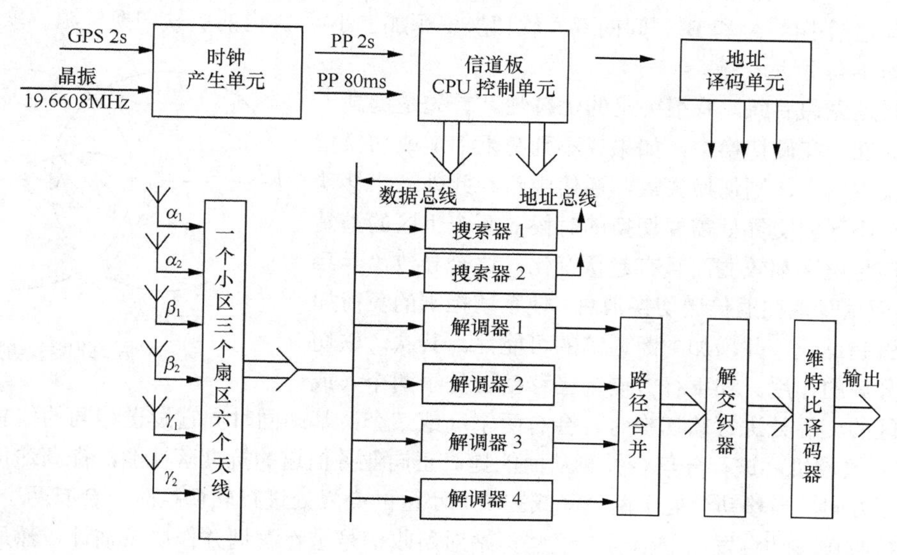

图7-45　IS-95基站RAKE接收总体框图

7.4.3 软切换技术

除传统的硬切换，CDMA还引入了软切换技术。

1．更软切换

移动台由同一基站的一个扇区进入另一个具有同一载频的扇区时发生的切换，如图7-46所示。基站的RAKE接收机将来自两个扇区分集式天线的语音帧中最好的帧合并为一个业务帧，更软切换由基站控制完成。

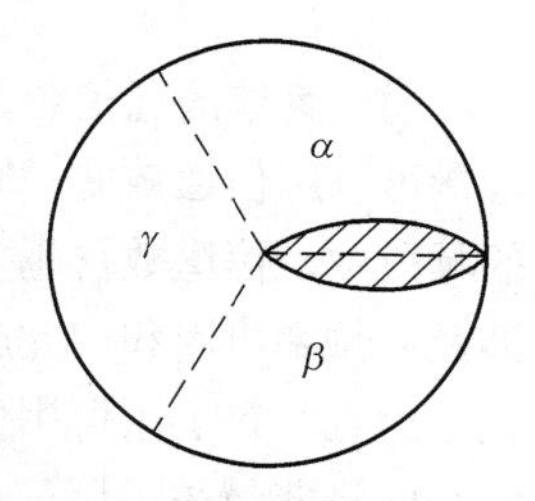

图7-46　更软切换

2．软切换

移动台从一个小区进入相同载频的另外一个小区时的切换。此时移动台与不同小区或三个扇区保持通信，如图7-47（a）、（b）所示。软切换由移动交换中心（MSC）控制完成。图7-47（c）所示是两基站之间软切换的原理。

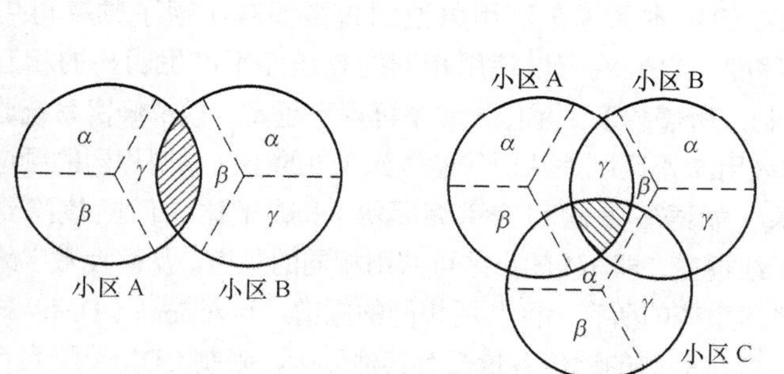

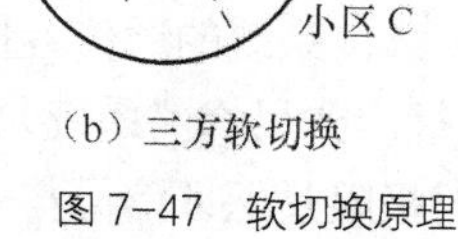

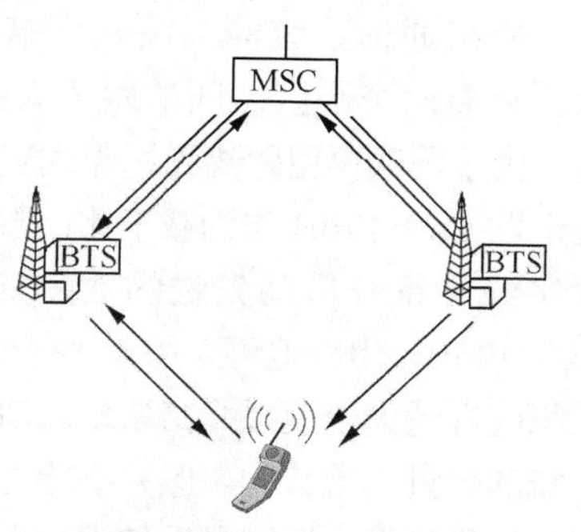

（a）双方软切换　（b）三方软切换　（c）两基站收发信机参与的软切换

图7-47　软切换原理

3．软/更软切换

移动台从一个小区的两个扇区进入相同载频的另外一个小区的扇区时的切换。这种类型切换的网络资源包括小区 A 和 B 之间的双方软切换资源加上小区 B 内的更软切换资源。软/更软切换的原理如图 7-48 所示。

软切换是先通后断，有很突出的优越性。首先是提高了切换的可靠性。在硬切换中，如果找不到空闲信道或切换指令的传输发生错误，则切换失败，通信中断。此外，当移动台靠近两个小区的交界处需要切换的时候，两个小区的基站在该处的信号电平都较弱而且有起伏变化，这会导致“乒乓效应”，从而重复地往返传送切换消息，使系统控制的负荷加重，甚至引起过载，并增加中断通信的可能性。其次，软切换具有宏分集的作用。在下行方向，当移动台处于两个（或三个）小区的交界处进行软切换时，会有两个（或三个）基站同时向它发送相同的信息，移动台采用 RAKE 接收机，进行分集合并，从而能提高正向业务信道的抗衰落性能，提高通信质量；同样，在上行方向，当移动台处于两个（或三个）小区的交界处进行软切换时，会有两个（或三个）基站同时接收该移动台发出的信号，这些基站对所收信号进行解调并作质量估计，然后送往移动交换中心（MSC）。这些来自不同基站而内容相同的信息由 MSC 采用选择式合并方式，逐帧挑选质量最好的，从而实现了反向业务信道的分集接收，提高了反向业务信道的抗衰落性能。

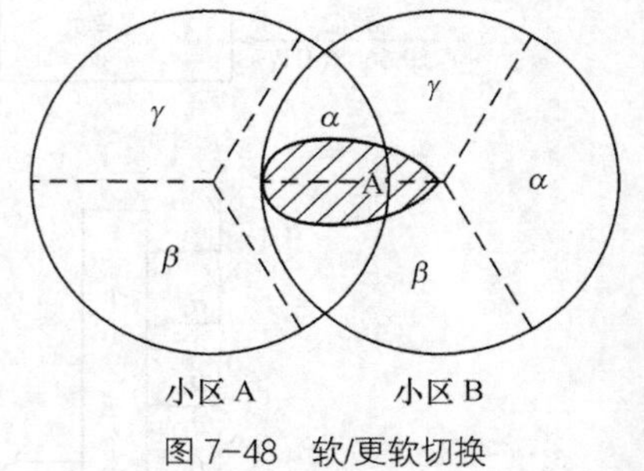

图 7-48　软/更软切换

7.5　CDMA 蜂窝通信系统的容量

通信系统的通信容量可以用不同的表征方法进行度量。对于点对点的通信系统而言，系统的通信容量可以用信道效率，即对给定的可用频段中所能提供的最大信道数目进行度量。一般来说，在有限的频段中，信道数目越多，系统的通信容量也越大。但对于蜂窝网而言，由于信道在小区中的分配，涉及到频率再用和由此产生的同频干扰问题，因而系统的通信容量用每个小区的可用信道数进行度量比较适宜。每小区可用信道数可记作 ch/cell，它表征每小区允许同时工作的用户数。此外，还可以用每小区每兆赫兹可用信道数（ch/MHz/cell）、每小区爱尔兰数（Erl/cell）、每平方千米用户数（用户数/km^2）以及每平方千米每小时通话次数（通话次数/h/km^2）等进行度量。这些表征方法从不同的角度对系统的容量进行衡量，它们之间是有联系的，在一定的条件下可以互相转换。

蜂窝通信系统能提高其频谱利用效率的根本原因是利用电波的传播损耗实现了频率再用技术。只要两个小区之间的距离大到一定程度，它们就可以使用相同的频道而不产生明显的相互干扰。由于同频再用距离受所需载干比的限制，所需载干比越低，频率再用率越高。模拟蜂窝系统通常规定以 $C/I=17\text{dB}$ 作为载干比门限，故需采用 7 小区制，从而只能做到 1/7 的小区共用相同的频道。数字蜂窝系统借助先进的数字处理技术（如语音编码和信道编码等），载干比的门限值降到了 $C/I=10\text{dB}$，相应地可采用 4 小区制进行无线覆盖，即 1/4 的小区可共用相同的频道，从而使数字蜂窝系统的容量大于模拟蜂窝系统。CDMA 蜂窝系统的所有小区共用相同的频谱，这对提高 CDMA 蜂窝系统的容量非常有利。但并不能说 CDMA 蜂窝系统的通信容量没有其他限制，限制 CDMA 蜂窝系统通信容量的根本原因是系统中存在多址干扰。如果蜂窝系统允许 n 个用户同时工作，它必须能同时提供 n 个信道。n 越大，多址干扰越强。n 的极限是保证信号与干扰功率的比值大于或等于某一门限值，使信道能提供可以接受的通信质量。

7.5.1 CDMA蜂窝通信系统的容量

对于模拟频分和数字时分系统来说，系统容量的计算比较简单。当蜂窝系统的总频道数$M=W/B$（W是无线频率带宽，B为信道间隔）和区群小区数m（小区频率复用数）确定后，每一小区的可用信道数，即模拟频分和数字时分蜂窝网移动通信系统容量的一般公式为

$$n=\frac{M}{m}=\frac{W}{mB} \tag{7-73}$$

模拟频分蜂窝网采用7小区制，此时的容量为W/7B。例如对于1.25MHz的无线频率带宽，我国模拟FDMA系统的信道带宽是25kHz，则总信道数是50，7小区频率复用时系统容量是7.14信道/小区。

数字时分蜂窝网采用4（当启用跳频选项时为3）小区制，此时的容量为$W/4B$或$W/3B$。例如对于1.25MHz的无线频率带宽，数字时分GSM系统的载波间隔是200kHz，每个载波所含的时隙数是8，等效信道带宽时25kHz，所以信道总数也是50，3小区频率复用时系统容量是16.66信道/小区。由此可以看出，采用数字时分GSM体制比用模拟频分体制在频率复用率上要高得多。

码分数字通信系统容量的计算比模拟频分系统和数字时分系统要复杂得多。在CDMA数字移动系统中，限制其通信容量的根本原因是系统中存在的多址干扰。所以任何能够降低多址干扰的措施，都可以直接转化为系统容量的提高。

1. 扩频通信系统的容量

首先考虑一般扩频通信系统（即暂不考虑蜂窝移动通信系统的特点）的通信容量。n个用户共用一个无线频率同时通信，每一个用户的信号都受到其他$n-1$个用户信号的干扰。假定系统的功率控制是理想的，即到达接收机的所有n个信号强度都一样，则载干比为

$$\frac{C}{I}=\frac{1}{n-1} \tag{7-74}$$

另一方面，一般扩频通信系统的载干比为

$$\frac{C}{I}=\frac{R_b E_b}{I_0 W}=\frac{E_b/I_0}{W/R_b} \tag{7-75}$$

式中，E_b是信息的比特能量，R_b是信息的速率，I_0是干扰的功率谱密度（单位赫兹的干扰功率），W是CDMA系统所占的有效频率宽度，W/R_b是CDMA系统的扩频增益；E_b/I_0是比特能量与干扰密度比，其取值取决于语音质量对误码率的要求，并与系统的调制方式和编码方案有关。

由式（7-74）和式（7-75）知，此时系统容量为

$$n=1+\frac{W/R_b}{E_b/I_0} \tag{7-76}$$

这一结果表明，在误码率一定的条件下，所需归一化信干比E_b/I_0越小，系统可以同时容纳的用户数越多。

2. 码分系统蜂窝网容量

下面根据CDMA蜂窝系统的特征对上述码分系统的容量逐步进行修正以得到CDMA蜂窝网容量。

（1）采用语音激活技术提高系统容量

统计结果表明，人们在通话过程中平均只有35%的时间在讲话，另外65%的时间处于听对方讲话、话句间停顿或其他等待状态。在CDMA数字蜂窝移动通信系统中，所有用户共享一个无线频率，如果采用语音激活技术，使通信中的用户有语音时才发射信号，没有讲话时，该用户的发

射机就停止发射功率，那么任一用户语音发生停顿时，所有其他通信中的用户都会因为背景干扰减少而受益。这就是说，语音停顿可以使背景干扰减少 65%，从而系统容量可以提高到原来的 1/0.35 = 2.86 倍。

令语音的占空比为 d，则 CDMA 通信容量公式（7-76）变成

$$n=\left(1+\frac{W/R_{\mathrm{b}}}{E_{\mathrm{b}}/I_0}\right)\frac{1}{d} \tag{7-77}$$

（2）利用扇区划分提高系统容量

在 CDMA 蜂窝系统中，采用定向天线进行分区能明显提高系统容量。比如，用 120° 的定向天线把小区分成 3 个扇区，可以减少背景干扰为原来的 1/3，因而系统的容量将增加约 3 倍（实际上，由于相邻天线覆盖区之间有重叠，一般能提高到 $G = 2.55$ 倍左右）。

令 G 为扇区系数，则 CDMA 通信容量公式（7-77）变成

$$n=\left(1+\frac{W/R_{\mathrm{b}}}{E_{\mathrm{b}}/I_0}\right)\frac{G}{d} \tag{7-78}$$

（3）邻近蜂窝小区的干扰对系统容量的影响

根据码分多址蜂窝移动通信系统的特点，在 CDMA 蜂窝移动通信系统中，所有用户共享一个无线频道，即在若干小区内的基站和移动台都工作在相同的频率上。因此任一小区的移动台都会受到相邻小区移动台的干扰。这些干扰的存在必然会影响系统的容量。其中任一小区的移动台对相邻小区基站的总干扰量和任一小区的基站对相邻小区移动台的总干扰量是不同的，对系统容量的影响也有所差别。下面就正向和反向传输分别加以简要说明。

正向传输。在一个蜂窝小区内，基站不断地向所有通信中的移动台发送信号，移动台在接收它自己所需信号的同时，也接收到基站发给所有其他移动台的信号，而这些信号对它所需的信号将形成干扰，当系统采用正向功率控制技术时，由于路径传播损耗的原因，位于靠近基站的移动台，受到本小区基站所发射信号的干扰比距离远的移动台要大，但受到相邻小区基站的干扰较小；位于小区边缘的移动台，受到本小区基站所发射的信号干扰比距离近的移动台要小，但受到相邻小区基站的干扰较大。移动台最不利的接收位置是处于 3 个小区交界的地方，如图 7-49 所示的 X 点。

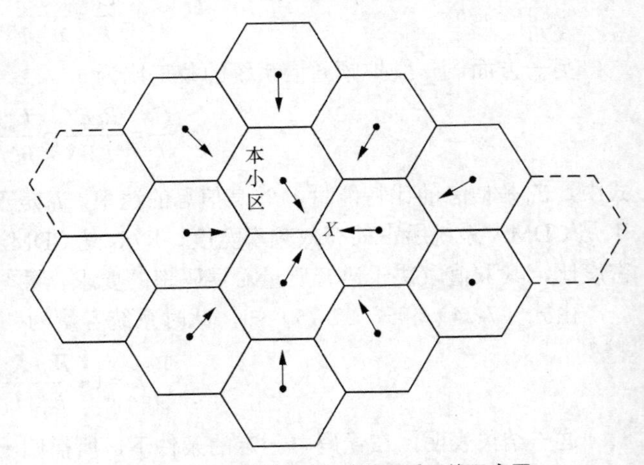

图 7-49　CDMA 系统中移动台受干扰示意图

假设各小区的基站都同时向 n 个用户发送功率相等的信号，由于邻近基站的干扰不能忽略，载干比将下降 3.3 倍，此时，每个小区同时通信的用户数将下降到原来的 60%，即信道复用效率 $F = 0.6$。

令信道复用效率为 F，则 CDMA 通信容量公式（7-78）修正为

$$n=\left(1+\frac{W/R_{\mathrm{b}}}{E_{\mathrm{b}}/I_0}\right)\frac{GF}{d} \tag{7-79}$$

反向传输。在一个蜂窝小区内，基站不断地向所有通信中的移动台发送信号，形成各用户之

间的多址干扰，影响了系统的容量。此外，基站在接收本小区的移动台信号的同时，也收到来自相邻小区移动台的信号，参见图 7-50，这些信号对所需信号同样形成干扰，对系统容量也造成不良影响。

假设各小区中同时通信的用户数为 n，即各小区有 n 个移动用户同时发送信号，理论分析表明，在采用功率控制时，每个小区同时通信的用户数将下降到原来的 65%，即信道复用效率 $F = 0.65$，也就是系统容量下降到不考虑邻近干扰时的 65%。由此可见，反向传输和正向传输的信道复用效率大体一致，也就是说作为通信容量的估算公式（7-82），既可以用于正向传输也可以用于反向传输。在计算 CDMA 蜂窝系统容量时，一般按正向信道考虑，即取 $F = 0.6$。

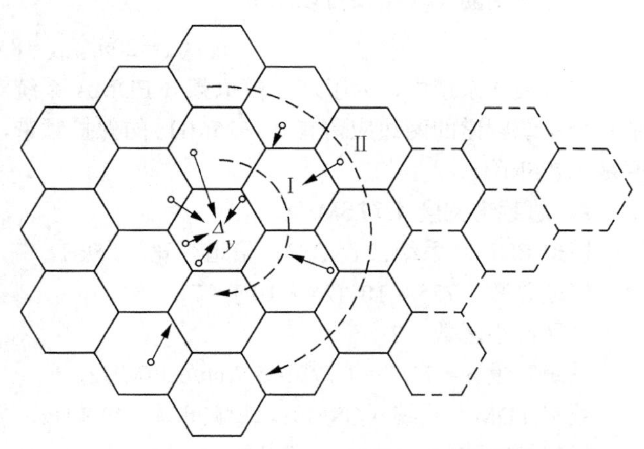

图 7-50 CDMA 系统中基站受干扰示意图

例如，CDMA 蜂窝系统所占的有效频谱宽度 $W = 1.228\,8$MHz，信息数据速率 $R_b = 9.6$kbit/s，语音占空比 $d = 0.35$，扇形分区系数 $G = 2.55$，信道复用效率 $F = 0.6$，若比特能量与干扰功率密度比 $E_b/I_0 = 7$dB，则 $n = 112$；若 $E_b/I_0 = 6$dB，则 $n = 141$。

7.5.2 CDMA 与 FDMA、TDMA 蜂窝通信系统容量的比较

关于 CDMA 蜂窝通信系统容量的计算以及与 FDMA、TDMA 蜂窝系统容量的比较，在不同的条件下得出的结果是不同的，尤其是对窄带码分（N-CDMA）蜂窝系统容量与 FDMA、TDMA 蜂窝系统容量比较方式有不同的看法。现有的比较方式主要有以下两种。

1. 总频带宽度 1.25MHz

模拟 FDMA 系统（TACS）：信道带宽　25kHz

信道总数　$1.25 \times 10^6/(25 \times 10^3) = 50$

每区群小区数　7

系统容量 $n = 50/7 = 7.1$(ch/cell)。

数字 TDMA 系统（GSM）：载频间隔　200kHz

每载频时隙数　8

信道总数　$1.25 \times 10^6 \times 8/(2000 \times 10^3) = 50$

每区群小区数　3

系统容量 $n = 50/3 = 16.7$(ch/cell)。

数字 CDMA 系统（N-CDMA）：有效频带宽度　1.228 8MHz

语音编码速率　9.6kbit/s

比特能量与噪声密度比　6dB

语音占空比　0.35

扇区分区系数　2.55

信道复用效率　0.6

系统容量

$$n=\left(1+\frac{1.228\,8\times10^6/(9.6\times10^3)}{6}\right)\frac{2.55\times0.6}{0.35}=141(\text{ch/cell})$$

三种体制的比较结果可以写成

$$n_{\text{CDMA}}=20n_{\text{FDMA}}=8.4n_{\text{TDMA}} \tag{7-80}$$

在双模式系统中，为了避免模拟频分 FDMA 系统对窄带码分系统（N-CDMA）的干扰，在窄带码分系统频谱的两边应留有 0.2625MHz 的保护频带，这样一个窄带码分系统占用的实际频带宽度是 1.775MHz。

2. 总频带宽度 1.775MHz

模拟 FDMA 系统（TACS）：信道带宽　25kHz

信道总数 $1.775\times10^6/(25\times10^3)=71$

每区群小区数　7

系统容量 $n=71/7\div1.775=5.7(\text{ch/cell/MHz})$

数字 TDMA 系统（GSM）：载频间隔　200kHz

每载频时隙数　8

信道总数 $1.775\times10^6\times8/(200\times10^3)=71$

每小区数　3

系统容量 $n=71/3\div1.775=13.3(\text{ch/cell/MHz})$

数字 CDMA 系统（N-CDMA）：有效频带宽度　1.228 8MHz

语音编码速率　9.6kbit/s

比特能量与噪声密度比　6.5dB

语音占空比　0.35

扇区分区系数　2.55

信道复用效率　0.6

系统容量

$$n=\left(1+\frac{1.228\,8\times10^6/(9.6\times10^3)}{6.5}\right)\frac{2.55\times0.6}{0.35\times1.775}=70.6(\text{ch/cell})$$

三种体制的系统容量的比较结果可以写成：$n_{\text{CDMA}}=12.4n_{\text{FDMA}}=5.3n_{\text{TDMA}}$　(7-81)

7.5.3　CDMA 软容量

在模拟频分系统和数字时分系统中，通信信道是以频带或时隙来加以划分的。每个蜂窝小区频率资源一旦划定，其拥有的信道数随之确定，无法改变，所以呈现出硬容量的特性。当小区的信道全被占用后，无论新用户的接入请求或被呼，还是正在通话中移动用户的（切入）越区切换请求，都将由于没有可供使用的空闲信道而无法正常进行，前者出现通信阻塞，后者将引起掉话。在码分系统中，信道是靠不同码型来划分的，系统的容量是以一定的输入、输出信噪比为条件来确定的，即保证信干比大于或等于某一门限值（取决于要求的语音质量）时一个小区允许同时通信的用户数。一般情况下，系统容量仅是可用信道总数的一半左右。当码分蜂窝系统容量满载时，另外增加少数用户加入系统工作，只会引起语音质量的轻微下降。这是因为增加用户，意味着增加背景干扰，信干比稍微下降，引起通信质量稍微下降，而不会出现信道阻塞现象。例如，某一个小区容量为 40，即在规定语音质量时蜂窝系统允许同时通信的用户数为 40，当有 41 个用户同时通话时，对所有移动用户的影响是接收机的输入信干比比额定值下降 10lg(41/40) = 0.1dB。如某个小区规定容量为 50，当有 52 个用户同时通话时，信干比的差异为 10lg(52/50) = 0.17dB，可见信干比只比原来下降 0.17dB。这样，在业务高峰期间，尤其是在应对满负荷时的切入请求时，CDMA 系统可以适当增多系统的用户数目，以解决通信阻塞问题或提高用户越区切换的成功率，只是所有正在通话的用户的通信质量略微有所降低。可见短时间内 CDMA 系统的系统容量与用户数之间存在一种“软”的关系，即 CDMA 系统具有软容量特性。

小　结

无线多址通信是指在一个通信网内各个通信台、站共用一个指定的射频频道，进行相互间的多边通信。实现多址连接的理论基础是信号分割技术。对无线信号按码形（或波形）进行分割，即为 CDMA。在 CDMA 系统中，发端用正交的地址码对各用户发送的信号进行码分，在收端，通过相关检测利用码型的正交性从混合信号中选出相应的信号。如果用户地址码不严格正交，将会产生多址干扰。码分系统必须与扩频技术相结合。

扩频通信系统用 100 倍以上的信号带宽来传输信息，从而获得扩频增益，保证在强干扰条件下安全可靠地通信。民用上广泛应用直接序列扩频和跳频扩频。

CDMA 和扩频通信都与码序列密切相关。具有良好相关性和随机性的地址码和扩频码对码分多址通信非常重要。目前广泛使用的码序列可分为两类：沃尔什码和 PN 码。

Walsh 函数是一类取值为 1 与−1 的二元正交函数系。伪随机码是具有类似于随机序列基本特性的确定序列。PN 码有一个很大的家族，包含 *m* 序列、M 序列、Gold 序列等。Gold 码继承了 m 序列的许多优点，而可用码的数目又远大于 m 序列，是作为地址码的一种良好的码型，在 3G 中获得广泛应用。码同步技术是扩频通信的关键技术。

功率控制、RAKE 接收、软切换是 CDMA 主要的关键技术。

蜂窝系统的通信容量用每个小区的可用信道数进行度量。CDMA、TDMA、FDMA 三种体制的系统容量关系为：$n_{\mathrm{CDMA}} = 12.4n_{\mathrm{FDMA}} = 5.3n_{\mathrm{TDMA}}$，显然，CDMA 系统具有明显的容量优势，此外，CDMA 系统容量具有软容量的特性。

思考题与习题

1．简述码分多址的工作原理。并说明为什么码分多址必须与扩频技术相结合。

2．某扩频通信系统的扩频信号带宽 W 与信息带宽 B 分别是 $W = 20\mathrm{MHz}$，$B = 10\mathrm{kHz}$，如系统损耗 $L_s = 3\mathrm{dB}$，要求接收机输出信噪比$(S/N)_o \geqslant 10\mathrm{dB}$，则该系统的扩频增益和干扰容限各是多少？结合该系统，说明扩频增益和干扰容限的物理意义。

3．画出跳频通信系统的框图。简述跳频通信系统的抗干扰机理并与 DS 系统相比较。

4．试写出长度为 8 的哈德码矩阵。画出直到 $SF = 8$ 的 OVSF 码的树形结构图。

5．沃尔什码为什么不适于作扩频码？

6．简单型与组件型伪随机码发生器有什么区别？组件型伪随机码发生器有什么优点？

7．试画出 7 级移位寄存器产生的 m 序列波形的自相关函数曲线。

8．什么叫 m 序列优选对？试计算周期为 127 的 m 序列优选对的理想三值。

9．Gold 序列是怎么产生的？Gold 序列的自相关和互相关特性如何？

10．n=5 的两 m 序列，反馈系数分别为 45 和 51：

（1）写出其相应的生成多项式 $G_1(x)$和 $G_2(x)$；

（2）分别求出这两个序列 m_1 和 m_2（可通过作长除法 $1/G(x)$得到，直到算得余数为 x^p时，商即为 m 序列对应的生成多项式）；

（3）计算序列 m_1 和 m_2 的所有互相关系数值，并画出图形；

（4）判断 m_1 和 m_2 是否构成优选对。

11．简述滑动相关捕获法的工作原理。

12．WCDMA 系统的码片速率为 3.84MHz，某用户要进行多媒体通信需同时传输 3 路业务，若这些业务数据流经基带处理后的速率分别为 960kbit/s、240kbit/s 和 120kbit/s：

（1）试求出各路业务对应的扩频因子 *SF*（即获得的扩频增益）分别为多少？

（2）分别为它们指配使用的 OVSF 码。

13．什么是远近效应？为什么说远近效应对 DS-CDMA 系统的影响比 FDMA、TDMA 更加严重。

14．在 CDMA 系统中，功率控制的目的是什么？

15．简述 RAKE 接收机的工作原理。

16．简述 CDMA 系统软切换的优越性。

17．什么是软容量？CDMA 系统软容量的意义何在？

18．简述 CDMA 系统比 FDMA、TDMA 系统具有更大容量的原因。

19．已知在双模系统中，窄带码分系统频谱的两边留有 262.5kHz 的保护频带，这样一个窄带码分系统占用的实际频带宽度是 1.775MHz，有效频带宽度 1.228 8MHz，信息数据速率 9.6kbit/s，比特能量与噪声密度比 7dB，语音占空比 0.35，扇形分区系数 2.55，信道复用效率 0.6，窄带码分系统采用同频覆盖所有区域的方式。

（1）用每小区可用信道数（ch/cell）作为衡量尺度，试求 CDMA 系统容量并与 FDMA、TDMA 系统容量进行比较。

（2）如果用每兆赫兹每小区可用信道数（ch/cell/MHz）作为衡量尺度，试求 CDMA 系统容量并与 FDMA、TDMA 系统容量进行比较。

20．为什么说路径分集是 CDMA 系统所特有的？CDMA 系统是如何实现路径分集的？

第8章 窄带 CDMA 移动通信系统

8.1 系统综述

8.1.1 IS-95 标准

由于移动通信的迅速发展，在 20 世纪 80 年代中期，不少国家在探索蜂窝网通信系统如何从模拟蜂窝系统向数字蜂窝系统转变的办法。美国蜂窝通信工业协会（CTIA）于 1988 年 9 月发表了用户的性能要求文件，制定了对第二代蜂窝网的技术要求。这些要求包括：

- 系统的容量至少是 AMPS 的 10 倍；
- 通信质量等于或优于现有的 AMPS 系统；
- 易于过渡并和现有的模拟蜂窝系统兼用；
- 具有保密性；
- 有先进的特征；
- 较低的成本；
- 使用开放的网络结构。

IS-54 标准即是按上述要求制定的时分多址（TDMA）数字系统，考虑到实现技术的困难，需要分阶段达到 CTIA 提出的要求，即开始为全速率传输，每个载波为 3 个信道（即 TDMA 一帧为 3 个时隙），以后发展为半速率传输，每个载波为 6 个信道，频道间隔为 30kHz。但即使到半速率工作阶段，其容量要求仍达不到 CTIA 的要求。

而与此同时，美国 Qualcomm 公司开发的 CDMA 蜂窝系统能全面地满足上述要求，因此很快形成了标准。1993 年 3 月，制订了 CDMA 公共空中接口标准（IS-95），同年 7 月美国电信工业协会（TIA）投票通过 IS-95 标准，并于 7 月 17 日正式公布。

为解决新一代蜂窝网和原有模拟蜂窝网兼容问题，引入了双模式移动台的概念，即新一代系统的移动台既能工作于新系统，也能工作于模拟蜂窝网系统（AMPS 系统）。因此在美国存在两种双模式移动台：一种是时分多址（TDMA）数字系统和模拟调频系统（AMPS）兼容，其标准为 IS-54，其系统简称为（D-AMPS）；另一种是码分多址（CDMA）数字系统和模拟调频系统的兼容，其主要标准为 IS-95。

IS-95 公共空中接口是美国 TIA 于 1993 年公布的双模式(CDMA/AMPS)的标准，简称 QCDMA 标准。其主要包括下列几部分。

- 频段：

下行　869～894MHz；

上行　824～849MHz。

- 信道数：

64（码分信道）/每一载频；

每小区可分为 3 个扇区，可共用一个载频；

每一网络分为 9 个载频，其中收发各占 12.5MHz，共占 25MHz。

- 射频带宽：

第一频道　2 × 1.77MHz；

第二频道　2 × 1.23MHz。

- 调制方式：

基站　QPSK；

移动台 OQPSK。

- 扩频方式：

DS（直接序列扩频）。

- 语音编码：

可变速率 CELP，最大速率为 8kbit/s，最大数据速率为 9.6kbit/s，每帧时间为 20ms。

- 信道编码：

卷积编码　下行码率 $R = 1/2$，约束长度 $K = 9$；

　　　　　上行码率 $R = 1/3$，约束长度 $K = 9$；

交织编码　交织间距 20ms。

- PN 码：码片速率 1.228 8 Mchip/s；

基站识别码为 m 序列，周期为 $2^{15}-1$；

64 个正交沃尔什函数组成 64 个码分信道。

- 导频、同步信道：

供移动台作载频和时间同步。

- 多径利用：

采用 RAKE 接收方式，移动台为 3 个，基站为 4 个。

IS-95 的载波频带宽度为 1.25MHz，信道承载能力有限，仅能支持声码器语音和语音带宽内的数据传输，被人们称为窄带 CDMA 系统。

8.1.2　无线信道

无线信道用来传输无线信号，包括：基站发往移动台，称正向（或下行）无线信道，移动台发往基站，称反向（或上行）无线信道。

由于数模兼容，北美的 AMPS 和 QCDMA 系统都工作于相同的射频频段。因此合理分配频道至关重要。北美第一代模拟蜂窝系统 AMPS 的频道间隔为 30kHz，而 CDMA 每载频的带宽为 1.23MHz，相当于 41 个 AMPS 频道宽度。

图 8-1 中频道号 1～666，占 20MHz 频段，其中 1～333 属系统 *A*，334～666 属系统 *B*。系统 *A*、*B* 分别为两个不同的经营部门，各自组成蜂窝网，它类似于我国的“移动”和“联通”两个不同的运营商。*A* 和 *B* 都是基本的频道。此外，又外加 5MHz 频带作为 *A* 系统的扩展（*A'*，*A''*）和 *B* 系统的扩展（*B'*），其频道号码为 667～779 和 991～1023。

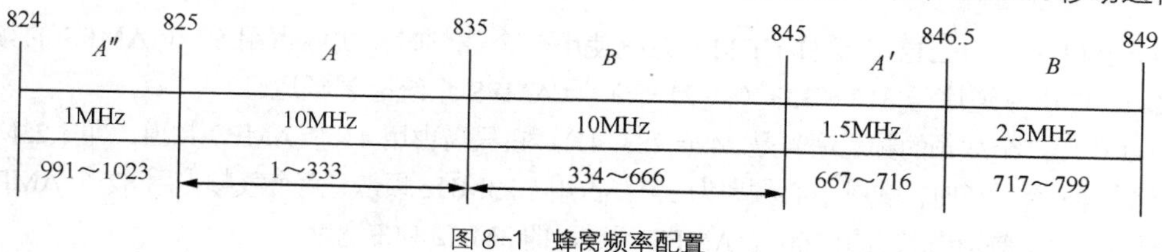

图 8-1　蜂窝频率配置

移动台和基站的信道编号 N 和中心频率之间的关系如下。

$$f_{\text{mobile}}=\begin{cases}0.030N+825.000\text{MHz} & 1\leqslant N\leqslant 799\\ 0.030(N-1023)+825.000\text{MHz} & 990\leqslant N\leqslant 1023\end{cases} \tag{8-1}$$

$$f_{\text{base}}=\begin{cases}0.030N+870.000\text{MHz} & 1\leqslant N\leqslant 799\\ 0.030(N-1023)+870.000\text{MHz} & 990\leqslant N\leqslant 1023\end{cases} \tag{8-2}$$

IS-95 规定的基本频道（或首选频道）号码：A 系统为 283，B 系统为 384；辅助频道（即第二个载频）号码：A 系统为 691，B 系统为 771。由式（8-1）和（8-2）可分别计算出相应的频率值。

基本频道（或首选信道）号码如下。

A 系统，频道号码为 283：

移动台发射频率 = 0.03 × 283 + 825.00 = 833.49(MHz)；

基站发射频率 = 0.03 × 283 + 870.00 = 878.49(MHz)。

B 系统，频道号码为 384：

移动台发射频率 = 0.03 × 384 + 825.00 = 836.52(MHz)；

基站发射频率 = 0.03 × 384 + 870.00 = 881.52(MHz)。

辅助频道（即第二个载频）号码如下。

A 系统为 691：

移动台和基站的发射频率分别为 845.73MHz 和 890.73MHz。

B 系统为 771：

移动台和基站的发射频率分别为 848.13MHz 和 893.13MHz。

此外，规定的频率容差是：基站发射的载波频率要保持在额定频率的 $\pm 5\times 10^{-8}$ 之内，移动台发射的载波频率要保持在比基站的发射频率低 45MHz±300Hz。

图 8-2 和 8-3 分别示出了 CDMA A 系统一个和两个载频频道占用的情况。

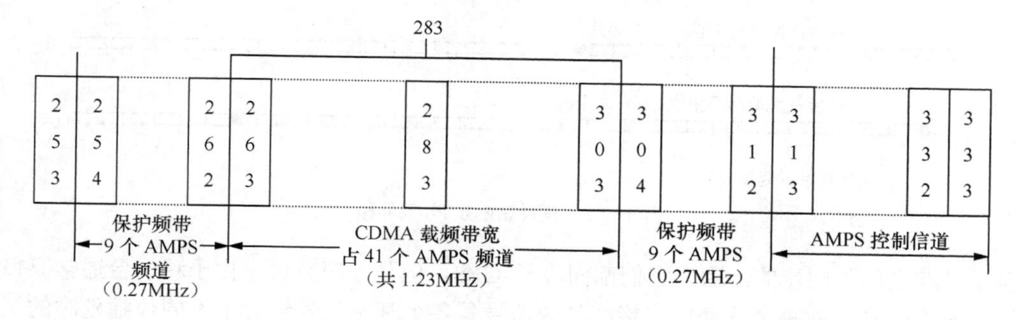

图 8-2　CDMA 主载频占用的频带

图 8-2 中的中心频率为基本（优选）频率，频道号码为 283。由于 IS-95 CDMA 系统带宽为 1.23MHz，它等于 41 个 AMPS 频道，即从频道号码 263～303。此外，两边的保护频带各为 9 个 AMPS

频道（9 × 30kHz = 270kHz）。这样 CDMA 系统使用一个载频时，实际占用 59 个 AMPS 的频道（约 1.77MHz）。图中频道序号 313～333（共 21 个）为 AMPS 系统控制频道。

图 8-3 中第二个载频的频道序号是 242(=283−41)，它只需占用 41 个 AMPS 频道，即 1.23MHz。同理，系统采用 3 个频道时，载频中心频率为 201，占用 1.23MHz 频带。两个载频占用 82 个 AMPS 频道，再加上两边各 9 个频道，共占用 100 个 AMPS 频道，即 3MHz 频带宽度。

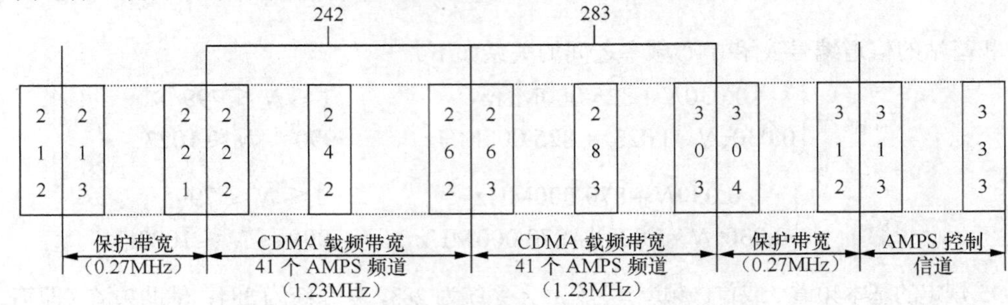

图 8-3 CDMA 两个载频占用的频带

8.1.3 系统时间

IS-95 属同步 CDMA 蜂窝通信系统，这样整个系统范围内的定时为系统设计的重要组成部分。IS-95 系统的每个基站要有一个与 GPS 时间信号保持同步的时钟。

对同一蜂窝服务区域中的几个 CDMA 基站的时间基准进行同步是很有必要的，因为每个基站用同样的中心频率进行传输，用同样的两个短 PN 码来扩频（正向链路），移动台通过短 PN 码的唯一起始位置（相位偏置）对不同的基站信号加以区分，如图 8-4 所示。

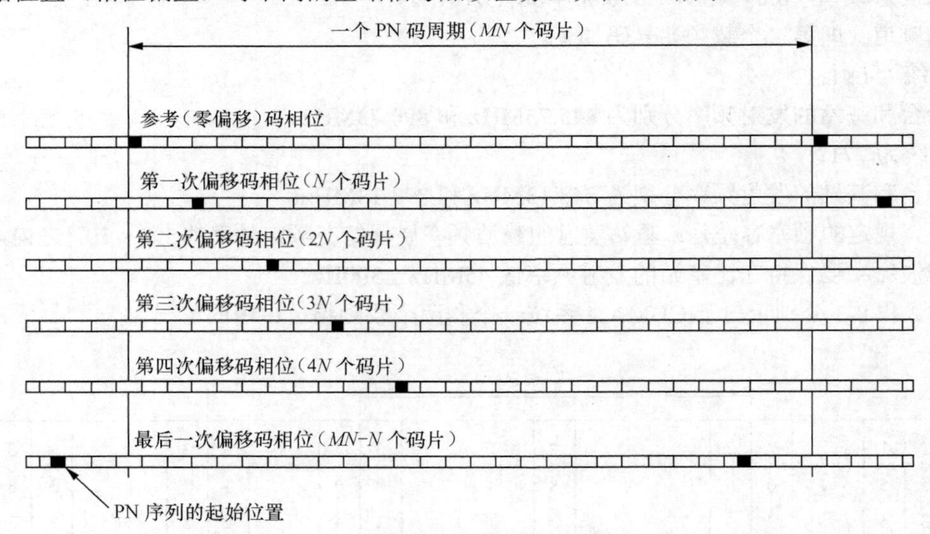

图 8-4 不同基站的短 PN 码偏移

基站彼此之间是同步的，因为它们都同步于 GPS，但是一般来说，由于移动台通常离每个基站的距离都不一样，故每个移动用户接收到的信号是各个基站信号经过了不同传播延时的组合。当移动台捕获了某个基站通常是最近的基站的信号，并且加入了那个基站，读取了那个基站广播的同步消息，它就建立起自己的系统时间基准。同步消息所包含的同步信息能使移动台的长 PN 码和时间基准与该基站进行同步。

8.1.4 IS-95系统信道的结构分层

1. IS-95蜂窝系统信道分类

在CDMA系统中，信道是由不同的码序列来区分的。IS-95蜂窝系统在基站至移动台的传输方向（正向传输）上，设置了导频信道、同步信道、寻呼信道和正向业务信道；在移动台至基站的传输方向（反向传输）上，设置了接入信道和反向业务信道，如图8-5所示。

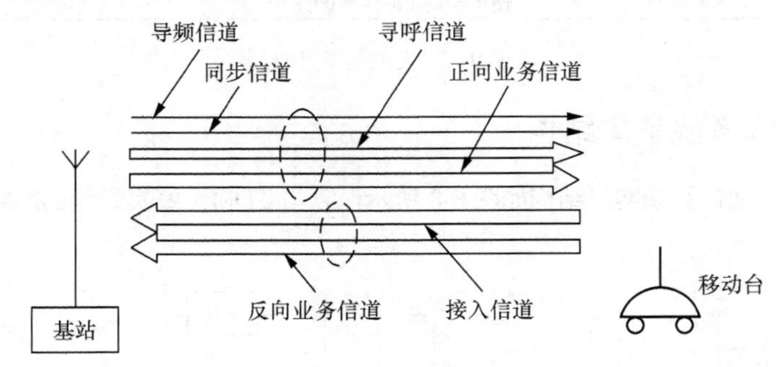

图8-5 IS-95蜂窝系统信道分类

前已指出，CDMA蜂窝系统采用码分多址方式，收发使用不同载频（收发频差45MHz），亦即采用FDD。一个载频包含64个信道，占用带宽约1.23MHz。由于正向传输（下行）和反向传输的要求及条件不同，因此对应信道的构成即产生方式也不同。

2. IS-95系统正向信道组成

IS-95正向信道的组成如图8-6所示。

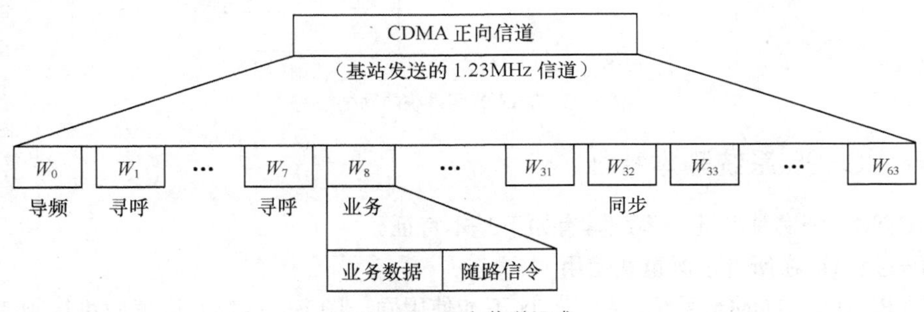

图8-6 正向信道组成

这里采用64阶沃尔什函数（分别用W_0，W_1，…，W_{63}表示）码分1路导频信道、1路同步信道、7路寻呼信道和55路业务信道，其中W_0用作导频信道，W_{32}为同步信道，W_1是首选的寻呼信道，W_2，…，W_7也是寻呼信道，即寻呼信道最多可达7个。W_8，…，W_{63}用作业务信道，共计55个。这些码分信道被加入基站引导PN序列后，进行四相调制，占用1.23MHz射频带宽。

3. IS-95系统反向信道组成

IS-95系统的反向信道由接入信道和反向业务信道组成，如图8-7所示。

在反向信道中，只包含接入信道和反向业务信道，其中接入信道与正向信道中的寻呼信道相对应，而反向业务信道与正向业务信道相对应。它们由不同相位的同一m序列（长码的平移等价类）加以码分并扩频到1.23MHz射频带宽。在一个小区中，至少有一个、至多有32个接入信道。在极端情况下，业务信道最多可达到64条。

由于IS-95反向传输方向无导频信道，基站接收反向传输的信号时，只能用非相干解调。

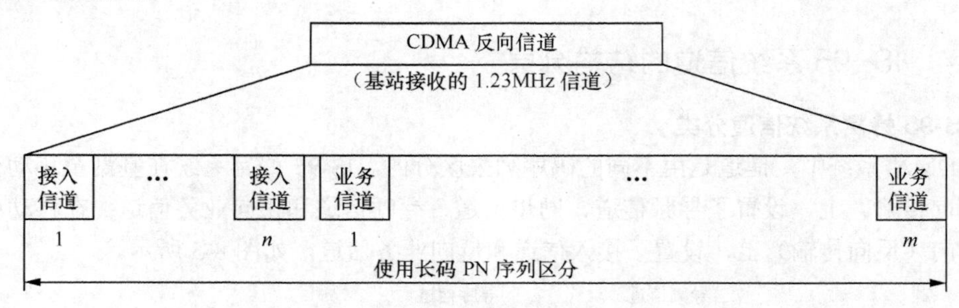

图 8-7　反向信道组成

8.1.5　IS-95 系统基本结构

窄带 CDMA 蜂窝通信系统网络结构如图 8-8 所示，它与 TDMA 蜂窝系统的网络相类似，在此不再重复。

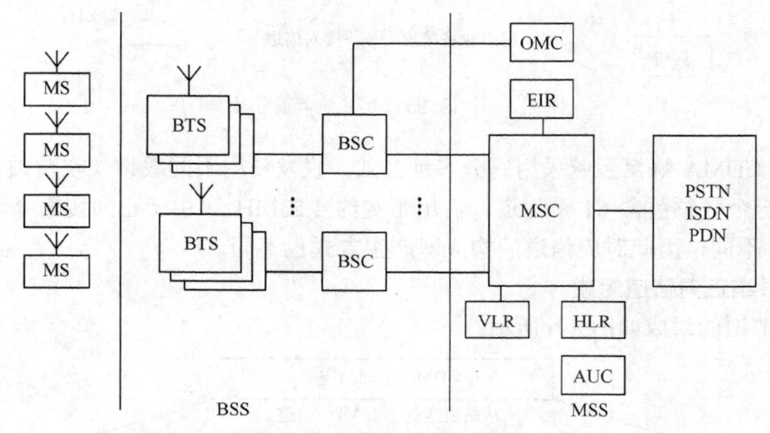

图 8-8　CDMA 蜂窝系统的网络结构

8.1.6　IS-95 系统基本特征

IS-95 CDMA 蜂窝移动通信系统具有如下基本特征。

1．同一频率可在所有小区重复使用

传统的 FDMA、TDMA 系统，相邻小区不能使用同一频率，故需在区群内进行频率规划，而 CDMA 蜂窝通信系统所有用户可共享一个无线信道，用户信号的区分只是所用的码型不同，CDMA 可视为区群大小为 1，理论上来说，频率再用系数为 1，考虑邻近小区干扰后，实际的频率再用系数约为 0.65。而 TDMA 蜂窝系统的频率再用系数最大是 1/3（即一个区群包含 3 个小区的情况）；而模拟蜂窝网系统的频率再用系数最大是 1/7。

2．抗干扰性强

由于 CDMA 系统采用扩频技术，如 7.2.2 小节所述，在接收端可获得信干比增益 G_p，同时，扩频后信号功率谱密度降低了 G_p 倍，对其他窄带通信系统的干扰也减小了 G_p 倍。由于低的功率谱密度，所以信号有一定的隐蔽性。

3．抗衰落性能好

由于扩频具有频率隐分集的作用，它比窄带信号具有更强的抗频率选择性衰落的特性。而对于时延差超过伪码（PN码）码片宽度的多径，采用RAKE接收机可以实现路径分集，变害为利，达到信干比的改善。

4．具有保密性

扩频通信采用伪随机码进行扩展频谱调制，这样就给信号带上了伪装，如果对方不知道所用的PN码，将难以解扩。即便知道，窃听者也必须非常靠近移动台才能收到信号。而IS-95中，移动用户的PN码还要经过掩蔽，使PN码具有更好的保密性。

5．系统容量大，而且具有软容量特性

如7.5节所述，IS-95 CDMA蜂窝移动通信系统的容量是TDMA系统的4倍，是FDMA系统（AMPS）的20倍。而且CDMA系统具有软容量。

6．CDMA系统必须采用功率控制技术

CDMA系统在下行链路采用功率控制，使基站按所需的最小功率进行发射，减小对其他小区的同频干扰。而上行链路的功率控制保证所有移动用户到达基站的信号功率相等，且为业务质量要求的最小功率，既避免发生远近效应，又可降低多址干扰，从而提高了系统容量。

7．具有软切换特性

FDMA或TDMA蜂窝通信系统中，用户越区切换采用“先断后通”的硬切换方式，存在“乒乓效应”，再者如果找不到空闲频道或时隙时，通信必然中断。而CDMA可采用“先通后断”的软切换方式，提高切换的可靠性，且软容量特性使系统可以支持过载切换的用户。

8．充分利用语音激活技术，增大通信容量

CDMA蜂窝通信系统便于充分利用人类对话的不连续性，采用可变速率的声码器，可以提高通信系统容量。

8.2 CDMA正向传输

IS-95信道使用CDMA/FDMA复合多址技术，首先以1.25MHz频道间隔对可用频段进行频分，而后在每个频道上采用7.2.2中图7-8所示的第一种码分直扩结合方案（地址码和扩频码各自采用不同的码），用64阶Walsh函数来区分不同用途的信道（导频信道、同步信道、寻呼信道和业务信道），并用一对伪码的不同偏置来区分不同基站发出的信号。

8.2.1 正向信道组成框图

IS-95系统的正向信道组成框图如图8-9所示。正向信道可分为正向控制信道和正向业务信道，其中控制信道又分为导频信道、同步信道和寻呼信道。

除导频信道外，每一个信道都先经基带处理：包括卷积编码（码率为1/2，约束长度为9）、符号重复、分组交织，数据扰码（除同步信道）而后用其相应的沃尔什函数（地址码）进行正交扩频，沃尔什函数的码片（或称子码）速率为1.228 8Mchip/s，即子码的码元宽度约为0.814μs。扩频后的信号再加入引导PN序列进行四相调制，基站发射信号采用QPSK调制方式。

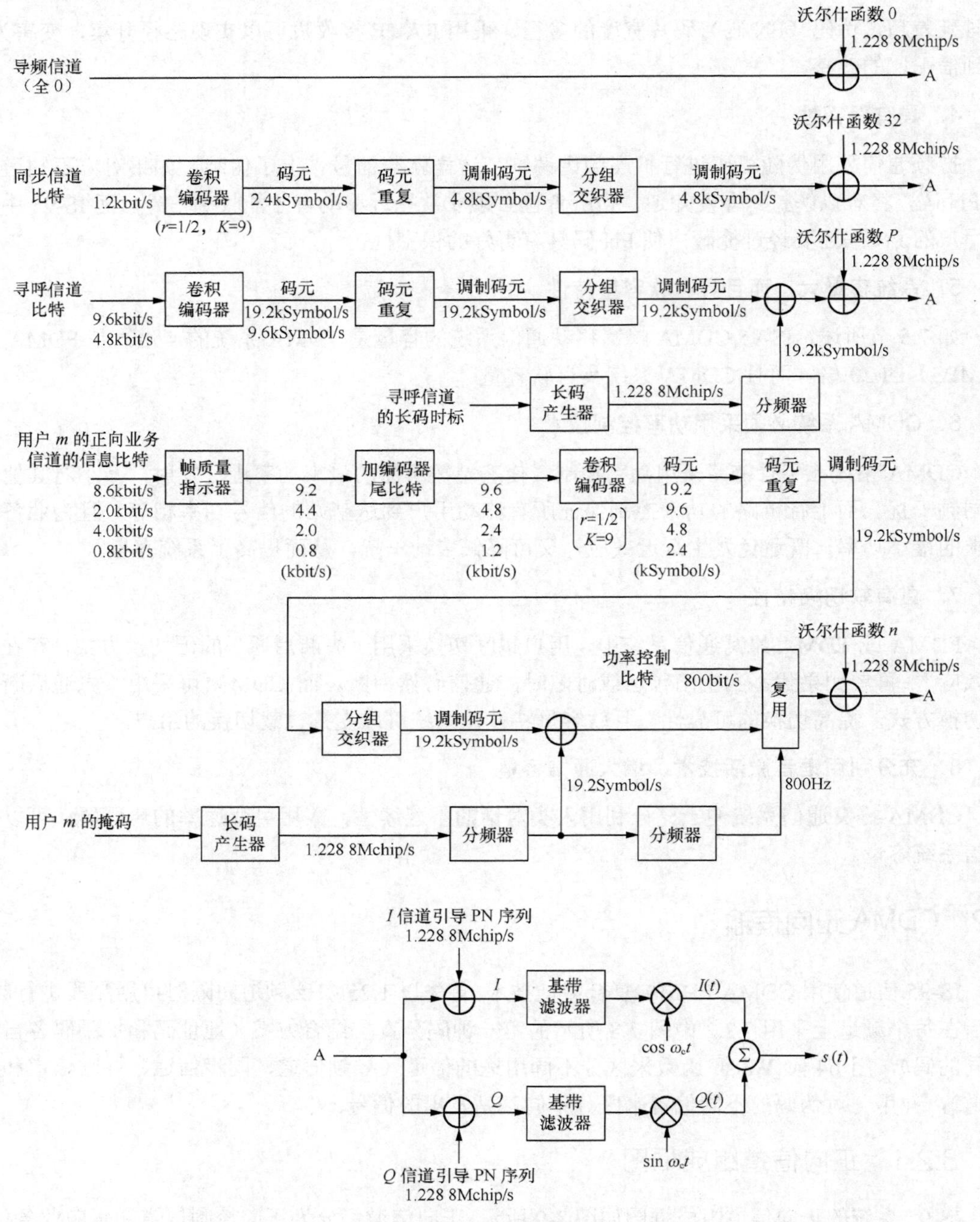

图 8-9　正向信道组成框图

8.2.2　正向 CDMA 的控制信道

正向 CDMA 的控制信道包括导频信道、同步信道和寻呼信道，它们不仅用途不同，而且要求不同，信号特征也不同。

1．导频信道

导频信道用于传送导频信息，由基站连续不断地发送一种直接序列扩频信号，供移动台从中获得信道信息并提取相干载波以进行相干解调，并可对导频信号电平进行检测，以比较相邻基站的信号强度和决定是否需要进行越区切换。为了保证各移动台载波检测和提取可靠性，导频信道的功率高于业务信道和寻呼信道的平均功率。导频信道可占 64 个信道总功率的 12%～20%。

由图 8-9 可知，导频信道以 19.2kbit/s 速率发送全“0”，用沃尔什函数 0 进行正交扩频，然后进入四相调制。导频信号在基站工作期间是连续不断地发送的。

下面介绍正向信道所采用的四相调制。

（1）M 序列

M 序列是最长序列，是由非线性移位寄存器产生的码长为 2^n 的周期序列，也称为全长序列。M 序列的构造也可在 m 序列基础上实现。当 m 序列出现 $n-1$ 个连“0”时，从中再插入一个 0，从而生成一个长度为 2^n 的序列，即 M 序列。

M 序列具有如下特性：

- 在每一个周期 $P=2^n$ 内，序列中 0 和 1 元素各占 1/2，即严格平衡；
- 一个周期中游程总数 2^{n-1}，其中同样长度的 1 游程和 0 游程个数相等，$1\leqslant k\leqslant n-2$ 时，长度为 k 的游程占 $1/2^k$，没有长度为 $n-1$ 的游程，长度为 n 的游程有两个；
- 不具有移位相加性，因而其自相关函数不再具有双值特性，而是一个多值函数；
- 自相关函数值

$$R_M(0)=1 \tag{8-3}$$

$$R_M(\pm\tau)=0 \qquad 0<\tau<n \tag{8-4}$$

$$R_M(\pm n)=1-(4/P)W(f_0)\neq 0 \tag{8-5}$$

其中 $W(f_0)$是 M 序列的反馈逻辑函数表示为

$$f(x_1,\ x_2,\ x_3\cdots,\ x_n)=f_0(x_1,\ x_2,\ x_3\cdots,\ x_{n-1})+x_n$$

的形式时，f_0（x_1，x_2，$x_3\cdots$，x_{n-1}）的真值表中，函数所在序列中 1 的个数。

当$\tau>n$ 时，$R_M(\tau)$无确定表示式，只能逐点计算。

（2）IS–95 中的引导 PN 序列

I 信道引导 PN 序列、Q 信道引导 PN 序列是以两个互为准正交的 m 序列

$$P_I(x)=x^{15}+x^{13}+x^9+x^8+x^7+x^5+1 \tag{8-6}$$

$$P_Q(x)=x^{15}+x^{12}+x^{11}+x^{10}+x^6+x^5+x^4+x^3+1 \tag{8-7}$$

为基础而生成的 M 序列，引导 PN 序列的参数：

- 一个周期有 $2^{15}=32\ 768$ 个码片；
- 码片速率为 1.2288Mchip/s，码片宽度 $T_c=1/1.228\ 8=0.814\mu s$；
- 其周期为 $T_{PN}=2^{15}/$（$1.228\ 8\times10^6$）$=26.6$ms
- 每 2s 有 75 个周期。

$$\frac{2}{T_{PN}}=\frac{2\times1.2288\times10^6}{2^{15}}=\frac{1.2288\times10^6}{2^{14}}=\frac{1228800}{16384}=75 \tag{8-8}$$

引导 PN 序列的主要作用是给不同基站发出的信号赋以不同的特征，IS-95 中所有基站使用相同的引导 PN 序列，但各基站 PN 序列的起始位置是不同的，即各基站采用不同的时间偏置。由于 M 序列的自相关函数在时间偏置大于一个码元宽度后接近于 0，因而移动台用相关器很容易把不同基站的信号区分开来，通常一个基站的引导 PN 序列在其所有配置的频率上都采用相同的时间偏置，而在一个 CDMA 系统中，时间偏置可以再用。

（3）偏置系数 K

不同的时间偏置用不同的偏置系数表示，偏置系数共 512，编号从 0～511，参见图 8-10。通常约定，出现 15 个连“0”后的“1”的起始时刻为引导 PN 序列的头，偏置为 0 的引导 PN 序列必须在标准时间的偶秒起始传输（即序列的头与偶秒对准）。

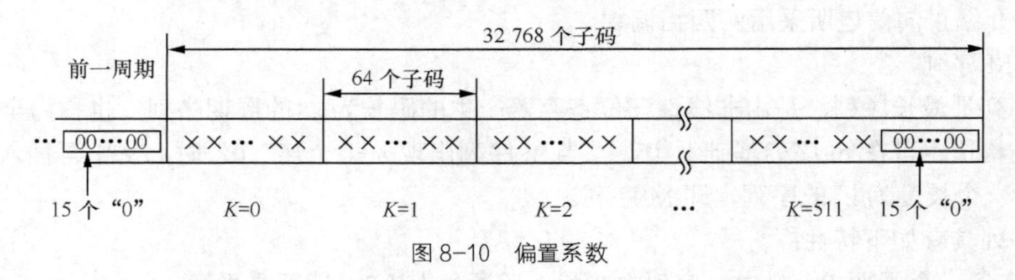

图 8-10　偏置系数

IS–95 中规定，引导 PN 序列的相位偏置必须是 64 个码片的倍数（即最小偏置时间为 $64/(1.228\,8\times10^{6})=52.083\mu s$。这样引导 PN 序列的不同相位偏置总共有 $2^{15}/2^{6}=2^{9}=512$ 个。

例　$K=15$ 时，偏置时间

$$t_K=K\times64\times\frac{1}{1.228\,8}\ (\mu s)=15\times64\times\frac{1}{1.228\,8}=781.25\mu s$$

表明该 PN 序列要从标准时间每一偶秒之后 781.25μs 才开始。

（4）四相调制

正交扩频后的信号都要进行四相扩展：对待发送的信号先用 PN 码扩展处理再进行四相调制。即在同相支路（I）和正交支路（Q）分别用对应的引导 PN 序列进行扩展而后经基带滤波后，按照图 8-11（a）所示的相位关系进行四相调制。

两个支路的合成信号具有如图 8-11（b）所示相位点和转换关系。显然这是一种典型的四相相位调制（QPSK）。需要说明的是，这里的四相调制是由两个引导 PN 序列对输入码元扩展而得到的，而输入码元并未经过串并变换。

正向 CDMA 信号的相位关系

I	Q	相位
0	0	$\frac{\pi}{4}$
1	0	$\frac{3\pi}{4}$
1	1	$-\frac{3\pi}{4}$
0	1	$-\frac{\pi}{4}$

（a）相位关系

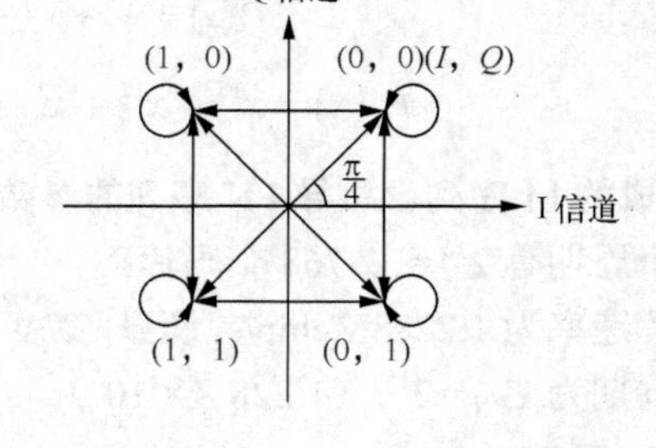

（b）相位点和转换关系

图 8-11　四相调制

2．同步信道

同步信道用于传输同步信息，在基站覆盖范围内，各移动台可利用这些信息进行同步捕获。同步信道上载有系统的时间和基站引导 PN 码的偏置系数，以实现移动台接收解调。此外，同步信道还包括提供移动台选用的寻呼信道数据速率。

同步信道在捕获阶段使用，一旦捕获成功，一般就不再使用。同步信道的数据速率是固定的，为 1 200bit/s。同步信道可占 64 个信道总功率的 1.5%～2%。

同步信息速率是 1.2kbit/s，经卷积编码器后输出的符号速率为 2.4ksymbol/s，然后码元重复一次，速率变为 4.8ksymbol/s（即 4 800 符号/秒），经分组交织（并不改变调制码元速率）后与 1.228 8Mchip/s 的沃尔什函数 32 进行模 2 加，即进行正交扩频，然后进行四相调制。

不难算得，每个调制符号包含子码数为

$$\frac{1.2288\times10^6}{4.8\times10^3}=256$$

信息速率 1.2kbit/s，调制码元速率是 4.8ksymbol/s，因此每一信息比特含有子码数是调制，码元包含子码数的 4 倍，即每比特的子码数为 256 × 4 = 1 024。

表 8-1 列出了同步信道的主要参数。

表 8-1　　同步信道参数

参数	数据	单位
数据率	1200	bit/s
PN 子码速率	1.228 8	Mchip/s
卷积码码率	1/2	
码元重复后出现的次数	2	
调制码元速率	4 800	symbol/s
每调制码元的子码数	256	
每比特的子码数	1 024	

（1）卷积编码

IS-95 正向信道使用(2,1,9)卷积码，码率为 1/2，约束长度(K)为 9。其生成函数为 $g_1^{(1)}=(753)_8$ 和 $g_1^{(2)}=(561)_8$，如图 8-12 所示。

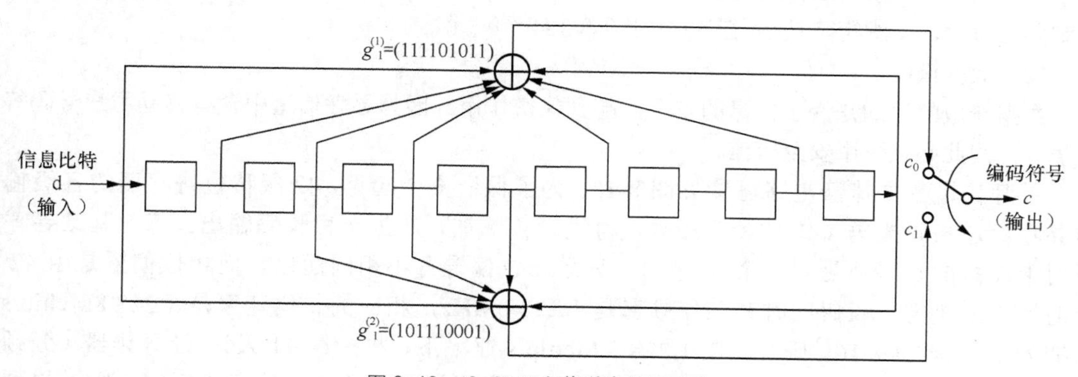

图 8-12　IS-95 正向信道卷积编码器

（2）分组交织

在扩频前，调制码元还需要进行分组交织，同步信道使用时间跨距为 26.66ms 的分组交织，该跨距与 4 800symbol/s 符号速率的 128 个调制符号相对应，同步信道采用 16×8 的交织矩阵。

3．寻呼信道

寻呼信道用于传输系统信息、呼叫接续及寻呼移动台的信息（包括被呼移动台的号码）、给移动台指配业务信道的指令、对移动台接入请求进行确认等信息。每个基站有一个或几个（最多 7 个）寻呼信道，当小区内需要通信的用户数目很多，业务信道不够用时，某几个寻呼信道可临时用作业务信道。在极端情况下，7 个寻呼信道和一个同步信道都可改做业务信道。这时候，总数为 64 的信道中，除去一个导频信道外，其余 63 个均用于业务信道。寻呼信道的信息速率有两种，即 9.6kbit/s 和 4.8kbit/s，可供选择，功率占 64 个信道总功率的 5.25%～6%。

由图 8-9 可见，寻呼信道信息流首先经过卷积编码器，卷积编码器输出码元速率提高一倍，即输入信息速率为 9.6kbit/s，输出为 19.2ksymbol/s；输入为 4.8kbit/s，输出为 9.6ksymbol/s。对 9.6ksymbol/s 码元重复一次，对于 19.2ksymbol/s 的码元不进行重复，这样分组交织器输入端的调制码元速率统一为 19.2ksymbol/s，经分组交织后，还要进行数据掩蔽，再与 1.228 8Mchip/s 的沃尔什函数 1～7 中的一个进行模 2 加，即进行正交扩频，最后进行四相调制。

表 8-2 列出了寻呼信道的主要参数。

表 8-2　　寻呼信道参数

参数	数据		单位
数据率	9 600	4 800	bit/s
PN 子码速率	1.228 8	1.228 8	Mchip/s
卷积码码率	1/2	1/2	
码元重复后出现的次数	1	2	
调制码元速率	19 200	19 200	symbol/s
每调制码元的子码数	64	64	
每比特的子码数	128	256	

（1）分组交织

寻呼信道中分组交织器的交织跨度为 20ms，这相当于码元速率为 19.2ksymbol/s 时的 384 个调制码元宽度，交织矩阵是 24 行×16 列（即 384 个码元）。

（2）数据掩蔽

数据掩蔽的目的是为了信息的安全，起到保密作用。因为寻呼信道中含有移动用户号码等重要信息，因此必须采用安全措施。

寻呼信道数据掩蔽电路可参见图 8-13。为了保密安全起见，42 级移位寄存器的各级输出与寻呼信道长码掩码（42 比特）相乘，再进行模 2 加，产生一种长码输出。每一基站寻呼信道用于加扰的长码都是同一个 m 序列，只是相位偏置各不相同而已。而相位偏置是由 42 比特的掩码所决定。长码的时钟工作频率是 1.228 8MHz，相应的长码速率是 1.228 8Mchip/s，周期为 $2^{42}-1\approx4.4\times10^{12}$ 码片（在 1.228 8 Mchip/s 速率下，将持续 41 天），经分频器（分频比为 64），数据速率变为 19.2kbit/s，再与经卷积、交织处理后的调制码元进行模 2 加，得到经人为扰乱的数据，然后才进行 W_1（或 W_2～W_7）正交扩频及四相调制。

寻呼信道用于长码产生器的掩码格式如图 8-14 所示。其中，寻呼信道号（PCN）用 3 位二进制比特，即 $2^3=8$（种），满足实际系统中最多 7 个寻呼信道要求。引导序列的偏置系数用 9 位二进制比特，正好满足 0～511（共 512 个）偏置系数的需要。注意，寻呼信道不插入功率控制比特。

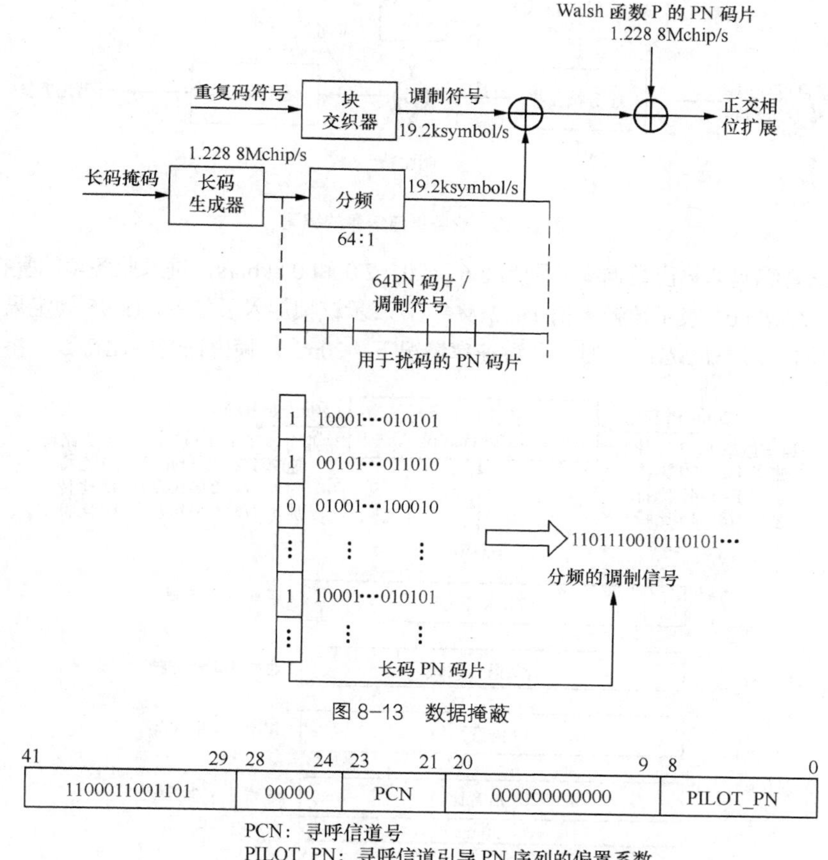

图 8-13　数据掩蔽

图 8-14　寻呼信道的掩码格式

8.2.3　正向业务信道

业务信道载有编码的语音或其他业务数据，除此之外，还可以插入必需的随路信令，如必须安排功率控制子信道，传输功率控制指令；又如在通话过程中，发生越区切换时，必须插入过境切换指令等。业务信道的功率占 64 个信道总功率的 78%左右。

正向业务信道的信号帧长度是 20ms，数据速率可逐帧选择（20ms 一次）。这样通话时，以较高速率传送，停顿时以较低速率传输，以减小共道干扰。

基站在正向业务信道上可以改变数据速率来传送信息，共分为 4 种速率：9 600 bit/s、4 800 bit/s、2 400 bit/s 和 1 200 bit/s。虽然数据速率可以逐帧变化，但调制码元速率（经码元重复）仍统一为 19.2ksymbol/s。由于码元重复的原因，较低数据速率的调制码元可以用较低能量发送。假设速率为 9600bit/s 的调制码元能量归一化为 1，则 4800bit/s 的调制码元能量为 1/2，2 400bit/s 的调制码元能量为 1/4，1 200bit/s 的调制码元能量为 1/8。

正向 CDMA 业务信道上传送的信号经过卷积编码、符号重复、分组交织、长码掩蔽、沃尔什函数正交扩频、四相调制来产生。

1．信息的组成及其格式

业务信道信息的编码过程如图 8-15 所示。

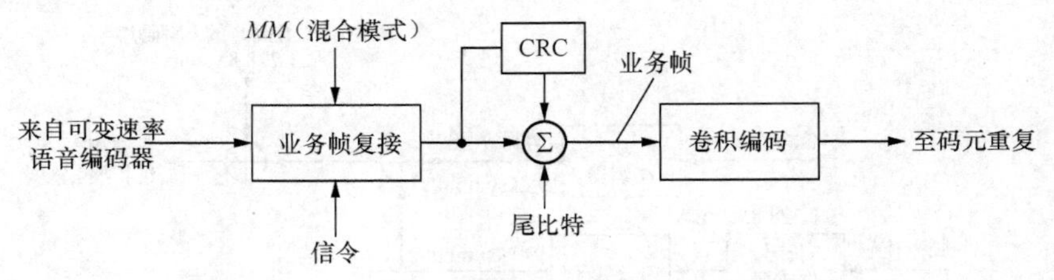

图 8-15　业务信道信息的编码

可变速率语音编码器输出数据率分别为 8.6、4.0、2.0 和 0.8kbit/s，进入业务帧的复接。*MM* 称作混合模式比特，*MM* = 0，表示该帧无信令；*MM* = 1，表示该帧加入了信令，IS-95 规定只有速率 1（即 8.6kbit/s）允许加入信令。*MM* = 0 时，各种速率情况下，20ms 一帧内语音的比特数，参见图 8-16。

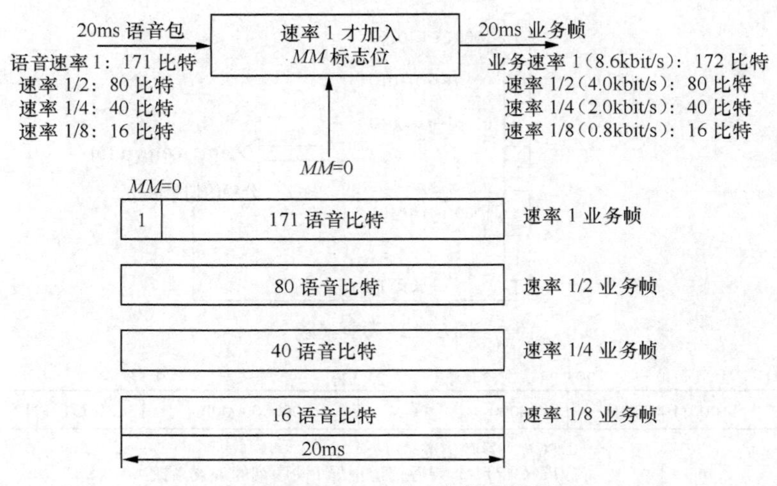

图 8-16　*MM* = 0 时的业务信道帧格式

20ms 为一帧的语音包，速率为 1 时，输入语音为 171 比特，*MM* = 0 的标志符插入 1 比特，放在第一位，其余 171 比特为语音数据信息比特，合计为 172 比特，因此业务速率 1 为 8.6kbit/s（20ms 内是 172 比特）。

对于速率 1/2、1/4 和 1/8 语音，不加标志位，因此 20ms 业务帧，语音比特分别是 80、40、和 16 比特，相应的业务速率是 9.6、4.0、2.0 和 0.8kbit/s。

在正向业务信道上传输的业务信息分为主要业务（语音）、辅助业务和随路信令信息。

根据需要有些业务帧可把这些业务相关的信息综合到正向业务信道中进行传输，这种方式称为“复接方式”。当前 QCDMA 蜂窝系统采用的复接方式称为“复接方式 1”，也叫做“空缺复接方式”。

当没有主要业务要发送时，信令业务信息（或辅助业务）可以占用整个帧进行传输，叫做“空白和突发”。当主要业务和信令分享一个帧进行传输，称作“混合和突发”，参见图 8-17。

图中，*MM* 表示混合模式，*MM* = 1 表示该帧含有信令信息。*TT* 区分业务类型，*TT* = 0 表示该帧业务是主要业务，*TT* = 1，则为次要业务。*TM* 为业务模式，即

TM = 00　业务速率为 1/2，含信令 88 比特；

TM = 01　业务速率为 1/4，含信令 128 比特；

TM = 10　业务速率为 1/8，含信令 152 比特；

TM = 11　无业务比特，信令 168 比特。

复接后，20ms 的业务帧均为 172 比特，即速率为 8.6kbit/s。

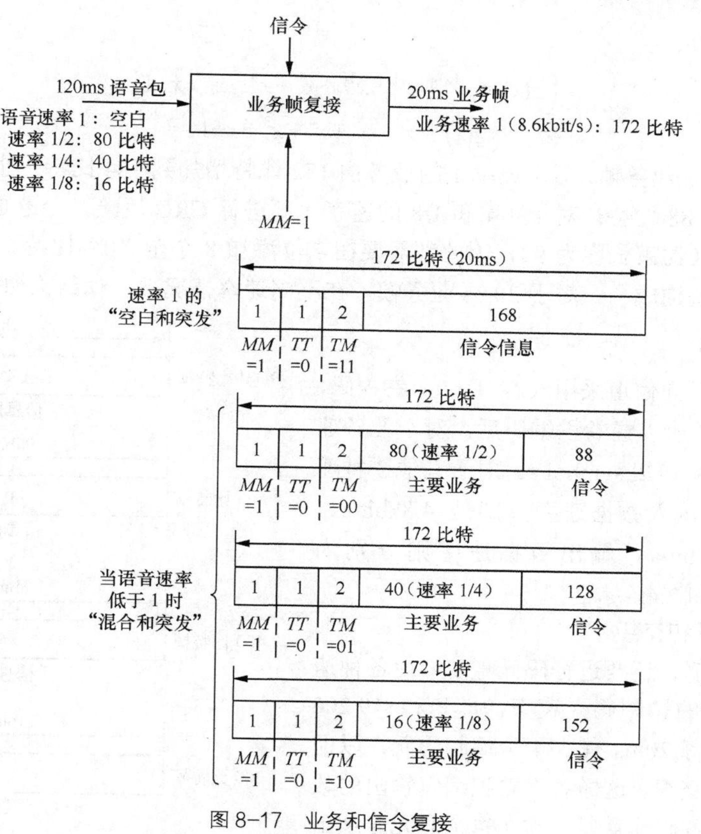

图 8-17　业务和信令复接

总之，正向业务信道上传输的业务信息和信令信息，可以通过复接方式把它们装载到物理信道上。复接后，业务信道每帧还要加入帧质量指示比特和尾比特，如图 8-18 所示。

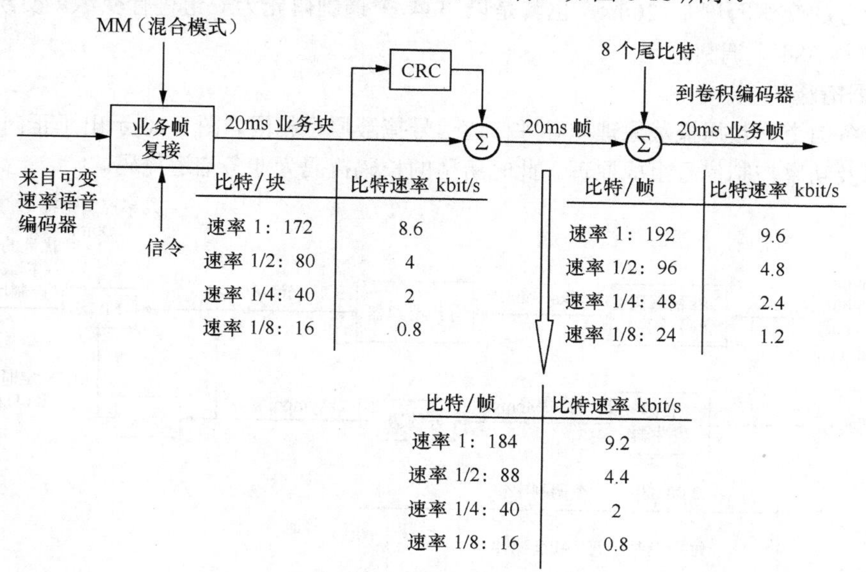

比特/块	比特速率 kbit/s
速率 1：172	8.6
速率 1/2：80	4
速率 1/4：40	2
速率 1/8：16	0.8

比特/帧	比特速率 kbit/s
速率 1：192	9.6
速率 1/2：96	4.8
速率 1/4：48	2.4
速率 1/8：24	1.2

比特/帧	比特速率 kbit/s
速率 1：184	9.2
速率 1/2：88	4.4
速率 1/4：40	2
速率 1/8：16	0.8

图 8-18　业务帧添加 CRC 和尾比特

对于速率 1 和速率 1/2 的业务，需分别加入 12 位和 8 位帧质量指示比特（即 CRC），它们的

生成多项式分别为

速率 1
$$g(x)=x^{12}+x^{11}+x^{10}+x^{9}+x^{8}+x^{4}+x+1 \tag{8-9}$$

速率 1/2
$$g(x)=x^{8}+x^{7}+x^{4}+x^{3}+x+1 \tag{8-10}$$

这样，在 20ms 业务帧，对于速率 1 的业务由 172 比特增加到 184 比特；对于速率 1/2 的业务，由 80 比特增加到 88 比特；对于 1/4 和 1/8 的速率，不进行 CRC 校验。无论是哪种速率，后续都要进行卷积编码（约束长度为 9），因此都需要在末位添加 8 个全“0”比特。至此，CDMA 系统正向业务信号帧就构成了。对于 20ms 业务帧，在不同速率情况下，帧结构如图 8-19 所示。

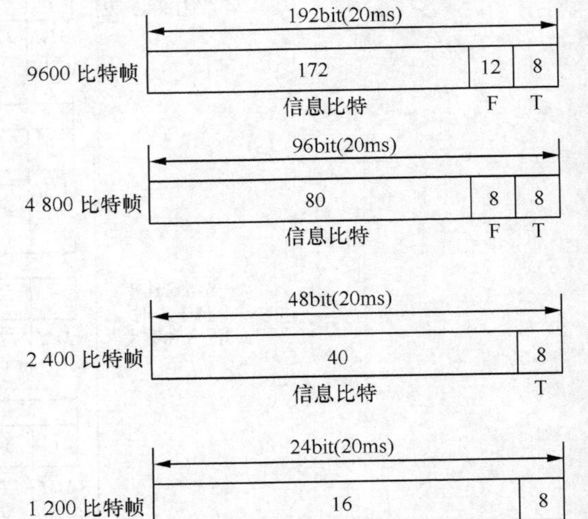

图 8-19　正向业务信道的帧结构

2．卷积编码

如前所述，正向信道采用（2，1，9）卷积码，由于码率为 1/2，所以经卷积编码后，对于业务速率 1，其速率变为 19.2ksymbol/s。对于其他 3 种速率，卷积编码器输入数据速率分别是 4.8kbit/s、2.4kbit/s 和 1.2kbit/s，输出数据速率则分别为 9.6ks/s、4.8ks/s 和 2.4ks/s。

3．码元重复和交织

经卷积编码后，还要进行码元重复，使各种速率均变换成相同的调制码元速率，即每秒 19 200 个调制码元，即每 20ms 有 384 个调制码元，以便实施统一的分组交织。这样对于卷积编码输出的数据速率：9.6ks/s 各码元重复一次（每个码元连续出现两次）；4.8ks/s 各码元重复 3 次（每码元连续出现 4 次）；2.4ks/s 各码元重复 7 次（每码元连续出现 8 次）。

正向业务的交织跨度是 20ms，也就是以 384 个调制码元为一组进行交织。交织矩阵为 24 行 × 16 列（即 384 个调制码元）。

4．数据掩蔽

正向业务信道的数据掩蔽原理与寻呼信道信号掩蔽原理相同。图 8-20 示出了正向业务信道的数据掩蔽以及功率控制信号组成原理。此时所用的长码掩码为业务信道掩码。

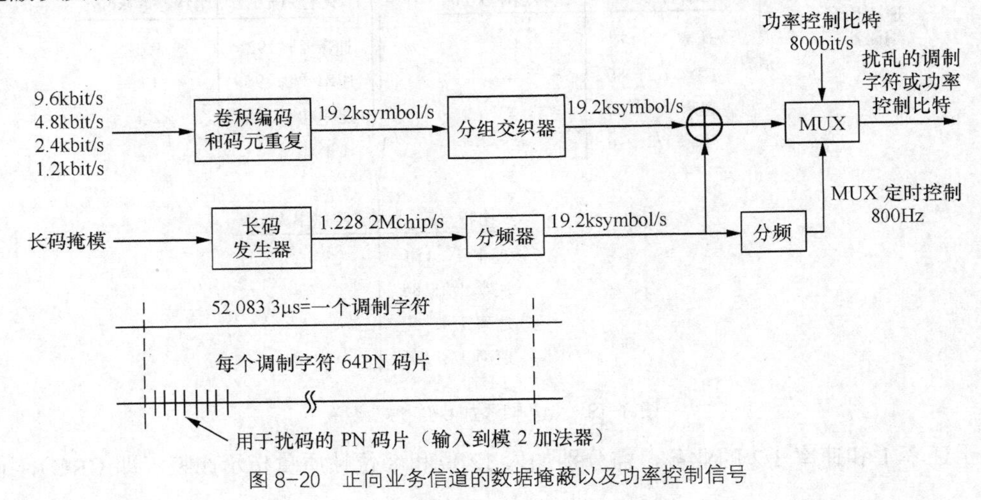

图 8-20　正向业务信道的数据掩蔽以及功率控制信号

当在业务信道时，移动台要用到两个掩码中的一个：一个是公开掩码；另一个是私用掩码。这两个掩码都是该移动台所独有的。掩码由 M41～M0 共 42 位，公开掩码如下：M41～M32 要置成“1100011000”，M31～M0 要置成移动台的电子序号码（ESN）。为了防止和连号 ESN 相对应的长码之间出现过大的相关值，移动台的 ESN 要进行置换，置换规则如下：

$$ESN=\left(E_{31},E_{30},E_{29},E_{28},E_{27},\cdots\cdots\cdots,E_{2},E_{1},E_{0}\right)$$

扰乱后

$$ESN=\left(E_{0},E_{31},E_{22},E_{13},E_{4},E_{26},E_{17},E_{8},E_{30},E_{21},E_{12},E_{3},E_{25},E_{16},E_{7},E_{29},E_{20}\right.$$
$$\left.E_{11},E_{2},E_{24},E_{15},E_{6},E_{28},E_{19},E_{10},E_{1},E_{23},E_{14},E_{5},E_{27},E_{18},E_{9}\right)$$

移动台公开掩码如图 8-21 所示。私用掩码适用于用户保密通信，其格式由 TIA 规定。

图 8-21　移动台公开掩码

5．功率控制子信道

功率控制比特在正向业务信道上连续地进行传输，每 1.25ms 发送 1 个比特（“0”或“1”），实际速率为 800bit/s。“0”比特表示移动台要增大其平均发射功率，“1”比特表示降低其平均发射功率。

基站反向业务信道接收机在 1.25ms 的时间间隔内（相当于 6 个调制字符），对特定移动台的上行信号强度进行估值，并据此估值确定功率控制比特取“0”还是“1”，然后在相应的正向业务信道上使用收缩（Puncturing）技术来发送功率控制比特。

把 20ms 的时间间隔分为 16 个功率控制组，每组宽 1.25ms，编号为 0～15。当基站在反向业务信道上某一个功率控制组中估算出移动台的信号强度时，在其后的第二个功率控制组，将功率控制比特插入到正向业务信道中。例如图 8-22 中，信号在反向业务信道编号为 5 的功率控制组上被收到，功率控制比特将在编号 5＋2＝7 的功率控制组中，由正向业务信道进行传输。

一个功率控制比特的长度等于 2 个调制字符的宽度（即 104.166μs）。因此，每个功率控制比特要占用正向业务信道中 2 个调制字符的位置。具体占哪个位置受数据掩蔽长码控制。在 1.25ms 期间内，功率控制比特可以有 24 个开始位置，但只用其中前面的 16 个之一作为开始位置，编号为 0～15。数据掩码经 64 分频后，1.25ms 内共有 24 个掩蔽比特，编号 0～23。这里只用其最后 4 位即 23，22，21，20 的取值确定功率控制比特的起始位置。在图 8-22 中，比特 23、22、21 和 20 的值是“1011”（十进制为 11），功率控制比特起始位置是 11。

在一帧中的所有非收缩调制字符是在同样功率电平上发送的，而在邻近帧中的调制字符可以发送不同的功率电平。而功率控制比特的发送能量不小于 E_b，如图 8-23 所示，这里的 E_b 是正向业务信道上每信息比特的能量，而 x 值给定为

发送速率	x 值
9 600bit/s	2
4 800bit/s	4
2 400bit/s	8
1 200bit/s	16

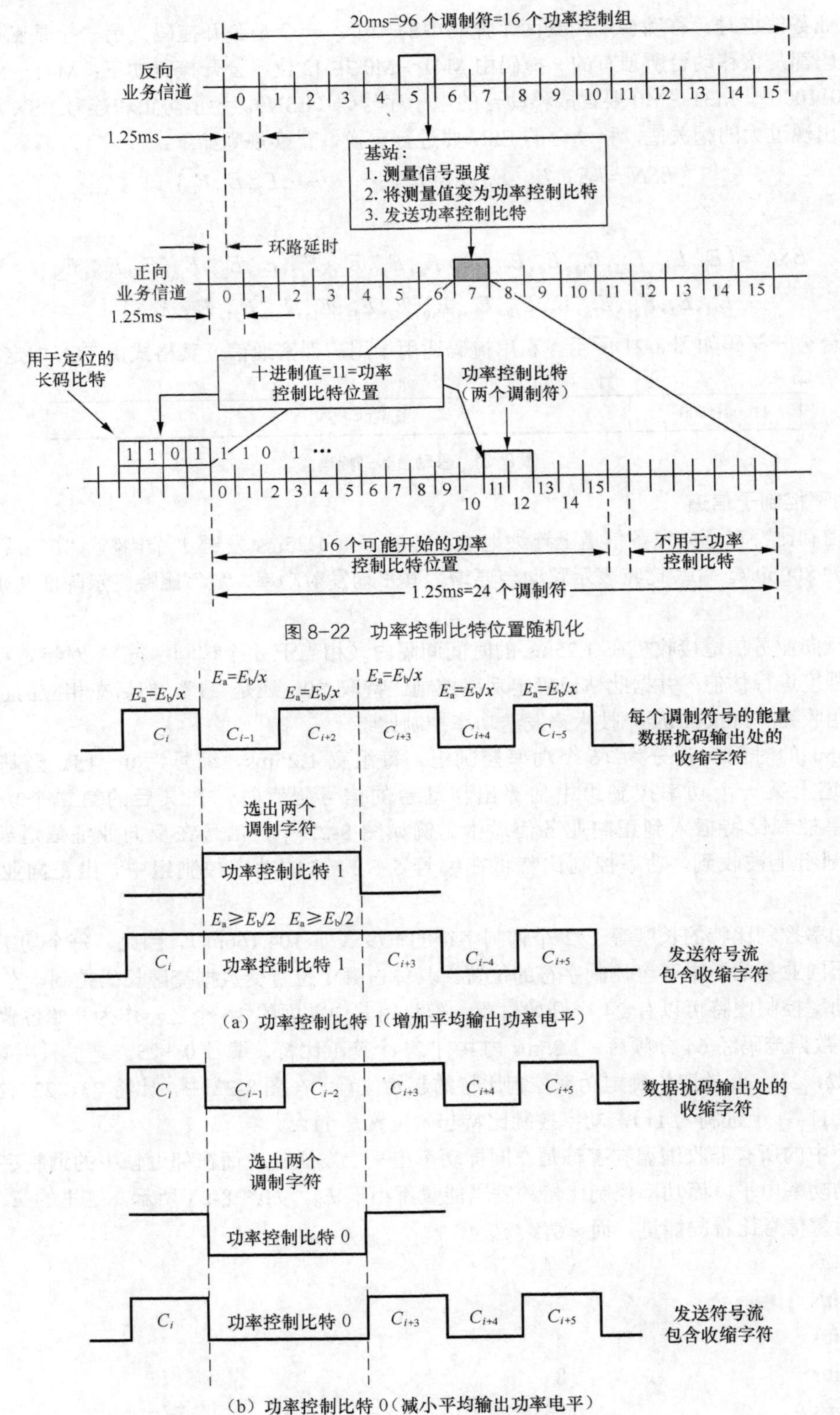

图 8-22　功率控制比特位置随机化

（a）功率控制比特 1（增加平均输出功率电平）

（b）功率控制比特 0（减小平均输出功率电平）

图 8-23　功率控制子信道的结构与字符收缩

正向业务信道参数如表8-3所示。

表8-3 正向业务信道参数

参数	数据				单位
数据率	9 600	4 800	2 400	1 200	bit/s
PN子码速率	1.228 8	1.228 8	1.228 8	1.228 8	Mchip/s
卷积码码率	1/2	1/2	1/2	1/2	
码元重复后出现的次数	1	2	4	8	
调制码元速率	19 200	19 200	19 200	19 200	s/s
每调制码元的子码数	64	64	64	64	
每比特的子码数	128	256	512	1 024	

需要说明的是：正向CDMA信道调制中，所有重复比特全部发送，但对于不同速率其发射功率不同，速率越低，功率越低。

8.3 CDMA反向传输

反向信道中只包含接入信道和反向业务信道，其中接入信道与正向信道中的寻呼信道相对应，反向业务信道与正向业务信道相对应。IS-95反向传输采用了7.2.2小节中图7-8所示的第二种码分直扩结合方案，地址码和扩频码合二为一，采用同一个码。这里采用同一个m序列（即长码）的不同相位（即长码的平移等价类）对各反向信道进行码分和扩频。

8.3.1 反向信道组成框图

IS-95系统的反向信道结构如图8-24所示。反向链路与前向链路的一个根本区别是：前向链路采用彼此正交的Walsh码进行码分，而反向链路使用长码（m序列）进行码分。这是由于前向链路采用了前向导频信道，Walsh码序列在相位、符号及码片对齐的情况下是彼此正交的，而反向链路没有采用导频信道，来自各移动台的信号是异步的，难以将来自不同用户的Walsh码对齐，所以不采用Walsh码来区分不同的反向信道，而是利用Walsh函数实现64阶正交调制。反向信道基带处理包括卷积编码、码元重复、交织、正交调制（软扩频），对于业务信道，在码分和扩频之前，还要进行数据突发处理，而射频调制采用的是OQPSK。

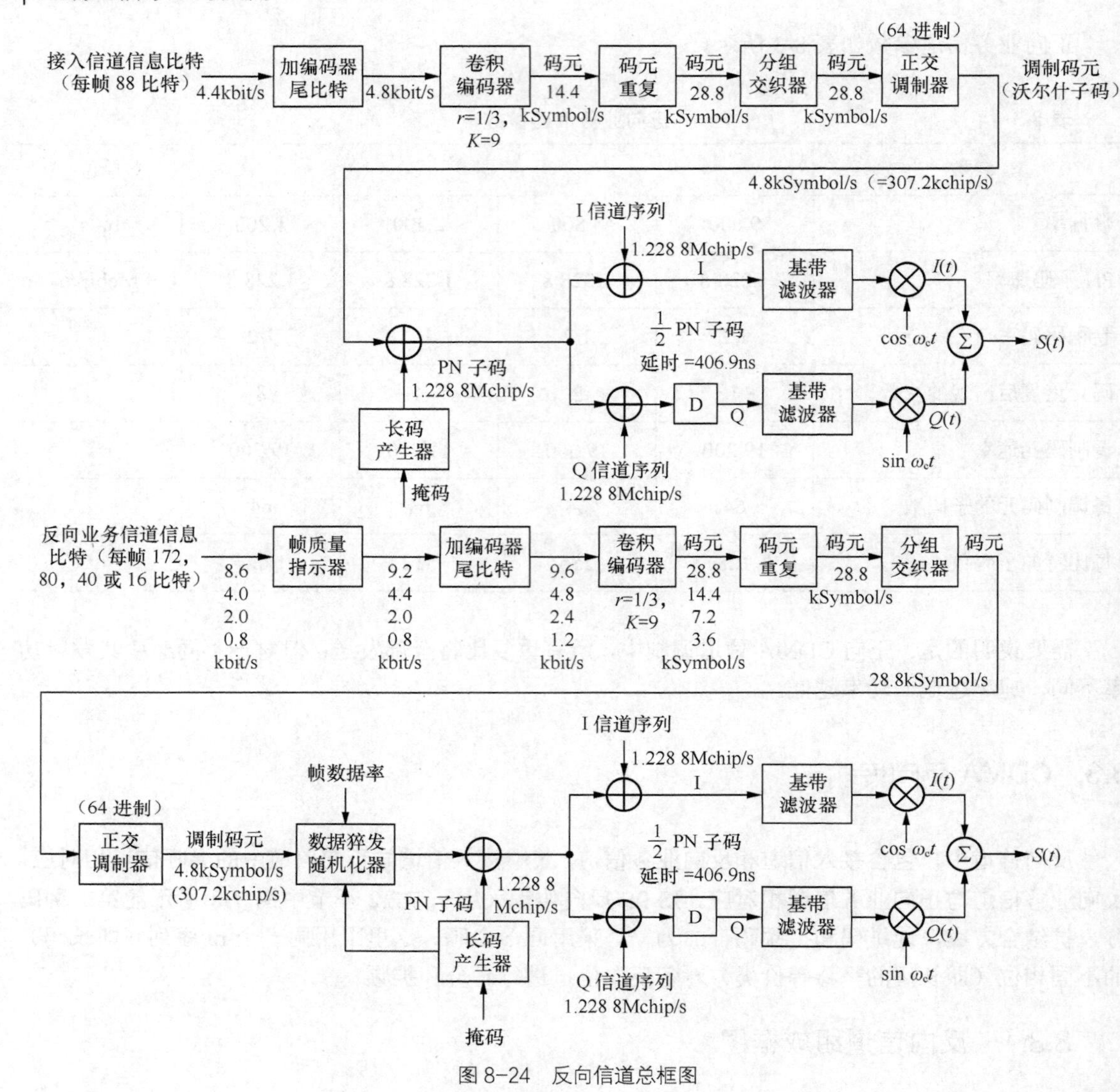

图 8-24 反向信道总框图

8.3.2 反向接入信道

移动台利用接入信道发起呼叫或对基站寻呼信道的寻呼作出响应。接入信道组成参见图 8-24。接入信道帧长为 20ms，输入信息速率是 4.4kbit/s，加编码器尾比特后，速率为 4.8kbit/s，信道处理包括卷积编码、码元重复、正交多进制调制、长码扩频及四相调制。

1. 卷积编码

IS-95 反向信道采用的是（3，1，9）卷积码，码率为 1/3，约束长度为 9，其生成函数为 $g_1^{(1)}=(557)_8$，$g_1^{(2)}=(663)_8$ 和 $g_1^{(3)}=(711)_8$，编码器结构如图 8-25 所示。

经码率为 1/3、约束长度为 9 的卷积编码后，速率变为 14.4ksymbol/s，在一帧 20ms 时间内，含 288 个码符号。码元重复一次，速率达到统一调制码元速率 28.8ksymbol/s

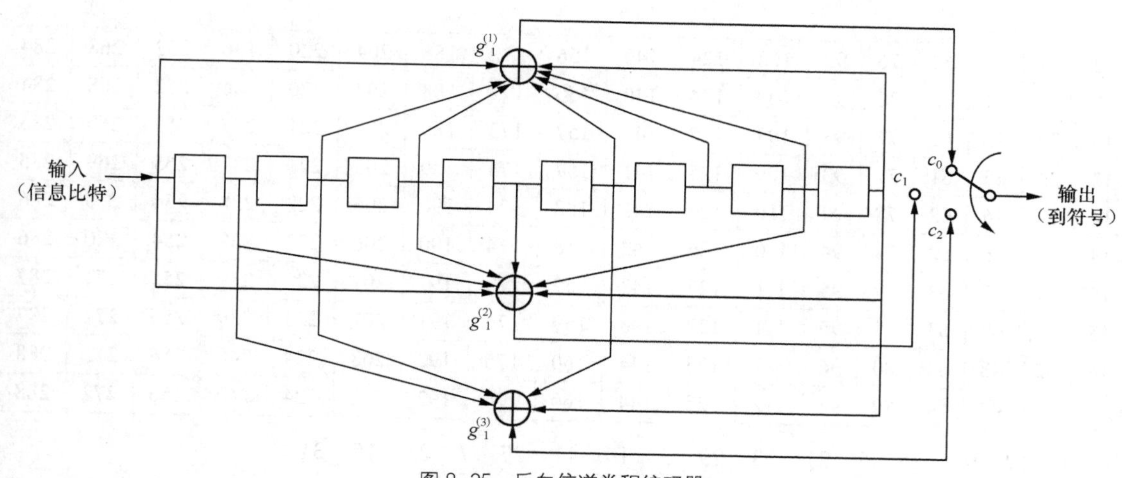

图 8-25　反向信道卷积编码器

2．分组交织

接入信道实行的是帧内交织，交织矩阵为 32 × 18。一帧内 576 个码元，按列写入，如表 8-4 所示，按以下行序从交织器读出。

表 8-4　　**接入信道的交织编码**

1	17	33	49	65	81	97	113	129	145	161	177	193	209	225	241	257	273
1	17	33	49	65	81	97	113	129	145	161	177	193	209	225	241	257	273
2	18	34	50	66	82	98	114	130	146	162	178	194	210	226	242	258	274
2	18	34	50	66	82	98	114	130	146	162	178	194	210	226	242	258	274
3	19	35	51	67	83	99	115	131	147	163	179	195	211	227	243	259	275
3	19	35	51	67	83	99	115	131	147	163	179	195	211	227	243	259	275
4	20	36	52	68	84	100	116	132	148	164	180	196	212	228	244	260	276
4	20	36	52	68	84	100	116	132	148	164	180	196	212	228	244	260	276
5	21	37	53	69	85	101	117	133	149	165	181	197	213	229	245	261	277
5	21	37	53	69	85	101	117	133	149	165	181	197	213	229	245	261	277
6	22	38	54	70	86	102	118	134	150	166	182	198	214	230	246	262	278
6	22	38	54	70	86	102	118	134	150	166	182	198	214	230	246	262	278
7	23	39	55	71	87	103	119	135	151	167	183	199	215	231	247	263	279
7	23	39	55	71	87	103	119	135	151	167	183	199	215	231	247	263	279
8	24	40	56	72	88	104	120	136	152	168	184	200	216	232	248	264	280
8	24	40	56	72	88	104	120	136	152	168	184	200	216	232	248	264	280
9	25	41	57	73	89	105	121	137	153	169	185	201	217	233	249	265	281
9	25	41	57	73	89	105	121	137	153	169	185	201	217	233	249	265	281
10	26	42	58	74	90	106	122	138	154	170	186	202	218	234	250	266	282
10	26	42	58	74	90	106	122	138	154	170	186	202	218	234	250	266	282
11	27	43	59	75	91	107	123	139	155	171	187	203	219	235	251	267	283
11	27	43	59	75	91	107	123	139	155	171	187	203	219	235	251	267	283

续表

12	28	44	60	76	92	108	124	140	156	172	188	204	220	236	252	268	284
12	28	44	60	76	92	108	124	140	156	172	188	204	220	236	252	268	284
13	29	45	61	77	93	109	125	141	157	173	189	205	221	237	253	269	285
13	29	45	61	77	93	109	125	141	157	173	189	205	221	237	253	269	285
14	30	46	62	78	94	110	126	142	158	174	190	206	222	238	254	270	286
14	30	46	62	78	94	110	126	142	158	174	190	206	222	238	254	270	286
15	31	47	63	79	95	111	127	143	159	175	191	207	223	239	255	271	287
15	31	47	63	79	95	111	127	143	159	175	191	207	223	239	255	271	287
16	32	48	64	80	96	112	128	144	160	176	192	208	224	240	256	272	288
16	32	48	64	80	96	112	128	144	160	176	192	208	224	240	256	272	288

1 17 9 25 5 21 13 29 3 19 11 27 7 23 15 31

2 18 10 26 6 22 14 30 4 20 12 28 8 24 16 32

经码元重复和交织后的传送结构如图 8-26 所示。

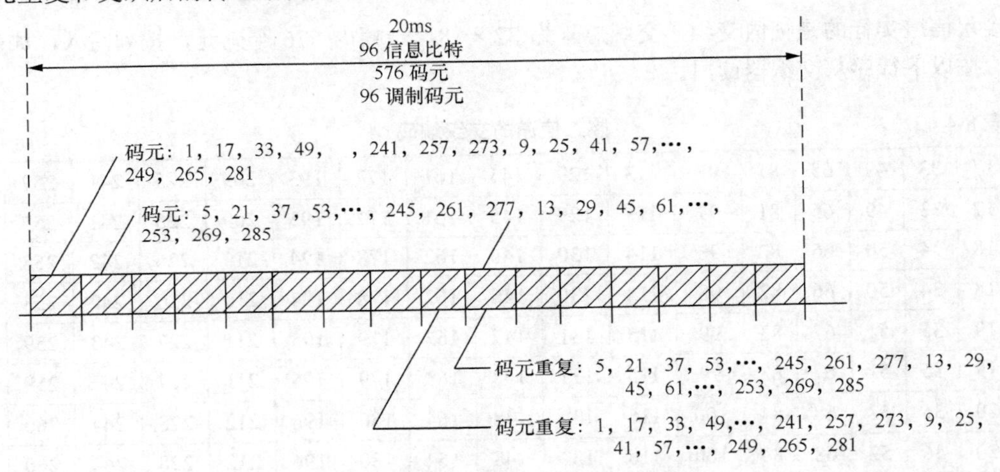

图 8-26　接入信道交织后的传送结构

3．正交多进制调制

如图 8-24 所示，反向接入和反向业务信道都采用了正交多进制调制，采用相互正交的 64 阶 Walsh 函数。正交多进制调制原理如图 8-27 所示。

由于 $2^6=64$，把交织器输出的每 6 个二进制符号作为一组（称作一个调制符号），所以每输入 6 个二进制符号，就对应 64 个沃尔什函数之一。正交调制器输入符号速率是 28.8ks/s，输出码片速率则应是 28.8ks/s × 64/6 = 307.2kchip/s。

调制符号可根据下列调制符号指数进行选择，即调制符号指数（MSI）为

$$MSI = C_0 + 2C_1 + 4C_2 + 8C_3 + 16C_4 + 32C_5 \tag{8-11}$$

式中 C_i 代表输入符号第 i 位的符号值，$0 \leqslant i \leqslant 5$。例如输入符号为

$$\{C_0C_1C_2C_3C_4C_5\} = \{110110\}$$

由式（8-11）可得

$$MSI = 1 + 2 + 8 + 16 = 17$$

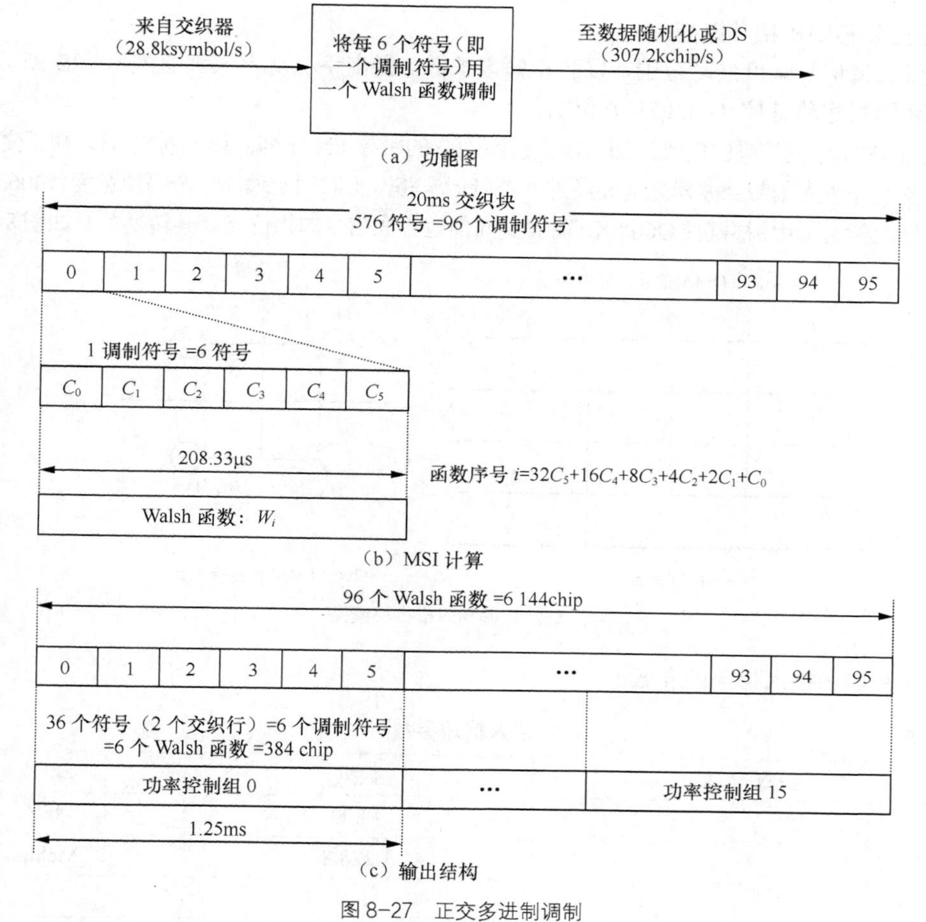

图 8-27　正交多进制调制

4．利用长码进行直接序列扩频

正交调制后，要用长 PN 码进行扩频，即将多进制正交调制输出的码流（其速率为 307.2kchip/s）与长 PN 码进行模 2 加。

长 PN 码为–m 序列，周期为 $2^{42}-1$，码片速率为 1.228 8Mchip/s，其生成多项式为

$$P(x) = 1 + x+x^2 + x^3 + x^5 + x^6 + x^7 + x^{10} + x^{16} + x^{17} + x^{18} + x^{21} + x^{22} + x^{25} + x^{26} + x^{27} + x^{31} + x^{33} + x^{35} + x^{42} \tag{8-12}$$

长码发生器采用 MSRG 结构，参见图 7-30。

为了对接入信道传输信息加强安全性保护，采取了掩码措施。掩码长 42 位，与 42 级移位寄存器的各级输出相乘再模 2 加，最后产生的长码作为扩频码。接入信道的掩码格式如图 8-28 所示。

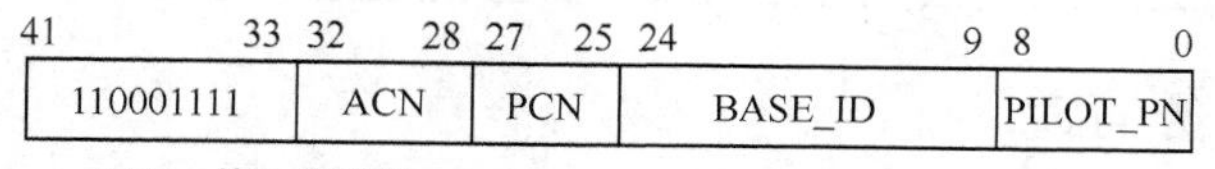

CAN：接入信道号

PCN：寻呼信道号

BASE_ID：基站识别码

PILOT_PN：引导 PN 序列的偏置系数

图 8-28　接入信道的掩码格式

5．正交偏移四相相移键控

为降低已调信号幅度波动范围，以防止频谱扩散，提高手机功率放大器效率，IS-95 反向链路采用了偏移四相相移键控（OQPSK）调制。

经过长码 PN 序列扩频的信号，加入偏置系数为 0 的引导 PN 序列，形成同相（I）和正交（Q）支路，而 Q 支路在进入基带滤波器之前要经过一个延迟电路，把时间延迟 1/2 个码片宽度（406.9ns），从而形成了正交偏移四相相移键控 OQPSK 调制，反向信道合成信号的相位点及其转换关系如图 8-29 所示。

反向 CDMA 信号的相位关系

I	Q	相位
0	0	$\frac{\pi}{4}$
1	0	$\frac{3\pi}{4}$
1	1	$-\frac{3\pi}{4}$
0	1	$-\frac{\pi}{4}$

（a）相位关系

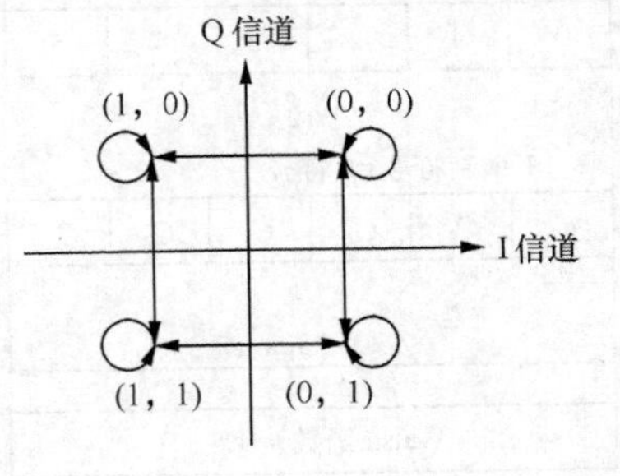

（b）相位点和转换关系

图 8-29　偏移四相相移键控

表 8-5 列出了接入信道的参数。

表 8-5　　**接入信道参数**

参数	数据	单位
数据率	4 800	bit/s
PN 子码速率	1.228 8	Mchip/s
卷积码码率	1/3	
码元重复后出现的次数	2	
传输占空比	100	%
码元速率	28 800	symbol/s
每调制符号的码元数	6	
调制符号的速率	4800	symbol/s
沃尔什子码速率	307.20	kchip/s
调制符号宽度	208.33	μs
每码元的 PN 子码数	42.67	
每调制符号的 PN 子码数	256	
每沃尔什子码的 PN 子码数	4	

8.3.3　反向业务信道

反向业务信道用于通信过程中由移动台向基站传输语音、数据和必要的信令信息。反向业务信道用 9 600、4 800、2 400 和 1 200bit/s 的可变速率。反向业务信道组成电路可参见图 8-24。由图可知，它与接入信道组成是相似的，两者不同之处，主要是变速率传输和帧质量指示，而反向信道帧质量指示与正向信道是一样的，因此没有必要重复叙述。为此下面着重介绍变速率传输。

为了减小移动台的功耗和减小它对CDMA信道产生的干扰，对交织器输出的码元，用一时间滤波器（选通门电路）进行选通，只允许所需的码元输出，而删除其他重复的码元。这种过程如图8-30所示。

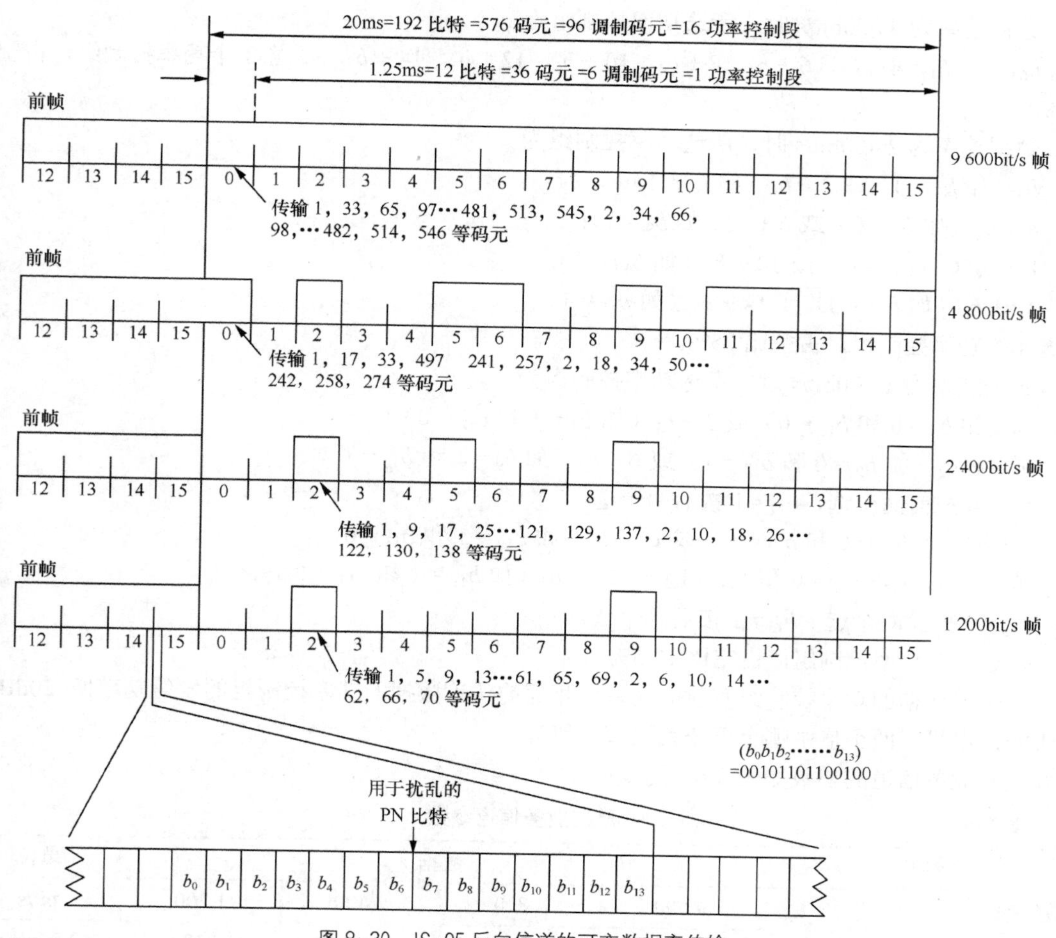

图8-30 IS-95反向信道的可变数据率传输

由图8-30可见，传输的占空比随速率而变，当速率是9 600bit/s时，选通门允许交织器输出的所有码元进行传输。即占空比为1；当数据速率是4 800bit/s时，选通门只允许交织器输出的码元有1/2进行传输，即占空比为1/2；以此类推。在选通过程中，把20ms的帧分成16个等长的组，即功率控制组，每组1.25ms，编号为0～15。根据一定的规律，使某些功率组被连通，而某些功率控制组被断开。这种选通要保证进入交织器的重复码元只发送其中一个。请注意，为提高信令传输的可靠性，在接入信道中并未采用这一机制，两个重复的码元都要传输，见图8-26。

通过选通门允许发送的码元以突发的方式工作。它在一帧中占哪一位置进行传输是受一PN码控制的。这个过程称为数据的突发随机化。突发位置根据前一帧中倒数第二功率控制组内的最末14个PN码比特进行计算，这14个比特表示为

$$b_0\, b_1\, b_2\, b_3\, b_4\, b_5\, b_6\, b_7\, b_8\, b_9\, b_{10}\, b_{11}\, b_{12}\, b_{13}$$

在图8-30的例子中它们对应的比特取值为

$$0\,0\,1\,0\,1\,1\,0\,1\,1\,0\,0\,1\,0\,0$$

数据突发随机化算法如下。

数据速率为 9 600bit/s 时，所选功率控制组为：0，1，2，3，4，5，6，7，8，9，10，11，12，13，14，15。全部 16 个功率控制组都发送，占空比 100%。

数据速率为 4 800bit/s 时，所选功率控制组为：

b_0，$2+b_1$，$4+b_2$，$6+b_3$，$8+b_4$，$10+b_5$，$12+b_6$，$14+b_7$，发送 8 个功率控制组，占空比 50%。

数据速率为 2 400bit/s 时，所选功率控制组为

b_0（如 $b_8=0$）或 $2+b_1$（如 $b_8=1$）；

$4+b_2$（如 $b_9=0$）或 $6+b_3$（如 $b_9=1$）；

$8+b_4$（如 $b_{10}=0$）或 $10+b_5$（如 $b_{10}=1$）；

$12+b_6$（如 $b_{11}=0$）或 $14+b_7$（如 $b_{11}=1$）；

发送 4 个功率控制组，占空比 25%。

数据速率为 1 200bit/s 时，所选功率控制组为：

b_0（如 $b_8=0$ 和 $b_{12}=0$）或 $2+b_1$（如 $b_8=1$ 和 $b_{12}=0$）

或 $4+b_2$（如 $b_9=0$ 和 $b_{12}=1$）或 $6+b_3$（如 $b_9=1$ 和 $b_{12}=1$），

$b_{12}=0$ 按前两个选，$b_{12}=1$ 按后两个选；

$8+b_4$（如 $b_{10}=0$ 和 $b_{13}=0$）或 $10+b_5$（如 $b_{10}=1$ 和 $b_{13}=0$）

或 $12+b_6$（如 $b_{11}=0$ 和 $b_{13}=1$）或 $14+b_7$（如 $b_{11}=1$ 和 $b_{13}=1$），

$b_{13}=0$ 按前两个选，$b_{13}=1$ 按后两个选。

发送 2 个功率控制组，占空比 12.5%。

不传输数据的功率控制组发射的功率比相邻的传输数据的功率控制组的发射功率低 20dB 或低于噪声电平（两个值中哪个更低就取那个值）。

反向业务信道的参数如表 8-6 所示。

表 8-6　反向业务信道参数

参数	数据				单位
数据率	9 600	4 800	2 400	1 200	bit/s
PN 子码速率	1.228 8	1.228 8	1.228 8	1.228 8	Mchip/s
卷积码码率	1/3	1/3	1/3	1/3	
码元重复后出现的次数	1	2	4	8	
传输占空比	100	50	25	12.5	%
码元速率	28 800	28 800	28 800	28 800	symbol/s
每调制码元的码元数	6	6	6	6	symbol/s
调制码元速率	4 800	4 800	4 800	4 800	
沃尔什子码速率	370.20	370.20	370.20	370.20	kchip/s
调制码元宽度	208.33	208.33	208.33	208.33	μs
每码元的 PN 子码数	42.67	42.67	42.67	42.67	
每调制码元的 PN 子码数	256	256	256	256	
每沃尔什子码的 PN 子码数	4	4	4	4	
每比特的子码数	128	256	512	1024	

8.4　系统控制功能

IS-95 CDMA蜂窝系统的控制和管理功能与其他蜂窝系统基本类似，但也有其特殊之处。这里将概括介绍其中重要的部分控制功能，包括功率控制、切换和呼叫处理。

8.4.1　功率控制

CDMA系统是一种干扰受限系统，系统内部的干扰在决定系统容量和通信质量方面起着重要作用。为了获得大容量、高质量的通信，CDMA蜂窝系统必须采用功率控制技术。在上一章CDMA的关键技术中已对功率功制作了介绍，下面着重介绍在IS-95蜂窝系统中的具体实施。

图8-31所示为IS-95系统功率控制的方框图。综合采用了反向链路开环及闭环功率控制和正向链路控制。前者使所有移动台的发射信号在到达基站时具有相同的所选定的功率电平，后者使正向链路的发射信号功率限制到只需要满足移动台的接收要求。

1．正向链路功率控制

在正向链路功率控制中，基站根据移动台提供的测量结果，调整其对每个移动台的发射功率，尽可能地将业务信道的功率设定为保持移动台所需误码率的最小功率值。目的是对受多径衰落和阴影效应或其他小区干扰影响小的移动台分配较小的发射功率，而对那些远离基站或环境恶劣的移动台分配较大的发射功率。

正向功率控制由开环和闭环两部分组成。在开环功率控制过程中，基站估算正向链路的传输损耗（利用接入程序期所接收的移动台功率）并调节各业务信道的起始功率。在目前实施中，基站为各业务信道分配一个起始的标称功率；而闭环过程中，基站通过移动台对正向误帧率的报告，将这结果与一阈值相比较，决定是增加发射功率还是减少发射功率。移动台的报告分为定期报告和门限报告。定期报告即每隔一定时间汇报一次，而门限报告就是当误帧率达到一定门限时才汇报，这个门限是由运营商根据对业务质量的不同要求来设定的。这两种方式可同时存在，也可只用一种，或两者都不用，可根据运营商的具体要求来设定。

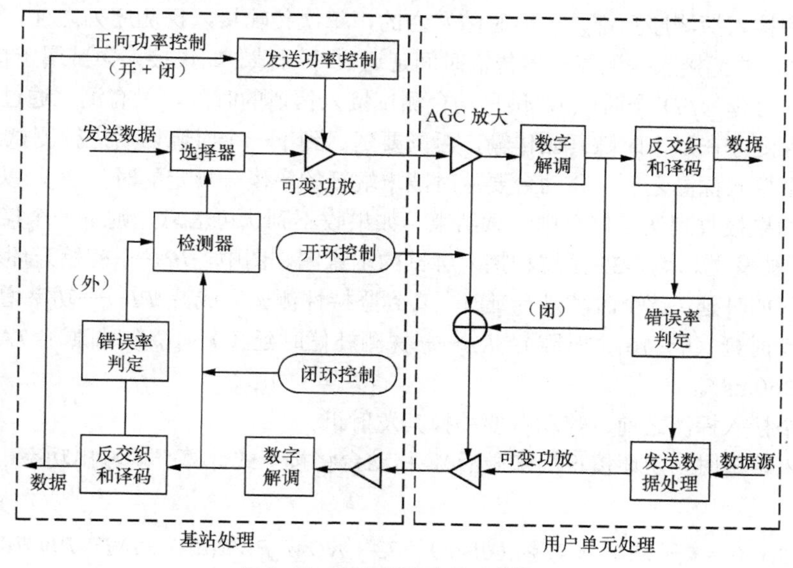

图8-31　CDMA系统中的功率控制

正向链路功率控制的调节量较小，通常约 0.5dB。调节的动态范围约限制在标称功率±6dB 之内。调节速率低于反向链路功控的速率。每个声码器帧调节一次，或按每 15～20ms 变更一次。这样，所有的移动台都可保持在预定的可接受的质量水平上。因为正向信道中采用正交 Walsh 函数进行码分，信道干扰不是很严重的问题，所以慢速功控通常即可满足要求。

2．反向链路功率控制

反向链路功率控制是 IS-95 系统中功率控制的重点，包括两部分：一为移动台发射功率的开环功率估算；二为基站对这估算中的误差作闭环纠正。

（1）开环功率控制

反向链路开环功率控制是移动台的基本功能。每个移动台测量其总接收功率（解调前）并估算从基站至移动台的路径损耗。移动台记录下行信号强度并用以调节自己的发射功率。所收信号越强，则移动台的发射功率越低。收到强的基站信号表明移动台离基站近，或与基站之间有非常好的传播路径。另一方面，如果接收功率低，移动台就提高其发射功率。基于这个测量和由基站提供的校正，调节移动台的发射功率以便到达基站的信号是在一个预定的电平上。所有的移动台使用同样的过程，到达基站时便具有相等的功率。

移动台通过开环功率控制确定接入信道和业务信道的发射功率。它能提供约 85dB 的动态范围来防止深衰落，可提供仅几个微秒的快速响应。

为了防止移动台一开始就使用过大的功率，增加不必要的干扰，同时还要保证可靠通信，移动台在接入状态开始向基站发送信息时，先使用“接入尝试”程序，如图 8-32 所示。它实质上是一种功率逐步增大（又称功率爬坡）的过程。所谓一次接入尝试是指移动台传送一信息直到从基站收到对该信息的认可的整个过程。一次接入尝试包括多次“接入探测”。一次接入尝试的多次接入探测都传送同一信息。把一次接入尝试中的多个接入探测分成“接入探测序列”，一次接入尝试最多含 15 个接入探测序列，而一个接入探测序列最多包含 16 个接入探测。同一个接入探测序列所含多个接入探测都在同一接入信道中发送（此接入信道是在与当前所用寻呼信道对应的全部接入信道中随机选择的）。各个接入探测序列的第一个接入探测根据额定开环功率所规定的电平进行发送，其后每个接入探测所用的功率均比前一接入探测提高一个规定量。

接入探测和接入探测序列都是分散时隙发送的，每次传输接入探测序列之前，移动台都要产生一个随机数 R，并把接入探测序列的传输时间延迟 R 个时隙。如果接入尝试属于接入信道请求，还要增加一附加时延（PD 个时隙），供移动台测试接入信道的时隙。只有测试通过了，探测序列的第一个接入探测才在那个时隙开始传输，否则要延迟到下一个时隙以后进行测试再定。

在传输一个接入探测之后，移动台要从时隙末端开始等候一规定的时间 T_A，以接收基站发来的认可信息。如果接收到认可信息则尝试结束，如果收不到认可信息，则下一个接入探测在延迟一定时间 RT 后被发送。图 8-32 是这种接入尝试的示意图。图中，IP——初始开环功率；PD——测试接入信道附加时延（逐个时隙进行延时，直到坚持性测试完成）；PI——功率增量（0～7dB）；RS——序列补偿时延（0～16 个时隙）；RT——探测补偿时延（0～16 个时隙）；TA——等待认可时延（160～1 360ms）。

在发送每个接入探测之前，移动台要关掉其发射机。

刚进入接入信道时（闭环校正尚未激活），移动台将按下式计算平均输出功率，以发射其第一个探测。

$$IP(\text{dBm}) = -\text{平均输入功率（dBm）} - 73 + NOM\_PWR(\text{dB}) + INIT\_PWR(\text{dB})$$

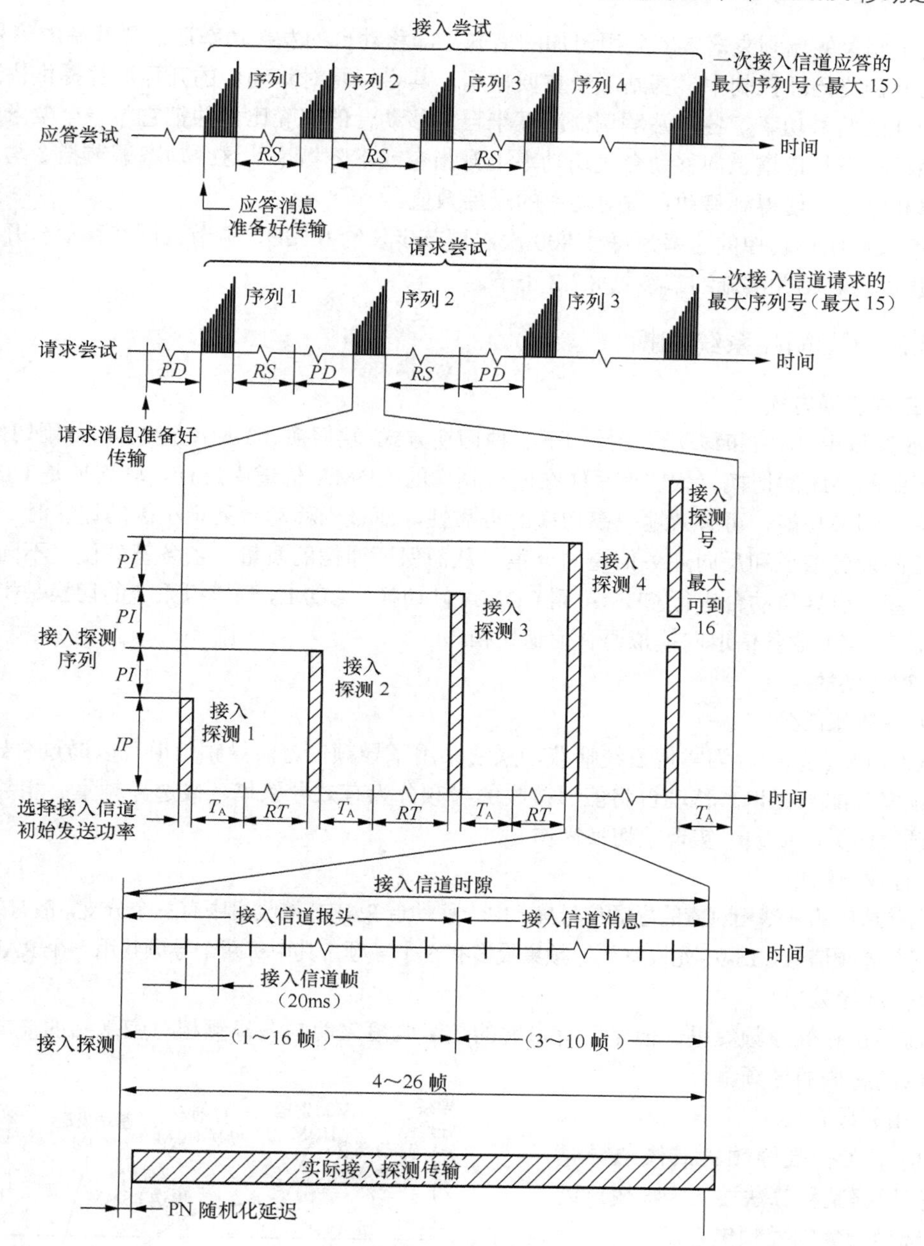

图 8-32　接入尝试示意图

其中 *NOM_PWR* 是为了补偿由于前向 CDMA 信道和反向 CDMA 信道不相关造成的路径损耗；而 *INIT_PWR* 是对第一个接入信道探测所需做的调整，它们均为接入参数消息中定义的参数，移动台发射之前便可得到这些参数。

（2）闭环功率控制

由于 IS-95 采用 FDD 双工方式，上下行频道间隔为 45MHz，大大超出信道的相干带宽，这表明上行信道和下行信道的多径衰落为相互独立的过程，这样移动台不能直接测试返回链路的路径损耗，而假设该损耗与正向链路的路径损耗完全相同。此测试技术通常提供正确的平均发射功率，但必须对不相关的瑞利衰落效应采用附加的措施，即移动台的发射功率还需要基站的信号控制。

在反向链路闭环控制中，基站起着重要作用。其目标是对移动台的开环估算提供快速校正，以保持最佳的发射功率。各基站解调器测试来自各移动台的信噪比，并把它与一个要求的阈值相比较，然后在下行信道上向移动台发送功率上升指令或下降指令，这个功率调节指令与移动台的开环估算相结合，便得到移动台发射功率的最后数值。

IS-95 反向闭环功控的速率为每秒 800 次，调节步长约 0.5dB，调节范围在移动台开环估算周围±24dB 以内。相关实施细节参见 8.2.2 小节。

8.4.2 CDMA 系统切换

1. 三种切换方式

IS-95 系统中，基站和移动台支持如下 3 种切换方式：软切换、CDMA 到 CDMA 硬切换、CDMA 到模拟系统的系统间切换。软切换只能在同一频率的 CDMA 信道中进行。软切换是 CDMA 蜂窝系统独有的切换功能，可有效地提高切换的可靠性，而且当移动台处于小区的边缘时，软切换能够提供正向业务信道和反向业务信道的分集，从而保证通信的质量。当各基站使用不同频率或帧偏置时，基站引导移动台进行 CDMA 到 CDMA 硬切换；CDMA 到模拟系统的切换是指基站引导移动台由 CDMA 业务信道向模拟语音信道切换。

2. 软切换的实现

（1）导频集的分类

在 CDMA 系统中，为实现系统捕获，系统采用了导频信道。导频信道可以通过引导 PN 序列偏置和频率分配来标识。移动台将能够接收的导频分为有效导频集、候选导频集、相邻导频集和剩余导频集四类，以便于实现软切换操作。

① 有效导频集

与当前通信的基站相对应的导频信号集。由于移动台 RAKE 接收机中有三个分支，故有效导频集中最多有三个导频信号。IS-95 允许有效导频集最多有 6 个导频，其中每两个导频共用一个 RAKE 分支。

② 候选导频集

当前不在有效导频集里，但是已有足够的信号强度表明与该导频相对应基站的前向业务信道可以被成功解调的导频集合。

③ 相邻导频集

当前不在有效导频集或候选导频集里，但根据某种算法被认为很快可以进入候选导频集的导频集合。

④ 剩余导频集

不包含在有效导频集、候选导频集、相邻导频集的所有其他导频的集合。

当移动台驶向一基站，然后又离开该基站时，移动台收到该基站的导频强度先由弱变强，接着又由强变弱，因而该导频信号可能由相邻导频集和候选导频集进入有效导频集，然后又返回相邻导频集，见图 8-33。

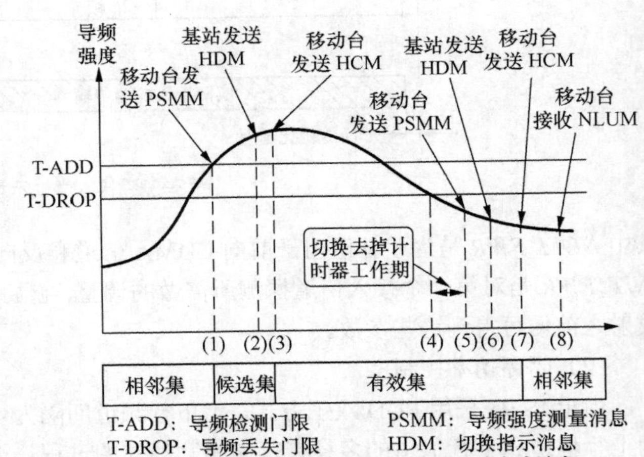

图 8-33　切换门限举例

（2）切换参数

切换参数包括 T_ADD、T_DROP、T_TDROP、T_COMP 四个，其含义如下。

① T_ADD：导频检测门限。以−0.5dB 为单位，即 E_c/I_0 的门限值是−0.5 × T_ADD dB。当导频信号的 E_c/I_0 超过 T_ADD 时，如果候选导频集未满，此导频就被加入候选导频集。

② T_DROP：导频去掉门限。以−0.5dB 为单位。当导频信号的 E_c/I_0 低于 T_DROP 时，移动台启动切换去掉计时器。

③ T_COMP：候选集与有效集的比较门限。以 0.5dB 为单位。

④ T_TDROP：切换去掉计时器的期满值。

（3）切换消息分类

切换消息包括导频强度测量消息（Pilot Strength Measurment Message，PSMM）、切换指示消息（Handoff　Direction Message，HDM）和切换完成信息（Handoff　Completion Message，HCM）等。

① 导频强度测量消息

移动台不间断地搜索导频信号并测量它们的强度，当移动台检测到某一个导频信号具有足够的强度，但并末与该导频对应的业务信道联系时，移动台向基站发送导频强度测量消息。该消息包含导频信号的 E_c/I_0、导频信号的到达时间、切换去掉计时器信息等。

② 切换指示信息

当基站收到移动台的导频测量消息后，基站为移动台分配一个与该导频信道对应的前向业务信道，并且向移动台发送切换指示消息，指示移动台进行切换。对于软切换来说，在切换指示消息中会列举多个前向业务信道，有一些是正在被移动台解调的。对于硬切换，切换指示消息中所列举的一个或多个前向业务信道没有一个是正在被移动台解调的。该消息包含有效导频集信息（以前的导频和新导频的 PN 偏置）、与有效集中每一个导频对应的 Walsh 码信息、用于有效导频集和候选导频集的搜索窗口尺寸、切换参数（T_ADD、T_DROP、T_TDROP、T_COMP）等。

③ 切换完成消息

在执行完切换指示消息之后，移动台在新的反向业务信道上发送切换完成消息，这个消息实际上是确认消息，告诉基站移动台已经成功地获得了新的前向业务信道。这个消息包含有效导频集中每个导频的 PN 偏置信息。

（4）切换过程

结合图 8-33，软切换的过程描述如下。

① 导频强度达到 T_ADD，移动台发送一个导频强度测量消息（PSMM），并将该导频转到候选导频集。

② 基站发送一个切换指示消息 HDM。

③ 移动台将此导频转到有效导频集里并发送一个切换完成消息 HCM。

④ 导频强度掉到 T_DROP 以下，移动台启动切换去掉计时器，其计时值为 T_TDROP（移动台对在有效导频集和候选导频集里的每一个导频都有一个切换去掉计时器，当与之对应的导频强度比特定值 T_DROP 小时，计时器启动）。

⑤ 切换去掉计时器到期（在此期间，其导频强度应始终低于 T_DROP），移动台发送一个导频强度测量信息（PSMM）。

⑥ 基站发送一个切换指示信息 HDM。

⑦ 移动台把导频从有效导频集里移到相邻导频集并发送切换完成消息 HCM。

如果在切换去掉计时器尚未期满时，该导频的强度又超过特定值 T_DROP，移动台要对计时器进行复位操作并关掉该计时器。

移动台对其周围基站的导频测量是不断进行的，能及时发现邻近小区中是否出现导频信号更强的基站。如果邻近基站的导频信号变得比原先呼叫的基站更强，表明移动台已经进入新的小区，从而可以引导向新的小区切换。

由上面的讨论可知，IS-95 软切换策略使用导频信号的 E_c/I_0 作为切换测量的数值，切换的门限值均采用了固定值（如 T_ADD、T_DROP 等），这在实际系统中带来了一些问题。例如，当小区中的有些位置仅能收到弱的导频信号时，尽管这些导频信号的强度高于有效导频集中导频信号的强度，但是由于低于切换阈值（T_ADD）而不能加入到有效集。此时很明显地需要比较低的切换阈值；同理，当小区中的有些位置只能接收到强的导频时，需要较高的切换阈值来减少不必要的切换发生，这些都暴露出固定切换门限值的缺陷，所以，后来对软切换算法进行了修改，在切换策略中引入了动态门限，在 cdma2000 和 WCDMA 系统中采用的就是动态门限的软切换算法。

8.4.3 呼叫处理

1．移动台呼叫处理

如图 8-34 所示，移动台呼叫处理过程由以下几个状态组成。

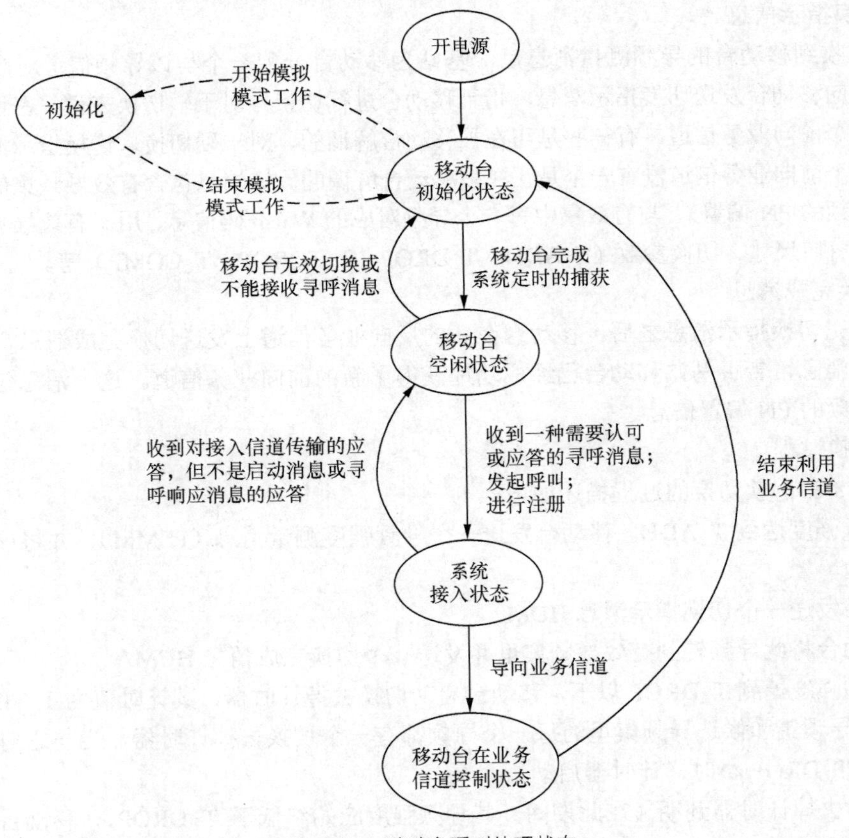

图 8-34　移动台呼叫处理状态

- 初始化状态——移动台选择和捕获系统。
- 空闲状态——移动台检测寻呼信道的消息。

- 系统接入状态——移动台在接入信道上向基站发送消息。
- 业务信道控制状态——移动台利用正向和反向信道与基站通信。

（1）移动台初始化状态

移动台接通电源后就进入“初始化状态”。在此状态中，移动台选择一个工作的系统，该系统可能是模拟系统或CDMA系统。如果是后者，它就不断地检测周围基站发来的导频信号和同步信号。各基站使用偏置不同的同一引导PN序列，移动台只要改变其本地PN序列的偏置，就可测出周围有哪些基站在发送导频信号。通过比较这些导频信号的强度，即可判断出自己处于哪个小区之中，因为一般情况下，最强的信号是距离最近的基站发送的。

（2）移动台空闲状态

移动台在完成同步和定时后，即由初始化状态进入“空闲状态”。在此状态中，移动台监控寻呼信道，并能够接收来自基站的消息和指令，接收外来的呼叫，初始化登记处理，发起呼叫，开始消息传送。

移动台的工作模式有两种：一种是时隙工作模式，另一种是非时隙工作模式。如果是前者，移动台大部分时间处于休眠状态，而只需在其指配的时隙中醒来监听寻呼信道，以达到节电目的。如果是后者，移动台要一直监听寻呼信道。

（3）移动台系统接入状态

如果移动台要发起呼叫，或者要进行注册登记，或者收到一种需要认可或应答的寻呼信息时，移动台即进入“系统接入状态”，并在接入信道上向基站发送有关的信息。这些信息可分为两类：一类属于应答信息（被动发送）；一类属于请求发送（主动发送）。

移动台在接入状态开始向基站发送信息时，使用“接入尝试”过程，参见8.4.1小节的描述。

（4）移动台业务信道控制状态

在此状态中，移动台在正向和反向业务信道上与基站进行信息交换。其中比较特殊的是：

① 为了支持正向业务信道进行功率控制，移动台要向基站报告帧错误率的统计数据。报告可为周期性的，也可是基于门限触发的，周期性报告和门限报告可以同时授权或同时废权。为此，移动台要连续的对它收到的帧总数和错误帧数进行统计。

② 无论移动台还是基站都可以申请“服务选择”。移动台在发起呼叫、向寻呼信息应答或在业务信道上工作时，都能申请服务选择。而基站在发送寻呼信息或在业务信道上工作时，也能申请服务选择。如果移动台（基站）的服务选择申请是基站（移动台）可以接受的，则它们开始使用新的服务选择。如果移动台（基站）的服务选择申请是基站（移动台）不能接受的，则基站（移动台）能拒绝这次服务选择申请，或提出新的服务选择申请。移动台（基站）对基站（移动台）所提新的服务选择申请也可以接受、拒绝或再提出另外的服务选择申请。这种反复的过程称为“服务选择协商”。当移动台和基站找到了双方可接受的服务选择或者找不到双方可接受的服务选择，这种协商过程就结束了。

移动台和基站使用“服务选择命令”来申请服务选择或建立另一种服务选择，而用“服务选择应答指令”去接受或拒绝服务选择申请。

2．基站呼叫处理

IS-95的基站呼叫处理，有以下几种类型：

（1）导频和同步信道处理。在此期间，基站在基本频道或辅助频道（或者在这两者同时）发送导频和同步信号，供移动台在初始化状态捕获和同步到CDMA系统。同时移动台处于初始化状态。

（2）寻呼信道处理。在此期间，基站发送寻呼信号。同时移动台处于空闲状态，或系统接入状态。

（3）接入信道处理。在此期间，基站监听接入信道，以接收移动台发来的信息。同时，移动台处于系统接入状态。

（4）业务信道处理。在此期间，基站利用正向和反向业务信道与移动台交换业务和控制信息。同时，移动台处于业务信道控制状态。

8.4.4 呼叫流程图

呼叫流程分多种情况，下面分别给出几种不同情况下呼叫流程的例子。

1. 移动台主呼

由移动台发起的呼叫处理流程如图 8-35 所示。

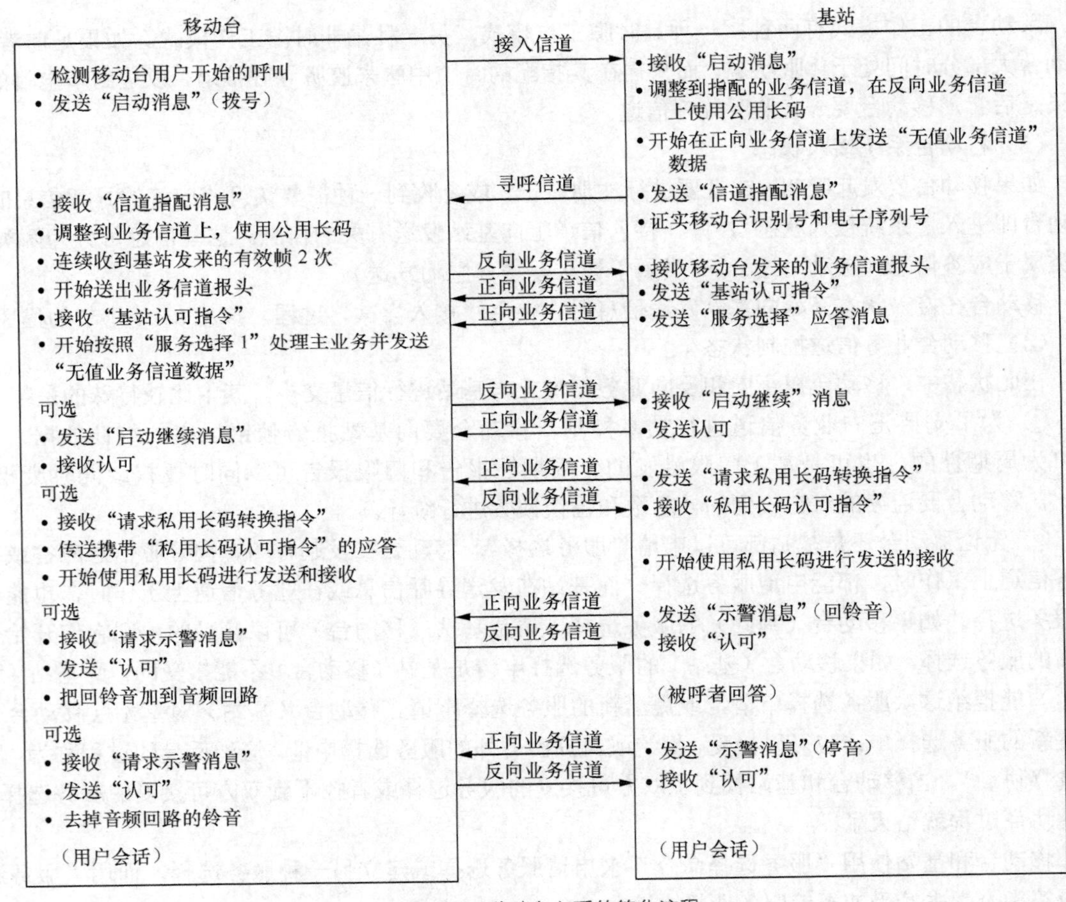

图 8-35 移动台主呼的简化流程

2. 移动台被呼

移动台被呼处理流程如图 8-36 所示。

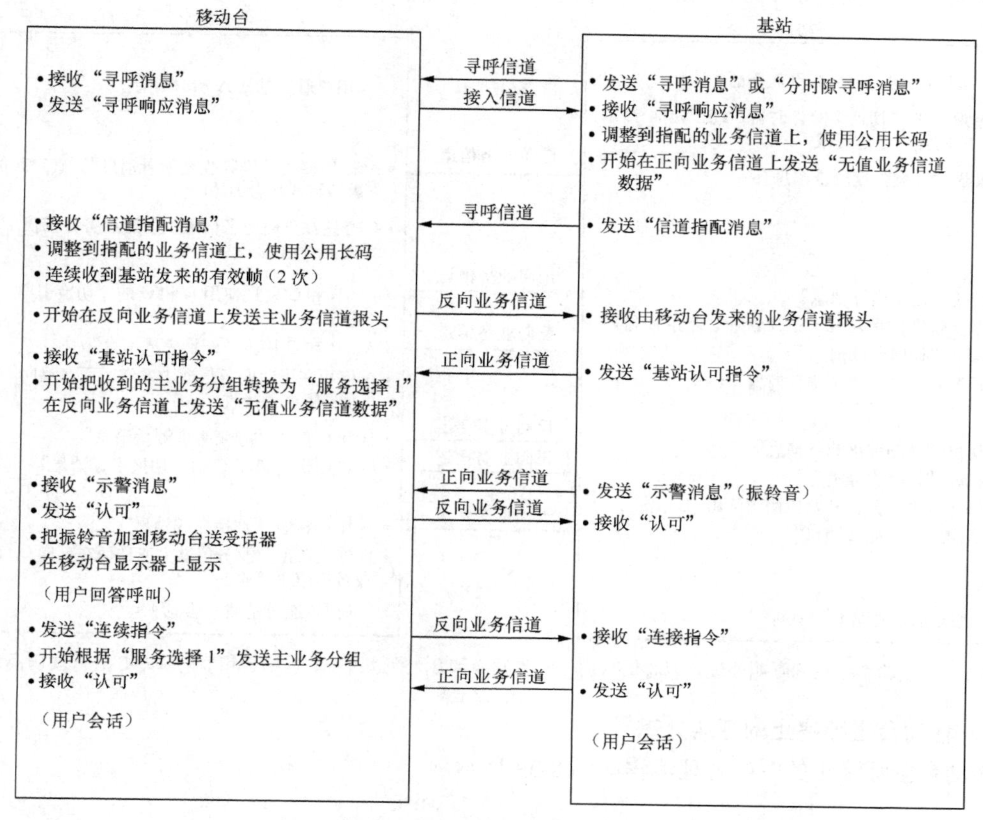

图 8-36 移动台被呼的简化流程

3. 软切换期间的呼叫处理

软切换期间呼叫处理流程如图 8-37 所示。

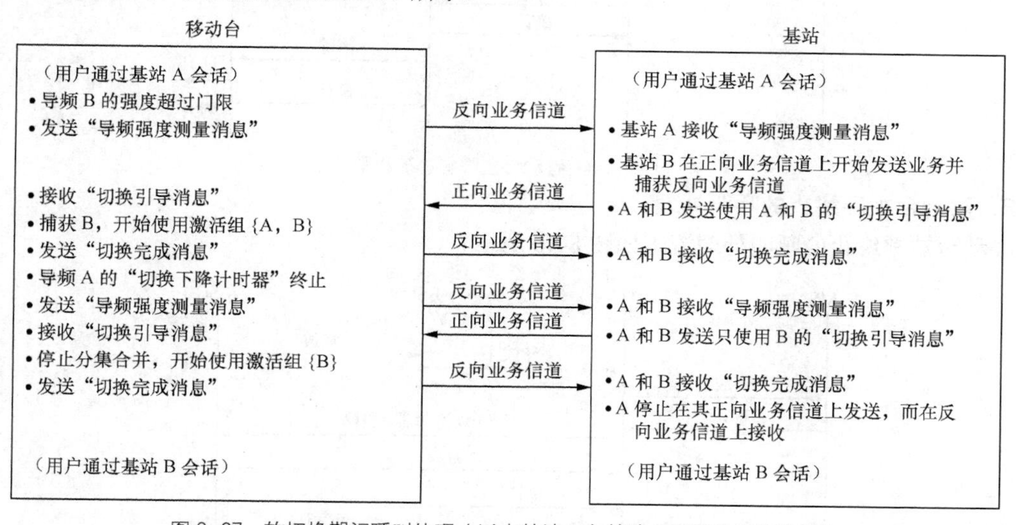

图 8-37 软切换期间呼叫处理（以由基站 A 向基站 B 进行软切换为例）

4. 连续软切换期间的呼叫处理

连续软切换期间呼叫处理流程如图 8-38 所示。

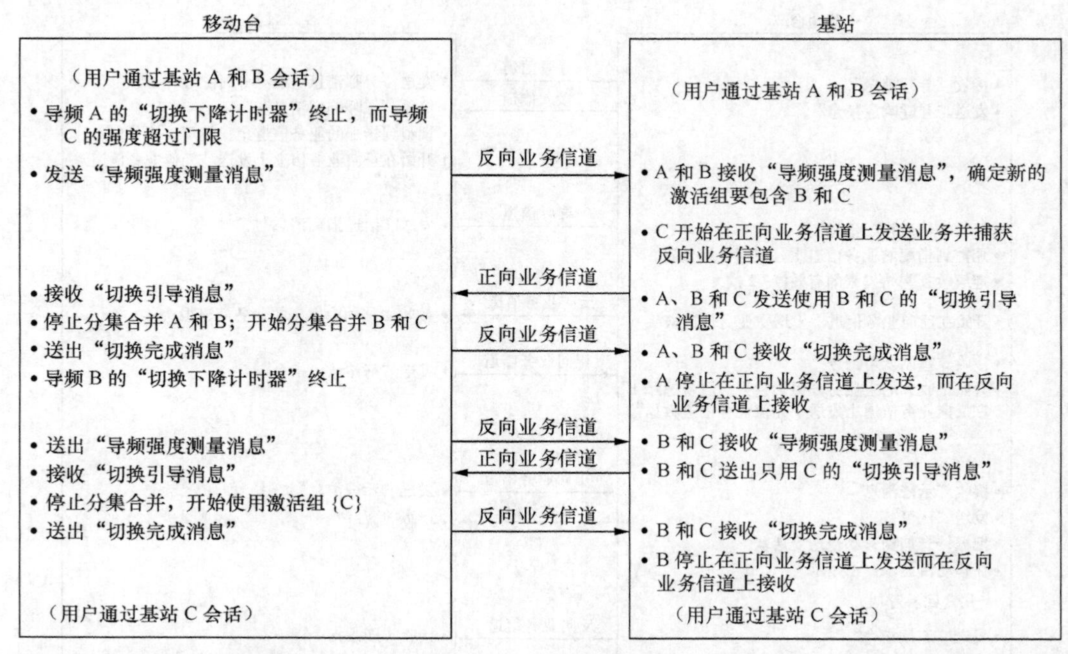

图 8-38　连续软切换期间呼叫处理（以移动台由一对基站 A 和 B，通过另一对基站 B 和 C 向基站 C 进行软切换为例）

5．移动台主呼终止的呼叫处理

移动台主呼终止的呼叫处理流程如图 8-39 所示。

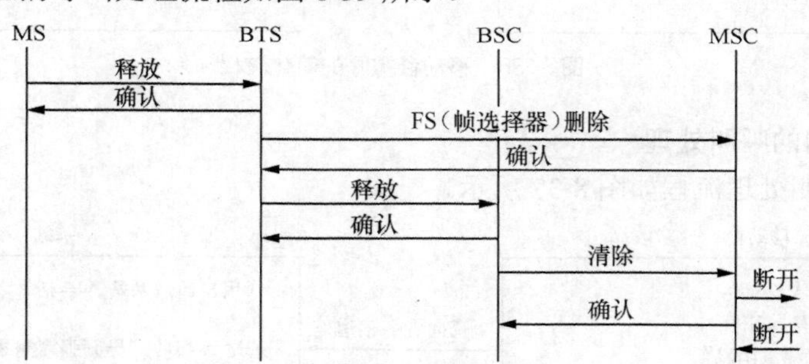

图 8-39　移动台主呼释放流程图

6．移动台被呼终止的呼叫处理

移动台被呼终止的呼叫处理流程如图 8-40 所示。

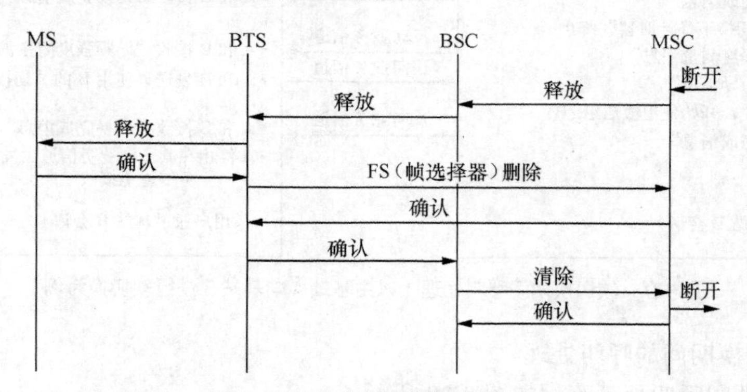

图 8-40　移动台被呼释放流程图

小　结

IS-95公共空中接口是美国TIA于1993年公布的双模（CDMA/AMPS）标准。其载波频带宽度为1.25MHz，信道承载能力有限，仅能支持声码器语音和语音带宽内的数据传输，故称为窄带CDMA系统。窄带CDMA蜂窝通信系统网络结构与TDMA蜂窝系统相类似。

IS -95蜂窝系统在正向传输方向上，设置了导频信道、同步信道、寻呼信道和正向业务信道；反向传输方向上，设置了接入信道和反向业务信道。

IS-95正向传输采用第一种码分直扩结合方案（地址码和扩频码各自采用不同的码），用64阶Walsh函数作为地址码来区分不同信道，而用引导PN序列（短码）的不同偏置来区分不同基站发出的信号。除导频信道外，每一个信道都先经基带处理：卷积编码、符号重复、分组交织、数据扰码（除同步信道），而后用其相应的沃尔什函数进行正交扩频，再加入引导PN序列进行四相调制，正向传输采用QPSK调制方式，占用1.23MHz射频带宽。

IS-95 反向传输采用第二种码分直扩结合方案（地址码和扩频码合二为一），用长码的不同相位（即长码的平移等价类）对各反向信道进行码分和扩频。反向传输未采用Walsh码来区分不同的反向信道，而是利用Walsh函数实现64阶正交调制。反向信道基带处理包括卷积编码、码元重复、交织、正交调制（软扩频），对于业务信道，在码分和扩频之前，还要进行数据突发处理，而射频调制采用的是OQPSK，占用1.23MHz射频带宽。

IS-95 CDMA蜂窝系统的控制和管理功能与其他蜂窝系统基本类似，其特殊控制功能包括功率控制、切换和呼叫处理。

IS-95采用了反向链路开环及闭环功率控制和正向链路功率控制。前者使所有移动台的发射信号在到达基站时具有相同的所选定的功率电平。后者使正向链路的发射信号功率限制到只需要满足移动台的接收要求。此外，为了防止移动台一开始就使用过大的功率，增加不必要的干扰，同时还要保证可靠通信，移动台在接入状态开始向基站发送信息时，先使用“接入尝试”程序。

IS-95系统中，基站和移动台支持如下3种切换方式：软切换、CDMA到CDMA硬切换、CDMA到模拟系统的系统间切换。

IS-95系统中，移动台呼叫处理过程由以下几个状态组成：初始化状态、空闲状态、系统接入状态、业务信道控制状态；而基站呼叫处理有以下几种类型：导频和同步信道处理、寻呼信道处理、接入信道处理和业务信道处理。

思考题与习题

1．简述CDMA蜂窝移动通信系统的优越性。
2．IS-95系统的正向、反向由哪些逻辑信道组成？
3．IS-95正向信道是如何码分的？最多时可有几个寻呼信道，分别使用哪些地址码？
4．IS-95反向信道是如何码分的？掩码的作用是什么？
5．IS-95系统反向业务信道为什么要进行可变数据速率传输？它是如何实现的？
6．IS-95系统反向信道为什么要进行正交调制？正交调制的沃尔什码是如何选取的？
7．IS-95系统中基站的偏置系数共有多少个？作用是什么？
8．以IS-95反向信道为例，说明什么是开环功率控制，什么是闭环功率控制。

9．IS-95 系统正向业务信道中，为什么要设功率控制子信道？其传输速率为多少？系统是怎样在功率控制子信道进行移动台功率控制的？

10．在 CDMA 蜂窝系统中，移动台在发起呼叫时为什么要采用“接入尝试”和多次“接入探测”？简述其工作过程。

11．什么是有效导频集？

12．简述 IS-95 系统的软切换过程及其相对于硬切换的优势。

13．简述软切换为什么可克服硬切换中存在的“乒乓效应”。

14．IS-95 导频信道的作用为何？画出 IS-95 导频信道的电路框图，并说明各序列的作用。

15．计算 2s 中包含的引导 PN 序列的周期数。

16．尽管 IS-95 正向和反向信道都使用了 64 阶 Walsh 函数，但它们的作用却截然不同，在正向信道和反向信道的作用分别是什么？

17．设某基站的偏置系数为 20，求其 PN 引导序列相对于 0 偏置的 PN 引导序列滞后的时间。

18．分别求出 IS-95 同步信道中调制符号流的扩频因子和比特码流的扩频因子。

19. 在 CDMA 系统反向信道中，如何进行四相调制？它与正向信道中进行的四相调制有何区别？

第9章 宽带 CDMA 移动通信系统

9.1 概述

自 20 世纪 70 年代末第一代移动通信系统面世以来，移动通信产业一直以惊人的速度迅猛发展。其中，码分多址移动通信以其容量大、频谱利用率高等诸多优点，显示出强大的生命力，引起人们的广泛关注，成为第三代移动通信的核心技术。

实现一种能够提供真正意义的全球覆盖，提供更高比特率的数据业务和更好的频谱利用率，并且使终端能够在全世界不同的网络间无缝漫游的系统，以取代第一代和第二代移动通信系统，是推动宽带 CDMA 移动通信系统发展的主要动力。

为此，国际电联（ITU）提出了未来公共陆地移动通信系统（FPLMTS）的概念。1996 年，由于预期该系统在 2000 年左右投入使用，一期主频段位于 2GHz 附近，最高数据速率为 2Mbit/s，ITU 正式将其命名为 IMT-2000，即第三代移动通信系统（3G）。

IMT-2000 空中接口的主要目标如下：

- 全球同一频段、统一标准、无缝隙覆盖、全球漫游；
- 提供多媒体业务：

车速环境 144kbit/s；

步行环境 384kbit/s；

室内环境 2Mbit/s；

- 便于过渡、演进：由于第三代移动通信引入时，第二代网络已具有相当规模，所以第三代网络一定要能在第二代网络的基础上逐步灵活演进而成，并应与固定网兼容；
- 高服务质量；
- 高频谱利用率；
- 低成本：袖珍手机，价格低；
- 高保密性能。

表 9-1 所示为国际电信联盟对 IMT-2000 业务的最低性能要求。

如第 1 章所述，3 种 CDMA 技术：欧洲的 WCDMA、北美的 CDMA2000 和中国的 TD-SCDMA 为 3G 三大主流标准。

表 9-1　　**IMT-2000 业务的最低性能要求**

应用环境	实时（固定延迟）		非实时（可变延迟）	
	峰值比特率	*BER*/最大传输时延	峰值比特率	*BER*/最大传输时延
卫星（终端相对地面速度可以达到 1 000km/h）	最少 9.6kbit/s（最好更高）	最大传输时延 400ms $BER=10^{-3}\sim10^{-7}$	最少 9.6kbit/s（最好更高）	最大传输时延 1300ms $BER=10^{-5}\sim10^{-8}$
农村室外（终端相对地面速度可以达到 500km/h）	最少 144kbit/s（最好384kbit/s）	最大传输时延 20～30ms $BER=10^{-3}\sim10^{-7}$	最少 144kbit/s（最好 384kbit/s）	最大传输时延 150ms $BER=10^{-5}\sim10^{-8}$
城市/郊区室外（终端相对地面速度可以达到 130km/h）	最少 384kbit/s（最好512kbit/s）	最大传输时延 20～30ms $BER=10^{-3}\sim10^{-7}$	最少 384kbit/s（最好 512kbit/s）	最大传输时延 150ms $BER=10^{-5}\sim10^{-8}$
室内/小范围室外（终端相对地面速度可以达到 10km/h）	最少 2 048kbit/s	最大传输时延 20～30ms $BER=10^{-3}\sim10^{-7}$	最少 2 048kbit/s	最大传输时延 150ms $BER=10^{-5}\sim10^{-8}$

相比于 2G 的 IS-95，3G CDMA 标准采用了较宽的带宽（如 WCDMA 最小带宽为 5MHz），故称为宽带 CDMA 系统。选择这一带宽有几个原因：首先，对于第三代系统，5MHz 带宽可以获得 144kbit/s 和 384kbit/s 的数据速率，并且可以提供合理的容量，即使 2Mbit/s 的峰值速率也可以在有限的条件下提供；较宽的 5MHz 带宽比较窄的带宽更能解决多径问题，从而增加分集，改进性能。

IMT-2000 系统的构成如图 9-1 所示，它主要由三个功能子系统：即核心网（CN）、无线接入网（RAN）、用户设备（UE）构成，而 UE 由移动台（MT）和用户设别模块（UIM）组成。分别对应于 GSM 系统的网络子系统（NSS）、基站子系统（BSS）、MS（MT 和 SIM）。

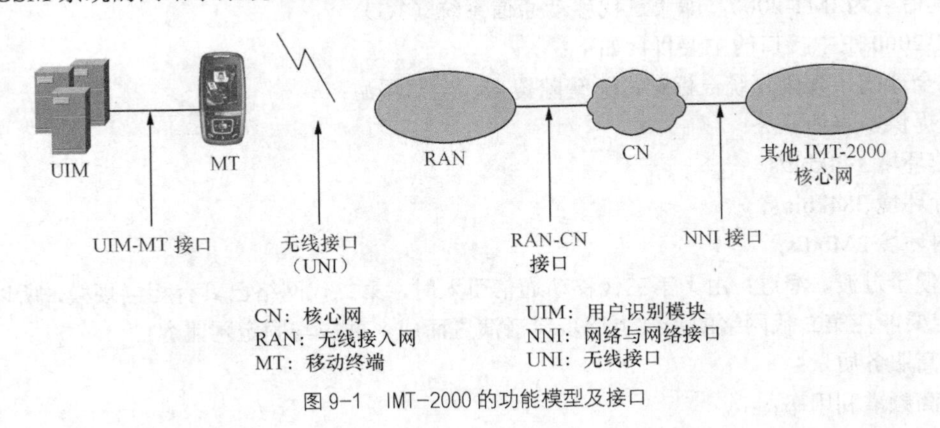

图 9-1　IMT-2000 的功能模型及接口

由图 9-1 可看出，ITU 定义了四个标准接口。

- 网络与网络接口（NNI）：由于 ITU 在网络部分采用了“家族”概念，因此此接口是指同家族成员之间的标准接口，是保证互通和漫游的关键接口。
- 无线接入网和核心网之间的接口（RAN-CN），对应于 GSM 系统的 A 接口。
- 无线接口（UNI）。
- 用户识别模块和移动台之间的接口（UIM-MT）。

三种主流第三代移动通信系统标准的主要技术性能比较如表 9-2 所示。

表 9-2　三种主流第三代移动通信系统标准主要技术性能比较

	WCDMA	TD-SCDMA	cdma2000
基本带宽/MHz	5	1.6	1.25/3.75
码片速率/（Mchip/s）	3.84	1.28	1.228 8/3.686 4
多址方式	DS-CDMA	TD-CDMA	DS-CDMA 和 MC-CDMA
帧长/ms	10	10（子帧 5ms）	
采用技术类型	直接序列扩频 DS	TC	多载波 MC
双工方式	FDD	TDD	FDD
信道编码	卷积码、Turbo 码	卷积码、Turbo 码	卷积码、Turbo 码
扩频方式	QPSK	QPSK	QPSK
交织	卷积码：帧内交织 Turbo 码：帧内交织	卷积码：帧内交织 Turbo 码：帧内交织	块交织
数据调制	QPSK（上行链路） BPSK（上行链路）	QPSK 和 8PSK（高速率）	QPSK（上行链路） BPSK（上行链路）
语音编码	固定速率	固定速率	可变速率
前向扩频	Walsh（信道化码）+Glod 码 2^{18}（区分小区）	Walsh（信道化码）+PN 码（区分小区）	Walsh（信道化码）+M 序列 2^{15}（区分小区）
反向扩频	Walsh（信道化码）+Glod 码 2^{25}（区分用户）	Walsh（信道化码）+PN 码（区分用户）	Walsh（信道化码）+m 序列 $2^{42}-1$（区分用户，不同用户相移不同）
相干解调	前向：专用信道采用导频符号与业务码时间复用（TM），并采用公共连续导频（CM） 反向：专用导频信道（TM）	前向和反向都采用专用导频信道（TM）	前向：采用独立连续导频复用（CM） 反向：专用导频信道（CM）
功率控制	开环+快速闭环功控（1.5kHz） 控制步长：用户设备 1dB、2dB 或 3dB；基站 0.5 或 15dB	开环+快速闭环功控（200Hz） 控制步长 1dB、2dB 或 3dB	开环+快速闭环功控（800Hz） 控制步长 1dB（可选 0.5/0.25dB）
核心网	GSM-MAP	GSM-MAP	ASNI-41
基站间同步	异步、同步（可选）	同步（GPS）	同步（GPS 或其他方式）

第三代移动通信系统的无线传输采用了多种新技术，其关键技术包括以下几种。

① 初始同步技术：CDMA 接收机的初始同步包括 PN 码同步、码元同步、帧同步和扰码同步等。WCDMA 系统的初始同步通过“三步捕获法”进行，TD-SCDMA 与之类似，而 cdma2000 采用了与 IS-95 类似的初始同步技术。

② 多径分集接收技术：由于带宽较宽，接收端基于 Rake 接收机可以分离出比较细微的多径信号，将多径变害为利，对分辨出的多径进行加权合并，在很大程度上降低了多径衰落信道造成

的不利影响。

③ 信道编译码技术：信道编译码技术是第三代移动通信系统的核心技术。除采用与 IS-95 类似的卷积编码和交织技术外，还建议采用 Turbo 编码技术。

④ 智能天线技术：智能天线技术本质上是雷达系统自适应天线阵技术在移动通信系统中的新应用。其包括两个重要组成部分，一是对来自移动台发射的多径电波方向进行到达角（DOA）估计，并进行空间滤波，抑制其他移动台的干扰；二是对基站发送信号进行波束赋形（Beamforming），使基站发送信号能够沿着波的到达方向发送回移动台。智能天线技术在 TDD 的 CDMA 系统更容易实现。

⑤ 多用户检测技术：传统 CDMA 接收机中，各个用户的接收是相互独立进行的，基于码的正交性，用相关检测技术来分离各用户的信号，而受移动多径传输的影响，码的正交性很难得到保证，因而导致码间干扰，限制了系统容量的提高。多用户检测技术通过测量各个用户码之间的非正交性，用矩阵求逆方法或迭代方法消除多用户之间的相互干扰。

⑥ 功率控制技术：CDMA 系统中，由于所有用户共用相同的带宽，各用户的码之间存在着非理想的相关特性，用户发射功率的大小将直接影响系统容量、通信质量及覆盖范围，综合利用开环、闭环和外环功率控制，实现快速、准确的功率控制是 CDMA 系统最为核心的技术之一。

9.1.1 第三代移动通信系统网络架构

如第 1 章所述，3GPP 网络占据全球移动通信市场 90%的份额，所以这里主要介绍 UMTS（Universal Mobile Telecommunication，通用移动通信系统）系统结构。

UMTS 网络由用户设备（UE）、无线接入网（UMTS Terrestrial RAN，UTRAN）和核心网（CN）三部分构成。无线接入网负责处理所有与无线通信相关的功能，核心网负责对语音及数据业务进行交换和路由查找，以便将业务连接至外部网络。为了完备整个系统，还要定义与用户和无线接口连接的用户设备（UE）。高层系统结构如图 9-2 所示。

从技术规范和标准的角度来看，UE 和 UTRAN 的协议都是全新的，这些新协议都是基于对 WCDMA 新无线技术需求制定的。而核心网（CN）的定义则继承了 GSM 技术。这样使得这个采用了无线新技术的系统具有了一个获得全球认可的 CN 技术，从而极大地加速和方便了新系统的引入，并且具有全球漫游的竞争优势。

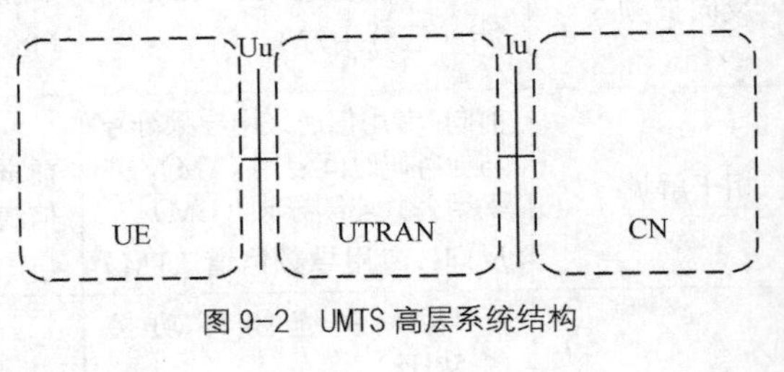

图 9-2 UMTS 高层系统结构

一个典型的 UMTS PLMN（UMTS Public Land Mobile Network，通用移动通信系统公众陆地移动网）组成如图 9-3 所示，为了便于说明网络连接的情况，图中也包含了诸如 ISDN、PSTN、Internet 等其他类型的外部网络。

总体而言，网络体系与 2G 系统保持兼容，核心网分为电路域（CS）和分组（PS）域。下面对各网元进行简单介绍。

① UE 包含两个部分。

- 移动设备（ME）：是通过 Uu 接口进行无线通信的无线终端。
- UMTS 用户识别模块（USIM）：是一张智能卡，记载有用户标识，可执行鉴权算法，并存储鉴权、密钥及终端所需的一些用户签约信息。

② UTRAN 包括如下两个不同的网元。

- Node B：转换在 Iub 和 Uu 接口之间的数据流，它也参与无线资源管理。

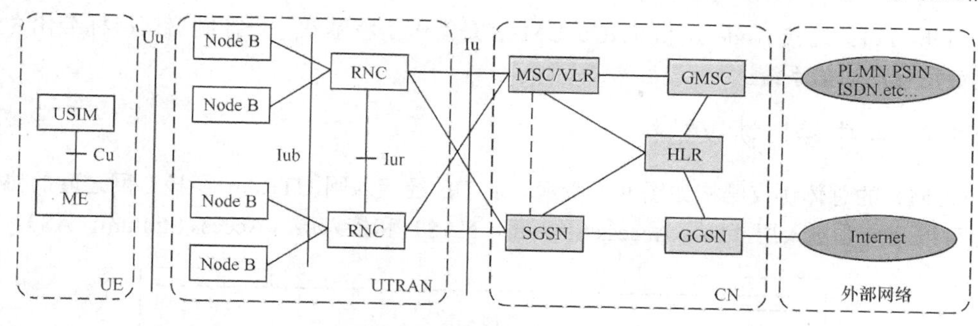

图9-3 UMTS PLMN组成

- 无线网络控制器（RNC）：拥有和控制它所管辖区域内的无线资源。是UTRAN提供给CN所有业务的业务接入点，例如管理CN到UE的连接管理。

③ CN CS域的主要网元如下。

- MSC/VLR（移动业务交换中心/访问位置寄存器）：是为处于当前位置的UE提供电路交换（CS）业务的交换中心（MSC）和数据库（VLR）。MSC的功能是用于处理电路交换事务，VLR保存漫游用户的业务基本重要信息副本和UE在服务系统内精确的位置信息。通常把通过MSC/VLR相连接的网络部分称为CS域。
- GMSC（网关移动业务交换中心）：是UMTS PLMN与外部CS网络连接的交换设备，所有出入的CS交换业务都经过GMSC。

④ CN PS域的主要网元如下。

- SGSN（服务GPRS支持节点）：其功能与MSC/VLR类似，用于分组交换（PS）业务，通过SGSN相连接的网络部分通常被称作PS域。
- GGSN（网关GPRS支持节点）：功能类似于GMSC，但用于PS业务。

⑤ CN CS域和PS域的共用部分的网元如下。

- HLR（归属位置寄存器）：一个位于用户归属系统的数据库，存储着用户业务基本重要信息的主备份。这些业务基本重要信息包括，允许的业务信息、禁止漫游区域，以及诸如呼叫前移等补充业务信息。这些信息在新用户向系统注册入网时创建，在用户的签约合同期内始终有效。为了将呼入业务（如来电或短消息）路由到UE，HLR还在MSC/VLR级和/或SGSN级上存储UE的位置信息。

⑥ 外部网络可以分成两组。

- CS网络：用于提供电路交换连接。ISDN和PSTN都属于CS网络。
- PS网络：用于提供分组业务连接。Internet属于PS网络。

UMTS标准没有对网元的内在功能进行具体的规范，但定义了逻辑网元间的接口，几个主要的开放接口（对于一个“开放的”接口，其定义要求非常详尽，从而接口两端的设备可以来自两个不同的设备制造商）如下：

- Cu接口：是USIM智能卡和ME间的电气接口，遵循智能卡的标准格式。
- Uu接口：是WCDMA的无线接口。Uu是UE接入到系统固定部分的接口，因此是UMTS中最重要的开放接口。
- Iu接口：连接着UTRAN和CN。它类似于GSM中相应的接口——A接口（电路交换）和Gb接口（分组交换），开放的Iu接口使UMTS的运营商可采用不同厂商的设备来构建UTRAN和CN，由此产生的竞争正是GSM成功的因素之一。
- Iur接口：支持不同制造商的RNC间的软切换，是开放的Iu接口的补充。

- Iub 接口：连接 Node B 和 RNC。UMTS 是第一个将基站——控制器接口标准化为全开放接口的商用移动通信系统。

9.1.2 空中接口协议结构

WCDMA 的总体协议结构如图 9-4 所示。从 UE 经接入网 UTRAN 至核心网之间的协议栈，整体上可以分为非接入层（Non-Access Stratum，NAS）和接入层（Access Stratum，AS）。

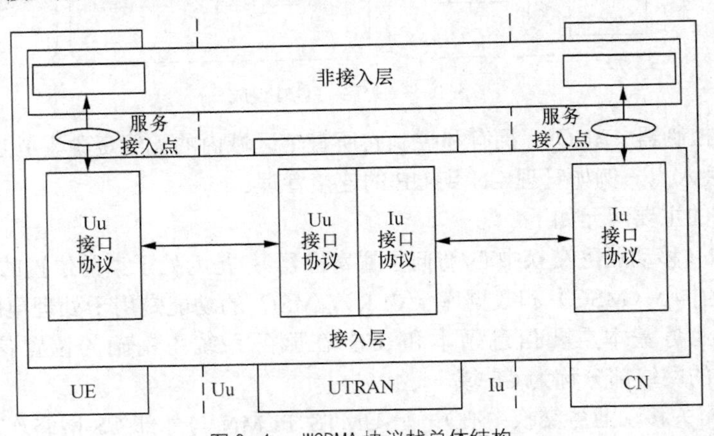

图 9-4 WCDMA 协议栈总体结构

根据所传数据内容的不同，协议又分为用户平面和控制平面，用户平面用于传输用户业务数据，而控制平面用于传输信令。对控制平面而言，NAS 层负责完成如移动管理、呼叫控制、短消息 SMS 以及 GPRS 会话管理等功能，而接入层则负责完成与接入有关的功能，如无线资源控制与管理等。接入层通过服务接入点（如图 9-4 中椭圆所示）为非接入层提供服务。

WCDMA 空中接口（Uu）的协议结构如图 9-5 所示。

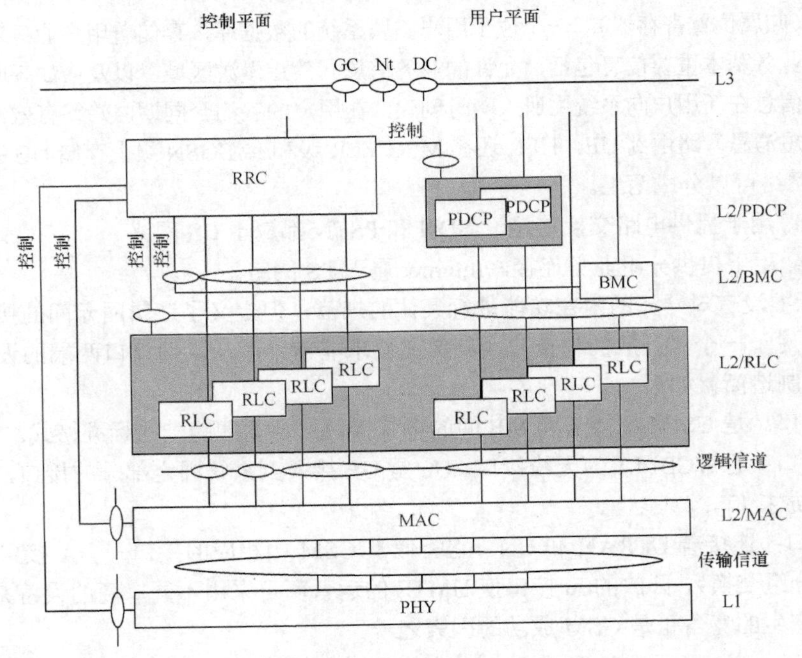

图 9-5 空中接口协议结构

空中接口协议分为三层：物理层（L1），数据链路层（L2），网络层（L3）。为支持多媒体业务，空中接口协议模型中，除 2G 已有的逻辑信道和物理信道外，还新引入了传输信道。传输数据的类型及特征决定了传输信道的特征。

① 物理层：物理层通过传输信道向 MAC 层提供服务。它负责完成传输信道到物理信道的映射和复用、物理信道的调制与扩频、软切换的实施、同步及闭环功率控制等。

② 数据链路层：MAC 层和 RLC 层是数据链路层的两个重要组成部分。MAC 层通过逻辑信道为 RLC 层提供服务，它完成逻辑信道到传输信道的映射和复用，协调移动台间对物理信道的竞争等功能。RLC 层主要提供数据成帧、差错控制和链路控制、加密等功能；对于用户面，除 MAC 层和 RLC 层外，还包括另外两个依赖于业务的协议层：分组数据汇聚（PDCP）层和广播组播控制（BMC）层。分组数据汇聚层只应用于分组域的业务，它的主要功能是头压缩。广播/组播控制层用来传送小区广播中心产生的无线接口消息。

③ 网络层：负责将数据从物理连接的一端传到另一端。主要功能包括路由选择及与之相关的流量和拥塞控制等；还包括移动用户的位置管理、越区切换及用户身份认证等。

RRC 为在 UTRAN 中唯一可见的网络层协议，处于控制平面的最底层。RRC 层对无线资源的分配进行控制并发送有关信令。RRC 层通过其和所有低层协议之间的控制接口配置低层协议实体的特征参数，包括物理信道、传输信道和逻辑信道的参数。RRC 层也使用相同的控制接口，命令低层进行某种特定的测量，而低层也要通过这些接口向 RRC 报告测量结果和差错。

由于 3G 主流标准——WCDMA、TD-SCDMA、cdma2000 的主要区别在于空中接口的无线传输技术上，所以本章将依次重点介绍它们的无线传输技术。

9.2　WCDMA 系统的无线传输技术

9.2.1　概述

WCDMA 主要由欧洲 ETSI 和日本 ARIB 提出，是 IMT-2000 的一个重要分支，是目前全球范围内应用最广泛的一种 3G 技术。

WCDMA 系统采用 DS-CDMA 多址方式，码片速率为 3.84Mchip/s，载波带宽为 5MHz。通过改变扩频因子（SF）（采用 OVSF 码）可以适应不同的符号速率，即信道中的符号速率取决于不同的 SF，其上行链路 SF 为 4～256，下行链路为 4～512。系统不采用 GPS 精确定时，不同基站可选择同步或异步两种方式，可以不受 GPS 系统限制。在反向信道上，采用导频符号相干 Rake 接收方式，解决了 CDMA 中反向信道容量受限的问题。

WCDMA 采用精确的功率控制，包括基于 SIR 的快速闭环（上、下行控制速率达 1.5kHz，控制步长：用户设备 1dB、2dB 或 3dB；基站 0.5 或 15dB）、开环和外环三种功率控制方式。

WCDMA 还可采用一些先进的技术，如自适应天线、多用户检测、分集接收、分层式小区结构等，来提高整个系统的性能。

WCDMA 系统的基本特点如表 9-3 所示。

表 9-3　　　WCDMA 系统的基本特点

码片速率/Mchip/s	3.84
多址方式	直扩码分多址（DS-CDMA）
系统带宽/MHz	5

续表

帧长/ms	10
扩频因子	上行 4～256　　下行 4～512
调制方式	上行链路采用 HPSK 调制，下行链路采用 QPSK 调制，同时采用了复加扰技术，上下行链路采用了相干解调
扩频方式	上行链路采用 $2^{25}-1$ 的 Glod 码来区分不同用户，下行链路采用 $2^{18}-1$ 的 Glod 码来区分不同基站。同时，上下行均采用可变扩频因子正交码区分不同信道
编码方式	除采用码率为 1/2 和 1/3 的卷积编码外，还增加了用于高速率数据业务传输的 Turbo 编码技术
多速率方式	采用可变扩频因子和多码传输
功率控制方式	上下行同时采用了开环和快速闭环功控，功控速率达到 1.5kHz
切换方式	软切换和硬切换

9.2.2 传输信道及物理信道

1．传输信道

传输信道可分为两类：公共传输信道和专用传输信道。公共传输信道是多个 UE 共用的传输信道资源，而专用传输信道是只为一个用户使用的传输信道资源。

（1）公共传输信道

① 广播信道（BCH）：下行信道，用于在整个小区中广播系统信息。每个小区有且只有一条 BCH。成功读取每个小区的广播信息是小区中的每个用户在小区中成功接入的前提条件，BCH 通常使用较低的传输速率和较大的发射功率。

② 寻呼信道（PCH）：下行信道，用于在整个小区中广播系统控制信息，以保证 UE 睡眠模式的有效。当前确定的信息类型为寻呼和通告。另一用处是 UTRAN 用来通知广播信息有变动。

③ 前向接入信道（FACH）：下行信道，FACH 总是与 RACH 配对使用。用来传输用户控制信令消息或相对量小的分组数据。一个小区可以有一条或多条 FACH。

④ 随机接入信道（RACH）：上行信道，用于传送控制信息和相对量小的业务数据，与下行的 FACH 配对使用。

⑤ 下行共享信道（DSCH）：多个 UE 共享的下行信道，用于传送专用的控制或业务数据。

⑥ 公共分组信道（CPCH）：上行信道，为小区内全部 UE 所共享，用于传送突发数据业务。CPCH 支持快速功率控制，支持基于物理层的的碰撞检测机制和 CPCH 状态监测过程。

（2）专用传输信道

专用信道（DCH）：UE 专用的上、下行信道。用于传输信令和业务数据。

2．物理信道

物理信道是物理层使用的与一组特定物理层资源相关的信道。物理信道可以分为公共信道和专用信道。

（1）上行链路物理信道

上行链路物理信道分为上行公共物理信道和上行专用物理信道两大类，每类包括的信道类型如表 9-4 所示。

表 9-4　　上行链路物理信道类型

	物理信道类型	缩写
上行链路公共物理信道	随机接入物理信道	PRACH
	公共分组物理信道	PCPCH
上行链路专用物理信道	专用物理数据信道	DPDCH
	专用物理控制信道	DPCCH

（2）下行链路物理信道

下行链路物理信道分为下行公共物理信道和下行专用物理信道两大类，每类包括的信道类型如表 9-5 所示。

表 9-5　　下行链路物理信道类型

	物理信道类型	缩写
下行链路公共物理信道	公共导频信道	CPICH
	主公共控制物理信道	P-CCPCH
	辅公共控制物理信道	S-CCPCH
	同步信道	SCH
	物理下行共享信道	PDSCH
	捕获指示信道	AICH
	接入前导请求指示信道	AP-AICH
	冲突检测/信道分配指示信道	CD/CA-ICH
	寻呼指示信道	PICH
	CPCH 状态指示信道	CSICH
下行链路专用物理信道	专用物理数据信道	DPDCH
	专用物理控制信道	DPCCH

3．传输信道向物理信道的映射

高层的数据通过传输信道映射到物理信道上，每一个传输信道都有一个传输格式指示信息（Transport Format Indicator，TFI），物理层把同一时刻到达的各传输信道的 TFI 组合成传输格式组合指示（TFCI），用来通知接收机当前帧的传输信道格式。接收机从解调后的 TFCI 信息中可以判断出当时信道的传输格式，从而能够正确解调接收信息。

传输信道到物理信道的映射关系如图 9-6 所示。

经过编码和复用的 DCH 数据流按照先进先处理的原则串行地映射到相应的物理信道帧，由专用物理数据信道（DPDCH）承载 DCH 的数据，专用物理控制信道（DPCCH）承载 DCH 的控制信息。其中 DPDCH 具有可变的比特速率，而 DPCCH 具有固定的比特速率。对于一个特定的连接而言，这两个专用物理信道是必不可少的。

BCH、FACH、PCH 经过编码复用后分别串行地映射到 P-CCPCH 和 S-CCPCH 信道的帧，RACH 经编码复用后串行地映射到 PRACH 的帧。需要说明的是，高层并没有为所有的物理信道设置相应的传输信道。如同步信道（SCH）、寻呼指示信道（PICH）、公共导频信道（CPICH）等都没有直接对应的高层传输信道，但是每个基站都必须具有传输这些信道的能力。如果使用了公共分组信道（CPCH），还需要用到 CPCH 状态指示信道（CSICH）冲突检测/分配指示信道（CD/CA-ICH）等。

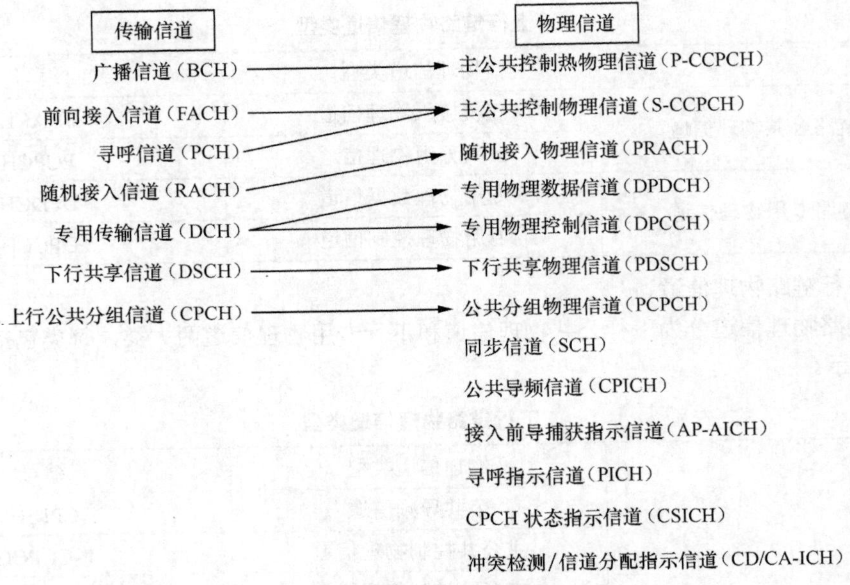

图 9-6 传输信道到物理信道的映射

4．物理信道帧结构

数据在传输信道是以传输块的形式传送的。在物理信道上，将时间分割为时隙，每个时隙传送一个数据块。若干个时隙构成一个帧，帧是物理信道的基本结构。WCDMA 系统的帧长为 10ms，分为 15 个时隙。时隙长度为 0.667ms，含 2 560 个码片，对应于一个功率控制指令周期。

上行专用物理信道的帧结构如图 9-7 所示。DPDCH 和 DPCCH 在一个时隙内是并行码分复用传输的。参数 k 确定一个时隙内的比特数，$k=0$，1，…6。物理信道的扩频因子（SF）与此有关，$SF=256/2^k$，扩频因子范围为 4～256。

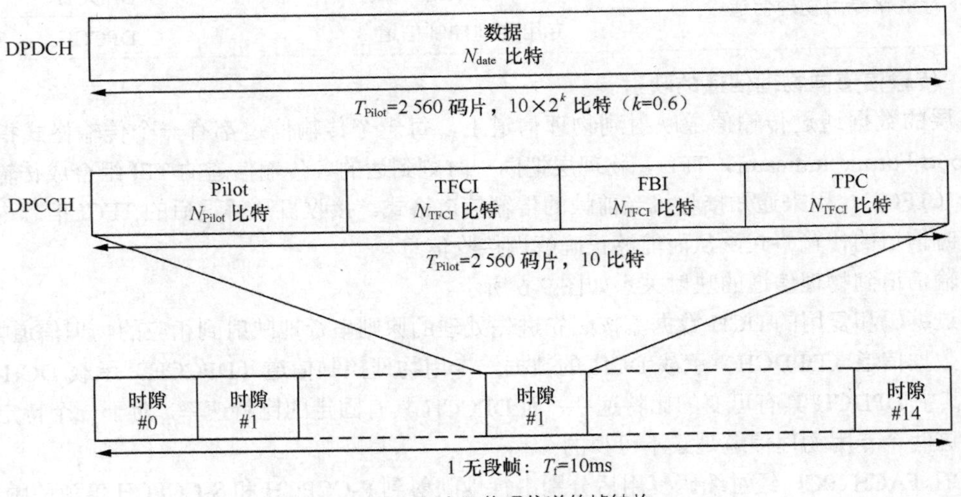

图 9-7 上行专用物理信道的帧结构

下行专用物理信道的帧结构如图 9-8 所示。DPDCH 和 DPCCH（导频比特、TPC 命令和可选的 TFCI）在一个时隙内是时分复用传输的。参数 k 确定一个时隙内 DPDCH 和 DPCCH 的总比特数，每个下行 DPCH 时隙的总比特数由扩频因子 $SF=512/2^k$ 决定，扩频因子的范围为 4～512。

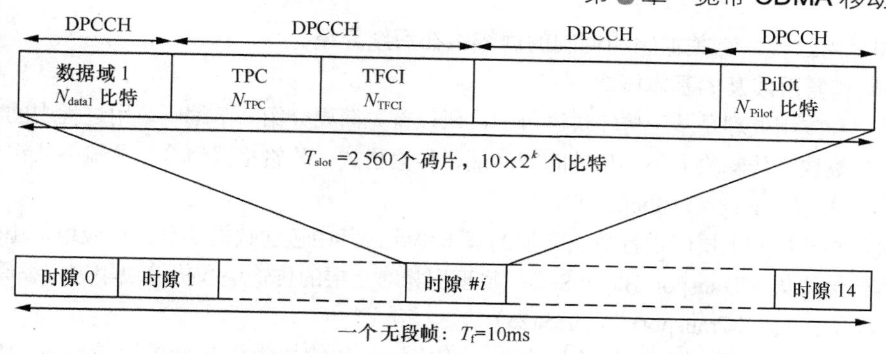

图 9-8 下行专用物理信道的帧结构

下行链路可能采用多码传输，即一个或几个传输信道经编码复接后，组成的组合编码传输信道（CCTrCH）使用几个并行的扩频因子相同的下行 DPCH 进行传输。此时，物理层的控制信息仅放在第一个下行 DPCH 上，其他附加的 DPCH 相应的控制信息的传输时间内不发送任何信息，即采用不连续发射（DTX），如图 9-9 所示。

有关其他物理信道的帧结构这里不再描述，请参考相关文献。

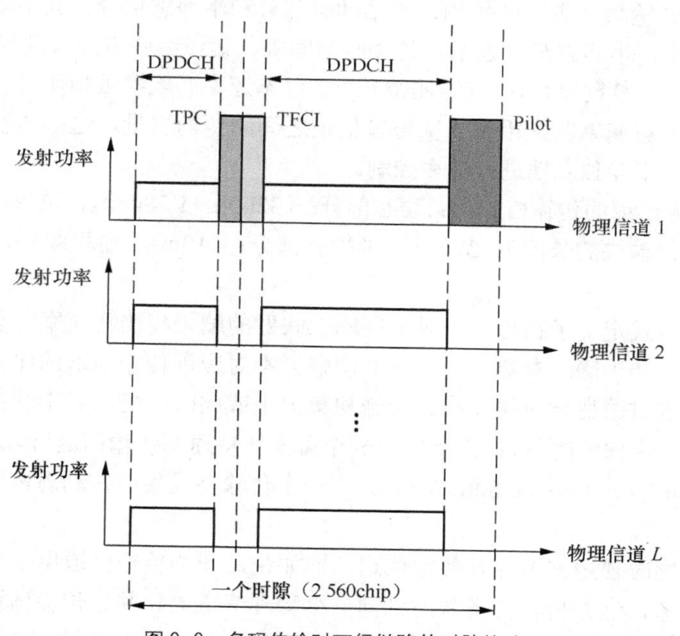

图 9-9 多码传输时下行链路的时隙格式

9.2.3 WCDMA 信道编码与复用

为了在无线传输链路上提供可靠的数据传输服务，物理层将对高层的数据流（称为传输块或传输块集）进行信道编码和复用，编码和复用是 WCDMA 非常有特色的技术。WCDMA 物理层的编码和复用处理包括差错检测和纠正、信道编码、速率匹配、交织以及传输信道和物理信道之间的映射。高层的信息在经过编码和复用处理后，成为以 10ms 无线帧为周期、按物理信道分类的成帧信息比特序列。这些帧比特序列按帧填入对应物理信道格式的数据域中，然后进行扰码、扩频和相应的调制（QPSK 或其他方式），通过相应的发送分集方式由天线发送出去。下面详细介绍信道的编码和复用过程，有关扩频和调制的内容将在后续介绍。

1．编码和复用涉及的基本概念

因为编码和复用处理是基于传输块进行的，所以首先简要介绍一下编码复用过程中的相关概念。其中包括：传输块、传输块大小、传输时间间隔、传输格式、传输格式组合、传输格式组合指示等。

（1）传输块（Transport Block，TB）

传输块是物理层和上层间进行数据交换的基本单元，其中包含数据信息。相应地，由传输块组成的集合称为传输块集（Transport Block Set）。物理层将对上层的传输块和传输块集进行编码和复用。

（2）传输块大小（Transport Block Size）

传输块中包含的比特数称为传输块大小，相应地，传输块集中包含的比特数称为传输块集大小。一般地，传输块集内所有传输块的大小相等。

（3）传输时间间隔（Transmission Time Interval，TTI）

TTI 是传输信道的参数，在集合{10ms，20ms，40ms，80ms}中取值。来自上层的传输块（集）是以传输时间间隔为周期到达物理层的。

（4）传输格式（Transport Format，TF）

传输格式是由物理层提供给上层或由上层提供给物理层的一种格式，用于指示在传输信道上一个 TTI 期间内的传输块（集）的传输，包括动态部分和半静态部分。其中动态部分包括传输块大小和传输块集大小；半静态都分包括：传输时间间隔、信道编码方式（卷积码还是 Turbo）、编码码率、静态速率匹配参数和 CRC 校验比特长度。静态速率匹配参数指明与其他并行传输信道相匹配的速率参数。静态速率匹配用于平衡传输信道之间的传输质量，这些传输信道被映射在相同的物理信道上，因此不能独立地进行功率控制。

例 9-1 一个传输信道的传输格式为：动态部分：{320bit，1 280bit}，说明该传输块集包含四个传输块，其中每个传输块的长度为 320bit。半静态部分：{10ms，卷积编码，静态速率匹配参数 RM = 1}。

简言之，传输格式定义了在每一个时间间隔上映射的编码和比特速率。动态参数（传输块大小和传输块集大小）和半静态参数（传输时间间隔）都对应于传输信道的比特速率。可变速率传输信道的比特速率通过改变传输块大小、传输块集大小或同时改变二者来获得（也就是说，改变每一个传输时间间隔中比特的数目）。所以，一个可变比特速率传输信道可以分配一组传输格式，即传输格式集（Transport Format Set，TFS）。在一个传输格式集中，动态参数不同，而半静态部分则是相同的。

一个终端可以同时使用许多并行传输信道，比如说，一个传输信道用于传输控制信令，另一个用于传输语音业务，这些传输信道映射到同一个物理信道上。并行传输信道上一个给定时间点上的传输格式的组合称为传输格式组合（IFC）。一组允许的传输格式组合集称为传输格式组合集（TFCS）。需要注意的是，传输格式组合集未必包含各并行传输信道的传输格式集的所有可能组合，而只包括有效的组合。

（5）传输格式组合指示（Transport Format combination Indicator，TFCI）

TFCI 表示当前的传输格式组合，与各传输格式组合一一对应。在一个 10ms 的无线帧中，传输格式组合指示表明在该传输格式组合集的这个特定帧中使用的传输格式组。

传输信道的传输块（集）传送时，物理层根据高层的指示构造 TFCI，对传输块进行编码复用，然后在物理层的无线帧中填充相应的 TFCI。当接收端检测出 TFCI 时，便可以识别传输格式组合方法，于是便知如何进行解码和解复用操作。

2．上行链路编码复用

在每个传输时间间隔内，数据以传输块的形式到达物理层。在上行链路，每个传输块需要进行的编码复用操作的具体步骤如图9-10所示。图9-10所示为多个传输信道的编码复用过程，可见上行链路的编码复用需要经过11步。下面按照处理顺序，分别介绍物理层每个传输块的处理步骤。

（1）添加CRC校验比特

CRC 校验将用于数据比特的校验和数据误帧率的统计。每个传输时间间隔（TTI）中，数据以传输块的形式到达CRC处理单元。CRC长为24、16、12、8或0比特，具体所加的CRC比特数由上层根据传输信道承载的业务的特性决定。下面为CRC的生成多项式：

$$g_{\mathrm{CRC24}}(x)=x^{24}+x^{23}+x^{6}+x^{5}+x+1 \qquad (9\text{-}1)$$

$$g_{\mathrm{CRC16}}(x)=x^{16}+x^{12}+x^{5}+1 \qquad (9\text{-}2)$$

$$g_{\mathrm{CRC12}}(x)=x^{12}+x^{11}+x^{3}+x^{2}+x+1 \qquad (9\text{-}3)$$

$$g_{\mathrm{CRC8}}(x)=x^{8}+x^{7}+x^{4}+x^{3}+x+1 \qquad (9\text{-}4)$$

加在信息比特后的实际CRC比特为由上面的生成多项式产生的CRC比特的逆序比特。

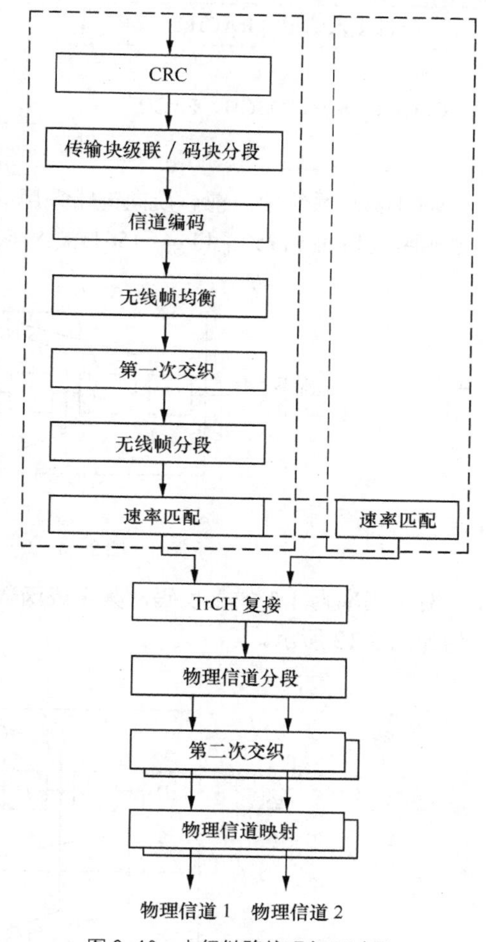

图9-10 上行链路编码复用过程

（2）传输块级联和码块分割

信道编码模块对输入序列长度有特定的要求，每个传输块加上CRC比特后，把一个传输时间间隔（TTI）内的传输块串行级连，当级连后的比特序列长度 X_i 大于最大编码块长度 Z 时，则按要求进行分割。经过传输块的级联和码块分割后，编码复用处理的数据单位就不是传输块而是长度调整后的编码块，但基本的处理时间仍是按传输时间间隔进行的。标准规定的最大编码块的长度为：

卷积编码　　$Z=504\text{bit}$；

Turbo 编码　　$Z=5\,114\text{bit}$。

无信道编码　Z 无限制

分割后的码块具有相同的大小，记码块长度为 K_i，C_i 为分割后的总码块数，分割算法如下。

码块数：$C_i=\lceil X_i/Z\rceil$，这里[　]表示向上取整。

每个码块中的比特数 K_i：

如果 $X_i<40$，且用Turbo编码，则 $K_i=40$；

否则 $K_i=\lceil X_i/C_i\rceil$。

若 X_i 不是 K_i 的整数倍，需在原数据流前加0。故填充比特数：$Y_i=C_iK_i-X_i$。

（3）信道编码

在进行了传输块的级联和码块分割之后，码块被送到信道编码模块。WCDMA系统有三种信道编码方案：卷积编码、Turbo编码和不编码。不同传输信道使用的信道编码方案如表9-6所示。

表 9-6　　WCDMA 系统的信道编码方案及相应的编码码率

传输信道类型	编码方案	编码速率
广播信道（BCH）	卷积码	1/2
寻呼信道（PCH）		
随机接入信道（RACH）		
CPCH、DCH、DSCH、FACH		1/3，1/2
	Turbo 编码	1/3
	不进行编码	

WCDMA 系统中，前、反向链路采用的卷积码的约束长度均为 9。对于码率为 1/2 的卷积码，其生成函数为 $g_0=(753)_8$ 和 $g_1=(561)_8$。对应的编码器结构如图 9-11 所示。

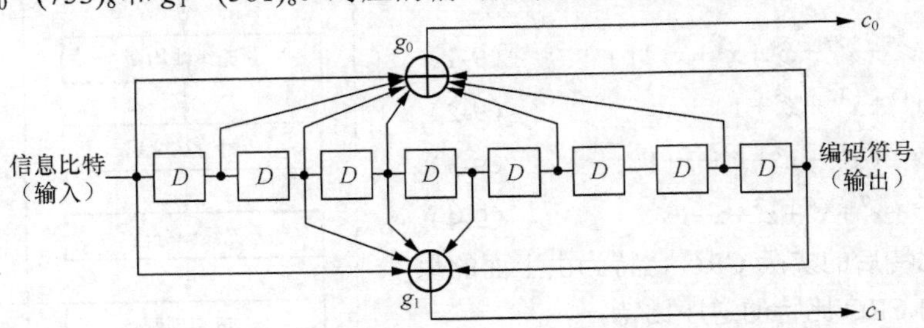

图 9-11　$k=9$，码率为 1/2 的卷积编码器

对于码率为 1/3 的卷积码，其生成函数为 $g_0=(557)_8$，$g_1=(663)_8$ 和 $g_2=(771)_8$。相应的编码器结构如图 9-12 所示。

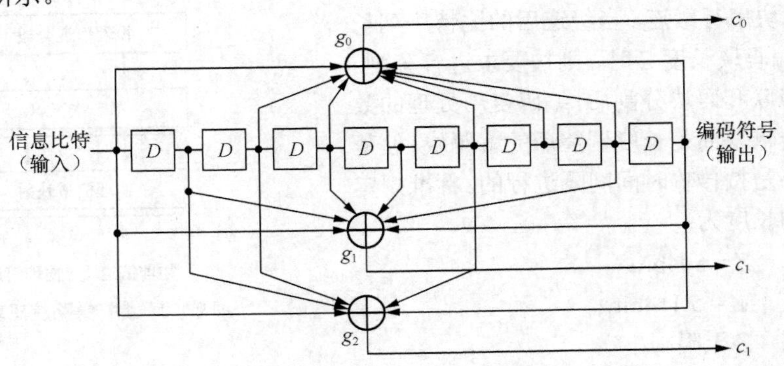

图 9-12　$k=9$，码率为 1/3 的卷积编码器

此外，WCDMA 系统还采用了并行级联 Turbo 码（PCCC）。并行级联 Turbo 码由两个或更多的递归系统卷积编码器（RSC）并行组成，在两个 RSC 之间加入交织器。图 9-13 所示是一个 PCCC 编码器。对于一比特信息，PCCC 的输出由信息比特和两个校验比特组成，这样编码器的码率是 1/3。再经过打孔、复接可以得到其他的编码速率。

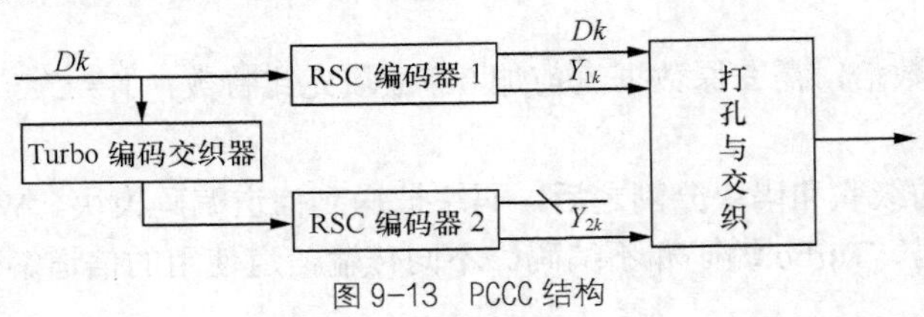

图 9-13　PCCC 结构

假设编码前码块中的比特数为 K_i，则编码后的比特数 A_i 如表 9-7 所示。

表 9-7 信道编码前后码块比特数的关系

信道编码	编码速率	编码后的比特数
卷积编码	1/2	$A_i=2\times K_i+16$
	1/3	$A_i=3\times K_i+24$
Turbo 编码	1/3	$A_i=3\times K_i+12$

（4）无线帧均衡

为了方便数据映射到物理信道并进行分帧，系统根据计算出的需要分割成的无线帧的数目，对上行链路传输信道编码后的数据进行长度的均匀化，这就是无线帧的均衡。如果有必要，需要对输入的比特序列进行填充，以保证输出的比特流可被分成大小相同的 F_i 个数据段。

无线帧均衡算法为：设输入的数据比特流为 c_{i1}，c_{i2}，c_{i3}，$\cdots\cdots c_{iE_i}$，其中 i 为传输信道号，E_i 为输入数据比特的数目，输出的比特流为 t_{i1}，t_{i2}，t_{i3}，$\cdots\cdots t_{iT_i}$，其中 T_i 为输出比特的数目。输出的比特流可由下式得到。

$$t_{ik}=c_{ik} \quad k=1,2,3,\cdots\cdots,E_i \tag{9-5}$$

$$t_{ik}=\{0|1\} \quad k=E_i+1,\ E_i+2,\ E_i+3,\ \cdots\cdots T_i,\ E_i<T_i \tag{9-6}$$

式中，$T_i=F_i\times N_i$，$N_i=\lfloor(E_i-1)/F_i\rfloor+1$，$F_i$ 为 1、2、4、8，即一个传输时间间隔相对于 10ms 的倍数，N_i 为无线帧均衡后每个分段的比特数。

（5）第一次交织

第一次交织又称帧间交织，即完成帧数据之间位置的变换。设输入到列交织器的数据流为：x_{i1}，x_{i2}，x_{i3}，$\cdots\cdots x_{iX_i}$，其中 i 为传输信道号，X_i 为比特数。为了得到交织后输出的数据序列，按以下几个步骤进行。

① 根据 TTI 的长度，从表 9-8 中选样列数 C_I。

② 根据下式确定行数 R_I 的值。

$$R_I=X_i/C_I \tag{9-7}$$

③ 将输入数据流逐行写入矩阵 $R_I\times C_I$，起始比特为第一行、第一列的 $x_{i,1}$，则数据写好后的矩阵为

$$\begin{bmatrix} x_{i,1} & x_{i,2} & x_{i,3} & \cdots & x_{i、C_I} \\ x_{i,(C_I+1)} & x_{i,(C_I+2)} & x_{i,(C_I+3)} & \cdots & x_{i,2C_I} \\ \vdots & \vdots & \vdots & \ddots & \vdots \\ x_{i,((R_I-1)\times C_I+1)} & x_{i,((R_I-1)\times C_I+2)} & x_{i,((R_I-1)\times C_I+3)} & \cdots & x_{i,(R_I\times C_I)} \end{bmatrix}$$

根据表 9-8 中的交织类型，结合所选择的矩阵列数，将距阵 $R_I\times C_I$ 执行列交换，得到的数据比特用 $y_{i,k}$ 表示，则列交换之后的矩阵为

$$\begin{bmatrix} y_{i,1} & y_{i,(R_I+1)} & y_{i,(2R_I+1)} & \cdots & y_{i,((C_I-1)\times R_I+1)} \\ y_{i,2} & y_{i,(R_I+2)} & y_{i,(2R_I+2)} & \cdots & y_{i,((C_I-1)\times R_I+2)} \\ \vdots & \vdots & \vdots & \ddots & \vdots \\ y_{i,R_I} & y_{i,2R_I} & y_{i,(3R_I)} & \cdots & x_{i,(C_I\times R_I)} \end{bmatrix}$$

表 9-8　　第一次交织的交织模式

传输时间间隔(TTI)/ms	列数（G_I）	列间交织模式
10	1	{0}
20	2	{0，1}
40	4	{0，2，1，3}
80	8	{0，4，2，6，1，5，3，7}

④ 从执行了列交换后的矩阵 $R_I \times C_I$ 中逐列读出数据序列 $y_{i,1}$，$y_{i,2}$，$y_{i,3}\cdots$，$y_{i,(R_I \times C_I)}$，即为第一次交织后输出的数据序列。

（6）无线帧分段

如果 TTI 大于 10ms，则输入的数据序列将被分为 F_i 帧，其中 $F_i = TTI/10$，由于无线帧分段是在无线帧均衡之后进行的，所以可以保证输入的数据序列长度为 F_i 的整数倍。分段后每帧的长度为 $Y_i = X_i/F_i$。设输入比特序列为 $x_{i,1}$，$x_{i,2}$，$x_{i,3}$，…… x_{i,X_i}，其中 i 为传输信道号，X_i 为输入的总比特数；输出的比特序列为：y_{i,n_i1}，y_{i,n_i2}，y_{i,n_i3}，…… y_{i,n_iY_i}，其中 $n_i = 1$，2，…，F_i，为分段后无线帧的序号，则输入输出比特的对应关系为

$$y_{i,n_ik} = x_{i,((n_i-1)Y_i+k)} \quad k = 1,2,\cdots,Y_i \tag{9-8}$$

（7）速率匹配

进行了无线帧分段的数据，需要进行速率匹配。速率匹配是对一个传输信道的比特进行重复或删除操作。高层会给每一个传输信道分配一个速率匹配特性，这一特性是准静态的，在计算比特重复或者删除的数量时使用。具体的速率匹配操作可参考相关文献，这里不再赘述。

（8）传输信道复用

每隔 10ms，各传输信道的无线帧就被输入到传输信道复用模块。该模块将无线帧数据依次串行级联，形成一个编码组合传输信道 CCTrCH（Coded Composite Transport Channel,）。

设传输信道复用模块的输入比特流为 $f_{i,1}$，$f_{i,2}$，$f_{i,3}$，…… f_{i,V_i}，其中 i 为传输信道号，V_i 为传输信道 i 的无线帧中包含的比特数；同时设 I 为传输信道数量，传输信道复用模块输出的比特流用 s_1，s_2，s_3，……s_S 表示，下标 S 表示输入到传输信道复用模块的总比特数，即

$$S = \sum_i V_i \tag{9-9}$$

传输信道复用模块的输入输出序列的关系为

$$\begin{aligned}
s_k &= f_{1,k}, \quad k = 1, 2, \cdots, V_1 \\
s_k &= f_{2,(k-V_1)}, \quad k = V_1+1, V_1+2, \cdots, V_1+V_2 \\
s_k &= f_{3,(k-(V_1+V_2))}, \quad k = V_1+V_2+1, V_1+V_2+2, \cdots, V_1+V_2+V_3 \\
&\vdots \\
s_k &= f_{1,(k-(V_1+V_2+\cdots\cdots+V_{I-1}))}, \quad k = V_1+V_2+\cdots\cdots+V_{I-1}+1, V_1+V_2+\cdots\cdots+V_{I-1}+2, \\
&\cdots\cdots, V_1+V_2+\cdots\cdots+V_{I-1}+V_I
\end{aligned} \tag{9-10}$$

（9）物理信道分割

当一个物理信道不足以承载上层的数据时，需要把编码组合传输信道（CCTrCH）上的数据平

均分割为 p 个物理信道，每个无线帧中每一个物理信道的数据比特数 $U=Y/p$，其中 Y 为该 CCTrCH 上的数据流比特数。

（10）第二次交织

第二次交织属于帧内交织，即完成一个帧内部的数据比特位置变换操作，设输入到第二步交织器的数据流为：u_{p1}，u_{p2}，u_{p3}，……u_{pU}，其中 p 为物理信道数，U 为每个无线帧内物理信道的比特数，则第二次交织可按如下步骤进行：

① 设置列数 $C_2=30$，列编号从左至右依次为 0，1，2，…，C_2-1；

② 通过找出满足不等式 $U\leqslant C_2R_2$ 的最小整数 R_2，即可得到行数 R_2；

③ 将输入到第二交织器的比特流按行写入 $R_2\times C_2$ 矩阵。

$$\begin{bmatrix} u_{p1} & u_{p2} & u_{p3} & \cdots & u_{p30} \\ u_{p31} & u_{p32} & u_{p33} & \cdots & u_{p60} \\ \vdots & \vdots & \vdots & \ddots & \vdots \\ u_{p,((R_2-1)\times 30+1)} & u_{p,((R_2-1)\times 30+2)} & u_{p,((R_2-1)\times 30+3)} & & u_{p,(R_2\times 30)} \end{bmatrix}$$

④ 按表 9-8 所示的交织类型执行矩阵的列交换。设交换后的数据比特用 $y_{p,k}$ 表示，则交换后得到的矩阵为

$$\begin{bmatrix} y_{p1} & y_{p,(R_2+1)} & y_{p,(2R_2+1)} & \cdots & y_{p,(29R_2+1)} \\ y_{p1} & y_{p,(R_2+2)} & y_{p,(2R_2+2)} & \cdots & y_{p,(29R_2+2)} \\ \vdots & \vdots & \vdots & \ddots & \vdots \\ y_{p1} & y_{p,(2R_2)} & y_{p,(3R_2)} & \cdots & y_{p,(30R_2)} \end{bmatrix}$$

⑤ 将执行列交换后的矩阵 $R_2\times C_2$ 中的数据逐列读出，并将输入数据流中不存在的数据比特去掉，则可得到该交织器输出的数据流。

（11）物理信道映射

在介绍物理信道映射之前，先介绍一下压缩模式的概念。压缩模式是相对于正常的传输模式而言的，指在特定的情况下，一帧中有连续几个时隙不发送数据的物理层传输模式。用参数 TGL 表示传输间隔长度，即压缩模式下不传输数据的连续时隙的个数，参数 N_{first}、N_{last} 分别为不传输数据的连续时隙的起始时隙号和终止时隙号。设输入到物理信道映射模块的比特流为：v_{p1}，v_{p2}，v_{p3}，……v_{pU}，其中 p 为物理信道数，U 为某个物理信道的一个无线帧中的比特数，则所有的比特 v_{pk} 被依次映射到各物理信道帧的数据域上，且每个物理信道的比特都以 k 为升序在空中传播。在正常的传输模式下，一个无线帧中或者充满比特，或者处于未使用状态，所以无需考虑传输间隔的位置。如果映射到压缩帧内，则需考虑传输间隔在帧中的位置。

- 若 $N_{\text{first}}+TGL\leqslant 15$，则时隙 N_{first} 到 N_{last} 为传输间隔，即时隙 N_{first} 到 N_{last} 时隙无数据比特传输。
- 若 $N_{\text{first}}+TGL>15$，则传输间隔跨越两个连续的无线帧：

在第一帧中，传输间隔为：N_{first}，$N_{\text{first}}+1$，$N_{\text{first}}+2$……，13，14；

在第二帧中，传输间隔为：0，1，2，……，N_{last}。

3．业务复用过程示例

上行链路 8kbit/s 语音业务和 64kbit/s 数据业务同时存在（有随路信令，语音/64kbit/s 数据/DCCH 的 TTI 分别为 10ms/20ms/40ms）。编码参数如表 9-9 所示，编码过程如图 9-14 所示。

表 9-9　　8kbits/s 语音业务和 64kbit/s 数据业务复用时的编码参数

参数	参数值
信息比特速率	8kbit/s　64kbit/s
专用物理数据信道比特速率	240kbit/s
专用物理控制信道比特速率	15kbit/s
每时隙各域比特数：Pilot/TFCI/TPC	6bit/2bit/2bit
码重复率：DTCH1/DTCH2	6.4%/6.1%
传输块大小：DTCH1/DTCH2/DCCH	80/1 280/96
传输块集合大小：DTCH1/DTCH2/DCCH	80/1 280/96
传输时间间隔：DTCH1/DTCH2	10ms/20ms
卷积码码率/Turbo 码码率	1/3 和 1/3
静态速率匹配参数：DTCH1/DTCH2	1.0/1.0/1.0
CRC 校验码长度：DTCH1/DTCH2	16/16
无线帧中传输信道的位置	固定

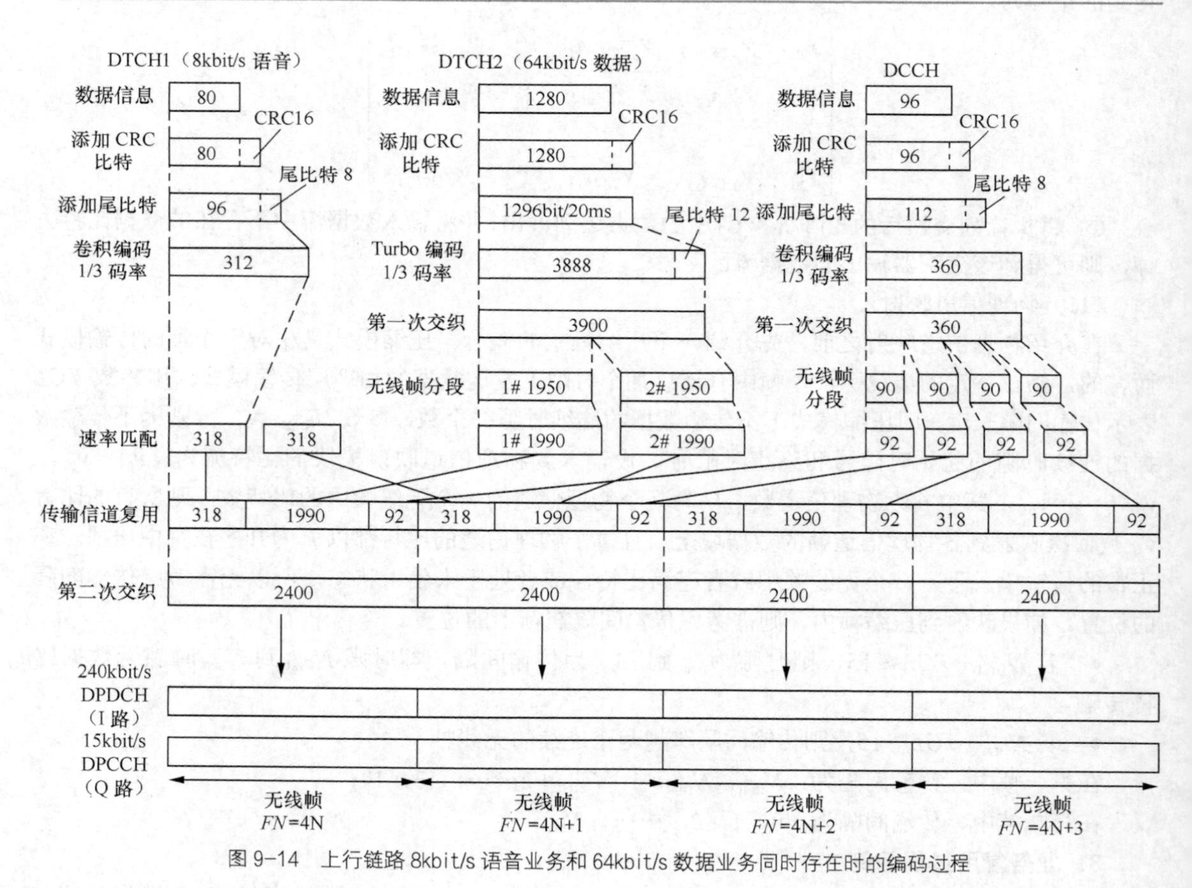

图 9-14　上行链路 8kbit/s 语音业务和 64kbit/s 数据业务同时存在时的编码过程

4. 下行链路编码复用

下行链路编码复用的步骤和上行链路相似，具体过程如图 9-15 所示。

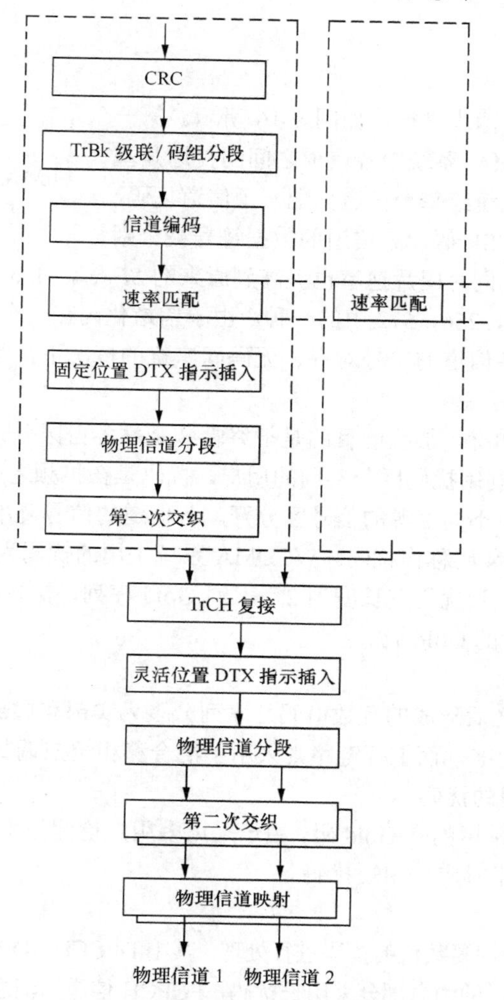

图 9-15 下行链路编码复用过程

对比图 9-10 和图 9-15 可见，下行链路的编码复用过程与上行链路编码复用过程大致相同。主要有两处区别：

① 速率匹配不是在无线帧分段之后，而是在信道编码之后；

② 在编码组合传输信道成型之前增加了一次 DTX 指示插入的操作，在编码组合传输信道成型之后又进行了第二 DTX 指示插入的操作。

下行链路通过改变插入 DTX（不连续发送）的数量来填满所要传的数据帧。实际的信道发送速率是固定的，只不过在多余的位置填上了 DTX 指示信息比特。DTX 指示信息比特并不在空中传输，它们仅仅向发送端指示应该在哪些比特位置关闭信号的发送。

由于下行链路编码复用过程的各步操作与上行链路区别不大，在此就不再一一赘述。

9.2.4 扩频与调制

1. 概述

来自上层的数据经编码复用后到达物理层，成为各物理信道的数据帧，接下来进行的便是扩频与调制过程。

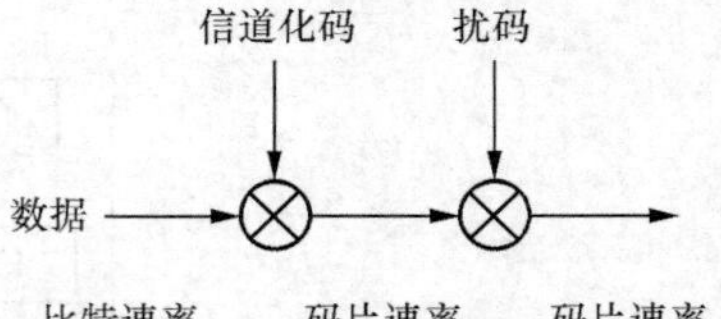

图 9-16　物理信道的扩频

（1）扩频

物理信道的扩频操作分两步进行，如图 9-16 所示。第一步称为信道化操作。WCDMA 系统中各信道之间的复用是基于正交码分复用方案的。系统给每个信道分配一个信道化码，WCDMA 系统采用的是 OVSF 码，各信道的数据符号被分别调制在不同的信道化码上，同时码片速率也提高到原来的 *SF* 倍。在 3GPP 标准中，*SF* 可以是 1，2，4，8，16，32，64，128，256，512 中的一种。由于信道化码在一个数据符号长度内是正交的，因此在理想的情况下，即各信道的符号对齐、无码间串扰的情况下，复用的信道之间不存在多址干扰。

第二步操作称为数据加扰。加扰的目的是把终端和基站各自区分开，下行链路利用扰码区分各基站（小区），上行链路利用扰码区分不同的用户。扰码是在扩频之后使用的，所以它不会改变信号的带宽，而只是把来自不同信源的信号区分开。各信道的信号复用后，I、Q 两路要分别用不同的 PN 码进行加扰，该 PN 码称作扰码。WCDMA 系统采用的扰码为 Gold 码。上行链路既可采用长扰码也可采用短扰码，长扰码是长度为 $2^{25}-1$ 的 Gold 序列，短扰码的长度为 256；下行链路扰码采用的是长度为 $2^{18}-1$ 的 Gold 码。

（2）调制

经过扩频和加扰操作之后形成的复数值码片序列分裂为实部和虚部，然后进行调制。WCDMA 系统下行链路采用的是 QPSK，而上行链路则采用了混合移相键控调制（HPSK）。

2．WCDMA 系统使用的扰码

WCDMA 系统中扰码采用的是 Gold 码。由于采用多用户检测技术，上行又分为长扰码和短扰码，当应用多用户检测技术时应采用短扰码。

（1）上行链路扰码

所有上行物理信道都要用复数值的扰码进行处理，其中 DPCCH、DPDCH 信道既可采用长扰码也可采用短扰码，PRACH 信道的消息部分采用长扰码，PCPCH 信道的消息部分既可采用长扰码也可采用短扰码，上行链路的扰码序列共有 2^{24} 个长扰码和 2^{24} 个短扰码，均由高层分配。

① 长扰码序列

设序列 x、序列 y 均为 m 序列，它们的生成多项式分别为

$$g_x(x)=x^{25}+x^3+1 \tag{9-11}$$

$$g_y(x)=x^{25}+x^3++x^2+x+1 \tag{9-12}$$

将序列 x 和序列 y 按位模 2 加生成 Gold 序列，其中长扰码序列 $C_{\text{long},1,n}$ 取 Gold 序列的前 38 400 位，长扰码序列 $C_{\text{long},2,n}$ 由序列 $C_{\text{long},1,n}$ 相移 167 772 320 位后截取 38 400 个码片得到。这里 n 为扰码序号。上行长扰码序列发生器结构如图 9-17 所示。

根据下式求得复数长扰码为

$$C_{\text{long,n}}(i)=C_{\text{long},1,n}(i)[1+\text{j}(-1)^i C_{\text{long},2,n}(2\lfloor i/2\rfloor)]\quad i=0,1\cdots,2^{25}-2 \tag{9-13}$$

② 短扰码序列

短扰码序列也是复数序列，实现原理与长扰码类似，只是细节有所不同。短扰码发生器的结构如图 9-18 所示。

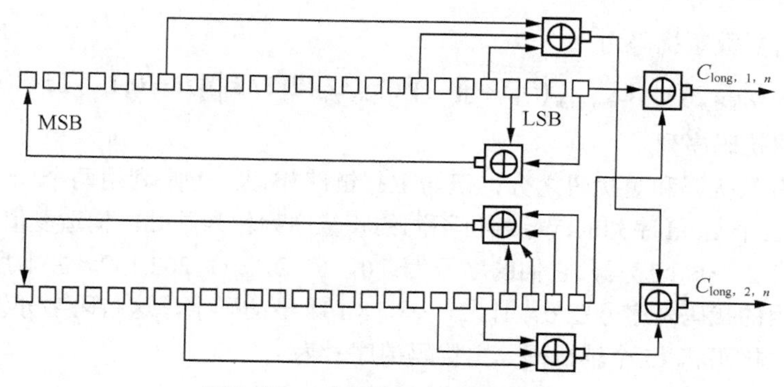

图 9-17　上行长扰码序列发生器结构

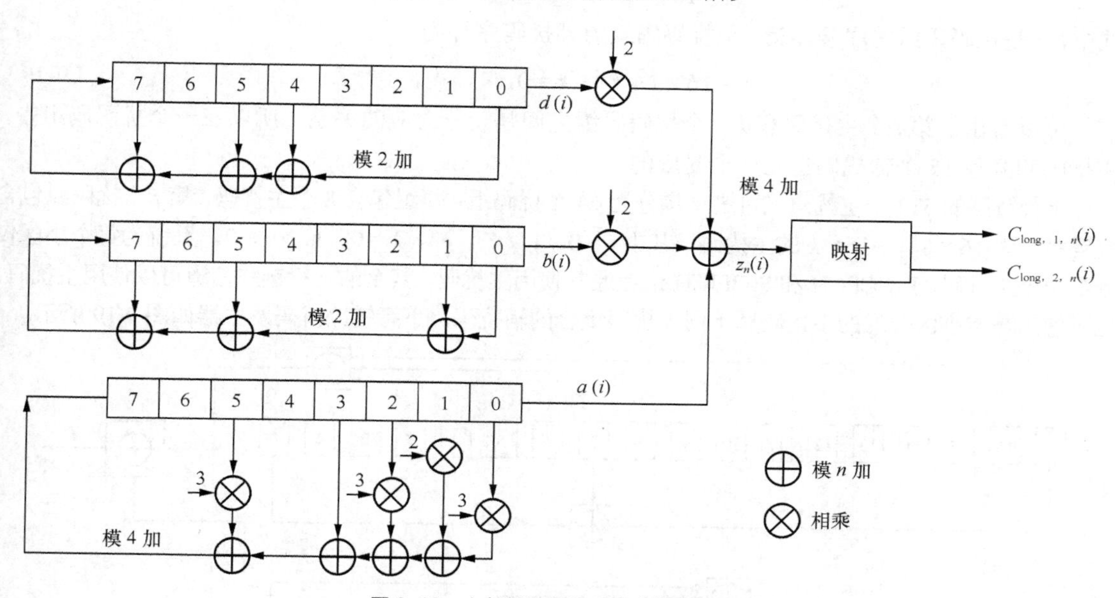

图 9-18　上行链路短扰码发生器的结构

其中，四进制序列 $a(i)$的生成多项式为

$$g_a(x) = x^8 + x^5 + 3x^3 + x^2 + 2x + 1 \quad (9\text{-}14)$$

二进制序列 $b(i)$的生成多项式为

$$g_b(x) = x^8 + x^7 + x^5 + x+1 \quad (9\text{-}15)$$

二进制序列 $d(i)$的生成多项式为

$$g_d(x) = x^8 + x^7 + x^5 + x^4 + 1 \quad (9\text{-}16)$$

由四进制序列 $Z_n(i)$到两个二进制序列的映射如表 9-10 所示。

表 9-10　　从序列 $z_n(i)$到 $C_{short,1,n}(i)$和 $C_{short,2,n}(i)$的映射

$z_n(i)$	$C_{short,1,n(i)}$	$C_{short,2,n(i)}$
0	+1	+1
1	−1	+1
2	−1	−1
3	+1	−1

根据下式求得复数短扰码为

$$C_{\text{short},n}(i)=C_{\text{short},1,n}(i)[1+\text{j}(-1)^{i}C_{\text{short},2,n}(2\lfloor i/2\rfloor)]\quad i=0,1,\cdots 254 \tag{9-17}$$

（2）下行链路扰码序列

下行链路没有长扰码和短扰码之分，但与上行链路相似，也是利用两个 m 序列构造出一个 Gold 序列，再把这个 Gold 序列的起始相位不同的移位序列作为基础，构造复值扰码序列。

下行链路共有 $2^{18}-1$ 个扰码，它们的序号为：0，1，2，…，262 142。并非所有的扰码都用到了系统中。通常用的扰码是序号在 0，1，2，…，8 191 中的码字，这些码字分为 512 个码组，每个码组包含一个主扰码和 15 个辅扰码。主扰码的序号为

$$n=16\times i\qquad i=0，1，\cdots，511 \tag{9-18}$$

式中，i 是扰码码组的序号。第 i 个扰码码组的辅扰码序号为

$$n=16\times i+k\qquad k=0，1，\cdots，15 \tag{9-19}$$

可以看出，第 i 个主扰码和第 i 个扰码码组之间是一一对应的关系，所以在一个扰码码组中，主扰码和其他 15 个辅扰码也是一一对应的。

下行链路的 512 个主扰码又可进一步分为 64 个扰码组，每组包含 8 个主扰码，第 j 个扰码组包含扰码序号为 $16\times8\times\text{j}+16\times k$ 的主扰码，其中 $j=0，1，\cdots，63$，$k=0，1，\cdots，7$。系统为每个小区仅分配一个主扰码，P-CCPCH 和 P-CPICH 信道通常使用主扰码，其余的下行链路信道可以使用主扰码，也可使用与本小区分配的主扰码属于同一扰码集合的辅扰码。下行链路扰码发生器如图 9-19 所示。

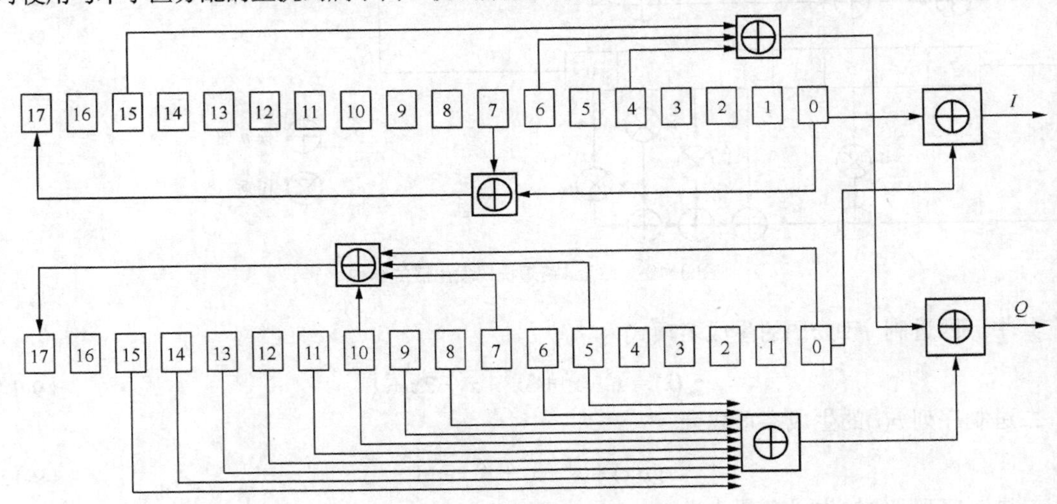

图 9-19　下行链路扰码发生器的结构

下行链路扰码序列的生成与上行链路十分相似，都是通过两个实数序列合并成一个复数序列构成的。设序列 x、序列 y 均为 m 序列，它们的生成多项式分别为

$$g_x(x)=x^{18}+x^{7}+1 \tag{9-20}$$

$$g_y(x)=x^{18}+x^{10}+x^{7}+x^{5}+1 \tag{9-21}$$

将序列 x 和序列 y 按位模 2 加生成 Gold 码，其中下行链路长扰码序列 $S_{\text{long},1,n}$ 取 Gold 码的前 38 400 位，长扰码序列 $S_{\text{long},2,n}$ 由序列 $S_{\text{long},1,n}$ 相移 131 072 位后截取 38 400 个码片得到。根据下式求得复数扰码为

$$S_{\text{long},n}(i)=S_{\text{long},1,n}(i)+\text{j}S_{\text{long},2,n}(i)\qquad i=0,1,\cdots 38\,399 \tag{9-22}$$

下行链路物理信道的扰码分配比较简单，每个小区的下行链路物理信道的扰码只能取自系统分配的一个扰码集合。这个集合包括 1 个主扰码和 15 个辅扰码。P-CCPCH 和 P-CPICH 使用本小区的主扰码进行加扰，专用信道的扰码在信道建立时由网络分配，公共指示信道采用的扰码可以从系统的广播信息中获得。

3．上行链路扩频调制

上行专用物理信道的扩频调制原理如图 9-20 所示。

WCDMA 系统规定，每个无线连接的专用信道最多允许 1 个 DPCCH 信道和 6 个 DPDCH 信道同时传输，满负荷时专用物理信道的扩频调制结构如图 9-20 所示。扩频调制过程包括扩频、加幅度增益、I 路和 Q 路合并、复加扰、实部虚部分裂和调制几个步骤。

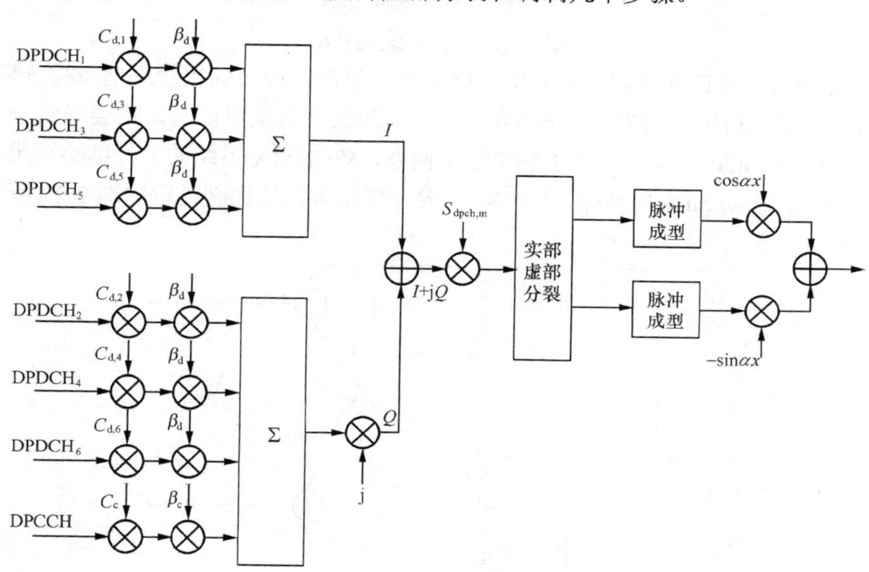

图 9-20 上行专用物理信道的扩频调制过程

DPCCH 和 DPDCH 信道的数据首先与正交信道码（OVSF 码）相乘，将信号扩频到指定的码片速率，同时也使得各个信道之间的信号保持了正交。其中第 n 个 DPDCH 信道通过正交码 $C_{d,n}$ 扩频，DPCCH 通过正交码 C_c 扩频。扩频之后的信号需要进行增益加权，所有 DPDCH 信道的增益系数为β_d，DPCCH 信道的增益系数为β_c，任何时候β_d和β_c中至少有一个幅值为 1.0。β值被量化为一个 4bit 的码字，其对应幅值均为 1/15 的整数倍，β值的量化规则如表 9-11 所示。

表 9-11　增益系数（β_c和β_d）的量化

β_c和β_d的信令值	β_c和β_d的幅度量化比	β_c和β_d的信令值	β_c和β_d的幅度量化比
15	1.0	7	0.466 7
14	0.933 3	6	0.400 0
13	0.866 6	5	0.333 3
12	0.800 0	4	0.266 7
11	0.733 3	3	0.200 0
10	0.666 7	2	0.133 3
9	0.600 0	1	0.066 7
8	0.533 3	0	关闭输出

经过扩频和增益加权处理后，I 路和 Q 路的实值码片流相加成为复数值的码片流。复数值的信号再通过复数值的扰码序列 $S_{\mathrm{dpch},\,n}$ 进行数据加扰操作。用于上行链路专用物理信道的扰码既可为长扰码，也可为短扰码。复扰码序列应和无线帧保持定时同步，也就是说，复扰码的第一个码片对应于无线帧的开始。经过扩频、加扰之后的复数值码流分裂为实部和虚部，然后进行 QPSK 调制。以上即为上行链路专用物理信道的扩频-调制过程。

图 9-20 中，扩频和增益加权之后 I 路和 Q 路的实值码片流进行的复加扰操作称为复扰码过程。复扰码过程如图 9-21 所示。图中，输入的两路信号 I_{chip} 和 Q_{chip} 均为扩频和增益加权之后的信号，这两路信号组合成的复数数据流（$I_{\mathrm{chip}}+\mathrm{j}Q_{\mathrm{chip}}$）与复扰码信号相乘，得到扰码后的输出信号为

$$I = I_{\mathrm{chip}} \times I_{\mathrm{s}} + Q_{\mathrm{chip}} \times Q_{\mathrm{s}} \tag{9-23}$$

$$Q = I_{\mathrm{chip}} \times Q_{\mathrm{s}} + Q_{\mathrm{chip}} \times I_{\mathrm{s}} \tag{9-24}$$

式中 I_{s} 和 Q_{s} 分别为上行链路扰码生成器的两路输出。然而，如果随机 PN 信号被分配给 I_{s} 和 Q_{s} 支路，那么在最后形成的星座图中，任何点到点之间的突变都是可能的。这会导致一个较高的峰均比（Peak Average Ratio，PAR）。为了解决这个问题，WCDMA 系统的上行链路采用了混合移相键控调制（Hybrid Phase Shift Keying，HPSK）。混合移相键控的调制过程如图 9-22 所示。

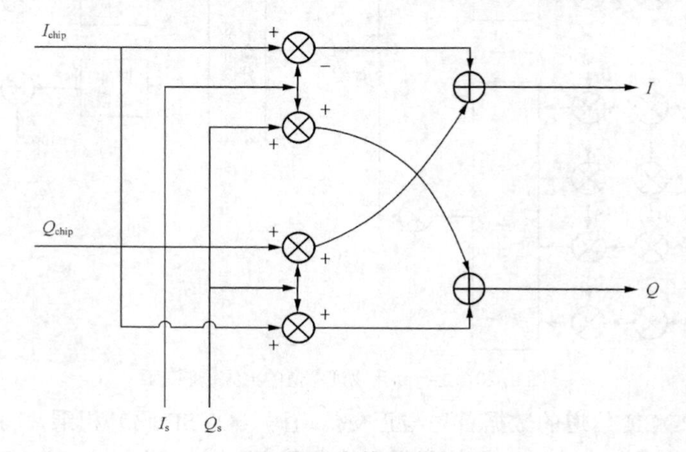

图 9-21 复扰码过程

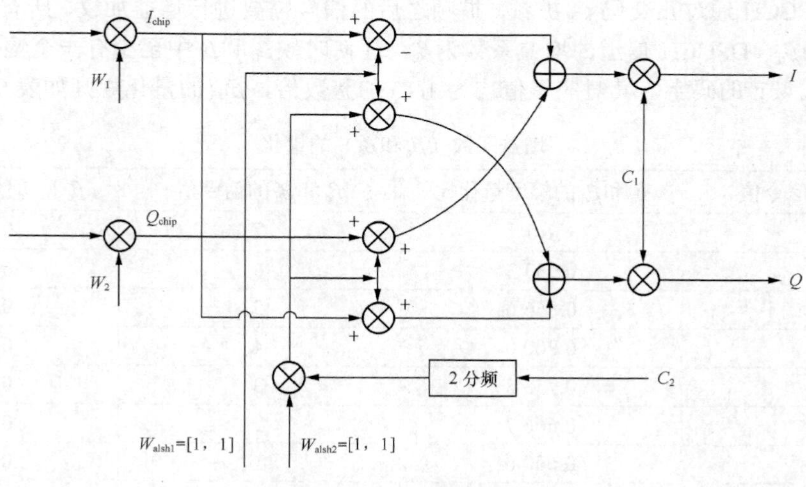

图 9-22 HPSK 调制过程

HPSK 是基本复扰码技术的一个变形，它消除了相邻点之间过零点的问题。在 HPSK 中使用了规定的重复序列（或函数）作为扰码信号并且选择规定的正交码（或 Walsh 码）对不同的信道进行扩频。一般地，HPSK 使用的复加扰还加上固定重复序列（或函数）来生成扰码信号，这个固定重复序列（或函数）被称为 Walsh 旋转子。在 I 路，使用的旋转子为 $W_0=\{1, 1\}$，在 Q 路使用的是 $W_1=\{1, -1\}$。在这种情况下，如果扩频后相邻的 chip 点（$I_{chip}+jQ_{chip}$）是相同的，那么这两个相邻点中的第一个会逆时针旋转 45°，第二个会顺时针旋转 45°。保证在最后的星座空间中两个点相差 90°，它们之间的跳变不会过零点，如图 9-23 所示。

4．下行链路扩频调制

下行链路扩频调制过程如图 9-24 所示。图中的 C_{ch}，为信道化码，S_{dl}，n 为扰码，其中 $n1$，$n2$……可以相同，也可以不同，即各个物理信道可以使用相同或不同的扰码，使用相同扰码的各个信道，通过不同的信道化码区分，即 $m1$，$m2$……必须不同；如果 $n1$，$n2$……不同，$m1$，$m2$……可以相同，即使用不同的扰码加扰下的各个物理信道，它们的信道化码可以重用。由图可看出，下行链路物理信道的扩频、加扰过程与上行链路类似，分为 I/Q 支路映射、扩频、加扰、增益加权、实部虚部分离和 QPSK 调制几个步骤。它们的区别在于链路的 I/Q 支路映射发生在扩频之前，而且是逐比特映射，而不是整个信道映射到同一支路。信道中每两个连续比特分别进入 I、Q 支路，然后与同一实值扩频码相乘，再合并为一个复序列，由一个复扰码对其加扰。

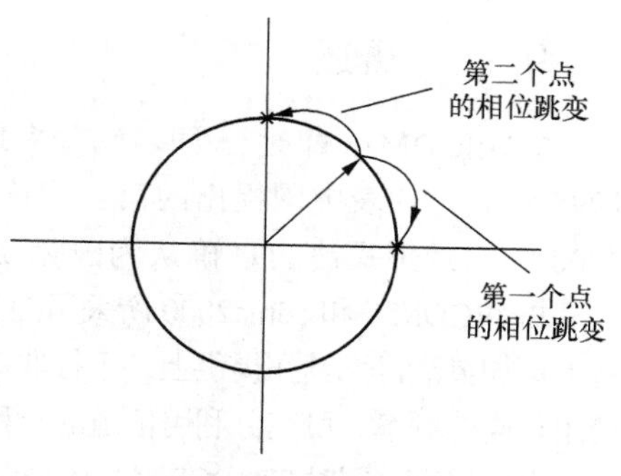

图 9-23　相位跳变图

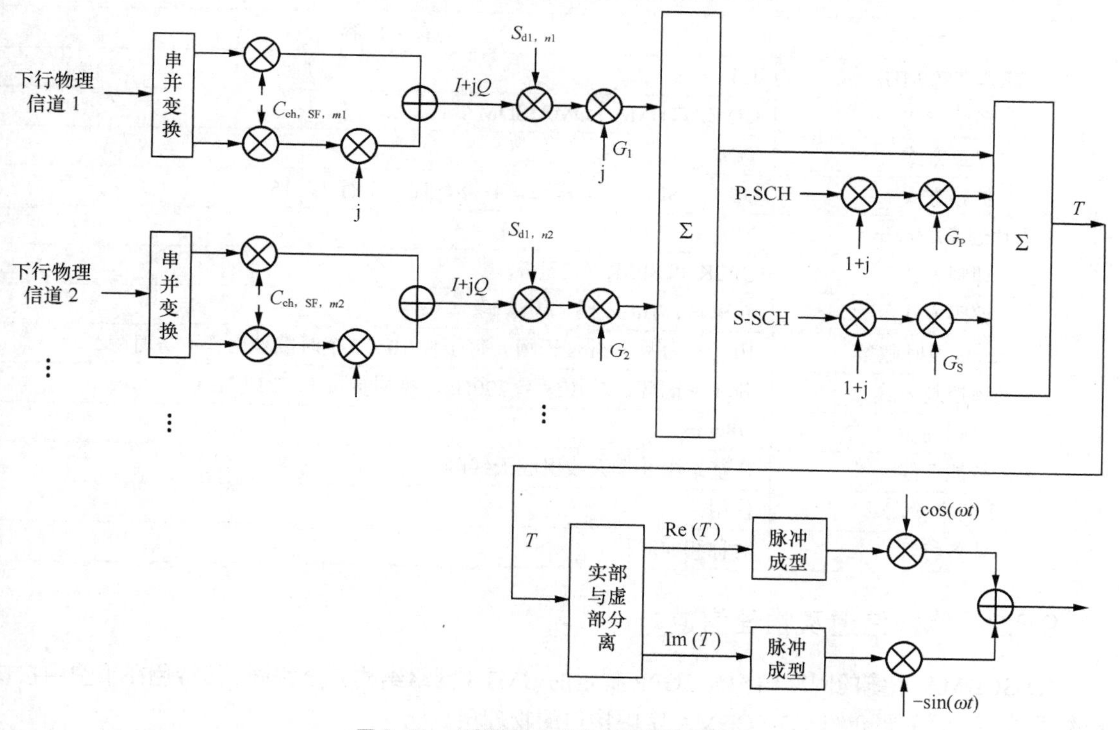

图 9-24　下行链路物理信道扩频调制过程

在下行链路中，只有同步信道（SCH）不需要进行扩频与加扰，直接进行 QPSK 调制。其他物理信道相位与主公共控制物理信道（P-CCPCH）的扰码一致，而不一定与本信道的帧边界对齐。物理信道经过扩频之后，分别用各自对应的增益因子对加扰后的复序列进行调幅；主、从同步信道也分别采用 G_p，G_s 进行调幅。各信道的复序列根据复数运算法则进行相加合并。合并之后复值码片序列再分裂为实、虚两部分，分别进行脉冲成型和 QPSK 调制。

9.3 TD-SCDMA 系统的无线传输技术

9.3.1 概述

TD-SCDMA 即时分/同步码分多址接入，是由信息产业部电信科学技术研究院（CATT）于 1998 年 6 月代表中国提出的第三代移动通信标准。TD-SCDMA 技术在经历了融合与完善后，于 2000 年 5 月正式被 ITU 确认为国际 3G 标准。2001 年 4 月完成了在 3GPP 的标准化工作。

与 WCDMA 和 cdma2000 所采用的 FDD 模式不同，TD-SCDMA 采用的 TDD 模式在时隙等资源配置上更加灵活，尤其在提供上、下行非对称的高速数据业务方面有很大的优势。TD-SCDMA 在上下行使用相同的频率，可充分利用信道的对称性，更有利于智能天线、联合检测等新技术的采用，使得频谱效率大大提高。同时 TD-SCDMA 还采用了同步 CDMA、软件无线电、联合检测、接力切换、低码片速率、多时隙 TDMA 等一系列其他新技术，从而能够有效提高系统的抗干扰能力、降低发射功率、减少电磁污染、节约制造成本和增加系统容量。TD-SCDMA 空中接口的主要参数和特性如表 9-12 所示。

表 9-12　　TD-SCDMA 空中接口的主要参数和特性

参数	参数内容
基本带宽/MHz	1.6
多址方式	CDMA/TDMA/FDMA/SDMA
双工方式	TDD
扩频方式	DS　SF：上行 1，2，4，8，16　下行 1，16
码片速率/Mchip/s	1.28
调制方式	QPSK 和 8PSK（高速率）
编码方式	卷积码、Turbo 码、无编码
帧长/ms 及时隙数	10（分为两个 5ms 子帧）每子帧 10（7 个时隙被用作业务时隙）
功率控制方式	开环 + 闭环，功控速率 200Hz，控制步长 1、2 或 3dB
上行同步	1/8chip
智能天线	在基站由 8 个天线组成天线阵
多用户检测	使用
业务特性	对称和非对称

9.3.2 传输信道及物理信道

TD-SCDMA 系统的网络结构与 3GPP 制定的 UMTS 网络结构完全相同。其特色在于空中接口的物理层。下面主要介绍 TD-SCDMA 空中接口的物理层。

1. 传输信道

传输信道作为物理层提供给高层的服务，通常分为两类：一类为公共信道，通常此类信道上的信息是发送给所有用户或一组用户的，但是在某一时刻，该信道上的信息也可以针对单一用户，这时需要用 UE ID 进行识别；另一类为专用信道，此类信道上的信息在某一时刻只发送给单一的用户。

（1）专用传输信道

仅有一种专用传输信道，即专用信道（DCH），可用于上/下行链路承载网络和特定 UE 之间的用户信息或控制信息。

（2）公共传输信道

公共传输信道有 6 类：广播信道（BCH）、寻呼信道（PCH）、前向接入信道（FACH）、随机接入信道（RACH）、上行共享信道（USCH）和下行共享信道（DSCH）。

① 广播信道为下行传输信道，点对多点控制信道，用于广播系统和小区的特有信息。

② 寻呼信道为下行传输信道，点对多点控制信道，当系统不知道移动台所在的小区时，用于发送给移动台的控制信息。

③ 前向接入信道为下行传输信道，点对点或点对多点控制信道。当系统知道移动台所在的小区时，用于发送给移动台的控制信息，其也可以承载一些短的用户信息数据分组。

④ 随机接入信道为上行传输信道，用于承载来自移动台的信息。其也可以承载一些短的用户信息数据分组。

⑤ 上行共享信道为若干 UE 共享的上行传输信道，用于承载专用控制或业务数据。

⑥ 下行共享信道为若干 UE 共享的下行传输信道，用于承载专用控制或业务数据。

2．物理信道结构

（1）物理信道帧层次结构

TD-SCDMA 的物理信道采用四层结构：系统帧、无线帧、子帧和时隙/码。时隙用于在时域上区分不同用户信号，具有 TDMA 的特性。图 9-25 所示为 TD-SCDMA 的物理信道的帧层次结构。

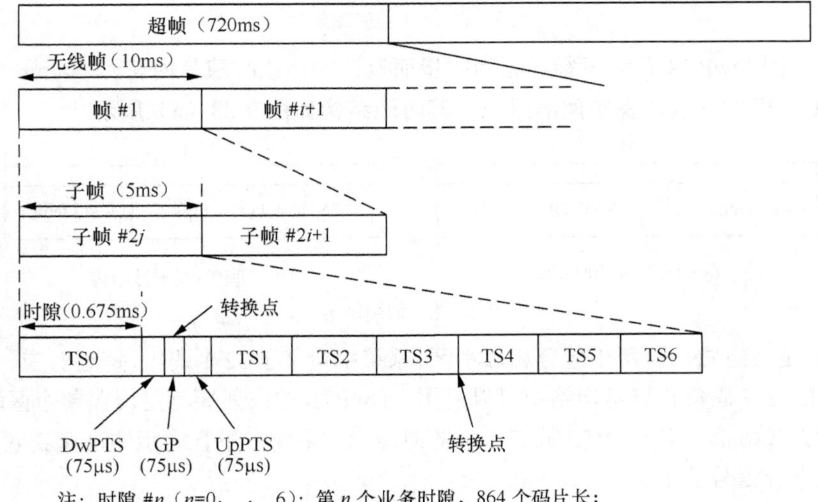

图 9-25　TD-SCDMA 物理信道的帧层次结构

（2）帧结构

TD-SCDMA 系统帧结构的设计考虑到了对智能天线和上行同步等新技术的支持。一个 TDMA 帧长为 10ms，分成两个 5ms 子帧。这两个子帧的结构完全相同。图 9-26 所示为 TD-SCDMA 子帧结构。

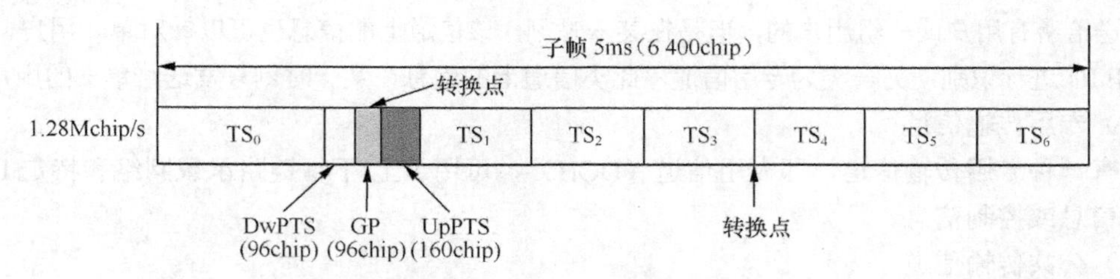

图 9-26 TD-SCDMA 子帧结构

每一子帧分成长度为 675μs 的 7 个常规时隙和 3 个特殊时隙。这三个特殊时隙分别为 DwPTS、GP 和 UpPTS。在 7 个常规时隙中，TS0 总是分配给下行链路，而 TSl 总是分配给上行链路。上行时隙和下行时隙之间由转换点分开。在 TD-SCDMA 系统，每个 5ms 的子帧有两个转换点（UL 到 DL 和 DL 到 UL）。通过灵活地配置上下行时隙的个数，使 TD-SCDMA 适用于上下行对称及非对称的业务模式。图 9-27 所示为对称分配和不对称分配的例子。

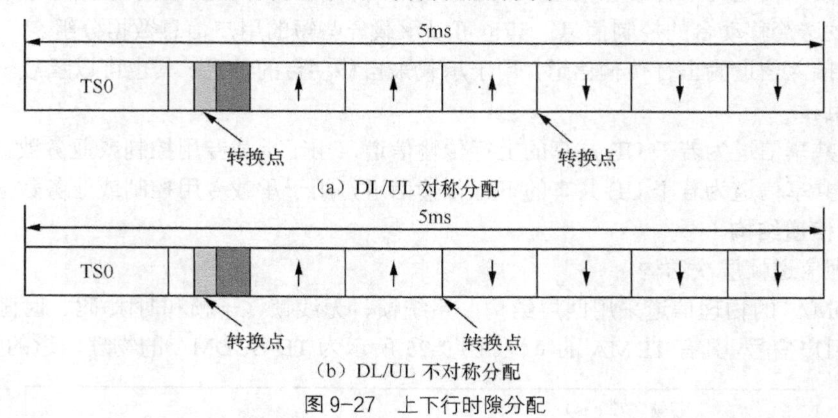

图 9-27 上下行时隙分配

每个子帧中的 DwPTS 是为下行导频和同步而设计的。该时隙是由长为 64chip 的下行同步序列（SYNC-DL）和 32chip 的保护间隔组成，其时隙结构如图 9-28（a）所示。

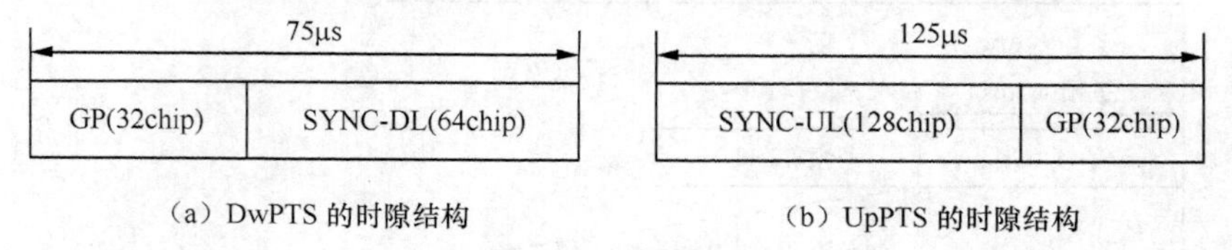

图 9-28 时隙结构

SYNC-DL 是一组 PN 码，用于区分相邻小区，系统中定义了 32 个码组，每组对应一个 SYNC-DL 序列，SYNC-DL PN 码集在蜂窝网络中可以复用。DwPTS 的发射要满足覆盖整个区域的要求，因此不采用智能天线赋形。将 DwPTS 放在单独的时隙，一是便于下行同步的迅速获取，同时，也可以减小对其他下行信号的干扰。

每个子帧中的 UpPTS 是为建立上行同步而设计的。当 UE 处于空中登记和随机接入状态时，它将首先发射 UpPTS，当得到网络的应答后，发送 RACH。这个时隙由长为 128chip 的上行同步序列 SYNC-UL 和 32chip 的保护间隔组成，其时隙结构如图 9-28（b）所示。

SYNC-UL 是一组 PN 码，用于在接入过程中区分不同的 UE。

GP 为转换的保护间隔。时长为 75μs（96chip），可用于半径为 11km 的基本小区覆盖。同时，较大的保护时隙，可以防止上下行信号互相之间干扰，还可以允许终端在发出上行同步信号时进行一些时间提前。

（3）突发结构

TD-SCDMA 系统采用的突发结构如图 9-29 所示，图中 CP 表示码片长度。

数据符号 352chip	中间码 144chip	数据符号 352chip	GP 16 CP

864T_c

图 9-29　TD-SCDMA 系统突发结构

突发中每个部分的具体内容见表 9-13。突发由两个长度分别为 352chip 的数据块、一个长为 144chip 的中间码和一个长为 16chip 的 GP 组成。数据块的总长度为 704chip，所包含的符号数与扩频因子有关，对应关系见表 9-14。

表 9-13　突发各个部分的内容

码片号（CN）	区域长度（chip 数目）	区域长度（符号数目）	区域长度（μs）	区域内容
0～351	352	见表 9-14	275	数据
352～495	144	9	112.5	中间码
496～847	352	见表 9-14	275	数据
848～863	16	1	12.5	保护间隔

表 9-14　突发中每个数据块包含的符号数

扩频因子	每个数据块符号数（N）
1	352
2	176
4	88
8	44
16	22

突发的数据部分由信道码和扰码共同扩频，即将每一个数据符号转换成一些码片，因而增加了信号宽带，一个符号包含的码片数称为扩频因子。扩频因子取 1，2，4，8 或 16。

TD-SCDMA 系统的突发结构提供了传送物理层控制信令的可能。这里提到的物理层控制信令包括传输格式组合指示（TFCI）、发射功率控制（TPC）和同步偏移（SS）。物理层控制信令在相应物理信道的数据部分发送，即物理层控制信令和数据比特具有相同的扩频操作。物理层控制信令的结构如图 9-30 和图 9-31 所示。

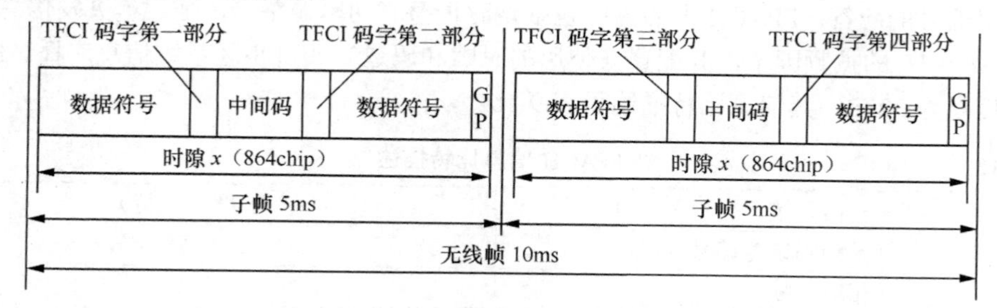

图 9-30　不发送 SS 和 TPC 时的物理层控制信令结构

对于每个用户，TFCI 信息将在每 10ms 无线帧里发送一次。编码后的 TFCI 符号在子帧内和数据块内都是均匀分布的。TFCI 的发送是由高层信令配置的。

对于每个用户，TPC 信息在每 5ms 子帧里发送一次，这使得 TD-SCDMA 系统可以进行快速功率控制。

对于每个用户，SS 信息在每 5ms 子帧里发送一次。SS 用于命令终端每 M 帧进行一次时序调整，调整步长为$(k/8)T_c$，其中 T_c为码片周期，M 值和 k 值由网络设置，并在小区中进行广播。上行突发中没有 SS 信息，但是 SS 位置予以保留，以备将来使用。

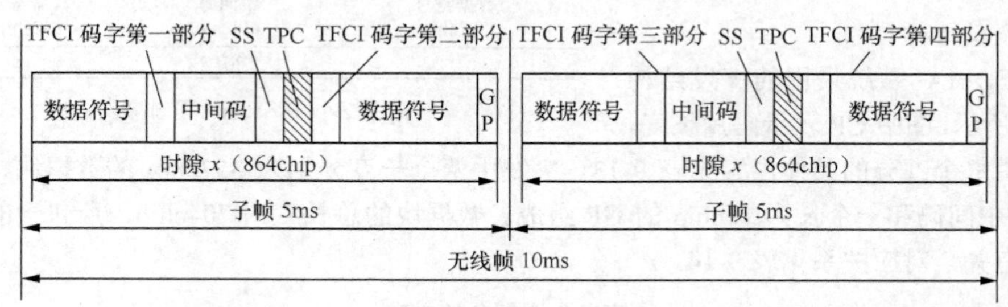

图 9-31　发送 SS 和 TPC 时的物理层控制信令结构

3．物理信道

物理信道也分为专用物理信道（DPCH）和公共物理信道（CPCH）两大类。

DPCH：DCH 映射到 DPCH。专用物理信道采用前面介绍的突发结构，由于支持上下行数据传输，下行通常采用智能天线进行波束赋形。

CPCH 分为以下几种。

（1）主公共控制物理信道（PCCPCH）：传输信道（BCH）在物理层映射到 PCCPCH。在 TD-SCDMA 中，PCCPCH 的位置（时隙）是固定的（TS0）。PCCPCH 采用固定扩频因子 $SF=16$，总是采用 TS0 的信道化码 $SF=16^{(k=1)}$和 $SF=16^{(k=2)}$。PCCPCH 需要覆盖整个区域，不进行波束赋形。PCCPCH 不支持 TFCI。

（2）辅公共控制物理信道（SCCPCH）：PCH 和 FACH 可以映射到一个或多个 SCCPCH，这种方法使 PCH 和 FACH 的数量可以满足不同的需要。SCCPCH 采用固定扩频因子 $SF=16$。SCCPCH 的配置即所使用的码和时隙在小区系统信息中广播。SCCPCH 可以支持采用 TFCI。

（3）物理随机接入信道（PRACH）：RACH 映射到一个或多个 PRACH，可以根据运营者的需要，灵活确定 PRACH 容量。PRACH 可以采用扩频因子 $SF=16$、$SF=8$ 或 $SF=4$。其配置（使用的时隙和码道）通过小区系统信息广播。

（4）快速物理接入信道（FPACH）：这个物理信道是 TD-SCDMA 系统所独特的，它作为对 UE 发出的 UpPTS 信号的应答，用于支持建立上行同步。Node B 使用 FPACH 传送对检测到的 UE 的上行同步信号的应答。FPACH 上的内容包括定时调整、功率调整等，是一单突发信息。FPACH 固定使用 $SF=16$ 的扩频因子，其配置（使用的时隙和码道）通过小区系统信息广播。FPACH 突发携带的信息为 32bit，其信息比特描述见表 9-15。

表 9-15　　FPACH 信息比特描述

信息域	长度（比特）
上行导频码参考编号	3（高位）
相对子帧号	2
UpPCH 的接收起始位置（UpPCHpos）	11
RACH 消息发送功率电平命令	7
保留值（缺省值：0）	9（低位）

（5）物理上行共享信道（PUSCH）：USCH 映射到 PUSCH。PUSCH 支持传送 TFCI 信息。UE 使用 PUSCH 进行发送是由高层信令选择的。

（6）物理下行共享信道（PDSCH）：DSCH 映射到 PDSCH，PDSCH 支持传送 TFCI 信息。对于用户在 DSCH 上有需要解码的数据可以用三种方法来指示：

- 使用相关信道或PDSCH上的TFCI信息；
- 使用在DSCH上的用户特有的中间码，它可从该小区所用的中间码集中导出来；
- 使用高层信令。

（7）寻呼指示信道（PICH）：用来承载寻呼指示信息。PICH的扩频因子值为16。

4．传输信道到物理信道的映射

传输信道到物理信道的映射关系见表9-16。

表9-16　传输信道到物理信道的映射

传输信道	物理信道	
DCH	DPCH	
BCH	PCCPCH	
PCH	SCCPCH	
FACH	SCCPCH	
RACH	PRACH	
USCH	PUSCH	
DSCH	PDSCH	
	DwPCH	
	UpPCH	
	PICH	
	FPACH	

这里需要说明的是DwPCH、UpPCH、PICH、FPACH几个物理信道，没有与其对应的传输信道。

9.3.3 扩频和调制

TD-SCDMA采用的数据调制技术是QPSK或8PSK，即将连续的两个比特（采用QPSK）或者连续的3个比特（采用8PSK）映射为一个符号，数据调制后的复数符号再进行扩频调制。TD-SCDMA扩频后的码片速率为1.28Mchip/s，扩频因子的范围为1～16，调制符号的速率为80.0ksymbor/s～1.28Msymbor/s。

1．数据调制

在TD-SCDMA系统中采用的数据调制技术是QPSK，对于2Mbit/s的业务，将使用8PSK调制方式。

在说明符号映射前，先说明一下符号速率$F_s^{(k)}$的定义，符号速率与使用的扩频因子和码片速率相关，根据扩频的定义，符号的持续时间为

$$T_s^{(k)} = SF_k \times T_c \tag{9-25}$$

式中T_c=0.781 25μs，为码片速率的倒数，SF_k为扩频因子，则符号速率$F_s^{(k)} = 1/T_s^{(k)}$。

如前所述，每个突发中有两个数据块的部分，用来承载数据，即

$$d^{(k,i)} = \left(d_1^{(k,i)}, d_2^{(k,i)}, \cdots\cdots, d_{N_k}^{(k,i)}\right)^{\mathrm{T}} \qquad i=1,2; k=1,2,\ \cdots K \tag{9-26}$$

式中，N_k为第k个用户每个数据块包含的符号数，其值与扩频因子SF_k有关。

数据块$d^{(k,1)}$在中间码之前发送，$d^{(k,2)}$在中间码之后发送。N_k个数据符号中的每一个$d_n^{(k,i)}$的持续时间为$T_s^{(k)} = SF_k \times T_c$。

对于QPSK，从物理信道映射后的两个连续数据比特来产生数据符号$d_n^{(k,i)}$。

$$b_{1,n}^{(k,i)} \in \{0,1\} \quad l=1,2; k=1,2,\ \cdots, K;\ n=1,\cdots,N_k;\ i=1,2$$

然后用表 9-17 列出的映射关系映射到复数符号。这种映射关系对应于经过物理信道映射之后的数据比特 $b_{l,n}^{(k,i)}$ 的 QPSK 调制。

表 9-17　**QPSK 调制方式连续二进制比特与复数符号之间的映射关系**

连续二进制比特 $b_{1,n}^{(k,i)}b_{2,n}^{(k,i)}$	复数符号 $d_n^{(k,i)}$
00	+j
01	+1
10	−1
11	−j

对于 8PSK，数据符号 $d_n^{(k,i)}$ 将由输出物理信道映射后的三个连续数据比特映射而成，此时数据比特与复数符号之间的映射关系见表 9-18。

表 9-18　**8PSK 调制方式连续二进制比特与复数符号之间的映射关系**

连续二进制比特 $b_{1,n}^{(k,i)}b_{2,n}^{(k,i)}b_{3,n}^{(k,i)}$	复数符号 $d_n^{(k,i)}$
000	cos（11π/8）+jsin（11π/8）
001	cos(9π/8) + jsin(9π/8)
010	cos(5π/8) + jsin(5π/8)
011	cos(7π/8) + jsin(7π/8)
100	cos(13π/8) + jsin(13π/8)
101	cos(15π/8) + jsin(15π/8)
110	cos(3π/8) + jsin(3π/8)
111	cos(π/8) + jsin(π/8)

2．扩频调制

与 WCDMA 和 CDMA2000 一样，TD-SCDMA 也均采用了 CDMA 多址技术，所以扩频是其物理层很重要的一个步骤。扩频操作位于调制之后和脉冲成形之前。扩频调制主要分为扩频和加扰两步。首先用扩频码对数据信号扩频，其扩频因子在 1～16 之间。第二步操作是加扰码，将扰码加到扩频后的信号中。

（1）扩频码

TD-SCDMA 系统的扩频码采用的是 $SF = 1～16$ 的 OVSF 码，以保证在同一个时隙上不同扩频因子的扩频码是正交的。扩频码的作用是用来区分同一时隙中的不同用户。

为了降低多码传输时的峰均值比，对于每一个信道化码，都有一个相关的相位系数 $W_{SF_k}^{(k)}$，表 9-19 给出了每个信道化码所对应的系数值。

表 9-19　**每个信道化码所对应的系数值**

k	$W_{SF=1}^{(k)}$	$W_{SF=2}^{(k)}$	$W_{SF=4}^{(k)}$	$W_{SF=8}^{(k)}$	$W_{SF=16}^{(k)}$
1	1	1	−j	1	−1
2		+j	1	+j	−j
3			+j	+j	1

续表

k	$w_{SF=1}^{(k)}$	$w_{SF=2}^{(k)}$	$w_{SF=4}^{(k)}$	$w_{SF=8}^{(k)}$	$w_{SF=16}^{(k)}$
4			−1	−1	1
5				−j	+j
6				−1	−1
7				−j	−1
8				1	1
9					−j
10					+j
11					1
12					+j
13					−j
14					−j
15					+j
16					−1

（2）扰码

数据经过长度为 SF_k 的实值序列即信道化码 $c^{(k)}$ 扩频后，还要由一个小区特定的复值序列即扰码 $\underline{v}=(\underline{v}_1,\underline{v}_2,\cdots,\underline{v}_{16})$ 进行加扰，元素 $\underline{v}_i=(i=1,2,\cdots,16)$ 的取值范围是 $\underline{v}_i=(1,j,-1,-j)$，其中，j 为复数单位。

复值序列 $\underline{v}$ 根据下列公式由长度为 16 的二进制扰码序列 $v=$（v_1，v_2，v_3，…，v_{16}）生成，扰码 $\underline{v}$ 的元素是虚实交替的，即

$$\underline{v}_i=(j)^i v_i \quad v_i\in\{1,-1\},\quad i=1,\ 2,\cdots,16 \tag{9-27}$$

加扰的目的是为了把终端或基站相互之间区分开。经过扰码，可以解决多个发射机使用相同的码字扩频的问题。在 TD-SCDMA 系统中一共定义了 128 个这样的实数序列，每个小区配置 4 个这样的扰码。

加扰前可以通过级联 SF_{MAX}/SF_k 个扩频数据而实现长度匹配。数据符号的扩频和加扰过程如图 9-32 所示。

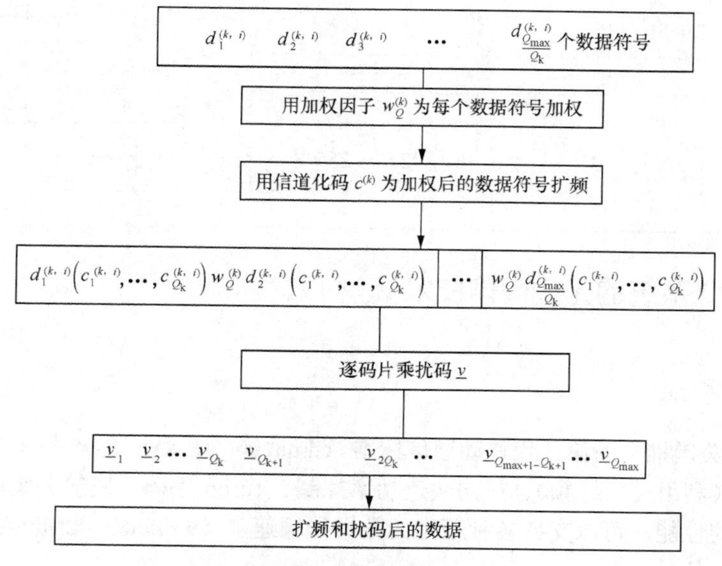

图 9-32　数据符号的扩频和加扰过程

这里需要说明的是，训练序列部分是不经过扩频和加扰过程的。

（3）调制

复值码片序列的调制如图 9-33 所示。脉冲成形滤波器使用的是频率域中滚降系数为 $a=0.22$ 的平方根升余弦滤波器。此滤波器在发射和接收方都要使用。

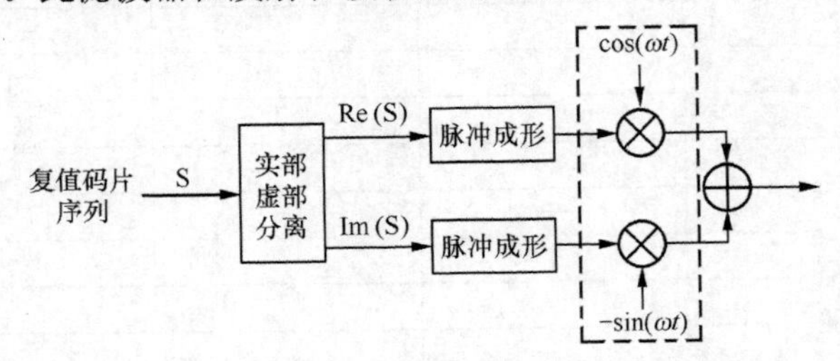

图 9−33　复值码片序列的调制

9.3.4　码分配

TD-SCDMA 系统共有 32 个码组，每个码组包含 1 个 SYNC-DL，8 个 SYNC-UL，4 个扰码和 4 个基本中间码，其中扰码和基本中间码存在一一对应关系，如表 9-20 所示。每个码组中的 SYNC-DL 唯一标识一个基站和一个码组，码组可空间再用。

表 9-20　　基本中间码、扰码、SYNC-UL、SYNC-DL 与码组之间的对应关系

码组	关联码			
	SYNC-DL（ID）	SYNC-UL（ID）	扰码（ID）	基本中间码（ID）
码组 1	0	0～7	0	0
			1	1
			2	2
			3	3
码组 2	1	8～15	4	4
			5	5
			6	6
			7	7
……	……	……	……	……
码组 32	31	248～255	124	124
			125	125
			126	126
			127	127

9.4　cdma2000 系统的无线传输技术

9.4.1　概述

cdma2000 是美国推出的第三代移动通信标准。cdma2000 技术在 IS-95 技术的基础上采用了包括反向相干解调（利用反向导频）、前向快速功率控制、Turbo 编码、发射分集等一系列新技术，大大提高了系统的性能，可以支持各种不同的数据传输速率（9.6kbit/s～2Mbit/s），业务包括电路交换和分组交换业务。

在cdma2000系统中，有两种频谱扩展技术可用：多载波（Multiple Carrier，MC）和直接序列扩频。在MC方式中，编码和交织后的调制符号可多路分解到N（$N=3$，6，9，12）个1.25MHz的载波上，每个载波的码片速率与IS-95相同，为1.228 8Mchip/s；在DS方式中，码片速率为$N\times1.228$ 8Mchip/s（$N=3$，6，9，12），编码和交织后的符号在一个载波上调制，载波的带宽为$N\times1.25$MHz，如图9-34所示（$N=3$）。cdma2000系统的前向链路支持DS和MC两种方式，而反向链路仅支持DS方式。

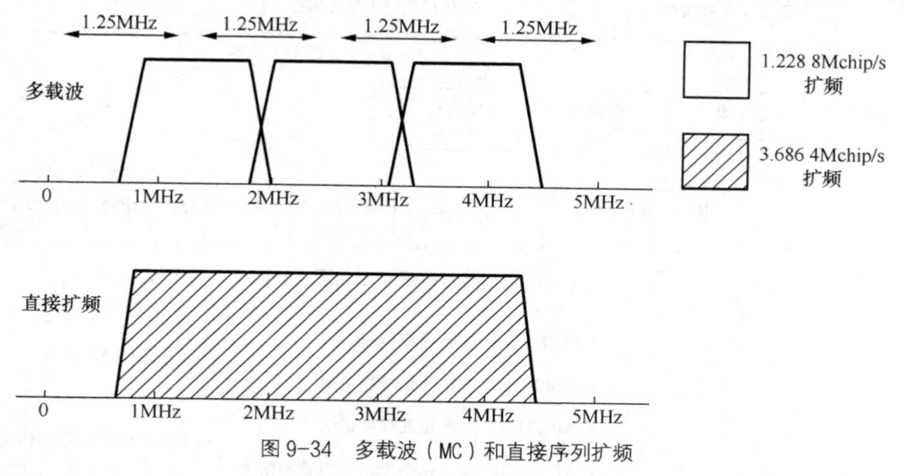

图9-34 多载波（MC）和直接序列扩频

在cdma2000中，常用到两个基本概念：扩频速率（Spreading Rate，SR）和无线配置（Radio Configration，RC）。扩频速率指的是前向或反向CDMA信道上的PN码片速率。通常采用的扩频速率有两种：一种为SRl，通常记为“1x”，SR1的前向和反向CDMA信道都采用码片速率为1.228 8Mchip/s的直接序列扩频；另一种为SR3，通常记作“3x”，SR3的前向CDMA信道有3个载波，每个载波上都采用1.228 8Mchip/s的直接序列扩频，总称多载波方式，SR3的反向CDMA信道在单载波上都采用码片速率为3.686 4Mchip/s的DS扩谱。下面的介绍重点关注SR1方式。

无线配置是指一系列前向或反向业务信道的工作模式，每种RC支持一套数据速率，其差别在于物理信道的各种参数，包括调制特性、编码方式和扩频速率（SR）等。无线配置用RCn表示，这里n表示无线配置的标号。具体的业务信道定义有相应的无线配置，无线配置RCl和RC2是为了保持和IS-95后向兼容。

为了满足3G业务的需求，cdma2000提出了更多种类的物理信道，其中有一部分是为了保持后向兼容，也有一部分是为了支持其高速的数据传输以及信令需求。下面介绍其前、反向链路的各个物理信道及其扩频调制。

9.4.2 前向链路

1．概述

前向链路所包括的物理信道如图9-35所示。这些信道由适当的Walsh函数或准正交函数（Quasi-Othogonal Function，QOF）进行扩频。Walsh函数用于RC1或RC2；Walsh函数或QOF用于RC3～RC9。cdma2000采用了变长的Walsh码，对于SR1，最长可为128；对于SR3，最长可为256。

前向链路物理信道分为前向链路公用物理信道和前向链路专用物理信道两大类，前向链路公共物理信道是在基站和多个移动台之间以共享接入、点到多点方式承载信息的物理信道。cdma2000所定义的前向链路公共物理信道如图9-36所示，包括：导频信道、同步信道、寻呼信道、广播控制信道、快速寻呼信道、公共功率控制信道、公共指配信道和公共控制信道。其中前三种是和IS-95

系统兼容的前向信道，后面的信道则是其新定义的。

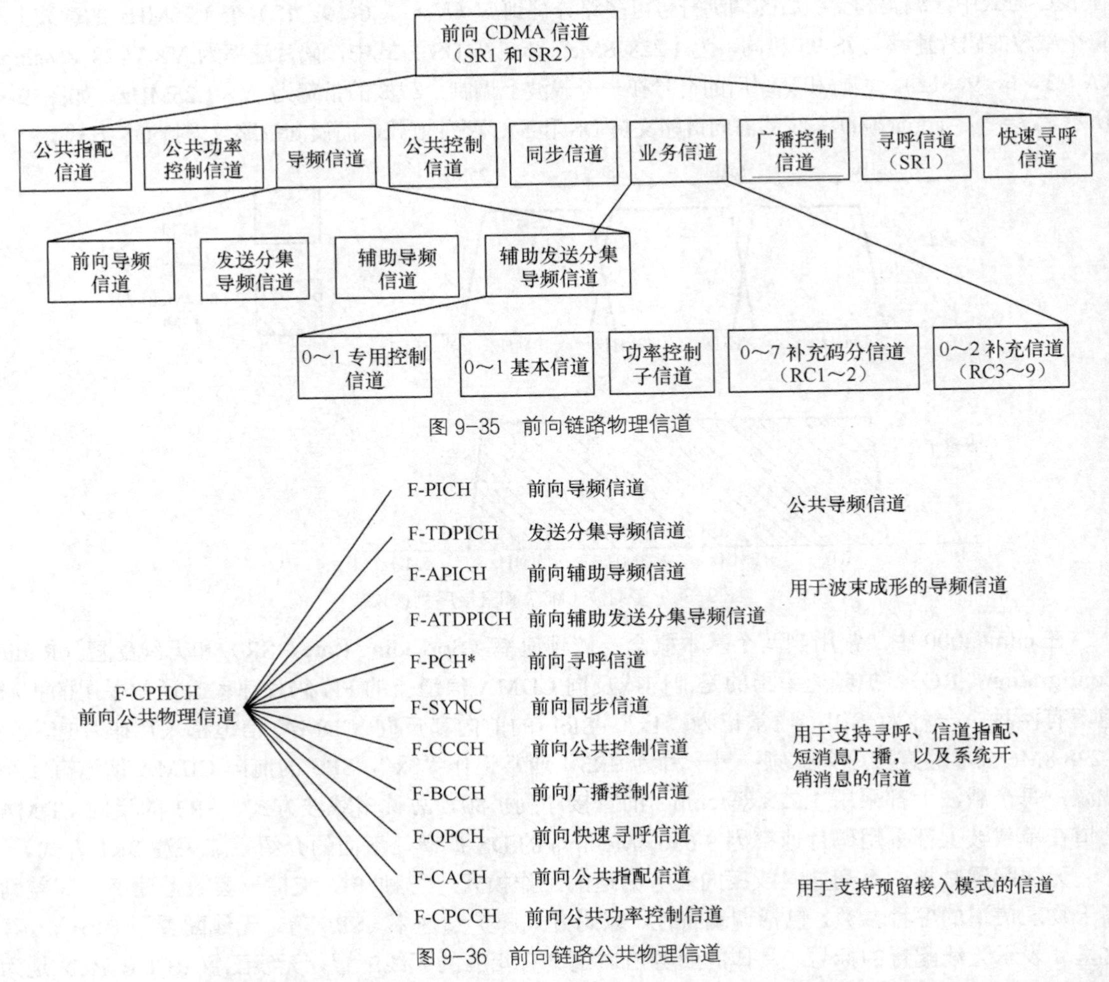

图 9-35 前向链路物理信道

图 9-36 前向链路公共物理信道

cdma2000 所定义的前向链路专用物理信道如图 9-37 所示，包括专用辅助导频信道．专用控制信道、基本业务信道、补充码分信道和前向补充信道。专用物理信道从功能上来说，等效于 IS-95 中的业务信道。由于第三代移动通信要求支持多媒体业务，这就需要业务信道能灵活地适应这些不同业务的要求，并同时支持多个业务的并发，cdma2000 中新定义的专用信道就是为了满足这样的要求。

cdma20001x 前向链路用变长的 Walsh 码（最大长度为 128）或准正交函数来区分信道。接下来主要讲述 cdma20001x 系统前向链路各个物理信道的结构，首先介绍前向链路公共物理信道和专用物理信道中各信道的基带处理（编码）部分，而后介绍前向链路的扩频与调制部分。

2．前向链路公共物理信道

（1）前向导频信道

前向导频信道包括基本导频信道（F-PICH）、发送分集导频信道（F-TDPICH）、辅助导频信道（F-APICH）和前向辅助发送分集导频信道（F-ATDPICH）。它们都是未经调制的扩频信号。BS 发射它们的目的是使在其覆盖范围内的 MS 能够获得基本的同步信息，也就是各 BS 的 PN 短码的相位信息，MS 可根据它们进行信道估计和相干解调。如果 BS 在前向链路信道上使用了发送分集方式，则它必须发送相应的发送分集导频信道（F-TDPICH）。如果 BS 在前向链路上应用了智能天线或波束赋形，则可以在一个 CDMA 信道上产生一个或多个（专用）辅助导频（F-APICH），用来提高容量或满足覆盖上的特殊要求（如定向发射）。当使用了 F-APICH 的 CDMA 信道采用发送分集方式时，BS 应发送相应的 F-ATDPICH。

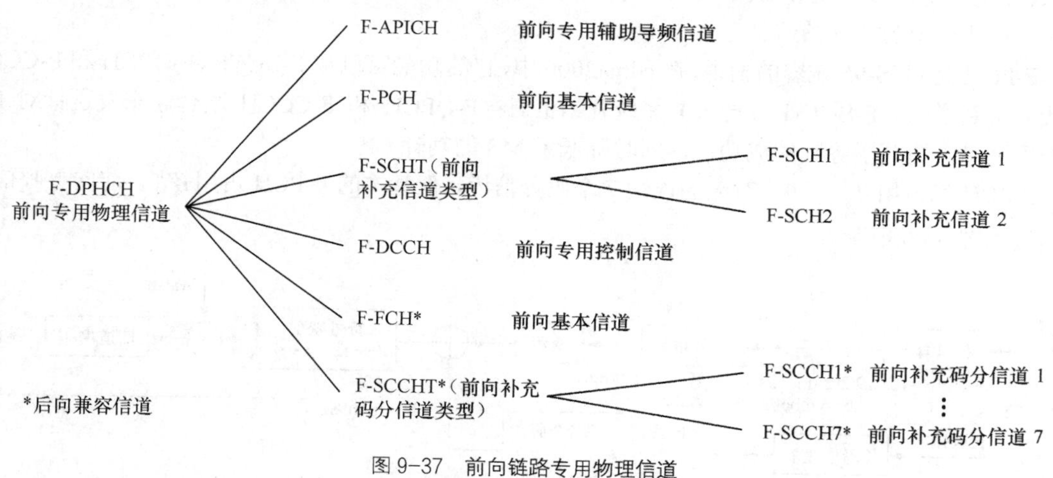

图 9-37 前向链路专用物理信道

各个前向导频信道的 Walsh 码分配情况如下：F-PICH 占用码分信道W_{64}^{0}；如果使用 F-TDPICH，它将占用W_{128}^{16}，并且发射功率小于或等于相应的 F-PICH；如果使用 F-APICH，它将占用W_{N}^{n}，其中 $N\leqslant512$，且 $1\leqslant n\leqslant N-1$，$N$ 和 n 的值由 BS 指定；如果 F-APICH 和 F-ATDPICH 联合使用，则 F-APICH 占用码分信道W_{N}^{n}，F-ATDPICH 占用码分信道$W_{N}^{n+N/2}$，其中 $N\leqslant512$，且 $1\leqslant n\leqslant N/2-1$，其中 N 和 n 的值均由 BS 指定。

导频信道所有比特都为 0，所以在发送前不需编码和交织，只需经过正交扩频、QPSK 四相调制和滤波。前向导频信道的结构如图 9-38 所示。图中之所以出现全“0”的 Q 支路，是因为前向导频信道使用了复扩频技术，前向同步和寻呼信道同样采用了这样的操作。

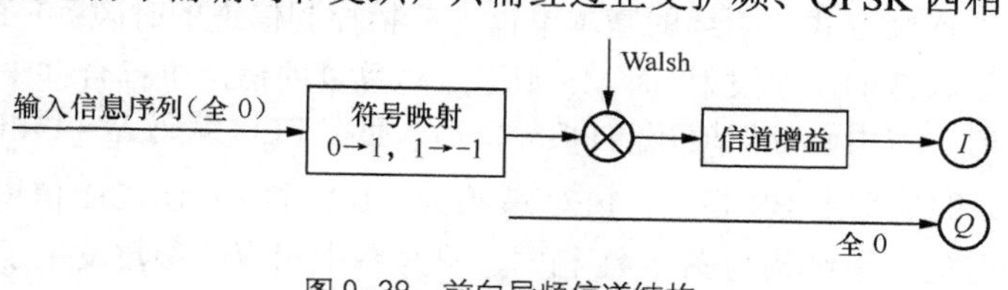

图 9-38 前向导频信道结构

（2）前向同步信道（F-SYNCH）

F-SYNCH 用于传送同步信息，在基站覆盖范围内，各移动台可利用该信息进行同步捕获。同步信道在发送前要经过卷积编码、码符号重复、交织、扩频、QPSK 调制和滤波。由于 F-SYNCH 上使用的导频 PN 序列偏置与同一前向信道的 F-PICH 上使用的相同，一旦移动台通过捕获 F-PICH 获得同步时，F-SYNCH 也就同步了。MS 通过对它的解调可以获得长码状态、系统定时信息和其他一些基本的系统配置参数：BS 当前使用的协议版本号、BS 所支持的最小协议版本号、网络和系统标识、频率配置、系统是否支持 SR_1 或 SR_3、发送开销（overhead）信息和信道的配置情况。前向同步信道的结构如图 9-39 所示。

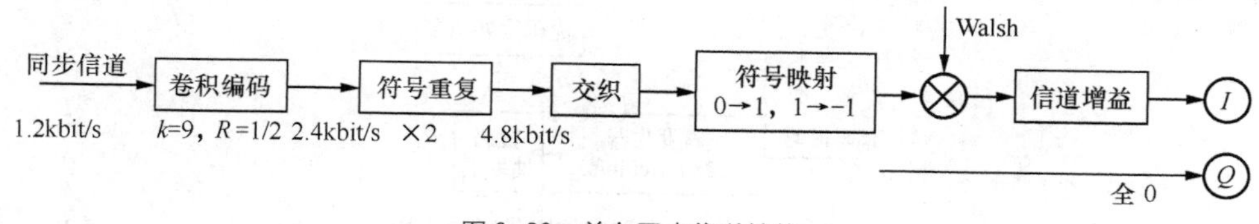

图 9-39 前向同步信道结构

（3）前向寻呼信道（F-PCH）

F-PCH 是供基站在呼叫建立阶段传送控制信息。它在发送前要经过卷积编码、码符号重复、交织、扩频、QPSK 调制和滤波。MS 可以通过它获得系统参数、接入参数、邻区列表等系统配置参数，这些属于公共开销信息。

F-PCH 是和 IS-95 兼容的信道，在 cdma2000 中，它的功能可以被 F-BCCH、F-QPCH 和 P-CCCH 取代并得到增强。F-BCCH 发送公共系统开销消息；F-QPCH 和 F-CCCH 联合起来发送针对 MS 的专用消息，提高了寻呼的成功率，同时降低了 MS 的功耗。

F-PCH 可占用 $W_{64}^{1} \sim W_{64}^{7}$ 对应的连续 7 个码分信道，但基本的 F-PCH 占用 W_{64}^{1}。前向寻呼信道的结构如图 9-40 所示。

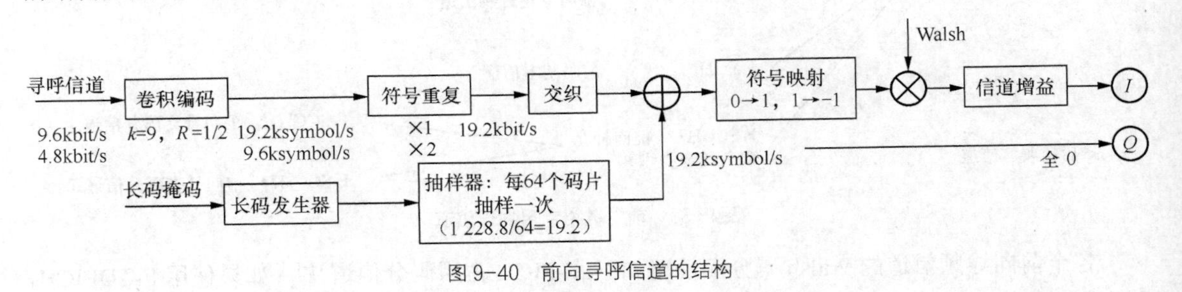

图 9-40　前向寻呼信道的结构

（4）前向广播控制信道（F-BCCH）

F-BCCH 用来对小区内发送系统开销信息（例如原来由 F-PCH 上发送的开销信息）以及需要广播的消息（例如短消息）。

F-BCCH 是经卷积编码、码符号重复、交织、扩频、QPSK 调制和滤波的信号。它可以工作在非连续方式，断续的基本单位为广播控制信道的时隙；F-BCCH 工作在较低的数据速率时，可以以较低的功率发射，而 MS 则通过对重复的信息进行合并来获得时间分集增益。在 FEC 编码 $R = 1/2$ 时，占用码分信道 W_{64}^{n} $(1 \leqslant n \leqslant 63)$，而在 FEC 编码 $R = 1/4$ 时，占用码分信道 W_{32}^{n} $(1 \leqslant n \leqslant 31)$，其中 n 的值均由 BS 指定。FEC 编码 $R = 1/2$ 时的 F-BCCH 信道结构如图 9-41 所示，FEC 编码 $R = 1/4$ 时的信道结构与图 9-41 相同，只是图中相应的参数发生了变化。

（5）前向公共指配信道（F-CACH）

F-CACH 是专门用来发送对反向链路信道快速响应的指配信道，提供对反向链路上随机接入分组传输的支持。F-CACH 在预留接入模式中控制 R-CCCH 和相关的 F-CPCCH 子信道，并且在功率受控接入模式下提供快速的确认响应，此外还有拥塞控制功能。BS 也可以不用 F-CACH，而是选择 F-BCCH 来通知 MS。

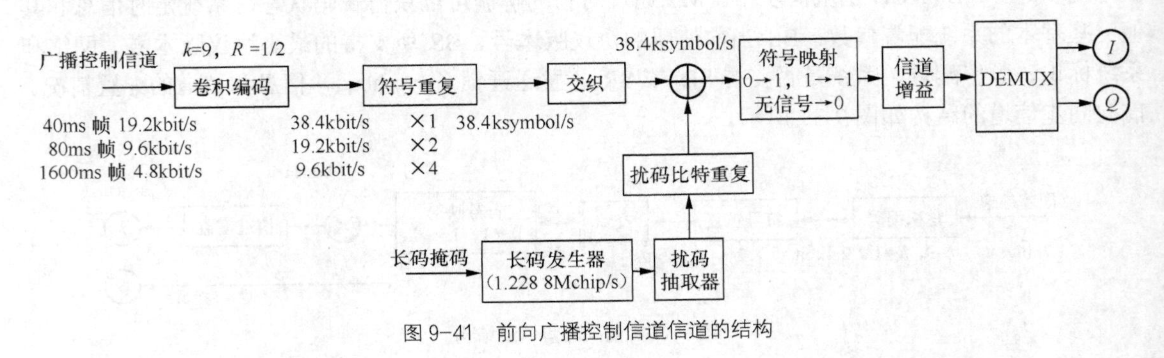

图 9-41　前向广播控制信道信道的结构

F-CACH 的发送速率固定为 9 600kbit/s，帧长 5ms，它可以在 BS 的控制下工作在非连续方式，断续的基本单位为帧。FEC 编码 $R = 1/2$，占用码分信道 W_{128}^{n} ($1 \leqslant n \leqslant 127$)，而 FEC 编码 $R = 1/4$，占用码分信道 W_{64}^{n} ($1 \leqslant n \leqslant 63$)，其中 n 的值均由 BS 指定。

F-CACH 要经卷积编码、交织、数据扰码、扩频、QPSK 调制和滤波。FEC 编码 $R = 1/2$ 的 F-CACH 信道结构如图 9-42 所示，FEC 编码 $R = 1/4$ 的信道结构与图 9-42 相同，只是图中相应的参数发生了变化。

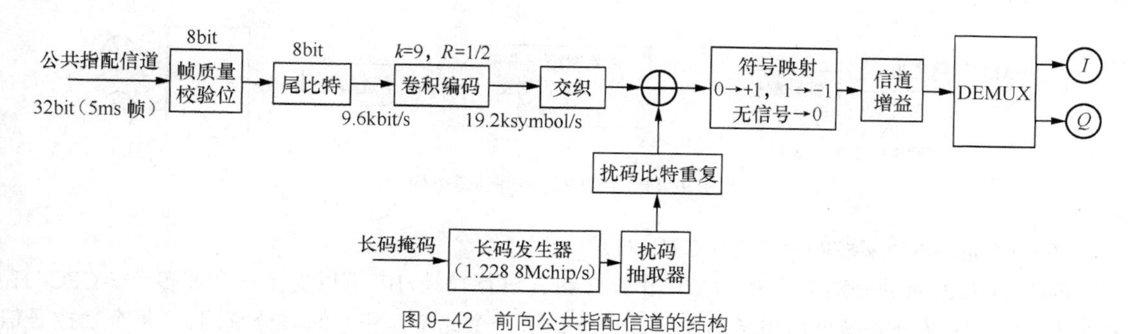

图 9-42　前向公共指配信道的结构

（6）前向公共控制信道（F-CCCH）

F-CCCH 供基站给整个覆盖区的移动台传递系统信息以及移动台指定的信息。

F-CCCH 有多种应用实例：作为主 F-CCCH 用于寻呼；作为从 F-CCCH 用于给指定的移动台发送消息；在相同的物理信道可以映射为主和从 F-CCCH；软切换可以在 F-CCCH 上进行。

F-CCCH 具有可变的发送速率：9 600、19 200 或 38 400bit/s。帧长为 20、10 或 5ms。FEC 编码 $R = 1/2$，占用码分信道 W_{N}^{n}，其中 $N = 32$、64 或 128（分别对应 38 400，19 200 或 9 600 bit/s），$1 \leqslant n \leqslant N-1$；FEC 编码 $R = 1/4$，占用 W_{N}^{n}，其中 $N = 16$、32 或 64（分别对应 38 400，19 200 或 9 600 bit/s），$1 \leqslant n \leqslant N-1$，其中 n 的值均由 BS 指定。虽然 F-CCCH 可占用的码分信道较多，但在同一导频 PN 偏置下，它的长码掩码却由标准唯一地确定，是固定的。

F-CCCH 是经过编码、交织、数据扰码、扩频调制和滤波的信号。FEC 编码 $R = 1/2$ 的 F-CCCH 信道结构如图 9-43 所示，FEC 编码 $R = 1/4$ 的信道结构与图 9-43 相同，只是图中相应的参数发生了变化。

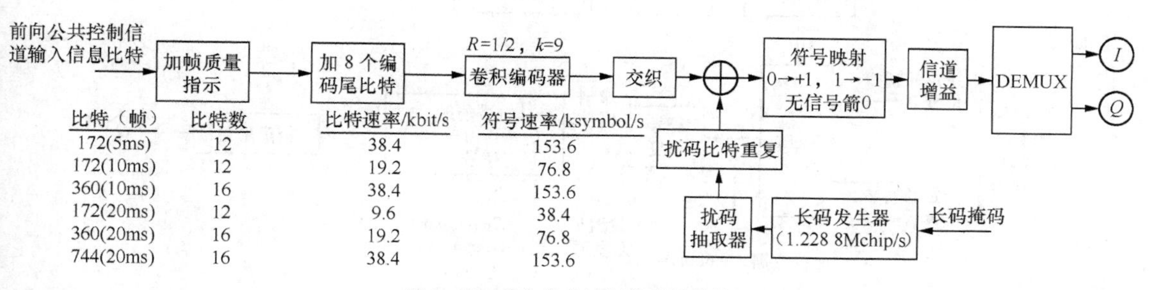

比特（帧）	比特数	比特速率/kbit/s	符号速率/ksymbol/s
172(5ms)	12	38.4	153.6
172(10ms)	12	19.2	76.8
360(10ms)	16	38.4	153.6
172(20ms)	12	9.6	38.4
360(20ms)	16	19.2	76.8
744(20ms)	16	38.4	153.6

图 9-43　前向公共控制信道的结构

（7）前向快速寻呼信道（F-QPCH）

F-QPCH 信道功能：寻呼、配置更改指示。BS 用它来通知在覆盖范围内、工作于时隙模式且处于空闲状态的 MS，是否应该在下一个 F-CCCH 或 F-PCH 的时隙上接收 F-CCCH 或 F-PCH。使用 F-QPCH，使 MS 不必长时间地监听 F-PCH，从而达到延长 MS 待机时间的目的。

每个消息 1 个比特："1"告诉移动台在接下来的时隙开始监听分配给它的 F-CCCH/F-PCH 信道；"0"告诉移动台进入睡眠模式，直到下一个循环。F-QPCH 采用 80ms 为一个 QPCH 时隙，每个时隙又划分为：寻呼指示符号、配置改变指示符和广播指示符。

如果在 SR1 中使用 F-QPCH，此信道的最大数为 3，将依次占用码分信道 W_{128}^{80}、W_{128}^{48} 和 W_{128}^{112}。F-QPCH 是没有经过编码，只经过符号重复、扩频和开关键控（OOK）调制的信号。其信道结构如图 9-44 所示。

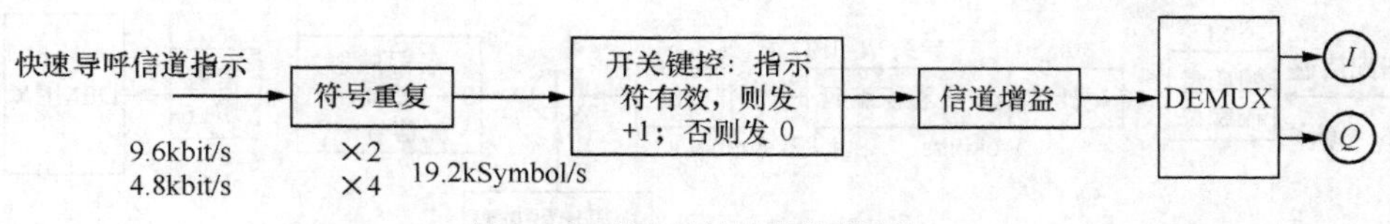

图 9-44　前向快速寻呼信道结构

（8）前向公共功率控制信道（F-CPCCH）

F-CPCCH 的目的是对多个 R-CCCH 和 R-EACH 进行功控。BS 可以支持一个或多个 F-CPCCH，每个 F-CPCCH 又分为多个功控子信道（每个子信道一个比特，相互间时分复用），每个功控子信道控制一个 R-CCCH 或 R-EACH。

对于 SR1，非发送分集的条件下使用 F-CPCCH，它将占用码分信道 $W_{128}^{n}(1 \leqslant n \leqslant 127)$；而在 OTD 或 STS（Space Time Spreading）方式下使用 F-CPCCH，它将占用码分信道 $W_{64}^{n}(1 \leqslant n \leqslant 63)$，$n$ 的值均由 BS 指定。F-CPCCH 不需要经过编码交织，其信道结构如图 9-45 所示。

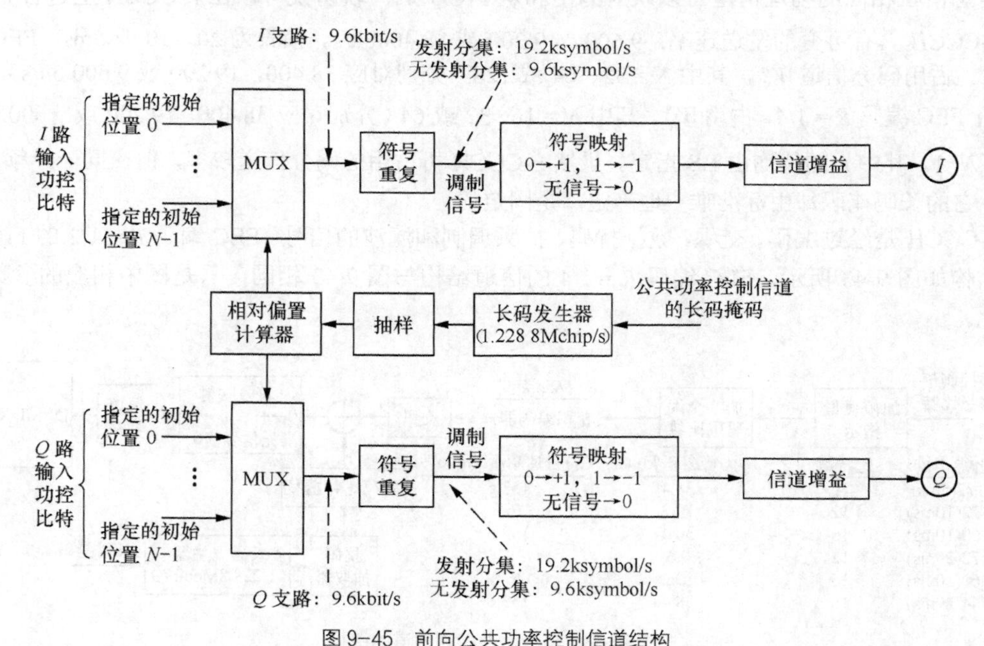

图 9-45　前向公共功率控制信道结构

3．前向链路专用物理信道

（1）前向专用控制信道（F-DCCH）

F-DCCH 用于通话（包括数据业务）过程中向特定的 MS 传送用户信息和信令信息。每个前向业务信道可以包括最多一个 F-DCCH。F-DCCH 上，允许附带一个前向功控子信道。F-DCCH

必须支持非连续的发送方式，断续的基本单位为帧。F-DCCH 的帧长为 5ms 或 20ms。其中数据速率为 14.4kbit/s 对应 20ms 的帧长，9 600bit/s 对应 5ms 或 20ms。

每个配置为 RC_3 或 RC_5 的前向专用控制信道，占用 $W_{64}^n(1\leqslant n\leqslant 63)$；每个配置为 RC_4、RC_6 或 RC_8 的前向专用控制信道占用 $W_{128}^n(1\leqslant n\leqslant 127)$；每个配置为 RC_7 或 RC_9 的前向专用控制信道，占用 $W_{256}^n(1\leqslant n\leqslant 255)$，以上 n 的值均由 BS 指定。

F-DCCH 需要经过卷积编码、交织、数据加扰和扩频调制。以 5ms 和 20ms 帧且速率 9.6kbit/s（RC_4）为例，其信道结构如图 9-46 所示。

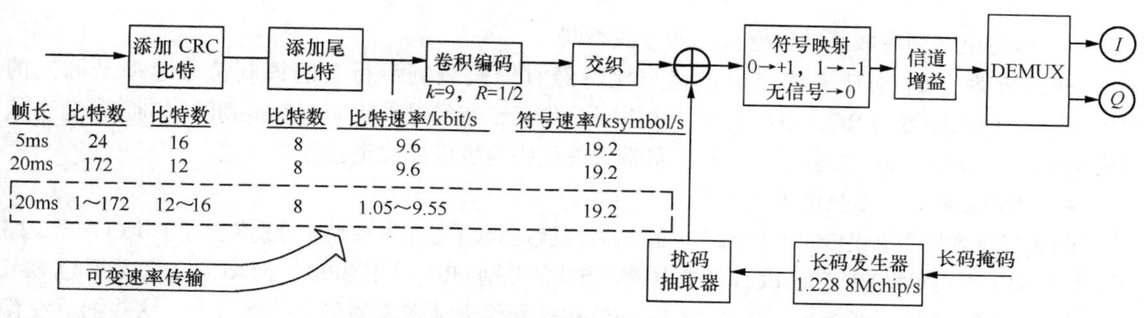

图 9-46　前向专用控制信道结构（RC4）

（2）前向基本信道（F-FCH）

F-FCH 用于通话（可包括数据业务）过程中向特定的 MS 传送用户消息和信令信息。每个前向业务信道可以包括最多 1 个 F-FCH。F-FCH 可以支持多种可变速率，工作于 RC_1 或 RC_2 时，它分别等价于 IS-95A 或 IS-95B 的业务信道。

F-FCH 在 RC_1 和 RC_2 时的帧长为 20ms；在 RC_3～RC_9 时的帧长为 5 或 20ms。在某一 RC 下，F-FCH 的数据速率和帧长可以以帧为单位进行选择，但调制符号的速率保持不变。

在 F-FCH 上，允许附带一个前向功控子信道。F-FCH 的帧结构里，第一个比特为“保留/标志”比特，简称 B/F 比特。R/F 比特用于 RC_2、5、8 和 9。

每个配置为 RC_1、RC_2、RC_3 或 RC_5 的 F-FCH，占用 $W_{64}^n(1\leqslant n\leqslant 63)$；每个配置为 RC_4、RC_6、或 RC_8 的 F-FCH，占用 $W_{128}^n(1\leqslant n\leqslant 127)$；每个配置为 RC_7 或 RC_9 的 F-FCH，占用 $W_{256}^n(1\leqslant n\leqslant 255)$，以上 n 的值均由 BS 指定。

前向基本信道的结构根据无线配置的不同而不同，在此以 RC_1 与 RC_3～RC_4 为例进行对比，如图 9-47 和图 9-48 所示。可见，配置为 RC_1 和 RC_3～RC_4 的 F-FCH 的结构主要有两处不同，分别简列如下。

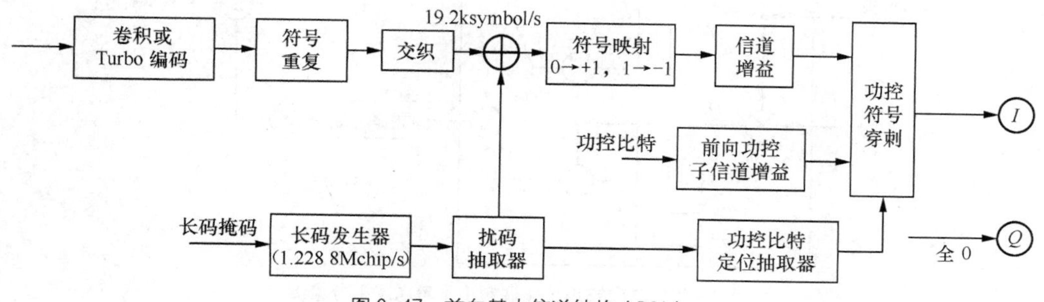

图 9-47　前向基本信道结构（RC1）

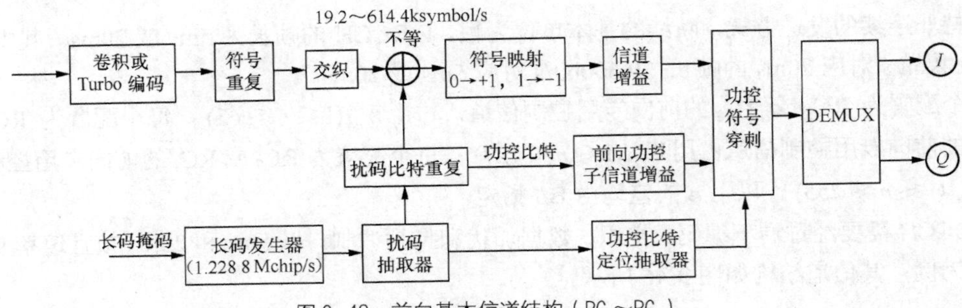

图 9-48　前向基本信道结构（RC_3～RC_4）

- 伪随机序列生成基带数据扰码的方式不同

在配置为 RC_1 的业务信道中，信息比特经过编码调制后得到的调制符号速率是固定的 19.2kbit/s，而在配置为 RC_3～RC_4 的业务信道中，信息比特经过编码调制后得到的调制符号速率从 19.2kbit/s 到 614.4kbit/s 大小不等，所以基带数据扰码的生成方式也就复杂一些。

- 调制之后输出数据的方式不同

图 9-47 的输出数据仅传向了 I 支路，而图 9-48 的输出数据经串并变换后分别传到了 I 和 Q 两条支路上，这说明了不同配置的前向 F-FCH 的数据调制方式的差别：RC_1 采用 BPSK，而 RC_3～RC_4 采用 QPSK。

RC_3、RC_4 两种无线配置下的 F-FCH 的结构差别仅表现在成帧部分的参数上，这些细节没有在图 9-48 中体现出来。

（3）前向补充信道（F-SCH）

F-SCH 用于在通话（可包括数据业务）过程中向特定的 MS 传送用户信息。F-SCH 只适用于 RC_3～RC_9，每个前向业务信道可以包括最多 2 个 F-SCH。F-SCH 可以支持多种速率，F-SCH 的帧长为 20、40 或 80ms，BS 可以支持 F-SCH 帧的非连续发送。

F-SCH 的信道结构与 F-FCH 在 RC_3～RC_4 下的信道结构相同（参见图 9-49），差别仅在成帧部分的参数上。

4．扩频与调制

以上讲述了各个物理信道的编码结构，经过处理后的数据符号在解复用（即串并变换）后将进行扩频调制处理。图 9-49 所示为不考虑发射分集时，前向链路的扩频调制过程。

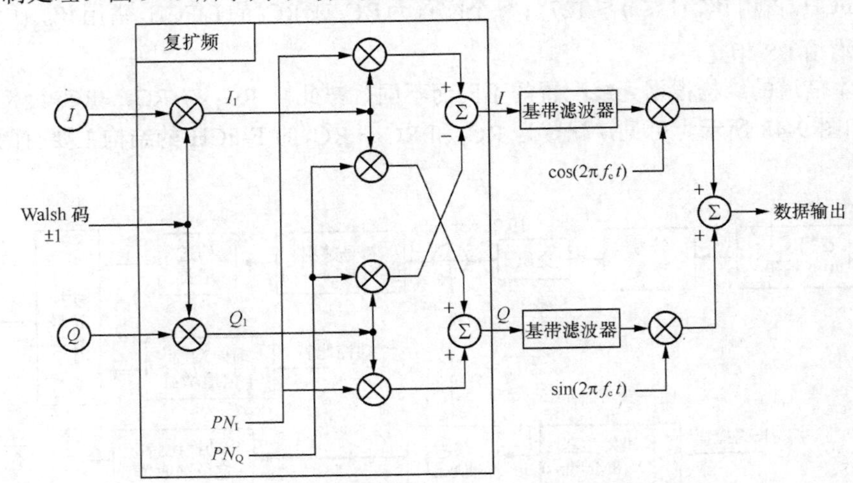

图 9-49　前向链路扩频调制（不考虑发射分集）

信号解复用后，加 Walsh 码或准正交函数进行扩频，I 和 Q 路使用相同的 Walsh 码或准正交函数。

准正交函数是为了进一步提高前向链路数据传输能力而引入的。通过 Walsh 码与掩码函数相乘得到 QOF。如果 Walsh 码长度为 N，长度为 N 的每一个掩码函数可以得到 N 个增加的码信道（QOF）。同一个 QOF 集合的任意 2 个 QOF 函数是互相正交的，两个不同的 QOF 集合的 QOF 函数存在非零的相关值，所以称为准正交函数。选择合适的 QOF 掩码函数，使得任意 QOF 函数之间，以及 QOF 与 Walsh 码之间的相关性尽可能地小。之后使用 PN 短码进行复扩频，经过复扩频后，各信道的 I 路和 Q 路数据分别进行求和，然后经基带滤波（基带滤波器的要求与 IS-95 相同），进行射频 QPSK 调制，经天线发射出去。

前向采用复扩频，能有效降低信号的峰均比，提高功率放大器的效率。同时我们注意到在 cdma2000 中，QPSK 调制器的 I、Q 两路输入的原始数据是不同的，这是与 IS-95 差别比较大的一个方面。

9.4.3　反向链路

1. 概述

反向链路所包括的物理信道如图 9-50 所示，也分为反向链路公用物理信道和反向链路专用物理信道两大类。反向链路公共物理信道如图 9-51 所示，包括接入信道（R-ACH）、增强接入信道（R-EACH）和反向公共控制信道（R-CCCH），这些信道是多个 MS 共享使用的，为了实现冲突控制，cdma2000 提供了相应的随机接入机制。如图 9-52 所示，反向专用物理信道和前向专用物理信道种类基本相同，并相互对应，包括：反向专用控制信道（R-DCCH）、反向基本信道（R-FCH）、反向补充信道（R-SCH）和反向补充码分信道（R-SCCH），它们用于在某一特定的 MS 和 BS 之间建立业务连接。其中，R-FCH 中的 RC_1 和 RC_2 两种是和 IS-95A/B 系统中的反向业务信道分别兼容的，其他的信道则是 cdma2000 新定义的反向专用信道。

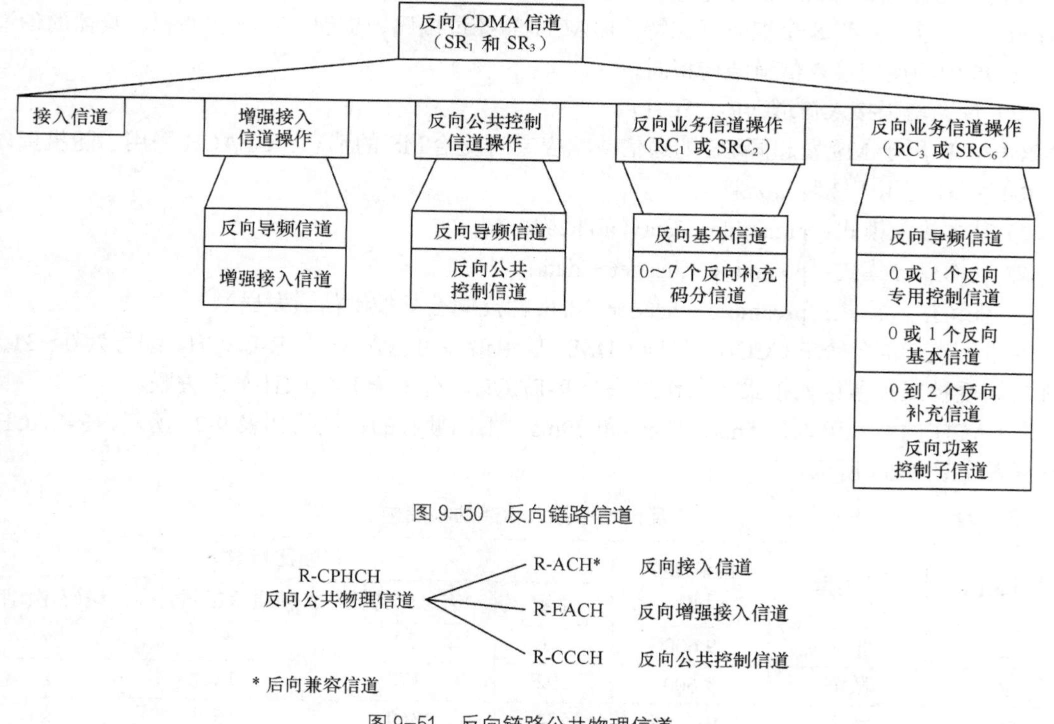

图 9-50　反向链路信道

图 9-51　反向链路公共物理信道

反向链路物理信道通过 Walsh 正交函数扩展并且分成 I/Q 两路，支持 5ms、10ms、20ms、40ms 和 80ms 帧长。支持快速反向功率控制，功控速率 800Hz。

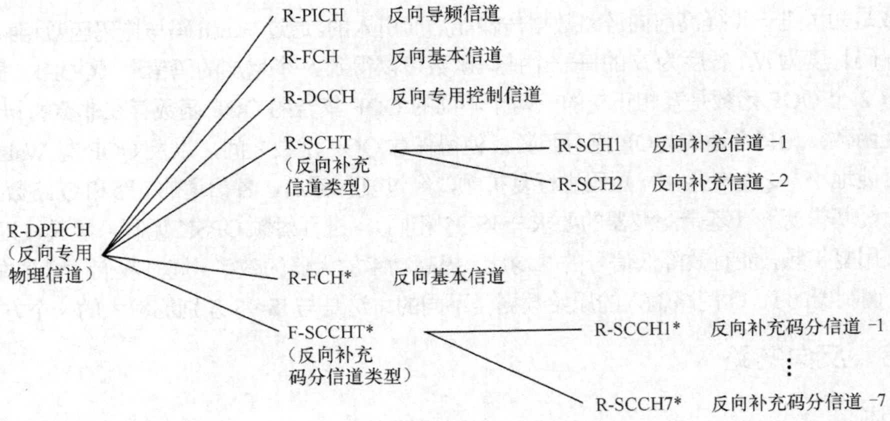

R-DPHCH（反向专用物理信道）
R-PICH 反向导频信道
R-FCH 反向基本信道
R-DCCH 反向专用控制信道
R-SCHT（反向补充信道类型）
R-SCH1 反向补充信道 -1
R-SCH2 反向补充信道 -2
R-FCH* 反向基本信道
F-SCCHT*（反向补充码分信道类型）
R-SCCH1* 反向补充码分信道 -1
⋮
R-SCCH7* 反向补充码分信道 -7

图 9-52　反向链路专用物理信道

2. 反向链路公共物理信道

（1）反向接入信道（R-ACH）

R-ACH 属于 cdma2000 中的后向兼容信道。它用来发起同 BS 的通信或响应寻呼信道消息。R-ACH 采用了随机接入协议，每个接入试探（probe）包括接入前缀和后面的接入信道数据帧。

反向 CDMA 信道最多可包括 32 个 R-ACH，编号 0～31。对于前向 CDMA 信道中的每个 F-PCH，在相应的反向 CDMA 信道上至少有 1 个 R-ACH。每个 R-ACH 与单一的 F-PCH 相关联。R-ACH 的前缀是由 96 个"0"组成的帧。

移动台必须以 4.8kbit/s 的固定速率发射反向接入信道信号，每个反向接入信道帧含 96 个比特，包括 88 个信道比特和 8 个编码尾比特。R-ACH 需经过编码、交织、扩频和调制。具体的信道结构与 IS-95 中的反向接入信道结构相同。

（2）反向增强接入信道（R-EACH）

R-EACH 用于 MS 发起同 BS 的通信或响应专门发给 MS 的消息。R-EACH 采用了随机接入协议。R-EACH 可用于 3 种接入模式。

① 基本接入模式：preamble +data（no header）；

② 功率受控模式：preamble + header + data；

③ 保留接入模式：preamble + header（data 由反向公共控制信道发送）。

对于所支持的各个 F-CCCH，反向 CDMA 信道最多可包含 32 个 R-EACH，编号为 0～31。对于在功率受控或预留接入模式下工作的每个 R-EACH，有 1 个 F-CACH 与之关联。

R-EACH 的帧长可以为 5ms、10ms 和 20ms，不同帧长的帧结构如表 9-21 所示，R-EACH 的信道结构如图 9-53 所示。

表 9-21　　反向增强接入信道的帧结构

帧长/ms	帧类型	传输速率 bit/s	每帧比特数			
			总数	信息比特数	帧质量指示符	编码尾比特
5	报头	9 600	48	32	8	8
20	数据	9 600	192	172	12	8
20	数据	19 200	384	360	16	8
20	数据	38 400	768	744	16	8
10	数据	19 200	192	172	12	8

续表

帧长/ms	帧类型	传输速率 bit/s	每帧比特数			
			总数	信息比特数	帧质量指示符	编码尾比特
10	数据	38 400	384	360	16	8
5	数据	38 400	192	172	12	8

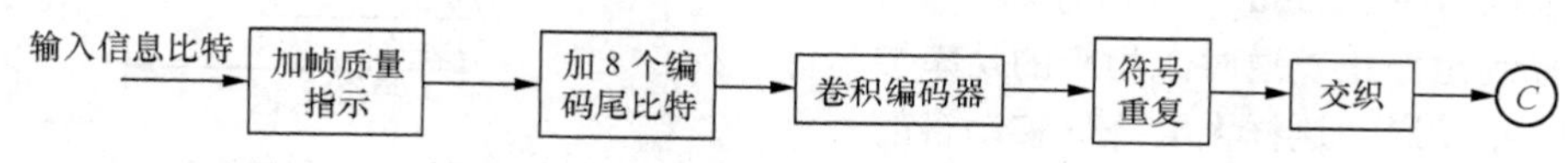

图 9-53 反向增强接入信道的结构

（3）反向公共控制信道（R-CCCH）

R-CCCH 用于在没有使用反向业务信道时向 BS 发送用户和信令信息。对于所支持的各 F-CCCH 与 F-CACH，反向 CDMA 信道最多可包含 32 个 R-CCCH，编号 0～31；对于前向 CDMA 信道中的每个 F-CCCH，在相应的反向 CDMA 信道上至少有 1 个 R-CCCH，每个 R-CCCH 与单一的 F-CCCH 相关联。R-CCCH 的帧结构如表 9-22 所示。

表 9-22　反向公共控制信道的帧结构

帧长/ms	传输速率 bit/s	每帧比特数			
		总数	信息比特数	帧质量指示符	编码尾比特
20	9 600	192	172	12	8
20	19 200	384	360	16	8
20	38 400	768	744	16	8
10	19 200	192	172	12	8
10	38 400	384	360	16	8
5	38 400	192	172	12	8

R-CCCH 的信号需要经过卷积编码、符号重复、交织、扩频和调制，其结构如图 9-54 所示。

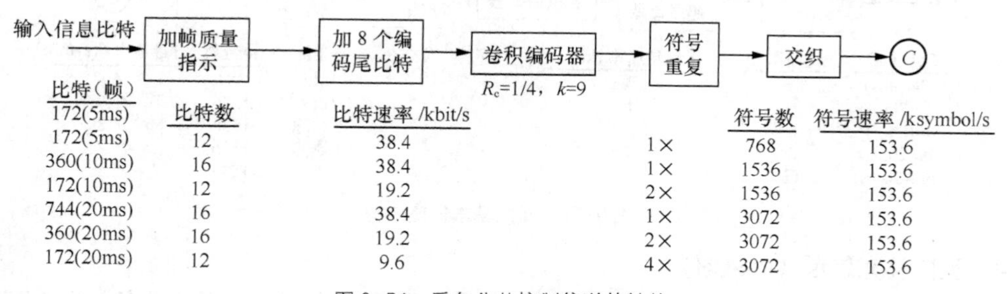

图 9-54 反向公共控制信道的结构

3. 反向链路专用物理信道

（1）反向导频信道（R-PICH）

R-PICH 是未经调制的扩频信号，由 0 号 Walsh 函数扩频。BS 利用它来帮助检测 MS 的发射，进行相干解调。使得反向链路上相干解调也成为可能，这也是 cdma2000 的特点。

当使用 R-EACH、R-CCCH 或 RC_3～RC_6 业务信道时，应该发送 R-PICH；当发送 R-EACH 前缀（preamble）、R-CCCH 前缀或反向业务信道前缀时，也应该发送 R-PICH；当 MS 的反向业务信道工作在 RC_3～RC_6 时，它应在 R-PICH 中插入一个反向功率控制子信道，可以对前向业务信道实现功率控制。

R-PICH 以 1.25ms 的功率控制组（PCG）进行划分，在一个 PCG 内的所有 PN 码片都以相同的功率发射。反向功率控制子信道又将 20ms 内 16 个 PCG 划分组合成两个子信道，分别称为"主功控子信道"和"次功控子信道"；前者对应 F-FCH 或 F-DCCH，后者对应 F-SCH。

为了降低在反向链路上对其他用户的干扰，当反向信道上数据速率较低，或者只需保持基本的控制联系而没有业务数据的情况下，反向导频可以采取门控（Gating）发送方式，即特定的功率控制组停止发送时，相应的功率控制子信道也不发送。这样大大降低移动台的功率消耗，R-PICH 的结构如图 9-55 所示。

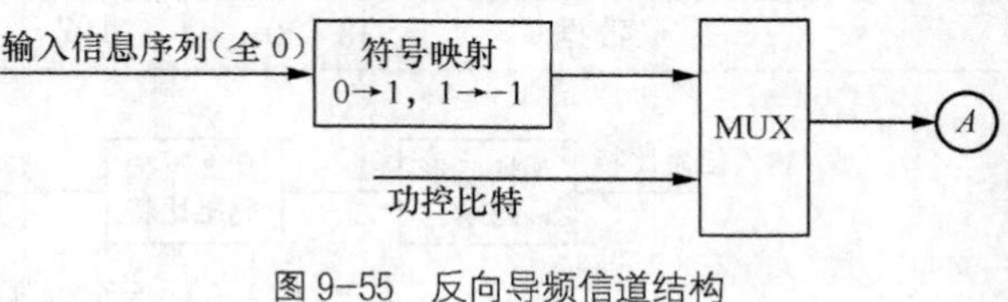

图 9-55　反向导频信道结构

（2）反向专用控制信道（R-DCCH）

R-DCCH 用于在 MS 通话中向 BS 发送用户和信令信息。反向业务信道中可以包括最多 1 个 R-DCCH。R-DCCH 的帧长为 5 或 20ms。MS 应支持在 R-DCCH 上的非连续发送，断续的基本单位为帧。以 RC3 和 RC5 为例，R-DCCH 信道的结构如图 9-56 所示。

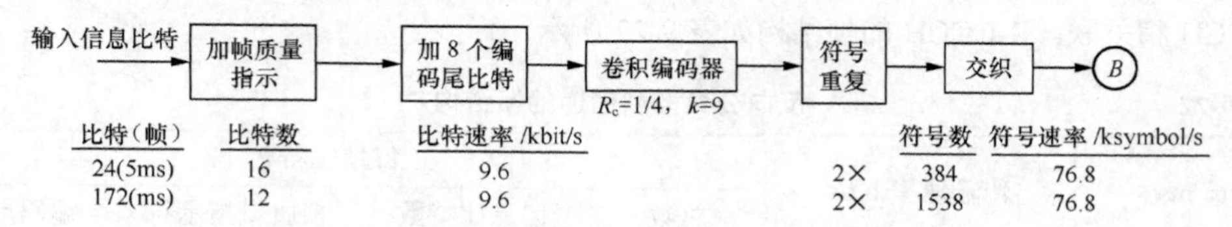

图 9-56　反向专用控制信道结构（RC_3和 RC_5）

（3）反向基本信道（R-FCH）

R-FCH 用于在通话中向 BS 发送用户和信令信息，反向业务信道中可包括最多一个 R-FCH。RC_1 和 RC_2 为后向兼容方式，其帧长为 20ms，信道结构与 IS-95 相同；RC_3～RC_6 的帧长为 5ms 或 20ms。在某一 RC 下的 R-FCH 的数据速率和帧长应该以帧为基本单位进行选取，同时保持调制符号速率不变。以 RC_3 为例，R-FCH 信道的结构如图 9-57 所示。

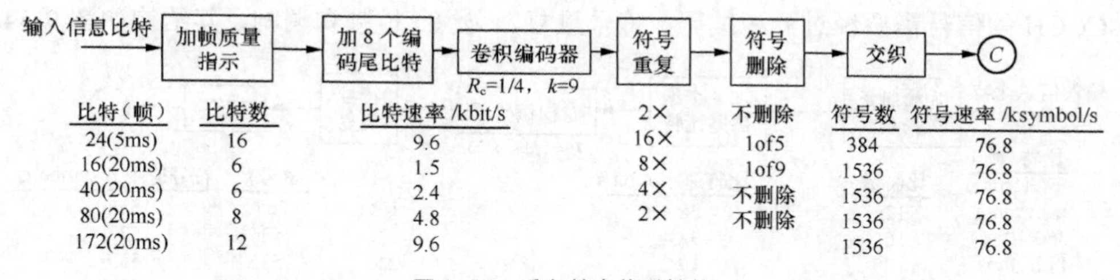

图 9-57　反向基本信道结构

（4）反向补充信道（R-SCH）

R-SCH 用于在通话中向 BS 发送用户信息，它只适用于 RC_3～RC_6。反向业务信道中可包括最多 2 个 R-SCH。R-SCH 可以支持多种速率，当它工作在某一允许的 RC 下，并且分配了单一的数据速率时，则它固定在这个速率上工作；如果分配了多个数据速率，R-SCH 则能够以可变速率发送，R-SCH 必须支持 20ms 的帧长，它也可以支持 40 或 80ms。RC_3～RC_6 采用 Turbo 码。以 20ms 帧、RC3 为例，R-SCH 信道的结构如图 9-58 所示。

（5）反向补充码分信道（R-SCCH）

反向补充码分信道用于在通话中向 BS 发送用户信息，它只适用于 RC_1 和 RC_2，属于 cdma2000 为了保持后向兼容 IS-95 而保留的信道。反向业务信道最多可包括 7 个 R-SCCH，它们和相应 RC 下的 R-FCH

的信道结构是相同的。在 RC1 下，R-SCCH 的数据速率为 9.6kbit/s；在 RC_2 下，其数据速为 14.4kbit/s

输入信息比特 → 加帧质量指示 → 加 8 个编码尾比特 → 卷积或 Turbo 编码器 → 符号重复 → 符号删除 → 交织 → C

比特（帧）	比特数	比特速率 /kbit/s	R_c	符号重复	符号删除	符号数	符号速率 /ksymbol/s
16(20ms)	6	1.5	1/4	16×	1of5	1536	76.8
40(20ms)	6	2.4	1/4	8×	1of9	1536	76.8
80(20ms)	8	4.8	1/4	4×	不删除	1536	76.8
172(20ms)	12	9.6	1/4	2×	不删除	1536	76.8
360(20ms)	16	19.2	1/4	1×	不删除	1536	76.8
744(20ms)	16	38.4	1/4	1×	不删除	3072	153.6
1512(20ms)	16	76.8	1/4	1×	不删除	6144	3.7.2
3048(20ms)	16	153.6	1/4	1×	不删除	12288	614.4
6120(20ms)	16	307.2	1/2	1×	不删除	12288	614.4

（R_c 为 1/4、1/4、1/4、1/4、1/2 的后五行：可以选用 Turbo 码）

图 9-58 反向补充信道结构

4．扩频与调制

如图 9-59 所示，反向导频信道、反向补充信道、反向专用控制信道、反向基本信道、反向公共控制信道、反向增强接入信道等在利用 Walsh 码分别进行正交扩频后，分别相加得到 I 和 Q 支路的信号，然后进行 HPSK 调制。调制过程为：长 PN 码序列（经长码掩码后）分别与两个短 PN 码序列 PN_I 和 PN_Q 相乘，得到的信号分别与 I 和 Q 支路的信号相乘进行加扰，具中，PN_I 信号与长码序列相乘后，得到的信号分别对 I 和 Q 支路的信号相乘进行加扰；PN_Q 信号与长码序列相乘后，得到的信号经 1/2 抽取后与 Q 支路 Walsh 函数相乘，然后再分别与 I 和 Q 支路的信号相乘进行加扰。HPSK 的应用显著地降低了信号的过零率，同时降低了信号的峰均值。

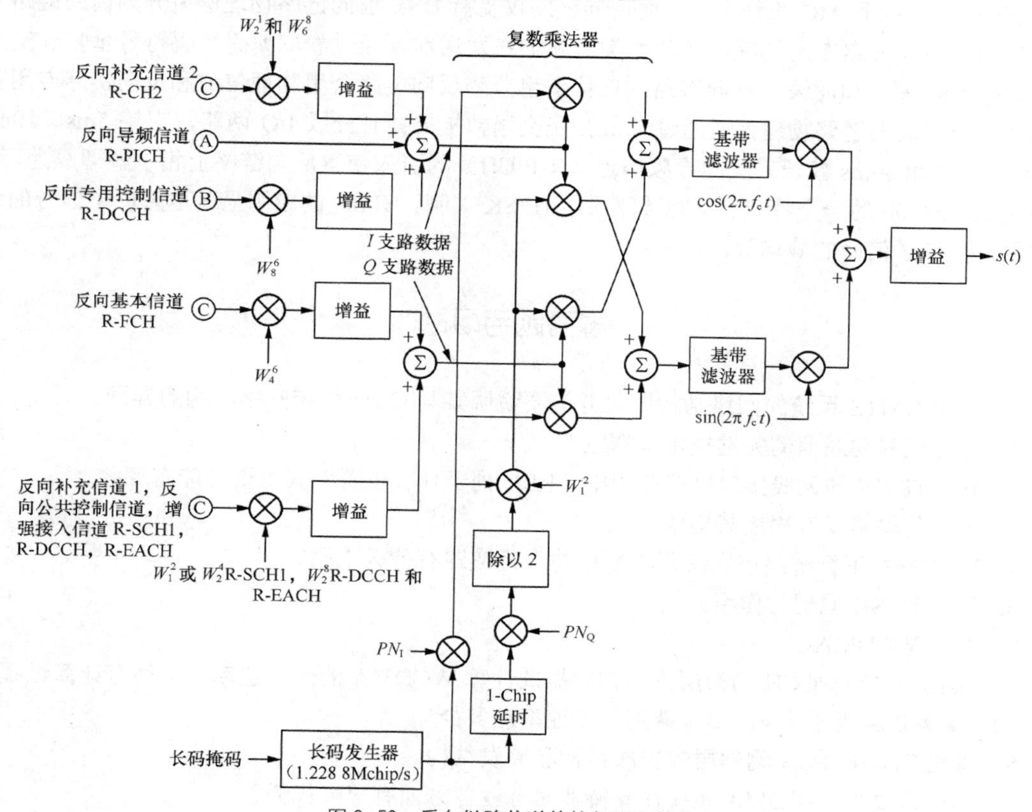

图 9-59 反向链路信道的扩频调制结构

小　结

3G 主流标准——WCDMA、TD-SCDMA、cdma2000 的主要区别在空中接口的无线传输技术上，本章依次重点介绍了它们的无线传输技术。

WCDMA 是目前全球范围内应用最广泛的一种 3G 技术。其空中接口协议分为三层：物理层（L1），数据链路层（L2）和网络层（L3）。为支持多媒体业务，新引入了传输信道。传输数据的类型及特征决定传输信道的特征，传输信道分为两类：公共传输信道和专用传输信道；物理信道是物理层使用的与一组特定物理层资源相关的信道。各传输信道映射到相应的物理信道。WCDMA 系统物理信道的帧长为 10ms，分为 15 个时隙，时隙对应于功率控制指令周期。传输信道到物理信道的映射是在物理层完成的。WCDMA 物理层的编码和复用处理包括差错检测和纠正、信道编码，速率匹配，交织以及传输信道和物理信道之间的映射。物理信道的扩频操作分信道化和数据加扰两步进行。

TD-SCDMA 是中国提出的基于 TDD 的 3G 标准。网络结构与 UMTS 完全相同，其特色在于空中接口的物理层。TD-SCDMA 系统帧结构的设计考虑到了对智能天线和上行同步等新技术的支持。一个 TDMA 帧长为 10ms，分成两个结构完全相同的 5ms 子帧。每一子帧由 7 个常规时隙和 3 个特殊时隙构成。TD-SCDMA 采用 QPSK 或 8PSK 调制技术。

cdma2000 是美国推出的 3G 标准。它包含两种扩频技术：多载波（MC）和直接序列扩频（DS）。前向链路支持 DS 和 MC 两种方式，而反向链路仅支持 DS。前向链路物理信道分为前向链路公用物理信道和前向链路专用物理信道两大类，它们在发送前要经过卷积编码、码符号重复、交织、扩频、QPSK 调制和滤波；反向链路物理信道也分为反向链路公用物理信道和反向链路专用物理信道两大类，反向链路物理信道通过 Walsh 正交函数扩展并且分成 I/Q 两路，支持 5ms、10ms、20ms、40ms 和 80ms 帧长。反向导频信道（R-PICH）的引入使得反向链路上相干解调成为可能，这也是 cdma2000 的一个特点。反向链路采用 HPSK 调制。HPSK 的应用显著地降低了信号的过零率，同时降低了信号的峰均值。

思考题与习题

1. 画出 UMTS 系统的网络结构图，并简要说明其与 GSM 系统网络结构的异同。
2. 第三代移动通信的关键技术有哪些？
3. 在 UTRAN 的无线接口协议模型中，RRC 处于什么位置？其主要功能有哪些？
4. 何为传输格式？简述其构成。
5. WCDMA 下行链路信道编码与复用与上行链路有什么不同？
6. 简述 HPSK 原理与作用。
7. 关于 WCDMA

（1）画出上行 DPCCH 的帧层次结构并据此计算 WCDMA 的码片速率（必须有计算过程）。

（2）如果扩频因子为 4，那么调制符号速率是多少？

8. 画出 TD-SCDMA 物理层帧层次结构和突发结构。
9. 为什么说 TD-SCDMA 系统在支持非对称业务方面有很大优势？
10. 填写表中信道映射关系（用连线链接表示）而后再将信道映射关系补充完整。

传输信道	物理信道
PCH	DPCH
USCH	PCCPCH
FACH	SCCPCH
DSCH	PRACH
DCH	PUSCH
	PDSCH
	DwPCH
	UpPCH
	PICH
	FPACH

11．cdma2000 系统中的多载波方式是如何实现的？有何优点？

12．画出 cdma2000 中 R-PICH 的结构图，简要说明其功能。

第10章 移动通信未来发展

本章主要介绍第三代移动通信系统之后的新一代移动通信系统 3GPP LTE 系统的发展，以及第四代移动通信系统 IMT-Advanced 系统的发展现状。

10.1 3GPP LTE 系统

国际标准化组织 3GPP 在经过讨论后提出实现峰值速率 100Mbit/s 的数据传输，需设计出 7～50 倍于当前系统传输速率的新技术，且具有很好的向下兼容性，以保护现有投资。这一新的系统被称作增强型 3G 或 3GPP 的长期演进（Long Term Evolution，LTE）

10.1.1 3GPP 标准的发展

第三代合作伙伴计划（3rd Generation Partnership Project，3GPP）是一个成立于 1998 年 12 月的标准化机构，主要负责通用移动通信系统（UMTS）的标准化工作。目前其成员包括欧洲的 ETSI、日本的 ARIB 和 TTC、中国的 CCSA、韩国的 TTA 和北美的 ATIS。3GPP 标准组织主要包括项目合作组（PCG）和技术规范组（TSG）两类。其中项目合作组主要负责总体管理、时间计划、工作分配等，具体的技术工作则由各技术规范组完成。目前，3GPP 包括 4 个技术规范组，分别负责 EDGE 无线接入网（GERAN）、无线接入网（RAN）、系统和业务方面（SA）以及核心网与终端（CT）。每个技术规范组进一步分为不同的工作子组，每个工作子组分配具体的任务。

3GPP 于 2000 年 3 月完成了第一个共同技术规范 Release 99，制定了第一个 UMTS 3G 网络，集成了 CDMA 空中接口。在 3GPP 内部，下一版本的技术规范原本考虑称为 Release 2000，但当时调整了版本的命名方式，考虑到 Release 99 版本的技术规范的版本号是 3 开头，于是 2001 年 3 月 3GPP 发布的下一个版本称作 Release 4。Release 4 版本仅对 Release 99 版本做了细微的调整，网络结构没有改变，而是增加了一些接口协议的增强功能和特性。2002 年 6 月完成的 Release 5 版本则有较大的改动，增加了高速下行分组接入（High Speed Downlink Packet Access，HSDPA）和基于 IP 的传输层。Release 6 版本中又新增了一些大的条款，该版本不仅包含 HSDPA 增强功能，而且还包括高速上行链路分组接入（High Speed Uplink Packet Access，HSUPA）和多媒体广播组播业务（Multimedia Broadcast Multicast Service，MBMS），虽然 Release 6 版本中的首批技术指标在 2003 年年底已经成型，但 HSUPA 技术规范直到 2004 年 12 月才成型。2007 年 6 月，Release 7 版本最终定稿，其中包含了许多新的特征：支持大量部署的扁平化无线接入网结构、高阶调制增强技术以及多输入多输出天线技术等。另外，Release 7 版本增加了 MBMS 专用的载波设置，这在

Release 8 版本中更有增强。Release 8 版本启动了长期演进（LTE）与系统架构演进（SAE）的标准制定工作，同时还进行了一系列标准的增强与完善工作，如在 HSPA 上的 CS 语音，在 Cell-FACH 状态下上行链路数据速率得到改善，以及双载波的 HSDPA 功能。Release 9 版本实现了对 SAE 的增强、WiMAX 与 LTE/UMTS 的互操作性，又增加了含 MIMO 的双频段 HSDPA 和双载波 HSUPA。Release 10 版本实现了 IMT-Advanced 4G 要求的 LTE-Advanced，并向下兼容 Release 8（LTE），增加了支持四载波的 MC-HSDPA。各版本的发布时间和主要功能增强如图 10-1 所示。

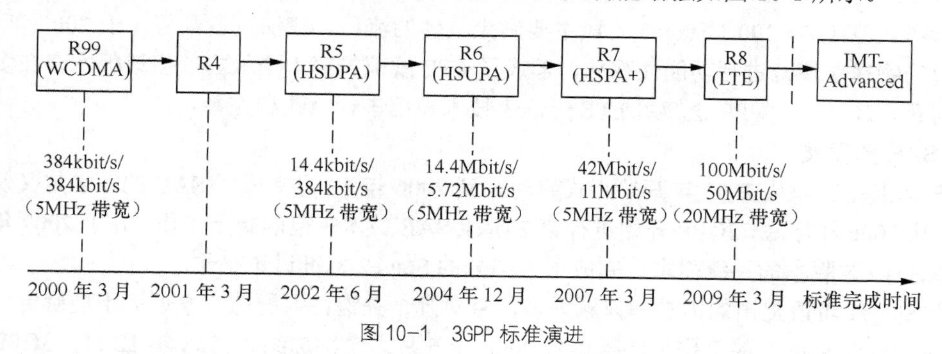

图 10-1　3GPP 标准演进

10.1.2　LTE/SAE 的发展

为满足用户不断增长的业务需求，同时适应新技术的发展和移动通信理念的变革，3GPP 在 2004 年年底启动了 LTE/SAE 标准化工作，希望能继续保持 3GPP 在移动通信领域的技术及标准优势，同时有效填补 3G 和 4G 间存在的巨大技术差距。

1. LTE/SAE 概念

LTE/SAE 网络的总体目标包含两个方面：一是性能提高，即提供更高的用户数据速率，提升系统容量和覆盖率，减小时延，并减少运营成本；二是实现一个能支持多种接入技术灵活接入的、基于全 IP 的分组核心网络，并保证业务的连续性。

LTE/SAE 网络是一个具有高数据率、低时延和基于全分组化的移动通信系统，具体如下所述。

（1）实现灵活的频谱带宽配置，灵活支持 1.4～20MHz 可变带宽。

（2）提高数据传输率和频谱利用率，峰值数据率达到上行 50Mbit/s，下行 100Mbit/s，频谱效率达到 3GPP Release 6 的 2～4 倍。

（3）提升小区边缘传输速率，以保证一致的用户体验。

（4）减小系统时延，增强对实时业务的支持，用户面延迟（单向）小于 5ms，控制面延迟小于 100ms；支持与现有 3GPP 和非 3GPP 系统的互操作。

（5）支持增强型 QoS 与安全机制。

（6）支持扁平化的网络层次架构，网络节点尽量压缩，降低建网成本，实现低成本演进，实现合理的终端复杂度、成本和耗电。

（7）支持全面分组化。

（8）支持多接入技术接入至统一的核心网，支持增强的 IMS 和核心网；追求后向兼容，并考虑性能改进和后向兼容之间的平衡。

2. LTE 的发展

3GPP LTE 相关的标准工作可分为两个阶段：SI（Study Item，技术可行性研究阶段）和 WI（Work Item，具体技术规范撰写阶段）。

SI 阶段，主要完成目标需求的定义，明确 LTE 的概念，完成可行性研究报告；截止到 2006 年 9 月已完成包括物理层接入方案、信道结构的研究、RAN-CN 功能调整和优化、无线接口协议的体系结构、信令的流程与终端移动性、演进的 MIMO 机制、宏分集与射频部分、状态与状态转移问题等方面的研究，形成 3GPP LTE 的可行性研究报告。

WI 阶段，主要完成核心技术的规范工作，可分为 Stage2 和 Stage3 两个阶段。Stage2 阶段主要对 SI 阶段初步讨论的体系框架进行确认，同时进一步完善技术细节，于 2007 年 3 月形成了 LTE 第 1 版参考规范 TS36.300。Stage3 阶段主要确定具体的流程、算法及参数等，于 2007 年 12 月对无线接口的物理层规范进行功能性冻结，形成了 LTE 规范的第 1 个版本，但该版本存在多方面未确定的问题，2008 年 3GPP 继续对 LTE Stage3 技术规范进行修改和完善。

3．SAE 的发展

SAE 标准化工作从 2005 年开始正式启动，到 2006 年 12 月完成了 SAE 的需求定义及技术研究报告。从 2006 年年底，3GPP 开始进行第 2 阶段 SAE 技术规范的制定工作，并于 2007 年 12 月，冻结了 Release 8 版本的系统需求，完成了大部分的 Stage2 标准讨论工作。

由于 Stage1 阶段提出的需求和议题太多，且对几个关键性课题的方案迟迟不能确定，Release 8 版本 SAE 标准 Stage2 的工作最终推迟到 2008 年 6 月才全部冻结。2008 年 12 月，3GPP 完成了大部分的 SAE 信令协议规范 Stage3 的制定工作。

10.1.3 LTE 系统简介

3GPP LTE 接入网在能够有效支持新的物理层传输技术的同时，还需要满足低时延、低复杂度、低成本的要求。原有的网络结构显然已无法满足要求，需要进行调整与演进。在 TS 36.300 和 TS 36.401 中对 LTE，即 E-UTRAN 的网络拓扑架构进行了详细的描述，如图 10-2 所示。

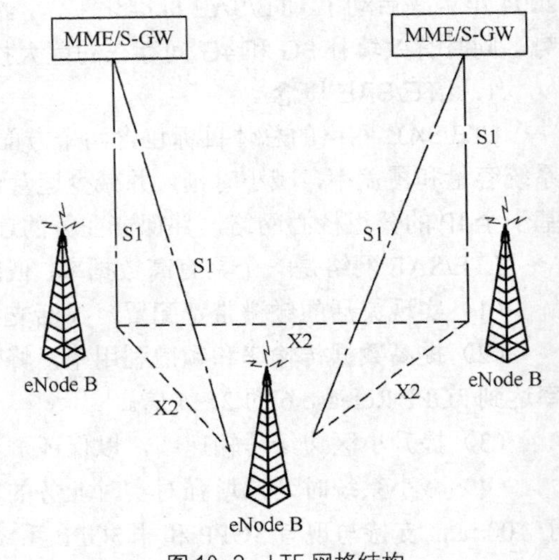

图 10-2 LTE 网格结构

E-UTRAN 主要由演进型 Node B（eNode B）构成，eNode B 间的接口为 X2，每个 eNodeB 都与演进的分组核心网（Evolved Packet Core，EPC）相连，二者间的接口为 S1。S1 接口的用户面终止在业务网关 S-GW 上，S1 接口的控制面终止在移动性管理实体 MME 上。控制面和用户面另一端终止于 eNode B 上。eNode B 的功能如图 10-3 所示，可以提供以下功能。

（1）实现无线资源管理。实现无线承载控制、无线许可控制、连接移动性控制、上行和下行资源动态分配调度。

（2）对 IP 的数据包头进行压缩并对用户数据流进行加密。

（3）当从提供给 UE 的信息中无法获知 MME 路由信息时，选择 UE 附着的 MME。

（4）用户面数据向 S-GW 的路由。

（5）从 MME 发起的寻呼消息的调度和发送。

（6）从 MME 或 O&M 发起的广播信息的调度和发送。

（7）用于移动性和调度的测量与测量上报配置。

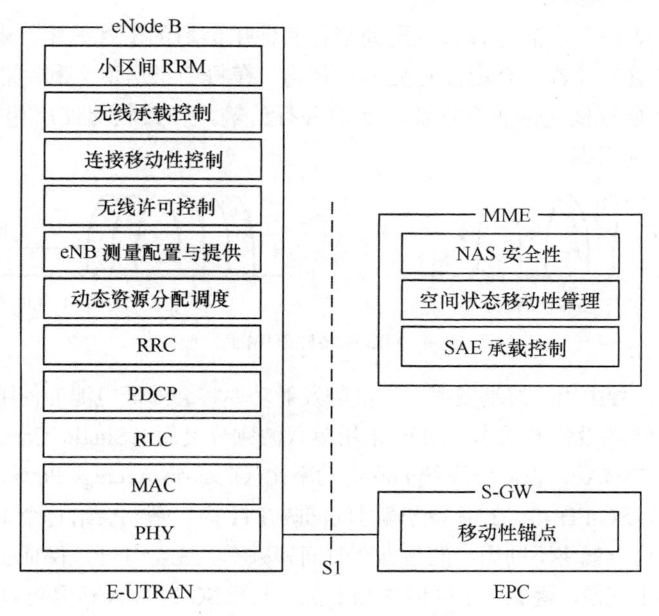

图 10-3　E-UTRAN 和 EPC 的功能

确定 E-UTRAN 架构和 E-UTRAN 接口的总体原则如下。

（1）信令和数据传输网络的逻辑分割。

（2）E-UTRAN 与 EPC 的功能完全区分于传输功能。E-UTRAN、EPC 采用的寻址方法不应和传输功能的寻址方法绑定。事实上，某些 E-UTRAN 或 EPC 的功能可能会放置在同一设备中，某些传输功能并不能分成 E-UTRAN 部分的传输功能和 EPC 部分的传输功能。

（3）RRC 连接的移动性完全由 E-UTRAN 控制。

（4）当定义 E-UTRAN 接口时，应尽可能减少接口功能划分的选项数量。

（5）一个接口应该基于通过该接口控制的实体逻辑模型来设计。

（6）一个物理网元可包含多个逻辑节点。

10.1.4　LTE 的关键技术

LTE 系统相对于 UMTS 系统，在空中接口的无线传输能力方面有了很大的提高，尤其是在多址技术方面进行了革命性的改进，这也是整个 LTE 系统设计研究和标准化工作的核心。同时，LTE 在其他一些技术领域也进行了局部的改进，如多天线技术、自适应技术、调度算法与重传机制等。另外，LTE 系统还引入了一些新技术用于优化系统的整体性能，如小区间干扰抑制技术、网络自组织技术等。

下面主要介绍 LTE 中的多址技术、多天线技术、链路自适应技术、分组调度技术、小区间干扰抑制技术和网络自组织技术。

1．多址技术

从 LTE 系统的目标需求可以看出，下行 100Mbit/s 和上行 50Mbit/s 的传输能力对物理层无线传输技术提出了较高要求，传统的 3G 空中接口技术已经难以满足此要求，因此，必须使用全新的空中接口技术。

对于下行链路，LTE 系统采用 OFDMA 以提高频谱效率。由于在高速率环境下单载波技术的均衡器太过复杂，因此采用多载波的配置方案，其中传统的 FDM 多载波调制造成频带利用率低，采用 OFDM 可大大提高频带利用率，如图 10-4 所示，OFDM 每个子载波的峰值正好位于其他子载波的频谱零点处，即每个子信道载频位置处来自其他子信道的干扰为零，满足正交性。OFDMA调制的原理是，将信道分成若干个相互正交的子信道，在每个子信道上利用相应子载波实现调制，从而将高速数据流转换成低速的子数据流，实现并行传输，在接收端使用相关技术将正交信号分离，有效提高了频谱利用率。

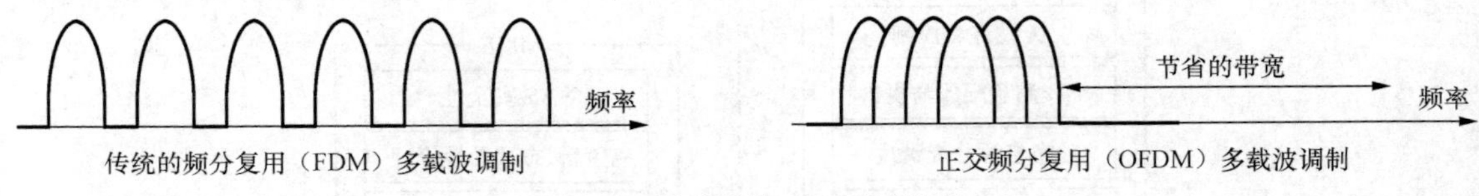

图 10-4　FDM 调制与 OFDM 调制比较

对于上行链路，信号由用户终端发射，过高的发射功率将会降低电池的使用寿命，提高了对系统功放的要求，增加了终端设备的成本。LTE 采用单载波频分复用（Single Carrier-Frequency Division Multiple Access，SC-FDMA），以降低系统的峰均功率比（Peak-to-Average Power Ratio，PAPR），从而减少终端体积和成本。SC-FDMA 在每个传输时间间隔 TTI 内，基站会给每个 UE 分配一个独立的频段，以便发送数据，这样就将不同用户的数据在时间和频率上完全分开，保证小区内同一时刻不同用户所使用上行载波的正交性，避免了小区内同频干扰。上行 SC-FDMA 信号可以用“频域”和“时域”两种方法生成，频域生成方法又称为 DFT 扩展 OFDM（DFT-S-OFDM）；时域生成方法又称为交织 FDMA（IFDMA）。DFT-S-OFDM 技术是在 OFDM 的 IFFT 调制之前对信号进行 DFT 扩展，这样系统发射的是时域信号，从而可以避免 OFDM 系统发送频域信号带来的 PAPR 问题。

2. 多天线技术

在实际的移动通信环境中，存在多个散射体、反射体，在无线通信链路的发射端与接收端存在不止一条传播路径，多径传播对通信的有效性与可靠性造成了严重的影响。多入多出（MIMO）技术利用空间中的多径因素，在发送端和接收端均使用多个天线，发射端采用不同的发射天线同时发送信号，接收端则利用多径引起的多个接收天线上信号的不相关性从混合信号中分离估计出原来发送的各路子信号，实现分集增益或复用增益，进而提高小区容量、扩大覆盖范围、提高数据传输速率等性能指标。

LTE 系统分别支持适应于宏小区、微小区、热点等各种环境的 MIMO 技术。基本的 MIMO 模型是下行 2 × 2，上行 2 × 2 天线阵列。下行 MIMO 模式包括波束赋形、发射分集和空间复用，这 3 种模式适用于不同的信噪比条件并可以相互转化。波束赋形和发射分集适用于信噪比条件不高的情况，用于小区边缘用户有利于增大小区的覆盖范围；空间复用模式适用于信噪比较高的情况，用于提高用户的峰值速率。发射分集技术包括空时/频编码、时间/频率切换分集和循环延迟分集等。空间复用技术包括开、闭环空间复用和预编码等。空间复用模式还包括 SU-MIMO（单用户 MIMO）和 MU-MIMO（多用户 MIMO），两种模式之间的切换由 eNodeB 控制。下行 MIMO 以空分复用（SDM）为基础，SDM 可分为单码字 SDM 和多码字 SDM，在多码字 SDM 中，多个码流独立编码，并采用独立的 CRC 校验，同时发射的码流数量最大可达 4。LTE 系统的上行 MIMO 技术包括发射分集技术（包括循环延迟分集和空时/频编码）、SDM 和预编码等。上行将采用一种特殊的 MU-MIMO（SDMA）技术，可以动态地将两个单天线发送的 UE 配对，进行虚拟的 MIMO 发送，两个具有较好正交性信道的 UE 可以共享相同的时/频资源，提高上行系统的容量。

3. 链路自适应技术

在 LTE 系统中，由于引入了 OFDM 和 MIMO 技术，需要对时、频、空三个维度的信号进行处理，因而为链路自适应方案带来了更多的灵活性。要实现高速传输的要求及对多种业务的支持能力，系统需根据信道条件自适应地对无线资源和无线链路进行调整。链路自适应技术包括动态功率控制、自适应调制编码（AMC）及混合自动请求重传（HARQ）技术等。

（1）功率控制

LTE的设计目标是高系统容量和高通信质量。为有效降低系统干扰、提高系统容量、保证通信链路质量，需对无线资源进行合理的动态分配，尽量使系统资源得到最充分的利用。发射功率作为重要的无线资源，被所有用户共享，合理有效的功率分配方案是整个系统高容量、高质量的关键。

在上行功率控制中，由于用户间相互正交，减小了CDMA系统中远近效应的影响，因此不需要快速功率控制，而采用“慢速功率控制”。但如果对小区边缘用户进行完全的功率控制，则可能导致小区间干扰的增加，因此考虑对小区边缘用户只“部分”补偿路径损耗和阴影衰落，从而避免产生较强的小区间干扰，以获得更大的系统容量。

在下行功率控制中，由于下行链路采用OFDMA技术，不存在CDMA系统因远近效应而进行功率控制的必要性。如果要使用下行功率控制技术，则主要用于补偿路径损耗和阴影衰落，通过慢功控即可达到，为了充分利用频率分集的效果，在每个调度周期内还需要考虑每个子信道上的功率分配问题。目前较有效的下行功率控制（分配）方法有平均分配法和路径损耗补偿法。

（2）自适应调制编码

自适应调制编码（AMC）是根据信道质量的瞬时变化，自适应地调整系统的调制与编码方式，能够提供粗略的数据速率的选择。如对靠近小区基站的用户分配较高码率、较高阶的调制（如$R=3/4$的Turbo码，64QAM）；对小区边缘用户分配较低码率、较低阶的调制（如$R=1/2$的Turbo码，QPSK）。

LTE系统中数据流的处理是空域优先，即先在空域上进行资源分配，然后再分别对每根天线进行频域资源的分配，称为每天线速率控制（PARC）。对每根天线的资源分配，采用公共调制——公共编码（CMC）结构，即对频域资源块采用相同的调制编码方式（MCS）。对一个用户的单个数据流，在一个TTI内，每个来自第二层的协议数据单元（PDU）只采用一种调制编码方式，对于多个不同的MIMO流间可以采用不同的MCS组合。

（3）混合自动请求重传

为克服无线移动信道时变和多径衰落对信号传输的影响，可采用前向纠错（FEC）和自动重传请求（ARQ）等差错控制方法来降低系统的误码率以提高通信质量。虽然FEC方案产生的时延较小，但存在的编码冗余降低了系统的吞吐量；ARQ在误码率不大时可得到理想的吞吐量，但产生的时延较大，不宜提供实时通信。为克服两者的缺点，有效结合两者的优点，采用混合自动请求重传（HARQ），即在ARQ中包含一个FEC子系统，当FEC纠错能力可纠正错误时不使用ARQ；当FEC无法正常纠错时，通过ARQ反馈信道请求重发错误码组。HARQ可提供比单独FEC更高的可靠性和比单独ARQ更高的传输速率。

根据传输内容的不同，HARQ主要有三种机制：传统HARQ方案、完全增量冗余IR方案和Chase合并方案。传统HARQ仅在ARQ基础上引入FEC，对发送数据增加CRC比特并进行FEC编码。接收端对收到的数据进行FEC解码和CRC校验，如发现错误则丢弃并向发送端反馈NACK信息请求重传。在完全增量冗余IR方案中，发端将信息编码后，按照一定周期根据码率兼容原则依次发给接收端，接收端不丢弃已传的错误分组，而是与收到的重传数据组合进行解码，其中重传数据不仅是之前已传数据的复制，而是附加了冗余信息，接收端将之前收到的所有数据组合成更低码率的码字，达到递增冗余的目的，以获得更大的编码增益。每次重传的冗余量不同，且重传的数据不能单独解码，只能与之前传输的数据合并后才能解码。在Chase合并方案中，对每次发送的数据采用互补删除的方式，各数据包既可以单独解码，又可以合并成一个具有更大冗余的编码包进行解码。在LTE系统中，上行和下行链路采用的是基于增量冗余IR和Chase合并的HARQ。

根据重传发生的时序安排不同，HARQ 可分为同步 HARQ 和异步 HARQ。根据重传时数据的特征是否变化，HARQ 又可分为非自适应 HARQ 和自适应 HARQ。如果每次重传的时刻和所采用的发射参数（如调制编码方式和资源分配等）都是预先定义好的，称为同步非自适应 HARQ。异步 HARQ 的重传可以根据需要随时发起，而自适应 HARQ 每次重传的发射参数可以动态调整。与同步非自适应 HARQ 相比，异步 HARQ 和自适应 HARQ 具有更高的增益，但同时带来了更高的系统复杂度。在 LTE 系统中，下行链路系统采用的是异步自适应 HARQ 技术，上行链路系统采用的是同步非自适应 HARQ 技术。

4. 分组调度技术

调度就是根据网络状态将最适合的时/频资源动态分配给某用户。系统可根据 CQI 反馈、待调度数据量、UE 能力等参数决定资源分配，并通过控制信令通知用户。

在引入 HSPA 前的 UMTS 中，分组调度由 RNC 控制，在 RNC 中进行分组调度，不能很好地反映当前时变信道的传输信息，从而无法进行快速的链路自适应和快速的分组调度。在引入 HSPA 后，UMTS 将分组调度功能下移至 Node B，这样分组数据调度可及时根据信道的衰落特性自适应地改变调制方式，同时减少系统的传输时延。

对于 HSPA 和 LTE，提供分组数据业务种类既包括实时业务（如流媒体），也包括非实时业务（如 WWW 浏览）。如何为具有不同带宽需求、不同时延保障、不同 QoS 等级的各种业务合理分配资源，并在满足业务需求的基础上，提高网络的总体吞吐量和频谱效率，是分组调度算法的主要任务。

在 LTE 系统中，调度器位于 eNode B，具有如下功能和特征：（1）负责上行共享信道和下行共享信道的动态资源分配；（2）考虑业务量和 QoS 等因素进行资源分配；（3）可利用用户的信道条件信息进行资源分配，且资源有效持续时间可以是多个 TTI。LTE 系统的资源分配包括集中式和分布式，并支持在集中式和分布式之间灵活切换。集中式资源分配是指为用户分配连续的子载波或资源块，适于低速移动的用户、突发性明显的非实时业务；分布式资源分配是指为用户分配离散的子载波或资源块，适用于快速移动的用户、突发性不明显的业务。

5. 小区间干扰抑制技术

LTE 系统下行 OFDMA 多址方式使本小区内用户信息均承载在相互正交的不同载波上，因此，大部分干扰都来自于其他小区。虽然小区整体的吞吐量较高，但小区边缘用户的服务质量却较差，吞吐量较低，因此抑制小区间干扰非常重要。LTE 系统的小区间干扰抑制技术主要有 3 种：小区间干扰随机化、小区间干扰消除和小区间干扰协调等。这 3 种干扰抑制技术可相互结合，相互补充，以获得更高的系统增益。

小区间干扰随机化技术就是将小区间的干扰信号随机化为“白噪声”，又称为干扰白化。主要包括小区专属加扰和小区专属交织两种方法。

小区间干扰消除技术是对干扰小区的信号进行某种程度的解调、解码，然后利用处理增益从接收信号中消除干扰信号分量。LTE 系统主要考虑两种干扰消除技术：干扰抑制合并（IRC）和基于交织多址（IDMA）的干扰消除技术。

小区间干扰协调技术，又称为部分频率复用（FFR）或软频率复用（SFR），即在小区中心采用复用系数为 1 的频率复用，而在小区边缘采用大于 1 的频率复用，从而避免较强的小区间干扰。但小区边缘的频率资源的复用效率有限，限制了小区边缘的峰值速率和系统容量。

6. 网络自组织技术

LTE 提高了网络自组织（SON）需求，一方面可实现基站的自配置与自优化，降低布网成本与运营成本；另一方面可用于 Home eNode B 等数量繁多、难于远程控制的节点类型。SON 功能主要包括自配置、自优化、自安装、自规划、自愈合、自回传等。下面主要介绍自配置与自优化功能。

自配置过程是指对新部署的节点通过自动安装过程进行配置，获得必要的基本配置信息，该过程工作在预运行状态（可理解为从 eNode B 上电，具有基本连接直到射频发送器开启），预操作状态中需处理的功能包括基本建立及初始无线配置。网络自配置过程包括基本建立和无线参数配置两个主要阶段。自配置过程形成节点启动时必要的配置数据。

自优化过程是指系统在运行过程中，为适应无线环境变化，通过 UE 和 eNode B 提供测量结果信息，eNode B 自适应地调整网络的运行参数，该过程工作在运行状态（可理解为射频接口已经打开的状态），需要处理的功能为优化与自适应调整。

10.2 IMT-Advanced 系统

继 3G 和 3G 增强系统之后的下一代移动通信系统就是 4G 系统。2005 年，ITU 将下一代移动通信系统命名为 IMT-Advanced。4G 是 3G 技术的进一步演化，是在传统通信网络和技术的基础上不断提高无线通信网络的效率和功能。IMT-Advanced 系统的核心网是一个基于全 IP 的网络，可以实现不同网络间的无缝互联，如图 10-5 所示。该系统具有非对称数据传输能力，在高速移动环境下速率将达到 100Mbit/s，在静止环境下将达到 1Gbit/s 以上，能够支持下一代网络的各种应用。

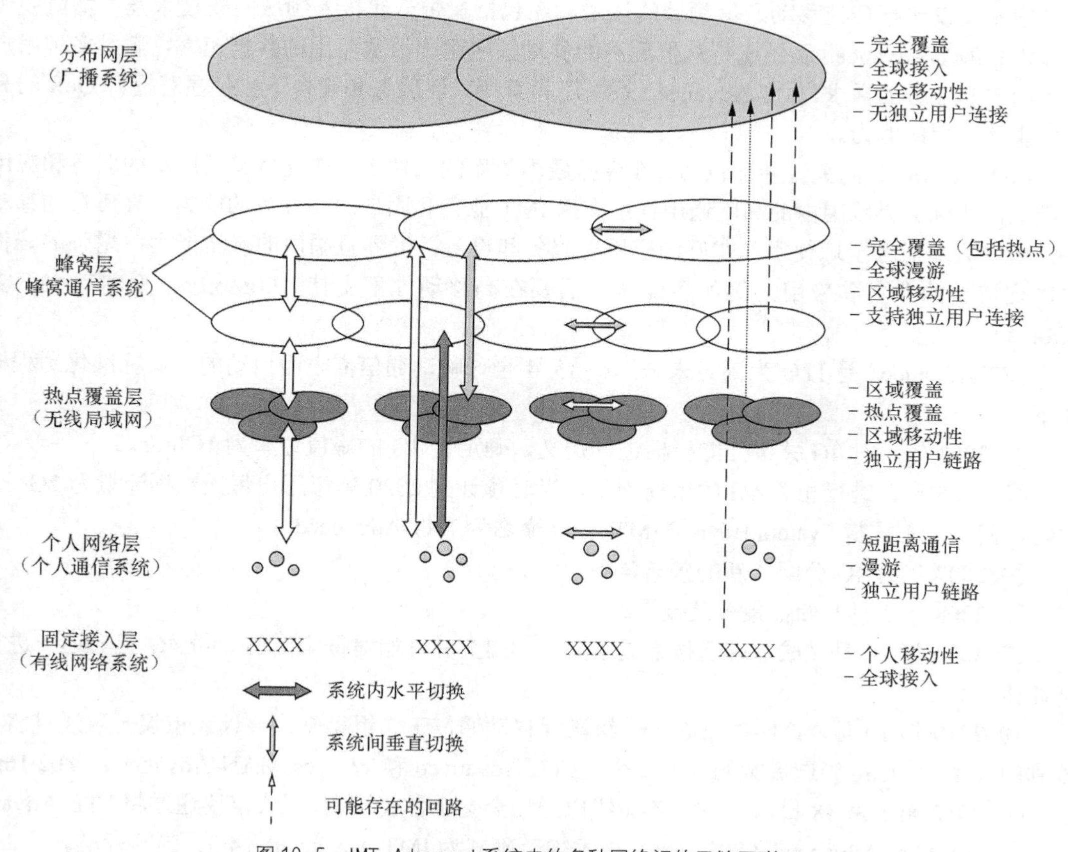

图 10-5 IMT-Advanced 系统中的多种网络间的无缝互联

10.2.1 IMT-Advanced 系统简介

第一版本的 IMT-2000 标准 M.1457 完成后，2000 年 3 月，ITU-R WP8F 组在日内瓦正式成立，开始考虑 IMT-2000 的未来发展和后续演进问题（QUESTION ITU-R 229-1/8），随后开始了相关工作。这些工作分为两部分：对 IMT-2000 的未来发展（Future Development of IMT-2000）及 IMT-2000 后续系统（System Beyond IMT-2000）的研究。2003 年，WP8F 完成了 IMT.TREND 技术报告和 M.1645 技术报告，对 IMT-2000 演进的技术趋势以及 IMT-2000 未来发展和后续演进的框架和目标进行了初步定义。在同年的 WRC-03 会议上，Resolution228 决定 WRC-07 的工作项 1.4 为考虑 IMT-2000 的未来发展和后续演进相关的频率需求。2005 年 10 月，在赫尔辛基举行的第 17 次会议上，WP8F 正式将 System Beyond IMT-2000 命名为 IMT-Advanced，即通常所谓的第四代移动通信（4G），从此拉开了 IMT-Advanced 发展的大幕。WP8F 围绕 WRC07 的 1.4 工作项，开始了 E3G 和 B3G 频率需求和候选频段的工作，并于 2006 年 8 月完成了提交 CPM 会议的频率相关工作报告。2007 年 11 月世界无线电大会（WRC-07）为 IMT-Advanced 分配了频谱，进一步加快了 IMT-Advanced 技术的研究进程。

ITU 将 IMT-Advanced 系统定义为具有超过 IMT-2000 能力的新一代移动通信系统。系统能够提供广泛的电信业务，特别是由移动和固定网络支持的日益增加的基于包传输的先进的移动业务。

IMT-Advanced 系统作为新一代移动通信系统，包含的不仅仅是一项技术，而是多种技术的融合。它不仅仅包括传统移动通信领域的技术，还包括宽带无线接入领域的新技术及广播电视领域的技术。IMT-Advanced 系统支持从低到高的移动性应用和很宽范围的数据速率，满足多种用户环境下用户和业务的需求。IMT-Advanced 系统还具有在广泛服务和平台下提供显著提升 QoS 的高质量多媒体应用的能力。

IMT-Advanced 的关键特性包括：在保持成本效率的条件下，在支持灵活广泛的服务和应用的基础上，达到世界范围内的高度通用性；支持 IMT 业务和固定网络业务的能力；高质量的移动服务；用户终端适合全球使用；友好的应用、服务和设备；世界范围内的漫游能力；增强的峰值速率以支持新的业务和应用，例如多媒体（需要在高移动性下支持 100Mbit/s，低移动性下支持 1Gbit/s）等。

IMT-Advanced 是 ITU 为满足未来 10～15 年全球移动通信需求而启动的，其标准化历程概括如下。

① 2003 年，对 4G 关键性能指标进行定义，确定了 4G 的峰值速率为 1Gbit/s。

② 2005 年，进行相关 4G 的市场预测，当时预计到 2020 年每用户每天数据流量为 2G～20G 比特，同时，正式将 System Beyond IMT-2000 命名为 IMT-Advanced。

③ 2007 年给 4G 分配了新的频谱资源。

④ 2008 年 3 月开始征集关键技术。

⑤ 2009 年 10 月完成了候选技术提案的征集提交并开始对征集到的 6 份 4G 提案逐一进行严格评估。

⑥ 2010 年 10 月，ITU-R 第 5 研究组国际移动通信工作组第 9 次会议经审议一致通过将 ITU 收到的 6 个 4G 标准候选提案融合为 2 个：LTE-Advanced 和 WirelessMAN-Advanced（802.16m）。

⑦ 2012 年 1 月 18 日，在 2012 年无线电通信全会全体会议上，正式审议通过将 LTE-Advanced 和 WirelessMAN-Advanced（802.16m）技术规范确立为 IMT-Advanced（4G）国际标准。

LTE-Advanced 指的是 LTE 在 Release 10 以及之后的技术版本。2004 年底，在 3GPP 中开始进

行 LTE（Long Term Evolation）标准化工作，与 3G 以 CDMA 技术为基础不同，根据无线通信向宽带化方向发展的趋势，LTE 采用了 OFDM 技术为基础，结合多天线和快速分组调度等设计理念，形成了新的面向下一代移动通信系统的空中接口技术。2008 年年初，完成了 LTE 第一个版本的系统技术规范，即 Release 8。在此之后，3GPP 继续进行技术的完善与增强。3GPP 的 Release 10 版本实现了 IMT-Advanced 4G 要求的目标，并向下兼容 Release 8（LTE）。

WirelessMAN-Advanced 是 WiMax 的升级版，即 IEEE802.16m 标准。2007 年 10 月，WiMax（IEEE802.16e）加入 IMT-2000，成为 3G 家族的一员，这推动了移动 WiMax 的业务拓展，同时也推动了 802.16 技术的发展。移动 WiMax 系统的进一步演进即 IEEE 802.16m。IEEE 于 2006 年 12 月批准了 802.16m 的立项申请（PAR），正式启动了 IEEE 802.16m 标准的制订工作。IEEE 802.16m 项目的主要目标有两个，一是满足 IMT-Advanced 的技术要求；二是保证与 IEEE802.16e 兼容。IEEE 802.16e 采用了 OFDM、MIMO 等 4G 核心技术，在某些方面已经具备了 4G 的特征，因此 IEEE802.16m 是在 IEEE802.16e 的基础上通过增强和修改来实现的，通过对 IEEE802.16e 的 OFDMA 技术进行增补，进一步提高了系统吞吐量和数据传输速率。

10.2.2 IMT-Advanced 系统的关键技术

1. 多频带技术

移动通信系统的传输带宽不断增加，从通用移动通信系统（UMTS）系统的 5MHz（初始设计带宽）到 LTE 系统的 20 MHz，再到 LTE-Advanced 系统的 100 MHz，大带宽无线传输已经成为移动通信系统的一个主要发展趋势。多频带技术通过将多个连续或离散的频带聚合在一起，使得运营商可以使用更大的有效带宽，以达到 4G 所要求的业务速率。

连续频谱聚合技术如图 10-6（a）所示，首先考虑将多个相邻的较小的频带聚合为一个较大的频带，典型的应用场景是：低端终端的接收带宽小于系统带宽，此时为支持小带宽终端的正常操作，需要保持完整的窄带操作。但对于接收带宽较大的终端，则可以将多个相邻的窄频带整合成一个较宽频带，进行统一的基带处理。

离散频谱聚合技术如图 10-6（b）所示，主要是为了将分配给运营商的多个较小的离散频带联合起来，当作一个较宽的频带使用，通过统一的基带处理实现离散频带的同时传输。对于 OFDM 系统来说，这种离散频谱整合在基带层面可以通过插入“空白子载波”来实现。

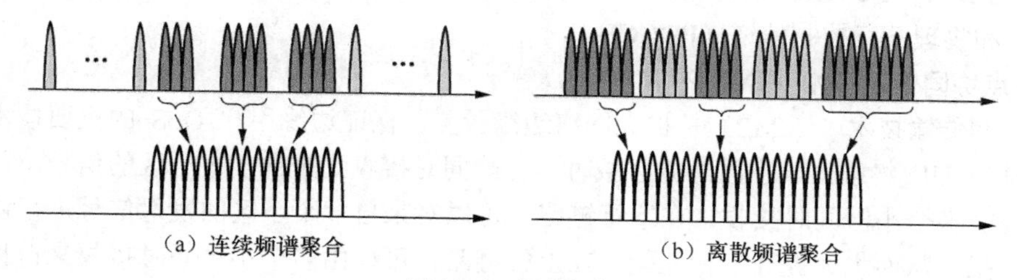

图 10-6 频谱聚合

2. Relay 技术

随着移动通信技术的不断发展，频谱资源已经格外紧张，为满足未来移动通信系统日益增加的高速数据业务需求，IMT-Advanced 系统提出了很高的系统容量需求，可提供此容量的大带宽频谱只可能在高频段获得，而该频段中信号的传播路损严重且穿透力很差，很难实现好的覆盖。中继技术（Relay）作为一种关键技术，可以很好地解决这一问题，它可以为小区带来更高的系统容量和更大的网络覆盖。

所谓中继技术，就是指基站或用户不直接将信号发送给彼此，而是通过中继节点（Relay Node，RN）将信号进行再生或放大处理后，再转发给目的端，以确保传输信号的质量，如图10-7所示。

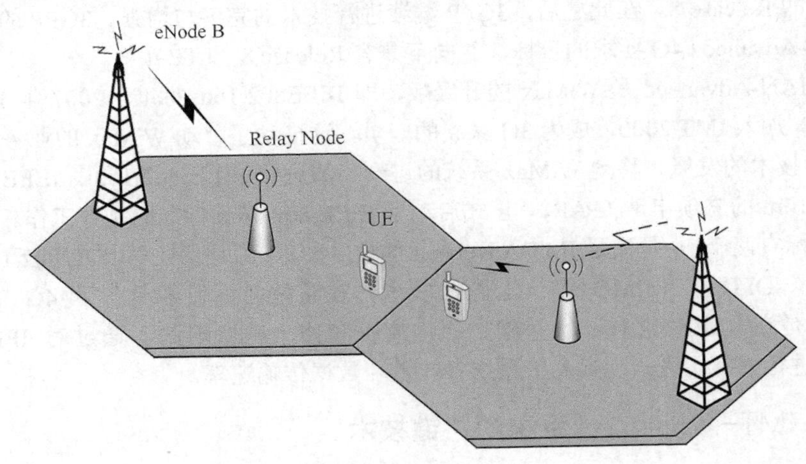

图10-7　中继技术

RN的主要特点有：（1）RN可以有效地提高小区边缘阴影区域的覆盖，极大地提高阴影区域用户的QoS；（2）RN可以扩大小区覆盖面积；（3）RN可以提供临时性网络部署，对于不需要永久覆盖的区域或需要快速部署的区域，RN可以临时覆盖这些区域；（4）RN通过eNode B以无线方式连接到接入网，可以有效地减小网络部署成本；（5）RN体积小，布网快速灵活。

按照RN是否具有独立的小区标识符(ID)，3GPP将RN分为两类：Type 1 Relay和Type 2 Relay。（1）Type 1 Relay具备自己独立的小区，有自己的小区ID，传输自己的同步信道和参考信号；UE终端直接从Type 1 Relay接收调度信令和HARQ反馈等，并将自己的控制信令，如SR/CQI/ACK等，直接发送给Type 1 Relay；对于LTE-Advanced Release 8终端，Type 1 Relay就是一个Release 8基站（即后向兼容），而LTE-Advanced终端可能可以分辨RN和eNodeB。（2）Type 2 Relay没有自己独立的小区，也没有自己的小区ID，不能形成新的小区；对Release 8终端是透明的，即Release 8终端意识不到Type 2 Relay的存在；可以传输物理下行共享信道（PDSCH），但至少不能传输导频（CRS）和物理下行控制信道（PDCCH）。

3. 多点协同传输技术（CoMP）

多点协同传输技术（CoMP）是扩大网络边缘覆盖、保证边缘用户QoS的重要技术之一。其核心思想是当UE终端位于小区边界区域时，它能同时接收到来自多个小区的信号，同时它自己的传输也能被多个小区同时接收。在下行链路，可以对来自多个小区的发射信号进行协调以避免彼此间的干扰，从而大大提升下行性能。在上行链路，可以由多个小区同时接收来自移动终端的信号，然后进行联合处理，同时多小区也可以通过协调调度来抑制小区间干扰，从而达到提升接收信号信噪比的效果。

通过CoMP技术，可以实现小区间的干扰协调；增强总发射功率，实现多点的波束赋形；有效提高系统容量和覆盖。根据数据流向，CoMP可以分为下行发送CoMP和上行接收CoMP。在下行发送CoMP中，按业务数据是否在多个协调点上都能获取，可以分为协作调度/波束成型（Coordinated Scheduling/Beam forming，CS/CBF）和联合处理（Joint Processing，JP）两种。而对于上行接收 CoMP 来说，则只有联合接收与处理一种技术。下行对 CS/CBF 而言，业务数据只在服务小区上能获取，即对终端的传输只来自服务小区（Serving Cell），但相应的调度和发射权重等需要小区间进行动态信息交互和协调，以尽可能减少多个小区的不同传输之间的互干扰。而对 JP 而言，业务数据在多个协调点上都能获取，对终端的传输来自多个小区，多小区通过协调的方式共同给终端服务，就像虚拟的单个小区一样，这种方式通常有更好的性能，但对 Backhaul 的容量和时延提出了更高要求。

一种常见的 CS/CBF 方式是，终端对多个小区的信道进行测量和反馈，反馈的信息既包括期望的来自服务小区的预编码向量，也包括邻近的强干扰小区的干扰预编码向量，多个小区的调度器经过协调，各小区在发射波束时尽量使得对邻小区不造成强干扰，同时还尽可能保证本小区用户期望的信号强度。

在 JP 中，既可以由多个小区执行对终端的联合预编码，也可以由每个小区执行独立的预编码、多个小区联合服务同一个终端。既可以多小区共同服务来自某个小区的单个用户，也可以多小区共同服务来自多小区的多个用户。

小　结

本章对第三代移动通信系统之后的新一代移动通信系统 3GPP LTE 系统以及第四代移动通信系统 IMT-Advanced 系统的发展及所采用的关键技术进行了简单介绍。

LTE 的目的就是提供更高的无线接口的数据速率，与之相对应的核心网结构称之为 SAE。LTE 区别于以往的移动通信系统，无论是无线接入网空中接口采用的技术还是核心网的网络结构都发生了较大的变化。从网络结构上来看，整个网络结构向着扁平化的方向发展，取消了原来的基站控制器，整个网络只包括接入网和核心网两层结构。从采用的无线接入技术来看，LTE 在多址技术方面进行了革命性的改进；同时，在其他一些技术领域也进行了局部的改进，如多天线技术、自适应技术、调度算法与重传机制等；另外，LTE 系统还引入了一些新技术用于优化系统的整体性能，如小区间干扰抑制技术、网络自组织技术等。

ITU 将 IMT-Advanced 系统定义为具有超过 IMT-2000 能力的新一代移动通信系统。IMT-Advanced 的关键特性包括：达到世界范围内的高度通用性；支持 IMT 业务和固定网络业务；高质量的移动服务；用户终端适合全球使用；友好的应用、服务和设备；具有世界范围内的漫游能力；增强的峰值速率，高移动性下可支持 100Mbit/s，低移动性下支持 1Gbit/s。IMT-Advanced 系统作为新一代移动通信系统，包含的不仅仅是一项技术，而是多种技术的融合。IMT-Advanced 系统的关键技术包括多频带技术、Relay 技术及多点协同传输技术等。

思考题与习题

1．简述 LTE 网络结构。
2．简述 OFDMA 调制的原理。
3．简述 LTE 系统的小区间干扰抑制技术。
4．IMT-Advanced 的主流标准有哪些？
5．简述 IMT-Advanced 的关键技术。

参考文献

[1] 李建东，郭梯云，邬国扬．移动通信（第四版）．西安：西安电子科技大学出版社，2006.

[2] G．卡尔霍恩．数字蜂窝移动通信．何英姿，冯梅萍，等，译．北京：人民邮电出版社，1997.

[3] David Tse，Pramod Viswanath.无线通信基础．李锵，等，译．北京：人民邮电出版社，2007.

[4] http//www.4gamericas.org．

[5] Andrea Goldsmith.无线通信．杨鸿文，译．北京：人民邮电出版社，2007.

[6] Theodore S．Rappaport．无线通信原理与应用（第二版）．周文安，等，译．北京：电子工业出版社，2011.

[7] 杨家玮，张文柱，李钊．移动通信．北京：人民邮电出版社，2011.

[8] 张玉艳，于翠波．移动通信．北京：人民邮电出版社，2010.

[9] 啜钢．移动通信原理与应用．北京：北京邮电大学出版社，2011.

[10] William C.Y．Lee．移动通信工程理论和应用（第二版）．宋维模，等，译．北京：人民邮电出版社，2002.

[11] Arunabha Ghosh ，等．LTE 权威指南．李莉，等，译．北京：人民邮电出版社，2012.

[12] Bernard Skalar．数字通信-基础与应用（第二版）．徐平平，等，译．北京：电子工业出版社，2002.

[13] John G．Proakis．数字通信（第五版）（英文版）．北京：电子工业出版社，2011.

[14] Alister Burr．无线通信调制与编码（英文版）．北京：电子工业出版社，2003.

[15] 曹志刚 钱亚生．现代通信原理．北京：清华大学出版社，1995.

[16] Stephen G．Wilson．Digital Modulation and Coding（英文版）.北京：电子工业出版社，2001.

[17] Tommy Öberg.调制、检测与编码．何英姿，尚勇，等，译．北京：电子工业出版社，2004.

[18] 张海滨．正交频分复用的基本原理与关键技术．北京：国防工业出版，2006.

[19] 王华奎，李艳萍，等．移动通信原理与技术．北京：清华大学出版社，2009.

[20] 刘威，孔艳敏，等．无线网络技术．北京：电子工业出版社，2012.

[21] 孙志国，申丽然，等.无线通信链路中的现代通信技术.北京：电子工业出版社，2010.

[22] 刘国梁，荣昆璧．卫星通信．西安：西安电子科技大学出版社，1994.

[23] 王新梅，肖国镇．纠错码－原理与方法．西安：西安电子科技大学出版社，1991.

[24] 晏坚，何元智，潘亚汉．差错控制编码．北京：机械工业出版社，2007.

[25] 游思琴，魏红．移动通信技术与系统应用．北京：人民邮电出版社，2011.

[26] 吴伟陵，牛凯．移动通信原理．北京：电子工业出版社，2005.

[27] Steve Rackley．无线网络技术原理与应用．吴怡，朱晓荣，等，译．北京：电子工业出版社，2012.

[28] 马欣昕，罗涛，乐光新．OFDMA 蜂窝通信系统子载波分配技术分析．无线电通信技术，2005 第 31 卷第 2 期．

[29] 吕召标，孙雷等.无线网络架构与演进趋势．北京：机械工业出版社，2012.

[30] 纪红.7 号信令系统.北京：人民邮电出版社，1995.

[31] Behrouz A．Forouzan & Sophia Chung Fegan．TCP/IP 协议族．谢希仁，译．北京：清华大学出版社，2001.

[32] 孙儒石，丁怀元.GSM 数字移动通信工程．北京：人民邮电出版社，1996.

[33] 吕捷.GPRS 技术.北京：北京邮电大学出版社，2001.

[34] 陈德荣，林家儒.数字移动通信系统．北京：北京邮电大学出版社，1996.

[35] 韩斌杰.GSM 原理及其网络优化．北京：机械工业出版社，2001.

[36] 祁玉生，邵世祥，现代移动通信系统．北京：人民邮电出版社，1999.

[37] 袁超伟，陈德荣，冯志勇．CDMA 蜂窝移动通信．北京：北京邮电大学出版社，2003.

[38] 曾兴雯，刘乃安，孙献璞．扩展频谱通信及其多址技术．西安：西安电子科技大学出版社，2004.

[39] 窦中兆，雷湘．CDMA 无线通信原理．北京：清华大学出版社，2004.

[40] 邬国扬．CDMA 数字蜂窝网．西安：西安电子科技大学出版社，2001.

[41] 孙立新，邢宁霞．CDMA（码分多址）移动通信技术．北京：人民邮电出版社，2000.

[42] 张平，王卫东，陶小峰，王莹．WCDMA 移动通信系统（第二版）．北京：人民邮电出版社，2004.

[43] 姜波．WCDMA 关键技术详解．北京：人民邮电出版社，2008.

[44] 李世鹤．TD-SCDMA 第三代移动通信标准．北京：人民邮电出版社，2003.

[45] 李小文，李贵勇．TD-SCDMA 第三代移动通信系统、信令及实现．北京：人民邮电出版社，2003.

[46] 彭木根，王文博．TD-SCDMA 移动通信系统（第三版）．北京：机械工业出版社，2009.

[47] 杨大成，等．cdma2000 1x 移动通信系统．北京：机械工业出版社，2005.

[48] 常永宇，桑林，张欣，等．cdma2000 1x 网络技术．北京：电子工业出版社，2005.

[49] Erik Dahlman, Stefan Parkvall, and Johan Sköld. 3G Evolution: HSPA AND LTE for Mobile Broadband(Second edition). New York，USA: Hyperion, 2011.

[50] Harri Holma,Antti Toskala.UMTS 中的 WCDMA:HSPA 演进及 LTE（第 5 版）．杨大成，等，译．北京：机械工业出版社，2012.

[51] Erik Dahlman,Stefan Parkvall, and Johan Sköld. 4G LTE/LTE-Advanced for Mobile Broadband[M]. New York,USA: Hyperion, 2011.

[52] 3GPP Mobile Broadband Innovation Path to 4G : Release 9, Release 10 and Beyond: HAPA+, LTE /SAE and LTE-Advanced [EB/OL].2010.2.http//www.4gamericas.org.

[53] Harri Halma, Antti Toskala. LTE for UMTS Evolution to LTE-Advanced (Second Edition). New York, USA: Hyperion, 2011.